线性代数学习指导

胡新启　杨志坚　编

Guidebook to Linear Algebra

WUHAN UNIVERSITY PRESS
武汉大学出版社

图书在版编目(CIP)数据

线性代数学习指导/胡新启,杨志坚编.—武汉：武汉大学出版社,2021.6(2024.7 重印)

ISBN 978-7-307-22321-9

Ⅰ.线…　Ⅱ.①胡…　②杨 …　Ⅲ.线性代数—高等学校—教学参考资料　Ⅳ.O151.2

中国版本图书馆 CIP 数据核字(2021)第 088802 号

责任编辑:任仕元　　　责任校对:李孟潇　　　版式设计：韩闻锦

出版发行：**武汉大学出版社**　(430072　武昌　珞珈山)

(电子邮箱：cbs22@ whu.edu.cn　网址：www.wdp. com.cn)

印刷:武汉图物印刷有限公司

开本:787×1092　1/16　印张:21　字数:495 千字　插页:1

版次:2021 年 6 月第 1 版　　2024 年 7 月第 2 次印刷

ISBN 978-7-307-22321-9　　定价:52.00 元

前 言

本书为高等教育出版社出版的《线性代数》教材(胡新启，杨志坚编，2021 年出版)的配套辅导书. 该教材的习题配备很有特色，每节配备基础性练习题，每章结束时配有形式多样的总习题，大部分具有一定的综合性，部分习题选自较早前考研真题. 每道习题均经过精心挑选，题型、难度、题量及覆盖面等均经过仔细推敲、认真权衡.

本书共分五章，每章均包括内容总结、疑难点解析、重点例题讲解、章节测验及全章习题详解等,最后还附有近十年全国考研真题详细解析.

本书适用于高等学校非数学专业，特别是理工科专业，如物理、计算机、电信、电气、资源环境、测绘、遥感、信息管理等，课内学时为 36~72 的可以选用本书作为参考书.

本书在编写的过程中得到了武汉大学数学与统计学院领导和老师们的关心和大力支持，他们提出了许多宝贵的建议，在此表示衷心的感谢!

本书第 1 章到第 4 章由胡新启编写，第 5 章及附录由杨志坚编写，胡新启负责统稿.

限于编者的水平，书中难免出现错漏，敬请广大读者和使用本教材的教师批评指正.

编 者

2021 年 3 月于武汉大学

目　录

第1章　行　列　式

一、知识点总结

1　大纲要求

本章主要内容包括：行列式的定义、性质及计算，用行列式求解线性方程组的克拉默法则等. 本章要求：

(1) 理解行列式的定义和基本性质，熟练掌握应用行列式性质和行列式按行(列)展开法则进行行列式计算的方法；

(2) 理解并掌握行列式的代数余子式的性质；

(3) 理解并掌握克拉默法则及齐次线性方程组有非零解的相关结论.

2　知识点总结

2.1　行列式

n 阶行列式的定义：

$$D=\begin{vmatrix} a_{11} & a_{12} & \cdots & a_{1n} \\ a_{21} & a_{22} & \cdots & a_{2n} \\ \vdots & \vdots & & \vdots \\ a_{n1} & a_{n2} & \cdots & a_{nn} \end{vmatrix}=\sum_{j_1j_2\cdots j_n}(-1)^{\tau(j_1j_2\cdots j_n)}a_{1j_1}a_{2j_2}\cdots a_{nj_n},$$

其中，$\tau(j_1j_2\cdots j_n)$ 为排列 $j_1j_2\cdots j_n$ 的逆序数.

对于 n 阶行列式的定义，重点应把握两点：一是每一项的构成，二是每一项的符号. 每一项是由取自不同行不同列的 n 个元素相乘构成，一个 n 阶行列式共有 $n!$ 项. 乘积项为 $a_{1j_1}a_{2j_2}\cdots a_{nj_n}$ 的符号取决于 $j_1, j_2, \cdots, j_n$ 的逆序数，当 $j_1, j_2, \cdots, j_n$ 为偶排列时取正，当 $j_1, j_2, \cdots, j_n$ 为奇排列时取负.

◆ 行列式的性质：

① 行列式与它的转置行列式相等，即 $D=D^{\mathrm{T}}$；

② 交换行列式的两行(列)，行列式变号；

③ 行列式中某行(列)元素的公因子可提到行列式外面来；

④ 若行列式中有两行(列)元素相同，则此行列式的值为零；

⑤ 若行列式中有两行(列) 元素对应成比例, 则此行列式的值为零;

⑥ 当行列式的某行(或列) 的每个元素皆为两数之和时, 行列式可分解为两个行列式的和, 即

$$\begin{vmatrix} a_{11} & a_{12} & \cdots & a_{1n} \\ \vdots & \vdots & & \vdots \\ a_{i1}+b_{i1} & a_{i2}+b_{i2} & \cdots & a_{in}+b_{in} \\ \vdots & \vdots & & \vdots \\ a_{n1} & a_{n2} & \cdots & a_{nn} \end{vmatrix} = \begin{vmatrix} a_{11} & a_{12} & \cdots & a_{1n} \\ \vdots & \vdots & & \vdots \\ a_{i1} & a_{i2} & \cdots & a_{in} \\ \vdots & \vdots & & \vdots \\ a_{n1} & a_{n2} & \cdots & a_{nn} \end{vmatrix} + \begin{vmatrix} a_{11} & a_{12} & \cdots & a_{1n} \\ \vdots & \vdots & & \vdots \\ b_{i1} & b_{i2} & \cdots & b_{in} \\ \vdots & \vdots & & \vdots \\ a_{n1} & a_{n2} & \cdots & a_{nn} \end{vmatrix};$$

⑦ 行列式的某行(或列) 的倍数加到另一行(或列), 行列式的值不变, 即

$$\begin{vmatrix} a_{11} & a_{12} & \cdots & a_{1n} \\ \vdots & \vdots & & \vdots \\ a_{i1} & a_{i2} & \cdots & a_{in} \\ \vdots & \vdots & & \vdots \\ a_{j1} & a_{j2} & \cdots & a_{jn} \\ \vdots & \vdots & & \vdots \\ a_{n1} & a_{n2} & \cdots & a_{nn} \end{vmatrix} = \begin{vmatrix} a_{11} & a_{12} & \cdots & a_{1n} \\ \vdots & \vdots & & \vdots \\ a_{i1}+ka_{j1} & a_{i2}+ka_{j2} & \cdots & a_{in}+ka_{jn} \\ \vdots & \vdots & & \vdots \\ a_{j1} & a_{j2} & \cdots & a_{jn} \\ \vdots & \vdots & & \vdots \\ a_{n1} & a_{n2} & \cdots & a_{nn} \end{vmatrix}$$

, 其中 k 为任意常数.

2.2 行列式按行(列) 展开

去掉n阶行列式中元素a_{ij}所在的第i行和第j列元素, 剩下的元素按原位置次序所构成的$n-1$阶行列式称为元素a_{ij}的余子式, 记为M_{ij}; 余子式M_{ij}之前加上符号$(-1)^{i+j}$, 称为元素a_{ij}的代数余子式, 记作$A_{ij}=(-1)^{i+j}M_{ij}$.

余子式和代数余子式的概念容易出错, 在计算中应注意.

要注意的是: A_{ij}是其位置(i,j)的代数余子式, A_{ij}与a_{ij}的大小无关. 若改变$|\boldsymbol{A}|$中a_{ij}的值而其他元素不变, 则A_{ij}的值不变, 因此可用元素置换法计算代数余子式线性组合的值.

◆ 行列式按行(列) 展开定理:

行列式等于行列式某行(或列) 元素与其对应的代数余子式之积的和, 即

$$D=a_{i1}A_{i1}+a_{i2}A_{i2}+\cdots+a_{in}A_{in},\ i=1,2,\cdots,n,$$

$$D=a_{1j}A_{1j}+a_{2j}A_{2j}+\cdots+a_{nj}A_{nj},\ j=1,2,\cdots,n.$$

行列式的某行(或列) 元素与另一行(或列) 元素的代数余子式之积的和为零, 即

$$a_{i1}A_{j1}+a_{i2}A_{j2}+\cdots+a_{in}A_{jn}=0,\ 当\ i\neq j.$$

$$a_{1i}A_{1j}+a_{2i}A_{2j}+\cdots+a_{ni}A_{nj}=0,\ 当\ i\neq j.$$

◆ 重要公式:

设$\boldsymbol{A}$为n阶矩阵, 则有

① $|k\boldsymbol{A}|=k^n|\boldsymbol{A}|$;

② $|\boldsymbol{AB}|=|\boldsymbol{A}||\boldsymbol{B}|$, $|\boldsymbol{A}^k|=|\boldsymbol{A}|^k$;

③ $|\boldsymbol{A}^{\mathrm{T}}|=|\boldsymbol{A}|$, $|\boldsymbol{A}^{\mathrm{T}}+\boldsymbol{B}^{\mathrm{T}}|=|(\boldsymbol{A}+\boldsymbol{B})^{\mathrm{T}}|=|\boldsymbol{A}+\boldsymbol{B}|$;

④ 利用行列式加法运算的性质，有：

设 $\boldsymbol{\alpha}_i$ 为 n 维列向量，$\boldsymbol{\beta}_i$ 为 n 维行向量，则

$$\left|\boldsymbol{\alpha}_1 \quad \boldsymbol{\alpha}_2 \quad \boldsymbol{\alpha}_3\right| + \left|\boldsymbol{\alpha}_1 \quad \boldsymbol{\alpha}_2 \quad \boldsymbol{\alpha}_4\right| = \left|\boldsymbol{\alpha}_1 \quad \boldsymbol{\alpha}_2 \quad \boldsymbol{\alpha}_3 + \boldsymbol{\alpha}_4\right|,\quad \begin{vmatrix}\boldsymbol{\beta}_1\\ \boldsymbol{\beta}_2\\ \boldsymbol{\beta}_3\end{vmatrix} + \begin{vmatrix}\boldsymbol{\beta}_1\\ \boldsymbol{\beta}_2\\ \boldsymbol{\beta}_4\end{vmatrix} = \begin{vmatrix}\boldsymbol{\beta}_1\\ \boldsymbol{\beta}_2\\ \boldsymbol{\beta}_3 + \boldsymbol{\beta}_4\end{vmatrix}.$$

⑤ 范德蒙德行列式

$$D = \begin{vmatrix} 1 & 1 & \cdots & 1 \\ x_1 & x_2 & \cdots & x_n \\ x_1^2 & x_2^2 & \cdots & x_n^2 \\ \vdots & \vdots & & \vdots \\ x_1^{n-1} & x_2^{n-1} & \cdots & x_n^{n-1} \end{vmatrix} = \prod_{1 \le i < j \le n} (x_j - x_i).$$

◆ 两个特殊公式：

设 $\boldsymbol{A}$ 是 m 阶方阵，$\boldsymbol{B}$ 是 n 阶方阵，则

① $\begin{vmatrix} \boldsymbol{A} & \boldsymbol{O} \\ \boldsymbol{C} & \boldsymbol{B} \end{vmatrix} = \begin{vmatrix} \boldsymbol{A} & \boldsymbol{C} \\ \boldsymbol{O} & \boldsymbol{B} \end{vmatrix} = |\boldsymbol{A}||\boldsymbol{B}|$；特别地，有：$\begin{vmatrix} \boldsymbol{A} & \boldsymbol{O} \\ \boldsymbol{O} & \boldsymbol{B} \end{vmatrix} = |\boldsymbol{A}||\boldsymbol{B}|$.

② $\begin{vmatrix} \boldsymbol{O} & \boldsymbol{A} \\ \boldsymbol{B} & \boldsymbol{C} \end{vmatrix} = \begin{vmatrix} \boldsymbol{C} & \boldsymbol{A} \\ \boldsymbol{B} & \boldsymbol{O} \end{vmatrix} = (-1)^{mn}|\boldsymbol{A}||\boldsymbol{B}|$.

2.3 克拉默法则

包含 n 个未知数 $x_1, x_2, \cdots, x_n$ 的 n 个线性方程组成的方程组

$$\begin{cases} a_{11}x_1 + a_{12}x_2 + \cdots + a_{1n}x_n = b_1, \\ a_{21}x_1 + a_{22}x_2 + \cdots + a_{2n}x_n = b_2, \\ \qquad\qquad \vdots \\ a_{n1}x_1 + a_{n2}x_2 + \cdots + a_{nn}x_n = b_n, \end{cases} \tag{$*$}$$

如果它的系数行列式

$$D = \begin{vmatrix} a_{11} & a_{12} & \cdots & a_{1n} \\ a_{21} & a_{22} & \cdots & a_{2n} \\ \vdots & \vdots & & \vdots \\ a_{n1} & a_{n2} & \cdots & a_{nn} \end{vmatrix} \neq 0,$$

则方程组有唯一解

$$x_1 = \frac{D_1}{D}, x_2 = \frac{D_2}{D}, \cdots, x_n = \frac{D_n}{D},$$

其中，D_j 是用常数项 $b_1, b_2, \cdots, b_n$ 替换 D 中第 j 列所成的行列式($j = 1, 2, \cdots, n$).

◆ 由克拉默法则知：

① 若(＊)的系数行列式 $D \neq 0$，则它一定有解，且有唯一解.

② 若(＊)无解或有两个不同的解，则它的系数行列式一定为零.

因齐次线性方程组 $\sum_{j=1}^{n} a_{ij}x_j = 0\ (i = 1,2,\cdots,n)$ 必有零解，故

③ 若它的系数行列式 $D \neq 0$，则齐次线性方程组只有零解，$x_j = 0(j = 1,2,\cdots,n)$.

④ 若齐次线性方程组有非零解，则它的系数行列式一定为零.

3 疑难点解析

◆ 行列式定义最基本的有哪些？

行列式定义有以下两种：

第一种方式：用递推的方式给出，即

当 $\boldsymbol{A} = (a)_{1\times1}$ 时，规定 $|\boldsymbol{A}| = a$；

当 $\boldsymbol{A} = (a_{ij})_{n\times n}$ 时，规定 $|\boldsymbol{A}| = \sum_{j=1}^{n}(-1)^{i+j}a_{ij}M_{ij} = \sum_{j=1}^{n}a_{ij}A_{ij}$，其中，$M_{ij}$ 为 $\boldsymbol{A}$ 中去掉元素 a_{ij} 所在的行和列后得到的 $n-1$ 阶行列式，为 $\boldsymbol{A}$ 中元素 a_{ij} 的余子式，$A_{ij} = (-1)^{i+j}M_{ij}$ 为 a_{ij} 的代数余子式.

第二种方式：对 n 阶行列式 $|\boldsymbol{A}|$ 用所有 $n!$ 项的代数和给出，即

$$|\boldsymbol{A}| = \det(a_{ij})_{n\times n} = \sum(-1)^t a_{1p_1}a_{2p_2}\cdots a_{np_n},$$

其中，$p_1,p_2,\cdots,p_n$ 为自然数 $1,2,\cdots,n$ 的一个排列，t 为这个排列的逆序数.

第一种方式的思想是递推，其实质是“降阶”，在实际计算行列式中有着重要的应用；第二种方式的思想是对 2 阶、3 阶行列式形式的推广，更利于理解行列式的性质. 对于一些特殊行列式的某些项及值的确定，用第二种定义会非常方便.

◆ 对 n 阶行列式的计算，常用的方法有哪些？

行列式的核心考点是掌握计算行列式的方法，其基本方法是运用行列式性质，对于 n 阶行列式的计算，其基本方法和技巧是“化零”和“降阶”.

对于阶数不高的行列式，如 3 阶或 4 阶的行列式，若元素均为数字，则总可以由“交换两行(列)”与“把某行(列)的若干倍加到另一行(列)上去”两变换化为上(下)三角行列式而求得其值. 若元素均为字母，要多观察各行、列元素的特点，灵活应用性质，如当列(行)元素之和相等时往往全部行(列)加到第1行(列)；裂项，提公因子，逐行(列)相减化为三角形行列式等. 为便于计算，还要记住一些特殊形式的行列式(如三角行列式、范德蒙德行列式等)的计算公式.

常用的方法有：

① 定义法：对于行列式中含有多个零的，可考虑用定义找出非零项，并决定其符号，直接利用行列式的定义进行计算；

② 利用变换，利用行列式的基本性质化为三角形行列式，包括上、下三角行列式以及拆开为两个行列式等；

③ 降阶法：利用按行(列)展开定理化行列式为较低阶行列式的计算；

④ 数学归纳法：利用行列式元素所具有的相似性，应用行列式的性质，把一个 n 阶行列式表示为具有相同结构的较低阶行列式的线性关系式，再根据此关系式应用数学归纳法，递推求得所给 n 阶行列式的值；

⑤ 公式法：利用已知行列式进行计算，其中最重要的已知行列式是范德蒙德行列式；

⑥ 升阶法：对于某些特殊类型的行列式，采用升阶的方法更易于计算或证明.

以上方法中，前 4 种方法应用得比较多，也是最基本的方法，应该在实际练习过程中认真体会，掌握要领.

◆ 3 阶行列式 $\begin{vmatrix} & & a \\ & b & \\ c & & \end{vmatrix}=-abc$，但 4 阶行列式 $\begin{vmatrix} & & & a \\ & & b & \\ & c & & \\ d & & & \end{vmatrix}=-abcd$ 为什么就不对呢？

对于 3 阶行列式，所谓的对角线法则可以应用，但是对于 4 阶及更高阶的行列式，对角线法则不再适用，其错误就在于将对角线法则应用到 4 阶行列式上去了.

按照行列式的定义，该行列式 $D=\det(a_{ij})_{4\times4}$ 中除 $a_{14}a_{23}a_{32}a_{41}$ 这一项外，其余的项全为零，而该项的符号应该是 $(-1)^{\tau(4321)}=(-1)^6=1$，因此该行列式值为 $abcd$. 一般地，有

$$D=\begin{vmatrix} 0 & 0 & \cdots & 0 & d_1 \\ 0 & 0 & \cdots & d_2 & 0 \\ \vdots & \vdots & & \vdots & \vdots \\ 0 & d_{n-1} & \cdots & 0 & 0 \\ d_n & 0 & \cdots & 0 & 0 \end{vmatrix}=(-1)^{\frac{n(n-1)}{2}}d_1\cdot d_2\cdot\cdots\cdot d_n.$$

◆ 行列式是线性代数中必不可少的工具，它有哪些方面的重要应用呢？

行列式的应用很多，例如：

① 判定方阵是否可逆以及应用公式 $\boldsymbol{A}^{-1}=\frac{1}{|\boldsymbol{A}|}\boldsymbol{A}^*$ 求逆矩阵；

② 判定 n 个 n 维向量的线性相关性；

③ 计算矩阵的秩；

④ 讨论系数矩阵为方阵的线性方程组的解的情况并利用克拉默法则求方程组的解；

⑤ 求方阵的特征值；

⑥ 判定二次型及实对称矩阵的正定性等.

◆ 证明 $|\boldsymbol{A}|=0$ 有哪些方法？

① $|\boldsymbol{A}|=-|\boldsymbol{A}|$；

② 反证法；

③ 构造齐次线性方程组 $\boldsymbol{Ax}=\boldsymbol{0}$，证明其有非零解；

④ 利用秩，证明 $R(\boldsymbol{A})<n$；

⑤ 证明 0 是其特征值.

◆ 克拉默法则适用于什么样的线性方程组？

克拉默法则仅适用于方程的个数与未知数的个数相等的线性方程组. 对于 n 元非齐次线性方程组，当系数行列式 $D\neq0$ 时，有唯一解；当系数行列式 $D=0$ 时，该法则失效，此时方程组可能有解，也可能无解. 而对于 n 元齐次线性方程组，当系数行列式 $D\neq0$ 时，有唯

一零解；当系数行列式 $D=0$ 时，齐次线性方程组有无穷多解.

特别要记准公式中各行列式的构成规律，在套用公式之前要检查方程组是否为“标准形”—— 常数项全在等号右端;要注意克拉默法则的推论的实质，即 n 个方程 n 个未知数的齐次线性方程组有非零解的充分必要条件是其系数行列式为零.

克拉默法则在理论上的意义重大，但是对于具体的线性方程组求解，需要计算 $n+1$ 个 n 阶行列式，计算量较大，往往用初等变换的方法更为有效.

二、典型例题分析

1. 记行列式 $\begin{vmatrix} x-2 & x-1 & x-2 & x-3 \\ 2x-2 & 2x-1 & 2x-2 & 2x-3 \\ 3x-3 & 3x-2 & 4x-5 & 3x-5 \\ 4x & 4x-3 & 5x-7 & 4x-3 \end{vmatrix}$ 为 $f(x)$，则方程 $f(x)=0$ 的根的个数为 ________.

(A) 1　　(B) 2　　(C) 3　　(D) 4

解　利用行列式性质，计算出行列式是几次多项式，即可作出判别.

$$f(x)=\begin{vmatrix} x-2 & x-1 & x-2 & x-3 \\ 2x-2 & 2x-1 & 2x-2 & 2x-3 \\ 3x-3 & 3x-2 & 4x-5 & 3x-5 \\ 4x & 4x-3 & 5x-7 & 4x-3 \end{vmatrix}$$

$$\xlongequal[c_4-c_1]{\substack{c_2-c_1\\c_3-c_1}}\begin{vmatrix} x-2 & 1 & 0 & -1 \\ 2x-2 & 1 & 0 & -1 \\ 3x-3 & 1 & x-2 & -2 \\ 4x & -3 & x-7 & -3 \end{vmatrix}\xlongequal{c_4+c_2}\begin{vmatrix} x-2 & 1 & 0 & 0 \\ 2x-2 & 1 & 0 & 0 \\ 3x-3 & 1 & x-2 & -1 \\ 4x & -3 & x-7 & -6 \end{vmatrix}$$

$$=\begin{vmatrix} x-2 & 1 \\ 2x-2 & 1 \end{vmatrix}\cdot\begin{vmatrix} x-2 & -1 \\ x-7 & -6 \end{vmatrix}$$

$$=((x-2)\cdot 1-(2x-2)\cdot 1)\cdot(-6(x-2)-(-1)(x-7))$$

$$=5x\cdot(x-1),$$

故 $f(x)=0$ 有两个根,即 $x_1=0$，$x_2=1$，答案应选(B).

2. 5 阶行列式

$$D_5=\begin{vmatrix} 1-a & a & 0 & 0 & 0 \\ -1 & 1-a & a & 0 & 0 \\ 0 & -1 & 1-a & a & 0 \\ 0 & 0 & -1 & 1-a & a \\ 0 & 0 & 0 & -1 & 1-a \end{vmatrix}=\underline{\qquad\qquad}.$$

解　对于$\begin{vmatrix} a & b & & \\ c & a & b & \\ & c & a & b \\ & & c & a \end{vmatrix}$型行列式，可以用递推法. 对于本题，可把第 2 至 5 列均加到第 1 列，得到

$$D_5 = \begin{vmatrix} 1 & a & 0 & 0 & 0 \\ 0 & 1-a & a & 0 & 0 \\ 0 & -1 & 1-a & a & 0 \\ 0 & 0 & -1 & 1-a & a \\ -a & 0 & 0 & -1 & 1-a \end{vmatrix}$$

$$= \begin{vmatrix} 1-a & a & 0 & 0 \\ -1 & 1-a & a & 0 \\ 0 & -1 & 1-a & a \\ 0 & 0 & -1 & 1-a \end{vmatrix} + (-a)(-1)^{5+1} \begin{vmatrix} a & 0 & 0 & 0 \\ 1-a & a & 0 & 0 \\ -1 & 1-a & a & 0 \\ 0 & -1 & 1-a & a \end{vmatrix},$$

即 $D_5 = D_4 + (-a)(-1)^{5+1}a^4$.

类似地，有

$$D_4 = D_3 + (-a)(-1)^{4+1}a^3,\ D_3 = D_2 + (-a)(-1)^{3+1}a^2.$$

把这三个等式相加，并把 $D_2 = 1 - a + a^2$ 代入，得

$$D_5 = 1 - a + a^2 - a^3 + a^4 - a^5.$$

3. 设 $\boldsymbol{\alpha} = (1,0,-1)^{\mathrm{T}}$，矩阵 $\boldsymbol{A} = \boldsymbol{\alpha}\boldsymbol{\alpha}^{\mathrm{T}}$，$n$ 为正整数，则 $|a\boldsymbol{E} - \boldsymbol{A}^n| =$ ____ .

解　**方法 1**：由题设，有

$$\boldsymbol{A} = \boldsymbol{\alpha}\boldsymbol{\alpha}^{\mathrm{T}} = \begin{pmatrix} 1 \\ 0 \\ -1 \end{pmatrix}(1,0,-1) = \begin{pmatrix} 1 & 0 & -1 \\ 0 & 0 & 0 \\ -1 & 0 & 1 \end{pmatrix},\ \boldsymbol{\alpha}^{\mathrm{T}}\boldsymbol{\alpha} = (1,0,-1)\begin{pmatrix} 1 \\ 0 \\ -1 \end{pmatrix} = 2,$$

$$\boldsymbol{A}^2 = (\boldsymbol{\alpha}\boldsymbol{\alpha}^{\mathrm{T}})^2 = (\boldsymbol{\alpha}\boldsymbol{\alpha}^{\mathrm{T}})(\boldsymbol{\alpha}\boldsymbol{\alpha}^{\mathrm{T}}) = \boldsymbol{\alpha}(\boldsymbol{\alpha}\boldsymbol{\alpha}^{\mathrm{T}})\boldsymbol{\alpha}^{\mathrm{T}} = 2\boldsymbol{\alpha}\boldsymbol{\alpha}^{\mathrm{T}} = 2\boldsymbol{A},$$

故

$$\boldsymbol{A}^n = 2^{n-1}\boldsymbol{A} = \begin{pmatrix} 2^{n-1} & 0 & -2^{n-1} \\ 0 & 0 & 0 \\ -2^{n-1} & 0 & 2^{n-1} \end{pmatrix},$$

所以

$$|a\boldsymbol{E} - \boldsymbol{A}^n| = \begin{vmatrix} a-2^{n-1} & 0 & 2^{n-1} \\ 0 & a & 0 \\ 2^{n-1} & 0 & a-2^{n-1} \end{vmatrix} = a((a-2^{n-1})^2 - (2^{n-1})^2)$$

$$= a(a^2 - 2^n a) = a^2(a - 2^n).$$

方法 2：$\boldsymbol{A} = \boldsymbol{\alpha}\boldsymbol{\alpha}^{\mathrm{T}} = \begin{pmatrix} 1 \\ 0 \\ -1 \end{pmatrix}(1,0,-1) = \begin{pmatrix} 1 & 0 & -1 \\ 0 & 0 & 0 \\ -1 & 0 & 1 \end{pmatrix}$是对称矩阵，其必相似于对角阵

$\boldsymbol{\Lambda}$. 由于$R(\boldsymbol{A})=1$，所以相似对角阵的秩$R(\boldsymbol{\Lambda})=1$，可设$\boldsymbol{\Lambda}=(0,0,\lambda_3)$，故$\lambda_1=\lambda_2=0$是二重特征值，另一个特征值$\lambda_3=\sum_{i=1}^{3}a_{ii}=2$. $\boldsymbol{A}^n$ 的特征值为$2^n,0,0$，$a\boldsymbol{E}-\boldsymbol{A}^n$ 的全部特征值为$a-2^n,a,a$，故

$$|a\boldsymbol{E}-\boldsymbol{A}^n|=a^2(a-2^n).$$

4. 设$\boldsymbol{A}$为10×10矩阵

$$\boldsymbol{A}=\begin{pmatrix}0&1&0&\cdots&0&0\\0&0&1&\cdots&0&0\\\vdots&\vdots&\vdots&&\vdots&\vdots\\0&0&0&\cdots&0&1\\10^{10}&0&0&\cdots&0&0\end{pmatrix},$$

计算行列式$|\boldsymbol{A}-\lambda\boldsymbol{E}|$，其中$\boldsymbol{E}$为10阶单位矩阵，$\lambda$为常数.

解 因为本题行列式中零元素较多，所以考虑将行列式按某一行或者某一列展开，达到降阶的目的. 将行列式按第1列展开，有

$$|\boldsymbol{A}-\lambda\boldsymbol{E}|=\begin{vmatrix}-\lambda&1&0&\cdots&0&0\\0&-\lambda&1&\cdots&0&0\\\vdots&\vdots&\vdots&&\vdots&\vdots\\0&0&0&\cdots&-\lambda&1\\10^{10}&0&0&\cdots&0&-\lambda\end{vmatrix}$$

$$=(-\lambda)\begin{vmatrix}-\lambda&1&0&\cdots&0\\0&-\lambda&1&\cdots&0\\\vdots&\vdots&\vdots&&\vdots\\0&0&0&\cdots&1\\0&0&0&\cdots&-\lambda\end{vmatrix}+10^{10}(-1)^{10+1}\begin{vmatrix}1&0&\cdots&0&0\\-\lambda&1&\cdots&0&0\\\vdots&\vdots&&\vdots&\vdots\\0&0&\cdots&1&0\\0&0&\cdots&-\lambda&1\end{vmatrix}$$

$$=(-\lambda)(-\lambda)^9-10^{10}=\lambda^{10}-10^{10}.$$

5. 计算

$$D_n=\begin{vmatrix}x_1&a&\cdots&a\\a&x_2&\cdots&a\\\vdots&\vdots&&\vdots\\a&a&\cdots&x_n\end{vmatrix},\ x_i\neq a,i=1,2,\cdots,n.$$

解 **方法1**：

$$D_n\xlongequal[i=2,\cdots,n]{r_i-r_1}\begin{vmatrix}x_1&a&\cdots&a\\a-x_1&x_2-a&\cdots&0\\\vdots&\vdots&&\vdots\\a-x_1&0&\cdots&x_n-a\end{vmatrix}$$

$$\xlongequal[i=2,\cdots,n]{r_1+\frac{-a}{x_i-a}r_i}\begin{vmatrix} x_1-(a-x_1)\sum\limits_{i=2}^{n}\frac{a}{x_i-a} & 0 & \cdots & 0 \\ a-x_1 & x_2-a & \cdots & 0 \\ \vdots & \vdots & & \vdots \\ a-x_1 & 0 & \cdots & x_n-a \end{vmatrix}$$

$$=(x_2-a)\cdots(x_n-a)\left(x_1-(a-x_1)\sum_{i=2}^{n}\frac{a}{x_i-a}\right)$$

$$=\left(1+\sum_{i=1}^{n}\frac{a}{x_i-a}\right)\prod_{i=1}^{n}(x_i-a).$$

方法 2：

$$D_n=\begin{vmatrix} 1 & a & a & \cdots & a \\ 0 & x_1 & a & \cdots & a \\ 0 & a & x_2 & \cdots & a \\ \vdots & \vdots & \vdots & & \vdots \\ 0 & a & a & \cdots & x_n \end{vmatrix}\xlongequal[i=2,3,\cdots,n+1]{r_i+(-1)r_1}\begin{vmatrix} 1 & a & a & \cdots & a \\ -1 & x_1-a & 0 & \cdots & 0 \\ -1 & 0 & x_2-a & \cdots & 0 \\ \vdots & \vdots & \vdots & & \vdots \\ -1 & 0 & 0 & \cdots & x_n-a \end{vmatrix}$$

$$\xlongequal[i=1,\cdots,n]{c_1+\frac{1}{x_i-a}\cdot c_{i+1}}\begin{vmatrix} 1+\sum\limits_{i=1}^{n}\frac{a}{x_i-a} & a & a & \cdots & a \\ 0 & x_1-a & 0 & \cdots & 0 \\ 0 & 0 & x_2-a & \cdots & 0 \\ \vdots & \vdots & \vdots & & \vdots \\ 0 & 0 & 0 & \cdots & x_n-a \end{vmatrix}$$

$$=\left(1+\sum_{i=1}^{n}\frac{a}{x_i-a}\right)\prod_{i=1}^{n}(x_i-a).$$

6. 计算

$$D_n=\begin{vmatrix} 5 & 3 & & & \\ 2 & 5 & 3 & & \\ & 2 & \ddots & \ddots & \\ & & \ddots & \ddots & 3 \\ & & & 2 & 5 \end{vmatrix}.$$

解　按第 1 列展开，有 $D_n=5D_{n-1}-6D_{n-2}$，且 $D_1=5$，$D_2=19$.

由 $D_n-3D_{n-1}=2(D_{n-1}-3D_{n-2})$，得到 D_n-3D_{n-1} 为以 D_2-3D_1 为首项以 2 为公比的等比数列；由 $D_n-2D_{n-1}=3(D_{n-1}-2D_{n-2})$，得到 D_n-2D_{n-1} 为以 D_2-2D_1 为首项以 3 为公比的等比数列，从而

$$D_n-3D_{n-1}=(D_2-3D_1)\cdot 2^{n-2}=2^n,\ D_n-2D_{n-1}=(D_2-2D_1)\cdot 3^{n-2}=3^n,$$

解得 $D_n=3^{n+1}-2^{n+1}$.

7. 计算行列式 $D_n = \begin{vmatrix} a_1-b_1 & a_1-b_2 & \cdots & a_1-b_n \\ a_2-b_1 & a_2-b_2 & \cdots & a_2-b_n \\ \vdots & \vdots & & \vdots \\ a_n-b_1 & a_n-b_2 & \cdots & a_n-b_n \end{vmatrix}$.

解　方法1：

$$D_n = \begin{vmatrix} a_1 & a_1-b_2 & \cdots & a_1-b_n \\ a_2 & a_2-b_2 & \cdots & a_2-b_n \\ \vdots & \vdots & & \vdots \\ a_n & a_n-b_2 & \cdots & a_n-b_n \end{vmatrix} + \begin{vmatrix} -b_1 & a_1-b_2 & \cdots & a_1-b_n \\ -b_1 & a_2-b_2 & \cdots & a_2-b_n \\ \vdots & \vdots & & \vdots \\ -b_1 & a_n-b_2 & \cdots & a_n-b_n \end{vmatrix}$$

$$= \begin{vmatrix} a_1 & -b_2 & \cdots & -b_n \\ a_2 & -b_2 & \cdots & -b_n \\ \vdots & \vdots & & \vdots \\ a_n & -b_2 & \cdots & -b_n \end{vmatrix} = (-1)^{n-1}b_2\cdots b_n \begin{vmatrix} a_1 & 1 & \cdots & 1 \\ a_2 & 1 & \cdots & 1 \\ \vdots & \vdots & & \vdots \\ a_n & 1 & \cdots & 1 \end{vmatrix} = 0 \quad (n \geq 3).$$

而当 $n=1$ 时，有 $D_1 = a_1 - b_1$，

当 $n=2$ 时，有

$$\begin{aligned} D_2 &= (a_1-b_1)(a_2-b_2)-(a_2-b_1)(a_1-b_2) \\ &= a_1a_2 - a_1b_2 - a_2b_1 + b_1b_2 - a_1a_2 + a_2b_2 + a_1b_1 - b_1b_2 \\ &= a_2b_2 + a_1b_1 - a_1b_2 - a_2b_1 = (a_1-a_2)(b_1-b_2). \end{aligned}$$

方法2：

$$D_n = \left| \begin{pmatrix} a_1 & -1 \\ a_2 & -1 \\ \vdots & \vdots \\ a_n & -1 \end{pmatrix} \begin{pmatrix} 1 & 1 & \cdots & 1 \\ b_1 & b_2 & \cdots & b_n \end{pmatrix} \right|$$

$$= \left| \begin{pmatrix} a_1 & -1 & 0 & \cdots & 0 \\ a_2 & -1 & 0 & \cdots & 0 \\ \vdots & \vdots & \vdots & & \vdots \\ a_n & -1 & 0 & \cdots & 0 \end{pmatrix}_{n\times n} \begin{pmatrix} 1 & 1 & \cdots & 1 \\ b_1 & b_2 & \cdots & b_n \\ 0 & 0 & \cdots & 0 \\ \vdots & \vdots & & \vdots \\ 0 & 0 & \cdots & 0 \end{pmatrix}_{n\times n} \right|$$

$$= \begin{vmatrix} a_1 & -1 & 0 & \cdots & 0 \\ a_2 & -1 & 0 & \cdots & 0 \\ \vdots & \vdots & \vdots & & \vdots \\ a_n & -1 & 0 & \cdots & 0 \end{vmatrix} \begin{vmatrix} 1 & 1 & \cdots & 1 \\ b_1 & b_2 & \cdots & b_n \\ 0 & 0 & \cdots & 0 \\ \vdots & \vdots & & \vdots \\ 0 & 0 & \cdots & 0 \end{vmatrix} = \begin{cases} a_1 - b_1, & n=1; \\ (a_1-a_2)(b_1-b_2), & n=2; \\ 0, & n \geq 3. \end{cases}$$

8. 已知 $f(x) = \begin{vmatrix} x & 1 & 2+x \\ 2 & 2 & 4 \\ 3 & x+2 & 4-x \end{vmatrix}$，证明 $f'(x)=0$ 有小于1的正根.

证 因为

$$f(0)=\begin{vmatrix}0&1&2\\2&2&4\\3&2&4\end{vmatrix}=0,\ f(1)=\begin{vmatrix}1&1&3\\2&2&4\\3&3&3\end{vmatrix}=0,$$

又 $f(x)$ 是多项式，在 $[0,1]$ 上连续，在 $(0,1)$ 内可导，由拉格朗日微分中值定理，存在 $\xi\in(0,1)$，使 $f'(\xi)=0$，即 $f'(x)=0$ 有小于 1 的正根.

9. 设 n 阶行列式 D_n 的元素只为 1 或 -1，证明：D_n 可被 2^{n-1} 整除.

证 设 $D_n=(d_{ij})_{n\times n}$，不妨设 $d_{11}=1$，利用行列式的计算性质，对任意 $i=2,\cdots,n$，若 $d_{i1}=1$，施行 r_i-r_1；若 $d_{i1}=-1$，施行 r_i+r_1，可以将该行列式第 1 列元素除第 1 行外全部变为 0：

$$D_n=\begin{vmatrix}1&*&\cdots&*\\0&&&\\\vdots&&\boldsymbol{A}_{n-1}&\\0&&&\end{vmatrix}=|\boldsymbol{A}_{n-1}|=2^{n-1}|\boldsymbol{B}_{n-1}|,$$

其中，$\boldsymbol{A}_{n-1}$ 的元素仅由 2，-2，0 组成，$n-1$ 阶行列式每一行提取公因子 2，则 $\boldsymbol{B}_{n-1}$ 的元素由 1，-1，0 组成，按行列式定义，其值一定为整数，故 D_n 可被 2^{n-1} 整除.

10. 设 $\sin\theta\neq0$，证明：n 阶行列式

$$D_n=\begin{vmatrix}2\cos\theta&1&0&\cdots&0&0\\1&2\cos\theta&1&\cdots&0&0\\0&1&2\cos\theta&\cdots&0&0\\\vdots&\vdots&\vdots&&\vdots&\vdots\\0&0&0&\cdots&2\cos\theta&1\\0&0&0&\cdots&1&2\cos\theta\end{vmatrix}=\frac{\sin(n+1)\theta}{\sin\theta}.$$

证 利用数学归纳法，当 $n=1,2$ 时，有

$$D_1=2\cos\theta=\frac{\sin(1+1)\theta}{\sin\theta},$$

$$D_2=\begin{vmatrix}2\cos\theta&1\\1&2\cos\theta\end{vmatrix}=4\cos^2\theta-1=\frac{\sin(2+1)\theta}{\sin\theta},$$

结论显然成立.

现假定结论对小于等于 $n-1$ 时成立，即有

$$D_{n-2}=\frac{\sin(n-2+1)\theta}{\sin\theta},\ D_{n-1}=\frac{\sin(n-1+1)\theta}{\sin\theta},$$

将 D_n 按第 1 列展开，得：

$$D_n=2\cos\theta\cdot\begin{vmatrix}2\cos\theta&1&\cdots&0&0\\1&2\cos\theta&\cdots&0&0\\\vdots&\vdots&&\vdots&\vdots\\0&0&\cdots&2\cos\theta&1\\0&0&\cdots&1&2\cos\theta\end{vmatrix}_{(n-1)}-\begin{vmatrix}1&0&\cdots&0&0\\1&2\cos\theta&\cdots&0&0\\\vdots&\vdots&&\vdots&\vdots\\0&0&\cdots&2\cos\theta&1\\0&0&\cdots&1&2\cos\theta\end{vmatrix}_{(n-1)}$$

$$
\begin{aligned}
&= 2\cos\theta \cdot D_{n-1} - D_{n-2} \\
&= 2\cos\theta \cdot \frac{\sin(n-1+1)\theta}{\sin\theta} - \frac{\sin(n-2+1)\theta}{\sin\theta} \\
&= \frac{2\cos\theta \cdot \sin n\theta - \sin(n-1)\theta}{\sin\theta} \\
&= \frac{2\cos\theta \cdot \sin n\theta - \sin n\theta \cdot \cos\theta + \cos n\theta \cdot \sin\theta}{\sin\theta} \\
&= \frac{\sin n\theta \cdot \cos\theta + \cos n\theta \cdot \sin\theta}{\sin\theta} = \frac{\sin(n+1)\theta}{\sin\theta},
\end{aligned}
$$

故当对 n 时, 等式也成立. 得证.

11. 设 $D(x_1,x_2,\cdots,x_n) = \begin{vmatrix} 1 & \cdots & 1 \\ x_1 & \cdots & x_n \\ x_1^2 & \cdots & x_n^2 \\ \vdots & \ddots & \vdots \\ x_1^{n-1} & \cdots & x_n^{n-1} \end{vmatrix}$, 求证:

(1) $\sum_{i=1}^{n} \frac{\partial D}{\partial x_i} = 0$;

(2) $\sum_{i=1}^{n} x_i \frac{\partial D}{\partial x_i} = \frac{n(n-1)}{2}D$.

证　方法1: (1) 由行列式的性质知: 用 $(x_1+t)^{i-1}$, $\cdots$, $(x_n+t)^{i-1}$ 分别代替行列式中的第 i 行相应的元素 $(i=1,2,\cdots,n)$, 行列式的值不变, 故有

$$D(x_1,x_2,\cdots,x_n) = D(x_1+t,x_2+t,\cdots,x_n+t),$$

两边对 t 求导并令 $t=0$, 即有 $\sum_{i=1}^{n} \frac{\partial D}{\partial x_i} = 0$.

(2) 同样由行列式的性质有

$$D(tx_1,tx_2,\cdots,tx_n) = t^{\frac{n(n-1)}{2}} D(x_1,x_2,\cdots,x_n),$$

两边对 t 求导并令 $t=1$, 可得 $\sum_{i=1}^{n} x_i \frac{\partial D}{\partial x_i} = \frac{n(n-1)}{2}D$.

方法2: (1) 设 $A_{j,i}$ 为元素 x_i^{j-1} 所在位置的代数余子式, $j=1,2,\cdots,n$, 按第 i 列展开, 有 $D = \sum_{j=1}^{n} x_i^{j-1} A_{j,i}$, 对 $\forall i=1,2,\cdots,n$, 从而有

$$\frac{\partial D}{\partial x_i} = \sum_{j=1}^{n-1} j x_i^{j-1} A_{j+1,i},\ i=1,2,\cdots,n,\ \sum_{i=1}^{n} \frac{\partial D}{\partial x_i} = \sum_{j=1}^{n-1} j \sum_{i=1}^{n} x_i^{j-1} A_{j+1,i},$$

而

$$\sum_{i=1}^{n} x_i^{j-1} A_{j+1,i} = \begin{vmatrix} 1 & 1 & \cdots & 1 \\ x_1 & x_2 & \cdots & x_n \\ \vdots & \vdots & \cdots & \vdots \\ x_1^{j-1} & x_2^{j-1} & \cdots & x_n^{j-1} \\ x_1^{j-1} & x_2^{j-1} & \cdots & x_n^{j-1} \\ \vdots & \vdots & \cdots & \vdots \\ x_1^{n-1} & x_2^{n-1} & \cdots & x_n^{n-1} \end{vmatrix} = 0,\ j = 1,2,\cdots,n-1,$$

所以$\sum\limits_{i=}^{n} \dfrac{\partial D}{\partial x_i} = 0.$

（2）$x_i \dfrac{\partial D}{\partial x_i} = x_i \sum\limits_{j=1}^{n-1} j x_i^{j-1} A_{j+1,i} = \sum\limits_{j=1}^{n-1} j x_i^j A_{j+1,i}$，故

$$\sum_{i=1}^{n} x_i \frac{\partial D}{\partial x_i} = \sum_{i=1}^{n}\sum_{j=1}^{n-1} j x_i^j A_{j+1,i} = \sum_{j=1}^{n-1} j \sum_{i=1}^{n} x_i^j A_{j+1,i} = \sum_{j=1}^{n-1} j \cdot D = \frac{n(n-1)}{2}D.$$

12. 设$D = \begin{vmatrix} a_{11} & a_{12} & \cdots & a_{1,n-1} & 1 \\ a_{21} & a_{22} & \cdots & a_{2,n-1} & 1 \\ \vdots & \vdots & \ddots & \vdots & \vdots \\ a_{n1} & a_{n2} & \cdots & a_{n,n-1} & 1 \end{vmatrix}$，把它的第$i$行$(i=1,2,\cdots,n)$换成$x_1,x_2,\cdots,$ $x_{n-1},1$,而其他的行都不变，所得的行列式以D_i记之，试证：$D = \sum\limits_{i=1}^{n} D_i.$

证　以A_{ij}表示行列式D中a_{ij}对应的代数余子式，则

$$D_i = x_1 A_{i1} + x_2 A_{i2} + \cdots + x_{n-1} A_{i,n-1} + A_{in},\ i = 1,2,\cdots,n,$$

故

$$\sum_{i=1}^{n} D_i = \sum_{i=1}^{n}\left(\sum_{j=1}^{n-1} x_j A_{ij}\right) + \sum_{i=1}^{n} A_{in} = \sum_{j=1}^{n-1} x_j \sum_{i=1}^{n} A_{ij} + \sum_{i=1}^{n} A_{in},$$

又若把行列式D中第j列元素都换成1，所得行列式记为B_j，则：

$$B_j = A_{1j} \times 1 + A_{2j} \times 1 + \cdots + A_{nj} \times 1 = \sum_{i=1}^{n} A_{ij},$$

故$B_j = \begin{cases} 0, & j \neq n \\ D, & j = n \end{cases}$，即$\sum\limits_{i=1}^{n} A_{ij} = \begin{cases} 0, & j \neq n \\ D, & j = n \end{cases}$，于是$\sum\limits_{i=1}^{n} D_i = \sum\limits_{i=1}^{n} A_{in} = D.$

三、本章测验题

1. 设n阶矩阵$\boldsymbol{A} = \begin{pmatrix} 0 & 1 & 1 & \cdots & 1 & 1 \\ 1 & 0 & 1 & \cdots & 1 & 1 \\ 1 & 1 & 0 & \cdots & 1 & 1 \\ \vdots & \vdots & \vdots & & \vdots & \vdots \\ 1 & 1 & 1 & \cdots & 0 & 1 \\ 1 & 1 & 1 & \cdots & 1 & 0 \end{pmatrix}$，则$|\boldsymbol{A}| =$ ________.

2. 若齐次线性方程组

$$\begin{cases}\lambda x_1 + x_2 + x_3 = 0,\\ x_1 + \lambda x_2 + x_3 = 0,\\ x_1 + x_2 + x_3 = 0\end{cases}$$

只有零解，则 λ 应满足的条件是 ________ .

3. 计算 $D_n = \begin{vmatrix} x_1 + a_1b_1 & x_1 + a_1b_2 & \cdots & x_1 + a_1b_n \\ x_2 + a_2b_1 & x_2 + a_2b_2 & \cdots & x_2 + a_2b_n \\ \vdots & \vdots & & \vdots \\ x_n + a_nb_1 & x_n + a_nb_2 & \cdots & x_n + a_nb_n \end{vmatrix}$，$n \geq 3$.

4. 已知 $\begin{vmatrix} 1 & 2 & 3 & 4 \\ 5 & 5 & 3 & 3 \\ 3 & 2 & 4 & 2 \\ 2 & 2 & 1 & 1 \end{vmatrix}$，求：(1) $A_{31} + A_{32}$；(2) $A_{33} + A_{34}$.

5. 求一个 3 次多项式，使得 $f(0) = 0$，$f(1) = -1$，$f(2) = 4$，$f(-1) = 1$.

本章测验题答案

1. $(-1)^{n-1}(n-1)$
2. $\lambda \neq 1$
3. 0
4. (1)0；(2)0
5. $f(x) = x^3 - 2x$

四、本章习题全解

练习 1.1

1. 用对角线法则计算下列行列式：

(1) $\begin{vmatrix} \cos x & -\sin x \\ \sin x & \cos x \end{vmatrix}$；　(2) $\begin{vmatrix} x + iy & y \\ 2x & x - iy \end{vmatrix}$；

(3) $\begin{vmatrix} 3 & 2 & 4 \\ 4 & 1 & 2 \\ 5 & 2 & 3 \end{vmatrix}$；　(4) $\begin{vmatrix} 1 & \omega & \omega^2 \\ \omega^2 & 1 & \omega \\ \omega & \omega^2 & 1 \end{vmatrix}$，其中 $\omega = -\dfrac{1}{2} + i\dfrac{\sqrt{3}}{2}$.

解　(1) $\begin{vmatrix} \cos x & -\sin x \\ \sin x & \cos x \end{vmatrix} = \cos^2 x + \sin^2 x = 1$；

(2) $\begin{vmatrix} x + iy & y \\ 2x & x - iy \end{vmatrix} = (x + iy)(x - iy) - 2xy = x^2 + y^2 - 2xy = (x - y)^2$；

(3) $\begin{vmatrix} 3 & 2 & 4 \\ 4 & 1 & 2 \\ 5 & 2 & 3 \end{vmatrix} = 3\cdot1\cdot3+4\cdot2\cdot4+2\cdot2\cdot5-1\cdot4\cdot5-2\cdot2\cdot3\cdot-2\cdot4\cdot3=5$;

(4) 因 $\omega=-\frac{1}{2}+i\frac{\sqrt{3}}{2}$, 易知 $\omega^2+\omega+1=0$ 及 $\omega^3-1=0$, 从而

$$\begin{vmatrix} 1 & \omega & \omega^2 \\ \omega^2 & 1 & \omega \\ \omega & \omega^2 & 1 \end{vmatrix} = 1+\omega^6+\omega^3-\omega^3-\omega^3-\omega^3=(1-\omega^3)^2=0.$$

练习 1.2

1. 求下列各排列的逆序数.

(1) 341782659; (2) $13\cdots(2n-1)24\cdots(2n)$.

解 (1) $\tau(341782659)=2+2+0+3+3+0+1+0+0=11$.

(2) $\tau(135\cdots(2n-1)246\cdots(2n))$

$$=0+0+\cdots+0+(n-1)+(n-2)+\cdots+2+1+0=\frac{n(n-1)}{2}.$$

2. 求出 m,n 使 9 级排列 $39m7215n4$ 为偶排列.

解 因 $39m7215n4$ 是一个 9 元排列, 所以 m,n 只能取 6,8. 当 $m=8,n=6$ 时, $\tau(398721564)=23$. 当 $m=6,n=8$ 时, $\tau(396721584)=20$ 符合题意. 得 $m=6,n=8$ 即为所求.

3. 设排列 $a_1a_2\cdots a_n$ 的逆序数为 k, 试求排列 $a_na_{n-1}\cdots a_2a_1$ 的逆序数.

解 对 n 个数 $a_1,a_2,\cdots,a_n$ 的任意的一个排列 $a_1a_2\cdots a_n$, 若元素 a_i 和 $a_j(i\neq j)$ 在该排列中构成一个逆序, 则在排列 $a_na_{n-1}\cdots a_2a_1$ 中不构成逆序, 而 n 个数 $a_1,a_2,\cdots,a_n$ 的不同的两元素组合共有$\frac{n(n-1)}{2}$对, 从而有: 若 $\tau(a_1a_2\cdots a_n)=k$, 表明在排列 $a_1a_2\cdots a_n$ 中共有 k 对元素构成逆序, 故这 k 对元素在排列 $a_na_{n-1}\cdots a_2a_1$ 中必不构成逆序, 从而

$$\tau(a_na_{n-1}\cdots a_2a_1)=\frac{n(n-1)}{2}-k.$$

练习 1.3

1. 写出 5 阶行列式 $\begin{vmatrix} a_{11} & \cdots & a_{15} \\ \vdots & \ddots & \vdots \\ a_{51} & \cdots & a_{55} \end{vmatrix}$ 中包含 $a_{13}a_{25}$ 的所有正项.

解 包含 $a_{13}a_{25}$ 的所有项为 $a_{13}a_{25}a_{3p_1}a_{4p_2}a_{5p_3}$, 其中 $p_1p_2p_3$ 为 1,2,4 的不同排列, 共有 6 种, 其中仅 $a_{13}a_{25}a_{31}a_{44}a_{52}$, $a_{13}a_{25}a_{32}a_{41}a_{54}$, $a_{13}a_{25}a_{34}a_{42}a_{51}$ 是偶排列, 从而为正项.

2. 计算行列式

$$D_n=\begin{vmatrix}0&\cdots&0&1&0\\0&\cdots&2&0&0\\\vdots&&\vdots&\vdots&\vdots\\n-1&\cdots&0&0&0\\0&\cdots&0&0&n\end{vmatrix}.$$

解 由行列式定义知，n 阶行列式的值由 $n!$ 项相加而成，每一项都是来自不同行不同列的元素之积，且一般形式为 $a_{1p_1}a_{2p_2}\cdots a_{np_n}$. 显然只要有一个元素为零，那么该项就为零，因此为求 D 的值，只需求 D 中所有非零项. 该行列式的值为

$$D_n=(-1)^{\tau(n-1,n-2,n-3,\cdots,2,1,n)}1\cdot2\cdot3\cdot\cdots\cdot n=(-1)^{\frac{(n-1)(n-2)}{2}}n!.$$

3. 设 n 阶行列式 D 每行每列恰有一个元素为1，其余元素为0，问：

(1) D 可能为0吗？

(2) 这样的行列式共有多少个？

解 (1) 因行列式的值产生于所有取自不同行不同列的元素的乘积的带符号的和，从而 D 的值不可能为0.

(2) 这样的行列式共有 $n!$ 个.

4. 计算下列各行列式：

(1) $\begin{vmatrix}100&101&102\\26&24&25\\53&51&52\end{vmatrix}$；　　(2) $\begin{vmatrix}1&1&1\\1&1+x&1\\1&1&1+y\end{vmatrix}$；

(3) $\begin{vmatrix}1&2&3&0\\0&0&2&0\\3&0&4&5\\0&0&0&1\end{vmatrix}$；　　(4) $\begin{vmatrix}1&2&3&4\\2&3&4&1\\3&4&1&2\\4&1&2&3\end{vmatrix}$；

解 (1) $\begin{vmatrix}100&101&102\\26&24&25\\53&51&52\end{vmatrix}\xlongequal[r_3-2r_2]{r_1-4r_2}\begin{vmatrix}-4&5&2\\26&24&25\\1&3&2\end{vmatrix}=81$；

(2) $\begin{vmatrix}1&1&1\\1&1+x&1\\1&1&1+y\end{vmatrix}=(1+x)(1+y)+1+1-(1+x)-(1+y)-1=xy$；

(3) $\begin{vmatrix}1&2&3&0\\0&0&2&0\\3&0&4&5\\0&0&0&1\end{vmatrix}=\begin{vmatrix}1&2&3\\0&0&2\\3&0&4\end{vmatrix}=-2\begin{vmatrix}1&2\\3&0\end{vmatrix}=12$；

本题可以直接用定义来求，仅有一项非零，$D=(-1)^{\tau(2314)}2\cdot2\cdot3\cdot1=12$.

(4) $\begin{vmatrix}1&2&3&4\\2&3&4&1\\3&4&1&2\\4&1&2&3\end{vmatrix}\xlongequal{r_1+r_2+r_3+r_4}10\begin{vmatrix}1&1&1&1\\2&3&4&1\\3&4&1&2\\4&1&2&3\end{vmatrix}$

$$\xlongequal[r_4-4r_1]{r_2-2r_1,r_3-3r_1} 10\begin{vmatrix}1&1&1&1\\0&1&2&-1\\0&1&-2&-1\\0&-3&-2&-1\end{vmatrix}=-10\begin{vmatrix}1&2&1\\1&-2&1\\-3&-2&1\end{vmatrix}=160.$$

5. 由 $\begin{vmatrix}3-\lambda&-1&1\\-1&5-\lambda&-1\\1&-1&3-\lambda\end{vmatrix}=0$, 求 λ.

解 观察行列式在某行(列)上有无相同或相反数，通过应用行列式倍加性质产生一次公因式.

$$\begin{vmatrix}3-\lambda&-1&1\\-1&5-\lambda&-1\\1&-1&3-\lambda\end{vmatrix}\xlongequal{r_1-r_3}\begin{vmatrix}2-\lambda&0&\lambda-2\\-1&5-\lambda&-1\\1&-1&3-\lambda\end{vmatrix}$$

$$=(2-\lambda)\begin{vmatrix}1&0&-1\\-1&5-\lambda&-1\\1&-1&3-\lambda\end{vmatrix}\xlongequal[r_3-r_1]{r_2+r_1}(2-\lambda)\begin{vmatrix}1&0&-1\\0&5-\lambda&-2\\0&-1&4-\lambda\end{vmatrix}$$

$$=(2-\lambda)((5-\lambda)(4-\lambda)-2)=(2-\lambda)(\lambda-3)(\lambda-6)=0,$$

故 $\lambda_1=2,\lambda_2=3,\lambda_3=6$.

6. 证明下列各式:

(1) $\begin{vmatrix}a^2&ab&b^2\\2a&a+b&2b\\1&1&1\end{vmatrix}=(a-b)^3$;

证 $\begin{vmatrix}a^2&ab&b^2\\2a&a+b&2b\\1&1&1\end{vmatrix}\xlongequal[c_3-c_1]{c_2-c_1}\begin{vmatrix}a^2&ab-a^2&b^2-a^2\\2a&b-a&2(b-a)\\1&0&0\end{vmatrix}$

$$=(b-a)^2\begin{vmatrix}a&b+a\\1&2\end{vmatrix}=(a-b)^2(a-b)=(a-b)^3.$$

(2) $\begin{vmatrix}a^2&(a+1)^2&(a+2)^2&(a+3)^2\\b^2&(b+1)^2&(b+2)^2&(b+3)^2\\c^2&(c+1)^2&(c+2)^2&(c+3)^2\\d^2&(d+1)^2&(d+2)^2&(d+3)^2\end{vmatrix}=0.$

证 $\begin{vmatrix}a^2&a^2+(2a+1)&(a+2)^2&(a+3)^2\\b^2&b^2+(2b+1)&(b+2)^2&(b+3)^2\\c^2&c^2+(2c+1)&(c+2)^2&(c+3)^2\\d^2&d^2+(2d+1)&(d+2)^2&(d+3)^2\end{vmatrix}\xlongequal[\substack{c_3-c_1\\c_4-c_1}]{c_2-c_1}\begin{vmatrix}a^2&2a+1&4a+4&6a+9\\b^2&2b+1&4b+4&6b+9\\c^2&2c+1&4c+4&6c+9\\d^2&2d+1&4d+4&6d+9\end{vmatrix}$

$$\xlongequal[c_4-3c_2]{c_3-2c_2}\begin{vmatrix}a^2&2a+1&2&6\\b^2&2b+1&2&6\\c^2&2c+1&2&6\\d^2&2d+1&2&6\end{vmatrix}=0.$$

7. 设 α,β,γ 是 $x^3+px+q=0$ 的 3 个根，求 $\begin{vmatrix}\alpha & \beta & \gamma\\ \gamma & \alpha & \beta\\ \beta & \gamma & \alpha\end{vmatrix}$ 的值.

解 因 α,β,γ 是 $x^3+px+q=0$ 的 3 个根，由根与系数的关系，有 $\alpha+\beta+\gamma=0$. 又因

$$D\xlongequal{c_1+c_2+c_3}\begin{vmatrix}\alpha+\beta+\gamma & \beta & \gamma\\ \alpha+\beta+\gamma & \alpha & \beta\\ \alpha+\beta+\gamma & \gamma & \alpha\end{vmatrix}=(\alpha+\beta+\gamma)\begin{vmatrix}1 & \beta & \gamma\\ 1 & \alpha & \beta\\ 1 & \gamma & \alpha\end{vmatrix}=0,$$

故 $\begin{vmatrix}\alpha & \beta & \gamma\\ \gamma & \alpha & \beta\\ \beta & \gamma & \alpha\end{vmatrix}=0.$

8. 计算行列式 $\begin{vmatrix}1+x & 1 & 1 & 1\\ 1 & 1-x & 1 & 1\\ 1 & 1 & 1+y & 1\\ 1 & 1 & 1 & 1-y\end{vmatrix}$.

解 **方法 1**：

$$\begin{vmatrix}1+x & 1 & 1 & 1\\ 1 & 1-x & 1 & 1\\ 1 & 1 & 1+y & 1\\ 1 & 1 & 1 & 1-y\end{vmatrix}\xlongequal[r_4-r_1]{\substack{r_2-r_1\\ r_3-r_1}}\begin{vmatrix}1+x & 1 & 1 & 1\\ -x & -x & 0 & 0\\ -x & 0 & y & 0\\ -x & 0 & 0 & -y\end{vmatrix}$$

$$\xlongequal{\text{按第 4 列展开}}(-1)^{1+4}\cdot 1\cdot\begin{vmatrix}-x & -x & 0\\ -x & 0 & y\\ -x & 0 & 0\end{vmatrix}+(-1)^{4+4}\cdot(-y)\cdot\begin{vmatrix}1+x & 1 & 1\\ -x & -x & 0\\ -x & 0 & y\end{vmatrix}$$

$$=-x^2y-y(-x^2y-x^2)=x^2y^2.$$

方法 2：

$$\begin{vmatrix}1+x & 1 & 1 & 1\\ 1 & 1-x & 1 & 1\\ 1 & 1 & 1+y & 1\\ 1 & 1 & 1 & 1-y\end{vmatrix}=\begin{vmatrix}1+x & 1 & 1 & 1\\ 1+0 & 1-x & 1 & 1\\ 1+0 & 1 & 1+y & 1\\ 1+0 & 1 & 1 & 1-y\end{vmatrix}$$

$$=\begin{vmatrix}1 & 1 & 1 & 1\\ 1 & 1-x & 1 & 1\\ 1 & 1 & 1+y & 1\\ 1 & 1 & 1 & 1-y\end{vmatrix}+\begin{vmatrix}x & 1 & 1 & 1\\ 0 & 1-x & 1 & 1\\ 0 & 1 & 1+y & 1\\ 0 & 1 & 1 & 1-y\end{vmatrix}$$

$$\xlongequal[i=2,3,4]{r_i-r_1}\begin{vmatrix}1 & 1 & 1 & 1\\ 0 & -x & 0 & 0\\ 0 & 0 & y & 0\\ 0 & 0 & 0 & -y\end{vmatrix}+x\begin{vmatrix}1 & 1 & 1\\ 1 & 1+y & 1\\ 1 & 1 & 1-y\end{vmatrix}+x\begin{vmatrix}-x & 1 & 1\\ 0 & 1+y & 1\\ 0 & 1 & 1-y\end{vmatrix}$$

$$=xy^2+x\begin{vmatrix}1 & 1 & 1\\ 0 & y & 0\\ 0 & 0 & -y\end{vmatrix}-x^2\begin{vmatrix}1+y & 1\\ 1 & 1-y\end{vmatrix}=x^2y^2.$$

方法 3：显然：当 $xy=0$ 时，原行列式为 0. 下面假设 $xy\neq 0$，此时原行列式

$$D=\begin{vmatrix}1&1&1&1&1\\0&1+x&1&1&1\\0&1&1-x&1&1\\0&1&1&1+y&1\\0&1&1&1&1-y\end{vmatrix}\xlongequal[i=2,3,4,5]{r_i-r_1}\begin{vmatrix}1&1&1&1&1\\-1&x&0&0&0\\-1&0&-x&0&0\\-1&0&0&y&0\\-1&0&0&0&-y\end{vmatrix}$$

$$\xlongequal{c_1+\frac{1}{x}c_2-\frac{1}{x}c_3+\frac{1}{y}c_4-\frac{1}{y}c_5}\begin{vmatrix}1&1&1&1&1\\0&x&0&0&0\\0&0&-x&0&0\\0&0&0&y&0\\0&0&0&0&-y\end{vmatrix}=x^2y^2.$$

9. 证明：

$$\begin{vmatrix}a&b&c\\x&y&z\\p&q&r\end{vmatrix}=\begin{vmatrix}y&b&q\\x&a&p\\z&c&r\end{vmatrix}=\begin{vmatrix}x&y&z\\p&q&r\\a&b&c\end{vmatrix}.$$

证

$$\begin{vmatrix}a&b&c\\x&y&z\\p&q&r\end{vmatrix}\xlongequal{D=D^{\mathrm T}}\begin{vmatrix}a&x&p\\b&y&q\\c&z&r\end{vmatrix}\xlongequal[r_1\leftrightarrow r_2]{c_2\leftrightarrow c_1}\begin{vmatrix}y&b&q\\x&a&p\\z&c&r\end{vmatrix},$$

$$\begin{vmatrix}a&b&c\\x&y&z\\p&q&r\end{vmatrix}\xlongequal{r_1\leftrightarrow r_2}-\begin{vmatrix}x&y&z\\a&b&c\\p&q&r\end{vmatrix}\xlongequal{r_2\leftrightarrow r_3}\begin{vmatrix}x&y&z\\p&q&r\\a&b&c\end{vmatrix}.$$

练习 1.4

1. 已知行列式 $D=\begin{vmatrix}3&0&4&0\\2&2&2&2\\0&-7&0&0\\5&3&-12&134\end{vmatrix}$，求

(1) 第 4 行元素的余子式之和；

(2) 第 4 行元素的代数余子式之和.

解 (1) 第 4 行元素的余子式之和为：

$$M_{41}+M_{42}+M_{43}+M_{44}=-A_{41}+A_{42}-A_{43}+A_{44}$$

$$=\begin{vmatrix}3&0&4&0\\2&2&2&2\\0&-7&0&0\\-1&1&-1&1\end{vmatrix}=-7\cdot(-1)^{3+2}\begin{vmatrix}3&4&0\\2&2&2\\-1&-1&1\end{vmatrix}=-28.$$

(2) 第 4 行元素的代数余子式之和为：

$$A_{41}+A_{42}+A_{43}+A_{44}=\begin{vmatrix}3&0&4&0\\2&2&2&2\\0&-7&0&0\\1&1&1&1\end{vmatrix}=-7\cdot(-1)^{3+2}\begin{vmatrix}3&4&0\\2&2&2\\1&1&1\end{vmatrix}=0.$$

2. 设 $D=\begin{vmatrix}2&2&3\\1&1&2\\2&y&x\end{vmatrix}$，且 $M_{11}+M_{12}-M_{13}=3, A_{11}+A_{12}+A_{13}=1$，求 D 之值.

解 依题设有：

$$3=M_{11}+M_{12}-M_{13}=A_{11}-A_{12}-A_{13}=\begin{vmatrix}1&-1&-1\\1&1&2\\2&y&x\end{vmatrix}=2x-3y-2,$$

$$1=A_{11}+A_{12}+A_{13}=\begin{vmatrix}1&1&1\\1&1&2\\2&y&x\end{vmatrix}=2-y,$$

故 $x=4$, $y=1$, 从而

$$D=\begin{vmatrix}2&2&3\\1&1&2\\2&1&4\end{vmatrix}\xlongequal{r_1-2r_2}\begin{vmatrix}0&0&-1\\1&1&2\\2&1&4\end{vmatrix}=1.$$

3. 设 $\begin{vmatrix}1&1&1&1\\-1&1&2&3\\1&1&4&15\\1&x&x^2&x^3\end{vmatrix}+\begin{vmatrix}1&1&1&1\\2&1&2&5\\1&1&4&15\\1&x&x^2&x^3\end{vmatrix}+\begin{vmatrix}1&1&1&1\\1&2&4&8\\0&2&5&12\\1&x&x^2&x^3\end{vmatrix}=0$，求该方程的根.

解 依行列式的性质，有

$$\begin{vmatrix}1&1&1&1\\-1&1&2&3\\1&1&4&15\\1&x&x^2&x^3\end{vmatrix}+\begin{vmatrix}1&1&1&1\\2&1&2&5\\1&1&4&15\\1&x&x^2&x^3\end{vmatrix}+\begin{vmatrix}1&1&1&1\\1&2&4&8\\0&2&5&12\\1&x&x^2&x^3\end{vmatrix}$$

$$=\begin{vmatrix}1&1&1&1\\1&2&4&8\\1&1&4&15\\1&x&x^2&x^3\end{vmatrix}+\begin{vmatrix}1&1&1&1\\1&2&4&8\\0&2&5&12\\1&x&x^2&x^3\end{vmatrix}=\begin{vmatrix}1&1&1&1\\1&2&4&8\\1&3&9&27\\1&x&x^2&x^3\end{vmatrix}$$

$$=(x-1)(x-2)(x-3)(3-1)(3-2)(2-1)=2(x-1)(x-2)(x-3)=0,$$

故原方程的根为 $x=1,2,3$.

4. 计算下列各行列式：

(1) $D_{n+1}=\begin{vmatrix} a_0 & b_1 & b_2 & \cdots & b_n \\ d_1 & a_1 & 0 & \cdots & 0 \\ d_2 & 0 & a_2 & \cdots & 0 \\ \vdots & \vdots & \vdots & & \vdots \\ d_n & 0 & 0 & \cdots & a_n \end{vmatrix}$，$\prod_{i=1}^{n} a_i \neq 0$；

解　由行列式的运算性质，把第 i 列的 $-\dfrac{d_i}{a_i}$ 倍加到第 1 列，$i=2,3,\cdots,n$，有

$$D_{n+1} \xlongequal{c_1-\frac{d_1}{a_1}c_2-\frac{d_2}{a_2}c_2-\cdots-\frac{d_n}{a_n}c_n} \begin{vmatrix} a_0-\dfrac{b_1d_1}{a_1}-\dfrac{b_2d_2}{a_2}\cdots-\dfrac{b_nd_n}{a_n} & b_1 & b_2 & \cdots & b_n \\ 0 & a_1 & 0 & \cdots & 0 \\ 0 & 0 & a_2 & \cdots & 0 \\ \vdots & \vdots & \vdots & & \vdots \\ 0 & 0 & 0 & \cdots & a_n \end{vmatrix}$$

$$=\left(a_0-\sum_{i=1}^{n}\frac{b_id_i}{a_i}\right)a_1a_2\cdots a_n.$$

(2) $D_n=\begin{vmatrix} a_1+x_1 & x_2 & \cdots & x_n \\ x_1 & a_2+x_2 & \cdots & x_n \\ \vdots & \vdots & & \vdots \\ x_1 & x_2 & \cdots & a_n+x_n \end{vmatrix}$，$\prod_{i=1}^{n} a_i \neq 0$；

解　**方法 1**：将第 1 行乘以 -1 加到其余各行，得

$$\text{原式}=\begin{vmatrix} x_1+a_1 & x_2 & x_3 & \cdots & x_n \\ -a_1 & a_2 & 0 & \cdots & 0 \\ -a_1 & 0 & a_3 & \cdots & 0 \\ \vdots & \vdots & \vdots & \ddots & \vdots \\ -a_1 & 0 & 0 & \cdots & a_n \end{vmatrix}$$

再将第 2 列乘以 $\dfrac{a_1}{a_2}$，第 3 列乘以 $\dfrac{a_1}{a_3}$，$\cdots$，第 n 列乘以 $\dfrac{a_1}{a_n}$ 均加到第 1 列，得

$$\text{原式}=\begin{vmatrix} x_1+a_1+\dfrac{a_1}{a_2}x_2+\dfrac{a_1}{a_3}x_3+\cdots+\dfrac{a_1}{a_n}x_n & x_2 & x_3 & \cdots & x_n \\ 0 & a_2 & 0 & \cdots & 0 \\ 0 & 0 & a_3 & \cdots & 0 \\ \vdots & \vdots & \vdots & \ddots & \vdots \\ 0 & 0 & 0 & \cdots & a_n \end{vmatrix}$$

$$=a_1a_2\cdots a_n\left(1+\frac{x_1}{a_1}+\frac{x_2}{a_2}+\cdots+\frac{x_n}{a_n}\right)=\left(1+\sum_{i=1}^{n}\frac{x_i}{a_i}\right)\prod_{i=1}^{n}a_i.$$

方法2：将行列式拆开为两个行列式的和. 记

$$D_n=\begin{vmatrix} x_1+a_1 & x_2 & x_3 & \cdots & x_n+0 \\ x_1 & x_2+a_2 & x_3 & \cdots & x_n+0 \\ x_1 & x_2 & x_3+a_3 & \cdots & x_n+0 \\ \vdots & \vdots & \vdots & & \vdots \\ x_1 & x_2 & x_3 & \cdots & x_n+a_n \end{vmatrix}$$

$$=\begin{vmatrix} x_1+a_1 & x_2 & x_3 & \cdots & x_n \\ x_1 & x_2+a_2 & x_3 & \cdots & x_n \\ x_1 & x_2 & x_3+a_3 & \cdots & x_n \\ \vdots & \vdots & \vdots & \ddots & \vdots \\ x_1 & x_2 & x_3 & \cdots & x_n \end{vmatrix}+\begin{vmatrix} x_1+a_1 & x_2 & x_3 & \cdots & 0 \\ x_1 & x_2+a_2 & x_3 & \cdots & 0 \\ x_1 & x_2 & x_3+a_3 & \cdots & 0 \\ \vdots & \vdots & \vdots & \ddots & \vdots \\ x_1 & x_2 & x_3 & \cdots & a_n \end{vmatrix}$$

$$\xlongequal[i=1,2,\cdots,n-1]{r_i-r_n}\begin{vmatrix} a_1 & 0 & 0 & \cdots & 0 \\ 0 & a_2 & 0 & \cdots & 0 \\ 0 & 0 & a_3 & \cdots & 0 \\ \vdots & \vdots & \vdots & \ddots & \vdots \\ x_1 & x_2 & x_3 & \cdots & x_n \end{vmatrix}+a_nD_{n-1}=x_na_1a_2\cdots a_{n-1}+a_nD_{n-1},$$

所以，有

$$\begin{aligned} D_n &= a_1a_2\cdots a_{n-1}x_n+D_{n-1}\cdot a_n \\ &= a_1a_2\cdots a_{n-1}x_n+(a_1a_2\cdots a_{n-2}x_{n-1}+D_{n-2}\cdot a_{n-1})\cdot a_n \\ &= a_1a_2\cdots a_{n-1}x_n+a_1a_2\cdots a_{n-2}x_{n-1}a_n+D_{n-2}\cdot a_{n-1}a_n \\ &= a_1a_2\cdots a_{n-1}x_n+a_1a_2\cdots a_{n-2}x_{n-1}a_n+(a_1a_2\cdots a_{n-3}x_{n-2}+D_{n-3}\cdot a_{n-2})\cdot a_{n-1}a_n \\ &= a_1a_2\cdots a_n+x_1a_2\cdots a_n+a_1x_2a_3\cdots a_n+\cdots+a_1a_2\cdots a_{n-1}x_n \\ &= \left(1+\sum_{i=1}^{n}\frac{x_i}{a_i}\right)\prod_{i=1}^{n}a_i. \end{aligned}$$

(3) $D_{n+1}=\begin{vmatrix} a_0 & -1 & 0 & \cdots & 0 \\ a_1 & x & -1 & \cdots & 0 \\ \vdots & \vdots & \vdots & & \vdots \\ a_{n-1} & 0 & 0 & \cdots & -1 \\ a_n & 0 & 0 & \cdots & x \end{vmatrix}$；

解 原行列式 D_{n+1} 按第 n 行展开，得

$$D_{n+1}=xD_n+(-1)^{n+2}a_n\begin{vmatrix} -1 & 0 & \cdots & 0 & 0 \\ x & -1 & \cdots & 0 & 0 \\ 0 & x & \cdots & 0 & 0 \\ \vdots & \vdots & \ddots & \vdots & \vdots \\ 0 & 0 & \cdots & x & -1 \end{vmatrix}_n$$

$$=xD_n+a_n=x(xD_{n-1}+a_{n-1})+a_n$$

$$= \cdots = x^{n-1}D_2 + a_2x^{n-2} + \cdots + a_{n-1}x + a_n$$
$$= a_0x^n + a_1x^{n-1} + a_2x^{n-2} + \cdots + a_{n-1}x + a_n.$$

(4) $D_n = \begin{vmatrix} a & b & b & \cdots & b \\ c & a & b & \cdots & b \\ c & c & a & \cdots & b \\ \vdots & \vdots & \vdots & \ddots & \vdots \\ c & c & c & \cdots & a \end{vmatrix}.$

解 $D_n = \begin{vmatrix} a & b & \cdots & b \\ c & a & \cdots & b \\ \vdots & \vdots & & \vdots \\ c & c & \cdots & c \end{vmatrix} + \begin{vmatrix} a & b & \cdots & b \\ c & a & \cdots & b \\ \vdots & \vdots & & \vdots \\ 0 & 0 & \cdots & a-c \end{vmatrix}$

$$= c\begin{vmatrix} a-b & 0 & \cdots & 0 \\ c-b & a-b & \cdots & 0 \\ \vdots & \vdots & & \vdots \\ 1 & 1 & \cdots & 1 \end{vmatrix} + (a-c)\begin{vmatrix} a & b & \cdots & b \\ c & \ddots & & b \\ & \ddots & \ddots & \\ c & & c & a \end{vmatrix}$$

$$= c(a-b)^{n-1} + (a-c)D_{n-1}, \qquad (1)$$

又

$$D_n = \begin{vmatrix} a & b & \cdots & b \\ c & a & \cdots & b \\ \vdots & \vdots & & \vdots \\ c & c & \cdots & b \end{vmatrix} + \begin{vmatrix} a & b & \cdots & 0 \\ c & a & \cdots & 0 \\ \vdots & \vdots & & \vdots \\ c & c & \cdots & a-b \end{vmatrix} = b(a-c)^{n-1} + (a-b)D_{n-1}, \qquad (2)$$

当 $c \neq b$ 时，(1) $\times (a-b)$ - (2) $\times (a-c)$，可得 $(c-b)D_n = c(a-b)^n - b(a-c)^n$，故

$$D_n = \frac{c(a-b)^n - b(a-c)^n}{c-b}.$$

当 $c = b$ 时，

$$D_n = \begin{vmatrix} a & b & \cdots & b \\ b & a & \cdots & b \\ \vdots & & \ddots & \\ b & \cdots & \cdots & a \end{vmatrix} = (a+(n-1)b)\begin{vmatrix} 1 & 1 & \cdots & 1 \\ 0 & a-b & \cdots & 0 \\ \vdots & \vdots & & \vdots \\ 0 & 0 & \cdots & a-b \end{vmatrix}$$

$$= (a-b)^{n-1}(a+(n-1)b).$$

5. 计算 n 阶行列式

$$D_n = \begin{vmatrix} 1+x_1y_1 & 1+x_1y_2 & \cdots & 1+x_1y_n \\ 1+x_2y_1 & 1+x_2y_2 & \cdots & 1+x_2y_n \\ \vdots & \vdots & & \vdots \\ 1+x_ny_1 & 1+x_ny_2 & \cdots & 1+x_ny_n \end{vmatrix}.$$

解 **方法1**：显然，当 $n=1$ 时，$D = 1 + x_1y_1$；易求得当 $n=2$ 时，$D = (x_1 - x_2)(y_1 - y_2)$. 当 $n \geq 3$ 时，

$$D_n \xlongequal[i=2,3,\cdots,n]{c_i - c_1} \begin{vmatrix} 1+x_1y_1 & x_1(y_2-y_1) & \cdots & x_1(y_n-y_1) \\ 1+x_2y_1 & x_2(y_2-y_1) & \cdots & x_2(y_n-y_1) \\ \vdots & \vdots & & \vdots \\ 1+x_ny_1 & x_n(y_2-y_1) & \cdots & x_n(y_n-y_1) \end{vmatrix}$$

$$= \prod_{i=2}^{n}(y_i - y_1) \begin{vmatrix} 1+x_1y_1 & x_1 & \cdots & x_1 \\ 1+x_2y_1 & x_2 & \cdots & x_2 \\ \vdots & \vdots & & \vdots \\ 1+x_ny_1 & x_n & \cdots & x_n \end{vmatrix} = 0.$$

方法2：可以通过矩阵乘法来计算：

$$D_n = \left| \begin{pmatrix} 1 & x_1 \\ 1 & x_2 \\ \vdots & \vdots \\ 1 & x_n \end{pmatrix} \begin{pmatrix} 1 & 1 & \cdots & 1 \\ y_1 & y_2 & \cdots & y_n \end{pmatrix} \right| = \left| \begin{pmatrix} 1 & x_1 & 0 & \cdots & 0 \\ 1 & x_2 & 0 & \cdots & 0 \\ \vdots & \vdots & \vdots & & \vdots \\ 1 & x_n & 0 & \cdots & 0 \end{pmatrix} \begin{pmatrix} 1 & 1 & \cdots & 1 \\ y_1 & y_2 & \cdots & y_n \\ 0 & 0 & \cdots & 0 \\ \vdots & \vdots & & \vdots \\ 0 & 0 & \cdots & 0 \end{pmatrix} \right|$$

$$= \begin{vmatrix} 1 & x_1 & 0 & \cdots & 0 \\ 1 & x_2 & 0 & \cdots & 0 \\ \vdots & \vdots & \vdots & & \vdots \\ 1 & x_n & 0 & \cdots & 0 \end{vmatrix} \begin{vmatrix} 1 & 1 & \cdots & 1 \\ y_1 & y_2 & \cdots & y_n \\ 0 & 0 & \cdots & 0 \\ \vdots & \vdots & & \vdots \\ 0 & 0 & \cdots & 0 \end{vmatrix} = \begin{cases} 1+x_1y_1, & n=1; \\ (x_1-x_2)(y_1-y_2), & n=2; \\ 0, & n \geq 3. \end{cases}$$

6. 证明：n 阶行列式

$$D_n = \begin{vmatrix} \cos\alpha & 1 & 0 & \cdots & 0 & 0 \\ 1 & 2\cos\alpha & 1 & \cdots & 0 & 0 \\ 0 & 1 & 2\cos\alpha & \cdots & 0 & 0 \\ \vdots & \vdots & \vdots & & \vdots & \vdots \\ 0 & 0 & 0 & \cdots & 2\cos\alpha & 1 \\ 0 & 0 & 0 & \cdots & 1 & 2\cos\alpha \end{vmatrix} = \cos n\alpha.$$

证 按最后一行展开，有

$$D_n = 2\cos\alpha \cdot D_{n-1} - \begin{vmatrix} \cos\alpha & 1 & 0 & \cdots & 0 & 0 \\ 1 & 2\cos\alpha & 1 & \cdots & 0 & 0 \\ 0 & 1 & 2\cos\alpha & \cdots & 0 & 0 \\ \vdots & \vdots & \vdots & \ddots & \vdots & \vdots \\ 0 & 0 & 0 & \cdots & 2\cos\alpha & 1 \\ 0 & 0 & 0 & \cdots & 0 & 1 \end{vmatrix}_{n-1}$$

$$= 2\cos\alpha \cdot D_{n-1} - D_{n-2},$$

$D_1 = \cos\alpha, D_2 = 2\cos^2\alpha - 1 = \cos 2\alpha.$

假设 $n < k$ 时，$D_n = \cos n\alpha$ 成立，则当 $n = k$ 时，有

$$D_k = 2\cos\alpha \cdot D_{k-1} - D_{k-2} = 2\cos\alpha\cos(k-1)\alpha - \cos(k-2)\alpha = \cos k\alpha.$$

故结论成立.

练习 1.5

1. 当线性方程组

$$\begin{cases} a_{11}x_1 + a_{12}x_2 + \cdots + a_{1n}x_n = b_1, \\ a_{21}x_1 + a_{22}x_2 + \cdots + a_{2n}x_n = b_2, \\ \cdots\cdots\cdots \\ a_{n1}x_1 + a_{n2}x_2 + \cdots + a_{nn}x_n = b_n \end{cases}$$

的系数行列式的值为零时，方程组是否一定无解？

解 由克拉默法则，此时仅能得到方程组不是有唯一解的结论，即它可能无解，也可能有无穷多解. 实际上可以给出有无穷多解的例子，如$\begin{cases} x + y = 1 \\ x + y = 1 \end{cases}$.

2. 求解线性方程组

$$\begin{cases} x_1 + 2x_2 - 5x_3 = 19, \\ 2x_1 + 8x_2 + 3x_3 = -22, \\ x_1 + 3x_2 + 2x_3 = -11. \end{cases}$$

解 分别计算下列行列式：

$$D = \begin{vmatrix} 1 & 2 & -5 \\ 2 & 8 & 3 \\ 1 & 3 & 2 \end{vmatrix} \xlongequal[r_3 - r_1]{r_2 - 2r_1} \begin{vmatrix} 1 & 2 & -5 \\ 0 & 4 & 13 \\ 0 & 1 & 7 \end{vmatrix} = 15;$$

$$D_1 = \begin{vmatrix} 19 & 2 & -5 \\ -22 & 8 & 3 \\ -11 & 3 & 2 \end{vmatrix} \xlongequal[r_3 - r_1]{r_2 - 2r_3} \begin{vmatrix} 19 & 2 & -5 \\ 0 & 2 & -1 \\ -30 & 1 & 7 \end{vmatrix} \xlongequal[r_2 - 2r_3]{r_1 - r_2} \begin{vmatrix} 19 & 0 & -4 \\ 60 & 0 & -15 \\ -30 & 1 & 9 \end{vmatrix}$$

$$= -\begin{vmatrix} 19 & -4 \\ 60 & -15 \end{vmatrix} = 45;$$

$$D_2 = \begin{vmatrix} 1 & 19 & -5 \\ 2 & -22 & 3 \\ 1 & -11 & 2 \end{vmatrix} \xlongequal[r_3 - r_1]{r_2 - 2r_1} \begin{vmatrix} 1 & 19 & -5 \\ 0 & -60 & 13 \\ 0 & -30 & 7 \end{vmatrix} = \begin{vmatrix} -60 & 13 \\ -30 & 7 \end{vmatrix} = -30;$$

$$D_3 = \begin{vmatrix} 1 & 2 & 19 \\ 2 & 8 & -22 \\ 1 & 3 & -11 \end{vmatrix} \xlongequal[r_3 - r_1]{r_2 - 2r_1} \begin{vmatrix} 1 & 2 & 19 \\ 0 & 4 & -60 \\ 0 & 1 & -30 \end{vmatrix} = \begin{vmatrix} 4 & -60 \\ 1 & -30 \end{vmatrix} = -60,$$

故原方程组的解为：$x_1 = 3, x_2 = -2, x_3 = -4$.

3. 求 3 次多项式$f(x) = a_0 + a_1x + a_2x^2 + a_3x^3$，使得

$$f(-1) = 0, f(1) = 4, f(2) = 3, f(3) = 16.$$

解 由已知条件，得

$$\begin{cases} f(-1)=a_0-a_1+a_2-a_3=0, \\ f(1)=a_0+a_1+a_2+a_3=4, \\ f(2)=a_0+2a_1+4a_2+8a_3=3, \\ f(3)=a_0+3a_1+8a_2+27a_3=16. \end{cases}$$

其系数行列式

$$D=\begin{vmatrix} 1 & -1 & 1 & -1 \\ 1 & 1 & 1 & 1 \\ 1 & 2 & 4 & 8 \\ 1 & 3 & 9 & 27 \end{vmatrix} \xlongequal[i=2,3,4]{r_i-r_1} \begin{vmatrix} 1 & -1 & 1 & -1 \\ 0 & 2 & 0 & 2 \\ 0 & 3 & 3 & 9 \\ 0 & 4 & 8 & 28 \end{vmatrix} = \begin{vmatrix} 2 & 0 & 2 \\ 3 & 3 & 9 \\ 4 & 8 & 28 \end{vmatrix} = 24\begin{vmatrix} 1 & 0 & 1 \\ 1 & 1 & 3 \\ 1 & 2 & 7 \end{vmatrix} = 48;$$

实际上，此为范德蒙德行列式，可以直接得其值为：

$$D=(3-2)(3-1)(3-(-1))(2-1)(2-(-1))(1-(-1))=48.$$

$$D_1=\begin{vmatrix} 0 & -1 & 1 & -1 \\ 4 & 1 & 1 & 1 \\ 3 & 2 & 4 & 8 \\ 16 & 3 & 9 & 27 \end{vmatrix} \xlongequal[c_4+c_3]{c_2+c_3} \begin{vmatrix} 0 & 0 & 1 & 0 \\ 4 & 2 & 1 & 2 \\ 3 & 6 & 4 & 12 \\ 16 & 12 & 9 & 36 \end{vmatrix} = 24\begin{vmatrix} 2 & 1 & 1 \\ 1 & 2 & 4 \\ 4 & 3 & 9 \end{vmatrix} = 336;$$

$$D_2=\begin{vmatrix} 1 & 0 & 1 & -1 \\ 1 & 4 & 1 & 1 \\ 1 & 3 & 4 & 8 \\ 1 & 16 & 9 & 27 \end{vmatrix} \xlongequal[r_4-r_1]{r_2-r_1;r_3-r_1} \begin{vmatrix} 1 & 0 & 1 & -1 \\ 0 & 4 & 0 & 2 \\ 0 & 3 & 3 & 9 \\ 0 & 16 & 8 & 28 \end{vmatrix} = 24\begin{vmatrix} 2 & 0 & 1 \\ 1 & 1 & 3 \\ 4 & 2 & 7 \end{vmatrix} = 0;$$

$$D_3=\begin{vmatrix} 1 & -1 & 0 & -1 \\ 1 & 1 & 4 & 1 \\ 1 & 2 & 3 & 8 \\ 1 & 3 & 16 & 27 \end{vmatrix} \xlongequal[r_4-r_1]{r_2-r_1;r_3-r_1} \begin{vmatrix} 1 & -1 & 0 & -1 \\ 0 & 2 & 4 & 2 \\ 0 & 3 & 3 & 9 \\ 0 & 4 & 16 & 28 \end{vmatrix} = 24\begin{vmatrix} 1 & 2 & 1 \\ 1 & 1 & 3 \\ 1 & 4 & 7 \end{vmatrix} = -240;$$

$$D_4=\begin{vmatrix} 1 & -1 & 1 & 0 \\ 1 & 1 & 1 & 4 \\ 1 & 2 & 4 & 3 \\ 1 & 3 & 9 & 16 \end{vmatrix} \xlongequal[r_4-r_1]{r_2-r_1;r_3-r_1} \begin{vmatrix} 1 & -1 & 1 & 0 \\ 0 & 2 & 0 & 4 \\ 0 & 3 & 3 & 3 \\ 0 & 4 & 8 & 16 \end{vmatrix} = 24\begin{vmatrix} 1 & 0 & 2 \\ 1 & 1 & 1 \\ 1 & 2 & 4 \end{vmatrix} = 96;$$

故 $a_0=\dfrac{D_1}{D}=7$，$a_1=\dfrac{D_2}{D}=0$，$a_2=\dfrac{D_3}{D}=-5$，$a_3=\dfrac{D_4}{D}=2$，得3次多项式为：

$$f(x)=7-5x^2+2x^3.$$

4. λ 为何值时，齐次线性方程组 $\begin{cases} (1-\lambda)x_1-2x_2+4x_3=0 \\ 2x_1+(3-\lambda)x_2+x_3=0 \\ x_1+x_2+(1-\lambda)x_3=0 \end{cases}$ 有非零解？

解 因

$$\begin{vmatrix} 1-\lambda & -2 & 4 \\ 2 & 3-\lambda & 1 \\ 1 & 1 & 1-\lambda \end{vmatrix} = -\lambda(\lambda-2)(\lambda-3),$$

故 $\lambda=0$ 或 $\lambda=2$ 或 $\lambda=3$ 时，方程组有非零解.

5. 就 a 值讨论方程组 $\begin{cases}ax+y+z=1\\x+ay+z=1\\x+y+az=1\end{cases}$ 之解的情况.

解 因

$$\begin{vmatrix}a&1&1\\1&a&1\\1&1&a\end{vmatrix}=(a+2)(a-1)^2,$$

故

(1) 当 $a=1$ 时，此时原方程组等价于 $x+y+z=1$，有无穷多解.

(2) 当 $a=-2$ 时，三个方程相加得 $0=3$，故方程组无解.

(3) 当 $a\neq 1$ 且 $a\neq -2$ 时，

$$D_1=\begin{vmatrix}1&1&1\\1&a&1\\1&1&a\end{vmatrix}=(a-1)^2,\ D_2=\begin{vmatrix}a&1&1\\1&1&1\\1&1&a\end{vmatrix}=(a-1)^2,\ D_3=\begin{vmatrix}a&1&1\\1&a&1\\1&1&1\end{vmatrix}=(a-1)^2,$$

方程有唯一解为 $x=\dfrac{1}{a+2},y=\dfrac{1}{a+2},z=\dfrac{1}{a+2}$.

6. 证明：n 次多项式至多有 n 个互异的实数根.

证 设 n 次多项式 $P_n(x)=a_nx^n+a_{n-1}x^{n-1}+\cdots+a_1x+a_0$ 有 $n+1$ 个互异的实数根 x_1，$x_2,\cdots,x_n,x_{n+1}$，即 $P_n(x_k)=0$，$k=1,2,\cdots,n+1$，故此方程组（把 a_n，a_{n-1}，$\cdots$，a_1，a_0 看作未知数）存在非零解. 但因其系数行列式

$$\begin{vmatrix}x_1^n&x_1^{n-1}&x_1^{n-2}&\cdots&1\\x_2^n&x_2^{n-1}&x_2^{n-2}&\cdots&1\\x_3^n&x_3^{n-1}&x_3^{n-2}&\cdots&1\\\vdots&\vdots&\vdots&&\vdots\\x_{n+1}^n&x_{n+1}^{n-1}&x_{n+1}^{n-2}&\cdots&1\end{vmatrix}$$

为范德蒙德行列式的变形，其值除了正负号外，为 $\prod\limits_{n+1\geq j>i\geq 1}(x_j-x_i)\neq 0$，由克拉默法则，该方程组只有零解，故 $P_n(x)\equiv 0$，与题设矛盾！假设不成立，得证.

习题 1

1. 填空题

(1) 若 $\begin{vmatrix}a&b&c\\d&e&f\\x&y&z\end{vmatrix}=5$，$\begin{vmatrix}a&b&c\\d&e&f\\\alpha&\beta&\gamma\end{vmatrix}=6$，则 $\begin{vmatrix}3a&3b&3c\\-2d&-2e&-2f\\4x+\alpha&4y+\beta&4z+\gamma\end{vmatrix}=$ ______.

解 由行列式的性质，有

$$\begin{vmatrix}3a&3b&3c\\-2d&-2e&-2f\\4x+\alpha&4y+\beta&4z+\gamma\end{vmatrix}=-6\begin{vmatrix}a&b&c\\d&e&f\\4x+\alpha&4y+\beta&4z+\gamma\end{vmatrix}$$

$$=-6\begin{vmatrix} a & b & c \\ d & e & f \\ 4x & 4y & 4z \end{vmatrix} - 6\begin{vmatrix} a & b & c \\ d & e & f \\ \alpha & \beta & \gamma \end{vmatrix} = -6\cdot 4\cdot 5 - 6\cdot 6 = -156.$$

(2) 设 $f(x) = \begin{vmatrix} 2x & 1 & -1 \\ -x & -x & x \\ 1 & 2 & x \end{vmatrix}$，则 x^3 的系数是 ______ .

解 x^3 只产生于 $2x\cdot(-x)\cdot x$，即取第1行第1个元素，第3行第3个元素，此时第2行只能取第2个元素，从而其系数为 -2.

(3) $D_n = \begin{vmatrix} 1 & 2 & 3 & \cdots & n \\ 1 & 2 & 0 & \cdots & 0 \\ 1 & 0 & 3 & \cdots & 0 \\ \vdots & \vdots & \vdots & \ddots & \vdots \\ 1 & 0 & 0 & \cdots & n \end{vmatrix} =$ ______ .

解 从第2列开始，将第 j 列的第 $-\dfrac{1}{j}$ 倍加到第1列上，$j=2,3,\cdots,n$，可得一上三角行列式，从而行列式的值为

$$D_n = (1-1-\cdots-1)\cdot 2\cdot 3\cdot\cdots\cdot n = (2-n)n!.$$

(4) 行列式 $\begin{vmatrix} a & b & b & b \\ b & a & b & b \\ b & b & a & b \\ 1 & 2 & 3 & 4 \end{vmatrix}$ 的第4行元素的代数余子式之和 $A_{41}+A_{42}+A_{43}+A_{44}$ = ________.

解 依题设条件，有

$$A_{41}+A_{42}+A_{43}+A_{44} = \begin{vmatrix} a & b & b & b \\ b & a & b & b \\ b & b & a & b \\ 1 & 1 & 1 & 1 \end{vmatrix} \xlongequal[i=1,2,3]{c_i - c_4} \begin{vmatrix} a-b & 0 & 0 & b \\ 0 & a-b & 0 & b \\ 0 & 0 & a-b & b \\ 0 & 0 & 0 & 1 \end{vmatrix} = (a-b)^3.$$

2. 选择题

(1) 多项式

$$p(x) = \begin{vmatrix} a_{11}+x & a_{12}+x & a_{13}+x & a_{14}+x \\ a_{21}+x & a_{22}+x & a_{23}+x & a_{24}+x \\ a_{31}+x & a_{32}+x & a_{33}+x & a_{34}+x \\ a_{41}+x & a_{42}+x & a_{43}+x & a_{44}+x \end{vmatrix}$$

的次数至多是 ________.

(A) 1　　(B) 2　　(C) 3　　(D) 4

解 因

$$p(x)=\begin{vmatrix}1 & -x & -x & -x & -x\\ 0 & a_{11}+x & a_{12}+x & a_{13}+x & a_{14}+x\\ 0 & a_{21}+x & a_{22}+x & a_{23}+x & a_{24}+x\\ 0 & a_{31}+x & a_{32}+x & a_{33}+x & a_{34}+x\\ 0 & a_{41}+x & a_{42}+x & a_{43}+x & a_{44}+x\end{vmatrix}=\begin{vmatrix}1 & -x & -x & -x & -x\\ 1 & a_{11} & a_{12} & a_{13} & a_{14}\\ 1 & a_{21} & a_{22} & a_{23} & a_{24}\\ 1 & a_{31} & a_{32} & a_{33} & a_{34}\\ 1 & a_{41} & a_{42} & a_{43} & a_{44}\end{vmatrix},$$

按第 1 行展开计算行列式，可知其次数至多是 1 次，选（A）.

（2）4 阶行列式 $\begin{vmatrix}a_1 & 0 & 0 & b_1\\ 0 & a_2 & b_2 & 0\\ 0 & b_3 & a_3 & 0\\ b_4 & 0 & 0 & a_4\end{vmatrix}$ 等于 ________.

(A) $a_1a_2a_3a_4-b_1b_2b_3b_4$　　　(B) $a_1a_2a_3a_4+b_1b_2b_3b_4$

(C) $(a_1a_2-b_1b_2)(a_3a_4-b_3b_4)$　　　(D) $(a_2a_3-b_2b_3)(a_1a_4-b_1b_4)$

解 应选(D).

方法 1： 由行列式按行(列) 展开定理，得

$$\begin{vmatrix}a_1 & 0 & 0 & b_1\\ 0 & a_2 & b_2 & 0\\ 0 & b_3 & a_3 & 0\\ b_4 & 0 & 0 & a_4\end{vmatrix}=a_1\begin{vmatrix}a_2 & b_2 & 0\\ b_3 & a_3 & 0\\ 0 & 0 & a_4\end{vmatrix}-b_1\begin{vmatrix}0 & a_2 & b_2\\ 0 & b_3 & a_3\\ b_4 & 0 & 0\end{vmatrix}=(a_1a_4-b_1b_4)\begin{vmatrix}a_2 & b_2\\ b_3 & a_3\end{vmatrix}$$

$$=(a_1a_4-b_1b_4)\begin{vmatrix}a_2 & b_2\\ b_3 & a_3\end{vmatrix}=(a_2a_3-b_2b_3)(a_1a_4-b_1b_4).$$

方法 2： 先进行列交换：$c_4\leftrightarrow c_3$，$c_3\leftrightarrow c_2$，再进行行交换：$r_4\leftrightarrow r_3$，$r_3\leftrightarrow r_2$，可得

$$\begin{vmatrix}a_1 & 0 & 0 & b_1\\ 0 & a_2 & b_2 & 0\\ 0 & b_3 & a_3 & 0\\ b_4 & 0 & 0 & a_4\end{vmatrix}=\begin{vmatrix}a_1 & b_1 & 0 & 0\\ b_4 & a_4 & 0 & 0\\ 0 & 0 & a_2 & b_2\\ 0 & 0 & b_3 & a_3\end{vmatrix}=\begin{vmatrix}a_1 & b_1\\ b_4 & a_4\end{vmatrix}\cdot\begin{vmatrix}a_2 & b_2\\ b_3 & a_3\end{vmatrix}$$

$$=(a_2a_3-b_2b_3)(a_1a_4-b_1b_4).$$

3. 计算下列行列式：

（1）$\begin{vmatrix}1 & a_1 & a_2 & \cdots & a_n\\ 1 & a_1+b_1 & a_2 & \cdots & a_n\\ 1 & a_1 & a_2+b_2 & \cdots & a_n\\ \vdots & \vdots & \vdots & & \vdots\\ 1 & a_1 & a_2 & \cdots & a_n+b_n\end{vmatrix}$；

解 $\begin{vmatrix} 1 & a_1 & a_2 & \cdots & a_n \\ 1 & a_1+b_1 & a_2 & \cdots & a_n \\ 1 & a_1 & a_2+b_2 & \cdots & a_n \\ \vdots & \vdots & \vdots & & \vdots \\ 1 & a_1 & a_2 & \cdots & a_n+b_n \end{vmatrix} \xlongequal[i=2,3,\cdots,n]{r_i - r_1} \begin{vmatrix} 1 & a_1 & a_2 & \cdots & a_n \\ 0 & b_1 & 0 & \cdots & 0 \\ 0 & 0 & b_2 & \cdots & 0 \\ \vdots & \vdots & \vdots & & \vdots \\ 0 & 0 & 0 & \cdots & b_n \end{vmatrix}$

$= b_1 b_2 \cdots b_n$.

(2) $D_n = \begin{vmatrix} 1 & 2 & 3 & \cdots & n \\ 1 & x+1 & 3 & \cdots & n \\ 1 & 2 & x+1 & \cdots & n \\ \vdots & \vdots & \vdots & & \vdots \\ 1 & 2 & 3 & \cdots & x+1 \end{vmatrix}$;

解

$$D_n = \begin{vmatrix} 1 & 2 & 3 & \cdots & n \\ 1 & x+1 & 3 & \cdots & n \\ 1 & 2 & x+1 & \cdots & n \\ \vdots & \vdots & \vdots & & \vdots \\ 1 & 2 & 3 & \cdots & x+1 \end{vmatrix} \xlongequal[i=2,3,\cdots,n]{r_i - r_1} \begin{vmatrix} 1 & 2 & 3 & \cdots & n \\ 0 & x-1 & 0 & \cdots & 0 \\ 0 & 0 & x-2 & \cdots & 0 \\ \vdots & \vdots & \vdots & & \vdots \\ 0 & 0 & 0 & \cdots & x-(n-1) \end{vmatrix}$$

$= (x-1)(x-2)\cdots(x-n+1)$.

(3) $D_n = \begin{vmatrix} 1 & 2 & 2 & \cdots & 2 \\ 2 & 2 & 2 & \cdots & 2 \\ 2 & 2 & 3 & \cdots & 2 \\ \vdots & \vdots & \vdots & & \vdots \\ 2 & 2 & 2 & \cdots & n \end{vmatrix}$;

解 $\begin{vmatrix} 1 & 2 & 2 & \cdots & 2 \\ 2 & 2 & 2 & \cdots & 2 \\ 2 & 2 & 3 & \cdots & 2 \\ \vdots & \vdots & \vdots & & \vdots \\ 2 & 2 & 2 & \cdots & n \end{vmatrix} \xlongequal[i=1,3,\cdots,n]{r_i - r_2} \begin{vmatrix} -1 & 0 & 0 & \cdots & 0 \\ 2 & 2 & 2 & \cdots & 2 \\ 0 & 0 & 1 & \cdots & 0 \\ \vdots & \vdots & \vdots & & \vdots \\ 0 & 0 & 0 & 0 & n-2 \end{vmatrix}$

再按第1行展开，得

$$D_n = (-1)\begin{vmatrix} 2 & 2 & \cdots & 2 \\ 0 & 1 & \cdots & 0 \\ \vdots & \vdots & & \vdots \\ 0 & 0 & \cdots & n-2 \end{vmatrix} = (-2)(n-2)!.$$

(4) $D_n = \begin{vmatrix} x+a_1 & a_2 & \cdots & a_n \\ a_1 & x+a_2 & \cdots & a_n \\ \vdots & \vdots & \ddots & \vdots \\ a_1 & a_2 & \cdots & x+a_n \end{vmatrix}$;

解 从第 2 列起，把每一列加到第 1 列，并提取公因子，有

$$D_n \xlongequal{c_1+c_2+\cdots+c_n} \begin{vmatrix} x+\sum_{i=1}^{n} a_i & a_2 & \cdots & a_n \\ x+\sum_{i=1}^{n} a_i & x+a_2 & \cdots & a_n \\ \vdots & \vdots & \ddots & \vdots \\ x+\sum_{i=1}^{n} a_i & a_2 & \cdots & x+a_n \end{vmatrix}$$

$$= \left(x+\sum_{i=1}^{n} a_i\right) \begin{vmatrix} 1 & a_2 & \cdots & a_n \\ 1 & x+a_2 & \cdots & a_n \\ \vdots & \vdots & \ddots & \vdots \\ 1 & a_2 & \cdots & x+a_n \end{vmatrix}$$

$$\xlongequal[i=2,3,\cdots,n]{r_i-r_1} \begin{vmatrix} 1 & a_2 & \cdots & a_n \\ 0 & x & \cdots & 0 \\ \vdots & \vdots & \ddots & \vdots \\ 0 & 0 & \cdots & x \end{vmatrix}$$

$$= x^{n-1}\left(x+\sum_{i=1}^{n} a_i\right).$$

(5) $D_n = \begin{vmatrix} 1+a_1 & 1 & \cdots & 1 \\ 1 & 1+a_2 & \cdots & 1 \\ \vdots & \vdots & \ddots & \vdots \\ 1 & 1 & \cdots & 1+a_n \end{vmatrix}$，其中 $a_1a_2\cdots a_n \neq 0$；

解 **方法 1**：将行列式 D_n 的第 i 列提取 $a_i(i=1,2,\cdots,n)$，得

$$D_n = a_1\cdots a_n \begin{vmatrix} 1+\frac{1}{a_1} & \frac{1}{a_2} & \cdots & \frac{1}{a_n} \\ \frac{1}{a_1} & 1+\frac{1}{a_2} & \cdots & \frac{1}{a_n} \\ \vdots & \vdots & \ddots & \vdots \\ \frac{1}{a_1} & \frac{1}{a_2} & \cdots & 1+\frac{1}{a_n} \end{vmatrix}$$

$$\xlongequal{c_1+c_2+\cdots+c_n} a_1\cdots a_n \begin{vmatrix} 1+\sum_{i=1}^{n}\frac{1}{a_i} & \frac{1}{a_2} & \cdots & \frac{1}{a_n} \\ 1+\sum_{i=1}^{n}\frac{1}{a_i} & 1+\frac{1}{a_2} & \cdots & \frac{1}{a_n} \\ \vdots & \vdots & \ddots & \vdots \\ 1+\sum_{i=1}^{n}\frac{1}{a_i} & \frac{1}{a_2} & \cdots & 1+\frac{1}{a_n} \end{vmatrix}$$

$$\xlongequal[i=2,3,\cdots,n]{r_i-r_1} a_1\cdots a_n\begin{vmatrix} 1+\sum_{i=1}^{n}\frac{1}{a_i} & \frac{1}{a_2} & \cdots & \frac{1}{a_n} \\ 0 & 1 & \cdots & 0 \\ \vdots & \vdots & \ddots & \vdots \\ 0 & 0 & \cdots & 1 \end{vmatrix} = a_1\cdots a_n\left(1+\sum_{i=1}^{n}\frac{1}{a_i}\right).$$

方法 2：

$$\begin{vmatrix} 1+a_1 & 1 & \cdots & 1 \\ 1 & 1+a_2 & \cdots & 1 \\ \vdots & \vdots & \ddots & \vdots \\ 1 & 1 & \cdots & 1+a_n \end{vmatrix} \xlongequal[i=2,3,\cdots,n]{c_i-c_1} \begin{vmatrix} 1+a_1 & 1 & \cdots & 1 \\ -a_1 & a_2 & \cdots & 0 \\ \vdots & \vdots & \ddots & \vdots \\ -a_1 & 0 & \cdots & a_n \end{vmatrix}$$

$$\xlongequal[i=2,3,\cdots,n]{c_1+\frac{a_1}{a_i}c_i} \begin{vmatrix} 1+a_1+\frac{a_1}{a_2}+\cdots+\frac{a_1}{a_n} & 1 & \cdots & 1 \\ 0 & a_2 & \cdots & 0 \\ \vdots & \vdots & \ddots & \vdots \\ 0 & 0 & \cdots & a_n \end{vmatrix}$$

$$=\left(1+a_1+\frac{a_1}{a_2}+\cdots+\frac{a_1}{a_n}\right)a_2\cdots a_n$$

$$=\left(1+\frac{1}{a_1}+\frac{1}{a_2}+\cdots+\frac{1}{a_n}\right)a_1a_2\cdots a_n.$$

方法 3：将行列式拆为两个行列式的和

$$D_n=\begin{vmatrix} 1+a_1 & 1 & \cdots & 1 & 1 \\ 1 & 1+a_2 & \cdots & 1 & 1 \\ \vdots & \vdots & & \vdots & \vdots \\ 1 & 1 & \cdots & 1+a_{n-1} & 1 \\ 1 & 1 & \cdots & 1 & 1 \end{vmatrix} + \begin{vmatrix} 1+a_1 & 1 & \cdots & 1 & 0 \\ 1 & 1+a_2 & \cdots & 1 & 0 \\ \vdots & \vdots & & \vdots & \vdots \\ 1 & 1 & \cdots & 1+a_{n-1} & 0 \\ 1 & 1 & \cdots & 1 & a_n \end{vmatrix},$$

得

$$D_n=a_1a_2\cdots a_{n-1}+a_nD_{n-1},$$

故

$$D_n=a_1a_2\cdots a_n\left(1+\sum_{i=1}^{n}\frac{1}{a_i}\right).$$

方法 4：

$$D_n=\begin{vmatrix} 1 & 1 & 1 & \cdots & 1 \\ 0 & 1+a_1 & 1 & \cdots & 1 \\ 0 & 1 & 1+a_2 & \cdots & 1 \\ \vdots & \vdots & \vdots & & \vdots \\ 0 & 1 & 1 & \cdots & 1+a_n \end{vmatrix} \xlongequal[i=2,3,\cdots,n]{r_i-r_1} \begin{vmatrix} 1 & 1 & 1 & \cdots & 1 \\ -1 & a_1 & 0 & \cdots & 0 \\ -1 & 0 & a_2 & \cdots & 0 \\ \vdots & \vdots & \vdots & & \vdots \\ -1 & 0 & 0 & \cdots & a_n \end{vmatrix}$$

$$\xlongequal[i=2,3,\cdots,n]{c_1+\frac{1}{a_i}c_i}\begin{vmatrix} 1+\sum_{i=1}^{n}\frac{1}{a_i} & 1 & 1 & \cdots & 1 \\ 0 & a_1 & 0 & \cdots & 0 \\ 0 & 0 & a_2 & \cdots & 0 \\ \vdots & \vdots & \vdots & & \vdots \\ 0 & 0 & 0 & \cdots & a_n \end{vmatrix} = a_1a_2\cdots a_n\left(1+\sum_{i=1}^{n}\frac{1}{a_i}\right).$$

方法 5：

$$D_n=\begin{vmatrix} 1+a_1 & 1 & \cdots & 1 \\ 1 & 1+a_2 & \cdots & 1 \\ \vdots & \vdots & & \vdots \\ 1 & 1 & \cdots & 1+a_n \end{vmatrix}$$

$$\xlongequal[c_3-c_4,\cdots]{c_1-c_2,c_2-c_3}\begin{vmatrix} a_1 & 0 & 0 & \cdots & 0 & 0 & 1 \\ -a_2 & a_2 & 0 & \cdots & 0 & 0 & 1 \\ 0 & -a_3 & a_3 & \cdots & 0 & 0 & 1 \\ 0 & 0 & -a_4 & \cdots & 0 & 0 & 1 \\ \vdots & \vdots & \vdots & & \vdots & \vdots & \vdots \\ 0 & 0 & 0 & \cdots & -a_{n-1} & a_{n-1} & 1 \\ 0 & 0 & 0 & \cdots & 0 & -a_n & 1+a_n \end{vmatrix}$$

$$\xlongequal[\text{展开(由下往上)}]{\text{按最后一列}}(1+a_n)(a_1a_2\cdots a_{n-1})$$

$$-\begin{vmatrix} a_1 & 0 & 0 & \cdots & 0 & 0 & 0 \\ -a_2 & a_2 & 0 & \cdots & 0 & 0 & 0 \\ 0 & -a_3 & a_3 & \cdots & 0 & 0 & 0 \\ 0 & 0 & -a_4 & \cdots & 0 & 0 & 0 \\ \vdots & \vdots & \vdots & & \vdots & \vdots & \vdots \\ 0 & 0 & 0 & \cdots & -a_{n-2} & a_{n-2} & 0 \\ 0 & 0 & 0 & \cdots & 0 & 0 & -a_n \end{vmatrix} + \begin{vmatrix} a_1 & 0 & 0 & \cdots & 0 & 0 \\ -a_2 & a_2 & 0 & \cdots & 0 & 0 \\ 0 & -a_3 & a_3 & \cdots & 0 & 0 \\ \vdots & \vdots & \vdots & & \vdots & \vdots \\ 0 & 0 & 0 & \cdots & -a_{n-1} & a_{n-1} \\ 0 & 0 & 0 & \cdots & 0 & -a_n \end{vmatrix}$$

$$-\cdots+(-1)^{n+1}\begin{vmatrix} -a_2 & a_2 & 0 & \cdots & 0 & 0 \\ 0 & -a_3 & a_3 & \cdots & 0 & 0 \\ 0 & 0 & -a_4 & \cdots & 0 & 0 \\ \vdots & \vdots & \vdots & & \vdots & \vdots \\ 0 & 0 & 0 & \cdots & -a_{n-1} & a_{n-1} \\ 0 & 0 & 0 & \cdots & 0 & -a_n \end{vmatrix}$$

$$=(1+a_n)(a_1a_2\cdots a_{n-1})+a_1a_2\cdots a_{n-3}a_{n-2}a_n+\cdots+a_2a_3\cdots a_n$$

$$=(a_1a_2\cdots a_n)\left(1+\sum_{i=1}^{n}\frac{1}{a_i}\right).$$

(6) $\begin{vmatrix} 1 & 2 & 3 & \cdots & n-1 & n \\ -1 & 0 & 3 & \cdots & n-1 & n \\ -1 & -2 & 0 & \cdots & n-1 & n \\ \vdots & \vdots & \vdots & & \vdots & \vdots \\ -1 & -2 & -3 & \cdots & 0 & n \\ -1 & -2 & -3 & \cdots & -(n-1) & 0 \end{vmatrix}$;

解 将原行列式 D 的第一行加到其余各行,得

$$D = \begin{vmatrix} 1 & 2 & 3 & \cdots & n-1 & n \\ 0 & 2 & 6 & \cdots & 2(n-1) & 2n \\ 0 & 0 & 3 & \cdots & 2(n-1) & 2n \\ \vdots & \vdots & \vdots & \ddots & \vdots & \vdots \\ 0 & 0 & 0 & \cdots & n-1 & 2n \\ 0 & 0 & 0 & \cdots & 0 & n \end{vmatrix} = n!.$$

(7) $D = \begin{vmatrix} 1 & 1 & 1 & 1 \\ a & b & c & d \\ a^2 & b^2 & c^2 & d^2 \\ a^4 & b^4 & c^4 & d^4 \end{vmatrix}$;

解 **方法1**:

$$D \xlongequal[i=2,3,4]{c_i - c_1} \begin{vmatrix} 1 & 0 & 0 & 0 \\ a & b-a & c-a & d-a \\ a^2 & b^2-a^2 & c^2-a^2 & d^2-a^2 \\ a^4 & b^4-a^4 & c^4-a^4 & d^4-a^4 \end{vmatrix}$$

$$= \begin{vmatrix} b-a & c-a & d-a \\ b^2-a^2 & c^2-a^2 & d^2-a^2 \\ b^2(b^2-a^2) & c^2(c^2-a^2) & d^2(d^2-a^2) \end{vmatrix}$$

$$= (b-a)(c-a)(d-a) \begin{vmatrix} 1 & 1 & 1 \\ b+a & c+a & d+a \\ b^2(b+a) & c^2(c+a) & d^2(d+a) \end{vmatrix}$$

$$= (b-a)(c-a)(d-a) \cdot \begin{vmatrix} 1 & 0 & 0 \\ b+a & c-b & d-b \\ b^2(b+a) & c^2(c+a)-b^2(b+a) & d^2(d+a)-b^2(b+a) \end{vmatrix}$$

$$= (a-b)(a-c)(a-d)(b-c)(b-d)(c-d)(a+b+c+d).$$

方法 2：构造范德蒙德行列式

$$D_5=\begin{vmatrix}1&1&1&1&1\\a&b&c&d&x\\a^2&b^2&c^2&d^2&x^2\\a^3&b^3&c^3&d^3&x^3\\a^4&b^4&c^4&d^4&x^4\end{vmatrix}$$

$$=(b-a)(c-a)(d-a)(x-a)(c-b)(d-b)(x-b)(d-c)(x-c)(x-d).$$

可以求出其中 x^3 的系数为：

$$-(b-a)(c-a)(d-a)(c-b)(d-b)(d-c)(a+b+c+d),$$

而若将 D_5 按第 5 列展开，则得到关于 x 的多项式，其中 x^3 的系数正好为$(-1)^{4+5}D$，从而

$$D=(b-a)(c-a)(d-a)(c-b)(d-b)(d-c)(a+b+c+d).$$

(8) $D_n=\det(a_{ij})$，其中 $a_{ij}=|i-j|(i,j=1,2,\cdots,n)$；

解 $$D_n=\det(a_{ij})=\begin{vmatrix}0&1&2&3&\cdots&n-1\\1&0&1&2&\cdots&n-2\\2&1&0&1&\cdots&n-3\\3&2&1&0&\cdots&n-4\\\vdots&\vdots&\vdots&\vdots&&\vdots\\n-1&n-2&n-3&n-4&\cdots&0\end{vmatrix}$$

$$\xlongequal[i=1,2,\cdots,n-1]{r_i-r_{i+1}}\begin{vmatrix}-1&1&1&1&\cdots&1\\-1&-1&1&1&\cdots&1\\-1&-1&-1&1&\cdots&1\\-1&-1&-1&-1&\cdots&1\\\vdots&\vdots&\vdots&\vdots&&\vdots\\n-1&n-2&n-3&n-4&\cdots&0\end{vmatrix}$$

$$\xlongequal[c_4+c_1,\cdots]{c_2+c_1,c_3+c_1}\begin{vmatrix}-1&0&0&0&\cdots&0\\-1&-2&0&0&\cdots&0\\-1&-2&-2&0&\cdots&0\\-1&-2&-2&-2&\cdots&0\\\vdots&\vdots&\vdots&\vdots&&\vdots\\n-1&2n-3&2n-4&2n-5&\cdots&n-1\end{vmatrix}=(-1)^{n-1}(n-1)2^{n-2}.$$

(9) $$D_n=\begin{vmatrix}a+b&a&&&&\\b&a+b&a&&&\\&b&a+b&a&&\\&&b&a+b&\ddots&\\&&&\ddots&\ddots&a\\&&&&b&a+b\end{vmatrix};$$

解 按第1列展开,有 $D_n=(a+b)D_{n-1}-abD_{n-2}$, 则
$D_n-aD_{n-1}=b(D_{n-1}-aD_{n-2})$, $D_n-bD_{n-1}=a(D_{n-1}-bD_{n-2})$,
且 $D_1=a+b$, $D_2=a^2+ab+b^2$, 从而可得

$$D_n=\begin{cases}(n+1)a^n, & a=b;\\ \dfrac{a^{n+1}-b^{n+1}}{a-b}, & a\neq b.\end{cases}$$

(10) $D_{n+1}=\begin{vmatrix} a_1^n & a_1^{n-1}b_1 & a_1^{n-2}b_1^2 & \cdots & b_1^n \\ a_2^n & a_2^{n-1}b_2 & a_2^{n-2}b_2^2 & \cdots & b_2^n \\ \vdots & \vdots & \vdots & & \vdots \\ a_n^n & a_n^{n-1}b_n & a_n^{n-2}b_n^2 & \cdots & b_n^n \\ a_{n+1}^n & a_{n+1}^{n-1}b_{n+1} & a_{n+1}^{n-2}b_{n+1}^2 & \cdots & b_{n+1}^n \end{vmatrix}$(其中 $a_i\neq 0, i=1,2,\cdots,n$).

解 第 i 行提出公因子 $a_i^n(i=1,2,\cdots,n,n+1)$, 得范德蒙德行列式

$$D_{n+1}=\prod_{i=1}^{n+1}a_i^n\begin{vmatrix} 1 & \dfrac{b_1}{a_1} & \left(\dfrac{b_1}{a_1}\right)^2 & \cdots & \left(\dfrac{b_1}{a_1}\right)^n \\ 1 & \dfrac{b_2}{a_2} & \left(\dfrac{b_2}{a_2}\right)^2 & \cdots & \left(\dfrac{b_2}{a_2}\right)^n \\ \vdots & \vdots & \vdots & & \vdots \\ 1 & \dfrac{b_{n+1}}{a_{n+1}} & \left(\dfrac{b_{n+1}}{a_{n+1}}\right)^2 & \cdots & \left(\dfrac{b_{n+1}}{a_{n+1}}\right)^n \end{vmatrix}=\prod_{i=1}^{n+1}a_i^n\prod_{1\leq j<i\leq n+1}\left(\frac{b_i}{a_i}-\frac{b_j}{a_j}\right).$$

4. 设 $s_k=a_1^k+a_2^k+a_3^k+a_4^k$, $k=1,2,3,4,5,6$, 求

$$\begin{vmatrix} 4 & s_1 & s_2 & s_3 \\ s_1 & s_2 & s_3 & s_4 \\ s_2 & s_3 & s_4 & s_5 \\ s_3 & s_4 & s_5 & s_6 \end{vmatrix}.$$

解 由行列式的性质, 有

$$\begin{vmatrix} 4 & s_1 & s_2 & s_3 \\ s_1 & s_2 & s_3 & s_4 \\ s_2 & s_3 & s_4 & s_5 \\ s_3 & s_4 & s_5 & s_6 \end{vmatrix}=\begin{vmatrix} 1 & 1 & 1 & 1 \\ a_1 & a_2 & a_3 & a_4 \\ a_1^2 & a_2^2 & a_3^2 & a_4^2 \\ a_1^3 & a_2^3 & a_3^3 & a_4^3 \end{vmatrix}\begin{vmatrix} 1 & a_1 & a_1^2 & a_1^3 \\ 1 & a_2 & a_2^2 & a_2^3 \\ 1 & a_3 & a_3^2 & a_3^3 \\ 1 & a_4 & a_4^2 & a_4^3 \end{vmatrix}=\prod_{1\leq i<j\leq 4}(a_j-a_i)^2.$$

5. 已知4阶行列式

$$D_4=\begin{vmatrix} 1 & 2 & 3 & 4 \\ 3 & 3 & 4 & 4 \\ 1 & 5 & 6 & 7 \\ 1 & 1 & 2 & 2 \end{vmatrix},$$

试求 $A_{41}+A_{42}$ 与 $A_{43}+A_{44}$, 其中, A_{4j} 为行列式 D_4 的第4行第 j 个元素的代数余子式.

解 $A_{41}+A_{42}=1\cdot A_{41}+1\cdot A_{42}+0\cdot A_{43}+0\cdot A_{44}$

$$=\begin{vmatrix}1&2&3&4\\3&3&4&4\\1&5&6&7\\1&1&0&0\end{vmatrix}\xlongequal{c_2-c_1}\begin{vmatrix}1&1&3&4\\3&0&4&4\\1&4&6&7\\1&0&0&0\end{vmatrix}=-\begin{vmatrix}1&3&4\\0&4&4\\4&6&7\end{vmatrix}=12,$$

$A_{43}+A_{44}=0\cdot A_{41}+0\cdot A_{42}+1\cdot A_{43}+1\cdot A_{44}$

$$=\begin{vmatrix}1&2&3&4\\3&3&4&4\\1&5&6&7\\0&0&1&1\end{vmatrix}\xlongequal{c_3-c_4}\begin{vmatrix}1&2&-1&4\\3&3&0&4\\1&5&-1&7\\0&0&0&1\end{vmatrix}=-\begin{vmatrix}1&2&1\\3&3&0\\1&5&1\end{vmatrix}=-9.$$

6. 设行列式

$$D=\begin{vmatrix}a_{11}+x&a_{12}+x&\cdots&a_{1n}+x\\a_{21}+x&a_{22}+x&\cdots&a_{2n}+x\\\vdots&\vdots&\ddots&\vdots\\a_{n1}+x&a_{n2}+x&\cdots&a_{nn}+x\end{vmatrix},$$

证 明：$D=A+x\sum\limits_{i=1}^{n}\sum\limits_{j=1}^{n}A_{ij}$，其中 $A=\det(a_{ij})_{n\times n}$.

证 将行列式拆开，有

$$D=\begin{vmatrix}a_{11}+x&a_{12}+x&\cdots&a_{1n}+x\\a_{21}+x&a_{22}+x&\cdots&a_{2n}+x\\\vdots&\vdots&&\vdots\\a_{n1}+x&a_{n2}+x&\cdots&a_{nn}+x\end{vmatrix}$$

$$=\begin{vmatrix}x&a_{12}+x&\cdots&a_{1n}+x\\x&a_{22}+x&\cdots&a_{2n}+x\\\vdots&\vdots&&\vdots\\x&a_{n2}+x&\cdots&a_{nn}+x\end{vmatrix}+\begin{vmatrix}a_{11}&a_{12}+x&\cdots&a_{1n}+x\\a_{21}&a_{22}+x&\cdots&a_{2n}+x\\\vdots&\vdots&&\vdots\\a_{n1}&a_{n2}+x&\cdots&a_{nn}+x\end{vmatrix}\text{(按第 1 列拆开)}$$

$$=\begin{vmatrix}x&a_{12}&\cdots&a_{1n}\\x&a_{22}&\cdots&a_{2n}\\\vdots&\vdots&&\vdots\\x&a_{n2}&\cdots&a_{nn}\end{vmatrix}+\begin{vmatrix}a_{11}&x&\cdots&a_{1n}+x\\a_{21}&x&\cdots&a_{2n}+x\\\vdots&\vdots&&\vdots\\a_{n1}&x&\cdots&a_{nn}+x\end{vmatrix}+\begin{vmatrix}a_{11}&a_{12}&\cdots&a_{1n}+x\\a_{21}&a_{22}&\cdots&a_{2n}+x\\\vdots&\vdots&&\vdots\\a_{n1}&a_{n2}&\cdots&a_{nn}+x\end{vmatrix}$$

(第 1 个行列式从第 2 列开始每列减去第 1 列；第 2 个行列式按第 2 列拆开)

$$=\cdots=\begin{vmatrix}x&a_{12}&\cdots&a_{1n}\\x&a_{22}&\cdots&a_{2n}\\\vdots&\vdots&&\vdots\\x&a_{n2}&\cdots&a_{nn}\end{vmatrix}+\cdots+\begin{vmatrix}a_{11}&\cdots&a_{1,n-1}&x\\a_{21}&\cdots&a_{2,n-1}&x\\\vdots&&\vdots&\vdots\\a_{n1}&\cdots&a_{n,n-1}&x\end{vmatrix}+\begin{vmatrix}a_{11}&a_{12}&\cdots&a_{1n}\\a_{21}&a_{22}&\cdots&a_{2n}\\\vdots&\vdots&&\vdots\\a_{n1}&a_{n2}&\cdots&a_{nn}\end{vmatrix}$$

$$= \sum_{i=1}^{n} xA_{i1} + \sum_{i=1}^{n} xA_{i2} + \cdots + \sum_{i=1}^{n} xA_{in} + \begin{vmatrix} a_{11} & a_{12} & \cdots & a_{1n} \\ a_{21} & a_{22} & \cdots & a_{2n} \\ \vdots & \vdots & & \vdots \\ a_{n1} & a_{n2} & \cdots & a_{nn} \end{vmatrix}$$

$$= A + x\sum_{i=1}^{n}\sum_{j=1}^{n} A_{ij}.$$

7. 用克拉默法则解方程组：

$$(1)\begin{cases} x_1 + x_2 + x_3 = 5, \\ 2x_1 + x_2 - x_3 + x_4 = 1, \\ x_1 + 2x_2 - x_3 + x_4 = 2, \\ x_2 + 2x_3 + 3x_4 = 3. \end{cases}$$

解 先计算下列行列式的值：

$$D = \begin{vmatrix} 1 & 1 & 1 & 0 \\ 2 & 1 & -1 & 1 \\ 1 & 2 & -1 & 1 \\ 0 & 1 & 2 & 3 \end{vmatrix} \xlongequal[r_3 - r_1]{r_2 - 2r_1} \begin{vmatrix} 1 & 1 & 1 & 0 \\ 0 & -1 & -3 & 1 \\ 0 & 1 & -2 & 1 \\ 0 & 1 & 2 & 3 \end{vmatrix} = \begin{vmatrix} -1 & -3 & 1 \\ 1 & -2 & 1 \\ 1 & 2 & 3 \end{vmatrix} = 18,$$

$$D_1 = \begin{vmatrix} 5 & 1 & 1 & 0 \\ 1 & 1 & -1 & 1 \\ 2 & 2 & -1 & 1 \\ 3 & 1 & 2 & 3 \end{vmatrix} \xlongequal[r_4 - 2r_1]{r_2 + r_1, r_3 + r_1} \begin{vmatrix} 5 & 1 & 1 & 0 \\ 6 & 2 & 0 & 1 \\ 7 & 3 & 0 & 1 \\ -7 & -1 & 0 & 3 \end{vmatrix} = \begin{vmatrix} 6 & 2 & 1 \\ 7 & 3 & 1 \\ -7 & -1 & 3 \end{vmatrix} = 18,$$

$$D_2 = \begin{vmatrix} 1 & 5 & 1 & 0 \\ 2 & 1 & -1 & 1 \\ 1 & 2 & -1 & 1 \\ 0 & 3 & 2 & 3 \end{vmatrix} \xlongequal[r_3 - r_1]{r_2 - 2r_1} \begin{vmatrix} 1 & 5 & 1 & 0 \\ 0 & -9 & -3 & 1 \\ 0 & -3 & -2 & 1 \\ 0 & 3 & 2 & 3 \end{vmatrix} = \begin{vmatrix} -9 & -3 & 1 \\ -3 & -2 & 1 \\ 3 & 2 & 3 \end{vmatrix} = 36,$$

$$D_3 = \begin{vmatrix} 1 & 1 & 5 & 0 \\ 2 & 1 & 1 & 1 \\ 1 & 2 & 2 & 1 \\ 0 & 1 & 3 & 3 \end{vmatrix} \xlongequal[r_3 - r_1]{r_2 - 2r_1} \begin{vmatrix} 1 & 1 & 5 & 0 \\ 0 & -1 & -9 & 1 \\ 0 & 1 & -3 & 1 \\ 0 & 1 & 3 & 3 \end{vmatrix} = \begin{vmatrix} -1 & -9 & 1 \\ 1 & -3 & 1 \\ 1 & 3 & 3 \end{vmatrix} = 36,$$

$$D_4 = \begin{vmatrix} 1 & 1 & 1 & 5 \\ 2 & 1 & -1 & 1 \\ 1 & 2 & -1 & 2 \\ 0 & 1 & 2 & 3 \end{vmatrix} \xlongequal[r_3 - r_1]{r_2 - 2r_1} \begin{vmatrix} 1 & 1 & 1 & 5 \\ 0 & -1 & -3 & -9 \\ 0 & 1 & -2 & -3 \\ 0 & 1 & 2 & 3 \end{vmatrix} = \begin{vmatrix} -1 & -3 & -9 \\ 1 & -2 & -3 \\ 1 & 2 & 3 \end{vmatrix} = -18,$$

故方程组的解为：$x_1 = 1, x_2 = 2, x_3 = 2, x_4 = -1$.

(2) $\begin{cases} x_2 + x_3 + x_4 + x_5 = 1, \\ x_1 + x_3 + x_4 + x_5 = 2, \\ x_1 + x_2 + x_4 + x_5 = 3, \\ x_1 + x_2 + x_3 + x_5 = 4, \\ x_1 + x_2 + x_3 + x_4 = 5. \end{cases}$

解 先计算下列行列式的值:

$$D = \begin{vmatrix} 0 & 1 & 1 & 1 & 1 \\ 1 & 0 & 1 & 1 & 1 \\ 1 & 1 & 0 & 1 & 1 \\ 1 & 1 & 1 & 0 & 1 \\ 1 & 1 & 1 & 1 & 0 \end{vmatrix} \xlongequal[r_i - r_1, i=2,3,4,5]{r_1+r_2+r_3+r_4+r_5} 4 \begin{vmatrix} 1 & 1 & 1 & 1 & 1 \\ 0 & -1 & 0 & 0 & 0 \\ 0 & 0 & -1 & 0 & 0 \\ 0 & 0 & 0 & -1 & 1 \\ 0 & 0 & 0 & 0 & -1 \end{vmatrix} = 4,$$

$$D_1 = \begin{vmatrix} 1 & 1 & 1 & 1 & 1 \\ 2 & 0 & 1 & 1 & 1 \\ 3 & 1 & 0 & 1 & 1 \\ 4 & 1 & 1 & 0 & 1 \\ 5 & 1 & 1 & 1 & 0 \end{vmatrix} \xlongequal[i=2,3,4,5]{r_i - r_1} \begin{vmatrix} 1 & 1 & 1 & 1 & 1 \\ 1 & -1 & 0 & 0 & 0 \\ 2 & 0 & -1 & 0 & 0 \\ 3 & 0 & 0 & -1 & 0 \\ 4 & 0 & 0 & 0 & -1 \end{vmatrix}$$

$$\xlongequal{c_1 + c_2 + 2c_3 + 3c_4 + 4c_5} \begin{vmatrix} 11 & 1 & 1 & 1 & 1 \\ 0 & -1 & 0 & 0 & 0 \\ 0 & 0 & -1 & 0 & 0 \\ 0 & 0 & 0 & -1 & 0 \\ 0 & 0 & 0 & 0 & -1 \end{vmatrix} = 11,$$

$$D_2 = \begin{vmatrix} 0 & 1 & 1 & 1 & 1 \\ 1 & 2 & 1 & 1 & 1 \\ 1 & 3 & 0 & 1 & 1 \\ 1 & 4 & 1 & 0 & 1 \\ 1 & 5 & 1 & 1 & 0 \end{vmatrix} \xlongequal[i=5,4,3,2]{r_i - r_{i-1}} \begin{vmatrix} 0 & 1 & 1 & 1 & 1 \\ 1 & 1 & 0 & 0 & 0 \\ 0 & 1 & -1 & 0 & 0 \\ 0 & 1 & 1 & -1 & 0 \\ 0 & 1 & 0 & 1 & -1 \end{vmatrix} = - \begin{vmatrix} 1 & 1 & 1 & 1 \\ 1 & -1 & 0 & 0 \\ 1 & 1 & -1 & 0 \\ 1 & 0 & 1 & -1 \end{vmatrix}$$

$$\xlongequal[r_4 - r_1]{r_3 - r_1, r_2 - r_1} - \begin{vmatrix} 1 & 1 & 1 & 1 \\ 0 & -2 & -1 & -1 \\ 0 & 0 & -2 & -1 \\ 0 & -1 & 0 & -2 \end{vmatrix} = \begin{vmatrix} 2 & 1 & 1 \\ 0 & 2 & 1 \\ 1 & 0 & 2 \end{vmatrix} = 7,$$

$$D_3 = \begin{vmatrix} 0 & 1 & 1 & 1 & 1 \\ 1 & 0 & 2 & 1 & 1 \\ 1 & 1 & 3 & 1 & 1 \\ 1 & 1 & 4 & 0 & 1 \\ 1 & 1 & 5 & 1 & 0 \end{vmatrix} \xlongequal[i=5,4,3]{r_i - r_{i-1}} \begin{vmatrix} 0 & 1 & 1 & 1 & 1 \\ 1 & 0 & 2 & 1 & 1 \\ 0 & 1 & 1 & 0 & 0 \\ 0 & 0 & 1 & -1 & 0 \\ 0 & 0 & 1 & 1 & -1 \end{vmatrix} = - \begin{vmatrix} 1 & 1 & 1 & 1 \\ 1 & 1 & 0 & 0 \\ 0 & 1 & -1 & 0 \\ 0 & 1 & 1 & -1 \end{vmatrix}$$

$$\xlongequal{r_2-r_1}-\begin{vmatrix}1&1&1&1\\0&0&-1&-1\\0&1&-1&0\\0&1&1&-1\end{vmatrix}=-\begin{vmatrix}0&-1&-1\\1&-1&0\\1&1&-1\end{vmatrix}=3,$$

$$D_4=\begin{vmatrix}0&1&1&1&1\\1&0&1&2&1\\1&1&0&3&1\\1&1&1&4&1\\1&1&1&5&0\end{vmatrix}\xlongequal[i=5,4,3]{r_i-r_{i-1}}\begin{vmatrix}0&1&1&1&1\\1&0&1&2&1\\0&1&-1&1&0\\0&0&1&1&0\\0&0&0&1&-1\end{vmatrix}=-\begin{vmatrix}1&1&1&1\\1&-1&1&0\\0&1&1&0\\0&0&1&-1\end{vmatrix}$$

$$\xlongequal{r_2-r_1}-\begin{vmatrix}1&1&1&1\\0&-2&0&-1\\0&1&1&0\\0&0&1&-1\end{vmatrix}=\begin{vmatrix}2&0&1\\1&1&0\\0&1&-1\end{vmatrix}=-1,$$

$$D_5=\begin{vmatrix}0&1&1&1&1\\1&0&1&1&2\\1&1&0&1&3\\1&1&1&0&4\\1&1&1&1&5\end{vmatrix}\xlongequal[i=5,4,3]{r_i-r_{i-1}}\begin{vmatrix}0&1&1&1&1\\1&0&1&1&2\\0&1&-1&0&1\\0&0&1&-1&1\\0&0&0&1&1\end{vmatrix}=-\begin{vmatrix}1&1&1&1\\1&-1&0&1\\0&1&-1&1\\0&0&1&1\end{vmatrix}$$

$$\xlongequal{r_2-r_1}-\begin{vmatrix}1&1&1&1\\0&-2&-1&0\\0&1&-1&1\\0&0&1&1\end{vmatrix}=-\begin{vmatrix}-2&-1&0\\1&-1&1\\0&1&1\end{vmatrix}=-5,$$

故方程组的解为：

$$x_1=\frac{D_1}{D}=\frac{11}{4},\ x_2=\frac{D_2}{D}=\frac{7}{4},\ x_3=\frac{D_3}{D}=\frac{3}{4},\ x_4=\frac{D_4}{D}=\frac{-1}{4},\ x_5=\frac{D_5}{D}=\frac{-5}{4}.$$

8. 解方程组$\boldsymbol{A}^{\mathrm{T}}\boldsymbol{x}=\boldsymbol{b}$，其中，

$$\boldsymbol{A}=\begin{pmatrix}1&1&\cdots&1\\a_1&a_2&\cdots&a_n\\a_1^2&a_2^2&\cdots&a_n^2\\\vdots&\vdots&&\vdots\\a_1^{n-1}&a_2^{n-1}&\cdots&a_n^{n-1}\end{pmatrix},\quad \boldsymbol{b}=\begin{pmatrix}2\\2\\\vdots\\2\end{pmatrix},$$ 且 $a_1,a_2,\cdots a_n$ 互不相同.

解　方法1：因 $|\boldsymbol{A}^{\mathrm{T}}|=\prod\limits_{1\le j<i\le n}(a_i-a_j)\neq 0$，且

$$D_1=\begin{vmatrix}2&a_1&\cdots&a_1^{n-1}\\2&a_2&\cdots&a_2^{n-1}\\\vdots&\vdots&&\vdots\\2&a_n&\cdots&a_n^{n-1}\end{vmatrix}=2|\boldsymbol{A}^{\mathrm{T}}|=2\prod_{1\le j<i\le n}(a_i-a_j),$$

$$D_2=\begin{vmatrix}1&2&a_1^2&\cdots&a_1^{n-1}\\1&2&a_2^2&\cdots&a_2^{n-1}\\\vdots&\vdots&\vdots&&\vdots\\1&2&a_n^2&\cdots&a_n^{n-1}\end{vmatrix}=0,$$

$$D_3=\begin{vmatrix}1&a_1&2&\cdots&a_1^{n-1}\\1&a_2&2&\cdots&a_2^{n-1}\\\vdots&\vdots&\vdots&&\vdots\\1&a_n&2&\cdots&a_n^{n-1}\end{vmatrix}=0,$$

……

$$D_n=\begin{vmatrix}1&a_1&a_1^2&\cdots&2\\1&a_2&a_2^2&\cdots&2\\\vdots&\vdots&\vdots&&\vdots\\1&a_n&a_n^2&\cdots&2\end{vmatrix}=0,$$

由克拉默法则，方程解唯一，为

$$x_1=\frac{D_1}{D}=2,\quad x_2=\frac{D_2}{D}=0,\quad x_3=\frac{D_3}{D}=0,\cdots,x_n=\frac{D_n}{D}=0,$$

即方程组的解为：$\boldsymbol{x}=(2,0,0,\cdots,0)^{\mathrm{T}}$.

方法 2：因 $a_1,a_2,\cdots,a_n$ 互不相同，故 $|\boldsymbol{A}|\neq 0$，从而方程

$$\begin{pmatrix}1&a_1&a_1^2&\cdots&a_1^{n-1}\\1&a_2&a_2^2&\cdots&a_2^{n-1}\\\vdots&\vdots&\vdots&&\vdots\\1&a_n&a_n^2&\cdots&a_n^{n-1}\end{pmatrix}\begin{pmatrix}x_1\\x_2\\\vdots\\x_n\end{pmatrix}=\begin{pmatrix}2\\2\\\vdots\\2\end{pmatrix}$$

有唯一解，显然

$$\begin{pmatrix}2\\2\\\vdots\\2\end{pmatrix}=2\begin{pmatrix}1\\1\\\vdots\\1\end{pmatrix}+0\begin{pmatrix}a_1\\a_2\\\vdots\\a_n\end{pmatrix}+\cdots+0\begin{pmatrix}a_1^{n-1}\\a_2^{n-1}\\\vdots\\a_n^{n-1}\end{pmatrix},$$

所以 $\boldsymbol{x}=(2,0,0,\cdots,0)^{\mathrm{T}}$.

9. 已知平面上三条不同直线的方程分别为

$L_1:ax+2by+3c=0$，$L_2:bx+2cy+3a=0$，$L_3:cx+2ay+3b=0$.

试证这 3 条直线交于一点的充分必要条件为 $a+b+c=0$.

证　平面上三直线交于一点(x_0,y_0)相当于由三直线的方程产生的如下齐次线性方程组有非零解$(x_0,y_0,1)^{\mathrm{T}}$：

$$\begin{cases}ax+2by+3cz=0,\\bx+2cy+3az=0,\\cx+2ay+3bz=0.\end{cases}$$

由齐次方程组有非零解的充要条件是系数行列式等于0，即

$$\begin{vmatrix} a & 2b & 3c \\ b & 2c & 3a \\ c & 2a & 3b \end{vmatrix} = 6(a+b+c)\begin{vmatrix} 1 & b & c \\ 1 & c & a \\ 1 & a & b \end{vmatrix}$$

$$= -6(a+b+c)(a^2+b^2+c^2-ab-ac-bc)$$

$$= -3(a+b+c)((a-b)^2+(b-c)^2+(c-a)^2)=0,$$

由于题设为三条不同直线，有 $a=b=c$ 不成立，从而三直线交于一点的充分必要条件是：$a+b+c=0$.

第2章　矩　　阵

一、知识点总结

1　大纲要求

本章内容包括：矩阵的线性运算、矩阵的转置、逆矩阵的概念和性质、矩阵可逆的充分必要条件、伴随矩阵、矩阵的初等变换、初等矩阵、矩阵的等价、矩阵的秩、用初等变换求矩阵的秩和逆矩阵的方法、分块矩阵及其运算等.

本章要求：

(1) 理解矩阵的概念，了解一些特殊矩阵及其性质，如零矩阵、单位矩阵、对角矩阵、三角矩阵、对称矩阵等;熟练掌握矩阵的基本运算及其运算规律，特别是矩阵的乘法、方阵的幂;方阵乘积的行列式的性质；矩阵的转置、逆矩阵、方阵的行列式等.

(2) 理解逆矩阵的概念及其性质、矩阵可逆的充分必要条件等，熟练掌握逆矩阵的求法. 理解伴随矩阵的定义，会运用伴随矩阵求逆矩阵.

(3) 理解矩阵的初等变换及初等矩阵的概念，熟悉初等矩阵和初等变换的关系，掌握用初等变换求逆矩阵的方法;掌握矩阵的初等变换，会用初等变换解决相关问题.

(4) 理解矩阵的秩及相关性质，掌握用初等变换求矩阵的秩的方法，会运用矩阵的秩的性质证明一些结论.

(5) 了解分块矩阵的定义，掌握分块矩阵运算法则，特别是分块矩阵乘法的运算法则，分块对角矩阵的逆矩阵、行列式的值等.

(6) 理解方程组有解的充分必要条件并掌握方程组求解的方法.

2　知识点总结

2.1　矩阵的定义及一些特殊矩阵

由 $m\times n$ 个数 $a_{ij}(i=1,2,\cdots,m;j=1,2,\cdots,n)$ 组成的 m 行 n 列的矩形数表

$$\boldsymbol{A}=\begin{pmatrix} a_{11} & a_{12} & \cdots & a_{1n} \\ a_{21} & a_{22} & \cdots & a_{2n} \\ \vdots & \vdots & & \vdots \\ a_{m1} & a_{m2} & \cdots & a_{mn} \end{pmatrix}$$

称为 $m\times n$ 矩阵，记为 $\boldsymbol{A}=(a_{ij})_{m\times n}$. 几种特殊类型的矩阵的概念要清楚，如：$\boldsymbol{O}$ 矩阵、单位

矩阵、对角矩阵、数量矩阵、三角矩阵、上三角矩阵、下三角矩阵、行矩阵、列矩阵、同型矩阵、对称矩阵、反称矩阵、分块矩阵、初等矩阵、阶梯形矩阵等.

若$\boldsymbol{A}^{\mathrm{T}}=\boldsymbol{A}$，则称$\boldsymbol{A}$为对称矩阵. 若$\boldsymbol{A}^{\mathrm{T}}=-\boldsymbol{A}$，则称$\boldsymbol{A}$为反称矩阵. 关于反称矩阵常用的结论：① $\boldsymbol{A}$ 的主对角线上的元素全是0；② 若$\boldsymbol{A}$ 是奇数阶矩阵，则$|\boldsymbol{A}|=0$.

正交矩阵：若$\boldsymbol{A}$ 满足$\boldsymbol{A}\boldsymbol{A}^{\mathrm{T}}=\boldsymbol{A}^{\mathrm{T}}\boldsymbol{A}=\boldsymbol{E}$或$\boldsymbol{A}^{\mathrm{T}}=\boldsymbol{A}^{-1}$，则称$\boldsymbol{A}$是正交矩阵.

关于正交矩阵与对称矩阵的关系，有：若$\boldsymbol{A}$是一个实对称矩阵，则存在一个正交矩阵$\boldsymbol{P}$，使得：$\boldsymbol{P}^{\mathrm{T}}\boldsymbol{A}\boldsymbol{P}=\boldsymbol{P}^{-1}\boldsymbol{A}\boldsymbol{P}=\mathrm{diag}(\lambda_1,\lambda_2,\cdots,\lambda_n)$.

2.2　矩阵的运算

◆ 矩阵的乘法：

设$\boldsymbol{A}=(a_{ij})_{m\times s}$，$\boldsymbol{B}=(b_{ij})_{s\times n}$，$\boldsymbol{C}=(c_{ij})_{m\times n}$，$\boldsymbol{C}=\boldsymbol{A}\boldsymbol{B}$，其中

$$c_{ij}=\sum_{k=1}^{s}a_{ik}b_{kj},i=1,2,\cdots,m;j=1,2,\cdots,n.$$

(1) 结合律：$(\boldsymbol{AB})\boldsymbol{C}=\boldsymbol{A}(\boldsymbol{BC})$；

(2) 分配律：$\boldsymbol{A}(\boldsymbol{B}+\boldsymbol{C})=\boldsymbol{AB}+\boldsymbol{AC}$，$(\boldsymbol{B}+\boldsymbol{C})\boldsymbol{A}=\boldsymbol{BA}+\boldsymbol{CA}$；

(3) $\lambda(\boldsymbol{AB})=(\lambda\boldsymbol{A})\boldsymbol{B}=\boldsymbol{A}(\lambda\boldsymbol{B})$.

方阵的幂的运算规律：$\boldsymbol{A}^m\cdot\boldsymbol{A}^n=\boldsymbol{A}^{m+n}$；$(\boldsymbol{A}^m)^n=\boldsymbol{A}^{mn}$.

◆ 转置矩阵：

设$\boldsymbol{A}=\begin{pmatrix}a_{11}&a_{12}&\cdots&a_{1n}\\a_{21}&a_{22}&\cdots&a_{2n}\\\vdots&\vdots&\ddots&\vdots\\a_{m1}&a_{m2}&\cdots&a_{mn}\end{pmatrix}$，记$\boldsymbol{A}^{\mathrm{T}}=\begin{pmatrix}a_{11}&a_{21}&\cdots&a_{m1}\\a_{12}&a_{22}&\cdots&a_{m2}\\\vdots&\vdots&\ddots&\vdots\\a_{1n}&a_{2n}&\cdots&a_{mn}\end{pmatrix}$，称$\boldsymbol{A}^{\mathrm{T}}$为矩阵$\boldsymbol{A}$的转置矩阵.

矩阵的转置有如下性质：

① $(\boldsymbol{A}^{\mathrm{T}})^{\mathrm{T}}=\boldsymbol{A}$；　　② $(\boldsymbol{A}+\boldsymbol{B})^{\mathrm{T}}=\boldsymbol{A}^{\mathrm{T}}+\boldsymbol{B}^{\mathrm{T}}$；

③ $(\lambda\boldsymbol{A})^{\mathrm{T}}=\lambda\boldsymbol{A}^{\mathrm{T}}$；　　④ $(\boldsymbol{AB})^{\mathrm{T}}=\boldsymbol{B}^{\mathrm{T}}\boldsymbol{A}^{\mathrm{T}}$.

◆ 方阵的行列式：

由n阶方阵$\boldsymbol{A}$按各元素的位置不变构成的n阶行列式叫作方阵$\boldsymbol{A}$的行列式，记为$|\boldsymbol{A}|$或$\det(\boldsymbol{A})$. 方阵的行列式具有如下性质：

① $|\boldsymbol{A}^{\mathrm{T}}|=|\boldsymbol{A}|$；　② $|k\boldsymbol{A}|=k^n|\boldsymbol{A}|$；　③ $|\boldsymbol{AB}|=|\boldsymbol{A}||\boldsymbol{B}|$.

2.3　方阵可逆及其等价条件

对方阵$\boldsymbol{A}$，若存在方阵$\boldsymbol{B}$，使得$\boldsymbol{AB}=\boldsymbol{BA}=\boldsymbol{E}$，则$\boldsymbol{A}$可逆，$\boldsymbol{B}$称为$\boldsymbol{A}$的逆矩阵，记为$\boldsymbol{B}=\boldsymbol{A}^{-1}$. 实际上，若$\boldsymbol{AB}=\boldsymbol{E}$或$\boldsymbol{BA}=\boldsymbol{E}$，则$\boldsymbol{A}$可逆，且$\boldsymbol{B}=\boldsymbol{A}^{-1}$.

◆ 逆矩阵常用公式：

(1) 若$\boldsymbol{A}$可逆，则$\boldsymbol{A}^{-1}$也可逆，且$(\boldsymbol{A}^{-1})^{-1}=\boldsymbol{A}$；

(2) 若$\boldsymbol{A}$可逆，则$\boldsymbol{A}^{\mathrm{T}}$也可逆，且$(\boldsymbol{A}^{\mathrm{T}})^{-1}=(\boldsymbol{A}^{-1})^{\mathrm{T}}$；

(3) 若$\boldsymbol{A}$可逆，$k\neq0$，则$k\boldsymbol{A}$也可逆，且$(k\boldsymbol{A})^{-1}=\dfrac{1}{k}\boldsymbol{A}^{-1}$；

(4) 若 $\boldsymbol{A}$ 可逆，则 $|\boldsymbol{A}^{-1}|=\frac{1}{|\boldsymbol{A}|}=|\boldsymbol{A}|^{-1}$；

(5) 若 $\boldsymbol{A},\boldsymbol{B}$ 同阶且可逆，则 $\boldsymbol{AB}$ 也可逆，且 $(\boldsymbol{AB})^{-1}=\boldsymbol{B}^{-1}\boldsymbol{A}^{-1}$，进一步有 $(\boldsymbol{A}_1\boldsymbol{A}_2\cdots\boldsymbol{A}_n)^{-1}=\boldsymbol{A}_n^{-1}\boldsymbol{A}_{n-1}^{-1}\cdots\boldsymbol{A}_1^{-1}$；

(6) 若 $\boldsymbol{A},\boldsymbol{B}$ 均可逆，则有 $\begin{pmatrix}\boldsymbol{A} & \boldsymbol{O}\\ \boldsymbol{O} & \boldsymbol{B}\end{pmatrix}^{-1}=\begin{pmatrix}\boldsymbol{A}^{-1} & \boldsymbol{O}\\ \boldsymbol{O} & \boldsymbol{B}^{-1}\end{pmatrix}$，$\begin{pmatrix}\boldsymbol{O} & \boldsymbol{A}\\ \boldsymbol{B} & \boldsymbol{O}\end{pmatrix}^{-1}=\begin{pmatrix}\boldsymbol{O} & \boldsymbol{B}^{-1}\\ \boldsymbol{A}^{-1} & \boldsymbol{O}\end{pmatrix}$.

2.4 伴随矩阵及常用的性质

称 $\boldsymbol{A}^*=(A_{ij})_n^{\mathrm{T}}$ 为 $\boldsymbol{A}$ 的伴随矩阵，其中 A_{ij} 为 a_{ij} 的代数余子式，即

$$\boldsymbol{A}^*=\begin{pmatrix}A_{11} & A_{21} & \cdots & A_{n1}\\ A_{12} & A_{22} & \cdots & A_{n2}\\ \vdots & \vdots & & \vdots\\ A_{1n} & A_{2n} & \cdots & A_{nn}\end{pmatrix},$$

注意元素位置.

◆ 伴随矩阵的相关结论：

对 n 阶矩阵 $\boldsymbol{A}$，有

(1) $\boldsymbol{A}\boldsymbol{A}^*=\boldsymbol{A}^*\boldsymbol{A}=|\boldsymbol{A}|\boldsymbol{E}$ 恒成立；

(2) 若 $\boldsymbol{A}$ 可逆，则 $\boldsymbol{A}^{-1}=\frac{1}{|\boldsymbol{A}|}\boldsymbol{A}^*$，$\boldsymbol{A}^*=|\boldsymbol{A}|\boldsymbol{A}^{-1}$；当 $|\boldsymbol{A}|=0$ 时，有 $\boldsymbol{A}\boldsymbol{A}^*=\boldsymbol{A}^*\boldsymbol{A}=\boldsymbol{O}$；

(3) 若 $\boldsymbol{A}$ 可逆，则 $\boldsymbol{A}^*$ 也可逆，且 $(\boldsymbol{A}^*)^{-1}=(\boldsymbol{A}^{-1})^*=\frac{1}{|\boldsymbol{A}|}\boldsymbol{A}$；

(4) $(k\boldsymbol{A})^*=k^{n-1}\boldsymbol{A}^*$；　　(5) $|\boldsymbol{A}^*|=|\boldsymbol{A}|^{n-1}$；

(6) $(\boldsymbol{A}^*)^*=|\boldsymbol{A}|^{n-2}\boldsymbol{A}$；　　(7) $(\boldsymbol{A}^*)^{\mathrm{T}}=(\boldsymbol{A}^{\mathrm{T}})^*$；

(8) $(\boldsymbol{AB})^*=\boldsymbol{B}^*\boldsymbol{A}^*$；

(9) 对于 n 阶方阵 $\boldsymbol{A}$，其伴随矩阵 $\boldsymbol{A}^*$ 的秩为：$R(\boldsymbol{A}^*)=\begin{cases}n, & R(\boldsymbol{A})=n\\ 1, & R(\boldsymbol{A})=n-1\\ 0, & R(\boldsymbol{A})<n-1\end{cases}$.

2.5 分块矩阵

矩阵分块的原则：在同一行中，其各个块矩阵的行数一致；在同一列中，其块矩阵列数一致.

若 $\boldsymbol{A}$ 为 $m\times n$ 矩阵，按列分块有，$\boldsymbol{A}=(a_{ij})_{m\times n}=(\boldsymbol{a}_1,\boldsymbol{a}_2,\cdots,\boldsymbol{a}_n)$，其中 $\boldsymbol{a}_j=\begin{pmatrix}a_{1j}\\ a_{2j}\\ \vdots\\ a_{mj}\end{pmatrix}$ $(j=1,2,\cdots,n)$. 若将 $\boldsymbol{A}$ 按行分块，则有 $\boldsymbol{A}=\begin{pmatrix}\boldsymbol{b}_1\\ \boldsymbol{b}_2\\ \vdots\\ \boldsymbol{b}_m\end{pmatrix}$，其中 $\boldsymbol{b}_i=(a_{i1},a_{i2},\cdots,a_{in})$ $(i=1,2,\cdots,m)$.

只要把子块或子矩阵当作通常的矩阵元素，分块矩阵的加、减、乘法、数乘与转置等运算就与通常矩阵的相应运算基本相同.

◆ 分块矩阵运算的原则：

① 设$\boldsymbol{A}$，$\boldsymbol{B}$为同型矩阵，采用相同的分法有

$$\boldsymbol{A}=\begin{pmatrix}\boldsymbol{A}_{11} & \cdots & \boldsymbol{A}_{1t}\\ \boldsymbol{A}_{21} & \cdots & \boldsymbol{A}_{2t}\\ \vdots & \ddots & \vdots\\ \boldsymbol{A}_{s1} & \cdots & \boldsymbol{A}_{st}\end{pmatrix},\ \boldsymbol{B}=\begin{pmatrix}\boldsymbol{B}_{11} & \cdots & \boldsymbol{B}_{1t}\\ \boldsymbol{B}_{21} & \cdots & \boldsymbol{B}_{2t}\\ \vdots & \ddots & \vdots\\ \boldsymbol{B}_{s1} & \cdots & \boldsymbol{B}_{st}\end{pmatrix},$$

则

$$\boldsymbol{A}+\boldsymbol{B}=(\boldsymbol{A}_{ij}+\boldsymbol{B}_{ij});k\boldsymbol{A}=(k\boldsymbol{A}_{ij})\quad(i=1,2,\cdots,s;\ j=1,2,\cdots,t).$$

② 设$\boldsymbol{A}$是$m\times l$矩阵，$\boldsymbol{B}$为$l\times n$矩阵，分块为

$$\boldsymbol{A}=\begin{pmatrix}\boldsymbol{A}_{11} & \cdots & \boldsymbol{A}_{1t}\\ \boldsymbol{A}_{21} & \cdots & \boldsymbol{A}_{2t}\\ \vdots & \ddots & \vdots\\ \boldsymbol{A}_{s1} & \cdots & \boldsymbol{A}_{st}\end{pmatrix},\ \boldsymbol{B}=\begin{pmatrix}\boldsymbol{B}_{11} & \cdots & \boldsymbol{B}_{1r}\\ \boldsymbol{B}_{21} & \cdots & \boldsymbol{B}_{2r}\\ \vdots & \ddots & \vdots\\ \boldsymbol{B}_{t1} & \cdots & \boldsymbol{B}_{tr}\end{pmatrix},$$

其中，$\boldsymbol{A}_{i1},\boldsymbol{A}_{i2},\cdots,\boldsymbol{A}_{it}$ 的列数分别等于$\boldsymbol{B}_{1j},\boldsymbol{B}_{2j},\cdots,\boldsymbol{B}_{tj}$ 的行数，则

$$\boldsymbol{A}\boldsymbol{B}=\begin{pmatrix}\boldsymbol{C}_{11} & \cdots & \boldsymbol{C}_{1r}\\ \vdots & \ddots & \vdots\\ \boldsymbol{C}_{s1} & \cdots & \boldsymbol{C}_{sr}\end{pmatrix},$$

其中，$\boldsymbol{C}_{ij}=\sum\limits_{k=1}^{t}\boldsymbol{A}_{ik}\boldsymbol{B}_{kj}(i=1,2,\cdots,s;\ j=1,2,\cdots,r)$.

③ 设$\boldsymbol{A}=\begin{pmatrix}\boldsymbol{A}_{11} & \cdots & \boldsymbol{A}_{1r}\\ \vdots & \ddots & \vdots\\ \boldsymbol{A}_{s1} & \cdots & \boldsymbol{A}_{sr}\end{pmatrix}$，则

$$\boldsymbol{A}^{\mathrm{T}}=\begin{pmatrix}\boldsymbol{A}_{11}^{\mathrm{T}} & \cdots & \boldsymbol{A}_{s1}^{\mathrm{T}}\\ \vdots & \ddots & \vdots\\ \boldsymbol{A}_{1r}^{\mathrm{T}} & \cdots & \boldsymbol{A}_{sr}^{\mathrm{T}}\end{pmatrix}.$$

④ 准对角矩阵：若$\boldsymbol{A}$为n阶矩阵，形如$\boldsymbol{A}=\begin{pmatrix}\boldsymbol{A}_1 & & & \\ & \boldsymbol{A}_2 & & \\ & & \ddots & \\ & & & \boldsymbol{A}_s\end{pmatrix}$，$\boldsymbol{A}_i$为$n_i$阶方阵的矩阵称为准对角矩阵，其中主对角线上的$\boldsymbol{A}_1,\boldsymbol{A}_2,\cdots,\boldsymbol{A}_s$有非零子块且是方阵，其余子块都是零矩阵，则

$$\det\boldsymbol{A}=|\boldsymbol{A}_1||\boldsymbol{A}_2|\cdots|\boldsymbol{A}_s|.$$

又若$|\boldsymbol{A}_i|\neq 0(i=1,2,\cdots,s)$，则$\boldsymbol{A}$可逆，且

$$A^{-1}=\begin{pmatrix}A_1^{-1} & & & \\ & A_2^{-1} & & \\ & & \ddots & \\ & & & A_s^{-1}\end{pmatrix}.$$

⑤ 若A_1, A_2 可逆，则有

$$\begin{pmatrix}A_1 & \\ & A_2\end{pmatrix}^{-1}=\begin{pmatrix}A_1^{-1} & \\ & A_2^{-1}\end{pmatrix};\begin{pmatrix} & A_1\\ A_2 & \end{pmatrix}^{-1}=\begin{pmatrix} & A_2^{-1}\\ A_1^{-1} & \end{pmatrix}.$$

更一般地，若 B, C 可逆，则有

$$\begin{pmatrix}B & D\\ O & C\end{pmatrix}^{-1}=\begin{pmatrix}B^{-1} & -B^{-1}DC^{-1}\\ O & C^{-1}\end{pmatrix};\begin{pmatrix}B & O\\ D & C\end{pmatrix}^{-1}=\begin{pmatrix}B^{-1} & O\\ -C^{-1}DB^{-1} & C^{-1}\end{pmatrix}.$$

2.6　初等变换与初等矩阵

矩阵的初等行变换和初等列变换统称为初等变换.

① 对换变换：对换两行(列)；

② 倍乘变换：以数 $k\neq 0$ 乘某一行(列) 的所有元素；

③ 倍加变换：将某一行(列) 的所有元素的 k 倍加到另一行(列) 的对应元素上去.

三种初等变换都是可逆变换，且其逆变换都是同一类型的变换.

单位矩阵经过一次初等变换得到的矩阵称为初等矩阵. 初等矩阵均可逆，且其逆矩阵、转置矩阵仍为同类型初等矩阵：

$$E(i,j)^{-1}=E(i,j);E(i(k))^{-1}=E(i(\frac{1}{k}));E(i,j(k))^{-1}=E(i,j(-k));$$

$$E(i(k))^{\mathrm{T}}=E(i(k));E(i,j)^{\mathrm{T}}=E(i,j);E(i,j(k))^{\mathrm{T}}=E(j,i(k)).$$

◆ 设A为$m\times n$矩阵. 初等矩阵左乘A等同于对A作相应的初等行变换，初等矩阵右乘 A 等同于对 A 作相应的初等列变换，且有

(1) 存在可逆矩阵 P，使得 $PA=\begin{pmatrix}F\\ O\end{pmatrix}$(行阶梯形，$F$ 为非零行子块)；

(2) 存在可逆矩阵 P,Q，使得

$$PAQ=F,\ F=\begin{pmatrix}E_r & O\\ O & O\end{pmatrix}(F\text{ 为 }A\text{ 的标准形}).$$

或说成：存在可逆矩阵P_1,Q_1，使得

$$A=P_1FQ_1,\ F=\begin{pmatrix}E_r & O\\ O & O\end{pmatrix}(F\text{ 为 }A\text{ 的标准形}).$$

方阵 A 可逆与初等矩阵的关系：若方阵 A 可逆，则存在有限个初等矩阵$P_1,P_2,\cdots,P_t$，使 $A=P_1P_2\cdots P_t$.

若矩阵 A 经过有限次初等行变换变为矩阵 B，则称矩阵 A 与矩阵 B **行等价**，记为 $A\overset{r}{\sim}B$；若矩阵 A 经过有限次初等列变换变为矩阵 B，则称矩阵 A 与矩阵 B **列等价**，记为 $A\overset{c}{\sim}B$；若

矩阵 $\boldsymbol{A}$ 经过有限次初等变换变为矩阵 $\boldsymbol{B}$，则称矩阵 $\boldsymbol{A}$ 与矩阵 $\boldsymbol{B}$ 等价，记为 $\boldsymbol{A} \cong \boldsymbol{B}$.

等价作为矩阵间的一种关系，具有自反性、对称性与传递性.

(1) 自反性：$\boldsymbol{A} \cong \boldsymbol{A}$；

(2) 对称性：若 $\boldsymbol{A} \cong \boldsymbol{B}$，则 $\boldsymbol{B} \cong \boldsymbol{A}$；

(3) 传递性：若 $\boldsymbol{A} \cong \boldsymbol{B}$，$\boldsymbol{B} \cong \boldsymbol{C}$，则 $\boldsymbol{A} \cong \boldsymbol{C}$.

设 $\boldsymbol{A}$ 与 $\boldsymbol{B}$ 为 $m \times n$ 矩阵，则有

① $\boldsymbol{A} \overset{r}{\sim} \boldsymbol{B} \Leftrightarrow$ 存在 m 阶可逆矩阵 $\boldsymbol{P}$，使得 $\boldsymbol{PA} = \boldsymbol{B}$；

② $\boldsymbol{A} \overset{c}{\sim} \boldsymbol{B} \Leftrightarrow$ 存在 n 阶可逆矩阵 $\boldsymbol{Q}$，使得 $\boldsymbol{AQ} = \boldsymbol{B}$；

③ $\boldsymbol{A} \cong \boldsymbol{B} \Leftrightarrow$ 存在 m 阶可逆矩阵 $\boldsymbol{P}$ 及 n 阶可逆矩阵 $\boldsymbol{Q}$，使得 $\boldsymbol{PAQ} = \boldsymbol{B}$.

◆ 初等行变换的应用：(初等列变换类似，或转置后采用初等行变换)

① 求矩阵的秩：将 $\boldsymbol{A} \xrightarrow{r} \boldsymbol{B}$(行阶梯形矩阵)，则 $R(\boldsymbol{A}) = R(\boldsymbol{B}) = \boldsymbol{B}$ 中的非零行的行数.

② 求矩阵的逆：将 $(\boldsymbol{A} \mid \boldsymbol{E}) \xrightarrow{r} \boldsymbol{A}^{-1}(\boldsymbol{A} \mid \boldsymbol{E}) = (\boldsymbol{E} \mid \boldsymbol{B})$，则 $\boldsymbol{B} = \boldsymbol{A}^{-1}$.

③ 求解线性方程组：对于 n 个未知数 n 个方程的非齐次线性方程组 $\boldsymbol{Ax} = \boldsymbol{b}$，如果 $(\boldsymbol{A} \mid \boldsymbol{b}) \xrightarrow{r} \boldsymbol{A}^{-1}(\boldsymbol{A} \mid \boldsymbol{b}) = (\boldsymbol{E} \mid \boldsymbol{x})$，则 $\boldsymbol{A}$ 可逆，且 $\boldsymbol{x} = \boldsymbol{A}^{-1}\boldsymbol{b}$.

④ 求 $\boldsymbol{A}^{-1}\boldsymbol{B}$，将 $(\boldsymbol{A} \mid \boldsymbol{B}) \xrightarrow{r} \boldsymbol{A}^{-1}(\boldsymbol{A} \mid \boldsymbol{B}) = (\boldsymbol{E} \mid \boldsymbol{X})$，则 $\boldsymbol{X} = \boldsymbol{A}^{-1}\boldsymbol{B}$.

2.7 矩阵的秩

设矩阵 $\boldsymbol{A}$ 中有一个 r 阶子式不为 0，且所有 $r+1$ 阶子式全部为 0，则 $R(\boldsymbol{A}) = r$.

◆ 关于矩阵的秩的性质，设有 $m \times n$ 矩阵 $\boldsymbol{A}$，则有

① 矩阵的秩是唯一的.

② $R(\boldsymbol{A}) = 0$ 当且仅当 $\boldsymbol{A} = \boldsymbol{O}$.

③ 若矩阵 $\boldsymbol{A}$ 中有一个 r 阶子式不为 0，则 $R(\boldsymbol{A}) \geq r$.

④ 若 $\boldsymbol{A}$ 中所有 r 阶子式全为 0，则 $R(\boldsymbol{A}) < r$.

⑤ 若 $R(\boldsymbol{A}) = r$，则 $\boldsymbol{A}$ 的所有 $r+1$ 阶子式(如果存在)全为 0，且所有高于 $r+1$ 阶的子式(如果存在)也全为 0.

⑥ $R(\boldsymbol{A}) \leq \min\{m, n\}$.

⑦ $R(\boldsymbol{A}) = R(\boldsymbol{A}^{\mathrm{T}}) = R(k\boldsymbol{A}) = R(\boldsymbol{A}^{\mathrm{T}}\boldsymbol{A})(k \neq 0)$.

⑧ $R(\boldsymbol{A}) = r \Leftrightarrow \boldsymbol{A}$ 中 r 列(行)线性无关，而任 $r+1$ 列(行)线性相关.

⑨ $m \times n$ 阶矩阵 $\boldsymbol{A}$ 的秩为 r 的充要条件是：存在 m 阶可逆矩阵 $\boldsymbol{P}$ 和 n 阶可逆矩阵 $\boldsymbol{Q}$，使得 $\boldsymbol{PAQ} = \begin{pmatrix} \boldsymbol{E}_r & \boldsymbol{O} \\ \boldsymbol{O} & \boldsymbol{O} \end{pmatrix}$.

⑩ 设 $\boldsymbol{\alpha}, \boldsymbol{\beta}$ 均为 n 维行向量，则非零阵 $\boldsymbol{A}$ 可表示为 $\boldsymbol{\alpha}^{\mathrm{T}}\boldsymbol{\beta}$ 的形式的充要条件为：$\boldsymbol{A} = \boldsymbol{\alpha}^{\mathrm{T}}\boldsymbol{\beta} \Leftrightarrow R(\boldsymbol{A}) = 1$.

◆ 有关矩阵秩的重要结论：设 $\boldsymbol{A}, \boldsymbol{B}$ 是矩阵，则

① $R(\boldsymbol{A}) + R(\boldsymbol{B}) - n \leq R(\boldsymbol{AB}) \leq \min\{R(\boldsymbol{A}), R(\boldsymbol{B})\}$.

② $R(\boldsymbol{A} \pm \boldsymbol{B}) \leq R(\boldsymbol{A}) + R(\boldsymbol{B})$.

③ $\max\{R(\boldsymbol{A}),R(\boldsymbol{B})\} \le R(\boldsymbol{A},\boldsymbol{B}) \le R(\boldsymbol{A}) + R(\boldsymbol{B})$.

④ $R\begin{pmatrix} \boldsymbol{A} & \boldsymbol{O} \\ \boldsymbol{O} & \boldsymbol{B} \end{pmatrix} = R(\boldsymbol{A}) + R(\boldsymbol{B})$, $R\begin{pmatrix} \boldsymbol{O} & \boldsymbol{A} \\ \boldsymbol{B} & \boldsymbol{O} \end{pmatrix} = R(\boldsymbol{A}) + R(B)$.

⑤ 若 $\boldsymbol{A} \cong \boldsymbol{B}$, 则 $R(\boldsymbol{A}) = R(\boldsymbol{B})$.

⑥ 如果 $\boldsymbol{A}$ 是 $m \times n$ 矩阵, $\boldsymbol{B}$ 是 $n \times s$ 矩阵, 且 $\boldsymbol{A}\,\boldsymbol{B} = \boldsymbol{O}$, 即 $\boldsymbol{B}$ 的列向量全部是齐次线性方程组 $\boldsymbol{Ax} = \boldsymbol{0}$ 的解, 则 $R(\boldsymbol{A}) + R(\boldsymbol{B}) \le n$.

⑦ 若 $\boldsymbol{P},\boldsymbol{Q}$ 可逆, 则 $R(\boldsymbol{A}) = R(\boldsymbol{PAQ}) = R(\boldsymbol{PA}) = R(\boldsymbol{AQ})$.

2.8　方程组有解的结论

设

$$\boldsymbol{A} = \begin{pmatrix} a_{11} & a_{12} & \cdots & a_{1n} \\ a_{21} & a_{22} & \cdots & a_{2n} \\ \vdots & \vdots & \ddots & \vdots \\ a_{m1} & a_{m2} & \cdots & a_{mn} \end{pmatrix}, \boldsymbol{x} = \begin{pmatrix} x_1 \\ x_2 \\ \vdots \\ x_n \end{pmatrix}, \boldsymbol{b} = \begin{pmatrix} b_1 \\ b_2 \\ \vdots \\ b_m \end{pmatrix}, \bar{\boldsymbol{A}} = \left(\begin{array}{cccc:c} a_{11} & a_{12} & \cdots & a_{1n} & b_1 \\ a_{21} & a_{22} & \cdots & a_{2n} & b_2 \\ \vdots & \vdots & \ddots & \vdots & \vdots \\ a_{m1} & a_{m2} & \cdots & a_{mn} & b_m \end{array}\right),$$

对方程组 $\boldsymbol{Ax} = \boldsymbol{b}$, 有

① 线性方程组通过方程组的初等变换得到的新方程组与原方程组同解.

② n 元线性方程组 $\boldsymbol{Ax} = \boldsymbol{b}$ 有解的充分必要条件是系数矩阵的秩等于增广矩阵的秩. 且当 $R(\boldsymbol{A}) = R(\bar{\boldsymbol{A}}) = n$ 时, 有唯一解;当 $R(\boldsymbol{A}) = R(\bar{\boldsymbol{A}}) < n$ 时, 有无穷多个解.

③ n 元齐次线性方程组 $\boldsymbol{Ax} = \boldsymbol{0}$ 有非零解的充分必要条件是 $R(\boldsymbol{A}) < n$.

④ 特别地, 当 $m < n$ 时, 齐次线性方程组 $\boldsymbol{A}_{m\times n}\boldsymbol{x}_{n\times 1} = \boldsymbol{O}_{m\times 1}$ 必有非零解. 即当未知数的个数多于方程的个数时, 齐次线性方程组必有非零解.

进一步地, 有

⑤ 矩阵方程 $\boldsymbol{AX} = \boldsymbol{B}$ 有解的充要条件是 $R(\boldsymbol{A}) = R(\boldsymbol{A},\boldsymbol{B})$.

⑥ 矩阵方程 $\boldsymbol{A}_{m\times n}\boldsymbol{X}_{n\times l} = \boldsymbol{O}$ 只有零解的充分必要条件是 $R(\boldsymbol{A}) = n$.

3　疑难点解析

◆ 矩阵的概念与行列式有什么区别?

行列式是数, 而矩阵是一个数表, 一个符号. 矩阵是由 $m \times n$ 个数构成的 m 行 n 列的一个数表. n 阶行列式是 n^2 个数按特定法则对应的一个数. 一个 3 阶行列式与一个 5 阶行列式可以相等(两个数相等), 而只有两个同类型的矩阵才可能讨论它们是否相等.

当 $\boldsymbol{A}$ 是一个方阵时, $|\boldsymbol{A}|$ 才有意义, 但是 $|\boldsymbol{A}| \ne \boldsymbol{A}$(1 阶方阵除外); 此外, 当 $\boldsymbol{A}$ 是非方阵时 $|\boldsymbol{A}|$ 没有意义. 当 $\boldsymbol{A}$ 为 n 阶方阵时, 不可把 $|\lambda\boldsymbol{A}|$ 与 $\lambda|\boldsymbol{A}|$ 等同起来, 而是 $|\lambda\boldsymbol{A}| = \lambda^n|\boldsymbol{A}|$.

◆ 矩阵运算时, 特别需要注意哪些问题?

特别要注意矩阵的运算与数的运算的相同之处与不同之处. 矩阵的加(减) 法只对同型矩阵有意义, 数 λ 乘矩阵 $\boldsymbol{A}_{m\times n}$ 是用数 λ 乘矩阵 $\boldsymbol{A}_{m\times n}$ 中每一个元素得到的新的 $m \times n$ 矩阵;矩阵的加法运算与数的运算具有类似的性质. 而对于矩阵的乘法, 它与数的乘法有本质的

区别：

矩阵的乘法运算要求左矩阵的列数与右矩阵的行数相同，这是两个矩阵可以相乘的前提条件. 而且积的元素有其特定的算法，即所谓行乘列.

矩阵的乘法不满足交换律：$\boldsymbol{AB} \neq \boldsymbol{BA}$. 原因是：(1)$\boldsymbol{AB}$ 与 $\boldsymbol{BA}$ 不一定同时有意义；(2)即使 $\boldsymbol{AB}$ 与 $\boldsymbol{BA}$ 都有意义，$\boldsymbol{AB}$ 与 $\boldsymbol{BA}$ 的阶数也未必一致；(3) 即使 $\boldsymbol{AB}$ 与 $\boldsymbol{BA}$ 的阶数相同，$\boldsymbol{AB}$ 与 $\boldsymbol{BA}$ 也未必相等. 如果 $\boldsymbol{AB}=\boldsymbol{BA}$，则称 $\boldsymbol{A}$ 与 $\boldsymbol{B}$ 可交换.

消去律不成立，即 $\boldsymbol{AB}=\boldsymbol{AC}$，$\boldsymbol{A}\neq\boldsymbol{O}$，不能推出 $\boldsymbol{B}=\boldsymbol{C}$. 与之相关的结论有：$\boldsymbol{AX}=\boldsymbol{O}$，不能推出 $\boldsymbol{X}=\boldsymbol{O}$；由 $\boldsymbol{A}^2=\boldsymbol{O}$，不能推出 $\boldsymbol{A}=\boldsymbol{O}$；由 $\boldsymbol{A}^2=\boldsymbol{A}$，不能推出 $\boldsymbol{A}=\boldsymbol{E}$ 或 $\boldsymbol{A}=\boldsymbol{O}$；由 $\boldsymbol{AB}=\boldsymbol{O}$ 不一定有 $\boldsymbol{A}=\boldsymbol{O}$ 或 $\boldsymbol{B}=\boldsymbol{O}$ 等.

特别要注意，一般来说，有：

$(\boldsymbol{AB})^k \neq \boldsymbol{A}^k\cdot\boldsymbol{B}^k$，$|\boldsymbol{A}+\boldsymbol{B}|\neq|\boldsymbol{A}|+|\boldsymbol{B}|$，$(\boldsymbol{A}+\boldsymbol{B})^{-1}\neq\boldsymbol{A}^{-1}+\boldsymbol{B}^{-1}$，$|k\boldsymbol{A}|\neq k|\boldsymbol{A}|$.

◆ 对于矩阵的转置运算应该注意什么问题？

首先，$(\boldsymbol{AB})^{\mathrm{T}}=\boldsymbol{B}^{\mathrm{T}}\boldsymbol{A}^{\mathrm{T}}$，要注意顺序；其次，对于分块矩阵的转置，很容易出现如下错误：

$$\begin{pmatrix} \boldsymbol{A}_{11} & \boldsymbol{A}_{12} & \cdots & \boldsymbol{A}_{1s} \\ \boldsymbol{A}_{21} & \boldsymbol{A}_{22} & \cdots & \boldsymbol{A}_{2s} \\ \vdots & \vdots & \ddots & \vdots \\ \boldsymbol{A}_{t1} & \boldsymbol{A}_{t2} & \cdots & \boldsymbol{A}_{ts} \end{pmatrix}^{\mathrm{T}} = \begin{pmatrix} \boldsymbol{A}_{11} & \boldsymbol{A}_{21} & \cdots & \boldsymbol{A}_{t1} \\ \boldsymbol{A}_{12} & \boldsymbol{A}_{22} & \cdots & \boldsymbol{A}_{t2} \\ \vdots & \vdots & \ddots & \vdots \\ \boldsymbol{A}_{1s} & \boldsymbol{A}_{2s} & \cdots & \boldsymbol{A}_{ts} \end{pmatrix}.$$

正确的应该是

$$\begin{pmatrix} \boldsymbol{A}_{11} & \boldsymbol{A}_{12} & \cdots & \boldsymbol{A}_{1s} \\ \boldsymbol{A}_{21} & \boldsymbol{A}_{22} & \cdots & \boldsymbol{A}_{2s} \\ \vdots & \vdots & \ddots & \vdots \\ \boldsymbol{A}_{t1} & \boldsymbol{A}_{t2} & \cdots & \boldsymbol{A}_{ts} \end{pmatrix}^{\mathrm{T}} = \begin{pmatrix} \boldsymbol{A}_{11}^{\mathrm{T}} & \boldsymbol{A}_{21}^{\mathrm{T}} & \cdots & \boldsymbol{A}_{t1}^{\mathrm{T}} \\ \boldsymbol{A}_{12}^{\mathrm{T}} & \boldsymbol{A}_{22}^{\mathrm{T}} & \cdots & \boldsymbol{A}_{t2}^{\mathrm{T}} \\ \vdots & \vdots & \ddots & \vdots \\ \boldsymbol{A}_{1s}^{\mathrm{T}} & \boldsymbol{A}_{2s}^{\mathrm{T}} & \cdots & \boldsymbol{A}_{ts}^{\mathrm{T}} \end{pmatrix}.$$

形象地说，分块矩阵的转置要“先公转，再自转”.

◆ 通常求逆矩阵有哪些方法？

可逆矩阵可由 $\boldsymbol{AB}=\boldsymbol{E}$ 来定义（$\boldsymbol{A}$ 与 $\boldsymbol{B}$ 互为逆矩阵），这是应用的基础. 要记住方阵可逆的充要条件 $|\boldsymbol{A}|\neq 0$，以及关系式 $\boldsymbol{AA}^*=\boldsymbol{A}^*\boldsymbol{A}=|\boldsymbol{A}|\boldsymbol{E}$，二者有着重要且广泛的应用. 要弄清伴随矩阵 $\boldsymbol{A}^*$ 是矩阵 $\boldsymbol{A}$ 的各元素代数余子式为元素的矩阵的转置，否则会出错. 要会求逆矩阵，会用逆矩阵求解线性方程组及各种矩阵方程.

求一个矩阵的逆矩阵的方法通常有 3 种：

① 利用定义：这种方法多用于抽象的证明题中，例如：如果 n 阶方阵 $\boldsymbol{A}$ 满足 $\boldsymbol{A}^k=\boldsymbol{O}$，则 $\boldsymbol{E}-\boldsymbol{A}$ 可逆，且 $(\boldsymbol{E}-\boldsymbol{A})^{-1}=\boldsymbol{E}+\boldsymbol{A}+\boldsymbol{A}^2+\cdots+\boldsymbol{A}^{k-1}$.

② 利用求逆矩阵的公式：如果矩阵 $\boldsymbol{A}$ 可逆，那么 $\boldsymbol{A}^{-1}=\dfrac{1}{|\boldsymbol{A}|}\boldsymbol{A}^*$，其中，$\boldsymbol{A}^*$ 是 $\boldsymbol{A}$ 的伴随矩阵.

③ 利用初等变换的方法：对矩阵 $(\boldsymbol{A},\boldsymbol{E})$ 施行一系列的初等行变换，将其化为 $(\boldsymbol{E},\boldsymbol{B})$，则 $\boldsymbol{A}^{-1}=\boldsymbol{B}$.

◆ n 阶方阵 $\boldsymbol{A}$ 可逆的等价条件：

① 方阵 $\boldsymbol{A}$ 可逆的充分必要条件是 $|\boldsymbol{A}| \neq 0$，即 $\boldsymbol{A}$ 非奇异.

② $R(\boldsymbol{A}) = \boldsymbol{A}$ 的阶数(即 $\boldsymbol{A}$ 满秩).

③ $\boldsymbol{Ax} = \boldsymbol{0}$ 只有零解.

④ 对任意 n 维列向量 $\boldsymbol{b}$，$\boldsymbol{Ax} = \boldsymbol{b}$ 有唯一解.

⑤ $\boldsymbol{A} = \boldsymbol{P}_1 \boldsymbol{P}_2 \cdots \boldsymbol{P}_l$($\boldsymbol{P}_i$ 为初等矩阵，$i = 1, \cdots, l$)，即 $\boldsymbol{A}$ 可表示成若干初等矩阵的乘积.

⑥ $\boldsymbol{A} \cong \boldsymbol{E}$(即 $\boldsymbol{A}$ 与 $\boldsymbol{E}$ 等价).

⑦ $\boldsymbol{A}$ 的列(行)向量组线性无关.

⑧ $\boldsymbol{A}$ 的特征值全不为零.

⑨ $\boldsymbol{A}^{\mathrm{T}}\boldsymbol{A}(\boldsymbol{A}\boldsymbol{A}^{\mathrm{T}})$ 正定.

⑩ $\boldsymbol{A}$ 的行(列)向量组是 $\mathbb{R}^n$ 的一组基.

⑪ $\boldsymbol{A}$ 是 $\mathbb{R}^n$ 中某两组基的过渡矩阵.

◆ 关于矩阵的初等变换与矩阵的等价：

矩阵的初等变换是研究矩阵各种性质和应用矩阵解决各种问题的重要方法. 首先，要清楚对矩阵施行初等变换，矩阵成了一个新的数表，发生了改变，变换前后的两矩阵间只是一种特殊的所谓等价关系. 还要能将行列式性质中提公因子、交换两行(列)与用常数乘某行(列)加到另一行(列)上去后的结果弄清楚，并能与相应方阵的初等变换进行对比. 初等变换不改变矩阵的秩.

矩阵等价的概念在矩阵理论中具有重要的意义. 两个矩阵称为等价的，如果一个矩阵可以经过一系列的初等变换得到另一个矩阵. 在等价的概念中，矩阵的秩起到了一个关键的作用，矩阵的秩是初等变换下的不变量. 两个同型矩阵等价的充分必要条件是它们具有相同的秩. 矩阵等价实质上就是将同型矩阵按秩进行了分类.

要弄清什么是矩阵的行阶梯形：其一个“台阶”(非零行)只有一行，即任一行的首非零元素下面(同列)的元素全为零，不能把两行的首非零元素位于同一列视为一个“台阶”，而全为零的一行也是一个台阶，且要位于非零行下方. 要会用矩阵的初等行变换法和计算子式法两种方法求矩阵的秩.

◆ 关于分块矩阵要注意的问题：

对于特殊形式的矩阵的乘法、求逆等运算，矩阵分块给计算带来了许多方便，但同时也容易让人犯一些错误，如：

$$\begin{vmatrix} \boldsymbol{O} & \boldsymbol{A} \\ \boldsymbol{B} & \boldsymbol{C} \end{vmatrix} = -|\boldsymbol{A}||\boldsymbol{B}|, \begin{pmatrix} \boldsymbol{O} & \boldsymbol{A} \\ \boldsymbol{B} & \boldsymbol{O} \end{pmatrix}^{-1} = \begin{pmatrix} \boldsymbol{O} & \boldsymbol{A}^{-1} \\ \boldsymbol{B}^{-1} & \boldsymbol{O} \end{pmatrix}, \begin{pmatrix} \boldsymbol{A} & \boldsymbol{O} \\ \boldsymbol{O} & \boldsymbol{B} \end{pmatrix}^{*} = \begin{pmatrix} \boldsymbol{A}^{*} & \boldsymbol{O} \\ \boldsymbol{O} & \boldsymbol{B}^{*} \end{pmatrix},$$

等均不一定成立. 事实上，有(设矩阵 $\boldsymbol{A}$，B 的阶分别为 m，n)

$$\begin{vmatrix} \boldsymbol{O} & \boldsymbol{A} \\ \boldsymbol{B} & \boldsymbol{C} \end{vmatrix} = (-)^{nm}|\boldsymbol{A}||\boldsymbol{B}|, \begin{pmatrix} \boldsymbol{O} & \boldsymbol{A} \\ \boldsymbol{B} & \boldsymbol{O} \end{pmatrix}^{-1} = \begin{pmatrix} \boldsymbol{O} & \boldsymbol{B}^{-1} \\ \boldsymbol{A}^{-1} & \boldsymbol{O} \end{pmatrix}, \begin{pmatrix} \boldsymbol{A} & \boldsymbol{O} \\ \boldsymbol{O} & \boldsymbol{B} \end{pmatrix}^{*} = \begin{pmatrix} |\boldsymbol{B}|\boldsymbol{A}^{*} & \boldsymbol{O} \\ \boldsymbol{O} & |\boldsymbol{A}|\boldsymbol{B}^{*} \end{pmatrix}.$$

二、典型例题分析

1. 设 n 阶矩阵 $\boldsymbol{A}$ 与 $\boldsymbol{B}$ 等价，则必有 ________.

(A) 当$|\boldsymbol{A}|=a(a\neq 0)$时，$|\boldsymbol{B}|=a$.　　　(B) 当$|\boldsymbol{A}|=a(a\neq 0)$时，$|\boldsymbol{B}|=-a$.

(C) 当$|\boldsymbol{A}|\neq 0$时，$|\boldsymbol{B}|=0$.　　　(D) 当$|\boldsymbol{A}|=0$时，$|\boldsymbol{B}|=0$.

解　**方法1：**$\boldsymbol{A}$与B等价$\Leftrightarrow$存在可逆矩阵$\boldsymbol{P}$，$\boldsymbol{Q}$，使得$\boldsymbol{PAQ}=\boldsymbol{B}$.

两边取行列式，得$|\boldsymbol{PAQ}|=|\boldsymbol{P}||\boldsymbol{A}||\boldsymbol{Q}|=|\boldsymbol{B}|$. 因$\boldsymbol{P}$，$\boldsymbol{Q}$可逆，故$|\boldsymbol{P}|\neq 0$，$|\boldsymbol{Q}|\neq 0$，从而$|\boldsymbol{A}|=0$时有$|\boldsymbol{B}|=0$. 应选(D).

方法2：$\boldsymbol{A}$与$\boldsymbol{B}$等价，即$\boldsymbol{A}$可以经过若干次初等变换变为矩阵$\boldsymbol{B}$. 初等变换对矩阵的行列式的影响有：

(1)$\boldsymbol{A}$中某两行(列)互换得$\boldsymbol{B}$，则$|\boldsymbol{B}|=-|\boldsymbol{A}|$.

(2)$\boldsymbol{A}$中某行(列)乘$k(k\neq 0)$得$\boldsymbol{B}$，则$|\boldsymbol{B}|=k|\boldsymbol{A}|$.

(3)$\boldsymbol{A}$中某行倍加到另一行得$\boldsymbol{B}$，则$|\boldsymbol{B}|=|\boldsymbol{A}|$.

故矩阵经初等变换后，矩阵的行列式的值可能改变，但不改变行列式值的非零性. 即若$|\boldsymbol{A}|=0$，则$|\boldsymbol{B}|=0$；若$|\boldsymbol{A}|\neq 0$，则$|\boldsymbol{B}|\neq 0$. 故应选(D).

2. 设$\boldsymbol{A}$为n阶非零矩阵，$\boldsymbol{E}$为n阶单位矩阵，满足$\boldsymbol{A}^3=\boldsymbol{O}$，则________.

(A) $\boldsymbol{E}-\boldsymbol{A}$不可逆，$\boldsymbol{E}+\boldsymbol{A}$不可逆　　　(B) $\boldsymbol{E}-\boldsymbol{A}$不可逆，$\boldsymbol{E}+\boldsymbol{A}$可逆

(C) $\boldsymbol{E}-\boldsymbol{A}$可逆，$\boldsymbol{E}+\boldsymbol{A}$可逆　　　(D) $\boldsymbol{E}-\boldsymbol{A}$可逆，$\boldsymbol{E}+\boldsymbol{A}$不可逆

解　由$\boldsymbol{A}^3=\boldsymbol{O}$，可得

$(\boldsymbol{E}-\boldsymbol{A})(\boldsymbol{E}+\boldsymbol{A}+\boldsymbol{A}^2)=\boldsymbol{E}-\boldsymbol{A}^3=\boldsymbol{E}$，$(\boldsymbol{E}+\boldsymbol{A})(\boldsymbol{E}-\boldsymbol{A}+\boldsymbol{A}^2)=\boldsymbol{E}+\boldsymbol{A}^3=\boldsymbol{E}$，

故$\boldsymbol{E}-\boldsymbol{A}$，$\boldsymbol{E}+\boldsymbol{A}$均可逆. 选(C).

3. 已知$\boldsymbol{AB}-\boldsymbol{B}=\boldsymbol{A}$，其中$\boldsymbol{B}=\begin{pmatrix}1&-2&0\\2&1&0\\0&0&2\end{pmatrix}$，则$\boldsymbol{A}=$________.

解　**方法1：**由题设条件$\boldsymbol{AB}-\boldsymbol{B}=\boldsymbol{A}$，得$\boldsymbol{A}(\boldsymbol{B}-\boldsymbol{E})=\boldsymbol{B}$，从而$\boldsymbol{B}-\boldsymbol{E}$可逆，两边右乘$(\boldsymbol{B}-\boldsymbol{E})^{-1}$，得$\boldsymbol{A}=\boldsymbol{B}(\boldsymbol{B}-\boldsymbol{E})^{-1}$.

先利用初等行变换求$(\boldsymbol{B}-\boldsymbol{E})^{-1}$：在利用初等行变换把$\boldsymbol{B}-\boldsymbol{E}$化为单位矩阵的同时，单位矩阵经过相同的初等行变换化成了$(\boldsymbol{B}-\boldsymbol{E})^{-1}$：

$$(\boldsymbol{B}-\boldsymbol{E}\ \vdots\ \boldsymbol{E})=\left(\begin{array}{ccc:ccc}0&-2&0&1&&\\2&0&0&&1&\\0&0&1&&&1\end{array}\right)\xrightarrow[r_2\div(-2)]{\substack{r_1\leftrightarrow r_2\\ r_1\div 2}}\left(\begin{array}{ccc:ccc}1&0&0&0&\frac{1}{2}&0\\0&1&0&-\frac{1}{2}&0&0\\0&0&1&0&0&1\end{array}\right),$$

所以$(\boldsymbol{B}-\boldsymbol{E})^{-1}=\begin{pmatrix}0&-2&0\\2&0&0\\0&0&1\end{pmatrix}^{-1}=\begin{pmatrix}0&\frac{1}{2}&0\\-\frac{1}{2}&0&0\\0&0&1\end{pmatrix}$，故

$$A=B(B-E)^{-1}=\begin{pmatrix}1&-2&0\\2&1&0\\0&0&2\end{pmatrix}\begin{pmatrix}0&\frac{1}{2}&0\\-\frac{1}{2}&0&0\\0&0&1\end{pmatrix}=\begin{pmatrix}1&\frac{1}{2}&0\\-\frac{1}{2}&1&0\\0&0&2\end{pmatrix}.$$

方法2：由 $A(B-E)=B$，得 $(B-E)^{\mathrm{T}}A^{\mathrm{T}}=B^{\mathrm{T}}$，从而可以进行如下的初等行变换：

$$((B-E)^{\mathrm{T}}\ \vdots\ B^{\mathrm{T}})=\left(\begin{array}{ccc:ccc}0&2&0&1&2&0\\-2&0&0&-2&1&0\\0&0&1&0&0&2\end{array}\right)\xrightarrow[r_2\div 2]{\substack{r_1\leftrightarrow r_2\\ r_1\div(-2)}}\left(\begin{array}{ccc:ccc}1&0&0&1&-\frac{1}{2}&0\\0&1&0&\frac{1}{2}&1&0\\0&0&1&0&0&2\end{array}\right),$$

故 $A^{\mathrm{T}}=\begin{pmatrix}1&-\frac{1}{2}&0\\\frac{1}{2}&1&0\\0&0&2\end{pmatrix}$，得 $A=\begin{pmatrix}1&\frac{1}{2}&0\\-\frac{1}{2}&1&0\\0&0&2\end{pmatrix}$.

4. 设3阶方阵 A,B 满足 $A^2B-A-B=E$，其中 E 为3阶单位矩阵，若 $A=\begin{pmatrix}1&0&1\\0&2&0\\-2&0&1\end{pmatrix}$，则 $|B|=$ ________.

解 由 $A^2B-A-B=E$ 得 $(A+E)(A-E)B=A+E$，等式两端取行列式，得

$$|A+E||A-E||B|=|A+E|,$$

容易计算得

$$|A+E|=\begin{vmatrix}2&0&1\\0&3&0\\-2&0&2\end{vmatrix}=18\neq 0,\quad |A-E|=\begin{vmatrix}0&0&1\\0&1&0\\-2&0&0\end{vmatrix}=2,$$

故 $|B|=\dfrac{1}{|A-E|}=\dfrac{1}{2}$.

5. 设3阶方阵 A,B 满足关系式 $A^{-1}BA=6A+BA$，且 $A=\begin{pmatrix}\frac{1}{3}&0&0\\0&\frac{1}{4}&0\\0&0&\frac{1}{7}\end{pmatrix}$，则 $B=$ ________.

解 由条件易知 $|A|\neq 0$，从而 A 可逆，对等式 $A^{-1}BA=6A+BA$ 两边同时右乘 A^{-1}，得 $A^{-1}B=6E+B$，即 $(A^{-1}-E)B=6E$.

因$\boldsymbol{A}^{-1}=\begin{pmatrix}3&0&0\\0&4&0\\0&0&7\end{pmatrix}$，故

$$\boldsymbol{B}=6(\boldsymbol{A}^{-1}-\boldsymbol{E})^{-1}=6\begin{pmatrix}2&0&0\\0&3&0\\0&0&6\end{pmatrix}^{-1}=\begin{pmatrix}3&0&0\\0&2&0\\0&0&1\end{pmatrix}.$$

6. 设n维向量$\boldsymbol{\alpha}=(a,0,\cdots,0,a)^{\mathrm{T}}$，$a<0$，$\boldsymbol{E}$为$n$阶单位矩阵，矩阵$\boldsymbol{A}=\boldsymbol{E}-\boldsymbol{\alpha}\boldsymbol{\alpha}^{\mathrm{T}}$，$\boldsymbol{B}=\boldsymbol{E}+\dfrac{1}{a}\boldsymbol{\alpha}\boldsymbol{\alpha}^{\mathrm{T}}$，其中$\boldsymbol{A}$的逆矩阵为$\boldsymbol{B}$，则$a=$________.

解　依题设条件，有$\boldsymbol{\alpha}^{\mathrm{T}}\boldsymbol{\alpha}=2a^2$，$\boldsymbol{AB}=\boldsymbol{E}$，即

$$\begin{aligned}\boldsymbol{AB}&=(\boldsymbol{E}-\boldsymbol{\alpha}\boldsymbol{\alpha}^{\mathrm{T}})\left(\boldsymbol{E}+\frac{1}{a}\boldsymbol{\alpha}\boldsymbol{\alpha}^{\mathrm{T}}\right)\\&=\boldsymbol{E}-\boldsymbol{\alpha}\boldsymbol{\alpha}^{\mathrm{T}}+\frac{1}{a}\boldsymbol{\alpha}\boldsymbol{\alpha}^{\mathrm{T}}-\frac{1}{a}\boldsymbol{\alpha}\boldsymbol{\alpha}^{\mathrm{T}}\cdot\boldsymbol{\alpha}\boldsymbol{\alpha}^{\mathrm{T}}\\&=\boldsymbol{E}-\boldsymbol{\alpha}\boldsymbol{\alpha}^{\mathrm{T}}+\frac{1}{a}\boldsymbol{\alpha}\boldsymbol{\alpha}^{\mathrm{T}}-\frac{1}{a}\boldsymbol{\alpha}(\boldsymbol{\alpha}^{\mathrm{T}}\boldsymbol{\alpha})\boldsymbol{\alpha}^{\mathrm{T}}\\&=\boldsymbol{E}-\boldsymbol{\alpha}\boldsymbol{\alpha}^{\mathrm{T}}+\frac{1}{a}\boldsymbol{\alpha}\boldsymbol{\alpha}^{\mathrm{T}}-2a\boldsymbol{\alpha}\boldsymbol{\alpha}^{\mathrm{T}}\\&=\boldsymbol{E}+\left(-1-2a+\frac{1}{a}\right)\boldsymbol{\alpha}\boldsymbol{\alpha}^{\mathrm{T}}=\boldsymbol{E},\end{aligned}$$

于是有$-1-2a+\dfrac{1}{a}=0$，即$2a^2+a-1=0$，解得$a=\dfrac{1}{2}$，$a=-1$. 又已知$a<0$，故得$a=-1$.

7. 设矩阵$\boldsymbol{A}=(a_{ij})_{3\times3}$满足$\boldsymbol{A}^*=\boldsymbol{A}^{\mathrm{T}}$，其中$\boldsymbol{A}^*$是$\boldsymbol{A}$的伴随矩阵，$\boldsymbol{A}^{\mathrm{T}}$为$\boldsymbol{A}$的转置矩阵. 若$a_{11},a_{12},a_{13}$为三个相等的正数，则$a_{11}$为________.

(A) $\dfrac{\sqrt{3}}{3}$.　　(B) 3.　　(C) $\dfrac{1}{3}$.　　(D) $\sqrt{3}$.

解　由$\boldsymbol{A}^*=\boldsymbol{A}^{\mathrm{T}}$及$\boldsymbol{A}\boldsymbol{A}^*=\boldsymbol{A}^*\boldsymbol{A}=|\boldsymbol{A}|\boldsymbol{E}$，有$a_{ij}=\boldsymbol{A}_{ij}$，$i,j=1,2,3$，其中$\boldsymbol{A}_{ij}$为$a_{ij}$的代数余子式，且$\boldsymbol{A}\boldsymbol{A}^{\mathrm{T}}=|\boldsymbol{A}|\boldsymbol{E}$，得$|\boldsymbol{A}|^2=|\boldsymbol{A}|^3$，故$|\boldsymbol{A}|=0$或$|\boldsymbol{A}|=1$. 而

$$|\boldsymbol{A}|=a_{11}A_{11}+a_{12}A_{12}+a_{13}A_{13}=3a_{11}^2\neq0,$$

于是$|\boldsymbol{A}|=1$，且$a_{11}=\dfrac{\sqrt{3}}{3}$. 故正确选项为(A).

8. 设$\boldsymbol{A}$，$\boldsymbol{P}$均为3阶方阵，$\boldsymbol{P}^{\mathrm{T}}$为$\boldsymbol{P}$的转置矩阵，且$\boldsymbol{P}^{\mathrm{T}}\boldsymbol{AP}=\begin{pmatrix}1&0&0\\0&1&0\\0&0&2\end{pmatrix}$，若$\boldsymbol{P}=(\boldsymbol{\alpha}_1,\boldsymbol{\alpha}_2,\boldsymbol{\alpha}_3)$，$\boldsymbol{Q}=(\boldsymbol{\alpha}_1+\boldsymbol{\alpha}_2,\boldsymbol{\alpha}_2,\boldsymbol{\alpha}_3)$，则$\boldsymbol{Q}^{\mathrm{T}}\boldsymbol{AQ}$为________.

(A) $\begin{pmatrix}2&1&0\\1&1&0\\0&0&2\end{pmatrix}$　(B) $\begin{pmatrix}1&1&0\\1&2&0\\0&0&2\end{pmatrix}$　(C) $\begin{pmatrix}2&0&0\\0&1&0\\0&0&2\end{pmatrix}$　(D) $\begin{pmatrix}1&0&0\\0&2&0\\0&0&2\end{pmatrix}$

解 对矩阵 $\boldsymbol{A}$ 施行一次初等行变换，相当于在 $\boldsymbol{A}$ 的左边乘以初等矩阵；对 $\boldsymbol{A}$ 施行一次初等列变换，相当于在 $\boldsymbol{A}$ 的右边乘以初等矩阵. 在本题中，因为

$$(\boldsymbol{\alpha}_1+\boldsymbol{\alpha}_2,\boldsymbol{\alpha}_2,\boldsymbol{\alpha}_3)=(\boldsymbol{\alpha}_1,\boldsymbol{\alpha}_2,\boldsymbol{\alpha}_3)\begin{pmatrix}1&0&0\\1&1&0\\0&0&1\end{pmatrix},$$

即 $\boldsymbol{Q}=\boldsymbol{P}\begin{pmatrix}1&0&0\\1&1&0\\0&0&1\end{pmatrix}$，于是

$$\begin{aligned}\boldsymbol{Q}^{\mathrm{T}}\boldsymbol{A}\boldsymbol{Q}&=\begin{pmatrix}1&0&0\\1&1&0\\0&0&1\end{pmatrix}^{\mathrm{T}}\boldsymbol{P}^{\mathrm{T}}\boldsymbol{A}\boldsymbol{P}\begin{pmatrix}1&0&0\\1&1&0\\0&0&1\end{pmatrix}\\&=\begin{pmatrix}1&1&0\\0&1&0\\0&0&1\end{pmatrix}\begin{pmatrix}1&0&0\\0&1&0\\0&0&2\end{pmatrix}\begin{pmatrix}1&0&0\\1&1&0\\0&0&1\end{pmatrix}=\begin{pmatrix}2&1&0\\1&1&0\\0&0&2\end{pmatrix},\end{aligned}$$

故应选(A).

9. 设 $\boldsymbol{A}$ 是 4×3 矩阵，且 $\boldsymbol{A}$ 的秩 $R(\boldsymbol{A})=2$，而 $\boldsymbol{B}=\begin{pmatrix}1&0&2\\0&2&0\\-1&0&3\end{pmatrix}$，则 $R(\boldsymbol{AB})=$________.

解 因为 $|\boldsymbol{B}|=\begin{vmatrix}1&0&2\\0&2&0\\-1&0&3\end{vmatrix}=10\neq0$，所以矩阵 $\boldsymbol{B}$ 可逆，因可逆矩阵与矩阵相乘不改变矩阵的秩，故 $R(\boldsymbol{AB})=R(\boldsymbol{A})=2$.

10. 设3阶矩阵 $\boldsymbol{A}=\begin{pmatrix}a&b&b\\b&a&b\\b&b&a\end{pmatrix}$，若 $\boldsymbol{A}$ 的伴随矩阵的秩等于1，则必有________.

(A) $a=b$ 或 $a+2b=0$.　　(B) $a=b$ 或 $a+2b\neq0$.

(C) $a\neq b$ 且 $a+2b=0$.　　(D) $a\neq b$ 且 $a+2b\neq0$.

解 本题涉及的主要知识点：

① $n(n\geq2)$ 阶矩阵 $\boldsymbol{A}$ 与其伴随矩阵 $\boldsymbol{A}^*$ 的秩之间有下列关系：

$$R(\boldsymbol{A}^*)=\begin{cases}n, & R(\boldsymbol{A})=n,\\1, & R(\boldsymbol{A})=n-1,\\0, & R(\boldsymbol{A})<n-1.\end{cases}$$

② 若 n 阶矩阵 $\boldsymbol{A}$ 不满秩，则必有 $|\boldsymbol{A}|=0$.

方法1： 根据 $\boldsymbol{A}$ 与其伴随矩阵 $\boldsymbol{A}^*$ 秩之间的关系知，$R(\boldsymbol{A})=2$，故有

$$\begin{vmatrix}a&b&b\\b&a&b\\b&b&a\end{vmatrix}=(a+2b)(a-b)^2=0,$$

即有 $a+2b=0$ 或 $a=b$. 但当 $a=b$ 时，显然 $R(\boldsymbol{A})=1$，故必有 $a\neq b$ 且 $a+2b=0$. 选(C).

方法2：根据 $\boldsymbol{A}$ 与其伴随矩阵$\boldsymbol{A}^*$ 的秩之间的关系知，$R(\boldsymbol{A})=2$. 对 $\boldsymbol{A}$ 作初等行变换

$$\boldsymbol{A}=\begin{pmatrix} a & b & b \\ b & a & b \\ b & b & a \end{pmatrix} \xrightarrow{r} \begin{pmatrix} a & b & b \\ b-a & a-b & 0 \\ b-a & 0 & a-b \end{pmatrix},$$

当 $a=b$ 时，不合题意，故 $a\neq b$，此时

$$\boldsymbol{A}\rightarrow\begin{pmatrix} a & b & b \\ b-a & a-b & 0 \\ b-a & 0 & a-b \end{pmatrix} \xrightarrow{r} \begin{pmatrix} a & b & b \\ 1 & -1 & 0 \\ 1 & 0 & -1 \end{pmatrix} \xrightarrow{c_1+c_2+c_3} \begin{pmatrix} a+2b & b & b \\ 0 & -1 & 0 \\ 0 & 0 & -1 \end{pmatrix},$$

故 $a+2b=0$，且 $a\neq b$ 时，$R(\boldsymbol{A})=2$.

11. 设4阶方阵 $\boldsymbol{A}=\begin{pmatrix} 5 & 2 & 0 & 0 \\ 2 & 1 & 0 & 0 \\ 0 & 0 & 1 & -2 \\ 0 & 0 & 1 & 1 \end{pmatrix}$，则 $\boldsymbol{A}$ 的逆矩阵$\boldsymbol{A}^{-1}=$ ________.

解　求矩阵的逆矩阵有多种办法，可用伴随矩阵，也可用初等行变换，对具有特殊性质的矩阵还可通过如分块矩阵求逆来简化计算. 根据本题的特点，可用分块矩阵求逆来简化计算. 注意到

$$\begin{pmatrix} \boldsymbol{A} & \boldsymbol{O} \\ \boldsymbol{O} & \boldsymbol{B} \end{pmatrix}^{-1}=\begin{pmatrix} \boldsymbol{A}^{-1} & \boldsymbol{O} \\ \boldsymbol{O} & \boldsymbol{B}^{-1} \end{pmatrix},\ \begin{pmatrix} \boldsymbol{O} & \boldsymbol{A} \\ \boldsymbol{B} & \boldsymbol{O} \end{pmatrix}^{-1}=\begin{pmatrix} \boldsymbol{O} & \boldsymbol{B}^{-1} \\ \boldsymbol{A}^{-1} & \boldsymbol{O} \end{pmatrix}.$$

且对于2阶矩阵的伴随矩阵有规律：

若 $\boldsymbol{A}=\begin{pmatrix} a & b \\ c & d \end{pmatrix}$，其伴随矩阵$\boldsymbol{A}^*=\begin{pmatrix} a & b \\ c & d \end{pmatrix}^*=\begin{pmatrix} d & -b \\ -c & a \end{pmatrix}$. 如果$|\boldsymbol{A}|\neq 0$，则

$$\begin{pmatrix} a & b \\ c & d \end{pmatrix}^{-1}=\frac{1}{|\boldsymbol{A}|}\begin{pmatrix} d & -b \\ -c & a \end{pmatrix}=\frac{1}{|ad-bc|}\begin{pmatrix} d & -b \\ -c & a \end{pmatrix}.$$

再利用分块矩阵求逆的法则：$\begin{pmatrix} \boldsymbol{A} & \boldsymbol{O} \\ \boldsymbol{O} & \boldsymbol{B} \end{pmatrix}^{-1}=\begin{pmatrix} \boldsymbol{A}^{-1} & \boldsymbol{O} \\ \boldsymbol{O} & \boldsymbol{B}^{-1} \end{pmatrix}$，易见

$$\boldsymbol{A}^{-1}=\begin{pmatrix} 1 & -2 & 0 & 0 \\ -2 & 5 & 0 & 0 \\ 0 & 0 & \frac{1}{3} & \frac{2}{3} \\ 0 & 0 & -\frac{1}{3} & \frac{1}{3} \end{pmatrix}.$$

12. 设$\boldsymbol{A}$，B均为2阶矩阵，$\boldsymbol{A}^*$，$\boldsymbol{B}^*$ 分别为$\boldsymbol{A}$，$\boldsymbol{B}$的伴随矩阵，若$|\boldsymbol{A}|=2$，$|\boldsymbol{B}|=3$，则分块矩阵$\begin{pmatrix} \boldsymbol{O} & \boldsymbol{A} \\ \boldsymbol{B} & \boldsymbol{O} \end{pmatrix}$的伴随矩阵为 ________.

(A)$\begin{pmatrix} \boldsymbol{O} & 3\boldsymbol{B}^* \\ 2\boldsymbol{A}^* & \boldsymbol{O} \end{pmatrix}$　(B)$\begin{pmatrix} \boldsymbol{O} & 2\boldsymbol{B}^* \\ 3\boldsymbol{A}^* & \boldsymbol{O} \end{pmatrix}$　(C)$\begin{pmatrix} \boldsymbol{O} & 3\boldsymbol{A}^* \\ 2\boldsymbol{B}^* & \boldsymbol{O} \end{pmatrix}$　(D)$\begin{pmatrix} \boldsymbol{O} & 2\boldsymbol{A}^* \\ 3\boldsymbol{B}^* & \boldsymbol{O} \end{pmatrix}$.

解　本题涉及的主要知识点有：分块矩阵的运算法则，即

$$\begin{pmatrix} A & O \\ O & B \end{pmatrix}^{-1} = \begin{pmatrix} A^{-1} & O \\ O & B^{-1} \end{pmatrix};\begin{pmatrix} O & A \\ B & O \end{pmatrix}^{-1} = \begin{pmatrix} O & B^{-1} \\ A^{-1} & O \end{pmatrix};\begin{vmatrix} O & A \\ B & O \end{vmatrix} = (-1)^{mn}|A||B|;$$

及伴随矩阵运算规律：$A^*A = AA^* = |A|E$ 等.

在本题中，由 $\begin{vmatrix} O & A \\ B & O \end{vmatrix} = (-1)^{2\times 2}|A||B| = 6$，知矩阵$\begin{pmatrix} O & A \\ B & O \end{pmatrix}$可逆，则

$$\begin{pmatrix} O & A \\ B & O \end{pmatrix}^* = \begin{vmatrix} O & A \\ B & O \end{vmatrix}\begin{pmatrix} O & A \\ B & O \end{pmatrix}^{-1} = 6\begin{pmatrix} O & B^{-1} \\ A^{-1} & O \end{pmatrix} = \begin{pmatrix} O & 2B^* \\ 3A^* & O \end{pmatrix}.$$

故选(B).

13. 已知 $A = \begin{pmatrix} 1 & 1 & -1 \\ 0 & 1 & 1 \\ 0 & 0 & -1 \end{pmatrix}$，且$A^2 - AB = E$，其中 E 是三阶单位矩阵，求矩阵 B.

解 因

$$|A| = \begin{vmatrix} 1 & 1 & -1 \\ 0 & 1 & 1 \\ 0 & 0 & -1 \end{vmatrix} = -1 \neq 0,$$

A 可逆. 由题设条件$A^2 - AB = E$，可得$A(A-B) = E$，两边左乘A^{-1}，从而有$A - B = A^{-1}$，得 $B = A - A^{-1}$. 下面用矩阵的初等行变换求A^{-1}：

$$\left(\begin{array}{ccc:ccc} 1 & 1 & -1 & 1 & 0 & 0 \\ 0 & 1 & 1 & 0 & 1 & 0 \\ 0 & 0 & -1 & 0 & 0 & 1 \end{array}\right) \xrightarrow[r_3 \times (-1)]{r_2 + r_3} \left(\begin{array}{ccc:ccc} 1 & 1 & -1 & 1 & 0 & 0 \\ 0 & 1 & 0 & 0 & 1 & 1 \\ 0 & 0 & 1 & 0 & 0 & -1 \end{array}\right)$$

$$\xrightarrow{r_1 - r_2 + r_3} \left(\begin{array}{ccc:ccc} 1 & 0 & 0 & 1 & -1 & -2 \\ 0 & 1 & 0 & 0 & 1 & 1 \\ 0 & 0 & 1 & 0 & 0 & -1 \end{array}\right),$$

得$A^{-1} = \begin{pmatrix} 1 & -1 & -2 \\ 0 & 1 & 1 \\ 0 & 0 & -1 \end{pmatrix}$，从而得

$$B = A - A^{-1} = \begin{pmatrix} 1 & 1 & -1 \\ 0 & 1 & 1 \\ 0 & 0 & -1 \end{pmatrix} - \begin{pmatrix} 1 & -1 & -2 \\ 0 & 1 & 1 \\ 0 & 0 & -1 \end{pmatrix} = \begin{pmatrix} 0 & 2 & 1 \\ 0 & 0 & 0 \\ 0 & 0 & 0 \end{pmatrix}.$$

14. 设矩阵$A = \begin{pmatrix} 1 & 1 & -1 \\ -1 & 1 & 1 \\ 1 & -1 & 1 \end{pmatrix}$，矩阵$X$满足$A^*X = A^{-1} + 2X$，其中$A^*$是$A$的伴随矩阵，求矩阵$X$.

解 题设条件

$$A^*X = A^{-1} + 2X,$$

上式两端左乘A，得

$$AA^*X = AA^{-1} + 2AX,$$

且因$AA^* = |A|E$，$AA^{-1} = E$，故$|A|X = E + 2AX$，即$(|A|E - 2A)X = E$.

计算可得 $|A|=4$, 所以

$$|A|E-2A=2\begin{pmatrix}1&-1&1\\1&1&-1\\-1&1&1\end{pmatrix},$$

由

$$\left(\begin{array}{ccc|ccc}1&-1&1&1&0&0\\1&1&-1&0&1&0\\-1&1&1&0&0&1\end{array}\right)\xrightarrow[r_3+r_1]{r_2-r_1}\left(\begin{array}{ccc|ccc}1&-1&1&1&0&0\\0&2&-2&-1&1&0\\0&0&2&1&0&1\end{array}\right)$$

$$\xrightarrow{r_2+r_3}\left(\begin{array}{ccc|ccc}1&-1&1&1&0&0\\0&2&0&0&1&1\\0&0&2&1&0&1\end{array}\right)\xrightarrow[r_1+r_2-r_3]{\substack{r_2\div 2\\ r_3\div 2}}\left(\begin{array}{ccc|ccc}1&0&0&\frac{1}{2}&\frac{1}{2}&0\\0&1&0&0&\frac{1}{2}&\frac{1}{2}\\0&0&1&\frac{1}{2}&0&\frac{1}{2}\end{array}\right),$$

故

$$X=\frac{1}{2}\begin{pmatrix}1&-1&1\\1&1&-1\\-1&1&1\end{pmatrix}^{-1}=\frac{1}{4}\begin{pmatrix}1&1&0\\0&1&1\\1&0&1\end{pmatrix}.$$

三、本章测验题

1. 设 n 维行向量 $\boldsymbol{\alpha}=\left(\frac{1}{2},0,\cdots,0,\frac{1}{2}\right)$, 矩阵 $A=E-\boldsymbol{\alpha}^{\mathrm{T}}\boldsymbol{\alpha}$, $B=E+2\boldsymbol{\alpha}^{\mathrm{T}}\boldsymbol{\alpha}$, 其中 E 为 n 阶单位矩阵, 则 AB 等于(　　).

(A) 0;　　(B) $-E$;　　(C) E;　　(D) $E+\boldsymbol{\alpha}^{\mathrm{T}}\boldsymbol{\alpha}$

2. 设 A,B 为 n 阶方阵, 满足等式 $AB=O$, 则必有(　　).

(A) $A=O$ 或 $B=O$;　　(B) $A+B=O$;

(C) $|A|=0$ 或 $|B|=0$;　　(D) $|A|+|B|=0$

3. 设 A 为 n 阶非奇异矩阵 $(n\geq 2)$, A^* 是矩阵 A 的伴随矩阵, 则(　　).

(A) $(A^*)^*=|A|^{n-1}A$;　　(B) $(A^*)^*=|A|^{n+1}A$;

(C) $(A^*)^*=|A|^{n-2}A$;　　(D) $(A^*)^*=|A|^{n+2}A$

4. 设 $n(n\geq 3)$ 阶矩阵

$$A=\cdots\begin{pmatrix}1&a&a&\cdots&a\\a&1&a&\cdots&a\\a&a&1&\cdots&a\\\vdots&\vdots&\vdots&\ddots&\vdots\\a&a&a&\cdots&1\end{pmatrix},$$

若矩阵 A 的秩为 $n-1$, 则 a 必为 ________.

(A) 1；　　(B) $\frac{1}{1-n}$；　　(C) -1；　　(D) $\frac{1}{n-1}$

5. 设 $\boldsymbol{A}=\begin{pmatrix}1&0&0\\2&2&0\\3&4&5\end{pmatrix}$，$\boldsymbol{A}^*$ 是 $\boldsymbol{A}$ 的伴随矩阵，则 $(\boldsymbol{A}^*)^{-1}=$ __________.

6. 设 $\boldsymbol{A}=\begin{pmatrix}a_1b_1&a_1b_2&\cdots&a_1b_n\\a_2b_1&a_2b_2&\cdots&a_2b_n\\\vdots&\vdots&&\vdots\\a_nb_1&a_nb_2&\cdots&a_nb_n\end{pmatrix}$，其中，$a_i\neq 0,b_i\neq 0,i=1,2,\cdots,n$，则矩阵 $\boldsymbol{A}$ 的秩 $R(\boldsymbol{A})=$ ________.

7. 设 n 阶矩阵 $\boldsymbol{A}$ 和 $\boldsymbol{B}$ 满足条件 $\boldsymbol{A}+\boldsymbol{B}=\boldsymbol{AB}$.

(1) 证明 $\boldsymbol{A}-\boldsymbol{E}$ 为可逆矩阵(其中 $\boldsymbol{E}$ 是 n 阶单位矩阵)；

(2) 已知 $\boldsymbol{B}=\begin{pmatrix}1&-3&0\\2&1&0\\0&0&2\end{pmatrix}$，求矩阵 $\boldsymbol{A}$.

8. 设 $\boldsymbol{A}$ 是 n 阶可逆方阵，将 $\boldsymbol{A}$ 的第 i 行和第 j 行对换后得到的矩阵记为 $\boldsymbol{B}$.

(1) 证明 $\boldsymbol{B}$ 可逆；

(2) 求 $\boldsymbol{A}\boldsymbol{B}^{-1}$.

9. 设 $(2\boldsymbol{E}-\boldsymbol{C}^{-1}\boldsymbol{B})\boldsymbol{A}^{\mathrm{T}}=\boldsymbol{C}^{-1}$，其中，$\boldsymbol{E}$ 是4阶单位矩阵，$\boldsymbol{A}^{\mathrm{T}}$ 是4阶矩阵 $\boldsymbol{A}$ 的转置矩阵，且

$$\boldsymbol{B}=\begin{pmatrix}1&2&-3&-2\\0&1&2&-3\\0&0&1&2\\0&0&0&1\end{pmatrix},\ C=\begin{pmatrix}1&2&0&1\\0&1&2&0\\0&0&1&2\\0&0&0&1\end{pmatrix},$$

求 $\boldsymbol{A}$.

本章测验题答案

1. (C)　　2. (C)　　3. (C)　　4. (B)

5. $\frac{1}{10}\begin{pmatrix}1&0&0\\2&2&0\\3&4&5\end{pmatrix}$　　6. 1　　7. (1) 略；(2) $\boldsymbol{A}=\begin{pmatrix}1&\frac{1}{2}&0\\-\frac{1}{3}&1&0\\0&0&2\end{pmatrix}$.

8. (1) 略；(2) $\boldsymbol{A}\boldsymbol{B}^{-1}=\boldsymbol{E}_{ij}$.

9. $\boldsymbol{A}=\begin{pmatrix}1&0&0&0\\-2&1&0&0\\1&-2&1&0\\0&1&-2&1\end{pmatrix}$.

四、本章习题全解

练习 2.1

1. 写出下列线性变换所对应的矩阵：

$$\begin{cases} y_1 = x_1 + a_1x_2 \\ y_2 = x_2 + a_2x_3 \\ \quad\cdots \\ y_n = x_n + a_nx_1 \end{cases}.$$

解　对应的矩阵为：

$$\boldsymbol{A} = \begin{pmatrix} 1 & a_1 & 0 & \cdots & 0 \\ 0 & 1 & a_2 & \cdots & 0 \\ 0 & 0 & 1 & \cdots & 0 \\ \vdots & \vdots & \vdots & & \vdots \\ a_n & 0 & 0 & \cdots & 1 \end{pmatrix}.$$

练习 2.2

1. 设 $\boldsymbol{A} = \begin{pmatrix} 1 & 1 & 1 \\ -1 & 1 & 1 \\ 1 & -1 & 1 \end{pmatrix}$，$\boldsymbol{B} = \begin{pmatrix} 1 & 2 & 1 \\ 1 & 3 & -1 \\ 3 & 1 & 4 \end{pmatrix}$，求：

(1) $\boldsymbol{AB} - 2\boldsymbol{A}$；　(2) $\boldsymbol{AB} - \boldsymbol{BA}$；　(3) $(\boldsymbol{A} + \boldsymbol{B})(\boldsymbol{A} - \boldsymbol{B}) = \boldsymbol{A}^2 - \boldsymbol{B}^2$ 吗？

解　(1) $\boldsymbol{AB} = \begin{pmatrix} 1 & 1 & 1 \\ -1 & 1 & 1 \\ 1 & -1 & 1 \end{pmatrix}\begin{pmatrix} 1 & 2 & 1 \\ 1 & 3 & -1 \\ 3 & 1 & 4 \end{pmatrix} = \begin{pmatrix} 5 & 6 & 4 \\ 3 & 2 & 2 \\ 3 & 0 & 6 \end{pmatrix}$，得 $\boldsymbol{AB} - 2\boldsymbol{A} = \begin{pmatrix} 3 & 4 & 2 \\ 5 & 0 & 0 \\ 1 & 2 & 4 \end{pmatrix}$.

(2) $\boldsymbol{AB} = \begin{pmatrix} 5 & 6 & 4 \\ 3 & 2 & 2 \\ 3 & 0 & 6 \end{pmatrix}$，$\boldsymbol{BA} = \begin{pmatrix} 1 & 2 & 1 \\ 1 & 3 & -1 \\ 3 & 1 & 4 \end{pmatrix}\begin{pmatrix} 1 & 1 & 1 \\ -1 & 1 & 1 \\ 1 & -1 & 1 \end{pmatrix} = \begin{pmatrix} 0 & 2 & 4 \\ -3 & 5 & 3 \\ 6 & 0 & 8 \end{pmatrix}$，

得 $\boldsymbol{AB} - \boldsymbol{BA} = \begin{pmatrix} 5 & 4 & 0 \\ 6 & -3 & -1 \\ -3 & 0 & -2 \end{pmatrix}$.

(3) $(\boldsymbol{A} + \boldsymbol{B})(\boldsymbol{A} - \boldsymbol{B}) = \begin{pmatrix} 2 & 3 & 2 \\ 0 & 4 & 0 \\ 4 & 0 & 5 \end{pmatrix}\begin{pmatrix} 0 & -1 & 0 \\ -2 & -2 & 2 \\ -2 & -2 & -3 \end{pmatrix} = \begin{pmatrix} -10 & -12 & 0 \\ -8 & -8 & 8 \\ -10 & -14 & -15 \end{pmatrix}$；

$$\boldsymbol{A}^2 - \boldsymbol{B}^2 = \begin{pmatrix} 1 & 1 & 3 \\ -1 & -1 & 1 \\ 3 & -1 & 1 \end{pmatrix} - \begin{pmatrix} 6 & 9 & 3 \\ 1 & 10 & -6 \\ 16 & 13 & 18 \end{pmatrix} = \begin{pmatrix} -5 & -8 & 0 \\ -2 & -11 & 7 \\ -13 & -14 & -17 \end{pmatrix},$$

故$(\boldsymbol{A}+\boldsymbol{B})(\boldsymbol{A}-\boldsymbol{B}) \neq \boldsymbol{A}^2-\boldsymbol{B}^2$.

2. 举例说明下列命题是错误的.

(1) 若$\boldsymbol{A}^2=\boldsymbol{O}$, 则$\boldsymbol{A}=\boldsymbol{O}$;

(2) 若$\boldsymbol{A}^2=\boldsymbol{A}$, 则$\boldsymbol{A}=\boldsymbol{O}$或$\boldsymbol{A}=\boldsymbol{E}$;

(3) 若$\boldsymbol{AX}=\boldsymbol{AY}$, $\boldsymbol{A}\neq\boldsymbol{O}$, 则$\boldsymbol{X}=\boldsymbol{Y}$.

解 (1) 设$\boldsymbol{A}=\begin{pmatrix}1 & 1\\ -1 & -1\end{pmatrix}$, 满足$\boldsymbol{A}^2=\boldsymbol{O}$, 但$\boldsymbol{A}\neq\boldsymbol{O}$.

(2) 设$\boldsymbol{A}=\begin{pmatrix}1 & 0\\ 0 & 0\end{pmatrix}$, 则$\boldsymbol{A}^2=\boldsymbol{A}$, 但$\boldsymbol{A}\neq\boldsymbol{O}$且$\boldsymbol{A}\neq\boldsymbol{E}$.

(3) 设$\boldsymbol{A}=\begin{pmatrix}1 & 1\\ -1 & -1\end{pmatrix}$, $\boldsymbol{X}=\begin{pmatrix}0 & 0\\ 0 & 0\end{pmatrix}$, $\boldsymbol{Y}=\begin{pmatrix}1 & -1\\ -1 & 1\end{pmatrix}$, 满足条件, 但$\boldsymbol{X}\neq\boldsymbol{Y}$.

3. 计算下列矩阵的乘积.

(1) $(x_1\ \ x_2\ \ x_3)\begin{pmatrix}a_{11} & a_{12} & a_{13}\\ a_{21} & a_{22} & a_{23}\\ a_{31} & a_{32} & a_{33}\end{pmatrix}\begin{pmatrix}x_1\\ x_2\\ x_3\end{pmatrix}$; (2) $\begin{pmatrix}a_{11} & a_{12} & a_{13}\\ a_{21} & a_{22} & a_{23}\\ a_{31} & a_{32} & a_{33}\end{pmatrix}\begin{pmatrix}1 & 0 & 0\\ 0 & 1 & 1\\ 0 & 0 & 1\end{pmatrix}$.

解 (1) $(x_1\ \ x_2\ \ x_3)\begin{pmatrix}a_{11} & a_{12} & a_{13}\\ a_{21} & a_{22} & a_{23}\\ a_{31} & a_{32} & a_{33}\end{pmatrix}\begin{pmatrix}x_1\\ x_2\\ x_3\end{pmatrix}$

$$=(a_{11}x_1+a_{21}x_2+a_{31}x_3\quad a_{12}x_1+a_{22}x_2+a_{32}x_3\quad a_{13}x_1+a_{23}x_2+a_{33}x_3)\begin{pmatrix}x_1\\ x_2\\ x_3\end{pmatrix}$$

$$=(a_{11}x_1+a_{21}x_2+a_{31}x_3)x_1+(a_{12}x_1+a_{22}x_2+a_{32}x_3)x_2+(a_{13}x_1+a_{23}x_2+a_{33}x_3)x_3$$

$$=a_{11}x_1^2+(a_{12}+a_{21})x_1x_2+(a_{13}+a_{31})x_1x_3+a_{22}x_2^2+(a_{23}+a_{32})x_2x_3+a_{33}x_3^2.$$

(2) $$\begin{pmatrix}a_{11} & a_{12} & a_{13}\\ a_{21} & a_{22} & a_{23}\\ a_{31} & a_{32} & a_{33}\end{pmatrix}\begin{pmatrix}1 & 0 & 0\\ 0 & 1 & 1\\ 0 & 0 & 1\end{pmatrix}=\begin{pmatrix}a_{11} & a_{12} & a_{12}+a_{13}\\ a_{21} & a_{22} & a_{22}+a_{23}\\ a_{31} & a_{32} & a_{32}+a_{33}\end{pmatrix}.$$

4. 证明: 任意两个对角矩阵可交换.

证 设两n阶对角矩阵分别为:

$$\boldsymbol{\Lambda}_1=\begin{pmatrix}a_1 & & & \\ & a_2 & & \\ & & \ddots & \\ & & & a_n\end{pmatrix},\ \boldsymbol{\Lambda}_2=\begin{pmatrix}b_1 & & & \\ & b_2 & & \\ & & \ddots & \\ & & & b_n\end{pmatrix},$$

易验证

$$\boldsymbol{\Lambda}_1\boldsymbol{\Lambda}_2=\begin{pmatrix}a_1b_1 & & & \\ & a_2b_2 & & \\ & & \ddots & \\ & & & a_nb_n\end{pmatrix}=\boldsymbol{\Lambda}_2\boldsymbol{\Lambda}_1,$$

故结论成立.

5. 已知线性变换

$$\begin{cases}x_1 = 2y_1 + y_3, \\ x_2 = -2y_1 + 3y_2 + 2y_3, \\ x_3 = 4y_1 + y_2 + 5y_3;\end{cases} \quad \begin{cases}y_1 = -3z_1 + z_2, \\ y_2 = 2z_1 + z_3, \\ y_3 = -z_2 + 3z_3,\end{cases}$$

利用矩阵乘法求从 z_1, z_2, z_3 到 x_1, x_2, x_3 的线性变换.

解　设 $\boldsymbol{A} = \begin{pmatrix} 2 & 0 & 1 \\ -2 & 3 & 2 \\ 4 & 1 & 5 \end{pmatrix}$, $\boldsymbol{B} = \begin{pmatrix} -3 & 1 & 0 \\ 2 & 0 & 1 \\ 0 & -1 & 3 \end{pmatrix}$, 则有

$\boldsymbol{x} = \boldsymbol{A}\boldsymbol{y}$, $\boldsymbol{y} = \boldsymbol{B}\boldsymbol{z}$, 从而 $\boldsymbol{x} = (\boldsymbol{A}\boldsymbol{B})\boldsymbol{z}$. 因

$$\boldsymbol{A}\boldsymbol{B} = \boldsymbol{C} = \begin{pmatrix} -6 & 1 & 3 \\ 12 & -4 & 9 \\ -10 & -1 & 16 \end{pmatrix},$$

故

$$\begin{cases}x_1 = -6z_1 + z_2 + 3z_3 \\ x_2 = 12z_1 - 4z_2 + 9z_3 \\ x_3 = -10z_1 - z_2 + 16z_3\end{cases}.$$

6. 设 $\boldsymbol{A} = \begin{pmatrix} 1 & 0 & 1 \\ 0 & 1 & 0 \\ 0 & 0 & 1 \end{pmatrix}$, 求 $\boldsymbol{A}^n$.

解　计算可得 $\boldsymbol{A}^2 = \begin{pmatrix} 1 & 0 & 2 \\ 0 & 1 & 0 \\ 0 & 0 & 1 \end{pmatrix}$, $\boldsymbol{A}^3 = \begin{pmatrix} 1 & 0 & 3 \\ 0 & 1 & 0 \\ 0 & 0 & 1 \end{pmatrix}$, 由归纳法可证

$$\boldsymbol{A}^n = \begin{pmatrix} 1 & 0 & n \\ 0 & 1 & 0 \\ 0 & 0 & 1 \end{pmatrix}.$$

7. 设 $f(x) = 3x^2 - 2x + 5$, $\boldsymbol{A} = \begin{pmatrix} 1 & -2 & 3 \\ 2 & -4 & 1 \\ 3 & -5 & 2 \end{pmatrix}$, 求 $f(\boldsymbol{A})$.

解　$f(\boldsymbol{A}) = 3\boldsymbol{A}^2 - 2\boldsymbol{A} + 5\boldsymbol{E} = \begin{pmatrix} 18 & -27 & 21 \\ -9 & 21 & 12 \\ -3 & 12 & 24 \end{pmatrix} - \begin{pmatrix} 2 & -4 & 6 \\ 4 & -8 & 2 \\ 6 & -10 & 4 \end{pmatrix} + 5\begin{pmatrix} 1 & & \\ & 1 & \\ & & 1 \end{pmatrix}$

$$= \begin{pmatrix} 21 & -23 & 15 \\ -13 & 34 & 10 \\ -9 & 22 & 25 \end{pmatrix}.$$

8. 设 $\boldsymbol{A}$, $\boldsymbol{B}$ 为 n 阶对称方阵, 证明: $\boldsymbol{A}\boldsymbol{B}$ 为对称矩阵的充分必要条件是 $\boldsymbol{A}\boldsymbol{B} = \boldsymbol{B}\boldsymbol{A}$.

证　因 $\boldsymbol{A}$, B 对称, 有 $\boldsymbol{A}^{\mathrm{T}} = \boldsymbol{A}$, $\boldsymbol{B}^{\mathrm{T}} = \boldsymbol{B}$, 且因 $(\boldsymbol{A}\boldsymbol{B})^{\mathrm{T}} = \boldsymbol{B}^{\mathrm{T}}\boldsymbol{A}^{\mathrm{T}}$, 从而

若 $\boldsymbol{AB}$ 对称，即 $(\boldsymbol{AB})^{\mathrm{T}}=\boldsymbol{AB}$，得 $(\boldsymbol{AB})^{\mathrm{T}}=\boldsymbol{B}^{\mathrm{T}}\boldsymbol{A}^{\mathrm{T}}=\boldsymbol{BA}=\boldsymbol{AB}$.

若 $\boldsymbol{BA}=\boldsymbol{AB}$，即 $\boldsymbol{AB}=\boldsymbol{BA}=\boldsymbol{B}^{\mathrm{T}}\boldsymbol{A}^{\mathrm{T}}=(\boldsymbol{AB})^{\mathrm{T}}$，得 $\boldsymbol{AB}$ 对称.

9. $\boldsymbol{A}$ 为 n 阶对称矩阵，$\boldsymbol{B}$ 为 n 阶反称矩阵，证明：

(1) $\boldsymbol{B}^2$ 是对称矩阵.

(2) $\boldsymbol{AB}-\boldsymbol{BA}$ 是对称矩阵.

证 依题设有 $\boldsymbol{A}^{\mathrm{T}}=\boldsymbol{A}$，$\boldsymbol{B}^{\mathrm{T}}=-\boldsymbol{B}$，故

(1) $(\boldsymbol{B}^2)^{\mathrm{T}}=\boldsymbol{B}^{\mathrm{T}}\boldsymbol{B}^{\mathrm{T}}=(-\boldsymbol{B})(-\boldsymbol{B})=\boldsymbol{B}^2$，$\boldsymbol{B}^2$ 对称.

(2)
$$\begin{aligned}(\boldsymbol{AB}-\boldsymbol{BA})^{\mathrm{T}}&=(\boldsymbol{AB})^{\mathrm{T}}-(\boldsymbol{BA})^{\mathrm{T}}\\&=\boldsymbol{B}^{\mathrm{T}}\boldsymbol{A}^{\mathrm{T}}-\boldsymbol{A}^{\mathrm{T}}\boldsymbol{B}^{\mathrm{T}}=(-\boldsymbol{B})\boldsymbol{A}-\boldsymbol{A}(-\boldsymbol{B})=\boldsymbol{AB}-\boldsymbol{BA},\end{aligned}$$

故 $\boldsymbol{AB}-\boldsymbol{BA}$ 是对称矩阵.

10. 求与 $\boldsymbol{A}=\begin{pmatrix}1&1\\0&1\end{pmatrix}$ 可交换的全体 2 阶矩阵.

解 设 $\boldsymbol{B}=\begin{pmatrix}x&y\\z&w\end{pmatrix}$ 可与 $\boldsymbol{A}$ 交换，即 $\boldsymbol{AB}=\boldsymbol{BA}$，得

$$\begin{pmatrix}x+z&y+w\\z&w\end{pmatrix}=\begin{pmatrix}x&x+y\\z&z+w\end{pmatrix},$$

相同位置上两元素对应相等，故 $z=0$，$x=w$，故能与 $\boldsymbol{A}$ 可交换的 2 阶矩阵形式为：$\begin{pmatrix}x&y\\0&x\end{pmatrix}$，$x,y$ 为任意实数.

11. 任一方阵 $\boldsymbol{A}$ 均可表示为一个对称矩阵与一个反称矩阵的和.

证 因 $\boldsymbol{A}=\dfrac{1}{2}(\boldsymbol{A}+\boldsymbol{A}^{\mathrm{T}})+\dfrac{1}{2}(\boldsymbol{A}-\boldsymbol{A}^{\mathrm{T}})$，而 $\dfrac{1}{2}(\boldsymbol{A}+\boldsymbol{A}^{\mathrm{T}})$ 为对称矩阵，$\dfrac{1}{2}(\boldsymbol{A}-\boldsymbol{A}^{\mathrm{T}})$ 为反称矩阵，故结论成立.

12. 设 $\boldsymbol{A}$ 为 $m\times n$ 阶实矩阵，若 $\boldsymbol{A}^{\mathrm{T}}\boldsymbol{A}=\boldsymbol{O}$，证明：$\boldsymbol{A}=\boldsymbol{O}$.

证 设 $\boldsymbol{A}=(a_{ij})_{m\times n}$，$\boldsymbol{A}^{\mathrm{T}}\boldsymbol{A}=\boldsymbol{C}$，依题设有

$$c_{ii}=\sum_{k=1}^{m}a_{ki}\cdot a_{ki}=\sum_{k=1}^{m}a_{ki}^2=0,\ i=1,2,\cdots,n.$$

得 $a_{ki}=0$，$\forall k=1,2,\cdots,m$，$i=1,2,\cdots,n$，故 $\boldsymbol{A}=\boldsymbol{O}$.

13. 设 $\boldsymbol{A}$，$\boldsymbol{B}$ 为 3 阶矩阵，$|\boldsymbol{A}|=-2$，$\boldsymbol{A}^3-\boldsymbol{ABA}+4\boldsymbol{E}=\boldsymbol{O}$，求 $|\boldsymbol{A}-\boldsymbol{B}|$.

解 由 $\boldsymbol{A}^3-\boldsymbol{ABA}+4\boldsymbol{E}=\boldsymbol{O}$，可得

$$\boldsymbol{A}(\boldsymbol{A}-\boldsymbol{B})\boldsymbol{A}=-4\boldsymbol{E},$$

故 $|\boldsymbol{A}|\cdot|\boldsymbol{A}-\boldsymbol{B}|\cdot|\boldsymbol{A}|=|-4\boldsymbol{E}|=(-4)^3$，从而可得 $|\boldsymbol{A}-\boldsymbol{B}|=-16$.

14. 设 $n(n\geq 2)$ 阶方阵 $\boldsymbol{A}$ 的伴随矩阵为 $\boldsymbol{A}^*$，且 $\det(\boldsymbol{A})\neq 0$，证明：$|\boldsymbol{A}^*|=|\boldsymbol{A}|^{n-1}$.

证 由矩阵与伴随矩阵之间的关系，有 $\boldsymbol{A}\boldsymbol{A}^*=|\boldsymbol{A}|\boldsymbol{E}$，因 $\det(\boldsymbol{A})\neq 0$，两边取行列式得 $|\boldsymbol{A}|\cdot|\boldsymbol{A}^*|=|\boldsymbol{A}|^n$，故 $|\boldsymbol{A}^*|=|\boldsymbol{A}|^{n-1}$.

练习 2.3

1. 求下列矩阵的逆矩阵.

（1）$\begin{pmatrix}1&2&3\\0&1&2\\0&0&1\end{pmatrix}$；　　（2）$\begin{pmatrix}1&0&1\\2&1&0\\-3&2&-5\end{pmatrix}$.

解（1）直接可计算矩阵所对应的行列式的值为1，伴随矩阵为

$$\begin{pmatrix}1&-2&1\\0&1&-2\\0&0&1\end{pmatrix}，故\begin{pmatrix}1&2&3\\0&1&2\\0&0&1\end{pmatrix}^{-1}=\begin{pmatrix}1&-2&1\\0&1&-2\\0&0&1\end{pmatrix}；$$

（2）直接可计算矩阵所对应的行列式的值为2，伴随矩阵为

$$\begin{pmatrix}-5&2&-1\\10&-2&2\\7&-2&1\end{pmatrix}，故\begin{pmatrix}1&0&1\\2&1&0\\-3&2&-5\end{pmatrix}^{-1}=\begin{pmatrix}-\frac{5}{2}&1&-\frac{1}{2}\\5&-1&1\\\frac{7}{2}&-1&\frac{1}{2}\end{pmatrix}.$$

2. 利用逆矩阵求解线性方程组

$$\begin{cases}x_1+x_2+x_3=1,\\2x_2+2x_3=1,\\x_1-x_2=2.\end{cases}$$

解　可求得$\begin{pmatrix}1&1&1\\0&2&2\\1&-1&0\end{pmatrix}^{-1}=\begin{pmatrix}1&-\frac{1}{2}&0\\1&-\frac{1}{2}&-1\\-1&1&1\end{pmatrix}$，从而

$$\begin{pmatrix}x_1\\x_2\\x_3\end{pmatrix}=\begin{pmatrix}1&-\frac{1}{2}&0\\1&-\frac{1}{2}&-1\\-1&1&1\end{pmatrix}\begin{pmatrix}1\\1\\2\end{pmatrix}=\begin{pmatrix}\frac{1}{2}\\-\frac{3}{2}\\2\end{pmatrix},$$

故原方程组的解为$x_1=\frac{1}{2},x_2=-\frac{3}{2},x_3=2$.

3. 已知线性变换

$$\begin{cases}x_1=2y_1+2y_2+y_3,\\x_2=3y_1+y_2+5y_3,\\x_3=3y_1+2y_2+3y_3,\end{cases}$$

求从变量x_1,x_2,x_3到变量y_1,y_2,y_3的线性变换.

解　本题只需求出矩阵$\boldsymbol{A}=\begin{pmatrix}2&2&1\\3&1&5\\3&2&3\end{pmatrix}$的逆矩阵即可. 可由伴随矩阵求出

$$\begin{pmatrix}2&2&1\\3&1&5\\3&2&3\end{pmatrix}^{-1}=\begin{pmatrix}-7&-4&9\\6&3&-7\\3&2&-4\end{pmatrix},$$

故从变量 x_1,x_2,x_3 到变量 y_1,y_2,y_3 的线性变换为

$$\begin{cases}y_1=-7x_1-4x_2+9x_3\\y_2=6x_1+3x_2-7x_3\\y_3=3x_1+2x_2-4x_3\end{cases}.$$

4. 证明下列命题：

(1) 若 $\boldsymbol{A}$ 可逆，则 $\boldsymbol{A}^*$ 可逆且 $(\boldsymbol{A}^*)^{-1}=(\boldsymbol{A}^{-1})^*$.

(2) 若 $\boldsymbol{A}\boldsymbol{A}^{\mathrm{T}}=\boldsymbol{E}$，则 $(\boldsymbol{A}^*)^{\mathrm{T}}=(\boldsymbol{A}^*)^{-1}$.

(3) $(\boldsymbol{A}^*)^{\mathrm{T}}=(\boldsymbol{A}^{\mathrm{T}})^*$.

证 由伴随矩阵的性质，有 $\boldsymbol{A}^*\boldsymbol{A}=\boldsymbol{A}\boldsymbol{A}^*=|\boldsymbol{A}|\boldsymbol{E}$，故 $\boldsymbol{A}^*=|\boldsymbol{A}|\boldsymbol{A}^{-1}$，从而

(1) $(\boldsymbol{A}^*)^{-1}=\dfrac{1}{|\boldsymbol{A}|}\boldsymbol{A}$，$(\boldsymbol{A}^{-1})^*=|\boldsymbol{A}^{-1}|(\boldsymbol{A}^{-1})^{-1}=\dfrac{1}{|\boldsymbol{A}|}\boldsymbol{A}$，得 $(\boldsymbol{A}^*)^{-1}=(\boldsymbol{A}^{-1})^*$；

(2) 由 $\boldsymbol{A}\boldsymbol{A}^{\mathrm{T}}=\boldsymbol{E}$ 知 $|\boldsymbol{A}|^2=1$，又

$$(\boldsymbol{A}^*)^{\mathrm{T}}=(|\boldsymbol{A}|\boldsymbol{A}^{-1})^{\mathrm{T}}=|\boldsymbol{A}|(\boldsymbol{A}^{\mathrm{T}})^{\mathrm{T}}=|\boldsymbol{A}|\boldsymbol{A},\ (\boldsymbol{A}^*)^{-1}=(|\boldsymbol{A}|\boldsymbol{A}^{-1})^{-1}=\frac{1}{|\boldsymbol{A}|}\boldsymbol{A},$$

故 $(\boldsymbol{A}^*)^{\mathrm{T}}=(\boldsymbol{A}^*)^{-1}$.

(3) 本题可以利用伴随矩阵(由代数余子式来定义)的定义直接证明，当 $\boldsymbol{A}$ 可逆时，也可以证明如下：

$$(\boldsymbol{A}^*)^{\mathrm{T}}=(|\boldsymbol{A}|\boldsymbol{A}^{-1})^{\mathrm{T}}=|\boldsymbol{A}|(\boldsymbol{A}^{-1})^{\mathrm{T}}=|\boldsymbol{A}|(\boldsymbol{A}^{\mathrm{T}})^{-1}=|\boldsymbol{A}^{\mathrm{T}}|(\boldsymbol{A}^{\mathrm{T}})^{-1}=(\boldsymbol{A}^{\mathrm{T}})^*.$$

5. 解矩阵方程：$\boldsymbol{X}\begin{pmatrix}2&1&-1\\2&1&0\\1&-1&1\end{pmatrix}=\begin{pmatrix}2&1&-1\\2&1&0\\1&-1&1\end{pmatrix}$.

解 因 $\begin{vmatrix}2&1&-1\\2&1&0\\1&-1&1\end{vmatrix}=3\neq0$，故矩阵 $\begin{pmatrix}2&1&-1\\2&1&0\\1&-1&1\end{pmatrix}$ 可逆，对等式两边同时右乘其逆矩阵，可得 $\boldsymbol{X}=\boldsymbol{E}=\begin{pmatrix}1&0&0\\0&1&0\\0&0&1\end{pmatrix}$.

6. 判断下列命题是否正确：

(1) 可逆对称矩阵的逆矩阵仍是对称矩阵；

(2) 设 $\boldsymbol{A},\boldsymbol{B}$ 为 n 阶方阵，若 $\boldsymbol{AB}$ 不可逆，则 $\boldsymbol{A},\boldsymbol{B}$ 均不可逆；

(3) 设 $\boldsymbol{A},\boldsymbol{B},\boldsymbol{C}$ 为 n 阶方阵，若 $\boldsymbol{ABC}=\boldsymbol{E}$，则 $\boldsymbol{C}^{-1}=\boldsymbol{B}^{-1}\boldsymbol{A}^{-1}$；

(4) 设 $\boldsymbol{A},\boldsymbol{B}$ 为 n 阶可逆方阵，若 $\boldsymbol{AB}=\boldsymbol{BA}$，则 $\boldsymbol{A}^{-1}\boldsymbol{B}^{-1}=\boldsymbol{B}^{-1}\boldsymbol{A}^{-1}$；

(5) 设 $\boldsymbol{A},\boldsymbol{B}$ 为 n 阶方阵，若 $\boldsymbol{A}+\boldsymbol{B}$，$\boldsymbol{A}-\boldsymbol{B}$ 均可逆，则 $\boldsymbol{A}$，$\boldsymbol{B}$ 一定可逆.

解 (1) 正确. 因 $\boldsymbol{A}^{\mathrm{T}}=\boldsymbol{A}$，且 $\boldsymbol{A}\boldsymbol{A}^{-1}=\boldsymbol{E}$，故 $(\boldsymbol{A}\boldsymbol{A}^{-1})^{\mathrm{T}}=\boldsymbol{E}^{\mathrm{T}}=\boldsymbol{E}$，即 $(\boldsymbol{A}^{-1})^{\mathrm{T}}\boldsymbol{A}^{\mathrm{T}}=\boldsymbol{E}$，得 $(\boldsymbol{A}^{-1})^{\mathrm{T}}=(\boldsymbol{A}^{\mathrm{T}})^{-1}=\boldsymbol{A}^{-1}$，得逆矩阵仍对称.

(2) 错误. 例如：$\boldsymbol{A}=\boldsymbol{E}$, $\boldsymbol{B}=\boldsymbol{O}$, 则 $\boldsymbol{AB}$ 不可逆，但 $\boldsymbol{A}$ 可逆.

(3) 错误. 由 $\boldsymbol{ABC}=\boldsymbol{E}$ 得$\boldsymbol{C}^{-1}=\boldsymbol{AB}$，无法得到$\boldsymbol{C}^{-1}=\boldsymbol{B}^{-1}\boldsymbol{A}^{-1}$，除非$(\boldsymbol{BA})^2=\boldsymbol{E}$.

(4) 正确. 对等式 $\boldsymbol{AB}=\boldsymbol{BA}$ 两边取逆即可得证.

(5) 错误. 例如：$\boldsymbol{A}=\boldsymbol{E}$, $\boldsymbol{B}=\boldsymbol{O}$, 则 $\boldsymbol{A}+\boldsymbol{B}$, $\boldsymbol{A}-\boldsymbol{B}$ 均可逆，但 $\boldsymbol{B}$ 不可逆.

练习 2.4

1. 设

$$\boldsymbol{A}=\begin{pmatrix}1&2&1&0\\0&1&0&1\\0&0&2&1\\0&0&0&3\end{pmatrix},\ \boldsymbol{B}=\begin{pmatrix}1&0&3&1\\0&1&2&-1\\0&0&-2&3\\0&0&0&-3\end{pmatrix}.$$

求 (1)$\boldsymbol{AB}$； (2)$\boldsymbol{BA}$；(3) $\boldsymbol{A}^{-1}$.

解　设 $\boldsymbol{A}=\begin{pmatrix}\boldsymbol{A}_{11}&\boldsymbol{E}\\\boldsymbol{O}&\boldsymbol{A}_{22}\end{pmatrix}$, $\boldsymbol{B}=\begin{pmatrix}\boldsymbol{E}&\boldsymbol{B}_{12}\\\boldsymbol{O}&\boldsymbol{B}_{22}\end{pmatrix}$, 则

$$\boldsymbol{AB}=\begin{pmatrix}\boldsymbol{A}_{11}&\boldsymbol{A}_{11}\boldsymbol{B}_{12}+\boldsymbol{B}_{22}\\\boldsymbol{O}&\boldsymbol{A}_{22}\boldsymbol{B}_{22}\end{pmatrix}=\begin{pmatrix}1&2&5&2\\0&1&2&-4\\0&0&-4&3\\0&0&0&-9\end{pmatrix},$$

$$\boldsymbol{BA}=\begin{pmatrix}\boldsymbol{A}_{11}&\boldsymbol{E}+\boldsymbol{B}_{12}\boldsymbol{A}_{22}\\\boldsymbol{O}&\boldsymbol{B}_{22}\boldsymbol{A}_{22}\end{pmatrix}=\begin{pmatrix}1&2&7&6\\0&1&4&0\\0&0&-4&7\\0&0&0&-9\end{pmatrix},$$

$$\boldsymbol{A}^{-1}=\begin{pmatrix}\boldsymbol{A}_{11}^{-1}&-\boldsymbol{A}_{11}^{-1}\boldsymbol{A}_{22}^{-1}\\\boldsymbol{O}&\boldsymbol{A}_{22}^{-1}\end{pmatrix}=\begin{pmatrix}1&-2&-\frac{1}{2}&\frac{5}{6}\\0&1&0&-\frac{1}{3}\\0&0&\frac{1}{2}&-\frac{1}{6}\\0&0&0&\frac{1}{3}\end{pmatrix}.$$

2. 用矩阵分块的方法，证明下列矩阵可逆，并求其逆矩阵.

$$(1)\begin{pmatrix}1&2&0&0&0\\2&5&0&0&0\\0&0&3&0&0\\0&0&0&1&0\\0&0&0&0&1\end{pmatrix};\ (2)\begin{pmatrix}0&0&3&-1\\0&0&2&1\\2&1&0&0\\-2&3&0&0\end{pmatrix};\ (3)\begin{pmatrix}2&0&1&0&2\\0&2&0&1&3\\0&0&1&0&0\\0&0&0&1&0\\0&0&0&0&1\end{pmatrix}.$$

解 (1) $A=\begin{pmatrix} A_{11} & & \\ & 3 & \\ & & E \end{pmatrix}$，则有

$$A^{-1}=\begin{pmatrix} A_{11}^{-1} & & \\ & \frac{1}{3} & \\ & & E \end{pmatrix}=\begin{pmatrix} 5 & -2 & 0 & 0 & 0 \\ -2 & 1 & 0 & 0 & 0 \\ 0 & 0 & \frac{1}{3} & 0 & 0 \\ 0 & 0 & 0 & 1 & 0 \\ 0 & 0 & 0 & 0 & 1 \end{pmatrix};$$

(2) $B=\begin{pmatrix} O & B_{12} \\ B_{21} & O \end{pmatrix}$，则有

$$B^{-1}=\begin{pmatrix} O & B_{21}^{-1} \\ B_{12}^{-1} & O \end{pmatrix}=\begin{pmatrix} 0 & 0 & \frac{3}{8} & -\frac{1}{8} \\ 0 & 0 & \frac{1}{4} & \frac{1}{4} \\ \frac{1}{5} & \frac{1}{5} & 0 & 0 \\ -\frac{2}{5} & \frac{3}{5} & 0 & 0 \end{pmatrix};$$

(3) $C=\begin{pmatrix} C_{11} & C_{12} \\ O & E \end{pmatrix}$，则

$$C^{-1}=\begin{pmatrix} C_{11}^{-1} & -C_{11}^{-1}C_{12} \\ O & E \end{pmatrix}=\begin{pmatrix} \frac{1}{2} & 0 & -\frac{1}{2} & 0 & -1 \\ 0 & \frac{1}{2} & 0 & -\frac{1}{2} & -\frac{3}{2} \\ 0 & 0 & 1 & 0 & 0 \\ 0 & 0 & 0 & 1 & 0 \\ 0 & 0 & 0 & 0 & 1 \end{pmatrix}.$$

3. 设 A, B 都是可逆方阵，求分块矩阵 $C=\begin{pmatrix} O & A \\ B & O \end{pmatrix}$ 的逆矩阵 C^{-1}.

解 利用分块矩阵，按可逆矩阵定义，设

$$\begin{pmatrix} O & A \\ B & O \end{pmatrix}\begin{pmatrix} X_1 & X_2 \\ X_3 & X_4 \end{pmatrix}=\begin{pmatrix} E & O \\ O & E \end{pmatrix},$$

由对应元素或块相等，即

$$\begin{cases} AX_3=E, \\ AX_4=O, \\ BX_1=O, \\ BX_2=E. \end{cases}$$

从 $\boldsymbol{A}$ 和 $\boldsymbol{B}$ 均为可逆矩阵知$\boldsymbol{X}_3=\boldsymbol{A}^{-1}$, $\boldsymbol{X}_4=\boldsymbol{O}$, $\boldsymbol{X}_1=\boldsymbol{O}$, $\boldsymbol{X}_2=\boldsymbol{B}^{-1}$. 故有

$$\boldsymbol{C}^{-1}=\begin{pmatrix}\boldsymbol{O} & \boldsymbol{B}^{-1}\\ \boldsymbol{A}^{-1} & \boldsymbol{O}\end{pmatrix}.$$

4. 设 $\boldsymbol{A}$ 为 n 阶方阵, $\boldsymbol{A}\boldsymbol{A}^{\mathrm{T}}=\boldsymbol{E}$, 求$\begin{pmatrix}\boldsymbol{A} & -\boldsymbol{A}\\ \boldsymbol{A} & \boldsymbol{A}\end{pmatrix}\begin{pmatrix}\boldsymbol{A} & -\boldsymbol{A}\\ \boldsymbol{A} & \boldsymbol{A}\end{pmatrix}^{\mathrm{T}}$.

解 $\begin{pmatrix}\boldsymbol{A} & -\boldsymbol{A}\\ \boldsymbol{A} & \boldsymbol{A}\end{pmatrix}\begin{pmatrix}\boldsymbol{A} & -\boldsymbol{A}\\ \boldsymbol{A} & \boldsymbol{A}\end{pmatrix}^{\mathrm{T}}=\begin{pmatrix}\boldsymbol{A} & -\boldsymbol{A}\\ \boldsymbol{A} & \boldsymbol{A}\end{pmatrix}\begin{pmatrix}\boldsymbol{A}^{\mathrm{T}} & \boldsymbol{A}^{\mathrm{T}}\\ -\boldsymbol{A}^{\mathrm{T}} & \boldsymbol{A}^{\mathrm{T}}\end{pmatrix}$

$$=\begin{pmatrix}\boldsymbol{A}\boldsymbol{A}^{\mathrm{T}}+\boldsymbol{A}\boldsymbol{A}^{\mathrm{T}} & \boldsymbol{A}\boldsymbol{A}^{\mathrm{T}}-\boldsymbol{A}\boldsymbol{A}^{\mathrm{T}}\\ \boldsymbol{A}\boldsymbol{A}^{\mathrm{T}}-\boldsymbol{A}\boldsymbol{A}^{\mathrm{T}} & \boldsymbol{A}\boldsymbol{A}^{\mathrm{T}}+\boldsymbol{A}\boldsymbol{A}^{\mathrm{T}}\end{pmatrix}=\begin{pmatrix}2\boldsymbol{E} & \boldsymbol{O}\\ \boldsymbol{O} & 2\boldsymbol{E}\end{pmatrix}.$$

练习 2.5

1. 用初等行变换法求 $\boldsymbol{A}=\begin{pmatrix}0 & 2 & -1\\ 1 & 1 & 2\\ -1 & -1 & -1\end{pmatrix}$的逆矩阵.

解 $(\boldsymbol{A}\mid\boldsymbol{E})=\left(\begin{array}{ccc|ccc}0 & 2 & -1 & 1 & 0 & 0\\ 1 & 1 & 2 & 0 & 1 & 0\\ -1 & -1 & -1 & 0 & 0 & 1\end{array}\right)$

$$\xrightarrow[r_3+r_1]{r_1\leftrightarrow r_2}\left(\begin{array}{ccc|ccc}1 & 1 & 2 & 0 & 1 & 0\\ 0 & 2 & -1 & 1 & 0 & 0\\ 0 & 0 & 1 & 0 & 1 & 1\end{array}\right)\xrightarrow[r_2+r_3]{r_1-2r_3}\left(\begin{array}{ccc|ccc}1 & 1 & 0 & 0 & -1 & -2\\ 0 & 2 & 0 & 1 & 1 & 1\\ 0 & 0 & 1 & 0 & 1 & 1\end{array}\right)$$

$$\xrightarrow[r_1-r_2]{r_2\div 2}\left(\begin{array}{ccc|ccc}1 & 0 & 0 & -\frac{1}{2} & -\frac{3}{2} & -\frac{5}{2}\\ 0 & 1 & 0 & \frac{1}{2} & \frac{1}{2} & \frac{1}{2}\\ 0 & 0 & 1 & 0 & 1 & 1\end{array}\right),$$

故$\boldsymbol{A}^{-1}=\begin{pmatrix}-\frac{1}{2} & -\frac{3}{2} & -\frac{5}{2}\\ \frac{1}{2} & \frac{1}{2} & \frac{1}{2}\\ 0 & 1 & 1\end{pmatrix}$.

2. 解矩阵方程 $\boldsymbol{A}\boldsymbol{X}=\boldsymbol{B}$, 其中

$$\boldsymbol{A}=\begin{pmatrix}1 & 0 & 1\\ 2 & 1 & 0\\ -3 & 2 & -5\end{pmatrix},\ \boldsymbol{B}=\begin{pmatrix}1 & -2 & -1\\ 4 & -5 & 2\\ 1 & -4 & -1\end{pmatrix}.$$

解 $(\boldsymbol{A}\mid\boldsymbol{B})=\left(\begin{array}{ccc|ccc}1 & 0 & 1 & 1 & -2 & -1\\ 2 & 1 & 0 & 4 & -5 & 2\\ -3 & 2 & -5 & 1 & -4 & -1\end{array}\right)$

$$\xrightarrow[r_3+3r_1]{r_2-2r_1}\left(\begin{array}{ccc:ccc}1&0&1&1&-2&-1\\0&1&-2&2&-1&4\\0&2&-2&4&-10&-4\end{array}\right)\xrightarrow{r_3-2r_2}\left(\begin{array}{ccc:ccc}1&0&1&1&-2&-1\\0&1&-2&2&-1&4\\0&0&2&0&-8&-12\end{array}\right)$$

$$\xrightarrow[\substack{r_3\div 2\\ r_1-r_3}]{r_2+r_3}\left(\begin{array}{ccc:ccc}1&0&0&1&2&5\\0&1&0&2&-9&-8\\0&0&1&0&-4&-6\end{array}\right),$$

故 $X=A^{-1}B=\begin{pmatrix}1&2&5\\2&-9&-8\\0&-4&-6\end{pmatrix}$.

3. 解矩阵方程 $\begin{pmatrix}0&1&0\\1&0&0\\0&0&1\end{pmatrix}X\begin{pmatrix}1&0&0\\0&0&1\\0&1&0\end{pmatrix}=\begin{pmatrix}0&-4&3\\2&0&-1\\1&-2&0\end{pmatrix}$.

解 设 $P=\begin{pmatrix}0&1&0\\1&0&0\\0&0&1\end{pmatrix}$, $Q=\begin{pmatrix}1&0&0\\0&0&1\\0&1&0\end{pmatrix}$, $B=\begin{pmatrix}0&-4&3\\2&0&-1\\1&-2&0\end{pmatrix}$, 则

$$P^{-1}=P,\ Q^{-1}=Q,\ X=P^{-1}BQ^{-1}=PBQ.$$

P, Q 均为初等矩阵, 故 PB 相当于对 B 交换1, 2两行, PBQ 相当于对 PB 交换2, 3两列, 故 $X=\begin{pmatrix}2&-1&0\\0&3&-4\\1&0&-2\end{pmatrix}$.

4. 若 X 满足 $X+A^{-1}X=A^*+A^{-1}$,其中 $A=\begin{pmatrix}0&0&1\\0&2&0\\1&0&1\end{pmatrix}$,求 X.

解 对等式 $X+A^{-1}X=A^*+A^{-1}$ 两边同时左乘 A, 利用 $AA^*=|A|E$ 可得 $AX+X=|A|E+E$, 即 $(A+E)X=(|A|+1)E$, 计算易得 $|A|=-2$, 从而

$$X=-(A+E)^{-1}.$$

对下面矩阵进行初等行变换, 可得

$$(A+E\,\vdots\,-E)=\left(\begin{array}{ccc:ccc}1&0&1&-1&0&0\\0&3&0&0&-1&0\\1&0&2&0&0&-1\end{array}\right)\xrightarrow[r_1-r_3]{\substack{r_3-r_1\\ r_2\div 3}}\left(\begin{array}{ccc:ccc}1&0&0&-2&0&1\\0&1&0&0&-\frac{1}{3}&0\\0&0&1&1&0&-1\end{array}\right),$$

故 $X=\begin{pmatrix}-2&0&1\\0&-\frac{1}{3}&0\\1&0&-1\end{pmatrix}$.

5. 求下列矩阵的行最简形矩阵:

(1) $\begin{pmatrix}0&2&-3&1\\0&3&-4&3\\0&4&-7&-1\end{pmatrix}$;

$$(2)\begin{pmatrix}3&-1&-4&2&-2\\1&0&-1&1&0\\1&2&1&3&4\\-1&4&3&-3&0\end{pmatrix}.$$

解　(1) $\begin{pmatrix}0&2&-3&1\\0&3&-4&3\\0&4&-7&-1\end{pmatrix}\xrightarrow[\substack{r_3-2r_1\\r_1-2r_2}]{r_2-r_1}\begin{pmatrix}0&0&-1&-3\\0&1&-1&2\\0&0&-1&-3\end{pmatrix}\xrightarrow[\substack{r_3+r_2\\r_1+r_2}]{\substack{r_1\leftrightarrow r_2\\r_2\cdot(-1)}}\begin{pmatrix}0&1&0&5\\0&0&1&3\\0&0&0&0\end{pmatrix}$；

$$(2)\begin{pmatrix}3&-1&-4&2&-2\\1&0&-1&1&0\\1&2&1&3&4\\-1&4&3&-3&0\end{pmatrix}\xrightarrow[\substack{r_3-r_1\\r_4+r_1}]{\substack{r_1\leftrightarrow r_2\\r_2-3r_1}}\begin{pmatrix}1&0&-1&1&0\\0&-1&-1&-1&-2\\0&2&2&2&4\\0&4&2&-2&0\end{pmatrix}$$

$$\xrightarrow[\substack{r_4-4r_2\\r_4+r_1}]{\substack{r_2\cdot(-1)\\r_3-2r_2}}\begin{pmatrix}1&0&-1&1&0\\0&1&1&1&2\\0&0&0&0&0\\0&0&-2&-6&-8\end{pmatrix}\xrightarrow[\substack{r_1+r_3\\r_2-r_3}]{\substack{r_4\div(-2)\\r_3\leftrightarrow r_4}}\begin{pmatrix}1&0&0&4&4\\0&1&0&-2&-2\\0&0&1&3&4\\0&0&0&0&0\end{pmatrix}.$$

6. 设$\boldsymbol{A}$是3阶可逆方阵，将$\boldsymbol{A}$的第一、三行互换后得到矩阵$\boldsymbol{B}$，证明：$\boldsymbol{B}$可逆，并求$\boldsymbol{A}\boldsymbol{B}^{-1}$.

解　设$\boldsymbol{P}=\begin{pmatrix}0&0&1\\0&1&0\\1&0&0\end{pmatrix}$，依题意有$\boldsymbol{PA}=\boldsymbol{B}$，故$\boldsymbol{B}$可逆. 易知$\boldsymbol{P}^{-1}=\boldsymbol{P}$，则

$$\boldsymbol{A}\boldsymbol{B}^{-1}=\boldsymbol{A}(\boldsymbol{PA})^{-1}=\boldsymbol{A}\boldsymbol{A}^{-1}\boldsymbol{P}^{-1}=\boldsymbol{P}=\begin{pmatrix}0&0&1\\0&1&0\\1&0&0\end{pmatrix}=\boldsymbol{E}(1,3).$$

7. 设$\boldsymbol{A}=\begin{pmatrix}1&3&0&-1\\-2&-6&0&2\\1&1&0&-1\end{pmatrix}$.

(1) 试求$\boldsymbol{A}$的标准形；

(2) 试求初等矩阵$\boldsymbol{P}_1,\boldsymbol{P}_2,\cdots,\boldsymbol{P}_l$，$\boldsymbol{Q}_1,\boldsymbol{Q}_2,\cdots,\boldsymbol{Q}_t$，使$\boldsymbol{P}_l\cdots\boldsymbol{P}_2\boldsymbol{P}_1\boldsymbol{A}\boldsymbol{Q}_1\boldsymbol{Q}_2\cdots\boldsymbol{Q}_t$为$\boldsymbol{A}$的标准形.

解

$$(1)\boldsymbol{A}=\begin{pmatrix}1&3&0&-1\\-2&-6&0&2\\1&1&0&-1\end{pmatrix}\xrightarrow[r_3-r_1]{r_2+2r_1}\begin{pmatrix}1&3&0&-1\\0&0&0&0\\0&-2&0&0\end{pmatrix}$$

$$\xrightarrow[\substack{r_1-3r_3\\r_2\leftrightarrow r_3}]{r_3\div(-2)}\begin{pmatrix}1&0&0&-1\\0&1&0&0\\0&0&0&0\end{pmatrix}\xrightarrow{c_4+c_1}\begin{pmatrix}1&0&0&0\\0&1&0&0\\0&0&0&0\end{pmatrix},$$

故 $\boldsymbol{A}$ 的标准形为 $\boldsymbol{F}=\begin{pmatrix}1&0&0&0\\0&1&0&0\\0&0&0&0\end{pmatrix}$；

(2) 对应于上面初等行(列)变换的初等矩阵分别为

$$\boldsymbol{P}_1=\begin{pmatrix}1&0&0\\2&1&0\\0&0&0\end{pmatrix},\ \boldsymbol{P}_2=\begin{pmatrix}1&0&0\\0&1&0\\-1&0&1\end{pmatrix},\ \boldsymbol{P}_3=\begin{pmatrix}1&0&0\\0&1&0\\0&0&-\frac{1}{2}\end{pmatrix},\ \boldsymbol{P}_4=\begin{pmatrix}1&0&-3\\0&1&0\\0&0&1\end{pmatrix},$$

$$\boldsymbol{P}_5=\begin{pmatrix}1&0&0\\0&0&1\\0&1&0\end{pmatrix},\ \boldsymbol{Q}_1=\begin{pmatrix}1&0&0&1\\0&1&0&0\\0&0&1&0\\0&0&0&1\end{pmatrix}.$$

由于初等变换的顺序可以不同，对应的初等矩阵也就不相同，故本题答案不唯一.

8. 判断下列命题是否正确：

(1) 初等矩阵的乘积仍是初等矩阵；

(2) 单位矩阵是初等矩阵；

(3) 初等矩阵的转置仍是初等矩阵；

(4) 初等矩阵的伴随矩阵仍是初等矩阵；

(5) 可逆矩阵只经过初等列变换便可化为单位矩阵；

(6) 矩阵的初等变换不改变矩阵的可逆性.

解　(1) 不正确. (2) 正确. (3) 正确. (4) 不正确. (5) 正确. (6) 正确.

练习 2.6

1. 在矩阵 $\boldsymbol{A}$ 中划去一行得到矩阵 $\boldsymbol{B}$，矩阵 $\boldsymbol{A}$ 与 $\boldsymbol{B}$ 的秩的关系怎样？

解　由定义可知，应该有 $R(\boldsymbol{A})\geq R(\boldsymbol{B})$.

2. 求下列矩阵的秩：

$$(1)\begin{pmatrix}1&1&0&0\\1&0&1&1\\2&-1&3&3\end{pmatrix};\quad (2)\begin{pmatrix}1&0&1&0\\2&1&-1&-3\\1&0&-3&-1\\0&2&-6&3\end{pmatrix};\quad (3)\begin{pmatrix}1&1&2&2&1\\0&2&1&5&-1\\2&0&3&-1&3\\1&1&0&4&-1\end{pmatrix}.$$

解　本题可以通过求最高阶非零子式，也可以通过初等变换，求矩阵的秩，这里仅给出答案，略去了过程. 答案分别为：(1)2；(2)4；(3)3.

3. 设 $\boldsymbol{A}$ 为 4×3 阶矩阵，且 $R(\boldsymbol{A})=2$，矩阵 $\boldsymbol{B}=\begin{pmatrix}3&0&2\\0&4&0\\1&0&-1\end{pmatrix}$，求 $R(\boldsymbol{AB})$.

解　因 $\det(\boldsymbol{B})=-20\neq 0$，故 $\boldsymbol{B}$ 可逆，从而 $R(\boldsymbol{AB})=R(\boldsymbol{A})=2$.

4. 证明：$R\begin{pmatrix}\boldsymbol{A}&\boldsymbol{O}\\\boldsymbol{O}&\boldsymbol{B}\end{pmatrix}=R(\boldsymbol{A})+R(\boldsymbol{B})$.

证　设$A_{m\times n}$, $B_{s\times t}$, $R(A)=r_1, R(B)=r_2$, 故存在可逆阵P_m, Q_n, R_s, S_t, 使得

$$A=P\begin{pmatrix}E_{r_1} & O\\ O & O\end{pmatrix}Q,\ B=R\begin{pmatrix}E_{r_2} & O\\ O & O\end{pmatrix}S,$$

故

$$\begin{pmatrix}A & O\\ O & B\end{pmatrix}=\begin{pmatrix}P & O\\ O & R\end{pmatrix}\left(\begin{array}{cc:cc}E_{r_1} & O & O & O\\ O & O & O & O\\ \hdashline O & O & E_{r_2} & O\\ O & O & O & O\end{array}\right)\begin{pmatrix}Q & O\\ O & S\end{pmatrix}$$

因为方阵$\begin{pmatrix}P & O\\ O & R\end{pmatrix}$, $\begin{pmatrix}Q & O\\ O & S\end{pmatrix}$可逆, 所以

$$R\left(\begin{pmatrix}A & O\\ O & B\end{pmatrix}\right)=R\left(\left(\begin{array}{cc:cc}E_{r_1} & O & O & O\\ O & O & O & O\\ \hdashline O & O & E_{r_2} & O\\ O & O & O & O\end{array}\right)\right)=r_1+r_2.$$

5. 设 n 阶方阵 A 满足$A^2=A$, 证明: $R(A)+R(A-E)=n$.

证　由$A^2=A$, 有 $A(A-E)=O$, 故 $R(A)+R(A-E)\le n$. 又 $E=A+(E-A)$, 有

$$n=R(E)\le R(A)+R(E-A)=R(A)+R(A-E),$$

得证结论正确.

6. 设 A 为 $m\times n$ 矩阵, B 是 A 的前 s 行构成的 $s\times n$ 矩阵, 若 $R(A)=r$, 证明: $R(B)\ge r+s-m$.

证　考虑 A 去掉 B 剩下的 $m-s$ 行, 我们记为 C, 则

$$R(C)\le m-s.$$

而

$$R(A)\le R(C)+R(B);$$

因此

$$R(A)-R(B)\le m-s,$$

即

$$R(B)\ge r+s-m.$$

7. 判断下列命题是否正确:

(1) 设 A, B 为 n 阶方阵, 则 $R(AB)=R(BA)$;

(2) 若 A 的所有 r 阶子式均为零, 则 A 的所有 $r+1$ 阶子式也都为零;

(3) 秩相等的同阶矩阵一定等价;

(4) 设 A, B 为 n 阶方阵, 若 $R(A)>0$, $R(B)>0$, 则 $R(A+B)>0$;

(5) 若矩阵 A 有一个非零 r 阶子式, 则 $R(A)\ge r$;

(6) 若矩阵 A 有一个为零 $r+1$ 阶子式, 则 $R(A)<r+1$.

解 (1) 不正确. 例如当 $\boldsymbol{A}=\begin{pmatrix}2&4\\1&2\end{pmatrix}$, $\boldsymbol{B}=\begin{pmatrix}2&-2\\-1&1\end{pmatrix}$ 时, 有 $\boldsymbol{AB}=\begin{pmatrix}0&0\\0&0\end{pmatrix}$; $\boldsymbol{BA}=\begin{pmatrix}2&4\\-1&-2\end{pmatrix}$, $R(\boldsymbol{AB})=0$, 而 $R(\boldsymbol{BA})=1$.

(2) 正确. 所有高阶行列式均可展开为低阶行列式的线性组合.

(3) 正确. 它们可以通过初等变换化为相同的标准形.

(4) 不正确. 例如对非零矩阵 $\boldsymbol{A}$, 取 $\boldsymbol{B}=-\boldsymbol{A}$, 则 $R(\boldsymbol{A}+\boldsymbol{B})=0$.

(5) 正确. 根据矩阵秩的定义可以直接得到.

(6) 不正确. 与定义矛盾, 因为矩阵可能还存在其他的非零 $r+1$ 阶子式.

练习 2.7

1. 用高斯消元法解线性方程组 $\begin{cases}-3x+2y-8z=17\\2x-5y+3z=3\\x+7y-5z=2\end{cases}$.

解 将系数与常数项构成的增广矩阵实施行变换, 有

$$\begin{pmatrix}-3&2&-8&\vdots&17\\2&-5&3&\vdots&3\\1&7&-5&\vdots&2\end{pmatrix}\xrightarrow[r_1\leftrightarrow r_3]{\substack{r_1+3r_3\\r_2-2r_3}}\begin{pmatrix}1&7&-5&\vdots&2\\0&-19&13&\vdots&-1\\0&23&-23&\vdots&23\end{pmatrix}$$

$$\xrightarrow[r_1-7r_3]{\substack{r_3\div 23\\r_2+19r_3}}\begin{pmatrix}1&0&2&\vdots&-5\\0&0&-6&\vdots&18\\0&1&-1&\vdots&1\end{pmatrix}\xrightarrow[r_3+r_2]{\substack{r_2\div(-6)\\r_1-2r_2}}\begin{pmatrix}1&0&0&\vdots&1\\0&0&1&\vdots&-3\\0&1&0&\vdots&-2\end{pmatrix},$$

故原方程组的解为: $x=1$, $y=-2$, $z=-3$.

2. 求解线性方程组 $\begin{cases}x_1+2x_2+3x_3+4x_4=5\\2x_1+4x_2+4x_3+6x_4=8\\x_1+2x_2+x_3+2x_4=3\end{cases}$.

解 将系数与常数项构成的增广矩阵实施行变换, 有

$$\begin{pmatrix}1&2&3&4&\vdots&5\\2&4&4&6&\vdots&8\\1&2&1&2&\vdots&3\end{pmatrix}\xrightarrow[r_3-r_1]{r_2-2r_1}\begin{pmatrix}1&2&3&4&\vdots&5\\0&0&-2&-2&\vdots&-2\\0&0&-2&-2&\vdots&-2\end{pmatrix}\xrightarrow[r_1-3r_2]{\substack{r_3-r_2\\r_2\div(-2)}}\begin{pmatrix}1&2&0&1&\vdots&2\\0&0&1&1&\vdots&1\\0&0&0&0&\vdots&0\end{pmatrix},$$

故原方程组等价于 $\begin{cases}x_1+2x_2+x_4=2\\x_3+x_4=1\end{cases}$, 从而 $\begin{cases}x_1=2-2x_2-x_4\\x_3=1-x_4\end{cases}$, 原方程组的解为

$$\begin{cases}x_1=2-2k_1-k_2\\x_2=k_1\\x_3=1-k_2\\x_4=k_2\end{cases},\ k_1,k_2\ \text{为任意实数}.$$

3. 问 λ 取何值时，方程组 $\begin{cases} x_1+2x_2+\lambda x_3=2 \\ 2x_1+\frac{4}{3}\lambda x_2+6x_3=4. \\ \lambda x_1+6x_2+9x_3=6 \end{cases}$

(1) 无解；(2) 有唯一解；(3) 有无穷多解？

解　对由系数与常数项构成的增广矩阵实施行变换，有

$$\left(\begin{array}{ccc:c} 1 & 2 & \lambda & 2 \\ 2 & \frac{4}{3}\lambda & 6 & 4 \\ \lambda & 6 & 9 & 6 \end{array}\right) \xrightarrow[r_3-\lambda r_1]{r_2-2r_1} \left(\begin{array}{ccc:c} 1 & 2 & \lambda & 2 \\ 0 & \frac{4}{3}\lambda-4 & 6-2\lambda & 0 \\ 0 & 6-2\lambda & 9-\lambda^2 & 6-2\lambda \end{array}\right)$$

$$\xrightarrow{r_2\times\frac{3}{4}} \left(\begin{array}{ccc:c} 1 & 2 & \lambda & 2 \\ 0 & \lambda-3 & -\frac{3}{2}(\lambda-3) & 0 \\ 0 & 6-2\lambda & 9-\lambda^2 & 6-2\lambda \end{array}\right)$$

$$\xrightarrow{r_3+2r_2} \left(\begin{array}{ccc:c} 1 & 2 & \lambda & 2 \\ 0 & \lambda-3 & -\frac{3}{2}(\lambda-3) & 0 \\ 0 & 0 & -(\lambda+6)(\lambda-3) & -2(\lambda-3) \end{array}\right),$$

故

(1) $\lambda=-6$ 时，$R(\boldsymbol{A})=2<R(\boldsymbol{A},\boldsymbol{b})=3$，方程组无解；

(2) $\lambda\neq 3,\lambda\neq -6$ 时，$R(\boldsymbol{A})=R(\boldsymbol{A},\boldsymbol{b})=3$，方程组有唯一解；

(3) $\lambda=3$ 时，$R(\boldsymbol{A})=R(\boldsymbol{A},\boldsymbol{b})=2$，方程组有无穷多解.

4. 已知 $\boldsymbol{A}=\begin{pmatrix} 1 & 3 & 2 \\ 2 & 6 & 5 \\ -1 & -3 & 1 \end{pmatrix}$，$\boldsymbol{B}=\begin{pmatrix} 3 & 4 & -1 \\ 8 & 8 & 3 \\ 3 & -4 & 16 \end{pmatrix}$，求矩阵方程 $\boldsymbol{AX}=\boldsymbol{B}$ 的解 $\boldsymbol{X}$.

解　对下面矩阵进行初等行变换：

$$\left(\begin{array}{ccc:ccc} 1 & 3 & 2 & 3 & 4 & -1 \\ 2 & 6 & 5 & 8 & 8 & 3 \\ -1 & -3 & 1 & 3 & -4 & 16 \end{array}\right) \xrightarrow[r_3+r_1]{r_2-2r_1} \left(\begin{array}{ccc:ccc} 1 & 3 & 2 & 3 & 4 & -1 \\ 0 & 0 & 1 & 2 & 0 & 5 \\ 0 & 0 & 3 & 6 & 0 & 15 \end{array}\right)$$

$$\xrightarrow[r_1-2r_2]{r_3-3r_2} \left(\begin{array}{ccc:ccc} 1 & 3 & 0 & -1 & 4 & -11 \\ 0 & 0 & 1 & 2 & 0 & 5 \\ 0 & 0 & 0 & 0 & 0 & 0 \end{array}\right),$$

设 $\boldsymbol{X}=(\boldsymbol{x}_1,\boldsymbol{x}_2,\boldsymbol{x}_3)$，则原矩阵方程等价于

$$\begin{pmatrix} 1 & 3 & 0 \\ 0 & 0 & 1 \\ 0 & 0 & 0 \end{pmatrix}\boldsymbol{x}_1=\begin{pmatrix} -1 \\ 2 \\ 0 \end{pmatrix};\begin{pmatrix} 1 & 3 & 0 \\ 0 & 0 & 1 \\ 0 & 0 & 0 \end{pmatrix}\boldsymbol{x}_2=\begin{pmatrix} 4 \\ 0 \\ 0 \end{pmatrix};\begin{pmatrix} 1 & 3 & 0 \\ 0 & 0 & 1 \\ 0 & 0 & 0 \end{pmatrix}\boldsymbol{x}_3=\begin{pmatrix} -11 \\ 5 \\ 0 \end{pmatrix},$$

可得

$$x_1=k_1\begin{pmatrix}-3\\1\\0\end{pmatrix}+\begin{pmatrix}-1\\0\\2\end{pmatrix},\ x_2=k_2\begin{pmatrix}-3\\1\\0\end{pmatrix}+\begin{pmatrix}4\\0\\0\end{pmatrix},\ x_1=k_3\begin{pmatrix}-3\\1\\0\end{pmatrix}+\begin{pmatrix}-11\\0\\5\end{pmatrix},$$

其中，k_1,k_2,k_3 为任意实数. 故原方程的解为

$$X=\begin{pmatrix}-3k_1-1 & -3k_2+4 & -3k_3-11\\ k_1 & k_2 & k_3\\ 2 & 0 & 5\end{pmatrix}，其中，k_1,k_2,k_3 为任意实数.$$

习题 2

1. 填空题：

(1) 设 n 阶行列式 $|A|=\frac{1}{2}$，则 $(2A^*)^*=$ ________.

解 因 $AA^*=|A|E$，且 $|A|\neq 0$，有 $A^*=|A|A^{-1}$，$(A^*)^{-1}=\frac{1}{|A|}A$，$|A^*|=|A|^{n-1}$，从而

$$(2A^*)^*=|2A^*|(2A^*)^{-1}=2^n|A^*|\cdot\frac{1}{2}(A^*)^{-1}=2^{n-1}|A|^{n-1}\cdot\frac{1}{|A|}A=2A.$$

(2) 设 A,B 为 n 阶矩阵，$|A|=2$，$|B|=-3$，则 $|2A^*B^{-1}|=$ ________.

解 A,B 均为 n 阶矩阵，且 $|A|=2\neq 0$，$|B|=-3\neq 0$，故 A,B 均为 n 阶可逆矩阵，且有

$$|2A^*B^{-1}|=2^n|A^*||B^{-1}|=2^n|A|^{n-1}|B^{-1}|=2^n|A|^{n-1}\frac{1}{|B|}=-\frac{2^{2n-1}}{3}.$$

(3) 已知 $A=\begin{pmatrix}1&&\\&2&\\&&3\end{pmatrix}$，$B=\begin{pmatrix}1&&\\&1&0\\&3&1\end{pmatrix}$，则 $(AB)^{-1}=$ ________.

解 易知 $AB=\begin{pmatrix}1&0&0\\0&2&0\\0&9&3\end{pmatrix}$，可得 $(AB)^{-1}=\begin{pmatrix}1&0&0\\0&\frac{1}{2}&0\\0&-\frac{3}{2}&\frac{1}{3}\end{pmatrix}$.

(4) 设矩阵 A 满足 $A^2+A-4E=O$，其中 E 为单位矩阵，则 $(A-E)^{-1}=$ ________.

解 由题设 $A^2+A-4E=O$，有 $(A-E)(A+2E)=2E$，从而

$$(A-E)^{-1}=\frac{1}{2}(A+2E).$$

(5) $A=\begin{pmatrix}1&0&1\\0&2&0\\1&0&1\end{pmatrix}$，而 $n\geq 2$ 为整数，则 $A^n-2A^{n-1}=$ ________.

解 方法 1：因

$$A^2=\begin{pmatrix}1&0&1\\0&2&0\\1&0&1\end{pmatrix}\begin{pmatrix}1&0&1\\0&2&0\\1&0&1\end{pmatrix}=\begin{pmatrix}2&0&2\\0&4&0\\2&0&2\end{pmatrix}=2\begin{pmatrix}1&0&1\\0&2&0\\1&0&1\end{pmatrix}=2\boldsymbol{A},$$

故有

$$\boldsymbol{A}^n-2\boldsymbol{A}^{n-1}=\boldsymbol{A}^{n-2}(\boldsymbol{A}^2-2\boldsymbol{A})=\boldsymbol{O}.$$

方法2：由$\boldsymbol{A}^2=2\boldsymbol{A}$，等式两边同右乘$\boldsymbol{A}$，得

$$\boldsymbol{A}^2\cdot\boldsymbol{A}=\boldsymbol{A}^3=(2\boldsymbol{A})\boldsymbol{A}=2\boldsymbol{A}^2=2(2\boldsymbol{A})=2^2\boldsymbol{A},$$

递推可得

$$\boldsymbol{A}^{n-1}=2^{n-2}\boldsymbol{A},\ \boldsymbol{A}^n=2^{n-1}\boldsymbol{A},$$

故$\boldsymbol{A}^n-2\boldsymbol{A}^{n-1}=2^{n-1}\boldsymbol{A}-2\cdot2^{n-2}\boldsymbol{A}=2^{n-1}\boldsymbol{A}-2^{n-1}\boldsymbol{A}=\boldsymbol{O}$.

(6) 已知$\boldsymbol{\alpha}=(1,2,3)$，$\boldsymbol{\beta}=\left(1,\frac{1}{2},\frac{1}{3}\right)$，且$\boldsymbol{A}=\boldsymbol{\alpha}^{\mathrm{T}}\beta$，则$\boldsymbol{A}^n=$______.

解　$\boldsymbol{A}^n=(\boldsymbol{\alpha}^{\mathrm{T}}\boldsymbol{\beta})(\boldsymbol{\alpha}^{\mathrm{T}}\boldsymbol{\beta})\cdots(\boldsymbol{\alpha}^{\mathrm{T}}\boldsymbol{\beta})=\boldsymbol{\alpha}^{\mathrm{T}}(\boldsymbol{\beta}\boldsymbol{\alpha}^{\mathrm{T}})(\boldsymbol{\beta}\boldsymbol{\alpha}^{\mathrm{T}})\cdots(\boldsymbol{\beta}\boldsymbol{\alpha}^{\mathrm{T}})\boldsymbol{\beta}$

$$=(\boldsymbol{\beta}\boldsymbol{\alpha}^{\mathrm{T}})^{n-1}\boldsymbol{\alpha}^{\mathrm{T}}\boldsymbol{\beta}=3^{n-1}\begin{pmatrix}1&\frac{1}{2}&\frac{1}{3}\\2&1&\frac{2}{3}\\3&\frac{3}{2}&1\end{pmatrix}.$$

(7) 设矩阵$\boldsymbol{A}=\begin{pmatrix}2&1&0\\1&2&0\\0&0&1\end{pmatrix}$，矩阵$B$满足$\boldsymbol{A}\boldsymbol{B}\boldsymbol{A}^*=2\boldsymbol{B}\boldsymbol{A}^*+\boldsymbol{E}$，其中$\boldsymbol{A}^*$为$\boldsymbol{A}$的伴随矩阵，则$|\boldsymbol{B}|=$______.

解　**方法1**：易计算得$|\boldsymbol{A}|=3$，对等式两边同时右乘$\boldsymbol{A}$，得$\boldsymbol{A}\boldsymbol{B}\boldsymbol{A}^*\boldsymbol{A}=2\boldsymbol{B}\boldsymbol{A}^*\boldsymbol{A}+\boldsymbol{A}$，于是有$3\boldsymbol{A}\boldsymbol{B}=6\boldsymbol{B}+\boldsymbol{A}$，即$(3\boldsymbol{A}-6\boldsymbol{E})\boldsymbol{B}=\boldsymbol{A}$，再两边取行列式，有$|3\boldsymbol{A}-6\boldsymbol{E}||\boldsymbol{B}|=|\boldsymbol{A}|=3$，而$|3\boldsymbol{A}-6\boldsymbol{E}|=27$，故所求行列式为$|\boldsymbol{B}|=\frac{1}{9}$.

方法2：由题设条件$\boldsymbol{A}\boldsymbol{B}\boldsymbol{A}^*=2\boldsymbol{B}\boldsymbol{A}^*+\boldsymbol{E}$得$(\boldsymbol{A}-2\boldsymbol{E})\boldsymbol{B}\boldsymbol{A}^*=\boldsymbol{E}$，两边取行列式，得$|\boldsymbol{A}-2\boldsymbol{E}||\boldsymbol{B}||\boldsymbol{A}^*|=|\boldsymbol{E}|=1$，其中

$$|\boldsymbol{A}|=\begin{vmatrix}2&1&0\\1&2&0\\0&0&1\end{vmatrix}=3,\ |\boldsymbol{A}^*|=|\boldsymbol{A}|^{3-1}=|\boldsymbol{A}|^2=9,\ |\boldsymbol{A}-2\boldsymbol{E}|=\begin{vmatrix}0&1&0\\1&0&0\\0&0&1\end{vmatrix}=1,$$

故$|\boldsymbol{B}|=\dfrac{1}{|\boldsymbol{A}-2\boldsymbol{E}||\boldsymbol{A}^*|}=\dfrac{1}{9}$.

(8) 设$\boldsymbol{\alpha}_1,\boldsymbol{\alpha}_2,\boldsymbol{\alpha}_3$均为3维列向量，记矩阵

$$\boldsymbol{A}=(\boldsymbol{\alpha}_1,\boldsymbol{\alpha}_2,\boldsymbol{\alpha}_3),\ \boldsymbol{B}=(\boldsymbol{\alpha}_1+\boldsymbol{\alpha}_2+\boldsymbol{\alpha}_3,\boldsymbol{\alpha}_1+2\boldsymbol{\alpha}_2+4\boldsymbol{\alpha}_3,\boldsymbol{\alpha}_1+3\boldsymbol{\alpha}_2+9\boldsymbol{\alpha}_3),$$

如果$|\boldsymbol{A}|=1$，那么$|\boldsymbol{B}|=$______.

解　**方法 1**：由题设，有

$$\boldsymbol{B}=(\boldsymbol{\alpha}_1+\boldsymbol{\alpha}_2+\boldsymbol{\alpha}_3,\boldsymbol{\alpha}_1+2\boldsymbol{\alpha}_2+4\boldsymbol{\alpha}_3,\boldsymbol{\alpha}_1+3\boldsymbol{\alpha}_2+9\boldsymbol{\alpha}_3)=(\boldsymbol{\alpha}_1,\boldsymbol{\alpha}_2,\boldsymbol{\alpha}_3)\begin{pmatrix}1&1&1\\1&2&3\\1&4&9\end{pmatrix},$$

于是有 $|\boldsymbol{B}|=|\boldsymbol{A}|\cdot\begin{vmatrix}1&1&1\\1&2&3\\1&4&9\end{vmatrix}=1\times 2=2.$

方法 2：利用行列式性质

$$\begin{aligned}|\boldsymbol{B}|&=|\boldsymbol{\alpha}_1+\boldsymbol{\alpha}_2+\boldsymbol{\alpha}_3,\boldsymbol{\alpha}_1+2\boldsymbol{\alpha}_2+4\boldsymbol{\alpha}_3,\boldsymbol{\alpha}_1+3\boldsymbol{\alpha}_2+9\boldsymbol{\alpha}_3|\\&\xlongequal[c_3-c_1]{c_2-c_1}|\boldsymbol{\alpha}_1+\boldsymbol{\alpha}_2+\boldsymbol{\alpha}_3,\boldsymbol{\alpha}_2+3\boldsymbol{\alpha}_3,2\boldsymbol{\alpha}_2+8\boldsymbol{\alpha}_3|\\&\xlongequal{c_3-2c_2}|\boldsymbol{\alpha}_1+\boldsymbol{\alpha}_2+\boldsymbol{\alpha}_3,\boldsymbol{\alpha}_2+3\boldsymbol{\alpha}_3,2\boldsymbol{\alpha}_3|\\&=2|\boldsymbol{\alpha}_1+\boldsymbol{\alpha}_2+\boldsymbol{\alpha}_3,\boldsymbol{\alpha}_2+3\boldsymbol{\alpha}_3,\boldsymbol{\alpha}_3|\\&\xlongequal[c_1-c_2-c_3]{c_2-3c_3}2|\boldsymbol{\alpha}_1,\boldsymbol{\alpha}_2,\boldsymbol{\alpha}_3|,\end{aligned}$$

因 $|\boldsymbol{A}|=|\boldsymbol{\alpha}_1,\boldsymbol{\alpha}_2,\boldsymbol{\alpha}_3|=1$，故 $|\boldsymbol{B}|=2$.

(9) 设 $\boldsymbol{A}=\begin{pmatrix}1&&&\\-2&3&&\\0&-4&5&\\0&0&-6&7\end{pmatrix}$，$\boldsymbol{B}=(\boldsymbol{E}+\boldsymbol{A})^{-1}(\boldsymbol{E}-\boldsymbol{A})$，则 $(\boldsymbol{E}+\boldsymbol{B})^{-1}=$ ________.

解　由 $\boldsymbol{B}=(\boldsymbol{E}+\boldsymbol{A})^{-1}(\boldsymbol{E}-\boldsymbol{A})$，得 $(\boldsymbol{E}+\boldsymbol{A})\boldsymbol{B}=\boldsymbol{E}-\boldsymbol{A}$，即 $(\boldsymbol{E}+\boldsymbol{A})(\boldsymbol{B}+\boldsymbol{E})=2\boldsymbol{E}$，从而 $(\boldsymbol{E}+\boldsymbol{B})^{-1}=\dfrac{1}{2}(\boldsymbol{E}+\boldsymbol{A})$.

或如下推导：将 B 的表达式代入，得

$$\begin{aligned}(\boldsymbol{E}+\boldsymbol{B})^{-1}&=(\boldsymbol{E}+(\boldsymbol{E}+\boldsymbol{A})^{-1}(\boldsymbol{E}-\boldsymbol{A}))^{-1}\\&=((\boldsymbol{E}+\boldsymbol{A})^{-1}(\boldsymbol{E}+\boldsymbol{A})+(\boldsymbol{E}+\boldsymbol{A})^{-1}(\boldsymbol{E}-\boldsymbol{A}))^{-1}\\&=(2(\boldsymbol{E}+\boldsymbol{A})^{-1})^{-1}=\frac{1}{2}(\boldsymbol{E}+\boldsymbol{A})\\&=\frac{1}{2}\begin{pmatrix}2&0&0&0\\-2&4&0&0\\0&-4&6&0\\0&0&-6&8\end{pmatrix}=\begin{pmatrix}1&&&\\-1&2&&\\&-2&3&\\&&-3&4\end{pmatrix}.\end{aligned}$$

(10) 设 $\boldsymbol{A}=\begin{pmatrix}2&3&4\\6&t&2\\4&6&3\end{pmatrix}$，$\boldsymbol{B}=\begin{pmatrix}1\\3\\0\end{pmatrix}(2\quad 3\quad 4)$，且 $R(\boldsymbol{A}+\boldsymbol{AB})=2$，则 $t=$ ________.

解　因 $\boldsymbol{A}+\boldsymbol{AB}=\boldsymbol{A}(\boldsymbol{E}+\boldsymbol{B})$，且 $|\boldsymbol{E}+\boldsymbol{B}|\neq 0$，从而 $\boldsymbol{E}+\boldsymbol{B}$ 可逆，故 $R(\boldsymbol{A}+\boldsymbol{AB})=R(\boldsymbol{A})=2$，得 $|\boldsymbol{A}|=0$，即

$$\begin{vmatrix} 2 & 3 & 4 \\ 6 & t & 2 \\ 4 & 6 & 3 \end{vmatrix} = -10(t-9) = 0,$$

得 $t = 9$.

(11) 已知 $\boldsymbol{A}\begin{pmatrix} 1 & 1 & 1 \\ 0 & 1 & 1 \\ 1 & 0 & 1 \end{pmatrix} = \begin{pmatrix} 1 & 2 & 3 \\ 4 & 5 & 6 \end{pmatrix}$，则 $\boldsymbol{A}$ = ________.

解　因 $|\boldsymbol{B}| = \begin{vmatrix} 1 & 1 & 1 \\ 0 & 1 & 1 \\ 1 & 0 & 1 \end{vmatrix} = 1 \neq 0$，故 $\boldsymbol{B}$ 可逆，且可求得 $\boldsymbol{B}^{-1} = \begin{pmatrix} 1 & -1 & 0 \\ 1 & 0 & -1 \\ -1 & 1 & 1 \end{pmatrix}$. 于是有

$$\boldsymbol{A} = \begin{pmatrix} 1 & 2 & 3 \\ 4 & 5 & 6 \end{pmatrix}\boldsymbol{B}^{-1} = \begin{pmatrix} 1 & 2 & 3 \\ 4 & 5 & 6 \end{pmatrix}\begin{pmatrix} 1 & -1 & 0 \\ 1 & 0 & -1 \\ -1 & 1 & 1 \end{pmatrix} - \begin{pmatrix} 0 & 2 & 1 \\ 3 & 2 & 1 \end{pmatrix}.$$

(12) 设 $\boldsymbol{A} = \begin{pmatrix} a_{11} & a_{12} & a_{13} \\ a_{21} & a_{22} & a_{23} \\ a_{31} & a_{32} & a_{33} \end{pmatrix}$，$\boldsymbol{B} = \begin{pmatrix} a_{11} & a_{12} & 3a_{11} + a_{13} \\ a_{21} & a_{22} & 3a_{21} + a_{23} \\ a_{31} & a_{32} & 3a_{31} + a_{33} \end{pmatrix}$，$|\boldsymbol{A}| = 2$，

则 $|\boldsymbol{A}^*\boldsymbol{B}|$ = ________.

解　依题意，设

$$\boldsymbol{E}(1,3(3)) = \begin{pmatrix} 1 & & 3 \\ & 1 & \\ & & 1 \end{pmatrix},$$

则有 $\boldsymbol{B} = \boldsymbol{A}\boldsymbol{E}(1,3(3))$，因 $|\boldsymbol{A}| = 2$，$\boldsymbol{A}$ 可逆，从而 $\boldsymbol{A}^* = |\boldsymbol{A}|\boldsymbol{A}^{-1}$，故

$$\boldsymbol{A}^*\boldsymbol{B} = |\boldsymbol{A}|\boldsymbol{A}^{-1}\boldsymbol{A}\boldsymbol{E}(1,3(3)) = |\boldsymbol{A}|\boldsymbol{E}(1,3(3)) = 2\boldsymbol{E}(1,3(3)),$$

得 $|\boldsymbol{A}^*\boldsymbol{B}| = 8$.

(13) 设 $\boldsymbol{A}$ 为5阶方阵，则 $R(\boldsymbol{A}^{**})$ = ________.

解　若 $R(\boldsymbol{A}) = 5$，即 $\boldsymbol{A}$ 可逆，则 $\boldsymbol{A}^*$ 可逆，从而 $\boldsymbol{A}^{**}$ 可逆，得 $R(\boldsymbol{A}^{**}) = 5$.

若 $R(\boldsymbol{A}) < 5$，则 $\boldsymbol{A}\boldsymbol{A}^* = \boldsymbol{O}$，从而 $R(\boldsymbol{A}^*) \leq 1$，依定义可得 $\boldsymbol{A}^{**} = \boldsymbol{O}$，故 $R(\boldsymbol{A}^{**}) = 0$.

(14) 设 $\boldsymbol{A}$ 为 n 阶可逆阵，将 $\boldsymbol{A}$ 的"第 i 行的 k 倍加到第 j 行"得到矩阵 $\boldsymbol{B}$，则 $\boldsymbol{A}^{-1}$, $\boldsymbol{B}^{-1}$ 之间的关系为 ________.

解　依题设有 $\boldsymbol{B} = \boldsymbol{E}(j,i(k))\boldsymbol{A}$，$\boldsymbol{B}^{-1} = \boldsymbol{A}^{-1}(\boldsymbol{E}(j,i(k)))^{-1} = \boldsymbol{A}^{-1}\boldsymbol{E}(j,i(-k))$，即将 $\boldsymbol{A}^{-1}$ 的第 j 列的 $-k$ 倍加到第 i 列得到 $\boldsymbol{B}^{-1}$.

2. 选择题

(1) 设 $\boldsymbol{A}$ 为任一 $n(n \geq 3)$ 阶可逆方阵，$\boldsymbol{A}^*$ 为 $\boldsymbol{A}$ 的伴随阵，又常数 $k \neq 0, \pm 1$，则 $(k\boldsymbol{A})^*$ 必为 ________.

(A) $k\boldsymbol{A}^*$　　(B) $k^{n-1}\boldsymbol{A}^*$　　(C) $k^n\boldsymbol{A}^*$　　(D) $k^{-1}\boldsymbol{A}^*$

解　当 $\boldsymbol{A}$ 可逆时，由 $\boldsymbol{A}^* = |\boldsymbol{A}|\boldsymbol{A}^{-1}$，有

$$(k\boldsymbol{A})^* = |k\boldsymbol{A}|(k\boldsymbol{A})^{-1} = k^n|\boldsymbol{A}| \cdot \frac{1}{k}\boldsymbol{A}^{-1} = k^{n-1}|\boldsymbol{A}|\boldsymbol{A}^{-1} = k^{n-1}\boldsymbol{A}^*.$$

故应选(B).

(2) 设 n 阶方阵 $\boldsymbol{A}$, $\boldsymbol{B}$, $\boldsymbol{C}$ 满足 $\boldsymbol{ABC}=\boldsymbol{E}$, 其中 $\boldsymbol{E}$ 是 n 阶单位阵, 则必有 ________.

(A) $\boldsymbol{CBA}=\boldsymbol{E}$　　(B) $\boldsymbol{BCA}=\boldsymbol{E}$　　(C) $\boldsymbol{BAC}=\boldsymbol{E}$　　(D) $\boldsymbol{ACB}=\boldsymbol{E}$

解　由于 $\boldsymbol{A}$, $\boldsymbol{B}$, $\boldsymbol{C}$ 满足 $\boldsymbol{ABC}=\boldsymbol{E}$, 对等式两边取行列式, 得 $|\boldsymbol{A}|\cdot|\boldsymbol{B}|\cdot|\boldsymbol{C}|=1$, 得 $|\boldsymbol{A}|\neq 0$, $|\boldsymbol{B}|\neq 0$, $|\boldsymbol{C}|\neq 0$, 故 $\boldsymbol{A}$, $\boldsymbol{B}$, $\boldsymbol{C}$ 均可逆. 对于 $\boldsymbol{ABC}=\boldsymbol{E}$, 先左乘$\boldsymbol{A}^{-1}$ 再右乘 $\boldsymbol{A}$ 有 $\boldsymbol{BCA}=\boldsymbol{E}$, 故应选(B).

事实上, 对于 $\boldsymbol{ABC}=\boldsymbol{E}$ 先右乘$\boldsymbol{C}^{-1}$ 再左乘 $\boldsymbol{C}$, 也有 $\boldsymbol{CAB}=\boldsymbol{E}$.

(3) 设 $\boldsymbol{A}$, $\boldsymbol{B}$ 均为 n 阶方阵, 下列命题正确的是 ________.

(A) $\boldsymbol{AB}=\boldsymbol{O}\Leftrightarrow\boldsymbol{A}=\boldsymbol{O}$ 或 $\boldsymbol{B}=\boldsymbol{O}$　　(B) $\boldsymbol{AB}\neq\boldsymbol{O}\Leftrightarrow\boldsymbol{A}\neq\boldsymbol{O}$ 且 $\boldsymbol{B}\neq\boldsymbol{O}$

(C) $\boldsymbol{AB}=\boldsymbol{O}\Rightarrow|\boldsymbol{A}|=0$ 或 $|\boldsymbol{B}|=0$　　(D) $\boldsymbol{AB}\neq\boldsymbol{O}\Rightarrow|\boldsymbol{A}|\neq 0$ 且 $|\boldsymbol{B}|\neq 0$

解　由 $\boldsymbol{AB}=\boldsymbol{O}$, 可得 $|\boldsymbol{AB}|=|\boldsymbol{A}|\cdot|\boldsymbol{B}|=0$, 故 $|\boldsymbol{A}|=0$ 或 $|\boldsymbol{B}|=0$, 应选(C).

(4) 设 $\boldsymbol{A}$,$\boldsymbol{B}$ 均为 n 阶方阵, 则必有 ________.

(A) $|\boldsymbol{A}+\boldsymbol{B}|=|\boldsymbol{A}|+|\boldsymbol{B}|$　　(B) $\boldsymbol{AB}=\boldsymbol{BA}$

(C) $|\boldsymbol{AB}|=|\boldsymbol{BA}|$　　(D) $(\boldsymbol{A}+\boldsymbol{B})^{-1}=\boldsymbol{A}^{-1}+\boldsymbol{B}^{-1}$

解　应选(C).

当行列式的一行(列) 是两个数的和时, 可将行列式对该行(列) 拆开成两个行列式之和, 拆开时其他各行(列) 均保持不变. 对于行列式的这一性质应当正确理解.

因此, 若要拆开 n 阶行列式 $|\boldsymbol{A}+\boldsymbol{B}|$, 则应当是 2^n 个 n 阶行列式的和, 所以(A) 错误. 矩阵的运算是表格的运算, 它不同于数字运算, 矩阵乘法没有交换律, 故(B) 不正确.

$(\boldsymbol{A}+\boldsymbol{B})^{-1}$ 存在时, 不一定$\boldsymbol{A}^{-1}$,$\boldsymbol{B}^{-1}$ 都存在, 即使两者均存在, 也不一定有(D) 选项成立, 例如: $\boldsymbol{A}=\begin{pmatrix}1&0\\0&1\end{pmatrix}$, $\boldsymbol{B}=\begin{pmatrix}1&0\\0&2\end{pmatrix}$, 则

$$(\boldsymbol{A}+\boldsymbol{B})^{-1}=\begin{pmatrix}2&0\\0&3\end{pmatrix}^{-1}=\begin{pmatrix}\frac{1}{2}&0\\0&\frac{1}{3}\end{pmatrix},\ \boldsymbol{A}^{-1}+\boldsymbol{B}^{-1}=\begin{pmatrix}1&0\\0&1\end{pmatrix}+\begin{pmatrix}1&0\\0&\frac{1}{2}\end{pmatrix}=\begin{pmatrix}2&0\\0&\frac{3}{2}\end{pmatrix},$$

故选项(D) 错误.

由行列式乘法公式 $|\boldsymbol{AB}|=|\boldsymbol{A}|\cdot|\boldsymbol{B}|=|\boldsymbol{B}|\cdot|\boldsymbol{A}|=|\boldsymbol{BA}|$知(C) 正确.

注意, 行列式是数, 故恒有 $|\boldsymbol{A}|\cdot|\boldsymbol{B}|=|\boldsymbol{B}|\cdot|\boldsymbol{A}|$. 而矩阵则不行, 故(B) 不正确.

(5) 设矩阵 $\boldsymbol{A}=\begin{pmatrix}k&1&1&1\\1&k&1&1\\1&1&k&1\\1&1&1&k\end{pmatrix}$的秩 $R(\boldsymbol{A})=3$, 则 $k=$ ________.

(A) 1　　(B) 0　　(C) -3　　(D) 3

解　**方法1**: 由题设 $R(\boldsymbol{A})=3$ 知, $|\boldsymbol{A}|=(k+3)(k-1)^3=0$, 解得 $k=1$ 或 $k=-3$. 显然 $k=1$ 时 $R(\boldsymbol{A})=1$, 不符合题意, 故 $k=-3$,选(C).

方法2: 初等变换不改变矩阵的秩, 对 $\boldsymbol{A}$ 作初等变换有

$$A=\begin{pmatrix}k&1&1&1\\1&k&1&1\\1&1&k&1\\1&1&1&k\end{pmatrix}\xrightarrow[r_4-r_1]{\substack{r_2-r_1\\r_3-r_1}}\begin{pmatrix}k&1&1&1\\1-k&k-1&0&0\\1-k&0&k-1&0\\1-k&0&0&k-1\end{pmatrix}$$

$$\xrightarrow{c_1+c_2+c_3+c_4}\begin{pmatrix}k+3&1&1&1\\0&k-1&0&0\\0&0&k-1&0\\0&0&0&k-1\end{pmatrix},$$

故知 $k=-3$ 时，$R(A)=3$.

(6) 设 $\boldsymbol{A}$ 是 $m\times n$ 矩阵，$\boldsymbol{B}$ 是 $n\times m$ 矩阵，则 ________.

(A) 当 $m>n$ 时，必有行列式 $|\boldsymbol{AB}|\neq 0$　　(B) 当 $m>n$ 时，必有行列式 $|\boldsymbol{AB}|=0$

(C) 当 $n>m$ 时，必有行列式 $|\boldsymbol{AB}|\neq 0$　　(D) 当 $n>m$ 时，必有行列式 $|\boldsymbol{AB}|=0$

解　**方法1**：$\boldsymbol{A}$ 是 $m\times n$ 矩阵，$\boldsymbol{B}$ 是 $n\times m$ 矩阵，则 $\boldsymbol{AB}$ 是 m 阶方阵，因

$$R(\boldsymbol{AB})\leq\min\{R(\boldsymbol{A}),R(\boldsymbol{B})\}\leq\min\{m,n\},$$

当 $m>n$ 时，有 $R(\boldsymbol{AB})\leq\min\{R(\boldsymbol{A}),R(\boldsymbol{B})\}\leq n<m$，故有行列式 $|\boldsymbol{AB}|=0$，应选(B).

方法2：$\boldsymbol{B}$ 是 $n\times m$ 矩阵，当 $m>n$ 时，则 $R(\boldsymbol{B})\leq n<m$，方程组 $\boldsymbol{Bx}=\boldsymbol{0}$ 必有非零解，即存在 $\boldsymbol{x}_0\neq\boldsymbol{0}$，使得 $\boldsymbol{B}\boldsymbol{x}_0=\boldsymbol{0}$，两边左乘 $\boldsymbol{A}$，得 $\boldsymbol{AB}\boldsymbol{x}_0=\boldsymbol{0}$，即 $(\boldsymbol{AB})\boldsymbol{x}=\boldsymbol{0}$ 有非零解，从而 $|\boldsymbol{AB}|=0$，故选(B).

方法3：用排除法.

(A) $m>n$，取 $\boldsymbol{A}_{m\times n}=\begin{pmatrix}1\\0\end{pmatrix}$，$\boldsymbol{B}_{n\times m}=(0\quad 0)$，$\boldsymbol{AB}=\begin{pmatrix}0&0\\0&0\end{pmatrix}$，$|\boldsymbol{AB}|=0$，(A) 不成立；

(C) $n>m$，取 $\boldsymbol{A}_{m\times n}=(1\quad 0)$，$\boldsymbol{B}_{n\times m}=\begin{pmatrix}0\\1\end{pmatrix}$，$\boldsymbol{AB}=0$，$|\boldsymbol{AB}|=0$，(C) 不成立；

(D) $n>m$，取 $\boldsymbol{A}_{m\times n}=(1\quad 0)$，$\boldsymbol{B}_{n\times m}=\begin{pmatrix}1\\0\end{pmatrix}$，$\boldsymbol{AB}=1$，$|\boldsymbol{AB}|=1$，(D) 不成立，故选(B).

(7) 设 $\boldsymbol{A}$，$\boldsymbol{B}$ 为同阶可逆方阵，则 ________.

(A) $\boldsymbol{AB}=\boldsymbol{BA}$　　(B) 存在可逆阵 $\boldsymbol{P}$，使有 $\boldsymbol{P}^{-1}\boldsymbol{AP}=\boldsymbol{B}$

(C) 存在可逆阵 $\boldsymbol{P}$，使有 $\boldsymbol{P}^{\mathrm{T}}\boldsymbol{AP}=\boldsymbol{B}$　　(D) 存在可逆阵 $\boldsymbol{P}$ 和 $\boldsymbol{Q}$，使得 $\boldsymbol{PAQ}=\boldsymbol{B}$

解　因 $\boldsymbol{A},\boldsymbol{B}$ 是同阶(设为 n) 可逆矩阵，故有 $R(\boldsymbol{A})=R(\boldsymbol{B})=n$，且

$$R(\boldsymbol{A})=R(\boldsymbol{B})\Leftrightarrow\boldsymbol{A},\boldsymbol{B}\text{ 等价}\Leftrightarrow\text{存在可逆阵 }\boldsymbol{P},\boldsymbol{Q}\text{ 使得 }\boldsymbol{PAQ}=\boldsymbol{B}.$$

(这里只需取 $\boldsymbol{P}=\boldsymbol{A}^{-1}$，$\boldsymbol{Q}=\boldsymbol{B}$，则有 $\boldsymbol{PAQ}=\boldsymbol{A}^{-1}\boldsymbol{AB}=\boldsymbol{B}$ 成立)，故应选(D).

(8) 设 $\boldsymbol{A}$，$\boldsymbol{B}$ 均为 n 阶非零矩阵，且 $\boldsymbol{AB}=\boldsymbol{O}$，则 $\boldsymbol{A}$，$\boldsymbol{B}$ 的秩 ________.

(A) 必有一个等于零　　(B) 都小于 n

(C) 一个小于 n，一个等于 n　　(D) 都等于 n

解　由 $\boldsymbol{AB}=\boldsymbol{O}$ 不能得出 $\boldsymbol{A}=\boldsymbol{O}$ 或 $\boldsymbol{B}=\boldsymbol{O}$，例如

$$\begin{pmatrix}1&2\\2&4\end{pmatrix}\begin{pmatrix}2&-2\\-1&1\end{pmatrix}=\begin{pmatrix}0&0\\0&0\end{pmatrix}=\boldsymbol{O},$$

按矩阵秩的定义就知(A) 错误.

又 $R(\boldsymbol{A})=n \Leftrightarrow |\boldsymbol{A}| \neq 0 \Leftrightarrow \boldsymbol{A}$ 可逆. 因此对于 $\boldsymbol{AB}=\boldsymbol{O}$, 若其中有一个矩阵的秩为 n, 例如设 $R(\boldsymbol{A})=n$, 则有 $\boldsymbol{B}=\boldsymbol{A}^{-1}\boldsymbol{AB}=\boldsymbol{A}^{-1}\boldsymbol{O}=\boldsymbol{O}$, 与已知 $\boldsymbol{B} \neq \boldsymbol{O}$ 相矛盾. 从而可排除(C), (D).

对 $\boldsymbol{AB}=\boldsymbol{O}$, 把矩阵 $\boldsymbol{B}$ 与零矩阵均按列分块

$$\boldsymbol{AB}=\boldsymbol{A}(\boldsymbol{\beta}_1,\boldsymbol{\beta}_2,\cdots,\boldsymbol{\beta}_n)=(\boldsymbol{A\beta}_1,\boldsymbol{A\beta}_2,\cdots,\boldsymbol{A\beta}_n)=(\boldsymbol{0},\boldsymbol{0},\cdots,\boldsymbol{0}),$$

于是 $\boldsymbol{A\beta}_i=\boldsymbol{0}(i=1,2,\cdots,n)$, 即 $\boldsymbol{\beta}_i$ 是齐次方程组 $\boldsymbol{Ax}=\boldsymbol{0}$ 的解. 因此, $\boldsymbol{AB}=\boldsymbol{O}$, $\boldsymbol{B} \neq \boldsymbol{O}$ 表明 $\boldsymbol{Ax}=\boldsymbol{0}$ 有非零解, 从而 $R(\boldsymbol{A}) < n$.

可以同样用非零解的观点来处理秩 $R(\boldsymbol{B})$, 方法如下:

$$\boldsymbol{B}^{\mathrm{T}}\boldsymbol{A}^{\mathrm{T}}=(\boldsymbol{AB})^{\mathrm{T}}=\boldsymbol{O}^{\mathrm{T}}=\boldsymbol{O},$$

从 $\boldsymbol{A}^{\mathrm{T}}$ 非零知 $R(\boldsymbol{B}^{\mathrm{T}}) < n$, 故 $R(\boldsymbol{B}) < n$.

本题最简单的方法是用如下命题:

若 $\boldsymbol{A}$ 是 $m \times n$ 矩阵, $\boldsymbol{B}$ 是 $n \times s$ 矩阵, $\boldsymbol{AB}=\boldsymbol{O}$, 则 $R(\boldsymbol{A})+R(\boldsymbol{B}) \leq n$.
再由 $\boldsymbol{A}$, $\boldsymbol{B}$ 均非零, 按秩的定义有 $R(\boldsymbol{A}) \geq 1$, $R(\boldsymbol{B}) \geq 1$, 也就不难看出应选(B).

(9) 设 $\boldsymbol{A}=\begin{pmatrix} a_{11} & a_{12} & a_{13} \\ a_{21} & a_{22} & a_{23} \\ a_{31} & a_{32} & a_{33} \end{pmatrix}$, $\boldsymbol{B}=\begin{pmatrix} a_{21} & a_{22} & a_{23} \\ a_{11} & a_{12} & a_{13} \\ a_{31}+a_{11} & a_{32}+a_{12} & a_{33}+a_{13} \end{pmatrix}$,
$\boldsymbol{P}_1=\begin{pmatrix} 0 & 1 & 0 \\ 1 & 0 & 0 \\ 0 & 0 & 1 \end{pmatrix}$, $\boldsymbol{P}_2=\begin{pmatrix} 1 & 0 & 0 \\ 0 & 1 & 0 \\ 1 & 0 & 1 \end{pmatrix}$, 则必有 ________.

(A) $\boldsymbol{AP}_1\boldsymbol{P}_2=\boldsymbol{B}$　(B) $\boldsymbol{AP}_2\boldsymbol{P}_1=\boldsymbol{B}$　(C) $\boldsymbol{P}_1\boldsymbol{P}_2\boldsymbol{A}=\boldsymbol{B}$　(D) $\boldsymbol{P}_2\boldsymbol{P}_1\boldsymbol{A}=\boldsymbol{B}$

解　$\boldsymbol{P}_1$ 是交换单位矩阵的第1行第2行所得初等矩阵, $\boldsymbol{P}_2$ 是将单位矩阵的第1行加到第3行所得初等矩阵;而 $\boldsymbol{B}$ 是由 $\boldsymbol{A}$ 先将第1行加到第3行, 然后再交换第1行第2行两次初等交换得到的, 因此 $\boldsymbol{P}_1\boldsymbol{P}_2\boldsymbol{A}=\boldsymbol{B}$, 故应选(C).

(10) 设 $\boldsymbol{A}$ 是3阶方阵, 将 $\boldsymbol{A}$ 的第1列与第2列交换得 $\boldsymbol{B}$, 再把 $\boldsymbol{B}$ 的第2列加到第3列得 $\boldsymbol{C}$, 则满足 $\boldsymbol{AQ}=C$ 的可逆矩阵 $\boldsymbol{Q}$ 为 ________.

(A) $\begin{pmatrix} 0 & 1 & 0 \\ 1 & 0 & 0 \\ 1 & 0 & 1 \end{pmatrix}$　(B) $\begin{pmatrix} 0 & 1 & 0 \\ 1 & 0 & 1 \\ 0 & 0 & 1 \end{pmatrix}$　(C) $\begin{pmatrix} 0 & 1 & 0 \\ 1 & 0 & 0 \\ 0 & 1 & 1 \end{pmatrix}$　(D) $\begin{pmatrix} 0 & 1 & 1 \\ 1 & 0 & 0 \\ 0 & 0 & 1 \end{pmatrix}$

解　由题设, 有

$$\boldsymbol{A}\begin{pmatrix} 0 & 1 & 0 \\ 1 & 0 & 0 \\ 0 & 0 & 1 \end{pmatrix}=\boldsymbol{B},\ \boldsymbol{B}\begin{pmatrix} 1 & 0 & 0 \\ 0 & 1 & 1 \\ 0 & 0 & 1 \end{pmatrix}=\boldsymbol{A}\begin{pmatrix} 0 & 1 & 0 \\ 1 & 0 & 0 \\ 0 & 0 & 1 \end{pmatrix}\begin{pmatrix} 1 & 0 & 0 \\ 0 & 1 & 1 \\ 0 & 0 & 1 \end{pmatrix}=\boldsymbol{A}\begin{pmatrix} 0 & 1 & 1 \\ 1 & 0 & 0 \\ 0 & 0 & 1 \end{pmatrix}=\boldsymbol{AQ},$$

故 $\boldsymbol{Q}=\begin{pmatrix} 0 & 1 & 1 \\ 1 & 0 & 0 \\ 0 & 0 & 1 \end{pmatrix}$, 应选(D).

(11) 设 $\boldsymbol{A}$ 为3阶矩阵, 将 $\boldsymbol{A}$ 的第2行加到第1行得 $\boldsymbol{B}$, 再将 $\boldsymbol{B}$ 的第1列的 -1 倍加到第2列得 $\boldsymbol{C}$, 记 $\boldsymbol{P}=\begin{pmatrix} 1 & 1 & 0 \\ 0 & 1 & 0 \\ 0 & 0 & 1 \end{pmatrix}$, 则 ________.

(A) $C = P^{-1}AP$　　(B) $C = PAP^{-1}$　　(C) $C = P^{T}AP$　　(D) $C = PAP^{T}$

解　依题设，将 A 的第 2 行加到第 1 行得 B，将 B 的第 1 列的 -1 倍加到第 2 列得 C，即

$$PA = \begin{pmatrix} 1 & 1 & 0 \\ 0 & 1 & 0 \\ 0 & 0 & 1 \end{pmatrix} A = B,\ B\begin{pmatrix} 1 & -1 & 0 \\ 0 & 1 & 0 \\ 0 & 0 & 1 \end{pmatrix} = BQ = C,$$

因

$$PQ = \begin{pmatrix} 1 & 1 & 0 \\ 0 & 1 & 0 \\ 0 & 0 & 1 \end{pmatrix}\begin{pmatrix} 1 & -1 & 0 \\ 0 & 1 & 0 \\ 0 & 0 & 1 \end{pmatrix} = E,$$

故 $Q = P^{-1}$，从而 $C = BP^{-1} = PAP^{-1}$，选(B).

(12) 设 $A = \begin{pmatrix} a_{11} & a_{12} & a_{13} & a_{14} \\ a_{21} & a_{22} & a_{23} & a_{24} \\ a_{31} & a_{32} & a_{33} & a_{34} \\ a_{41} & a_{42} & a_{43} & a_{44} \end{pmatrix}$，$B = \begin{pmatrix} a_{14} & a_{13} & a_{12} & a_{11} \\ a_{24} & a_{23} & a_{22} & a_{21} \\ a_{34} & a_{33} & a_{32} & a_{31} \\ a_{44} & a_{43} & a_{42} & a_{41} \end{pmatrix}$，$P_1 = \begin{pmatrix} 0 & 0 & 0 & 1 \\ 0 & 1 & 0 & 0 \\ 0 & 0 & 1 & 0 \\ 1 & 0 & 0 & 0 \end{pmatrix}$，

$P_2 = \begin{pmatrix} 1 & 0 & 0 & 0 \\ 0 & 0 & 1 & 0 \\ 0 & 1 & 0 & 0 \\ 0 & 0 & 0 & 1 \end{pmatrix}$，且 A 可逆，则 $B^{-1} =$ ________.

(A) $A^{-1}P_1P_2$　　(B) $P_1A^{-1}P_2$　　(C) $P_1P_2A^{-1}$　　(D) $P_2A^{-1}P_1$

解　将 A 的第 2 列第 3 列互换，再将第 1 列第 4 列互换，可得 B，根据初等矩阵的性质，有 $B = AP_2P_1$，两边求逆，且 $P_1^{-1} = P_1$，$P_2^{-1} = P_2$，得

$$B^{-1} = (AP_2P_1)^{-1} = P_1^{-1}P_2^{-1}A^{-1} = P_1P_2A^{-1},$$

故应选(C).

(13) 设 A 为 $n(n \geq 2)$ 阶可逆阵，交换 A 的第 1 行与第 2 行得矩阵 B，A^*，B^* 分别为 A，B 的伴随矩阵，则 ________.

(A) 交换 A^* 的第 1 列与第 2 列得 B^*　　(B) 交换 A^* 的第 1 行与第 2 行得 B^*

(C) 交换 A^* 的第 1 列与第 2 列得 $-B^*$　　(D) 交换 A^* 的第 1 行与第 2 行得 $-B^*$

解　**方法 1**：设 E_{12} 是交换单位矩阵 E 的第 1 行与第 2 行后得到的初等矩阵，由题设，有 $E_{12}A = B$，于是

$$B^* = (E_{12}A)^* = A^*E_{12}^* = A^*|E_{12}| \cdot E_{12}^{-1} = -A^*E_{12},$$

即 $A^*E_{12} = -B^*$，可见应选(C).

方法 2：交换 A 的第 1 行与第 2 行得 B，即 $B = E_{12}A$. 因 A 可逆，故 B 可逆，且 $B^{-1} = (E_{12}A)^{-1} = A^{-1}E_{12}$，又 $A^{-1} = \dfrac{A^*}{|A|}$，$B^{-1} = \dfrac{B^*}{|B|}$，故 $\dfrac{B^*}{|B|} = \dfrac{A^*}{|A|}E_{12}$，又因 $|B| = -|A|$，故 $A^*E_{12} = -B^*$，可见应选(C).

3. 设 $A = \begin{pmatrix} k & 1 & 0 \\ 0 & k & 1 \\ 0 & 0 & k \end{pmatrix}$，求 $A^n (n \in N)$.

解 因为

$$A^2=\begin{pmatrix}k&1&0\\0&k&1\\0&0&k\end{pmatrix}\begin{pmatrix}k&1&0\\0&k&1\\0&0&k\end{pmatrix}=\begin{pmatrix}k^2&2k&1\\0&k^2&2k\\0&0&k^2\end{pmatrix},$$

$$A^3=\begin{pmatrix}k&1&0\\0&k&1\\0&0&k\end{pmatrix}\begin{pmatrix}k^2&2k&1\\0&k^2&2k\\0&0&k^2\end{pmatrix}=\begin{pmatrix}k^3&3k^2&3k\\0&k^3&3k^2\\0&0&k^3\end{pmatrix},$$

$$A^4=\begin{pmatrix}k&1&0\\0&k&1\\0&0&k\end{pmatrix}\begin{pmatrix}k^3&3k^2&3k\\0&k^3&3k^2\\0&0&k^3\end{pmatrix}=\begin{pmatrix}k^4&4k^3&6k^2\\0&k^4&4k^3\\0&0&k^4\end{pmatrix},$$

用归纳法，有

$$A^n=\begin{pmatrix}k^n&nk^{n-1}&\dfrac{n(n-1)}{2}k^{n-2}\\0&k^n&nk^{n-1}\\0&0&k^n\end{pmatrix}.$$

4. 求与 $A=\begin{pmatrix}1&2&0\\0&1&2\\0&0&1\end{pmatrix}$ 可交换的全体 3 阶矩阵.

解 设 $B=\begin{pmatrix}b_{11}&b_{12}&b_{13}\\b_{21}&b_{22}&b_{23}\\b_{31}&b_{32}&b_{33}\end{pmatrix}$，则

$$AB=\begin{pmatrix}b_{11}+2b_{21}&b_{12}+2b_{22}&b_{13}+2b_{23}\\b_{21}+2b_{31}&b_{22}+2b_{32}&b_{23}+2b_{33}\\b_{31}&b_{32}&b_{33}\end{pmatrix},\ BA=\begin{pmatrix}b_{11}&2b_{11}+b_{12}&2b_{12}+b_{13}\\b_{21}&2b_{21}+b_{22}&2b_{22}+b_{23}\\b_{31}&2b_{31}+b_{32}&2b_{32}+b_{33}\end{pmatrix},$$

要使两者相等，则需要

$b_{21}=0$，$b_{31}=0$，$b_{11}=b_{22}$，$b_{21}=b_{32}$，$b_{31}=0$，$b_{23}=b_{12}$，$b_{22}=b_{33}$，$b_{32}=0$，

从而矩阵 B 具有形式

$$B=\begin{pmatrix}a&b&c\\0&a&b\\0&0&a\end{pmatrix}(a,\ b,\ c\ 为任意常数).$$

5. 若矩阵 A 与所有的 n 阶矩阵可交换，则 A 一定是数量矩阵，即 $A=aE$.

证 设 $E_{ii}=\mathrm{diag}(0,\cdots,0,1,0,\cdots,0)$ 表示第 i 个元素为 1，其余元素全为零的对角矩阵，$A=(a_{ij})_{n\times m}$，则由 $E_{ii}A=AE_{ii}$，可得 $a_{ij}=0$，$\forall i\neq j$，故 A 是对角矩阵.

设 n 阶矩阵 E_{lm} 表示第 l 行第 m 列元素为 1，其余元素全为 0 的方阵，故此时 $E_{lm}A$ 中第 l 行第 m 列的元素为 a_{mm}，其余元素全为 0；AE_{lm} 中第 l 行第 m 列的元素为 a_{ll}，其余元素全为 0. 由 $E_{lm}A=AE_{lm}$，得 $a_{ll}=a_{mm}$，由 l，m 的任意性，故对角矩阵 A 的对角线上的元素全部相等，从而 A 一定是数量矩阵.

6. 证明：不存在 n 阶方阵 $\boldsymbol{A}$ 和 $\boldsymbol{B}$，使得 $\boldsymbol{AB}-\boldsymbol{BA}=\boldsymbol{E}$.

证　设 $\boldsymbol{A}=(a_{ij})_{n\times n}$，$\boldsymbol{B}=(b_{ij})_{n\times n}$，设 $\boldsymbol{C}=\boldsymbol{AB}=(c_{ij})_{n\times n}$，$\boldsymbol{D}=\boldsymbol{BA}=(d_{ij})_{n\times n}$，则

$$c_{ii}=\sum_{k=1}^{n}a_{ik}\cdot b_{ki}=\sum_{j=1}^{n}a_{ij}\cdot b_{ji},\ d_{jj}=\sum_{k=1}^{n}b_{jk}\cdot a_{kj}=\sum_{i=1}^{n}b_{ji}\cdot a_{ij},\ \forall i,j,$$

故

$$\sum_{i=1}^{n}c_{ii}-\sum_{j=1}^{n}d_{jj}=\sum_{i=1}^{n}\sum_{j=1}^{n}a_{ij}\cdot b_{ji}-\sum_{j=1}^{n}\sum_{i=1}^{n}b_{ji}a_{ij}=0,$$

从而 $\boldsymbol{AB}-\boldsymbol{BA}$ 主对角线之和为0，但 $\boldsymbol{E}$ 中对角线元素之和为 n，故 $\boldsymbol{AB}-\boldsymbol{BA}\neq\boldsymbol{E}$.

7. 设 $\boldsymbol{A}$，$\boldsymbol{B}$ 分别是 n 阶实对称和实反称矩阵，且 $\boldsymbol{A}^2=\boldsymbol{B}^2$，证明：$\boldsymbol{A}=\boldsymbol{B}=\boldsymbol{O}$.

证　依题设有 $\boldsymbol{A}^{\mathrm{T}}=\boldsymbol{A}$，$\boldsymbol{B}^{\mathrm{T}}=-\boldsymbol{B}$，从而 $\boldsymbol{A}\boldsymbol{A}^{\mathrm{T}}=\boldsymbol{A}^2$，$\boldsymbol{B}\boldsymbol{B}^{\mathrm{T}}=-\boldsymbol{B}^2$，故 $\boldsymbol{A}\boldsymbol{A}^{\mathrm{T}}=-\boldsymbol{B}\boldsymbol{B}^{\mathrm{T}}$. 又因对任意方阵 $\boldsymbol{M}$，$\boldsymbol{MM}^{\mathrm{T}}$ 的对角线元素为 $\sum\limits_{j=1}^{n}m_{ij}^2$，$i=1,2,\cdots,n$，非负，故 $\sum\limits_{j=1}^{n}a_{ij}^2=-\sum\limits_{j=1}^{n}b_{ij}^2=0$，从而 $\boldsymbol{A}=\boldsymbol{B}=\boldsymbol{O}$.

8. 设 $\boldsymbol{A}$ 是3阶方阵，$\boldsymbol{A}^*$ 是 $\boldsymbol{A}$ 的伴随阵，$|\boldsymbol{A}|=\dfrac{1}{2}$，求行列式 $|(3\boldsymbol{A})^{-1}-2\boldsymbol{A}^*|$.

解　因 $\boldsymbol{A}\boldsymbol{A}^*=|\boldsymbol{A}|\boldsymbol{E}=\dfrac{1}{2}\boldsymbol{E}$，故 $\boldsymbol{A}^*=\dfrac{1}{2}\boldsymbol{A}^{-1}$，从而

$$|(3\boldsymbol{A})^{-1}-2\boldsymbol{A}^*|=\left|\frac{1}{3}\boldsymbol{A}^{-1}-\boldsymbol{A}^{-1}\right|=\left|-\frac{2}{3}\boldsymbol{A}^{-1}\right|=\left(-\frac{2}{3}\right)^3\frac{1}{|\boldsymbol{A}|}=-\frac{16}{27}.$$

9. 设 $\boldsymbol{\alpha}_1,\boldsymbol{\alpha}_2,\boldsymbol{\alpha}_3$ 为三维列向量，且 $|\boldsymbol{\alpha}_1,\boldsymbol{\alpha}_2,\boldsymbol{\alpha}_3|=5$，求

$$|\boldsymbol{\alpha}_1-\boldsymbol{\alpha}_2-\boldsymbol{\alpha}_3\quad\boldsymbol{\alpha}_2-\boldsymbol{\alpha}_3-\boldsymbol{\alpha}_1\quad\boldsymbol{\alpha}_3-\boldsymbol{\alpha}_1-\boldsymbol{\alpha}_2|.$$

解　**方法1：**

$$\begin{aligned}&|\boldsymbol{\alpha}_1-\boldsymbol{\alpha}_2-\boldsymbol{\alpha}_3\quad\boldsymbol{\alpha}_2-\boldsymbol{\alpha}_3-\boldsymbol{\alpha}_1\quad\boldsymbol{\alpha}_3-\boldsymbol{\alpha}_1-\boldsymbol{\alpha}_2|\\ &\xlongequal[c_3+c_1]{c_2+c_1}|\boldsymbol{\alpha}_1-\boldsymbol{\alpha}_2-\boldsymbol{\alpha}_3\quad -2\boldsymbol{\alpha}_3\quad -2\boldsymbol{\alpha}_2|\\ &=4|\boldsymbol{\alpha}_1-\boldsymbol{\alpha}_2-\boldsymbol{\alpha}_3\quad\boldsymbol{\alpha}_3\quad\boldsymbol{\alpha}_2|\\ &\xlongequal{c_1+c_2+c_3}4|\boldsymbol{\alpha}_1\quad\boldsymbol{\alpha}_3\quad\boldsymbol{\alpha}_2|\\ &\xlongequal{c_2\leftrightarrow c_3}-4|\boldsymbol{\alpha}_1\quad\boldsymbol{\alpha}_2\quad\boldsymbol{\alpha}_3|=-20.\end{aligned}$$

方法2：

$$|\boldsymbol{\alpha}_1-\boldsymbol{\alpha}_2-\boldsymbol{\alpha}_3,\boldsymbol{\alpha}_2-\boldsymbol{\alpha}_3-\boldsymbol{\alpha}_1,\boldsymbol{\alpha}_3-\boldsymbol{\alpha}_1-\boldsymbol{\alpha}_2|=\left|(\boldsymbol{\alpha}_1,\boldsymbol{\alpha}_2,\boldsymbol{\alpha}_3)\begin{pmatrix}1&-1&-1\\-1&1&-1\\-1&-1&1\end{pmatrix}\right|$$

$$=|\boldsymbol{\alpha}_1,\boldsymbol{\alpha}_2,\boldsymbol{\alpha}_3|\cdot\begin{vmatrix}1&-1&-1\\-1&1&-1\\-1&-1&1\end{vmatrix}=5\times(-4)=-20.$$

10. 已知$\boldsymbol{AP}=\boldsymbol{PB}$，其中，

$$\boldsymbol{B}=\begin{pmatrix}1&0&0\\0&0&0\\0&0&-1\end{pmatrix},\ \boldsymbol{P}=\begin{pmatrix}1&0&0\\2&-1&0\\2&1&1\end{pmatrix},$$

求$\boldsymbol{A}$及$\boldsymbol{A}^5$.

解　先求$\boldsymbol{P}^{-1}$.

$$\left(\begin{array}{ccc:ccc}1&0&0&1&0&0\\2&-1&0&0&1&0\\2&1&1&0&0&1\end{array}\right)\xrightarrow[r_3-2r_1]{r_2-2r_1}\left(\begin{array}{ccc:ccc}1&0&0&1&0&0\\0&-1&0&-2&1&0\\0&1&1&-2&0&1\end{array}\right)$$

$$\xrightarrow[r_2\times(-1)]{r_3+r_2}\left(\begin{array}{ccc:ccc}1&0&0&1&0&0\\0&1&0&2&-1&0\\0&0&1&-4&1&1\end{array}\right),$$

故$\boldsymbol{P}^{-1}=\begin{pmatrix}1&0&0\\2&-1&0\\-4&1&1\end{pmatrix}$，从而

$$\boldsymbol{A}=\boldsymbol{PBP}^{-1}=\begin{pmatrix}1&0&0\\2&-1&0\\2&1&1\end{pmatrix}\begin{pmatrix}1&0&0\\0&0&0\\0&0&-1\end{pmatrix}\begin{pmatrix}1&0&0\\2&-1&0\\-4&1&1\end{pmatrix}=\begin{pmatrix}1&0&0\\2&0&0\\6&-1&-1\end{pmatrix}.$$

$$\boldsymbol{A}^5=\boldsymbol{P}\boldsymbol{B}^5\boldsymbol{P}^{-1}=\boldsymbol{PBP}^{-1}=\boldsymbol{A}=\begin{pmatrix}1&0&0\\2&0&0\\6&-1&-1\end{pmatrix}.$$

11. 设n阶方阵$\boldsymbol{A}$，$\boldsymbol{B}$，$\boldsymbol{A}+\boldsymbol{B}$均可逆，证明：$\boldsymbol{A}^{-1}+\boldsymbol{B}^{-1}$也可逆，并求其逆矩阵.

证　因

$$\begin{aligned}(\boldsymbol{A}^{-1}+\boldsymbol{B}^{-1})\cdot\boldsymbol{B}(\boldsymbol{A}+\boldsymbol{B})^{-1}\boldsymbol{A}&=(\boldsymbol{A}^{-1}\boldsymbol{B}+\boldsymbol{B}^{-1}\boldsymbol{B})\cdot(\boldsymbol{A}+\boldsymbol{B})^{-1}\boldsymbol{A}\\&=(\boldsymbol{A}^{-1}\boldsymbol{B}+\boldsymbol{A}^{-1}\boldsymbol{A})\cdot(\boldsymbol{A}+\boldsymbol{B})^{-1}\boldsymbol{A}\\&=\boldsymbol{A}^{-1}(\boldsymbol{B}+\boldsymbol{A})\cdot(\boldsymbol{A}+\boldsymbol{B})^{-1}\boldsymbol{A}\\&=\boldsymbol{A}^{-1}\cdot\boldsymbol{A}=\boldsymbol{E},\end{aligned}$$

故$\boldsymbol{A}^{-1}+\boldsymbol{B}^{-1}$也可逆，且$(\boldsymbol{A}^{-1}+\boldsymbol{B}^{-1})^{-1}=\boldsymbol{B}(\boldsymbol{A}+\boldsymbol{B})^{-1}\boldsymbol{A}$.

12. 设$\boldsymbol{A}$，$\boldsymbol{B}$为$n\times n$矩阵，且$\boldsymbol{A},\boldsymbol{B},\boldsymbol{AB}-\boldsymbol{E}$可逆，证明：

(1)$\boldsymbol{A}-\boldsymbol{B}^{-1}$可逆；

(2)$(\boldsymbol{A}-\boldsymbol{B}^{-1})^{-1}-\boldsymbol{A}^{-1}$可逆，并求其逆矩阵.

证　(1) 因$(\boldsymbol{A}-\boldsymbol{B}^{-1})\boldsymbol{B}=\boldsymbol{AB}-\boldsymbol{E}$可逆，且$\boldsymbol{B}$可逆，从而

$$\boldsymbol{A}-\boldsymbol{B}^{-1}=(\boldsymbol{AB}-\boldsymbol{E})\boldsymbol{B}^{-1},\ (\boldsymbol{A}-\boldsymbol{B}^{-1})^{-1}=\boldsymbol{B}(\boldsymbol{AB}-\boldsymbol{E})^{-1}.$$

(2) 由(1)可知：

$$\begin{aligned}(\boldsymbol{A}-\boldsymbol{B}^{-1})^{-1}-\boldsymbol{A}^{-1}&=\boldsymbol{B}(\boldsymbol{AB}-\boldsymbol{E})^{-1}-\boldsymbol{A}^{-1}(\boldsymbol{AB}-\boldsymbol{E})(\boldsymbol{AB}-\boldsymbol{E})^{-1}\\&=(\boldsymbol{B}-(\boldsymbol{B}-\boldsymbol{A}^{-1}))(\boldsymbol{AB}-\boldsymbol{E})^{-1}=\boldsymbol{A}^{-1}(\boldsymbol{AB}-\boldsymbol{E})^{-1},\end{aligned}$$

故$(\boldsymbol{A}-\boldsymbol{B}^{-1})^{-1}-\boldsymbol{A}^{-1}$可逆，且

$$((\boldsymbol{A}-\boldsymbol{B}^{-1})^{-1}-\boldsymbol{A}^{-1})^{-1}=(\boldsymbol{AB}-\boldsymbol{E})\boldsymbol{A}.$$

13. 设 $\boldsymbol{A}=\begin{pmatrix}1&0&0&0\\a&1&0&0\\a^2&a&1&0\\a^3&a^2&a&1\end{pmatrix}$，试用初等变换法求$\boldsymbol{A}^{-1}$.

解 $(\boldsymbol{A}\vdots\boldsymbol{E})=\left(\begin{array}{cccc:cccc}1&0&0&0&1&0&0&0\\a&1&0&0&0&1&0&0\\a^2&a&1&0&0&0&1&0\\a^3&a^2&a&1&0&0&0&1\end{array}\right)$

$$\xrightarrow[r_2-ar_1]{\substack{r_4-ar_3\\r_3-ar_2}}\left(\begin{array}{cccc:cccc}1&0&0&0&1&0&0&0\\0&1&0&0&-a&1&0&0\\0&0&1&0&0&-a&1&0\\0&0&0&1&0&0&-a&1\end{array}\right),$$

故

$$\boldsymbol{A}^{-1}=\begin{pmatrix}1&0&0&0\\-a&1&0&0\\0&-a&1&0\\0&0&-a&1\end{pmatrix}.$$

14. 解下列矩阵方程：

(1) $\boldsymbol{AX}=\boldsymbol{B}$，其中，$\boldsymbol{A}=\begin{pmatrix}2&1&-1\\2&1&0\\1&-1&1\end{pmatrix}$，$\boldsymbol{B}=\begin{pmatrix}1&4\\-1&3\\3&2\end{pmatrix}$；

解 $\left(\begin{array}{ccc:cc}2&1&-1&1&4\\2&1&0&-1&3\\1&-1&1&3&2\end{array}\right)\xrightarrow[\substack{r_1-2r_3\\r_1\leftrightarrow r_3}]{r_2-r_1}\left(\begin{array}{ccc:cc}1&-1&1&3&2\\0&0&1&-2&-1\\0&3&-3&-5&0\end{array}\right)$

$$\xrightarrow[r_2\div 3]{r_2\leftrightarrow r_3}\left(\begin{array}{ccc:cc}1&-1&1&3&2\\0&1&-1&-\frac{5}{3}&0\\0&0&1&-2&-1\end{array}\right)\xrightarrow[r_2+r_3]{r_1+r_2}\left(\begin{array}{ccc:cc}1&0&0&\frac{4}{3}&2\\0&1&0&-\frac{11}{3}&-1\\0&0&1&-2&-1\end{array}\right),$$

故 $\boldsymbol{X}=\begin{pmatrix}\frac{4}{3}&2\\-\frac{11}{3}&-1\\-2&-1\end{pmatrix}$.

(2) $\boldsymbol{AXA}=\boldsymbol{A}$，其中，$\boldsymbol{A}=\begin{pmatrix}1&1\\1&1\end{pmatrix}$.

解 设 $\boldsymbol{X}=\begin{pmatrix}x&y\\z&w\end{pmatrix}$，因

$$\begin{pmatrix}1&1\\1&1\end{pmatrix}\begin{pmatrix}x&y\\z&w\end{pmatrix}\begin{pmatrix}1&1\\1&1\end{pmatrix}=\begin{pmatrix}x+z&y+w\\x+z&y+w\end{pmatrix}\begin{pmatrix}1&1\\1&1\end{pmatrix}=\begin{pmatrix}x+y+z+w&x+y+z+w\\x+y+z+w&x+y+z+w\end{pmatrix},$$

故 $x+y+z+w=1$，即 $\boldsymbol{X}$ 具有形式

$$\boldsymbol{X}=\begin{pmatrix}x&y\\z&1-x-y-z\end{pmatrix}，x,y,z\text{ 为任意实数.}$$

(3) $\boldsymbol{X}=\boldsymbol{AX}+\boldsymbol{B}$，其中，$\boldsymbol{A}=\begin{pmatrix}0&1&0\\-1&1&1\\-1&0&-1\end{pmatrix}$，$\boldsymbol{B}=\begin{pmatrix}1&-1\\2&0\\5&-3\end{pmatrix}$.

解 由 $\boldsymbol{X}=\boldsymbol{AX}+\boldsymbol{B}$，得 $(\boldsymbol{E}-\boldsymbol{A})\boldsymbol{X}=\boldsymbol{B}$.

方法 1：先求出 $(\boldsymbol{E}-\boldsymbol{A})^{-1}$，因为

$$(\boldsymbol{E}-\boldsymbol{A})^{-1}=\begin{pmatrix}1&-1&0\\1&0&-1\\1&0&2\end{pmatrix}^{-1}=\frac{1}{3}\begin{pmatrix}0&2&1\\-3&2&1\\0&-1&1\end{pmatrix},$$

所以

$$\boldsymbol{X}=(\boldsymbol{E}-\boldsymbol{A})^{-1}\boldsymbol{B}=\frac{1}{3}\begin{pmatrix}0&2&1\\-3&2&1\\0&-1&1\end{pmatrix}\begin{pmatrix}1&-1\\2&0\\5&-3\end{pmatrix}=\begin{pmatrix}3&-1\\2&0\\1&-1\end{pmatrix}.$$

方法 2：也可由 $(\boldsymbol{E}-\boldsymbol{A})\boldsymbol{X}=\boldsymbol{B}$ 作初等行变换

$$(\boldsymbol{E}-\boldsymbol{A}\,\vdots\,\boldsymbol{B})\xrightarrow{r}(\boldsymbol{E}\,\vdots\,\boldsymbol{X}),$$

此解法优点是少算一次矩阵乘法，可以适当减少计算量.

$$(\boldsymbol{E}-\boldsymbol{A}\,\vdots\,\boldsymbol{B})=\left(\begin{array}{ccc:cc}1&-1&0&1&-1\\1&0&-1&2&0\\1&0&2&5&-3\end{array}\right)$$

$$\xrightarrow[r_3-r_1]{r_2-r_1}\left(\begin{array}{ccc:cc}1&-1&0&1&-1\\0&1&-1&1&1\\0&1&2&4&-2\end{array}\right)\xrightarrow{r_3-r_2}\left(\begin{array}{ccc:cc}1&-1&0&1&-1\\0&1&-1&1&1\\0&0&3&3&-3\end{array}\right)$$

$$\xrightarrow[r_2+r_3]{r_3\div 3}\left(\begin{array}{ccc:cc}1&-1&0&1&-1\\0&1&0&2&0\\0&0&1&1&-1\end{array}\right)\xrightarrow{r_1+r_2}\left(\begin{array}{ccc:cc}1&0&0&3&-1\\0&1&0&2&0\\0&0&1&1&-1\end{array}\right),$$

故 $\boldsymbol{X}=\begin{pmatrix}3&-1\\2&0\\1&-1\end{pmatrix}$.

15. 设矩阵 $\boldsymbol{A}$ 的伴随矩阵 $\boldsymbol{A}^*=\begin{pmatrix}1&0&0&0\\0&1&0&0\\1&0&1&0\\0&-3&0&8\end{pmatrix}$，且 $\boldsymbol{ABA}^{-1}=\boldsymbol{BA}^{-1}+3\boldsymbol{E}$，其中 $\boldsymbol{E}$ 为4阶单位矩阵，求矩阵 $\boldsymbol{B}$.

解　本题为解矩阵方程问题，其一般原则是先简化，再计算. 根据题设等式，可先右乘$\boldsymbol{A}$，再左乘$\boldsymbol{A}^*$，尽量避免计算$\boldsymbol{A}^{-1}$.

方法1：由$\boldsymbol{A}\boldsymbol{A}^*=\boldsymbol{A}^*\boldsymbol{A}=|\boldsymbol{A}|\boldsymbol{E}$，知$|\boldsymbol{A}^*|=|\boldsymbol{A}|^{n-1}$，故$8=|\boldsymbol{A}^*|=|\boldsymbol{A}|^3$，于是$|\boldsymbol{A}|=2$，所以$\boldsymbol{A}^*\boldsymbol{A}=2\boldsymbol{E}$. 等式$\boldsymbol{A}\boldsymbol{B}\boldsymbol{A}^{-1}=\boldsymbol{B}\boldsymbol{A}^{-1}+3E$两边右乘$\boldsymbol{A}$左乘$\boldsymbol{A}^*$，得

$$\boldsymbol{A}^*\boldsymbol{A}\boldsymbol{B}\boldsymbol{A}^{-1}\boldsymbol{A}=\boldsymbol{A}^*\boldsymbol{B}\boldsymbol{A}^{-1}\boldsymbol{A}+3\boldsymbol{A}^*\boldsymbol{E}\boldsymbol{A},$$

即$|\boldsymbol{A}|\boldsymbol{B}=\boldsymbol{A}^*\boldsymbol{B}+3\boldsymbol{A}^*\boldsymbol{A}$，得$2\boldsymbol{B}=\boldsymbol{A}^*\boldsymbol{B}+3|\boldsymbol{A}|\boldsymbol{E}$，从而

$$(2\boldsymbol{E}-\boldsymbol{A}^*)\boldsymbol{B}=6\boldsymbol{E},$$

故

$$\begin{aligned}\boldsymbol{B}&=6(2\boldsymbol{E}-\boldsymbol{A}^*)^{-1}\\&=6\begin{pmatrix}1&0&0&0\\0&1&0&0\\-1&0&1&0\\0&3&0&-6\end{pmatrix}^{-1}=6\begin{pmatrix}1&0&0&0\\0&1&0&0\\1&0&1&0\\0&\frac{1}{2}&0&-\frac{1}{6}\end{pmatrix}=\begin{pmatrix}6&0&0&0\\0&6&0&0\\6&0&6&0\\0&3&0&-1\end{pmatrix}.\end{aligned}$$

(由初等变换法求得)

方法2：$|\boldsymbol{A}|=2$(同方法1)，由$\boldsymbol{A}\boldsymbol{A}^*=\boldsymbol{A}^*\boldsymbol{A}=|\boldsymbol{A}|\boldsymbol{E}$得

$$\boldsymbol{A}=|\boldsymbol{A}|(\boldsymbol{A}^*)^{-1}=2(\boldsymbol{A}^*)^{-1}=2\begin{pmatrix}1&0&0&0\\0&1&0&0\\-1&0&1&0\\0&\frac{3}{8}&0&\frac{1}{8}\end{pmatrix}=\begin{pmatrix}2&0&0&0\\0&2&0&0\\-2&0&2&0\\0&\frac{3}{4}&0&\frac{1}{4}\end{pmatrix},$$

(由初等变换法求得)，可见$\boldsymbol{A}-\boldsymbol{E}$为可逆矩阵. 于是由$(\boldsymbol{A}-\boldsymbol{E})\boldsymbol{B}\boldsymbol{A}^{-1}=3\boldsymbol{E}$，有$\boldsymbol{B}=3(\boldsymbol{A}-\boldsymbol{E})^{-1}\boldsymbol{A}$，而

$$(\boldsymbol{A}-\boldsymbol{E})^{-1}=\begin{pmatrix}1&0&0&0\\0&1&0&0\\-2&0&1&0\\0&\frac{3}{4}&0&-\frac{3}{4}\end{pmatrix}^{-1}=\begin{pmatrix}1&0&0&0\\0&1&0&0\\2&0&1&0\\0&1&0&-\frac{4}{3}\end{pmatrix},$$

因此

$$\boldsymbol{B}=3\begin{pmatrix}1&0&0&0\\0&1&0&0\\2&0&1&0\\0&1&0&-\frac{4}{3}\end{pmatrix}\begin{pmatrix}2&0&0&0\\0&2&0&0\\-2&0&2&0\\0&\frac{3}{4}&0&\frac{1}{4}\end{pmatrix}=\begin{pmatrix}6&0&0&0\\0&6&0&0\\6&0&6&0\\0&3&0&-1\end{pmatrix}.$$

注：由$(\boldsymbol{A}-\boldsymbol{E})\boldsymbol{B}=3\boldsymbol{A}$，也可直接对$(\boldsymbol{A}-\boldsymbol{E}\,\vdots\,3\boldsymbol{A})\xrightarrow{r}(E\,\vdots\,3(\boldsymbol{A}-\boldsymbol{E})^{-1}\boldsymbol{A})$得到$\boldsymbol{B}$.

方法3：由题设条件$\boldsymbol{A}\boldsymbol{B}\boldsymbol{A}^{-1}=\boldsymbol{B}\boldsymbol{A}^{-1}+3\boldsymbol{E}$，得$(\boldsymbol{A}-\boldsymbol{E})\boldsymbol{B}\boldsymbol{A}^{-1}=3\boldsymbol{E}$，知$\boldsymbol{A}-\boldsymbol{E}$可逆，且

$$\boldsymbol{B}=3(\boldsymbol{A}-\boldsymbol{E})^{-1}\boldsymbol{A}=3(\boldsymbol{A}^{-1}(\boldsymbol{A}-\boldsymbol{E}))^{-1}=3(\boldsymbol{E}-\boldsymbol{A}^{-1})^{-1}=3\left(\boldsymbol{E}-\frac{\boldsymbol{A}^*}{|\boldsymbol{A}|}\right)^{-1},$$

由 $|A^*|=|A|^{n-1}$，其中，$n=4$，$|A^*|=8$，得 $|A|=2$，故

$$B=3\left(E-\frac{A^*}{2}\right)^{-1}=3\left(\frac{2E-A^*}{2}\right)^{-1}=6(2E-A^*)^{-1}.$$

余下部分同方法 1.

16. 对于 n 阶方阵 A，存在自然数 k，使得若 $A^k=O$，证明 $E-A$ 可逆，且有

$$(E-A)^{-1}=E+A+A^2+\cdots+A^{k-1}.$$

证 由于 $A^k=O$，故

$$(E-A)(E+A+A^2+\cdots+A^{k-1})=E^k-A^k=E.$$

所以 $E-A$ 可逆，且 $(E-A)^{-1}=E+A+A^2+\cdots+A^{k-1}$.

17. A 为 $n(n\geq 3)$ 阶非零方阵，A_{ij} 为 A 中元素 a_{ij} 的代数余子式，证明下列结论：

(1) $a_{ij}=A_{ij}\Leftrightarrow A^{\mathrm{T}}A=E$ 且 $|A|=1$；

(2) $a_{ij}=-A_{ij}\Leftrightarrow A^{\mathrm{T}}A=E$ 且 $|A|=-1$.

证 (1) 当 $a_{ij}=A_{ij}$ 时，有 $A^{\mathrm{T}}=A^*$，则

$$A^{\mathrm{T}}A=A^*A=|A|\cdot E,$$

于是 $|A|^{n-2}=1$，$n\geq 3$. 由于 $|A|=\sum_{i=1}^{n}a_{ij}A_{ij}=\sum_{i=1}^{n}a_{ij}^2>0$，因此 $|A|=1$ 且 $A^{\mathrm{T}}A=E$.

反之，若 $A^{\mathrm{T}}A=E$ 且 $|A|=1$，由于 $A^*A=|A|\cdot E=E$，于是，$A^{\mathrm{T}}A=A^*A$ 且 A 可逆，因此，$A^{\mathrm{T}}=A^*$ 即 $a_{ij}=A_{ij}$.

(2) 当 $a_{ij}=-A_{ij}$ 时，有 $A^{\mathrm{T}}=-A^*$，则

$$A^{\mathrm{T}}A=-A^*A=-|A|E,$$

于是 $(-1)^n\cdot|A|^{n-2}=1$，$n\geq 3$. 由于 $|A|=\sum_{i=1}^{n}a_{ij}A_{ij}=-\sum_{i=1}^{n}a_{ij}^2<0$，因此 $|A|=-1$ 且 $A^{\mathrm{T}}A=E$.

反之，若 $A^{\mathrm{T}}A=E$ 且 $|A|=-1$，由于 $A^*A=|A|\cdot E=-E$，于是 $A^{\mathrm{T}}A=-A^*A$ 且 A 可逆，因此 $A^{\mathrm{T}}=-A^*$，即 $a_{ij}=-A_{ij}$.

18. 对 n 阶方阵 A，证明：$R(A^*)=\begin{cases}n, & R(A)=n;\\1, & R(A)=n-1;\\0, & R(A)\leq n-2.\end{cases}$

证 由伴随矩阵性质有

$$AA^*=A^*A=|A|E.$$

当 $R(A)=n$ 时，A 可逆，从而 A^* 可逆，此时 $R(A^*)=n$.

当 $R(A)=n-1$ 时，$|A|=0$，有 $AA^*=O$，且 $Ax=0$ 方程仅有一个线性无关的解，又 A^* 的每个列向量是 $Ax=0$ 的解，故 $R(A^*)=1$.

当 $R(A)\leq n-2$ 时，由矩阵的秩的定义，A 的所有 $n-1$ 阶子式均为零，即 $A_{ij}=0$，由伴随矩阵的定义，有 $A^*=O$，此时 $R(A^*)=0$.

19. 对 n 阶方阵 A，证明：$(A^*)^*=|A|^{n-2}A$.

证 若 A 可逆，则 $A^*=|A|A^{-1}$，故

$$(\boldsymbol{A}^*)^* = |\boldsymbol{A}^*|(\boldsymbol{A}^*)^{-1} = |\boldsymbol{A}|^{n-1} \cdot \frac{\boldsymbol{A}}{|\boldsymbol{A}|} = |\boldsymbol{A}|^{n-2}\boldsymbol{A}.$$

若 $\boldsymbol{A}$ 不可逆，由上题知 $R(\boldsymbol{A}^*) \leq 1$，从而 $R((\boldsymbol{A}^*)^*) = 0$，即 $(\boldsymbol{A}^*)^* = \boldsymbol{O} = |\boldsymbol{A}|^{n-2}\boldsymbol{A}$.

20. 已知 $\boldsymbol{A}$，$\boldsymbol{B}$ 均为 n 阶方阵，且 $\boldsymbol{A}^2 = \boldsymbol{A}$，$\boldsymbol{B}^2 = \boldsymbol{B}$，$(\boldsymbol{A}+\boldsymbol{B})^2 = \boldsymbol{A}+\boldsymbol{B}$，证明 $\boldsymbol{AB} = \boldsymbol{O}$.

证 因 $(\boldsymbol{A}+\boldsymbol{B})^2 = \boldsymbol{A}^2 + \boldsymbol{AB} + \boldsymbol{BA} + \boldsymbol{B}^2$，由题设条件可得

$$\boldsymbol{AB} + \boldsymbol{BA} = \boldsymbol{O}.$$

用 $\boldsymbol{A}$ 分别左乘、右乘上式，并注意到 $\boldsymbol{A}^2 = \boldsymbol{A}$，得

$$\boldsymbol{A}^2\boldsymbol{B} + \boldsymbol{ABA} = \boldsymbol{AB} + \boldsymbol{ABA} = \boldsymbol{O},$$

$$\boldsymbol{ABA} + \boldsymbol{B}\boldsymbol{A}^2 = \boldsymbol{ABA} + \boldsymbol{BA} = \boldsymbol{O},$$

两式相减得：$\boldsymbol{AB} - \boldsymbol{BA} = \boldsymbol{O}$，故 $2\boldsymbol{AB} = \boldsymbol{O}$，即 $\boldsymbol{AB} = \boldsymbol{O}$.

21. 已知 $\boldsymbol{A} = \left(\begin{array}{ccc|cc} 3 & 1 & & & \\ & 3 & 1 & & \\ & & 3 & & \\ \hline & & & 3 & -1 \\ & & & -9 & 3 \end{array}\right)$，求 $\boldsymbol{A}^n$.

解 设 $\boldsymbol{A}_1 = \begin{pmatrix} 3 & 1 & \\ & 3 & 1 \\ & & 3 \end{pmatrix}$，类似于第 3 题，可得 $\boldsymbol{A}_1^n = \begin{pmatrix} 3^n & n3^{n-1} & \frac{n(n-1)}{2} \cdot 3^{n-2} \\ & 3^n & n3^{n-1} \\ & & 3^n \end{pmatrix}$.

设 $\boldsymbol{A}_2 = \begin{pmatrix} 3 & -1 \\ -9 & 3 \end{pmatrix}$，则 $\boldsymbol{A}_2 = \begin{pmatrix} 1 \\ -3 \end{pmatrix}(3 \quad -1)$，从而

$$\boldsymbol{A}_2^n = \begin{pmatrix} 1 \\ -3 \end{pmatrix}((3, -1)(1, -3)^{\mathrm{T}})^{n-1}(3 \quad -1) = 6^{n-1}\begin{pmatrix} 3 & -1 \\ -9 & 3 \end{pmatrix},$$

故

$$\boldsymbol{A}^n = \begin{pmatrix} \boldsymbol{A}_1^n & \\ & \boldsymbol{A}_2^n \end{pmatrix} = \left(\begin{array}{ccc|cc} 3^n & n3^{n-1} & \frac{n(n-1)}{2} \cdot 3^{n-2} & & \\ & 3^n & n3^{n-1} & & \\ & & 3^n & & \\ \hline & & & 3 \cdot 6^{n-1} & -1 \cdot 6^{n-1} \\ & & & -9 \cdot 6^{n-1} & 3 \cdot 6^{n-1} \end{array}\right).$$

22. 利用分块矩阵求下列矩阵的逆矩阵（其中 $a_i \neq 0, i = 1,2,\cdots,n$）：

$$\begin{pmatrix} 0 & a_1 & 0 & \cdots & 0 \\ 0 & 0 & a_2 & \cdots & 0 \\ \vdots & \vdots & \vdots & & \vdots \\ 0 & 0 & 0 & \cdots & a_{n-1} \\ a_n & 0 & 0 & \cdots & 0 \end{pmatrix}.$$

解 令$A_1=\begin{pmatrix}a_1&&&\\&a_2&&\\&&\ddots&\\&&&a_{n-1}\end{pmatrix}$，则$A_1^{-1}=\begin{pmatrix}\frac{1}{a_1}&&&\\&\frac{1}{a_2}&&\\&&\ddots&\\&&&\frac{1}{a_{n-1}}\end{pmatrix}$，故所求的逆矩阵为

$$\begin{pmatrix}\mathbf{0}&A_1\\a_n&\mathbf{0}\end{pmatrix}^{-1}=\begin{pmatrix}\mathbf{0}&\frac{1}{a_n}\\A_1^{-1}&\mathbf{0}\end{pmatrix}=\left(\begin{array}{cccc:c}0&0&\cdots&0&\frac{1}{a_n}\\\hdashline\frac{1}{a_1}&0&\cdots&0&0\\0&\frac{1}{a_2}&\cdots&0&0\\\vdots&\vdots&&\vdots&\vdots\\0&0&\cdots&\frac{1}{a_{n-1}}&0\end{array}\right).$$

23. 设A,B,C,D都是n阶矩阵，其中$|A|\neq0$并且$AC=CA$，证明

$$\begin{vmatrix}A&B\\C&D\end{vmatrix}=|AD-CB|.$$

证 因$|A|\neq0$，A可逆，又

$$\begin{pmatrix}A&B\\C&D\end{pmatrix}=\begin{pmatrix}E&O\\CA^{-1}&E\end{pmatrix}\begin{pmatrix}A&B\\O&D-CA^{-1}B\end{pmatrix},$$

两边取行列式得

$$\begin{vmatrix}A&B\\C&D\end{vmatrix}=|A||D-CA^{-1}B|=|A(D-CA^{-1}B)|=|AD-ACA^{-1}B|$$
$$=|AD-CAA^{-1}B|=|AD-CB|.$$

24. 设A为n阶非奇异矩阵，α为n维列向量，b为常数，记分块矩阵

$$P=\begin{pmatrix}E&0\\-\alpha^{\mathrm T}A^*&|A|\end{pmatrix},\ Q=\begin{pmatrix}A&\alpha\\\alpha^{\mathrm T}&b\end{pmatrix},$$

其中，A^*是矩阵A的伴随矩阵，E为n阶单位矩阵.

(1) 计算并化简PQ；

(2) 证明：矩阵Q可逆的充分必要条件是$\alpha^{\mathrm T}A^{-1}\alpha\neq b$.

解 (1) 由$AA^*=A^*A=|A|E$及$A^*=|A|A^{-1}$，有

$$PQ=\begin{pmatrix}E&0\\-\alpha^{\mathrm T}A^*&|A|\end{pmatrix}\begin{pmatrix}A&\alpha\\\alpha^{\mathrm T}&b\end{pmatrix}=\begin{pmatrix}A&\alpha\\-\alpha^{\mathrm T}A^*A+|A|\alpha^{\mathrm T}&-\alpha^{\mathrm T}A^*\alpha+b|A|\end{pmatrix}$$
$$=\begin{pmatrix}A&\alpha\\0&|A|(b-\alpha^{\mathrm T}A^{-1}\alpha)\end{pmatrix}.$$

(2) 用行列式展开公式及行列式乘法公式，有

$$|\boldsymbol{P}| = \begin{vmatrix} \boldsymbol{E} & \boldsymbol{0} \\ -\boldsymbol{\alpha}^{\mathrm{T}}\boldsymbol{A}^{*} & |\boldsymbol{A}| \end{vmatrix} = |\boldsymbol{A}|,$$

$$|\boldsymbol{P}||\boldsymbol{Q}| = |\boldsymbol{P}\boldsymbol{Q}| = \begin{vmatrix} \boldsymbol{A} & \boldsymbol{\alpha} \\ \boldsymbol{0} & |\boldsymbol{A}|(b-\boldsymbol{\alpha}^{\mathrm{T}}\boldsymbol{A}^{-1}\boldsymbol{\alpha}) \end{vmatrix} = |\boldsymbol{A}|^{2}(b-\boldsymbol{\alpha}^{\mathrm{T}}\boldsymbol{A}^{-1}\boldsymbol{\alpha}),$$

又因$\boldsymbol{A}$是非奇异矩阵，故$|\boldsymbol{A}| \neq 0$，从而$|\boldsymbol{Q}| = |\boldsymbol{A}|(b-\boldsymbol{\alpha}^{\mathrm{T}}\boldsymbol{A}^{-1}\boldsymbol{\alpha})$. 由此可知$\boldsymbol{Q}$可逆的充要条件是$b-\boldsymbol{\alpha}^{\mathrm{T}}\boldsymbol{A}^{-1}\boldsymbol{\alpha} \neq 0$，亦即$\boldsymbol{\alpha}^{\mathrm{T}}\boldsymbol{A}^{-1}\boldsymbol{\alpha} \neq b$.

注：本题要看清$\boldsymbol{\alpha}^{\mathrm{T}}\boldsymbol{A}^{-1}\boldsymbol{\alpha}$为1阶矩阵，是一个数.

25. 设$\boldsymbol{A} = \boldsymbol{E} - \boldsymbol{\xi}\boldsymbol{\xi}^{\mathrm{T}}$，其中，$\boldsymbol{E}$是$n$阶单位矩阵，$\boldsymbol{\xi}$是$n$维非零列向量，$\boldsymbol{\xi}^{\mathrm{T}}$是$\boldsymbol{\xi}$的转置，证明：

(1) $\boldsymbol{A}^{2} = \boldsymbol{A}$的充要条件是$\boldsymbol{\xi}^{\mathrm{T}}\boldsymbol{\xi} = 1$；

(2) 当$\boldsymbol{\xi}^{\mathrm{T}}\boldsymbol{\xi} = 1$时，$\boldsymbol{A}$是不可逆矩阵.

证　(1) 因$\boldsymbol{A} = \boldsymbol{E} - \boldsymbol{\xi}\boldsymbol{\xi}^{\mathrm{T}}$，$\boldsymbol{\xi}^{\mathrm{T}}\boldsymbol{\xi}$为数，$\boldsymbol{\xi}\boldsymbol{\xi}^{\mathrm{T}}$为$n$阶矩阵，故

$$\boldsymbol{A}^{2} = (\boldsymbol{E}-\boldsymbol{\xi}\boldsymbol{\xi}^{\mathrm{T}})(\boldsymbol{E}-\boldsymbol{\xi}\boldsymbol{\xi}^{\mathrm{T}}) = \boldsymbol{E} - 2\boldsymbol{\xi}\boldsymbol{\xi}^{\mathrm{T}} + \boldsymbol{\xi}(\boldsymbol{\xi}^{\mathrm{T}}\boldsymbol{\xi})\boldsymbol{\xi}^{\mathrm{T}} = \boldsymbol{E} - (2-\boldsymbol{\xi}^{\mathrm{T}}\boldsymbol{\xi})\boldsymbol{\xi}\boldsymbol{\xi}^{\mathrm{T}},$$

故

$$\boldsymbol{A}^{2} = \boldsymbol{A} \Leftrightarrow \boldsymbol{E} - (2-\boldsymbol{\xi}^{\mathrm{T}}\boldsymbol{\xi})\boldsymbol{\xi}\boldsymbol{\xi}^{\mathrm{T}} = \boldsymbol{E} - \boldsymbol{\xi}\boldsymbol{\xi}^{\mathrm{T}} \Leftrightarrow (\boldsymbol{\xi}^{\mathrm{T}}\boldsymbol{\xi} - 1)\boldsymbol{\xi}\boldsymbol{\xi}^{\mathrm{T}} = \boldsymbol{O},$$

因为$\boldsymbol{\xi}$是非零列向量，所以$\boldsymbol{\xi}\boldsymbol{\xi}^{\mathrm{T}} \neq \boldsymbol{O}$，故$\boldsymbol{A}^{2} = \boldsymbol{A} \Leftrightarrow \boldsymbol{\xi}\boldsymbol{\xi}^{\mathrm{T}} - 1 = 0$即$\boldsymbol{\xi}\boldsymbol{\xi}^{\mathrm{T}} = 1$.

(2) **方法1**：反证法. 当$\boldsymbol{\xi}^{\mathrm{T}}\boldsymbol{\xi} = 1$时，由(1)知$\boldsymbol{A}^{2} = \boldsymbol{A}$，若$\boldsymbol{A}$可逆，则$\boldsymbol{A} = \boldsymbol{A}^{-1}\boldsymbol{A}^{2} = \boldsymbol{A}^{-1}\boldsymbol{A} = \boldsymbol{E}$. 与已知$\boldsymbol{A} = \boldsymbol{E} - \boldsymbol{\xi}\boldsymbol{\xi}^{\mathrm{T}} \neq \boldsymbol{E}$矛盾，故$\boldsymbol{A}$是不可逆矩阵.

方法2：当$\boldsymbol{\xi}^{\mathrm{T}}\boldsymbol{\xi} = 1$时，由$\boldsymbol{A} = \boldsymbol{E} - \boldsymbol{\xi}\boldsymbol{\xi}^{\mathrm{T}}$，有$\boldsymbol{A}\boldsymbol{\xi} = \boldsymbol{\xi} - \boldsymbol{\xi}\boldsymbol{\xi}^{\mathrm{T}}\boldsymbol{\xi} = \boldsymbol{\xi} - \boldsymbol{\xi} = \boldsymbol{0}$，故$\boldsymbol{\xi} \neq \boldsymbol{0}$为$\boldsymbol{A}\boldsymbol{x} = \boldsymbol{0}$的非零解，因此$|\boldsymbol{A}| = 0$，从而$\boldsymbol{A}$不可逆.

方法3：当$\boldsymbol{\xi}^{\mathrm{T}}\boldsymbol{\xi} = 1$时，由$\boldsymbol{A}^{2} = \boldsymbol{A}$得$\boldsymbol{A}(\boldsymbol{E}-\boldsymbol{A}) = \boldsymbol{O}$，即$\boldsymbol{E}-\boldsymbol{A}$的每一列均为$\boldsymbol{A}\boldsymbol{x} = \boldsymbol{0}$的解，因为$\boldsymbol{E}-\boldsymbol{A} = \boldsymbol{\xi}\boldsymbol{\xi}^{\mathrm{T}} \neq \boldsymbol{O}$，说明$\boldsymbol{A}\boldsymbol{x} = \boldsymbol{0}$有非零解，故$R(\boldsymbol{A}) < n$，得证$\boldsymbol{A}$不可逆.

26. 设$\boldsymbol{A},\boldsymbol{B}$均为$n$阶矩阵，且$\boldsymbol{A}\boldsymbol{B} = \boldsymbol{O}$，$\boldsymbol{A}+\boldsymbol{B} = \boldsymbol{E}$，证明：$R(\boldsymbol{A}) + R(\boldsymbol{B}) = n$.

证　因$\boldsymbol{A}+\boldsymbol{B} = \boldsymbol{E}$，由矩阵秩的性质知

$$R(\boldsymbol{A}) + R(\boldsymbol{B}) \geq R(\boldsymbol{A}+\boldsymbol{B}) = R(\boldsymbol{E}) = n,$$

又因$\boldsymbol{A}\boldsymbol{B} = \boldsymbol{O}$，有$R(\boldsymbol{A}) + R(\boldsymbol{B}) \leq n$，从而有

$$R(\boldsymbol{A}) + R(\boldsymbol{B}) = n.$$

27. 设n阶矩阵$\boldsymbol{A}$满足$\boldsymbol{A}^{2} = \boldsymbol{E}$，证明：$R(\boldsymbol{A}+\boldsymbol{E}) + R(\boldsymbol{A}-\boldsymbol{E}) = n$.

证　因$(\boldsymbol{A}+\boldsymbol{E}) + (\boldsymbol{E}-\boldsymbol{A}) = 2\boldsymbol{E}$，由矩阵秩的性质知

$$R(\boldsymbol{A}+\boldsymbol{E}) + R(\boldsymbol{E}-\boldsymbol{A}) \geq R((\boldsymbol{A}+\boldsymbol{E}) + (\boldsymbol{E}-\boldsymbol{A})) = R(2\boldsymbol{E}) = n,$$

显然$R(\boldsymbol{E}-\boldsymbol{A}) = R(\boldsymbol{A}-\boldsymbol{E})$. 又因$\boldsymbol{A}^{2} = \boldsymbol{E}$，即$(\boldsymbol{A}+\boldsymbol{E})(\boldsymbol{A}-\boldsymbol{E}) = \boldsymbol{O}$，有$R(\boldsymbol{A}+\boldsymbol{E}) + R(\boldsymbol{A}-\boldsymbol{E}) \leq n$，从而有

$$R(\boldsymbol{A}+\boldsymbol{E}) + R(\boldsymbol{A}-\boldsymbol{E}) = n.$$

28. 设$\boldsymbol{A},\boldsymbol{B}$为$n$阶矩阵，且$\boldsymbol{A}+\boldsymbol{B} = \boldsymbol{A}\boldsymbol{B}$，证明：$\boldsymbol{A}-\boldsymbol{E}$与$\boldsymbol{B}-\boldsymbol{E}$均可逆，且$\boldsymbol{A}\boldsymbol{B} = \boldsymbol{B}\boldsymbol{A}$.

证　由$\boldsymbol{A}+\boldsymbol{B} = \boldsymbol{A}\boldsymbol{B}$，可得$\boldsymbol{A}\boldsymbol{B} - \boldsymbol{A} - \boldsymbol{B} + \boldsymbol{E} = \boldsymbol{E}$，即

$$(\boldsymbol{A}-\boldsymbol{E})(\boldsymbol{B}-\boldsymbol{E})=\boldsymbol{E},$$

从而 $\boldsymbol{A}-\boldsymbol{E}$ 与 $\boldsymbol{B}-\boldsymbol{E}$ 均可逆，且 $(\boldsymbol{A}-\boldsymbol{E})^{-1}=\boldsymbol{B}-\boldsymbol{E}$，$(\boldsymbol{B}-\boldsymbol{E})^{-1}=\boldsymbol{A}-\boldsymbol{E}$.

此时有 $(\boldsymbol{B}-\boldsymbol{E})(\boldsymbol{A}-\boldsymbol{E})=\boldsymbol{E}$，可得 $\boldsymbol{A}+\boldsymbol{B}=\boldsymbol{BA}$，从而 $\boldsymbol{AB}=\boldsymbol{BA}$.

29. 设 $\boldsymbol{A}$ 和 $\boldsymbol{B}$ 都是 n 阶矩阵，试利用分块矩阵的行列式 $\begin{vmatrix}\boldsymbol{E} & \boldsymbol{A}\\ \boldsymbol{B} & \boldsymbol{E}\end{vmatrix}$ 证明：

$$|\boldsymbol{E}-\boldsymbol{AB}|=|\boldsymbol{E}-\boldsymbol{BA}|.$$

证 因

$$\begin{pmatrix}\boldsymbol{E} & \boldsymbol{O}\\ -\boldsymbol{B} & \boldsymbol{E}\end{pmatrix}\begin{pmatrix}\boldsymbol{E} & \boldsymbol{A}\\ \boldsymbol{B} & \boldsymbol{E}\end{pmatrix}=\begin{pmatrix}\boldsymbol{E} & \boldsymbol{A}\\ \boldsymbol{O} & \boldsymbol{E}-\boldsymbol{BA}\end{pmatrix},\quad \begin{pmatrix}\boldsymbol{E} & \boldsymbol{A}\\ \boldsymbol{B} & \boldsymbol{E}\end{pmatrix}\begin{pmatrix}\boldsymbol{E} & \boldsymbol{O}\\ -\boldsymbol{B} & \boldsymbol{E}\end{pmatrix}=\begin{pmatrix}\boldsymbol{E}-\boldsymbol{AB} & \boldsymbol{A}\\ \boldsymbol{O} & \boldsymbol{E}\end{pmatrix},$$

有

$$\begin{vmatrix}\boldsymbol{E} & \boldsymbol{O}\\ -\boldsymbol{B} & \boldsymbol{E}\end{vmatrix}\begin{vmatrix}\boldsymbol{E} & \boldsymbol{A}\\ \boldsymbol{B} & \boldsymbol{E}\end{vmatrix}=\begin{vmatrix}\boldsymbol{E} & \boldsymbol{A}\\ \boldsymbol{O} & \boldsymbol{E}-\boldsymbol{BA}\end{vmatrix},\quad \begin{vmatrix}\boldsymbol{E} & \boldsymbol{A}\\ \boldsymbol{B} & \boldsymbol{E}\end{vmatrix}\begin{vmatrix}\boldsymbol{E} & \boldsymbol{O}\\ -\boldsymbol{B} & \boldsymbol{E}\end{vmatrix}=\begin{vmatrix}\boldsymbol{E}-\boldsymbol{AB} & \boldsymbol{A}\\ \boldsymbol{O} & \boldsymbol{E}\end{vmatrix},$$

即

$$\begin{vmatrix}\boldsymbol{E} & \boldsymbol{A}\\ \boldsymbol{B} & \boldsymbol{E}\end{vmatrix}=\begin{vmatrix}\boldsymbol{E} & \boldsymbol{A}\\ \boldsymbol{O} & \boldsymbol{E}-\boldsymbol{BA}\end{vmatrix}=|\boldsymbol{E}-\boldsymbol{BA}|,\quad \begin{vmatrix}\boldsymbol{E} & \boldsymbol{A}\\ \boldsymbol{B} & \boldsymbol{E}\end{vmatrix}=\begin{vmatrix}\boldsymbol{E}-\boldsymbol{AB} & \boldsymbol{A}\\ \boldsymbol{O} & \boldsymbol{E}\end{vmatrix}=|\boldsymbol{E}-\boldsymbol{AB}|,$$

得

$$|\boldsymbol{E}-\boldsymbol{AB}|=|\boldsymbol{E}-\boldsymbol{BA}|.$$

注：也可由 $\begin{pmatrix}\boldsymbol{E} & -\boldsymbol{B}\\ \boldsymbol{O} & \boldsymbol{E}\end{pmatrix}\begin{pmatrix}\boldsymbol{E} & \boldsymbol{B}\\ \boldsymbol{A} & \boldsymbol{E}\end{pmatrix}=\begin{pmatrix}\boldsymbol{E}-\boldsymbol{BA} & \boldsymbol{O}\\ \boldsymbol{A} & \boldsymbol{E}\end{pmatrix}$ 得 $\begin{vmatrix}\boldsymbol{E} & \boldsymbol{B}\\ \boldsymbol{A} & \boldsymbol{E}\end{vmatrix}=|\boldsymbol{E}-\boldsymbol{BA}|$.

30. 设 $\boldsymbol{A},\boldsymbol{B}$ 均为 n 阶方阵，若 $\boldsymbol{E}-\boldsymbol{AB}$ 可逆，证明 $\boldsymbol{E}-\boldsymbol{BA}$ 也可逆.

证 **方法 1**：利用上题结论有 $|\boldsymbol{E}-\boldsymbol{AB}|=|\boldsymbol{E}-\boldsymbol{BA}|$，从而若 $\boldsymbol{E}-\boldsymbol{AB}$ 可逆，则 $|\boldsymbol{E}-\boldsymbol{AB}|\neq 0$，得到 $|\boldsymbol{E}-\boldsymbol{BA}|\neq 0$，故 $\boldsymbol{E}-\boldsymbol{BA}$ 可逆.

方法 2：利用方程组 $\boldsymbol{Ax}=\boldsymbol{0}$ 仅有零解的充要条件是 $\boldsymbol{A}$ 可逆来证明：

假若 $\boldsymbol{E}-\boldsymbol{BA}$ 不可逆，则 $(\boldsymbol{E}-\boldsymbol{BA})\boldsymbol{x}=\boldsymbol{0}$ 有非零解，令 $\boldsymbol{\eta}\neq\boldsymbol{0}$ 是其非零解，即 $(\boldsymbol{E}-\boldsymbol{BA})\boldsymbol{\eta}=\boldsymbol{0}$，则可以得到：$\boldsymbol{BA\eta}=\boldsymbol{\eta}\neq\boldsymbol{0}$，故 $\boldsymbol{A\eta}\neq\boldsymbol{0}$. 此时

$$(\boldsymbol{E}-\boldsymbol{AB})\boldsymbol{A\eta}=\boldsymbol{A\eta}-\boldsymbol{A}(\boldsymbol{BA\eta})=\boldsymbol{A\eta}-\boldsymbol{A\eta}=\boldsymbol{0},$$

故 $\boldsymbol{A\eta}$ 是方程组 $(\boldsymbol{E}-\boldsymbol{AB})\boldsymbol{x}=\boldsymbol{0}$ 的一个非零解，这与矩阵 $\boldsymbol{E}-\boldsymbol{AB}$ 可逆矛盾，假设不成立，$\boldsymbol{E}-\boldsymbol{BA}$ 可逆.

31. 设 $\boldsymbol{A}=\begin{pmatrix}0 & 1 & 0 & \cdots & 0\\ 0 & 0 & 2 & \cdots & 0\\ \vdots & \vdots & \vdots & \ddots & \vdots\\ 0 & 0 & 0 & \cdots & n-1\\ n & 0 & 0 & \cdots & 0\end{pmatrix}$，求 $\sum\limits_{i=1}^{n}\sum\limits_{j=1}^{n}A_{ij}$.

解 $\sum\limits_{i=1}^{n}\sum\limits_{j=1}^{n}A_{ij}$ 即 $\boldsymbol{A}^*$ 中所有元素相加. 因 $|\boldsymbol{A}|=(-1)^{n-1}n!\neq 0$，$\boldsymbol{A}$ 可逆. 可求得(参见第 22 题)

$$A^{-1}=\begin{pmatrix}0&0&\cdots&0&\frac{1}{n}\\1&0&\cdots&0&0\\0&\frac{1}{2}&\cdots&0&0\\\vdots&\vdots&&\vdots&\vdots\\0&0&\cdots&\frac{1}{n-1}&0\end{pmatrix},$$

由$A^*=|A|A^{-1}$，得

$$\sum_{i=1}^{n}\sum_{j=1}^{n}A_{ij}=|A|\left(1+\frac{1}{2}+\cdots+\frac{1}{n}\right)=(-1)^{n-1}n!\ \sum_{i=1}^{n}\frac{1}{i}.$$

32. 计算下列矩阵的秩：

(1) $A=\begin{pmatrix}1&1&1&1\\0&-1&1&b\\2&a&3&4\\3&1&5&7\end{pmatrix}$；

解 对矩阵实施初等变换：

$$A=\begin{pmatrix}1&1&1&1\\0&-1&1&b\\2&a&3&4\\3&1&5&7\end{pmatrix}\xrightarrow[r_2\cdot(-1)]{\substack{r_3-2r_1\\r_4-3r_1}}\begin{pmatrix}1&1&1&1\\0&1&-1&-b\\0&a-2&1&2\\0&-2&2&4\end{pmatrix}$$

$$\xrightarrow[\substack{r_3-(a-2)r_2\\r_4-r_2}]{\substack{r_4\div(-2)\\r_4\leftrightarrow r_2}}\begin{pmatrix}1&1&1&1\\0&1&-1&-2\\0&0&a-1&2a-2\\0&0&0&2-b\end{pmatrix},$$

故：当$a\neq1$且$b\neq2$时，$R(A)=4$；

当$a\neq1$且$b=2$时，$R(A)=3$；

当$a=1$且$b\neq2$时，$R(A)=3$；

当$a=1$且$b=2$时，$R(A)=2$.

(2) n阶矩阵 $A=\begin{pmatrix}a&1&1&\cdots&1\\1&a&1&\cdots&1\\1&1&a&\cdots&1\\\vdots&\vdots&\vdots&\ddots&\vdots\\1&1&1&\cdots&a\end{pmatrix}$.

解 该题与上题都是求含参数矩阵秩的问题，上题用初等变换，本题可用行列式. 因

$$|\boldsymbol{A}|=\begin{vmatrix} a & 1 & 1 & \cdots & 1 \\ 1 & a & 1 & \cdots & 1 \\ 1 & 1 & a & \cdots & 1 \\ \vdots & \vdots & \vdots & & \vdots \\ 1 & 1 & 1 & \cdots & a \end{vmatrix}=(a+n-1)(a-1)^{n-1},$$

故当 $a \neq 1-n$ 且 $a \neq 1$ 时，$|\boldsymbol{A}| \neq 0$，得 $R(\boldsymbol{A})=n$；

当 $a=1$ 时，$\boldsymbol{A}=\begin{pmatrix} 1 & 1 & \cdots & 1 \\ 1 & 1 & \cdots & 1 \\ \vdots & \vdots & & \vdots \\ 1 & 1 & \cdots & 1 \end{pmatrix}$，$R(\boldsymbol{A})=1$；

当 $a=1-n$ 时，因为 1 行 1 列位置的代数余子式

$$\boldsymbol{A}_{11}=\begin{vmatrix} a & 1 & \cdots & 1 \\ 1 & a & \cdots & 1 \\ \vdots & \vdots & & \vdots \\ 1 & 1 & \cdots & a \end{vmatrix}_{n-1}=(a+n-2)(a-1)^{n-2}=(-1)^{n-1}n^{n-2} \neq 0,$$

所以，$R(\boldsymbol{A})=n-1$. 综合得：

$$R(\boldsymbol{A})=\begin{cases} n, & a \neq 1-n,1 \\ n-1, & a=1-n \\ 1, & a=1 \end{cases}.$$

33. 设 $\boldsymbol{A}$ 可逆，且 $\boldsymbol{A}$ 的每行元素之和均为 a，证明：

(1) $a \neq 0$；

(2) $\boldsymbol{A}^{-1}$ 的每行元素之和等于 $\dfrac{1}{a}$；

(3) $\boldsymbol{A}^{m}$（m 为正整数）的每一行的元素之和为 a^{m}.

证 (1) 将矩阵 $\boldsymbol{A}$ 所对应的行列式中每一列均加到第一列，从而第 1 列有公因子 a，由行列式的性质可得 $|\boldsymbol{A}|=a|\boldsymbol{B}| \neq 0$，故 $a \neq 0$.

(2) 设 $\boldsymbol{A}=(\boldsymbol{\alpha}_1,\boldsymbol{\alpha}_2,\cdots,\boldsymbol{\alpha}_n)$，$\boldsymbol{A}^{-1}=(\boldsymbol{\beta}_1,\boldsymbol{\beta}_2,\cdots,\boldsymbol{\beta}_n)$，$\boldsymbol{E}=(\boldsymbol{e}_1,\boldsymbol{e}_2,\cdots,\boldsymbol{e}_n)$ 为单位矩阵，由题设条件有

$$\boldsymbol{\alpha}_1+\boldsymbol{\alpha}_2+\cdots+\boldsymbol{\alpha}_n=(a,a,\cdots,a)^{\mathrm{T}},$$

因 $\boldsymbol{A}^{-1}\boldsymbol{A}=\boldsymbol{E}$，即 $\boldsymbol{A}^{-1}(\boldsymbol{\alpha}_1,\boldsymbol{\alpha}_2,\cdots,\boldsymbol{\alpha}_n)=(\boldsymbol{e}_1,\boldsymbol{e}_2,\cdots,\boldsymbol{e}_n)$，从而

$$\boldsymbol{A}^{-1}\boldsymbol{\alpha}_j=\boldsymbol{e}_j, j=1,2,\cdots,n.$$

则

$$\boldsymbol{A}^{-1}\begin{pmatrix} a \\ a \\ \vdots \\ a \end{pmatrix}=\boldsymbol{A}^{-1}\boldsymbol{\alpha}_1+\boldsymbol{A}^{-1}\boldsymbol{\alpha}_2+\cdots+\boldsymbol{A}^{-1}\boldsymbol{\alpha}_n=\boldsymbol{e}_1+\boldsymbol{e}_2+\cdots+\boldsymbol{e}_n=\begin{pmatrix} 1 \\ 1 \\ \vdots \\ 1 \end{pmatrix},$$

即$(\boldsymbol{\beta}_1 \quad \boldsymbol{\beta}_2 \quad \cdots \quad \boldsymbol{\beta}_n)\begin{pmatrix} a \\ a \\ \vdots \\ a \end{pmatrix} = \begin{pmatrix} 1 \\ 1 \\ \vdots \\ 1 \end{pmatrix}$，则 $a(\boldsymbol{\beta}_1 + \boldsymbol{\beta}_2 + \cdots + \boldsymbol{\beta}_n) = \begin{pmatrix} 1 \\ 1 \\ \vdots \\ 1 \end{pmatrix}$，所以

$$\boldsymbol{\beta}_1 + \boldsymbol{\beta}_2 + \cdots + \boldsymbol{\beta}_n = \left(\frac{1}{a}, \frac{1}{a}, \cdots, \frac{1}{a}\right)^{\mathrm{T}}.$$

(3) 由 $\boldsymbol{\alpha}_1 + \boldsymbol{\alpha}_2 + \cdots + \boldsymbol{\alpha}_n = (a, a, \cdots, a)^{\mathrm{T}}$，即 $\boldsymbol{A}(1,1,\cdots,1)^{\mathrm{T}} = a(1,1,\cdots,1)^{\mathrm{T}}$，可得 $\boldsymbol{A}^2(1,1,\cdots,1)^{\mathrm{T}} = \boldsymbol{A}(a(1,1,\cdots,1)^{\mathrm{T}}) = a\boldsymbol{A}(1,1,\cdots,1)^{\mathrm{T}} = a^2(1,1,\cdots,1)^{\mathrm{T}}$，

重复上述过程，有$\boldsymbol{A}^m(1,1,\cdots,1)^{\mathrm{T}} = a^m(1,1,\cdots,1)^{\mathrm{T}}$，即$\boldsymbol{A}^m$($m$ 为正整数) 的每一行的元素之和为 a^m.

34. 求解线性方程组 $\boldsymbol{Ax} = \boldsymbol{b}$，其中 $\boldsymbol{A} = \begin{pmatrix} \lambda & 1 & 1 & 1 \\ 1 & \lambda & 1 & 1 \\ 1 & 1 & \lambda & 1 \end{pmatrix}$，$b = \begin{pmatrix} 1 \\ \lambda \\ \lambda^2 \end{pmatrix}$.

解　对增广矩阵进行初等行变换：

$$\left(\begin{array}{cccc:c} \lambda & 1 & 1 & 1 & 1 \\ 1 & \lambda & 1 & 1 & \lambda \\ 1 & 1 & \lambda & 1 & \lambda^2 \end{array}\right) \xrightarrow[r_3 - \lambda r_1]{\substack{r_3 \leftrightarrow r_1 \\ r_2 - r_1}} \left(\begin{array}{cccc:c} 1 & 1 & \lambda & 1 & \lambda^2 \\ 0 & \lambda - 1 & 1 - \lambda & 0 & \lambda - \lambda^2 \\ 0 & 1 - \lambda & 1 - \lambda^2 & 1 - \lambda & 1 - \lambda^3 \end{array}\right)$$

$$\xrightarrow{r_3 + r_2} \left(\begin{array}{cccc:c} 1 & 1 & \lambda & 1 & \lambda^2 \\ 0 & \lambda - 1 & 1 - \lambda & 0 & \lambda(1 - \lambda) \\ 0 & 0 & (1 - \lambda)(2 + \lambda) & 1 - \lambda & (1 + \lambda)^2(1 - \lambda) \end{array}\right),$$

故当$\lambda \neq 1$时，$R(\boldsymbol{A}) = R(\boldsymbol{A}, \boldsymbol{b}) = 3 < 4$，此时方程有无穷多解，此时可以继续进行初等行变换：

$$\xrightarrow[r_3 \div (1 - \lambda)]{r_2 \div (\lambda - 1)} \left(\begin{array}{cccc:c} 1 & 1 & \lambda & 1 & \lambda^2 \\ 0 & 1 & -1 & 0 & -\lambda \\ 0 & 0 & 2 + \lambda & 1 & (1 + \lambda)^2 \end{array}\right) \xrightarrow{r_1 - r_2 - r_3} \left(\begin{array}{cccc:c} 1 & 0 & -1 & 0 & -\lambda - 1 \\ 0 & 1 & -1 & 0 & -\lambda \\ 0 & 0 & 2 + \lambda & 1 & (1 + \lambda)^2 \end{array}\right),$$

故方程组等价于：

$$\begin{cases} x_1 - x_3 = -\lambda - 1 \\ x_2 - x_3 = -\lambda \\ (2 + \lambda)x_3 + x_4 = (1 + \lambda)^2 \end{cases},$$

从而方程组的解为：

$$\begin{cases} x_1 = k - \lambda - 1 \\ x_2 = k - \lambda \\ x_3 = k \\ x_4 = -(\lambda + 2)k + (\lambda + 1)^2 \end{cases}, k \text{ 为任意常数}.$$

当 $\lambda = 1$ 时，$R(\boldsymbol{A}) = R(\boldsymbol{A}, \boldsymbol{b}) = 1 < 4$，方程有无穷多解，此时方程组等价于

$$x_1+x_2+x_3+x_4=1,$$

从而方程组的解为

$$\begin{cases}x_1=1-k_1-k_2-k_3\\x_2=\quad k_1\\x_3=\quad\quad k_2\\x_4=\quad\quad\quad k_3\end{cases},\ k_1,k_2,k_3\text{ 为任意常数.}$$

35. 讨论下述方程组 $\boldsymbol{Ax}=\boldsymbol{b}$ 何时有唯一解、无穷多解、无解

$$\boldsymbol{A}=\begin{pmatrix}1&\lambda&1\\1&2\lambda&1\\\mu&1&1\end{pmatrix},\ b=\begin{pmatrix}3\\4\\4\end{pmatrix}.$$

解 本题可以通过对增广矩阵进行初等行变换来求解，也可通过计算行列式来求解. 因

$$|\boldsymbol{A}|=\begin{vmatrix}1&\lambda&1\\1&2\lambda&1\\\mu&1&1\end{vmatrix}=\lambda(1-\mu),$$

故当 $\lambda\neq0$ 且 $\mu\neq1$ 时方程组有唯一解.

当 $\lambda=0$ 时，观察前两个方程，显然可得方程组无解.

当 $\mu=1$ 且 $\lambda\neq0$ 时，对增广矩阵进行初等行变换：

$$\left(\begin{array}{ccc:c}1&\lambda&1&3\\1&2\lambda&1&4\\1&1&1&4\end{array}\right)\xrightarrow[r_3-r_1]{\substack{r_1\leftrightarrow r_3\\r_2-r_3}}\left(\begin{array}{ccc:c}1&1&1&4\\0&\lambda&0&1\\0&\lambda-1&0&-1\end{array}\right)\xrightarrow[r_3-(\lambda-1)r_2]{r_2\div\lambda}\left(\begin{array}{ccc:c}1&1&1&4\\0&1&0&\dfrac{1}{\lambda}\\0&0&0&-1-\dfrac{\lambda-1}{\lambda}\end{array}\right),$$

故当 $-1-\dfrac{\lambda-1}{\lambda}=0$，即 $\lambda=\dfrac{1}{2}$ 时，方程组有无穷多解；当 $\lambda\neq\dfrac{1}{2}$ 时，方程组无解.

综合可得：

(1) $\lambda\neq0$ 且 $\mu\neq1$ 时方程组有唯一解.

(2) $\lambda=0$ 时，方程组无解.

(3) $\mu=1$ 且 $\lambda\neq0$ 时：若 $\lambda\neq\dfrac{1}{2}$，则方程组无解；若 $\lambda=\dfrac{1}{2}$，则方程组有无穷多解.

36. 讨论 a,b 取何值时，方程组 $\begin{cases}x_1+2x_2+3x_3-x_4=1\\x_1+x_2+2x_3+3x_4=1\\3x_1-x_2-x_3-2x_4=a\\2x_1+3x_2-x_3+bx_4=-6\end{cases}$，

(1) 有唯一解；　(2) 无解；　(3) 有无穷多解？ 有解时求出其解.

解 由于系数矩阵是方阵，可以通过求行列式的值来计算. 下面通过对增广矩阵进行初等行变换来求解：

$$\begin{pmatrix}1&2&3&-1&\vdots&1\\1&1&2&3&\vdots&1\\3&-1&-1&-2&\vdots&a\\2&3&-1&b&\vdots&-6\end{pmatrix}\xrightarrow[r_2-2r_1]{\substack{r_2-r_1\\r_3-3r_1}}\begin{pmatrix}1&2&3&-1&\vdots&1\\0&-1&-1&4&\vdots&0\\0&-7&-10&1&\vdots&a-3\\0&-1&-7&b+2&\vdots&-8\end{pmatrix}$$

$$\xrightarrow[r_4+r_2]{\substack{r_2\times(-1)\\r_3+7r_2}}\begin{pmatrix}1&2&3&-1&\vdots&1\\0&1&1&-4&\vdots&0\\0&0&-3&-27&\vdots&a-3\\0&0&-6&b-2&\vdots&-8\end{pmatrix}\xrightarrow[r_4+r_2]{r_4-2r_3}\begin{pmatrix}1&2&3&-1&\vdots&1\\0&1&1&-4&\vdots&0\\0&0&-3&-27&\vdots&a-3\\0&0&0&b+52&\vdots&-2(a+1)\end{pmatrix}$$

故

(1) 当 $b+52\neq0$ 时，方程组有唯一解. 此时进一步进行初等行变换，有

$$\xrightarrow[r_4\div(b+52)]{\substack{r_1-2r_2\\r_3\div(-3)}}\begin{pmatrix}1&0&1&7&\vdots&1\\0&1&1&-4&\vdots&0\\0&0&1&9&\vdots&\frac{3-a}{3}\\0&0&0&1&\vdots&-\frac{2(a+1)}{b+52}\end{pmatrix}\xrightarrow[r_1-r_3-7r_4]{\substack{r_1-9r_4\\r_2-r_3+4r_4}}\begin{pmatrix}1&0&0&0&\vdots&\frac{a}{3}-\frac{4(a+1)}{b+52}\\0&1&0&0&\vdots&\frac{3-a}{3}-\frac{26(a+1)}{b+52}\\0&0&1&0&\vdots&\frac{3-a}{3}+\frac{18(a+1)}{b+52}\\0&0&0&1&\vdots&-\frac{2(a+1)}{b+52}\end{pmatrix},$$

故其唯一解为

$$x_1=\frac{a}{3}-\frac{4(a+1)}{b+52},x_2=\frac{a-3}{3}-\frac{26(a+1)}{b+52},x_3=-\frac{a-3}{3}+\frac{18(a+1)}{b+52},x_4=-\frac{2(a+1)}{b+52};$$

(2) 当 $b+52=0$ 而 $a+1\neq0$ 时，方程组无解；

(3) 当 $b+52=0$，$a+1=0$ 时，将参数代入，可以求出方程组有无穷多组解，为

$$\begin{cases}x_1=-\dfrac{1}{3}+2x_4\\x_2=-\dfrac{4}{3}+13x_4,\ x_4\text{ 为自由未知量.}\\x_3=\dfrac{4}{3}-9x_4\end{cases}$$

第 3 章　向量与方程组

一、知识点总结

1　大纲要求

本章内容包括：向量的概念、向量的线性组合和线性表示、向量组的线性相关与线性无关、向量组的极大线性无关组、等价向量组、向量组的秩、向量组的秩与矩阵的秩之间的关系、齐次线性方程组有非零解的充分必要条件、非齐次线性方程组有解的充分必要条件、线性方程组解的性质和解的结构、齐次线性方程组的基础解系和通解、非齐次线性方程组的通解等.

本章要求：

(1) 理解 n 维向量的概念及其运算，理解向量的线性组合与线性表示的概念；

(2) 理解向量组的线性相关、线性无关等概念，掌握向量组线性相关、线性无关的有关性质及其判别方法，会用这些结论证明一些命题；

(3) 理解向量组的极大线性无关组、秩、向量组等价等概念，掌握求向量组的极大无关组与秩的方法；理解矩阵的秩与其行向量组、列向量组的秩之间的关系；

(4) 理解齐次线性方程组有非零解的充要条件及非齐次线性方程组有解的充要条件. 理解齐次线性方程组的基础解系、通解，掌握齐次线性方程组的基础解系和通解的求法. 理解非齐次线性方程组无解、有唯一解、有无穷多解的充要条件；理解非齐次线性方程组解的结构及通解的概念. 熟练掌握用初等行变换求解线性方程组的(通)解的方法和基本步骤.

2　知识点总结

2.1　线性表示及向量组的等价

对 n 维向量 $\boldsymbol{\alpha}_1,\boldsymbol{\alpha}_2,\cdots,\boldsymbol{\alpha}_m$ 和 $\boldsymbol{\beta}$，若存在一组数 $k_1,k_2,\cdots,k_m$，使得 $\boldsymbol{\beta}=k_1\boldsymbol{\alpha}_1+\cdots+k_m\boldsymbol{\alpha}_m$，则称 $\boldsymbol{\beta}$ 是 $\boldsymbol{\alpha}_1,\boldsymbol{\alpha}_2,\cdots,\boldsymbol{\alpha}_m$ 的一个线性组合，或称 $\boldsymbol{\beta}$ 可由 $\boldsymbol{\alpha}_1,\boldsymbol{\alpha}_2,\cdots,\boldsymbol{\alpha}_m$ 线性表示. 关于线性表示与非齐次方程组有解之间存在如下结论：

◆ 已知 n 维向量 $\boldsymbol{\beta}$ 与 n 维向量组 $\boldsymbol{\alpha}_1,\boldsymbol{\alpha}_2,\cdots,\boldsymbol{\alpha}_m$，记矩阵 $\boldsymbol{A}=(\boldsymbol{\alpha}_1,\boldsymbol{\alpha}_2,\cdots,\boldsymbol{\alpha}_m)$，向量 $\boldsymbol{x}=(x_1,x_2,\cdots,x_m)^{\mathrm{T}}$，则下列 3 条陈述相互等价：

① 向量 $\boldsymbol{\beta}$ 能由向量组 $\boldsymbol{\alpha}_1,\boldsymbol{\alpha}_2,\cdots,\boldsymbol{\alpha}_m$ 线性表示为 $\boldsymbol{\beta}=x_1\boldsymbol{\alpha}_1+x_2\boldsymbol{\alpha}_2+\cdots+x_m\boldsymbol{\alpha}_m$；

② 线性方程组 $\boldsymbol{A}x=\boldsymbol{\beta}$ 有解；

③$R(\boldsymbol{A})=R(\boldsymbol{A},\boldsymbol{\beta})$.

若向量组(A)：$\boldsymbol{\alpha}_1,\boldsymbol{\alpha}_2,\cdots,\boldsymbol{\alpha}_s$ 中的每一个向量 $\boldsymbol{\alpha}_i$ 均能由向量组(B)：$\boldsymbol{\beta}_1,\boldsymbol{\beta}_2,\cdots,\boldsymbol{\beta}_t$ 线性表示，则称向量组(A) 能由向量组(B) 线性表示；若向量组(A) 与向量组(B) 可相互线性表示，则称向量组(A) 与向量组(B) 等价. 有结论：

◆ 已知 n 维向量组 $\boldsymbol{\alpha}_1,\boldsymbol{\alpha}_2,\cdots,\boldsymbol{\alpha}_s$ 与 $\boldsymbol{\beta}_1,\boldsymbol{\beta}_2,\cdots,\boldsymbol{\beta}_t$，记矩阵 $\boldsymbol{A}=(\boldsymbol{\alpha}_1,\boldsymbol{\alpha}_2,\cdots,\boldsymbol{\alpha}_s)$，$\boldsymbol{B}=(\boldsymbol{\beta}_1,\boldsymbol{\beta}_2,\cdots,\boldsymbol{\beta}_t)$，$\boldsymbol{X}=(x_{ij})_{s\times t}$，则下列3条陈述相互等价：

① 向量组 $\boldsymbol{\beta}_1,\boldsymbol{\beta}_2,\cdots,\boldsymbol{\beta}_t$ 能由向量组 $\boldsymbol{\alpha}_1,\boldsymbol{\alpha}_2,\cdots,\boldsymbol{\alpha}_s$ 线性表示；

② 矩阵方程 $\boldsymbol{AX}=\boldsymbol{B}$ 有解；

③$R(\boldsymbol{A})=R(\boldsymbol{A},\boldsymbol{B})$.

◆ 关于向量组之间的线性表示，还有下面一些结论：

① 若向量组 $\boldsymbol{\beta}_1,\boldsymbol{\beta}_2,\cdots,\boldsymbol{\beta}_t$ 能由向量组 $\boldsymbol{\alpha}_1,\boldsymbol{\alpha}_2,\cdots,\boldsymbol{\alpha}_s$ 线性表示，则 $R(\boldsymbol{B})\leq R(\boldsymbol{A})$.

② 向量组 $\boldsymbol{\alpha}_1,\boldsymbol{\alpha}_2,\cdots,\boldsymbol{\alpha}_s$ 与向量组 $\boldsymbol{\beta}_1,\boldsymbol{\beta}_2,\cdots,\boldsymbol{\beta}_t$ 等价的充分必要条件是 $R(\boldsymbol{A})=R(\boldsymbol{B})=R(\boldsymbol{A},\boldsymbol{B})$.

③ 如果 $\boldsymbol{A}$ 经有限次初等行变换化为 $\boldsymbol{B}$，则 $\boldsymbol{A}$ 与 $\boldsymbol{B}$ 的行向量组等价.

④ 如果 $\boldsymbol{A}$ 经有限次初等列变换化为 $\boldsymbol{B}$，则 $\boldsymbol{A}$ 与 $\boldsymbol{B}$ 的列向量组等价.

2.2　线性相关与线性无关

设有向量组 $\boldsymbol{\alpha}_1,\boldsymbol{\alpha}_2,\cdots,\boldsymbol{\alpha}_m(m\geq 2)$，如果存在不全为零的数 $k_1,k_2,\cdots,k_m$，使

$$k_1\boldsymbol{\alpha}_1+k_2\boldsymbol{\alpha}_2+\cdots+k_m\boldsymbol{\alpha}_m=\boldsymbol{0},$$

则称向量组 $\boldsymbol{\alpha}_1,\boldsymbol{\alpha}_2,\cdots,\boldsymbol{\alpha}_m$ 是线性相关的，否则称它是线性无关的. 即 $\boldsymbol{\alpha}_1,\boldsymbol{\alpha}_2,\cdots,\boldsymbol{\alpha}_m$ 线性无关的充要条件是上式中 $k_1=k_2=\cdots=k_m=0$.

◆ 关于线性相关性的常用结论有：

(1) 含有零向量的向量组一定线性相关.

(2) 若向量组 $\boldsymbol{\alpha}_1,\boldsymbol{\alpha}_2,\cdots,\boldsymbol{\alpha}_r$ 线性相关，则向量组 $\boldsymbol{\alpha}_1,\cdots,\boldsymbol{\alpha}_r,\boldsymbol{\alpha}_{r+1},\cdots,\boldsymbol{\alpha}_m$ 也线性相关.

(3) 若向量组 $\boldsymbol{\alpha}_1,\boldsymbol{\alpha}_2,\cdots,\boldsymbol{\alpha}_m$ 线性无关，则它的任何一部分向量组也线性无关.

(4) n 维向量组(A)：$\boldsymbol{\alpha}_1,\boldsymbol{\alpha}_2,\cdots,\boldsymbol{\alpha}_m(m\geq 2)$ 线性相关的充分必要条件是向量组(A) 中至少有一个向量能由其余 $m-1$ 个向量线性表示.

(5) 设向量组(A)：$\boldsymbol{\alpha}_1,\boldsymbol{\alpha}_2,\cdots,\boldsymbol{\alpha}_m$ 线性无关，而向量组(B)：$\boldsymbol{\alpha}_1,\boldsymbol{\alpha}_2,\cdots,\boldsymbol{\alpha}_m,\boldsymbol{\beta}$ 线性相关，则向量 $\boldsymbol{\beta}$ 能由向量组(A) 线性表示，且表示式唯一.

(6) 若向量 $\boldsymbol{\beta}$ 可以被 $\boldsymbol{\alpha}_1,\boldsymbol{\alpha}_2,\cdots,\boldsymbol{\alpha}_s$ 线性表示，且表示式唯一，则向量组 $\boldsymbol{\alpha}_1,\boldsymbol{\alpha}_2,\cdots,\boldsymbol{\alpha}_s$ 一定线性无关.

(7) 当 $m>n$ 时，m 个 n 维向量组 $\boldsymbol{\alpha}_1,\boldsymbol{\alpha}_2,\cdots,\boldsymbol{\alpha}_m$ 一定线性相关. 特别地，任意 $n+1$ 个 n 维向量必线性相关.

(8) n 个 n 维向量组 $\boldsymbol{\alpha}_1,\boldsymbol{\alpha}_2,\cdots,\boldsymbol{\alpha}_n$ 线性相关的充分必要条件是它们所对应的行列式 $|\boldsymbol{A}|$ 为零；线性无关的充分必要条件是 $|\boldsymbol{A}|\neq 0$，这里 $\boldsymbol{A}=(\boldsymbol{\alpha}_1,\boldsymbol{\alpha}_2,\cdots,\boldsymbol{\alpha}_n)$.

(9) 若 n 维向量组 $\boldsymbol{\alpha}_1,\boldsymbol{\alpha}_2,\cdots,\boldsymbol{\alpha}_m$ 线性无关，则将向量组的每一个向量添加 r 个分量(这些分量所在的位置相同) 所得到的 $n+r$ 维向量组 $\boldsymbol{\beta}_1,\boldsymbol{\beta}_2,\cdots,\boldsymbol{\beta}_m$ 也线性无关.

(10) 若 n 维向量组 $\boldsymbol{\alpha}_1,\boldsymbol{\alpha}_2,\cdots,\boldsymbol{\alpha}_m$ 线性相关，则将该向量组的每一个向量减少 $l(l<n)$ 个分量(这些分量所在的位置相同) 所得到的 $n-l$ 维向量组 $\boldsymbol{\beta}_1,\boldsymbol{\beta}_2,\cdots,\boldsymbol{\beta}_m$ 也线性相关.

(11) 若 $\boldsymbol{\alpha}_1,\boldsymbol{\alpha}_2,\cdots,\boldsymbol{\alpha}_s$ 可被向量组 $\boldsymbol{\beta}_1,\boldsymbol{\beta}_2,\cdots,\boldsymbol{\beta}_t$ 线性表示，且 $s>t$，则 $\boldsymbol{\alpha}_1,\boldsymbol{\alpha}_2,\cdots,\boldsymbol{\alpha}_s$ 必线性相关.

(12) 若 $\boldsymbol{\alpha}_1,\boldsymbol{\alpha}_2,\cdots,\boldsymbol{\alpha}_s$ 可被向量组 $\boldsymbol{\beta}_1,\boldsymbol{\beta}_2,\cdots,\boldsymbol{\beta}_t$ 线性表示，且 $\boldsymbol{\alpha}_1,\boldsymbol{\alpha}_2,\cdots,\boldsymbol{\alpha}_s$ 线性无关，则必有 $s\leq t$.

(13) 若 $\boldsymbol{\alpha}_1,\boldsymbol{\alpha}_2,\cdots,\boldsymbol{\alpha}_s$ 与向量组 $\boldsymbol{\beta}_1,\boldsymbol{\beta}_2,\cdots,\boldsymbol{\beta}_t$ 等价，且两向量组均线性无关，则必有 $s=t$.

(14) 若 $\boldsymbol{\alpha}_1,\boldsymbol{\alpha}_2,\cdots,\boldsymbol{\alpha}_s$ 与向量组 $\boldsymbol{\beta}_1,\boldsymbol{\beta}_2,\cdots,\boldsymbol{\beta}_t$ 等价，则其秩相等.

◆ 用线性方程组来描述向量组的线性相关性，有：

已知向量组 $\boldsymbol{\alpha}_1,\boldsymbol{\alpha}_2,\cdots,\boldsymbol{\alpha}_m$，记 $\boldsymbol{A}=(\boldsymbol{\alpha}_1,\boldsymbol{\alpha}_2,\cdots,\boldsymbol{\alpha}_m)$，$\boldsymbol{x}=(x_1,x_2,\cdots,x_m)^{\mathrm{T}}$，

① 向量组 $\boldsymbol{\alpha}_1,\boldsymbol{\alpha}_2,\cdots,\boldsymbol{\alpha}_m$ 线性相关的充要条件是齐次线性方程组 $\boldsymbol{Ax}=\boldsymbol{0}$ 有非零解，此等价于 $R(\boldsymbol{A})<m$；

② 向量组 $\boldsymbol{\alpha}_1,\boldsymbol{\alpha}_2,\cdots,\boldsymbol{\alpha}_m$ 线性无关的充要条件是齐次线性方程组 $\boldsymbol{Ax}=\boldsymbol{0}$ 只有零解，此等价于 $R(\boldsymbol{A})=m$.

2.3　极大无关向量组与向量组的秩及与矩阵的秩的关系

向量组的极大无关组的两个等价定义：

定义 1　设向量组 $\boldsymbol{\alpha}_1,\boldsymbol{\alpha}_2,\cdots,\boldsymbol{\alpha}_s$ 的部分组 $\boldsymbol{\alpha}_{i_1},\boldsymbol{\alpha}_{i_2},\cdots,\boldsymbol{\alpha}_{i_r}$ 满足条件：

(1) $\boldsymbol{\alpha}_{i_1},\boldsymbol{\alpha}_{i_2},\cdots,\boldsymbol{\alpha}_{i_r}$ 线性无关；

(2) $\boldsymbol{\alpha}_1,\boldsymbol{\alpha}_2,\cdots,\boldsymbol{\alpha}_s$ 中的任一向量均可由它们线性表示，

则称向量组 $\boldsymbol{\alpha}_{i_1},\boldsymbol{\alpha}_{i_2},\cdots,\boldsymbol{\alpha}_{i_r}$ 为向量组 $\boldsymbol{\alpha}_1,\boldsymbol{\alpha}_2,\cdots,\boldsymbol{\alpha}_s$ 的一个极大无关组.

定义 2　向量组 $\boldsymbol{\alpha}_1,\boldsymbol{\alpha}_2,\cdots,\boldsymbol{\alpha}_s$ 的一个部分组 $\boldsymbol{\alpha}_{i_1},\boldsymbol{\alpha}_{i_2},\cdots,\boldsymbol{\alpha}_{i_r}$ 本身线性无关，若任意添加向量组中其他向量均线性相关，则称 $\boldsymbol{\alpha}_{i_1},\boldsymbol{\alpha}_{i_2},\cdots,\boldsymbol{\alpha}_{i_r}$ 是向量组 $\boldsymbol{\alpha}_1,\boldsymbol{\alpha}_2,\cdots,\boldsymbol{\alpha}_s$ 的一个极大线性无关组.

特别注意：

① 只含零向量的向量组没有极大线性无关组，规定它的秩为 0；

② 若向量组本身是线性无关的，则其极大线性无关组就是该向量组本身；

③ 一个向量组的极大线性无关组可能不止一组，而是可能有很多组；

④ 如果向量组(Ⅲ) 与(Ⅱ) 都是向量组(Ⅰ) 的极大线性无关组，那么这两个向量组(Ⅱ) 与(Ⅲ) 是等价的，因而所含的向量的个数相同.

向量组的极大无关组所含向量的个数称为向量组的秩，记为 $R(\boldsymbol{\alpha}_1,\boldsymbol{\alpha}_2,\cdots,\boldsymbol{\alpha}_s)$.

等价的向量组秩相同，但反过来不成立，即若两个向量组的秩相同，这两个向量组未必等价.

◆ 向量组的秩与矩阵的秩的关系：

矩阵 $\boldsymbol{A}$ 的行向量组的秩 = 矩阵 $\boldsymbol{A}$ 的列向量组的秩 = 矩阵 $\boldsymbol{A}$ 的秩.

因此，求向量组的极大线性无关组和向量组的秩时，可把此向量组的向量作为列(行) 向量

构成矩阵，再由矩阵的初等行(列)变换化成行(列)阶梯形或行(列)最简形矩阵的方法求解.

◆ 等价的向量组的性质：

① 等价的向量组有相同的秩；

② 等价的线性无关的向量组含向量的个数相等；

③ 向量组与它的极大无关组等价；

④ 向量组$\boldsymbol{A}=\{\boldsymbol{\alpha}_1,\cdots,\boldsymbol{\alpha}_s\}$与$\boldsymbol{B}=\{\boldsymbol{\beta}_1,\cdots,\boldsymbol{\beta}_t\}$等价的充要条件是$R(\boldsymbol{A})=R(\boldsymbol{B})=R(\boldsymbol{C})$，其中，$\boldsymbol{C}=\{\boldsymbol{\alpha}_1\cdots,\boldsymbol{\alpha}_s,\boldsymbol{\beta}_1,\cdots,\boldsymbol{\beta}_t\}$.

2.4　线性方程组的解的结构

对线性方程组(Ⅰ)：$\boldsymbol{A}_{m\times n}\boldsymbol{x}_{n\times 1}=\boldsymbol{b}_{m\times 1}$，及对应的齐次方程组(Ⅱ)：$\boldsymbol{A}_{m\times n}\boldsymbol{x}_{n\times 1}=\boldsymbol{0}_{m\times 1}$，有

(1) 非齐次线性方程组(Ⅰ)有解的充分必要条件是它的系数矩阵$\boldsymbol{A}_{m\times n}$与增广矩阵$(\boldsymbol{A}_{m\times n},\boldsymbol{b}_{m\times 1})$有相同的秩，即$R(\boldsymbol{A})=R(\boldsymbol{A},\boldsymbol{b})$. 且在方程组(Ⅰ)有解时，当$R(\boldsymbol{A})=r<n$时，方程组(Ⅰ)有无穷多解；当$R(\boldsymbol{A})=R(\boldsymbol{A},\boldsymbol{b})=r=n$时，方程组(Ⅰ)有唯一解.

(2) 齐次线性方程组(Ⅱ)有非零解的充分必要条件是$R(\boldsymbol{A})<n$. 任何一个有非零解的齐次线性方程组必有基础解系，且基础解系的个数，即自由未知量的个数为$n-R(\boldsymbol{A})$.

(3) 若方程组(Ⅰ)有解，则(Ⅰ)的一个解与(Ⅱ)的一个解的和仍是(Ⅰ)的一个解. (Ⅰ)的任意解都可以写成(Ⅰ)的一个特解与(Ⅱ)的一个解的和. 若$\boldsymbol{\xi}_1,\boldsymbol{\xi}_2,\cdots,\boldsymbol{\xi}_{n-r}$为(Ⅱ)的一个基础解系，则(Ⅰ)的全部解可表示为$\gamma_0+k_1\boldsymbol{\xi}_1+k_2\boldsymbol{\xi}_2+\cdots+k_{n-r}\boldsymbol{\xi}_{n-r}$，其中，$\gamma_0$为方程组(Ⅰ)的一个解.

(4) 若$R(\boldsymbol{A})=R(\boldsymbol{A},\boldsymbol{b})=r$，则非齐次线性方程组(Ⅰ)有$n-r+1$个线性无关解；

(5) 设$\boldsymbol{\eta}_1,\boldsymbol{\eta}_2,\cdots,\boldsymbol{\eta}_s$是非齐次线性方程组(Ⅰ)的解，并令$\boldsymbol{\eta}=c_1\boldsymbol{\eta}_1+c_2\boldsymbol{\eta}_2+\cdots+c_s\boldsymbol{\eta}_s$，则$\boldsymbol{\eta}$是(Ⅰ)的解$\Leftrightarrow c_1+c_2+\cdots+c_s=1$.

在齐次线性方程组(Ⅱ)满足$R(\boldsymbol{A})=r<n$时，方程组(Ⅱ)的基础解系的求解过程为：

不妨设$\boldsymbol{A}$的前r个列向量线性无关，于是$\boldsymbol{A}$的行最简形矩阵为

$$\boldsymbol{B}=\begin{pmatrix}1&\cdots&0&b_{11}&\cdots&b_{1,n-r}\\\vdots&&\vdots&\vdots&&\vdots\\0&\cdots&1&b_{r,1}&\cdots&b_{r,n-r}\\0&\cdots&0&0&\cdots&0\\\vdots&&\vdots&\vdots&&\vdots\\0&\cdots&0&0&\cdots&0\end{pmatrix},$$

于是方程(Ⅱ)化为

$$\begin{cases}x_1=-b_{11}x_{r+1}-\cdots-b_{1,n-r}x_n,\\\cdots\cdots\cdots\cdots\cdots\cdots\\x_r=-b_{r1}x_{r+1}-\cdots-b_{r,n-r}x_n,\end{cases}\qquad(\text{Ⅲ})$$

分别令

$$\begin{pmatrix} x_{r+1} \\ x_{r+2} \\ \vdots \\ x_n \end{pmatrix} = \begin{pmatrix} 1 \\ 0 \\ \vdots \\ 0 \end{pmatrix}, \begin{pmatrix} 0 \\ 1 \\ \vdots \\ 0 \end{pmatrix}, \cdots, \begin{pmatrix} 0 \\ 0 \\ \vdots \\ 1 \end{pmatrix},$$

则得(Ⅲ)的解依次为

$$\begin{pmatrix} x_1 \\ \vdots \\ x_r \end{pmatrix} = \begin{pmatrix} -b_{11} \\ \vdots \\ -b_{r1} \end{pmatrix}, \begin{pmatrix} -b_{12} \\ \vdots \\ -b_{r2} \end{pmatrix}, \cdots, \begin{pmatrix} -b_{1,n-r} \\ \vdots \\ -b_{r,n-r} \end{pmatrix},$$

这样得到(Ⅱ)的 $n-r$ 个解为

$$\boldsymbol{\xi}_1 = \begin{pmatrix} -b_{11} \\ \vdots \\ -b_{r1} \\ 1 \\ 0 \\ \vdots \\ 0 \end{pmatrix}, \boldsymbol{\xi}_2 = \begin{pmatrix} -b_{12} \\ \vdots \\ -b_{r2} \\ 0 \\ 1 \\ \vdots \\ 0 \end{pmatrix}, \cdots, \boldsymbol{\xi}_{n-r} = \begin{pmatrix} -b_{1,n-r} \\ \vdots \\ -b_{r,n-r} \\ 0 \\ 0 \\ \vdots \\ 1 \end{pmatrix},$$

此即为(Ⅱ)的基础解系，从而(Ⅱ)的任一解为

$x = k_1\boldsymbol{\xi}_1 + k_2\boldsymbol{\xi}_2 + \cdots + k_{n-r}\boldsymbol{\xi}_{n-r}$，其中，$k_1, \cdots, k_{n-r}$ 为任意实数.

◆ 几个重要结论：

① 对矩阵$\boldsymbol{A}_{m\times n}$与$\boldsymbol{B}_{l\times n}$，若$\boldsymbol{A}$与$\boldsymbol{B}$行等价，则$\boldsymbol{Ax}=\boldsymbol{0}$与$\boldsymbol{Bx}=\boldsymbol{0}$同解，且$\boldsymbol{A}$与$\boldsymbol{B}$的任何对应的列向量组具有相同的线性相关性；

② 若$\boldsymbol{A}_{m\times s}\boldsymbol{B}_{s\times n}=\boldsymbol{C}_{m\times n}$，则：$\boldsymbol{C}$的列向量组能由$\boldsymbol{A}$的列向量组线性表示，$\boldsymbol{B}$为系数矩阵；$\boldsymbol{C}$的行向量组能由$\boldsymbol{B}$的行向量组线性表示，$\boldsymbol{A}^{\mathrm{T}}$为系数矩阵；

③ 齐次方程组 $\boldsymbol{Bx}=\boldsymbol{0}$ 的解一定是 $\boldsymbol{ABx}=\boldsymbol{0}$ 的解；

④ $\boldsymbol{ABx}=\boldsymbol{0}$ 只有零解 $\Rightarrow$ $\boldsymbol{Bx}=\boldsymbol{0}$ 只有零解；

⑤ $\boldsymbol{Bx}=\boldsymbol{0}$ 有非零解 $\Rightarrow$ $\boldsymbol{ABx}=\boldsymbol{0}$ 一定存在非零解；

⑥ 对矩阵$\boldsymbol{A}_{m\times n}$，存在$\boldsymbol{Q}_{n\times m}$，$\boldsymbol{AQ}=\boldsymbol{E}_m \Leftrightarrow R(\boldsymbol{A})=m$，$\boldsymbol{Q}$ 的列向量线性无关；

⑦ 对矩阵$\boldsymbol{A}_{m\times n}$，存在$\boldsymbol{P}_{n\times m}$，$\boldsymbol{PA}=\boldsymbol{E}_n \Leftrightarrow R(\boldsymbol{A})=n$，$\boldsymbol{P}$ 的行向量线性无关；

⑧ 设向量组$\boldsymbol{B}_{n\times r}:\boldsymbol{b}_1,\boldsymbol{b}_2,\cdots,\boldsymbol{b}_r$ 可由向量组$\boldsymbol{A}_{n\times s}:\boldsymbol{a}_1,\boldsymbol{a}_2,\cdots,\boldsymbol{a}_s$ 线性表示为：$(\boldsymbol{b}_1,\boldsymbol{b}_2,\cdots,\boldsymbol{b}_r)=(\boldsymbol{a}_1,\boldsymbol{a}_2,\cdots,\boldsymbol{a}_s)\boldsymbol{K}$(即$\boldsymbol{B}=\boldsymbol{AK}$)，其中，$\boldsymbol{K}$ 为 $s\times r$ 矩阵，且 $\boldsymbol{A}$ 线性无关，则向量组 $\boldsymbol{B}$ 线性无关 $\Leftrightarrow R(\boldsymbol{K})=r$(即 $\boldsymbol{B}$ 与 $\boldsymbol{K}$ 的列向量组具有相同线性相关性).

3 疑难点解析

本章的定义和结论很多，一定要吃透线性相关、线性无关的概念、性质和判别方法，并能灵活运用. 熟记一些常见结论，并能将线性相关、线性无关的概念与矩阵的秩、线性方程组的解的结构的相关结论进行转换、连接，开阔思路，提高综合能力.

◆ 线性表示与线性相关这两个概念有什么区别和联系？

如果存在实数 $k_1,k_2,\cdots,k_m$ 使得 $\boldsymbol{\beta}=k_1\boldsymbol{\alpha}_1+k_2\boldsymbol{\alpha}_2+\cdots+k_m\boldsymbol{\alpha}_m$ 成立，则称向量 $\boldsymbol{\beta}$ 可以由向量组 $\boldsymbol{\alpha}_1,\boldsymbol{\alpha}_2,\cdots,\boldsymbol{\alpha}_m$ 线性表出(或线性表示). 应该注意到这个定义中没有要求 $k_1,k_2,\cdots,k_m$ 不全为零，因此零向量可由任意一个向量组线性表出，只需 $k_1,k_2,\cdots,k_m$ 全取零即可.

向量组(A)：$\boldsymbol{\alpha}_1,\boldsymbol{\alpha}_2,\cdots,\boldsymbol{\alpha}_m$ 线性相关是指向量方程

$$x_1\boldsymbol{\alpha}_1+x_2\boldsymbol{\alpha}_2+\cdots+x_m\boldsymbol{\alpha}_m=\mathbf{0} \tag{1}$$

有非零解，向量 $\boldsymbol{\beta}$ 能由向量组 $\boldsymbol{\alpha}_1,\boldsymbol{\alpha}_2,\cdots,\boldsymbol{\alpha}_m$ 线性表示是指向量方程

$$x_1\boldsymbol{\alpha}_1+x_2\boldsymbol{\alpha}_2+\cdots+x_m\boldsymbol{\alpha}_m=\boldsymbol{\beta} \tag{2}$$

有解. 方程(1)是否有非零解与方程(2)是否有解，显然是两个不同的问题，由此可知线性相关和线性表示这两个概念的区别.

向量组(A)：$\boldsymbol{\alpha}_1,\boldsymbol{\alpha}_2,\cdots,\boldsymbol{\alpha}_m(m\geq 2)$ 线性相关的充分必要条件是向量组(A)中至少有一个向量能由其余的 $m-1$ 个向量线性表示. 这个充分必要条件将线性相关和线性表示两个概念联系起来了.

◆ 如何判定向量组的线性相关性?

判定向量组的线性相关性的方法主要有下面几种：

① 定义法. 这是判定向量组线性相关性的基本方法，既适用于分量没有具体给出的抽象向量组，又适用于已具体给出的向量组.

② 利用矩阵的秩判别. 设有 m 个 n 维向量组 $\boldsymbol{\alpha}_1,\boldsymbol{\alpha}_2,\cdots,\boldsymbol{\alpha}_m$，记 $\boldsymbol{A}=(\boldsymbol{\alpha}_1,\boldsymbol{\alpha}_2,\cdots,\boldsymbol{\alpha}_m)$，则可利用矩阵 $\boldsymbol{A}$ 的秩判别向量组 $\boldsymbol{\alpha}_1,\boldsymbol{\alpha}_2,\cdots,\boldsymbol{\alpha}_m$ 的线性相关性：当 $R(\boldsymbol{A})=m$ 时，向量组 $\boldsymbol{\alpha}_1,\boldsymbol{\alpha}_2,\cdots,\boldsymbol{\alpha}_m$ 线性无关;当 $R(\boldsymbol{A})<m$ 时，向量组 $\boldsymbol{\alpha}_1,\boldsymbol{\alpha}_2,\cdots,\boldsymbol{\alpha}_m$ 线性相关.

③ 利用行列式判别. 若向量组的个数与维数相同，即有 n 个 n 维列向量 $\boldsymbol{\alpha}_1,\boldsymbol{\alpha}_2,\cdots,\boldsymbol{\alpha}_n$，令 $\boldsymbol{A}=(\boldsymbol{\alpha}_1,\boldsymbol{\alpha}_2,\cdots,\boldsymbol{\alpha}_n)$，则：当 $|\boldsymbol{A}|=0$ 时，n 维向量组 $\boldsymbol{\alpha}_1,\boldsymbol{\alpha}_2,\cdots,\boldsymbol{\alpha}_n$ 线性相关;当 $|\boldsymbol{A}|\neq 0$ 时，n 维向量组 $\boldsymbol{\alpha}_1,\boldsymbol{\alpha}_2,\cdots,\boldsymbol{\alpha}_n$ 线性无关.

④ 转化为齐次线性方程组的解向量进行判定. 若 $\boldsymbol{\alpha}_1,\boldsymbol{\alpha}_2,\cdots,\boldsymbol{\alpha}_m$ 为 $\boldsymbol{Ax}=\mathbf{0}$ 的解向量，且 $m>n-R(\boldsymbol{A})$，即向量的个数大于基础解系所含向量的个数，则此向量组线性相关.

◆ 两个矩阵的等价与两个向量组的等价有什么区别和联系?

两个同型的 $m\times n$ 矩阵 $\boldsymbol{A}$ 与 $\boldsymbol{B}$ 等价是指 $\boldsymbol{A}$ 可以通过有限次初等变换变化成 $\boldsymbol{B}$，因此，两个不同型的矩阵是无所谓等价的. 两个向量组的等价指的是它们能够相互线性表示，于是，它们各自所含的向量个数可能是不一样的.

两者之间的联系在于：若矩阵 $\boldsymbol{A}$ 经初等行变换变成 $\boldsymbol{B}$，即 $\boldsymbol{A}$ 与 $\boldsymbol{B}$ 行等价，则 $\boldsymbol{A}$ 与 $\boldsymbol{B}$ 的行向量组等价；若 $\boldsymbol{A}$ 经初等列变换变成 $\boldsymbol{C}$，即 $\boldsymbol{A}$ 与 $\boldsymbol{C}$ 列等价，则 $\boldsymbol{A}$ 与 $\boldsymbol{C}$ 的列向量组等价;若 $\boldsymbol{A}$ 既经初等行变换又经初等列变换变成 $\boldsymbol{D}$，则 $\boldsymbol{A}$ 与 $\boldsymbol{D}$ 等价，但是 $\boldsymbol{A}$ 与 $\boldsymbol{D}$ 的行向量组与列向量组都不一定等价.

反过来，设两列向量组等价. 若它们所含向量个数不同，则它们对应的两个矩阵不同型，显然不等价;若它们所含向量个数相同(例如都含 m 个)，那么，它们对应的两个 $n\times m$ 矩阵(这里 n 为向量的维数)列等价，但不一定行等价. 类似地，若两个向量个数相同的行向量组等价，则它们对应的两矩阵行等价但不一定列等价.

◆ 关于向量组的等价和向量组的极大无关组：

理解向量组的等价的概念时应注意：两等价的向量组不一定有相同个数的向量，也不

一定有相同的线性相关性，但等价的向量组的极大无关组有相同个数的向量，特别地，两等价的线性无关的向量组一定含有相同个数的向量. 按定义，若$\boldsymbol{\alpha}_1,\boldsymbol{\alpha}_2,\cdots,\boldsymbol{\alpha}_r$的部分组$\boldsymbol{\alpha}_{i_1}$，$\boldsymbol{\alpha}_{i_2},\cdots,\boldsymbol{\alpha}_{i_r}$是$\boldsymbol{\alpha}_1,\boldsymbol{\alpha}_2,\cdots,\boldsymbol{\alpha}_r$的极大无关组，则必须满足：(1)$\boldsymbol{\alpha}_{i_1},\boldsymbol{\alpha}_{i_2},\cdots,\boldsymbol{\alpha}_{i_r}$线性无关；(2)$\boldsymbol{\alpha}_1,\boldsymbol{\alpha}_2,\cdots,\boldsymbol{\alpha}_r$可由$\boldsymbol{\alpha}_{i_1},\boldsymbol{\alpha}_{i_2},\cdots,\boldsymbol{\alpha}_{i_r}$线性表出. 两个条件缺一不可.

理解这两个概念还应注意下面的一些结论：一般情况下，若$\boldsymbol{\alpha}_1,\boldsymbol{\alpha}_2,\cdots,\boldsymbol{\alpha}_r$存在极大无关组，则极大无关组不一定唯一；向量组与它的极大无关组间以及两个极大无关组间一定等价；线性无关的向量组的极大无关组唯一，且就是该向量组本身. 利用向量组的等价还可判定某些向量组的线性相关性：若两个含有相同数量向量的向量组等价，并已知其中一个是线性相(无)关的，则可推知另一个向量组也线性相(无)关.

◆ 关于向量组的秩与矩阵的秩：

向量组的秩的概念与极大无关组、向量组的等价、矩阵的秩(行秩、列秩)等概念密切相关，不能割裂理解. 正是因为“向量组的两个极大无关组一定含有相同数量的向量”这一结论，才产生了向量组的秩这一概念. 矩阵的所有行(列)向量组成的向量组的秩与矩阵的秩相等，常利用矩阵的秩求向量组的秩. 单一零向量构成的向量组没有极大无关组且秩为零.

如何求向量组的秩与矩阵的秩，有如下多种方法：

① 利用初等变换求秩.

② 利用向量组的等价性求秩. 等价向量组有相同的秩，若已知某向量组线性无关，与之等价的另一组向量的秩即可求出.

③ 要证r个向量组成的向量组的秩为r，只需证明该向量组线性无关即可.

④ 利用矩阵秩的子式定义求秩.

⑤ 利用矩阵秩的已知结论讨论.

二、典型例题分析

1. 选择题

(1) 向量组$\boldsymbol{\alpha}_1,\boldsymbol{\alpha}_2,\cdots,\boldsymbol{\alpha}_s$线性无关的充分条件是________.

(A) $\boldsymbol{\alpha}_1,\boldsymbol{\alpha}_2,\cdots,\boldsymbol{\alpha}_s$均不为零向量

(B) $\boldsymbol{\alpha}_1,\boldsymbol{\alpha}_2,\cdots,\boldsymbol{\alpha}_s$中任意两个向量的分量不成比例

(C) $\boldsymbol{\alpha}_1,\boldsymbol{\alpha}_2,\cdots,\boldsymbol{\alpha}_s$中任意一个向量均不能由其余$s-1$个向量线性表示

(D) $\boldsymbol{\alpha}_1,\boldsymbol{\alpha}_2,\cdots,\boldsymbol{\alpha}_s$中有一部分向量线性无关

解 本题考查线性无关的概念与相关结论以及充分必要性条件的概念.

(A)(B)(D)均是必要条件，并非充分条件. 即向量组$\boldsymbol{\alpha}_1,\boldsymbol{\alpha}_2,\cdots,\boldsymbol{\alpha}_s$线性无关，可以推导出(A)(B)(D)选项，但是不能由(A)(B)(D)选项中的任意一个推导出向量组$\boldsymbol{\alpha}_1$，$\boldsymbol{\alpha}_2,\cdots,\boldsymbol{\alpha}_s$线性无关.

例如：对向量组$(1,0),(0,1),(1,1)$，显然有$(1,0)+(0,1)-(1,1)=(0,0)$，该向量组线性相关，但(A)(B)(D)均成立.

根据“$\boldsymbol{\alpha}_1,\boldsymbol{\alpha}_2,\cdots,\boldsymbol{\alpha}_s$线性相关的充分必要条件是存在某$\boldsymbol{\alpha}_i(i=1,2,\cdots,s)$可以由$\boldsymbol{\alpha}_1,\cdots$，

$\boldsymbol{\alpha}_{i-1},\boldsymbol{\alpha}_{i+1},\cdots,\boldsymbol{\alpha}_s$ 线性表出. ”或由“$\boldsymbol{\alpha}_1,\boldsymbol{\alpha}_2,\cdots,\boldsymbol{\alpha}_s$ 线性无关的充分必要条件是任意一个 $\boldsymbol{\alpha}_i(i=1,2,\cdots,s)$ 均不能由 $\boldsymbol{\alpha}_1,\cdots,\boldsymbol{\alpha}_{i-1},\boldsymbol{\alpha}_{i+1},\cdots,\boldsymbol{\alpha}_s$ 线性表出. ”故选(C).

(2) 设有两个 n 维向量组 $\boldsymbol{\alpha}_1,\cdots,\boldsymbol{\alpha}_m$ 和 $\boldsymbol{\beta}_1,\cdots,\boldsymbol{\beta}_m$，若存在两组不全为零的数 $\lambda_1,\cdots,\lambda_m$ 和 $k_1,\cdots,k_m$，使

$$(\lambda_1+k_1)\boldsymbol{\alpha}_1+\cdots+(\lambda_m+k_m)\boldsymbol{\alpha}_m+(\lambda_1-k_1)\boldsymbol{\beta}_1+\cdots+(\lambda_m-k_m)\boldsymbol{\beta}_m=\mathbf{0},$$

则 ________.

(A) $\boldsymbol{\alpha}_1,\cdots,\boldsymbol{\alpha}_m$ 和 $\boldsymbol{\beta}_1,\cdots,\boldsymbol{\beta}_m$ 都线性相关

(B) $\boldsymbol{\alpha}_1,\cdots,\boldsymbol{\alpha}_m$ 和 $\boldsymbol{\beta}_1,\cdots,\boldsymbol{\beta}_m$ 都线性无关

(C) $\boldsymbol{\alpha}_1+\boldsymbol{\beta}_1,\cdots,\boldsymbol{\alpha}_m+\boldsymbol{\beta}_m,\boldsymbol{\alpha}_1-\boldsymbol{\beta}_1,\cdots,\boldsymbol{\alpha}_m-\boldsymbol{\beta}_m$ 线性无关

(D) $\boldsymbol{\alpha}_1+\boldsymbol{\beta}_1,\cdots,\boldsymbol{\alpha}_m+\boldsymbol{\beta}_m,\boldsymbol{\alpha}_1-\boldsymbol{\beta}_1,\cdots,\boldsymbol{\alpha}_m-\boldsymbol{\beta}_m$ 线性相关

解　本题考查对向量组线性相关、线性无关概念的理解. 既然 $\lambda_1,\cdots,\lambda_m$ 与 $k_1,\cdots,k_m$ 不全为零，由此推不出某向量组线性无关，故应排除(B)和(C).

一般情况下，对于

$$k_1\boldsymbol{\alpha}_1+k_2\boldsymbol{\alpha}_2+\cdots+k_s\boldsymbol{\alpha}_s+l_1\boldsymbol{\beta}_1+\cdots+l_s\boldsymbol{\beta}_s=\mathbf{0},$$

不能保证必有 $k_1\boldsymbol{\alpha}_1+k_2\boldsymbol{\alpha}_2+\cdots+k_s\boldsymbol{\alpha}_s=\mathbf{0}$ 及 $l_1\boldsymbol{\beta}_1+\cdots+l_s\boldsymbol{\beta}_s=\mathbf{0}$，故(A)不正确.

实际上，由已知条件，有

$$\lambda_1(\boldsymbol{\alpha}_1+\boldsymbol{\beta}_1)+\cdots+\lambda_m(\boldsymbol{\alpha}_m+\boldsymbol{\beta}_m)+k_1(\boldsymbol{\alpha}_1-\boldsymbol{\beta}_1)+\cdots+k_m(\boldsymbol{\alpha}_m-\boldsymbol{\beta}_m)=\mathbf{0},$$

又 $\lambda_1,\cdots,\lambda_m$ 与 $k_1,\cdots,k_m$ 不全为零，故 $\boldsymbol{\alpha}_1+\boldsymbol{\beta}_1,\cdots,\boldsymbol{\alpha}_m+\boldsymbol{\beta}_m,\boldsymbol{\alpha}_1-\boldsymbol{\beta}_1,\cdots,\boldsymbol{\alpha}_m-\boldsymbol{\beta}_m$ 线性相关. 故选(D).

(3) 设向量组 $\boldsymbol{\alpha}_1,\boldsymbol{\alpha}_2,\boldsymbol{\alpha}_3$ 线性无关，向量 $\boldsymbol{\beta}_1$ 可由 $\boldsymbol{\alpha}_1,\boldsymbol{\alpha}_2,\boldsymbol{\alpha}_3$ 线性表示，而向量 $\boldsymbol{\beta}_2$ 不能由 $\boldsymbol{\alpha}_1,\boldsymbol{\alpha}_2,\boldsymbol{\alpha}_3$ 线性表示，则对于任意常数 k，必有 ________.

(A) $\boldsymbol{\alpha}_1,\boldsymbol{\alpha}_2,\boldsymbol{\alpha}_3,k\boldsymbol{\beta}_1+\boldsymbol{\beta}_2$ 线性无关　　(B) $\boldsymbol{\alpha}_1,\boldsymbol{\alpha}_2,\boldsymbol{\alpha}_3,k\boldsymbol{\beta}_1+\boldsymbol{\beta}_2$ 线性相关

(C) $\boldsymbol{\alpha}_1,\boldsymbol{\alpha}_2,\boldsymbol{\alpha}_3,\boldsymbol{\beta}_1+k\boldsymbol{\beta}_2$ 线性无关　　(D) $\boldsymbol{\alpha}_1,\boldsymbol{\alpha}_2,\boldsymbol{\alpha}_3,\boldsymbol{\beta}_1+k\boldsymbol{\beta}_2$ 线性相关

解　**方法1**：应选(A). 对任意常数 k，向量组 $\boldsymbol{\alpha}_1,\boldsymbol{\alpha}_2,\boldsymbol{\alpha}_3$，$k\boldsymbol{\beta}_1+\boldsymbol{\beta}_2$ 线性无关.

用反证法，若 $\boldsymbol{\alpha}_1,\boldsymbol{\alpha}_2,\boldsymbol{\alpha}_3$，$k\boldsymbol{\beta}_1+\boldsymbol{\beta}_2$ 线性相关，因已知 $\boldsymbol{\alpha}_1,\boldsymbol{\alpha}_2,\boldsymbol{\alpha}_3$ 线性无关，故 $k\boldsymbol{\beta}_1+\boldsymbol{\beta}_2$ 可由 $\boldsymbol{\alpha}_1,\boldsymbol{\alpha}_2,\boldsymbol{\alpha}_3$ 线性表出.

设 $k\boldsymbol{\beta}_1+\boldsymbol{\beta}_2=\lambda_1\boldsymbol{\alpha}_1+\lambda_2\boldsymbol{\alpha}_2+\lambda_3\boldsymbol{\alpha}_3$，因已知 $\boldsymbol{\beta}_1$ 可由 $\boldsymbol{\alpha}_1,\boldsymbol{\alpha}_2,\boldsymbol{\alpha}_3$ 线性表出，设为 $\boldsymbol{\beta}_1=l_1\boldsymbol{\alpha}_1+l_2\boldsymbol{\alpha}_2+l_3\boldsymbol{\alpha}_3$，代入上式，得 $\boldsymbol{\beta}_2=(\lambda_1-l_1)\boldsymbol{\alpha}_1+(\lambda_2-l_2)\boldsymbol{\alpha}_2+(\lambda_3-l_3)\boldsymbol{\alpha}_3$，这和 $\boldsymbol{\beta}_2$ 不能由 $\boldsymbol{\alpha}_1,\boldsymbol{\alpha}_2,\boldsymbol{\alpha}_3$ 线性表出矛盾. 故向量组 $\boldsymbol{\alpha}_1,\boldsymbol{\alpha}_2,\boldsymbol{\alpha}_3$，$k\boldsymbol{\beta}_1+\boldsymbol{\beta}_2$ 线性无关，应选(A).

方法2：用排除法.

取 $k=0$，向量组 $\boldsymbol{\alpha}_1,\boldsymbol{\alpha}_2,\boldsymbol{\alpha}_3$，$k\boldsymbol{\beta}_1+\boldsymbol{\beta}_2$ 即 $\boldsymbol{\alpha}_1,\boldsymbol{\alpha}_2,\boldsymbol{\alpha}_3$，$\boldsymbol{\beta}_2$ 线性相关不成立，排除(B).

取 $k=0$，向量组 $\boldsymbol{\alpha}_1,\boldsymbol{\alpha}_2,\boldsymbol{\alpha}_3$，$\boldsymbol{\beta}_1+k\boldsymbol{\beta}_2$，即 $\boldsymbol{\alpha}_1,\boldsymbol{\alpha}_2,\boldsymbol{\alpha}_3$，$\boldsymbol{\beta}_1$ 线性无关不成立，排除(C). $k\neq 0$ 时，$\boldsymbol{\alpha}_1,\boldsymbol{\alpha}_2,\boldsymbol{\alpha}_3$，$\boldsymbol{\beta}_1+k\boldsymbol{\beta}_2$ 线性相关不成立(证法与方法1类似，当 $k=1$ 时，选项(A)、(D)向量组是一样的，但结论不同，其中(A)成立，显然(D)不成立.)排除(D).

(4) 设 $\boldsymbol{\alpha}_1,\boldsymbol{\alpha}_2,\cdots,\boldsymbol{\alpha}_s$ 均为 n 维向量，下列结论不正确的是 ________.

(A) 若对于任意一组不全为零的数 $k_1,k_2,\cdots,k_s$，都有 $k_1\boldsymbol{\alpha}+k_2\boldsymbol{\alpha}_2+\cdots+k_s\boldsymbol{\alpha}_s\neq\mathbf{0}$，则 $\boldsymbol{\alpha}_1,\boldsymbol{\alpha}_2,\cdots,\boldsymbol{\alpha}_s$ 线性无关

（B）若 $\boldsymbol{\alpha}_1,\boldsymbol{\alpha}_2,\cdots,\boldsymbol{\alpha}_s$ 线性相关，则对于任意一组不全为零的数 $k_1,k_2,\cdots,k_s$，有 $k_1\boldsymbol{\alpha}+k_2\boldsymbol{\alpha}_2+\cdots+k_s\boldsymbol{\alpha}_s=\mathbf{0}$

（C）$\boldsymbol{\alpha}_1,\boldsymbol{\alpha}_2,\cdots,\boldsymbol{\alpha}_s$ 线性无关的充分必要条件是该向量组的秩为 s

（D）$\boldsymbol{\alpha}_1,\boldsymbol{\alpha}_2,\cdots,\boldsymbol{\alpha}_s$ 线性无关的必要条件是其中任意两个向量线性无关

解 可以判断结论(A)(C)(D)均是正确的，从而应选(B).

（A）若对于任意一组不全为零的数 $k_1,k_2,\cdots,k_s$，都有 $k_1\boldsymbol{\alpha}_1+k_2\boldsymbol{\alpha}_2+\cdots+k_s\boldsymbol{\alpha}_s\neq\mathbf{0}$，则 $\boldsymbol{\alpha}_1,\boldsymbol{\alpha}_2,\cdots,\boldsymbol{\alpha}_s$ 必线性无关，因为若 $\boldsymbol{\alpha}_1,\boldsymbol{\alpha}_2,\cdots,\boldsymbol{\alpha}_s$ 线性相关，则存在一组不全为零的数 $k_1,k_2,\cdots,k_s$，使得 $k_1\boldsymbol{\alpha}_1+k_2\boldsymbol{\alpha}_2+\cdots+k_s\boldsymbol{\alpha}_s=\mathbf{0}$，矛盾. (A) 成立.

（B）若 $\boldsymbol{\alpha}_1,\boldsymbol{\alpha}_2,\cdots,\boldsymbol{\alpha}_s$ 线性相关，则存在某一组而不是对任意一组不全为零的数 $k_1,k_2,\cdots,k_s$，都有 $k_1\boldsymbol{\alpha}_1+k_2\boldsymbol{\alpha}_2+\cdots+k_s\boldsymbol{\alpha}_s=\mathbf{0}$. (B) 不成立.

（C）若 $\boldsymbol{\alpha}_1,\boldsymbol{\alpha}_2,\cdots,\boldsymbol{\alpha}_s$ 线性无关，则该向量组的秩为 s；反过来，若向量组 $\boldsymbol{\alpha}_1,\boldsymbol{\alpha}_2,\cdots,\boldsymbol{\alpha}_s$ 的秩为 s，则 $\boldsymbol{\alpha}_1,\boldsymbol{\alpha}_2,\cdots,\boldsymbol{\alpha}_s$ 线性无关，(C) 成立.

（D）若 $\boldsymbol{\alpha}_1,\boldsymbol{\alpha}_2,\cdots,\boldsymbol{\alpha}_s$ 线性无关，则其任一部分组线性无关，当然其中任意两个向量线性无关，(D) 成立.

(5) 设向量组 $\boldsymbol{\alpha}_1,\boldsymbol{\alpha}_2,\boldsymbol{\alpha}_3$ 线性无关，则下列向量组线性相关的是 ________.

（A）$\boldsymbol{\alpha}_1-\boldsymbol{\alpha}_2,\boldsymbol{\alpha}_2-\boldsymbol{\alpha}_3,\boldsymbol{\alpha}_3-\boldsymbol{\alpha}_1$　　（B）$\boldsymbol{\alpha}_1+\boldsymbol{\alpha}_2,\boldsymbol{\alpha}_2+\boldsymbol{\alpha}_3,\boldsymbol{\alpha}_3+\boldsymbol{\alpha}_1$

（C）$\boldsymbol{\alpha}_1-2\boldsymbol{\alpha}_2,\boldsymbol{\alpha}_2-2\boldsymbol{\alpha}_3,\boldsymbol{\alpha}_3-2\boldsymbol{\alpha}_1$　　（D）$\boldsymbol{\alpha}_1+2\boldsymbol{\alpha}_2,\boldsymbol{\alpha}_2+2\boldsymbol{\alpha}_3,\boldsymbol{\alpha}_3+2\boldsymbol{\alpha}_1$

解 **方法1**：根据线性相关的定义，若存在不全为零的数 k_1,k_2,k_3，使得 $k_1\boldsymbol{\alpha}_1+k_2\boldsymbol{\alpha}_2+k_3\boldsymbol{\alpha}_3=\mathbf{0}$ 成立，则称 $\boldsymbol{\alpha}_1,\boldsymbol{\alpha}_2,\boldsymbol{\alpha}_3$ 线性相关，显然

$$(\boldsymbol{\alpha}_1-\boldsymbol{\alpha}_2)+(\boldsymbol{\alpha}_2-\boldsymbol{\alpha}_3)+(\boldsymbol{\alpha}_3-\boldsymbol{\alpha}_1)=\mathbf{0},$$

故 $\boldsymbol{\alpha}_1-\boldsymbol{\alpha}_2$，$\boldsymbol{\alpha}_2-\boldsymbol{\alpha}_3$，$\boldsymbol{\alpha}_3-\boldsymbol{\alpha}_1$ 线性相关，应选(A).

方法2：排除法. 因

$$(\boldsymbol{\alpha}_1+\boldsymbol{\alpha}_2,\boldsymbol{\alpha}_2+\boldsymbol{\alpha}_3,\boldsymbol{\alpha}_3+\boldsymbol{\alpha}_1)=(\boldsymbol{\alpha}_1,\boldsymbol{\alpha}_2,\boldsymbol{\alpha}_3)\begin{pmatrix}1&0&1\\1&1&0\\0&1&1\end{pmatrix}=(\boldsymbol{\alpha}_1,\boldsymbol{\alpha}_2,\boldsymbol{\alpha}_3)\boldsymbol{C}_2,$$

其中，

$$\boldsymbol{C}_2=\begin{pmatrix}1&0&1\\1&1&0\\0&1&1\end{pmatrix},\ |\boldsymbol{C}_2|=\begin{vmatrix}1&0&1\\1&1&0\\0&1&1\end{vmatrix}\xlongequal{r_2-r_1}\begin{vmatrix}1&0&1\\0&1&-1\\0&1&1\end{vmatrix}=2\neq0,$$

故$\boldsymbol{C}_2$ 是可逆矩阵，因可逆矩阵与矩阵相乘不改变矩阵的秩，从而

$$R(\boldsymbol{\alpha}_1+\boldsymbol{\alpha}_2,\boldsymbol{\alpha}_2+\boldsymbol{\alpha}_3,\boldsymbol{\alpha}_3+\boldsymbol{\alpha}_1)=R(\boldsymbol{\alpha}_1,\boldsymbol{\alpha}_2,\boldsymbol{\alpha}_3)=3,$$

故 $\boldsymbol{\alpha}_1+\boldsymbol{\alpha}_2,\boldsymbol{\alpha}_2+\boldsymbol{\alpha}_3,\boldsymbol{\alpha}_3+\boldsymbol{\alpha}_1$ 线性无关，排除(B).

因

$$(\boldsymbol{\alpha}_1-2\boldsymbol{\alpha}_2,\boldsymbol{\alpha}_2-2\boldsymbol{\alpha}_3,\boldsymbol{\alpha}_3-2\boldsymbol{\alpha}_1)=(\boldsymbol{\alpha}_1,\boldsymbol{\alpha}_2,\boldsymbol{\alpha}_3)\begin{pmatrix}1&0&-2\\-2&1&0\\0&-2&1\end{pmatrix}=(\boldsymbol{\alpha}_1,\boldsymbol{\alpha}_2,\boldsymbol{\alpha}_3)\boldsymbol{C}_3,$$

其中，

$$C_3=\begin{pmatrix}1&0&-2\\-2&1&0\\0&-2&1\end{pmatrix},\ |C_3|=\begin{vmatrix}1&0&-2\\-2&1&0\\0&-2&1\end{vmatrix}\xlongequal{r_2+2r_1}\begin{vmatrix}1&0&-2\\0&1&-4\\0&-2&1\end{vmatrix}=-7\neq 0,$$

故C_3是可逆矩阵，从而

$$R(\alpha_1-2\alpha_2,\alpha_2-2\alpha_3,\alpha_3-2\alpha_1)=R(\alpha_1,\alpha_2,\alpha_3)=3,$$

故$\alpha_1-2\alpha_2,\alpha_2-2\alpha_3,\alpha_3-2\alpha_1$线性无关，排除(C).

因

$$(\alpha_1+2\alpha_2,\alpha_2+2\alpha_3,\alpha_3+2\alpha_1)=(\alpha_1,\alpha_2,\alpha_3)\begin{pmatrix}1&0&2\\2&1&0\\0&2&1\end{pmatrix}=(\alpha_1,\alpha_2,\alpha_3)C_4,$$

其中，

$$C_4=\begin{pmatrix}1&0&2\\2&1&0\\0&2&1\end{pmatrix},\ |C_4|=\begin{vmatrix}1&0&2\\2&1&0\\0&2&1\end{vmatrix}\xlongequal{r_2-2r_1}\begin{vmatrix}1&0&2\\0&1&-4\\0&2&1\end{vmatrix}=9\neq 0,$$

故C_4是可逆矩阵，从而

$$R(\alpha_1+2\alpha_2,\alpha_2+2\alpha_3,\alpha_3+2\alpha_1)=R(\alpha_1,\alpha_2,\alpha_3)=3,$$

故$\alpha_1+2\alpha_2,\alpha_2+2\alpha_3,\alpha_3+2\alpha_1$线性无关，排除(D).

综上知，应选(A).

(6) 设A是n阶矩阵，且A的行列式$|A|=0$，则A中________.

(A) 必有一列元素全为0

(B) 必有两列元素对应成比例

(C) 必有一列向量是其余列向量的线性组合

(D) 任一列向量是其余列向量的线性组合

解 本题考查$|A|=0$的充分必要条件，而选项(A)、(B)、(D)都是充分条件，并不必要，应选(C).

例如：若$A=\begin{pmatrix}1&1&2\\1&2&3\\1&3&4\end{pmatrix}$，条件(A)必有一列元素全为0，(B)必有两列元素对应成比例均不成立，但有$|A|=0$，所以(A)、(B)不满足题意. 若$A=\begin{pmatrix}1&2&3\\1&2&4\\1&2&5\end{pmatrix}$，则$|A|=0$，但第3列并不是其余两列的线性组合，可见(D)不正确. 用排除法可知应选(C).

(7) 非齐次线性方程组$Ax=b$中未知量个数为n，方程个数为m，系数矩阵A的秩为$R(A)=r$，则________.

(A) $r=m$时，方程组$Ax=b$有解

(B) $r=n$时，方程组$Ax=b$有唯一解

(C) $m=n$时，方程组$Ax=b$有唯一解

(D) $r<n$时，方程组$Ax=b$有无穷多解

解 $\boldsymbol{A}$是$m\times n$矩阵，若$R(\boldsymbol{A})=m$，增广矩阵$(\boldsymbol{A},\boldsymbol{b})$也只有$m$行，则$m=R(\boldsymbol{A})\leq R(\boldsymbol{A},\boldsymbol{b})\leq m$，故有$R(\boldsymbol{A})=R(\boldsymbol{A},\boldsymbol{b})$，故$\boldsymbol{Ax}=\boldsymbol{b}$有解. 应选(A).

或，由$R(\boldsymbol{A})=m$知$\boldsymbol{A}$的行向量组线性无关，从而其延伸组必线性无关，故增广矩阵$(\boldsymbol{A},\boldsymbol{b})$的$m$个行向量也线性无关，即$R(\boldsymbol{A})=R(\boldsymbol{A},\boldsymbol{b})$.

关于(B)(D)不正确的原因是：由$r\leq n$不能推出$R(\boldsymbol{A})=R(\boldsymbol{A},\boldsymbol{b})$(注意：$\boldsymbol{A}$是$m\times n$矩阵，$m$可能大于$n$)，$\boldsymbol{Ax}=\boldsymbol{b}$无解. 故(B)(D)不成立.

至于(C)，当$m=n$时，$\boldsymbol{Ax}=\boldsymbol{b}$还可能无解或有无穷多解，只有当$r=m=n$时，$\boldsymbol{Ax}=\boldsymbol{b}$才有唯一解，故(C)不成立.

(8) 设有齐次线性方程组$\boldsymbol{Ax}=\boldsymbol{0}$和$\boldsymbol{Bx}=\boldsymbol{0}$，其中，$\boldsymbol{A}$，$\boldsymbol{B}$均为$m\times n$矩阵，现有4个命题：

① 若$\boldsymbol{Ax}=\boldsymbol{0}$的解均是$\boldsymbol{Bx}=\boldsymbol{0}$的解，则$R(\boldsymbol{A})\geq R(\boldsymbol{B})$；

② 若$R(\boldsymbol{A})\geq R(\boldsymbol{B})$，则$\boldsymbol{Ax}=\boldsymbol{0}$的解均是$\boldsymbol{Bx}=\boldsymbol{0}$的解；

③ 若$\boldsymbol{Ax}=\boldsymbol{0}$与$\boldsymbol{Bx}=\boldsymbol{0}$同解，则$R(\boldsymbol{A})=R(\boldsymbol{B})$；

④ 若秩$R(\boldsymbol{A})=R(\boldsymbol{B})$，则$\boldsymbol{Ax}=\boldsymbol{0}$与$\boldsymbol{Bx}=\boldsymbol{0}$同解.

以上命题中正确的是________.

(A)①② (B)①③ (C)②④ (D)③④

解 ① 若$\boldsymbol{Ax}=\boldsymbol{0}$的解均是$\boldsymbol{Bx}=\boldsymbol{0}$的解，即方程组$\boldsymbol{Ax}=\boldsymbol{0}$的解向量可由方程组$\boldsymbol{Bx}=\boldsymbol{0}$的解向量表示，所以$n-R(\boldsymbol{A})\leq n-R(\boldsymbol{B})$，即$R(\boldsymbol{A})\geq R(\boldsymbol{B})$，反之不一定成立.

③ 若$\boldsymbol{Ax}=\boldsymbol{0}$与$\boldsymbol{Bx}=\boldsymbol{0}$同解，即方程组$\boldsymbol{Ax}=\boldsymbol{0}$的解向量与方程组$\boldsymbol{Bx}=\boldsymbol{0}$的解向量等价，所以$n-R(\boldsymbol{A})=n-R(\boldsymbol{B})$，即$R(\boldsymbol{A})=R(\boldsymbol{B})$，反之不一定成立；如$\boldsymbol{A}=\begin{pmatrix}1&0\\0&0\end{pmatrix}$，$\boldsymbol{B}=\begin{pmatrix}0&0\\0&1\end{pmatrix}$，则$R(\boldsymbol{A})=R(\boldsymbol{B})=1$，但$\boldsymbol{Ax}=\boldsymbol{0}$与$\boldsymbol{Bx}=\boldsymbol{0}$不同解. 故选(B).

(9) 设n阶矩阵$\boldsymbol{A}$的伴随矩阵$\boldsymbol{A}^*\neq\boldsymbol{O}$，若$\boldsymbol{\xi}_1,\boldsymbol{\xi}_2,\boldsymbol{\xi}_3,\boldsymbol{\xi}_4$是非齐次线性方程组$\boldsymbol{Ax}=\boldsymbol{b}$的互不相等的解，则对应的齐次线性方程组$\boldsymbol{Ax}=\boldsymbol{0}$的基础解系________.

(A) 不存在　　(B) 仅含一个非零解向量

(C) 含有两个线性无关的解向量　　(D) 含有三个线性无关的解向量

解 因为基础解系含向量的个数等于$n-R(\boldsymbol{A})$，且

$$R(\boldsymbol{A}^*)=\begin{cases}n, & R(\boldsymbol{A})=n,\\1, & R(\boldsymbol{A})=n-1,\\0, & R(\boldsymbol{A})<n-1.\end{cases}$$

根据已知条件$\boldsymbol{A}^*\neq\boldsymbol{O}$，于是$R(\boldsymbol{A})$等于$n$或$n-1$. 又$\boldsymbol{Ax}=\boldsymbol{b}$有互不相等的解，即解不唯一，故$R(\boldsymbol{A})=n-1$. 从而基础解系仅含一个解向量，即选(B).

(10) 齐次线性方程组$\begin{cases}\lambda x_1+x_2+\lambda^2x_3=0,\\x_1+\lambda x_2+x_3=0,\\x_1+x_2+\lambda x_3=0\end{cases}$的系数矩阵记为$\boldsymbol{A}$. 若存在3阶矩阵$\boldsymbol{B}\neq\boldsymbol{O}$，使得$\boldsymbol{AB}=\boldsymbol{O}$，则________.

(A) $\lambda=-2$ 且 $|\boldsymbol{B}|=0$　　(B) $\lambda=-2$ 且 $|\boldsymbol{B}|\neq 0$

(C) $\lambda=1$ 且 $|\boldsymbol{B}|=0$　　(D) $\lambda=1$ 且 $|\boldsymbol{B}|\neq 0$

解　**方法 1**：由 $\boldsymbol{AB}=\boldsymbol{O}$ 知 $R(\boldsymbol{A})+R(\boldsymbol{B})\leq 3$，又 $\boldsymbol{A}\neq\boldsymbol{O}$，$\boldsymbol{B}\neq\boldsymbol{O}$，于是 $1\leq R(\boldsymbol{A})<3$，$1\leq R(\boldsymbol{B})<3$，故 $|\boldsymbol{A}|=0$，$|\boldsymbol{B}|=0$，即

$$|\boldsymbol{A}|=\begin{vmatrix}\lambda & 1 & \lambda^2\\ 1 & \lambda & 1\\ 1 & 1 & \lambda\end{vmatrix}=\begin{vmatrix}0 & 1-\lambda & 0\\ 0 & \lambda-1 & 1-\lambda\\ 1 & 1 & \lambda\end{vmatrix}=\begin{vmatrix}1-\lambda & 0\\ \lambda-1 & 1-\lambda\end{vmatrix}=(1-\lambda)^2=0,$$

得 $\lambda=1$. 应选(C).

方法 2：由 $\boldsymbol{AB}=\boldsymbol{O}$ 知 $R(\boldsymbol{A})+R(\boldsymbol{B})\leq 3$，又 $\boldsymbol{A}\neq\boldsymbol{O}$，$\boldsymbol{B}\neq\boldsymbol{O}$，于是 $1\leq R(\boldsymbol{A})<3$，$1\leq R(\boldsymbol{B})<3$，故 $|\boldsymbol{B}|=0$.

显然，$\lambda=1$ 时 $|\boldsymbol{A}|=0$，有 $1\leq R(\boldsymbol{A})<3$，故应选(C).

作为选择题，只需在 $\lambda=-2$ 与 $\lambda=1$ 中选择一个，因而可以用特殊值代入法.

2. 设矩阵 $\boldsymbol{A}_{m\times n}$ 的秩为 $R(\boldsymbol{A})=m<n$，$\boldsymbol{E}_m$ 为 m 阶单位矩阵，下述结论中哪些是正确的.

(A) $\boldsymbol{A}$ 的任意 m 个列向量必线性无关

(B) $\boldsymbol{A}$ 的任意 m 个行向量必线性无关

(C) $\boldsymbol{A}$ 的任意一个 m 阶子式不等于零

(D) 若矩阵 $\boldsymbol{B}$ 满足 $\boldsymbol{BA}=\boldsymbol{O}$，则 $\boldsymbol{B}=\boldsymbol{O}$

(E) $\boldsymbol{A}$ 通过初等行变换，必可以化为 $(\boldsymbol{E}_m,\boldsymbol{0})$ 的形式

(F) 非齐次线性方程组 $\boldsymbol{Ax}=\boldsymbol{b}$ 一定有无穷多组解

解　(B)(D)(F) 正确.

$R(\boldsymbol{A})=m$ 表示 $\boldsymbol{A}$ 中有 m 个列向量线性无关. 有 m 阶子式不等于零，并不是任意的，因此(A)(C) 均不正确.

经初等变换可把 $\boldsymbol{A}$ 化成标准形，一般应当既有初等行变换也有初等列变换，只用一种变换不一定能化为标准形. 例如 $\begin{pmatrix}0 & 1 & 0\\ 0 & 0 & 1\end{pmatrix}$，只用初等行变换就无法化成 $(\boldsymbol{E}_2,\boldsymbol{0})$ 的形式，故(E) 不正确.

关于(D)，由 $\boldsymbol{BA}=\boldsymbol{O}$ 知 $R(\boldsymbol{B})+R(\boldsymbol{A})\leq m$，又 $R(\boldsymbol{A})=m$，从而 $R(\boldsymbol{B})\leq 0$，按定义又有 $R(\boldsymbol{B})\geq 0$，于是 $R(\boldsymbol{B})=0$，即 $\boldsymbol{B}=\boldsymbol{O}$. 故(D) 正确.

关于(F)，因为 $\boldsymbol{A}$ 为 $m\times n$ 矩阵，且 $R(\boldsymbol{A})=m$，故增广矩阵的秩必为 m，从而 $R(\boldsymbol{A})=R(\overline{\boldsymbol{A}})=m<n$，所以方程组 $\boldsymbol{Ax}=\boldsymbol{b}$ 必有无穷多组解，故(F) 正确.

3. 设向量组 $\boldsymbol{\alpha}_1$，$\boldsymbol{\alpha}_2$，$\boldsymbol{\alpha}_3$ 线性相关，向量组 $\boldsymbol{\alpha}_2$，$\boldsymbol{\alpha}_3$，$\boldsymbol{\alpha}_4$ 线性无关，问：

(1) $\boldsymbol{\alpha}_1$ 能否由 $\boldsymbol{\alpha}_2$，$\boldsymbol{\alpha}_3$ 线性表出？证明你的结论.

(2) $\boldsymbol{\alpha}_4$ 能否由 $\boldsymbol{\alpha}_1$，$\boldsymbol{\alpha}_2$，$\boldsymbol{\alpha}_3$ 线性表出？证明你的结论.

解　(1) $\boldsymbol{\alpha}_1$ 能由 $\boldsymbol{\alpha}_2$，$\boldsymbol{\alpha}_3$ 线性表出.

因为已知向量组 $\boldsymbol{\alpha}_2$，$\boldsymbol{\alpha}_3$，$\boldsymbol{\alpha}_4$ 线性无关，所以 $\boldsymbol{\alpha}_2$，$\boldsymbol{\alpha}_3$ 线性无关，又因为 $\boldsymbol{\alpha}_1$，$\boldsymbol{\alpha}_2$，$\boldsymbol{\alpha}_3$ 线性相关，故 $\boldsymbol{\alpha}_1$ 能由 $\boldsymbol{\alpha}_2$，$\boldsymbol{\alpha}_3$ 线性表出.

(2) $\boldsymbol{\alpha}_4$ 不能由 $\boldsymbol{\alpha}_1$，$\boldsymbol{\alpha}_2$，$\boldsymbol{\alpha}_3$ 线性表出. 反证法：若 $\boldsymbol{\alpha}_4$ 能由 $\boldsymbol{\alpha}_1$，$\boldsymbol{\alpha}_2$，$\boldsymbol{\alpha}_3$ 线性表出，设

$\boldsymbol{\alpha}_4=k_1\boldsymbol{\alpha}_1+k_2\boldsymbol{\alpha}_2+k_3\boldsymbol{\alpha}_3$. 由(1)知，$\boldsymbol{\alpha}_1$ 能由 $\boldsymbol{\alpha}_2$，$\boldsymbol{\alpha}_3$ 线性表出，可设 $\boldsymbol{\alpha}_1=l_1\boldsymbol{\alpha}_2+l_2\boldsymbol{\alpha}_3$，那么代入上式整理得

$$\boldsymbol{\alpha}_4=(k_1l_1+k_2)\boldsymbol{\alpha}_2+(k_1l_2+k_3)\boldsymbol{\alpha}_3.$$

即 $\boldsymbol{\alpha}_4$ 能由 $\boldsymbol{\alpha}_2$，$\boldsymbol{\alpha}_3$ 线性表出，从而 $\boldsymbol{\alpha}_2$，$\boldsymbol{\alpha}_3$，$\boldsymbol{\alpha}_4$ 线性相关，这与已知矛盾. 因此，$\boldsymbol{\alpha}_4$ 不能由 $\boldsymbol{\alpha}_1$，$\boldsymbol{\alpha}_2$，$\boldsymbol{\alpha}_3$ 线性表出.

4. 已知 $\boldsymbol{\alpha}_1=(1,0,2,3)$，$\boldsymbol{\alpha}_2=(1,1,3,5)$，$\boldsymbol{\alpha}_3=(1,-1,a+2,1)$，$\boldsymbol{\alpha}_4=(1,2,4,a+8)$，及 $\boldsymbol{\beta}=(1,1,b+3,5)$.

(1) a，b 为何值时，$\boldsymbol{\beta}$ 不能表示成 $\boldsymbol{\alpha}_1$，$\boldsymbol{\alpha}_2$，$\boldsymbol{\alpha}_3$，$\boldsymbol{\alpha}_4$ 的线性组合？

(2) a，b 为何值时，$\boldsymbol{\beta}$ 存在关于 $\boldsymbol{\alpha}_1$，$\boldsymbol{\alpha}_2$，$\boldsymbol{\alpha}_3$，$\boldsymbol{\alpha}_4$ 的唯一的线性表示式？并写出该表示式.

解 (1) 设 $\boldsymbol{\alpha}_1x_1+\boldsymbol{\alpha}_2x_2+\boldsymbol{\alpha}_3x_3+\boldsymbol{\alpha}_4x_4=\boldsymbol{\beta}$，按分量写出，则有

$$\begin{cases}x_1+x_2+x_3+x_4=1\\x_2-x_3+2x_4=1\\2x_1+3x_2+(a+2)x_3+4x_4=b+3\\3x_1+5x_2+x_3+(a+8)x_4=5\end{cases}.$$

对方程组的增广矩阵作初等行变换，有

$$\overline{\boldsymbol{A}}=\left(\begin{array}{cccc|c}1&1&1&1&1\\0&1&-1&2&1\\2&3&a+2&4&b+3\\3&5&1&a+8&5\end{array}\right)\xrightarrow[r_4-3r_1]{r_3-2r_1}\left(\begin{array}{cccc|c}1&1&1&1&1\\0&1&-1&2&1\\0&1&a&2&b+1\\0&2&-2&a+5&2\end{array}\right)$$

$$\xrightarrow[r_4-2r_2]{r_3-r_2}\left(\begin{array}{cccc|c}1&1&1&1&1\\0&1&-1&2&1\\0&0&a+1&0&b\\0&0&0&a+1&0\end{array}\right),$$

所以，当 $a=-1,b\neq0$ 时，$R(\boldsymbol{A})+1=R(\overline{\boldsymbol{A}})$，方程组无解. 即不存在 x_1,x_2,x_3,x_4 使得 $\boldsymbol{\alpha}_1x_1+\boldsymbol{\alpha}_2x_2+\boldsymbol{\alpha}_3x_3+\boldsymbol{\alpha}_4x_4=\boldsymbol{\beta}$ 成立，$\boldsymbol{\beta}$ 不能表示成 $\boldsymbol{\alpha}_1,\boldsymbol{\alpha}_2,\boldsymbol{\alpha}_3,\boldsymbol{\alpha}_4$ 的线性组合.

(2) 当 $a\neq-1$ 时，$R(\boldsymbol{A})=R(\overline{\boldsymbol{A}})=4$，方程组有唯一解，进一步求解可得其唯一解为

$$\left(-\frac{2b}{a+1},\frac{a+b+1}{a+1},\frac{b}{a+1},0\right)^{\mathrm{T}},$$

此时 $\boldsymbol{\beta}$ 有唯一表达式，且 $\boldsymbol{\beta}=-\dfrac{2b}{a+1}\boldsymbol{\alpha}_1+\dfrac{a+b+1}{a+1}\boldsymbol{\alpha}_2+\dfrac{b}{a+1}\boldsymbol{\alpha}_3+0\cdot\boldsymbol{\alpha}_4$.

5. 已知 $\boldsymbol{\alpha}_1=(1,4,0,2)^{\mathrm{T}}$，$\boldsymbol{\alpha}_2=(2,7,1,3)^{\mathrm{T}}$，$\boldsymbol{\alpha}_3=(0,1,-1,a)^{\mathrm{T}}$，$\boldsymbol{\beta}=(3,10,b,4)^{\mathrm{T}}$，问：

(1) a,b 取何值时，$\boldsymbol{\beta}$ 不能由 $\boldsymbol{\alpha}_1,\boldsymbol{\alpha}_2,\boldsymbol{\alpha}_3$ 线性表示？

(2) a,b 取何值时，$\boldsymbol{\beta}$ 可由 $\boldsymbol{\alpha}_1,\boldsymbol{\alpha}_2,\boldsymbol{\alpha}_3$ 线性表示？并写出此表达式.

解 令 $\boldsymbol{A}=(\boldsymbol{\alpha}_1,\boldsymbol{\alpha}_2,\boldsymbol{\alpha}_3)$，$\boldsymbol{x}=(x_1,x_2,x_3)^{\mathrm{T}}$，作方程组 $\boldsymbol{Ax}=\boldsymbol{\beta}$，并对此方程组的增广矩阵进行初等行变换：

$$(\boldsymbol{A} \vdots \boldsymbol{\beta}) = \begin{pmatrix} 1 & 2 & 0 & \vdots & 3 \\ 4 & 7 & 1 & \vdots & 10 \\ 0 & 1 & -1 & \vdots & b \\ 2 & 3 & a & \vdots & 4 \end{pmatrix} \xrightarrow[r_4 - 2r_1]{r_2 - 4r_1} \begin{pmatrix} 1 & 2 & 0 & \vdots & 3 \\ 0 & -1 & 1 & \vdots & -2 \\ 0 & 1 & -1 & \vdots & b \\ 0 & -1 & a & \vdots & -2 \end{pmatrix}$$

$$\xrightarrow[\substack{r_4 - r_2 \\ r_3 \leftrightarrow r_4}]{r_3 + r_2} \begin{pmatrix} 1 & 2 & 0 & \vdots & 3 \\ 0 & -1 & 1 & \vdots & -2 \\ 0 & 0 & a-1 & \vdots & 0 \\ 0 & 0 & 0 & \vdots & b-2 \end{pmatrix},$$

由非齐次线性方程组有解的判定定理，可得：

(1) 当 $b \neq 2$ 时，线性方程组 $\boldsymbol{Ax} = \boldsymbol{\beta}$ 无解，此时 $\boldsymbol{\beta}$ 不能由 $\boldsymbol{\alpha}_1, \boldsymbol{\alpha}_2, \boldsymbol{\alpha}_3$ 线性表示.

(2) 当 $b = 2, a \neq 1$ 时，$R(\boldsymbol{A}) = R(\bar{\boldsymbol{A}}) = 3$，线性方程组 $\boldsymbol{Ax} = \boldsymbol{\beta}$ 有唯一解，下面求此唯一解.

由以上增广矩阵变换可得线性方程组 $\boldsymbol{Ax} = \boldsymbol{\beta}$ 的同解方程组为

$$\begin{cases} x_1 + 2x_2 = 3 \\ -x_2 + x_3 = -2, \\ (a-1)x_3 = 0 \end{cases}$$

解得唯一解为 $\boldsymbol{x} = (-1, 2, 0)^{\mathrm{T}}$. 故 $\boldsymbol{\beta}$ 能由 $\boldsymbol{\alpha}_1, \boldsymbol{\alpha}_2, \boldsymbol{\alpha}_3$ 线性表示为：$\boldsymbol{\beta} = -\boldsymbol{\alpha}_1 + 2\boldsymbol{\alpha}_2$.

(3) 当 $b = 2, a = 1$ 时，$R(\boldsymbol{A}) = R(\bar{\boldsymbol{A}}) = 2 < 3$，线性方程组 $\boldsymbol{Ax} = \boldsymbol{\beta}$ 有无穷多解. 下面求齐次线性方程组 $\boldsymbol{Ax} = \boldsymbol{0}$ 的基础解系. 齐次线性方程组 $\boldsymbol{Ax} = \boldsymbol{0}$ 的同解方程组为：

$$\begin{cases} x_1 + 2x_2 = 0 \\ -x_2 + x_3 = 0 \end{cases},$$

基础解系所含向量的个数为 $n - R(\boldsymbol{A}) = 3 - 2 = 1$，可得基础解系为 $\boldsymbol{\xi} = (-2, 1, 1)^{\mathrm{T}}$. 取 $x_3 = 0$，解得 $\boldsymbol{Ax} = \boldsymbol{\beta}$ 的一个特解为 $\boldsymbol{\eta}^* = (-1, 2, 0)^{\mathrm{T}}$，则由非齐次线性方程组解的结构可知，方程组 $\boldsymbol{Ax} = \boldsymbol{\beta}$ 的通解为

$$\boldsymbol{x} = k\boldsymbol{\xi} + \boldsymbol{\eta}^* = (-2k - 1, k + 2, k)^{\mathrm{T}}，k \text{ 是任意常数.}$$

此时 $\boldsymbol{\beta}$ 能由 $\boldsymbol{\alpha}_1, \boldsymbol{\alpha}_2, \boldsymbol{\alpha}_3$ 线性表出，且表示法有无穷多种(k 可以取任意常数)，且

$$\boldsymbol{\beta} = -(2k + 1)\boldsymbol{\alpha}_1 + (k + 2)\boldsymbol{\alpha}_2 + k\boldsymbol{\alpha}_3.$$

6. 设向量组 $\boldsymbol{\alpha}_1 = (1, 1, 1, 3)^{\mathrm{T}}$，$\boldsymbol{\alpha}_2 = (-1, -3, 5, 1)^{\mathrm{T}}$，$\boldsymbol{\alpha}_3 = (3, 2, -1, p + 2)^{\mathrm{T}}$，$\boldsymbol{\alpha}_4 = (-2, -6, 10, p)^{\mathrm{T}}$，

(1) 当 p 为何值时，该向量组线性无关？并在此时将向量 $\boldsymbol{\alpha} = (4, 1, 6, 10)^{\mathrm{T}}$ 用 $\boldsymbol{\alpha}_1, \boldsymbol{\alpha}_2, \boldsymbol{\alpha}_3, \boldsymbol{\alpha}_4$ 线性表示；

(2) 当 p 为何值时，该向量组线性相关？并求出它的秩和一个极大线性无关组.

解　作方程组 $\boldsymbol{\alpha}_1 x_1 + \boldsymbol{\alpha}_2 x_2 + \boldsymbol{\alpha}_3 x_3 + \boldsymbol{\alpha}_4 x_4 = \boldsymbol{\alpha}$，并对增广矩阵作初等行变换：

$$(\boldsymbol{\alpha}_1, \boldsymbol{\alpha}_2, \boldsymbol{\alpha}_3, \boldsymbol{\alpha}_4, \boldsymbol{\alpha}) = \begin{pmatrix} 1 & -1 & 3 & -2 & \vdots & 4 \\ 1 & -3 & 2 & -6 & \vdots & 1 \\ 1 & 5 & -1 & 10 & \vdots & 6 \\ 3 & 1 & p+2 & p & \vdots & 10 \end{pmatrix} \xrightarrow[r_4 - 3r_1]{\substack{r_2 - r_1 \\ r_3 - r_1}} \begin{pmatrix} 1 & -1 & 3 & -2 & \vdots & 4 \\ 0 & -2 & -1 & -4 & \vdots & -3 \\ 0 & 6 & -4 & 12 & \vdots & 2 \\ 0 & 4 & p-7 & p+6 & \vdots & -2 \end{pmatrix}$$

$$\xrightarrow[r_4+2r_2]{r_3+3r_2}\left(\begin{array}{cccc|c}1&-1&3&-2&4\\0&-2&-1&-4&-3\\0&0&-7&0&-7\\0&0&p-9&p-2&-8\end{array}\right)\xrightarrow[r_4-(p-9)r_3]{r_3\div(-7)}\left(\begin{array}{cccc|c}1&-1&3&-2&4\\0&-2&-1&-4&-3\\0&0&1&0&1\\0&0&0&p-2&1-p\end{array}\right).$$

（1）当$p\neq 2$时，$R(\boldsymbol{\alpha}_1,\boldsymbol{\alpha}_2,\boldsymbol{\alpha}_3,\boldsymbol{\alpha}_4)=R(\boldsymbol{\alpha}_1,\boldsymbol{\alpha}_2,\boldsymbol{\alpha}_3,\boldsymbol{\alpha}_4,\boldsymbol{\alpha})=4$，此时$\boldsymbol{\alpha}_1,\boldsymbol{\alpha}_2,\boldsymbol{\alpha}_3,\boldsymbol{\alpha}_4$线性无关，方程组$\boldsymbol{\alpha}_1x_1+\boldsymbol{\alpha}_2x_2+\boldsymbol{\alpha}_3x_3+\boldsymbol{\alpha}_4x_4=\boldsymbol{\alpha}$有唯一解，其同解方程组为

$$\begin{cases}x_1-x_2+3x_3-2x_4=4\\ \quad 2x_2+x_3+4x_4=3\\ \qquad\quad x_3 \qquad\ =1\\ \qquad (p-2)x_4=1-p\end{cases}，解得\ x_1=2,x_2=\frac{3p-4}{p-2},x_3=1,x_4=\frac{1-p}{p-2},$$

即$\boldsymbol{\alpha}$可由$\boldsymbol{\alpha}_1,\boldsymbol{\alpha}_2,\boldsymbol{\alpha}_3,\boldsymbol{\alpha}_4$线性表示出，且表达式为

$$\boldsymbol{\alpha}=2\boldsymbol{\alpha}_1+\frac{3p-4}{p-2}\boldsymbol{\alpha}_2+\boldsymbol{\alpha}_3+\frac{1-p}{p-2}\boldsymbol{\alpha}_4.$$

（2）向量组$\boldsymbol{\alpha}_1,\boldsymbol{\alpha}_2,\boldsymbol{\alpha}_3,\boldsymbol{\alpha}_4$线性相关的充要条件是以$\boldsymbol{\alpha}_i,i=1,2,3,4$为列向量组成的齐次线性方程组$\boldsymbol{\alpha}_1x_1+\boldsymbol{\alpha}_2x_2+\boldsymbol{\alpha}_3x_3+\boldsymbol{\alpha}_4x_4=\mathbf{0}$有非零解. 由上面初等行变换可知，当$p=2$时，

$$(\boldsymbol{\alpha}_1,\boldsymbol{\alpha}_2,\boldsymbol{\alpha}_3,\boldsymbol{\alpha}_4)\xrightarrow{r}\begin{pmatrix}1&-1&3&-2\\0&-2&-1&-4\\0&0&1&0\\0&0&0&0\end{pmatrix}.$$

$R(\boldsymbol{\alpha}_1,\boldsymbol{\alpha}_2,\boldsymbol{\alpha}_3,\boldsymbol{\alpha}_4)=3<4$，此时齐次方程组$\boldsymbol{\alpha}_1x_1+\boldsymbol{\alpha}_2x_2+\boldsymbol{\alpha}_3x_3+\boldsymbol{\alpha}_4x_4=\mathbf{0}$有非零解，向量组$\boldsymbol{\alpha}_1,\boldsymbol{\alpha}_2,\boldsymbol{\alpha}_3,\boldsymbol{\alpha}_4$线性相关. 且可得$\boldsymbol{\alpha}_1,\boldsymbol{\alpha}_2,\boldsymbol{\alpha}_3$（或$\boldsymbol{\alpha}_1,\boldsymbol{\alpha}_3,\boldsymbol{\alpha}_4$）线性无关，是其极大线性无关组.

7. 设$\boldsymbol{\alpha}_1=(1,2,0)^{\mathrm{T}}$，$\boldsymbol{\alpha}_2=(1,a+2,-3a)^{\mathrm{T}}$，$\boldsymbol{\alpha}_3=(-1,-b-2,a+2b)^{\mathrm{T}}$，$\boldsymbol{\beta}=(1,3,-3)^{\mathrm{T}}$. 试讨论当$a,b$为何值时，

(1)$\boldsymbol{\beta}$不能由$\boldsymbol{\alpha}_1,\boldsymbol{\alpha}_2,\boldsymbol{\alpha}_3$线性表示；

(2)$\boldsymbol{\beta}$可由$\boldsymbol{\alpha}_1,\boldsymbol{\alpha}_2,\boldsymbol{\alpha}_3$唯一地线性表示，并求出表达式；

(3)$\boldsymbol{\beta}$可由$\boldsymbol{\alpha}_1,\boldsymbol{\alpha}_2,\boldsymbol{\alpha}_3$线性表示，但表达式不唯一，并求出表达式.

解 设有数x_1,x_2,x_3，使得$\boldsymbol{\alpha}_1x_1+\boldsymbol{\alpha}_2x_2+\boldsymbol{\alpha}_3x_3=\boldsymbol{\beta}$. （＊）

记$\boldsymbol{A}=(\boldsymbol{\alpha}_1,\boldsymbol{\alpha}_2,\boldsymbol{\alpha}_3)$. 对矩阵$(\boldsymbol{A},\boldsymbol{\beta})$施以初等行变换，有

$$(\boldsymbol{A},\boldsymbol{\beta})=\left(\begin{array}{ccc|c}1&1&-1&1\\2&a+2&-b-2&3\\0&-3a&a+2b&-3\end{array}\right)\xrightarrow{r}\left(\begin{array}{ccc|c}1&1&-1&1\\0&a&-b&1\\0&0&a-b&0\end{array}\right).$$

（1）当$a=0$时，有

$$(\boldsymbol{A},\boldsymbol{\beta})\xrightarrow{r}\left(\begin{array}{ccc|c}1&1&-1&1\\0&0&-b&1\\0&0&0&-1\end{array}\right).$$

可知$R(\boldsymbol{A})\neq R(\boldsymbol{A},\boldsymbol{\beta})$. 故方程组（＊）无解，$\boldsymbol{\beta}$不能由$\boldsymbol{\alpha}_1,\boldsymbol{\alpha}_2,\boldsymbol{\alpha}_3$线性表示.

（2）当$a\neq 0$，且$a\neq b$时，有

$$(\boldsymbol{A},\boldsymbol{\beta}) \xrightarrow{r} \left(\begin{array}{ccc:c} 1 & 1 & -1 & 1 \\ 0 & a & -b & 1 \\ 0 & 0 & a-b & 0 \end{array}\right) \xrightarrow{r} \left(\begin{array}{ccc:c} 1 & 0 & 0 & 1-\dfrac{1}{a} \\ 0 & 1 & 0 & \dfrac{1}{a} \\ 0 & 0 & 1 & 0 \end{array}\right),$$

$R(\boldsymbol{A}) = R(\boldsymbol{A},\boldsymbol{\beta}) = 3$，方程组(*)有唯一解：

$$x_1 = 1 - \frac{1}{a},\ x_2 = \frac{1}{a},\ x_3 = 0.$$

此时 $\boldsymbol{\beta}$ 可由 $\boldsymbol{\alpha}_1,\boldsymbol{\alpha}_2,\boldsymbol{\alpha}_3$ 唯一地线性表示，其表达式为 $\boldsymbol{\beta} = (1 - \dfrac{1}{a})\boldsymbol{\alpha}_1 + \dfrac{1}{a}\boldsymbol{\alpha}_2$.

（3）当 $a = b \neq 0$ 时，对矩阵$(\boldsymbol{A},\boldsymbol{\beta})$施以初等行变换，有

$$(\boldsymbol{A},\boldsymbol{\beta}) \xrightarrow{r} \left(\begin{array}{ccc:c} 1 & 1 & -1 & 1 \\ 0 & a & -b & 1 \\ 0 & 0 & a-b & 0 \end{array}\right) \xrightarrow{r} \left(\begin{array}{ccc:c} 1 & 0 & 0 & 1-\dfrac{1}{a} \\ 0 & 1 & -1 & \dfrac{1}{a} \\ 0 & 0 & 0 & 0 \end{array}\right),$$

$R(\boldsymbol{A}) = R(\boldsymbol{A},\boldsymbol{\beta}) = 2$，方程组(*)有无穷多解，其全部解为

$$x_1 = 1 - \frac{1}{a},\ x_2 = \frac{1}{a} + c,\ x_3 = c，其中\ c\ 为任意常数.$$

$\boldsymbol{\beta}$ 可由 $\boldsymbol{\alpha}_1,\boldsymbol{\alpha}_2,\boldsymbol{\alpha}_3$ 线性表示，但表达式不唯一，其表达式为

$$\boldsymbol{\beta} = (1 - \frac{1}{a})\boldsymbol{\alpha}_1 + (\frac{1}{a} + c)\boldsymbol{\alpha}_2 + c\boldsymbol{\alpha}_3,\ c \in \mathbb{R}.$$

8. 试证明 n 维列向量组 $\boldsymbol{\alpha}_1,\boldsymbol{\alpha}_2,\cdots,\boldsymbol{\alpha}_n$ 线性无关的充分必要条件是

$$D = \begin{vmatrix} \boldsymbol{\alpha}_1^{\mathrm{T}}\boldsymbol{\alpha}_1 & \boldsymbol{\alpha}_1^{\mathrm{T}}\boldsymbol{\alpha}_2 & \cdots & \boldsymbol{\alpha}_1^{\mathrm{T}}\boldsymbol{\alpha}_n \\ \boldsymbol{\alpha}_2^{\mathrm{T}}\boldsymbol{\alpha}_1 & \boldsymbol{\alpha}_2^{\mathrm{T}}\boldsymbol{\alpha}_2 & \cdots & \boldsymbol{\alpha}_2^{\mathrm{T}}\boldsymbol{\alpha}_n \\ \vdots & \vdots & & \vdots \\ \boldsymbol{\alpha}_n^{\mathrm{T}}\boldsymbol{\alpha}_1 & \boldsymbol{\alpha}_n^{\mathrm{T}}\boldsymbol{\alpha}_2 & \cdots & \boldsymbol{\alpha}_n^{\mathrm{T}}\boldsymbol{\alpha}_n \end{vmatrix} \neq 0,$$

其中，$\boldsymbol{\alpha}_i^{\mathrm{T}}$ 表示列向量 $\boldsymbol{\alpha}_i$ 的转置，$i = 1,2,\cdots,n$.

证　记 $\boldsymbol{A} = (\boldsymbol{\alpha}_1,\boldsymbol{\alpha}_2,\cdots,\boldsymbol{\alpha}_n)$，则 $\boldsymbol{\alpha}_1,\boldsymbol{\alpha}_2,\cdots,\boldsymbol{\alpha}_n$ 线性无关的充分必要条件是 $|\boldsymbol{A}| \neq 0$. 由于

$$\boldsymbol{A}^{\mathrm{T}}\boldsymbol{A} = \begin{pmatrix} \boldsymbol{\alpha}_1^{\mathrm{T}} \\ \boldsymbol{\alpha}_2^{\mathrm{T}} \\ \vdots \\ \boldsymbol{\alpha}_n^{\mathrm{T}} \end{pmatrix} (\boldsymbol{\alpha}_1,\boldsymbol{\alpha}_2,\cdots,\boldsymbol{\alpha}_n) = \begin{pmatrix} \boldsymbol{\alpha}_1^{\mathrm{T}}\boldsymbol{\alpha}_1 & \boldsymbol{\alpha}_1^{\mathrm{T}}\boldsymbol{\alpha}_2 & \cdots & \boldsymbol{\alpha}_1^{\mathrm{T}}\boldsymbol{\alpha}_n \\ \boldsymbol{\alpha}_2^{\mathrm{T}}\boldsymbol{\alpha}_1 & \boldsymbol{\alpha}_2^{\mathrm{T}}\boldsymbol{\alpha}_2 & \cdots & \boldsymbol{\alpha}_2^{\mathrm{T}}\boldsymbol{\alpha}_n \\ \vdots & \vdots & & \vdots \\ \boldsymbol{\alpha}_n^{\mathrm{T}}\boldsymbol{\alpha}_1 & \boldsymbol{\alpha}_n^{\mathrm{T}}\boldsymbol{\alpha}_2 & \cdots & \boldsymbol{\alpha}_n^{\mathrm{T}}\boldsymbol{\alpha}_n \end{pmatrix},$$

从而取行列式，有 $D = |\boldsymbol{A}^{\mathrm{T}}\boldsymbol{A}| = |\boldsymbol{A}^{\mathrm{T}}||\boldsymbol{A}| = |\boldsymbol{A}|^2$. 由此可见 $\boldsymbol{\alpha}_1,\boldsymbol{\alpha}_2,\cdots,\boldsymbol{\alpha}_n$ 线性无关的充分必要条件是 $D \neq 0$.

9. 已知线性方程组

$$\begin{cases} x_1+x_2+x_3=0 \\ ax_1+bx_2+cx_3=0 \\ a^2x_1+b^2x_2+c^2x_3=0 \end{cases},$$

(1) a,b,c 满足何种关系时，方程组仅有零解？

(2) a,b,c 满足何种关系时，方程组有无穷多解？ 并用基础解系表示全部解.

解 系数行列式为范德蒙德行列式

$$D=\begin{vmatrix} 1 & 1 & 1 \\ a & b & c \\ a^2 & b^2 & c^2 \end{vmatrix}=(c-b)(c-a)(b-a),$$

(1) 当 a,b,c 两两互不相等时，$(c-b)(c-a)(b-a)\neq 0$，$D\neq 0$，方程组仅有零解.

(2) 当 $D=0$，即当 $a=b\neq c$ 或 $b=c\neq a$ 或 $c=a\neq b$ 或 $a=b=c$ 时，则 $R(\boldsymbol{A})<3$，从而方程组有无穷多解，且

当 $a=b\neq c$ 时，因

$$\boldsymbol{A}=\begin{pmatrix} 1 & 1 & 1 \\ a & a & c \\ a^2 & a^2 & c^2 \end{pmatrix}\xrightarrow[r_3-a^2r_1]{r_2-ar_1}\begin{pmatrix} 1 & 1 & 1 \\ 0 & 0 & c-a \\ 0 & 0 & c^2-a^2 \end{pmatrix}\xrightarrow{r}\begin{pmatrix} 1 & 1 & 1 \\ 0 & 0 & 1 \\ 0 & 0 & 0 \end{pmatrix},$$

其同解方程组为 $\begin{cases} x_1+x_2+x_3=0 \\ x_3=0 \end{cases}$，$R(\boldsymbol{A})=2$，得基础解系 $(1,-1,0)^{\mathrm{T}}$，故方程组的全部解为 $k_1(1,-1,0)^{\mathrm{T}}$，其中，k_1 是任意常数.

同理可得，当 $c=a\neq b$ 时，原方程组的基础解系为 $(1,0,-1)^{\mathrm{T}}$，方程组的全部解为 $k_2(1,0,-1)^{\mathrm{T}}$，其中，k_2 是任意常数.

当 $b=c\neq a$ 时，原方程组的基础解系为 $(0,1,-1)^{\mathrm{T}}$，方程组的全部解为 $k_3(0,1,-1)^{\mathrm{T}}$，其中，k_3 是任意常数.

当 $a=b=c$ 时，因

$$\boldsymbol{A}=\begin{pmatrix} 1 & 1 & 1 \\ a & a & a \\ a^2 & a^2 & a^2 \end{pmatrix}\xrightarrow{r}\begin{pmatrix} 1 & 1 & 1 \\ 0 & 0 & 0 \\ 0 & 0 & 0 \end{pmatrix},$$

其同解方程组为 $x_1+x_2+x_3=0$，$R(\boldsymbol{A})=1$，其基础解系为 $(0,1,-1)^{\mathrm{T}}$，$(1,0,-1)^{\mathrm{T}}$，方程组的全部解为 $k_4(0,1,-1)^{\mathrm{T}}+k_5(1,0,-1)^{\mathrm{T}}$，其中，$k_4,k_5$ 是任意常数.

10. 设有齐次线性方程组

$$\begin{cases} ax_1+bx_2+bx_3+\cdots+bx_n=0, \\ bx_1+ax_2+bx_3+\cdots+bx_n=0, \\ \cdots\quad\cdots\quad\cdots \\ bx_1+bx_2+bx_3+\cdots+ax_n=0, \end{cases}$$

其中 $a\neq 0$，$b\neq 0$，$n\geq 2$. 试讨论当 a,b 为何值时，方程组仅有零解、有无穷多组解？在有无穷多组解时，求出全部解，并用基础解系表示全部解.

解　对系数矩阵作初等行变换

$$A=\begin{pmatrix}a&b&b&\cdots&b\\b&a&b&\cdots&b\\b&b&a&\cdots&b\\\vdots&\vdots&\vdots&&\vdots\\b&b&b&\cdots&a\end{pmatrix}\xrightarrow[i=2,3,\cdots,n]{r_i-r_1}\begin{pmatrix}a&b&b&\cdots&b\\b-a&a-b&0&\cdots&0\\b-a&0&a-b&\cdots&0\\\vdots&\vdots&\vdots&&\vdots\\b-a&0&0&\cdots&a-b\end{pmatrix}.$$

当 $a=b$ 时, $R(\boldsymbol{A})=1$, $\boldsymbol{Ax}=\boldsymbol{0}$ 的同解方程组为

$$x_1+x_2+\cdots+x_n=0,$$

其基础解系为

$\boldsymbol{\xi}_1=(-1,1,0,\cdots,0)^{\mathrm{T}},\boldsymbol{\xi}_2=(-1,0,1,0,\cdots,0)^{\mathrm{T}},\cdots,\boldsymbol{\xi}_{n-1}=(-1,0,\cdots,0,1)^{\mathrm{T}}$,
方程组的全部解为

$\boldsymbol{x}=k_1\boldsymbol{\xi}_1+k_2\boldsymbol{\xi}_2+\cdots+k_{n-1}\boldsymbol{\xi}_{n-1}$, 其中, k_i 是任意常数, $i=1,2,\cdots,n-1$.

当 $a\neq b$ 时, 则

$$A\xrightarrow{r}\begin{pmatrix}a&b&b&\cdots&b\\b-a&a-b&0&\cdots&0\\b-a&0&a-b&\cdots&0\\\vdots&\vdots&\vdots&&\vdots\\b-a&0&0&\cdots&a-b\end{pmatrix}\xrightarrow{r}\begin{pmatrix}a&b&b&\cdots&b\\-1&1&0&\cdots&0\\-1&0&1&\cdots&0\\\vdots&\vdots&\vdots&&\vdots\\-1&0&0&\cdots&1\end{pmatrix}$$

$$\xrightarrow{c_1+c_2+\cdots+c_n}\begin{pmatrix}a+(n-1)b&b&b&\cdots&b\\0&1&0&\cdots&0\\0&0&1&\cdots&0\\\vdots&\vdots&\vdots&&\vdots\\0&0&0&\cdots&1\end{pmatrix}.$$

故当 $a\neq b$ 且 $a\neq-(n-1)b$ 时, $R(\boldsymbol{A})=n$, $\boldsymbol{Ax}=\boldsymbol{0}$ 仅有零解.

当 $a=-(n-1)b$ 时, $\boldsymbol{Ax}=\boldsymbol{0}$ 的同解方程组是

$$\begin{cases}-x_1+x_2=0,\\-x_1+x_3=0,\\\cdots\cdots\\-x_1+x_n=0,\end{cases}$$

其基础解系为 $\boldsymbol{\xi}=(1,1,\cdots,1)^{\mathrm{T}}$, 方程组的全部解为

$$x=k\boldsymbol{\xi}, \text{其中}, k \text{是任意常数}.$$

11. 已知齐次线性方程组

$$\begin{cases}(a_1+b)x_1+a_2x_2+a_3x_3+\cdots+a_nx_n=0,\\a_1x_1+(a_2+b)x_2+a_3x_3+\cdots+a_nx_n=0,\\a_1x_1+a_2x_2+(a_3+b)x_3+\cdots+a_nx_n=0,\\\cdots\cdots\cdots\\a_1x_1+a_2x_2+a_3x_3+\cdots+(a_n+b)x_n=0,\end{cases}$$

其中$\sum_{i=1}^{n} a_i \neq 0$，试讨论当$a_1, a_2, \cdots, a_n$和$b$满足何种关系时，

(1) 方程组仅有零解；

(2) 方程组有非零解. 在有非零解时，求此方程组的一个基础解系.

解 方程组的系数行列式

$$|\boldsymbol{A}| = \begin{vmatrix} a_1+b & a_2 & a_3 & \cdots & a_n \\ a_1 & a_2+b & a_3 & \cdots & a_n \\ a_1 & a_2 & a_3+b & \cdots & a_n \\ \vdots & \vdots & \vdots & & \vdots \\ a_1 & a_2 & a_3 & \cdots & a_n+b \end{vmatrix} \xlongequal[i=2,3,\cdots,n]{r_i - r_1} \begin{vmatrix} a_1+b & a_2 & a_3 & \cdots & a_n \\ -b & b & 0 & \cdots & 0 \\ -b & 0 & b & \cdots & 0 \\ \vdots & \vdots & \vdots & & \vdots \\ -b & 0 & 0 & \cdots & b \end{vmatrix}$$

$$\xlongequal{c_1+c_2+\cdots+c_n} \begin{vmatrix} \sum_{i=1}^{n} a_i + b & a_2 & a_3 & \cdots & a_n \\ 0 & b & 0 & \cdots & 0 \\ 0 & 0 & b & \cdots & 0 \\ \vdots & \vdots & \vdots & & \vdots \\ 0 & 0 & 0 & \cdots & b \end{vmatrix} = b^{n-1}\left(\sum_{i=1}^{n} a_i + b\right).$$

(1) 当$b \neq 0$且$\sum_{i=1}^{n} a_i + b \neq 0$时，$|\boldsymbol{A}| \neq 0$，方程组仅有零解.

(2) 当$b = 0$时，原方程组的同解方程组为$a_1x_1 + a_2x_2 + \cdots + a_nx_n = 0$.

由$\sum_{i=1}^{n} a_i \neq 0$可知，$a_i(i = 1,2,\cdots,n)$不全为零. 不妨设$a_1 \neq 0$，得原方程组的一个基础解系为

$$\boldsymbol{\alpha}_1 = \left(-\frac{a_2}{a_1}, 1, 0, \cdots, 0\right)^{\mathrm{T}}, \boldsymbol{\alpha}_2 = \left(-\frac{a_3}{a_1}, 0, 1, \cdots, 0\right)^{\mathrm{T}}, \cdots, \boldsymbol{\alpha}_{n-1} = \left(-\frac{a_n}{a_1}, 0, 0, \cdots, 1\right)^{\mathrm{T}}.$$

当$b = -\sum_{i=1}^{n} a_i$时，由$\sum_{i=1}^{n} a_i \neq 0$知$b \neq 0$，系数矩阵可化为

$$\boldsymbol{A} \xrightarrow{r} \begin{pmatrix} a_1 - \sum_{i=1}^{n} a_i & a_2 & a_3 & \cdots & a_n \\ -1 & 1 & 0 & \cdots & 0 \\ -1 & 0 & 1 & \cdots & 0 \\ \vdots & \vdots & \vdots & & \vdots \\ -1 & 0 & 0 & \cdots & 1 \end{pmatrix} \xrightarrow{r_1 + \sum_{i=2}^{n} r_i \cdot (-a_i)} \begin{pmatrix} 0 & 0 & 0 & \cdots & 0 \\ -1 & 1 & 0 & \cdots & 0 \\ -1 & 0 & 1 & \cdots & 0 \\ \vdots & \vdots & \vdots & & \vdots \\ -1 & 0 & 0 & \cdots & 1 \end{pmatrix},$$

故$R(\boldsymbol{A}) = n - 1$，则$\boldsymbol{Ax} = \boldsymbol{0}$的基础解系是$\boldsymbol{x} = (1,1,\cdots,1)^{\mathrm{T}}$.

12. 设有齐次线性方程组

$$\begin{cases}(1+a)x_1+x_2+\cdots+x_n=0,\\2x_1+(2+a)x_2+\cdots+2x_n=0,\\\quad\cdots\cdots\\nx_1+nx_2+\cdots+(n+a)x_n=0,\end{cases}\quad(n\geq 2)$$

试问当 a 取何值时，该方程组有非零解，并求出其通解.

解　**方法1**：对方程组的系数矩阵 $\boldsymbol{A}$ 作初等行变换，有

$$\boldsymbol{A}=\begin{pmatrix}1+a&1&1&\cdots&1\\2&2+a&2&\cdots&2\\\vdots&\vdots&\vdots&&\vdots\\n&n&n&\cdots&n+a\end{pmatrix}\xrightarrow{r}\begin{pmatrix}1+a&1&1&\cdots&1\\-2a&a&0&\cdots&0\\\vdots&\vdots&\vdots&&\vdots\\-na&0&0&\cdots&a\end{pmatrix}=\boldsymbol{B},$$

当 $a=0$ 时，$R(\boldsymbol{A})=1<n$，故方程组有非零解，其同解方程组为

$$x_1+x_2+\cdots+x_n=0,$$

由此得基础解系为

$$\boldsymbol{\eta}_1=(-1,1,0,\cdots,0)^{\mathrm{T}},\ \boldsymbol{\eta}_2=(-1,0,1,\cdots,0)^{\mathrm{T}},\ \cdots,\ \boldsymbol{\eta}_{n-1}=(-1,0,0,\cdots,1)^{\mathrm{T}}.$$

于是方程组的通解为

$$x=k_1\boldsymbol{\eta}_1+\cdots+k_{n-1}\boldsymbol{\eta}_{n-1}，\text{其中，}k_1,\cdots,k_{n-1}\text{为任意常数.}$$

当 $a\neq 0$ 时，对矩阵 $\boldsymbol{B}$ 作初等行变换，有

$$\boldsymbol{B}\xrightarrow{r}\begin{pmatrix}1+a&1&1&\cdots&1\\-2&1&0&\cdots&0\\\vdots&\vdots&\vdots&&\vdots\\-n&0&0&\cdots&1\end{pmatrix}\xrightarrow{r}\begin{pmatrix}a+\dfrac{n(n+1)}{2}&0&0&\cdots&0\\-2&1&0&\cdots&0\\\vdots&\vdots&\vdots&&\vdots\\-n&0&0&\cdots&1\end{pmatrix}$$

可知当 $a=-\dfrac{n(n+1)}{2}$ 时，$R(\boldsymbol{A})=n-1<n$，故方程组也有非零解，其同解方程组为

$$\begin{cases}-2x_1+x_2=0,\\-3x_1+x_3=0,\\\quad\cdots\cdots\cdots\\-nx_1+x_n=0,\end{cases}$$

由此得基础解系为 $\boldsymbol{\eta}=(1,2,\cdots,n)^{\mathrm{T}}$，于是方程组的通解为 $x=k\boldsymbol{\eta}$，其中，$k\in\mathbb{R}$，为任意常数.

方法2：方程组的系数行列式为

$$|\boldsymbol{A}|=\begin{vmatrix}1+a&1&1&\cdots&1\\2&2+a&2&\cdots&2\\\vdots&\vdots&\vdots&&\vdots\\n&n&n&\cdots&n+a\end{vmatrix}=\left(a+\frac{n(n+1)}{2}\right)a^{n-1}.$$

当 $|\boldsymbol{A}|=0$，即 $a=0$ 或 $a=-\dfrac{n(n+1)}{2}$ 时，方程组有非零解.

余下同方法 1.

13. 对于线性方程组

$$\begin{cases}\lambda x_1+x_2+x_3=\lambda-3,\\ x_1+\lambda x_2+x_3=-2,\\ x_1+x_2+\lambda x_3=-2.\end{cases}$$

讨论当 λ 取何值时，方程组无解、有唯一解和有无穷多组解. 在方程组有无穷多组解时，试用其导出组的基础解系表示全部解.

解 对增广矩阵作初等行变换，有

$$\begin{pmatrix}\lambda & 1 & 1 & \lambda-3\\ 1 & \lambda & 1 & -2\\ 1 & 1 & \lambda & -2\end{pmatrix}\xrightarrow{r_1\leftrightarrow r_3}\begin{pmatrix}1 & 1 & \lambda & -2\\ 1 & \lambda & 1 & -2\\ \lambda & 1 & 1 & \lambda-3\end{pmatrix}$$

$$\xrightarrow[r_3-\lambda r_1]{r_2-r_1}\begin{pmatrix}1 & 1 & \lambda & -2\\ 0 & \lambda-1 & 1-\lambda & 0\\ 0 & 1-\lambda & 1-\lambda^2 & 3\lambda-3\end{pmatrix}$$

$$\xrightarrow{r_3+r_2}\begin{pmatrix}1 & 1 & \lambda & -2\\ 0 & \lambda-1 & 1-\lambda & 0\\ 0 & 0 & -(\lambda-1)(\lambda+2) & 3\lambda-3\end{pmatrix},$$

当 $\lambda\neq 1$ 且 $\lambda\neq -2$ 时，$R(\boldsymbol{A})=R(\overline{\boldsymbol{A}})=3$，方程组有唯一解.

当 $\lambda=-2$ 时，$R(\boldsymbol{A})=2$，$R(\overline{\boldsymbol{A}})=3$，方程组无解.

当 $\lambda=1$ 时，$R(\boldsymbol{A})=R(\overline{\boldsymbol{A}})=1$，方程组有无穷多组解. 其同解方程组为：$x_1+x_2+x_3=-2$. 令 $x_2=x_3=0$，得到特解 $\boldsymbol{x}_0=(-2,0,0)^{\mathrm{T}}$. 令 $x_1=-1,x_2=1,x_3=0$ 及 $x_1=-1,x_2=0,x_3=1$ 得到导出组的基础解系 $\boldsymbol{\eta}_1=(-1,1,0)^{\mathrm{T}}$，$\boldsymbol{\eta}_2=(-1,0,1)^{\mathrm{T}}$，故方程组的通解是

$$\boldsymbol{x}_0+k_1\boldsymbol{\eta}_1+k_2\boldsymbol{\eta}_2\text{，其中，}k_1,k_2\text{ 是任意常数.}$$

14. 当 k 为何值时，线性方程组

$$\begin{cases}x_1+x_2+kx_3=4,\\ -x_1+kx_2+x_3=k^2,\\ x_1-x_2+2x_3=-4\end{cases}$$

有唯一解、无解、有无穷多组解？在有解情况下，求出其全部解.

解 对方程组的增广矩阵作初等行变换：

$$\overline{\boldsymbol{A}}=\begin{pmatrix}1 & 1 & k & 4\\ -1 & k & 1 & k^2\\ 1 & -1 & 2 & -4\end{pmatrix}\xrightarrow[r_3-r_1]{r_2+r_1}\begin{pmatrix}1 & 1 & k & 4\\ 0 & k+1 & k+1 & k^2+4\\ 0 & -2 & 2-k & -8\end{pmatrix}$$

$$\xrightarrow[r_3+\frac{k+1}{2}r_2]{r_3\leftrightarrow r_2}\begin{pmatrix}1 & 1 & k & 4\\ 0 & 2 & k-2 & 8\\ 0 & 0 & \frac{1}{2}(k+1)(4-k) & k^2-4k\end{pmatrix}.$$

(1) 当 $k\neq -1$ 且 $k\neq 4$ 时, $R(\boldsymbol{A})=R(\overline{\boldsymbol{A}})=3$, 方程组有唯一解, 即

$$x_1=\frac{k^2+2k}{k+1},x_2=\frac{k^2+2k+4}{k+1},x_3=\frac{-2k}{k+1}.$$

(2) 当 $k=-1$ 时, $R(\boldsymbol{A})=2$, $R(\overline{\boldsymbol{A}})=3$, 方程组无解.

(3) 当 $k=4$ 时, 有

$$\overline{\boldsymbol{A}}\xrightarrow{r}\begin{pmatrix}1&1&4&\vdots&4\\0&2&2&\vdots&8\\0&0&0&\vdots&0\end{pmatrix}\xrightarrow[r_1-r_2]{r_2\div 2}\begin{pmatrix}1&0&3&\vdots&0\\0&1&1&\vdots&4\\0&0&0&\vdots&0\end{pmatrix}.$$

因为 $R(\boldsymbol{A})=R(\overline{\boldsymbol{A}})=2<3$, 方程组有无穷多解. 取 x_3 为自由变量, 得方程组的特解为 $\boldsymbol{\alpha}=(0,4,0)^{\mathrm{T}}$. 又导出组的基础解系为 $\boldsymbol{\eta}=(-3,-1,1)^{\mathrm{T}}$, 所以方程组的通解为 $\boldsymbol{\alpha}+k\boldsymbol{\eta}$, 其中, k 为任意常数.

15. 已知非齐次线性方程组

$$\begin{cases}x_1+x_2+x_3+x_4=-1,\\4x_1+3x_2+5x_3-x_4=-1,\\ax_1+x_2+3x_3+bx_4=1\end{cases}$$

有 3 个线性无关的解.

(1) 证明方程组系数矩阵 $\boldsymbol{A}$ 的秩 $R(\boldsymbol{A})=2$;

(2) 求 a, b 的值及方程组的通解.

解　本题考查非齐次线性方程组的解与相应的齐次线性方程组(导出组)的解之间的关系; 非齐次线性方程组的通解.

(1) 设 $\boldsymbol{\alpha}_1,\boldsymbol{\alpha}_2,\boldsymbol{\alpha}_3$ 是方程组的3个线性无关的解, 则 $\boldsymbol{\alpha}_2-\boldsymbol{\alpha}_1,\boldsymbol{\alpha}_3-\boldsymbol{\alpha}_1$ 是 $\boldsymbol{Ax}=\boldsymbol{0}$ 的两个线性无关的解, 从而 $\boldsymbol{Ax}=\boldsymbol{0}$ 的基础解系中解的个数不少于2, 即 $4-R(\boldsymbol{A})\geq 2$, 从而 $R(\boldsymbol{A})\leq 2$. 又因为 $\boldsymbol{A}$ 的行向量是两两线性无关的, 所以 $R(\boldsymbol{A})\geq 2$. 综合可得 $R(\boldsymbol{A})=2$.

(2) 对方程组的增广矩阵作初等行变换:

$$(\boldsymbol{A}\vdots\boldsymbol{b})=\begin{pmatrix}1&1&1&1&\vdots&-1\\4&3&5&-1&\vdots&-1\\a&1&3&b&\vdots&1\end{pmatrix}$$

$$\xrightarrow[\substack{r_3-ar_1\\r_3+(1-a)r_2}]{r_2-4r_1}\begin{pmatrix}1&1&1&1&\vdots&-1\\0&-1&1&-5&\vdots&3\\0&0&4-2a&4a+b-5&\vdots&4-2a\end{pmatrix},$$

由 $R(\boldsymbol{A})=2$, 得 $a=2$, $b=-3$.

代入后继续作初等行变换:

$$(\boldsymbol{A}\vdots\boldsymbol{b})\xrightarrow{r}\begin{pmatrix}1&0&2&-4&\vdots&2\\0&1&-1&5&\vdots&-3\\0&0&0&0&\vdots&0\end{pmatrix},$$

得同解方程组 $\begin{cases}x_1=2-2x_3+4x_4\\x_2=-3+x_3-5x_4\end{cases}$, 求出一个特解 $(2,-3,0,0)^{\mathrm{T}}$ 和 $\boldsymbol{Ax}=\boldsymbol{0}$ 的基础解系

$(-2,1,1,0)^{\mathrm{T}},(4,-5,0,1)^{\mathrm{T}}$. 从而方程组的通解为:

$\boldsymbol{x}=(2,-3,0,0)^{\mathrm{T}}+k_1(-2,1,1,0)^{\mathrm{T}}+k_2(4,-5,0,1)^{\mathrm{T}}$, $k_1,k_2\in\mathbb{R}$, 为任意实数.

16. 已知线性方程组

$$\begin{cases}x_1+x_2+x_3+x_4+x_5=a,\\3x_1+2x_2+x_3+x_4-3x_5=0,\\x_2+2x_3+2x_4+6x_5=b,\\5x_1+4x_2+3x_3+3x_4-x_5=2,\end{cases}$$

(1) a, b 为何值时, 方程组有解?

(2) 方程组有解时, 求出方程组的导出组的一个基础解系;

(3) 方程组有解时, 求出方程组的全部解.

解 对增广矩阵作初等行变换, 有

$$\left(\begin{array}{ccccc:c}1&1&1&1&1&a\\3&2&1&1&-3&0\\0&1&2&2&6&b\\5&4&3&3&-1&2\end{array}\right)\xrightarrow[r_4-5r_1]{r_2-3r_1}\left(\begin{array}{ccccc:c}1&1&1&1&1&a\\0&-1&-2&-2&-6&-3a\\0&1&2&2&6&b\\0&-1&-2&-2&-6&2-5a\end{array}\right),$$

$$\xrightarrow[r_2\times(-1)]{\substack{r_3+r_2\\r_4+r_2}}\left(\begin{array}{ccccc:c}1&1&1&1&1&a\\0&1&2&2&6&3a\\0&0&0&0&0&b-3a\\0&0&0&0&0&2-2a\end{array}\right),$$

(1) 当 $b-3a=0$ 且 $2-2a=0$, 即 $a=1,b=3$ 时方程组有解.

(2) 当 $a=1,b=3$ 时, 方程组的同解方程组是

$$\begin{cases}x_1+x_2+x_3+x_4+x_5=1,\\x_2+2x_3+2x_4+6x_5=3,\end{cases}$$

由 $n-R(\boldsymbol{A})=5-2=3$, 即解空间的维数为3, 取自变量为 x_3,x_4,x_5, 则导出组的基础解系为

$$\boldsymbol{\eta}_1=(1,-2,1,0,0)^{\mathrm{T}},\boldsymbol{\eta}_2=(1,-2,0,1,0)^{\mathrm{T}},\boldsymbol{\eta}_3=(5,-6,0,0,1)^{\mathrm{T}}.$$

(3) 令 $x_3=x_4=x_5=0$, 得方程组的特解为$\boldsymbol{x}_0=(-2,3,0,0,0)^{\mathrm{T}}$. 因此, 方程组的所有解是$\boldsymbol{x}_0+k_1\boldsymbol{\eta}_1+k_2\boldsymbol{\eta}_2+k_3\boldsymbol{\eta}_3$, 其中, k_1,k_2,k_3 为任意常数.

17. 已知线性方程组

$$\begin{cases}x_1+x_2-2x_3+3x_4=0,\\2x_1+x_2-6x_3+4x_4=-1,\\3x_1+2x_2+px_3+7x_4=-1,\\x_1-x_2-6x_3-x_4=t.\end{cases}$$

讨论参数 p,t 取何值时, 方程组有解、无解; 当有解时, 试用其导出组的基础解系表示通解.

解 对增广矩阵作初等行变换, 有

$$\overline{A}=\begin{pmatrix}1&1&-2&3&\vdots&0\\2&1&-6&4&\vdots&-1\\3&2&p&7&\vdots&-1\\1&-1&-6&-1&\vdots&t\end{pmatrix}\xrightarrow{r}\begin{pmatrix}1&1&-2&3&\vdots&0\\0&-1&-2&-2&\vdots&-1\\0&-1&p+6&-2&\vdots&-1\\0&-2&-4&-4&\vdots&t\end{pmatrix}$$

$$\xrightarrow{r}\begin{pmatrix}1&1&-2&3&\vdots&0\\0&1&2&2&\vdots&1\\0&0&p+8&0&\vdots&0\\0&0&0&0&\vdots&t+2\end{pmatrix}.$$

当 $t\neq-2$ 时，$R(\boldsymbol{A})\neq R(\overline{\boldsymbol{A}})$，故方程组无解；

当 $t=-2$ 时，无论 p 取何值，恒有 $R(\boldsymbol{A})=R(\overline{\boldsymbol{A}})$，故方程组有解. 此时

(1) 若 $p\neq-8$，则 $R(\boldsymbol{A})=R(\overline{\boldsymbol{A}})=3$，得通解

$$(-1,1,0,0)^{\mathrm{T}}+k(-1,-2,0,1)^{\mathrm{T}}，其中，k 为任意常数.$$

(2) 若 $p=-8$，则 $R(\boldsymbol{A})=R(\overline{\boldsymbol{A}})=2$，得通解

$(-1,1,0,0)^{\mathrm{T}}+k_1(4,-2,1,0)^{\mathrm{T}}+k_2(-1,-2,0,1)^{\mathrm{T}}$，其中，$k_1,k_2$ 为任意常数.

18. 已知下列非齐次线性方程组：

$$(\mathrm{I})\begin{cases}x_1-x_2-2x_4=-6,\\4x_1-x_2-x_3-x_4=1,\\3x_1-x_2-x_3=3;\end{cases}$$

$$(\mathrm{II})\begin{cases}x_1+mx_2-x_3-x_4=-5,\\nx_2-x_3-2x_4=-11,\\x_3-2x_4=-t+1.\end{cases}$$

(1) 求解方程组(Ⅰ)，用其导出组的基础解系表示通解；

(2) 当方程组(Ⅱ)中的参数 m,n,t 为何值时，方程组(Ⅰ)与(Ⅱ)同解.

解　(1) 对方程组(Ⅰ)的增广矩阵作初等行变换，有

$$\overline{A}=\begin{pmatrix}1&1&0&-2&\vdots&-6\\4&-1&-1&-1&\vdots&1\\3&-1&-1&0&\vdots&3\end{pmatrix}\xrightarrow[r_3-3r_1]{r_2-4r_1}\begin{pmatrix}1&1&0&-2&\vdots&-6\\0&-5&-1&7&\vdots&25\\0&-4&-1&6&\vdots&21\end{pmatrix}$$

$$\xrightarrow[r_3-4r_2]{r_2-r_3}\begin{pmatrix}1&1&0&-2&\vdots&-6\\0&-1&0&1&\vdots&4\\0&0&-1&2&\vdots&5\end{pmatrix}\xrightarrow[r_3\cdot(-1)]{\substack{r_1+r_2\\r_2\cdot(-1)}}\begin{pmatrix}1&0&0&-1&\vdots&-2\\0&1&0&-1&\vdots&-4\\0&0&1&-2&\vdots&-5\end{pmatrix}.$$

由于 $R(\boldsymbol{A})=R(\overline{\boldsymbol{A}})=3<4$，由非齐次线性方程组有解的判定定理知，方程组(Ⅰ)有无穷多解.

由上面初等行变换后的增广矩阵，易得齐次方程组(Ⅰ)的基础解系为 $\boldsymbol{\xi}=(1,1,2,1)^{\mathrm{T}}$，一个特解为 $\boldsymbol{\eta}^*=(-2,-4,-5,0)^{\mathrm{T}}$. 故方程组(Ⅰ)的通解为：

$$k\boldsymbol{\xi}+\boldsymbol{\eta}^*，其中，k 是任意常数.$$

(2) 将方程组(Ⅰ)的通解

$$k\boldsymbol{\xi}+\boldsymbol{\eta}^*=k\begin{pmatrix}1\\1\\2\\1\end{pmatrix}+\begin{pmatrix}-2\\-4\\-5\\0\end{pmatrix}=\begin{pmatrix}k-2\\k-4\\2k-5\\k\end{pmatrix}$$

代入方程组(Ⅱ)中, 整理得

$$\begin{cases}(m-2)(k-4)=0,\\(n-4)(k-4)=0,\\t=6.\end{cases}$$

因为k是任意常数, 故$m=2,n=4,t=6$. 此时方程组(Ⅰ)的解全是方程组(Ⅱ)的解. 此时, 方程组(Ⅱ)的增广矩阵

$$\overline{\boldsymbol{B}}=\left(\begin{array}{cccc:c}1&2&-1&-1&-5\\0&4&-1&-2&-11\\0&0&1&-2&-5\end{array}\right),$$

显然$R(\boldsymbol{B})=R(\overline{\boldsymbol{B}})=R(\boldsymbol{A})=R(\overline{\boldsymbol{A}})=3$. 因此, (Ⅱ)的解也必是(Ⅰ)的解, 从而(Ⅰ)与(Ⅱ)同解.

19. 设线性方程组(Ⅰ): $\begin{cases}x_1+x_2+x_3=0\\x_1+2x_2+ax_3=0\\x_1+4x_2+a^2x_3=0\end{cases}$, 与方程(Ⅱ): $x_1+2x_2+x_3=a-1$有公共解, 求a的值及所有公共解.

解　**方法1**: 因为方程组(Ⅰ)与(Ⅱ)有公共解, 将方程组联立得方程组

$$(\text{Ⅲ}):\begin{cases}x_1+x_2+x_3=0\\x_1+2x_2+ax_3=0\\x_1+4x_2+a^2x_3=0\\x_1+2x_2+x_3=a-1\end{cases},$$

并对联立方程组的增广矩阵作初等行变换

$$(\boldsymbol{A}\;\vdots\;\boldsymbol{b})=\left(\begin{array}{ccc:c}1&1&1&0\\1&2&a&0\\1&4&a^2&0\\1&2&1&a-1\end{array}\right)\xrightarrow[r_4-r_1]{\substack{r_2-r_1\\r_3-r_1}}\left(\begin{array}{ccc:c}1&1&1&0\\0&1&a-1&0\\0&3&a^2-1&0\\0&1&0&a-1\end{array}\right)$$

$$\xrightarrow[\substack{r_4-r_1\\r_4-r_2}]{\substack{r_2\leftrightarrow r_4\\r_3-3r_2}}\left(\begin{array}{ccc:c}1&1&1&0\\0&1&0&a-1\\0&0&a^2-1&3-3a\\0&0&a-1&1-a\end{array}\right)\xrightarrow[r_4-(a+1)r_3]{r_3\leftrightarrow r_4}\left(\begin{array}{ccc:c}1&1&1&0\\0&1&0&a-1\\0&0&a-1&1-a\\0&0&0&a^2-3a+2\end{array}\right).$$

由此可知，要使该线性方程组有解，a 必须满足 $(a-1)(a-2)=0$，即 $a=1$ 或 $a=2$.

当 $a=1$ 时，$R(\boldsymbol{A})=2$，与方程组(Ⅲ)的同解方程组为

$$\begin{cases} x_1+x_2+x_3=0 \\ x_2=0 \end{cases}.$$

由 $R(\boldsymbol{A})=2$，方程组有 $n-R(\boldsymbol{A})=3-2=1$ 个自由未知量. 可得两方程组的公共解为：$x=k(1,0,-1)^{\mathrm{T}}$，其中，k 是任意常数.

当 $a=2$ 时，与联立方程组(Ⅲ)的同解方程组为 $\begin{cases} x_1+x_2+x_3=0 \\ x_2=1 \\ x_3=-1 \end{cases}$，解得两方程的公共解为：$\boldsymbol{x}=(0,1,-1)^{\mathrm{T}}$.

方法2： 将方程组(Ⅰ)的系数矩阵 $\boldsymbol{A}$ 作初等行变换

$$\boldsymbol{A}=\begin{pmatrix} 1 & 1 & 1 \\ 1 & 2 & a \\ 1 & 4 & a^2 \end{pmatrix} \xrightarrow{r} \begin{pmatrix} 1 & 1 & 1 \\ 0 & 1 & a-1 \\ 0 & 0 & (a-1)(a-2) \end{pmatrix},$$

当 $a=1$ 时，$R(\boldsymbol{A})=2$，与方程组(Ⅰ)的同解方程组为

$$\begin{cases} x_1+x_2+x_3=0 \\ x_2=0 \end{cases}.$$

由 $R(\boldsymbol{A})=2$，方程组有 $n-R(\boldsymbol{A})=3-2=1$ 个自由未知量. 可得方程组(Ⅰ)的解为：$\boldsymbol{x}=k(1,0,-1)^{\mathrm{T}}$，其中，$k$ 是任意常数.

将通解 $\boldsymbol{x}=k(1,0,-1)^{\mathrm{T}}$ 代入方程(Ⅱ)得，$k+0+(-k)=0$，对任意的 k 成立，故当 $a=1$ 时，$\boldsymbol{x}=k(1,0,-1)^{\mathrm{T}}$ 是(Ⅰ)与(Ⅱ)的公共解.

当 $a=2$ 时，$R(\boldsymbol{A})=2$，方程组(Ⅰ)的同解方程组为 $\begin{cases} x_1+x_2+x_3=0 \\ x_2+x_3=0 \end{cases}$.

由 $R(\boldsymbol{A})=2$，方程组有 $n-R(\boldsymbol{A})=3-2=1$ 个自由未知量. 选 x_2 为自由未知量，取：$x_2=1$，解得(Ⅰ)的通解为 $\boldsymbol{x}=k(0,1,-1)^{\mathrm{T}}$，其中，$k$ 是任意常数.

将通解 $\boldsymbol{x}=k(0,1,-1)^{\mathrm{T}}$ 代入方程(Ⅱ)得 $2k-k=1$，即 $k=1$，故当 $a=2$ 时，(Ⅰ)和(Ⅱ)的公共解为 $\boldsymbol{x}=(0,1,-1)^{\mathrm{T}}$.

20. 设有 n 元线性方程组 $\boldsymbol{A}\boldsymbol{x}=\boldsymbol{b}$，其中

$$\boldsymbol{A}=\begin{pmatrix} 2a & 1 & & \\ a^2 & 2a & \ddots & \\ & \ddots & \ddots & 1 \\ & & a^2 & 2a \end{pmatrix}_{n\times n},\ \boldsymbol{x}=(x_1,\cdots,x_n)^{\mathrm{T}},\ \boldsymbol{b}=(1,0,\cdots,0)^{\mathrm{T}}.$$

(1) 证明行列式 $|\boldsymbol{A}|=(n+1)a^n$；

(2) 当 a 为何值时，该方程组有唯一解，求 x_1；

(3) 当 a 为何值时，该方程组有无穷多解，求通解.

解　(1) 记

$$|\boldsymbol{A}|=\begin{vmatrix}2a & 1 & & & & \\ a^2 & 2a & 1 & & & \\ & a^2 & 2a & 1 & & \\ & & \ddots & \ddots & \ddots & \\ & & & a^2 & 2a & 1 \\ & & & & a^2 & 2a\end{vmatrix}_n \xlongequal{r_2-\frac{1}{2}ar_1} \begin{vmatrix}2a & 1 & & & & \\ 0 & \frac{3}{2}a & 1 & & & \\ & a^2 & 2a & 1 & & \\ & & \ddots & \ddots & \ddots & \\ & & & a^2 & 2a & 1 \\ & & & & a^2 & 2a\end{vmatrix}_n$$

$$\xlongequal{r_3-\frac{2}{3}ar_2} \begin{vmatrix}2a & 1 & & & & & \\ 0 & \frac{3}{2}a & 1 & & & & \\ & 0 & \frac{4}{3}a & 1 & & & \\ & & a^2 & 2a & 1 & & \\ & & & \ddots & \ddots & \ddots & \\ & & & & a^2 & 2a & 1 \\ & & & & & a^2 & 2a\end{vmatrix}_n = \cdots$$

$$\xlongequal{r_n-\frac{n-1}{n}ar_{n-1}} \begin{vmatrix}2a & 1 & & & & \\ 0 & \frac{3}{2}a & 1 & & & \\ & 0 & \frac{4}{3}a & 1 & & \\ & & \ddots & \ddots & \ddots & \\ & & & 0 & \frac{n}{n-1}a & 1 \\ & & & & 0 & \frac{n+1}{n}a\end{vmatrix}_n = (n+1)a^n.$$

(2) 由克拉默法则，$|\boldsymbol{A}|\neq 0$，即 $a\neq 0$ 时方程组有唯一解. 此时将 $\boldsymbol{A}$ 的第一列换成 $\boldsymbol{b}$，得对应的行列式为

$$\begin{vmatrix}1 & 1 & & & & \\ 0 & 2a & 1 & & & \\ & a^2 & 2a & 1 & & \\ & & \ddots & \ddots & \ddots & \\ & & & a^2 & 2a & 1 \\ & & & & a^2 & 2a\end{vmatrix}_n = \begin{vmatrix}2a & 1 & & & & \\ a^2 & 2a & 1 & & & \\ & a^2 & 2a & 1 & & \\ & & \ddots & \ddots & \ddots & \\ & & & a^2 & 2a & 1 \\ & & & & a^2 & 2a\end{vmatrix}_{n-1} = D_{n-1} = na^{n-1},$$

故 $x_1=\dfrac{D_{n-1}}{|\boldsymbol{A}|}=\dfrac{n}{(n+1)a}$.

(3) 当 $a=0$ 时，方程组为

$$\begin{pmatrix} 0 & 1 & & & \\ & 0 & 1 & & \\ & & 0 & \ddots & \\ & & & \ddots & 1 \\ & & & & 0 \end{pmatrix}\begin{pmatrix} x_1 \\ x_2 \\ \vdots \\ x_{n-1} \\ x_n \end{pmatrix}=\begin{pmatrix} 1 \\ 0 \\ \vdots \\ 0 \\ 0 \end{pmatrix},$$

此时方程组系数矩阵的秩和增广矩阵的秩均为 $n-1$，方程组有无穷多组解，其通解为 $\boldsymbol{x}=(0,1,0,\cdots,0)^{\mathrm{T}}+k(1,0,0,\cdots0)^{\mathrm{T}}$，其中，$k$ 为任意常数.

21. 设 $\boldsymbol{A}=\begin{pmatrix} 1 & -1 & -1 \\ -1 & 1 & 1 \\ 0 & -4 & -2 \end{pmatrix}$，$\boldsymbol{\xi}_1=\begin{pmatrix} -1 \\ 1 \\ -2 \end{pmatrix}$.

(1) 求满足 $A\boldsymbol{\xi}_2=\boldsymbol{\xi}_1$，$\boldsymbol{A}^2\boldsymbol{\xi}_3=\boldsymbol{\xi}_1$ 的所有向量 $\boldsymbol{\xi}_2$，$\boldsymbol{\xi}_3$.

(2) 对(1) 中的任意向量 $\boldsymbol{\xi}_2$，$\boldsymbol{\xi}_3$，证明 $\boldsymbol{\xi}_1$，$\boldsymbol{\xi}_2$，$\boldsymbol{\xi}_3$ 线性无关.

解　(1) 对增广矩阵 $(\boldsymbol{A}\quad\boldsymbol{\xi}_1)$ 作初等行变换，有

$$(\boldsymbol{A}\mid\boldsymbol{\xi}_1)=\left(\begin{array}{ccc:c} 1 & -1 & -1 & -1 \\ -1 & 1 & 1 & 1 \\ 0 & -4 & -2 & -2 \end{array}\right)\xrightarrow{r}\left(\begin{array}{ccc:c} 1 & -1 & -1 & -1 \\ 0 & 2 & 1 & 1 \\ 0 & 0 & 0 & 0 \end{array}\right)\xrightarrow{r}\left(\begin{array}{ccc:c} 1 & 1 & 0 & 0 \\ 0 & 2 & 1 & 1 \\ 0 & 0 & 0 & 0 \end{array}\right),$$

得齐次方程组 $\boldsymbol{Ax}=\mathbf{0}$ 的基础解系为 $(1,-1,2)^{\mathrm{T}}$，非齐次方程组 $\boldsymbol{Ax}=\boldsymbol{\xi}_1$ 的特解为 $(0,0,1)^{\mathrm{T}}$，故

$\boldsymbol{\xi}_2=(0,0,1)^{\mathrm{T}}+k(1,-1,2)^{\mathrm{T}}$ 或 $\boldsymbol{\xi}_2=(k,-k,2k+1)^{\mathrm{T}}$，其中，$k$ 为任意常数.

可求得 $\boldsymbol{A}^2=\begin{pmatrix} 2 & 2 & 0 \\ -2 & -2 & 0 \\ 4 & 4 & 0 \end{pmatrix}$，对增广矩阵 $(\boldsymbol{A}^2,\boldsymbol{\xi}_1)$ 作初等行变换，有

$$(\boldsymbol{A}^2\mid\boldsymbol{\xi}_1)=\left(\begin{array}{ccc:c} 2 & 2 & 0 & -1 \\ -2 & -2 & 0 & 1 \\ 4 & 4 & 0 & -2 \end{array}\right)\xrightarrow{r}\left(\begin{array}{ccc:c} 1 & 1 & 0 & -\frac{1}{2} \\ 0 & 0 & 0 & 0 \\ 0 & 0 & 0 & 0 \end{array}\right),$$

得 $\boldsymbol{A}^2\boldsymbol{x}=\mathbf{0}$ 的基础解系为 $(-1,1,0)^{\mathrm{T}}$，$(0,0,1)^{\mathrm{T}}$. 又 $\boldsymbol{A}^2\boldsymbol{x}=\boldsymbol{\xi}_1$ 的一个特解为 $\left(-\frac{1}{2},0,0\right)^{\mathrm{T}}$，故

$\boldsymbol{\xi}_3=\left(-\frac{1}{2},0,0\right)^{\mathrm{T}}+t_1(-1,1,0)^{\mathrm{T}}+t_2(0,0,1)^{\mathrm{T}}$，其中，$t_1,t_2$ 为任意常数.

(2) 因为

$$|\boldsymbol{\xi}_1,\boldsymbol{\xi}_2,\boldsymbol{\xi}_3|=\begin{vmatrix} -1 & k & -\frac{1}{2}-t_1 \\ 1 & -k & t_1 \\ -2 & 2k+1 & t_2 \end{vmatrix}=\begin{vmatrix} 0 & 0 & -\frac{1}{2} \\ 1 & -k & t_1 \\ -2 & 2k+1 & t_2 \end{vmatrix}$$

$$=-\frac{1}{2}\begin{vmatrix} 1 & -k \\ -2 & 2k+1 \end{vmatrix}=-\frac{1}{2}\neq 0,$$

故 $\boldsymbol{\xi}_1,\boldsymbol{\xi}_2,\boldsymbol{\xi}_3$ 必线性无关.

22. 设 $\boldsymbol{\alpha}=\begin{pmatrix}1\\2\\1\end{pmatrix},\boldsymbol{\beta}=\begin{pmatrix}1\\\frac{1}{2}\\0\end{pmatrix},\boldsymbol{\gamma}=\begin{pmatrix}0\\0\\8\end{pmatrix}$, $\boldsymbol{A}=\boldsymbol{\alpha}\boldsymbol{\beta}^{\mathrm{T}}$, $\boldsymbol{B}=\boldsymbol{\beta}^{\mathrm{T}}\boldsymbol{\alpha}$, 其中, $\boldsymbol{\beta}^{\mathrm{T}}$ 是 $\boldsymbol{\beta}$ 的转置, 求解方程 $2\boldsymbol{B}^2\boldsymbol{A}^2\boldsymbol{x}=\boldsymbol{A}^4\boldsymbol{x}+\boldsymbol{B}^4\boldsymbol{x}+\boldsymbol{\gamma}$.

解 本题主要要注意的是 $\boldsymbol{B}=\boldsymbol{\beta}^{\mathrm{T}}\boldsymbol{\alpha}$ 是一个数, 而 $\boldsymbol{A}=\boldsymbol{\alpha}\boldsymbol{\beta}^{\mathrm{T}}$ 是一个方阵, 以及 $\boldsymbol{A}^n$ 可以简化计算. 由题设得

$$\boldsymbol{A}=\boldsymbol{\alpha}\boldsymbol{\beta}^{\mathrm{T}}=\begin{pmatrix}1\\2\\1\end{pmatrix}\left(1,\frac{1}{2},0\right)=\begin{pmatrix}1&\frac{1}{2}&0\\2&1&0\\1&\frac{1}{2}&0\end{pmatrix},\ \boldsymbol{B}=\boldsymbol{\beta}^{\mathrm{T}}\boldsymbol{\alpha}=\left(1,\frac{1}{2},0\right)\begin{pmatrix}1\\2\\1\end{pmatrix}=2.$$

所以

$$\boldsymbol{A}^2=\boldsymbol{\alpha}\boldsymbol{\beta}^{\mathrm{T}}\boldsymbol{\alpha}\boldsymbol{\beta}^{\mathrm{T}}=\boldsymbol{\alpha}(\boldsymbol{\beta}^{\mathrm{T}}\boldsymbol{\alpha})\boldsymbol{\beta}^{\mathrm{T}}=2\boldsymbol{A},\ \boldsymbol{A}^4=8\boldsymbol{A};\ \boldsymbol{B}^2=4,\ \boldsymbol{B}^2=16,$$

代入原方程中, 得 $16\boldsymbol{A}\boldsymbol{x}=8\boldsymbol{A}\boldsymbol{x}+16\boldsymbol{x}+\boldsymbol{\gamma}$, 即 $8(\boldsymbol{A}-2\boldsymbol{E})\boldsymbol{x}=\boldsymbol{\gamma}$, 其中 $\boldsymbol{E}$ 是3阶单位矩阵, 令 $\boldsymbol{x}=(x_1,x_2,x_3)^{\mathrm{T}}$, 代入上式, 得非齐次线性方程组

$$\begin{cases}-x_1+\dfrac{1}{2}x_2=0\\2x_1-x_2=0\\x_1+\dfrac{1}{2}x_2-2x_3=1\end{cases},$$

显然同解于方程组

$$\begin{cases}2x_1-x_2=0\\x_1+\dfrac{1}{2}x_2-2x_3=1\end{cases},$$

令自由未知量 $x_1=k$, 解得 $x_2=2k$, $x_3=k-\frac{1}{2}$, 故方程组通解为

$$\boldsymbol{x}=k(1,2,1)^{\mathrm{T}}+\left(0,0,-\frac{1}{2}\right)^{\mathrm{T}},\ k\text{ 为任意常数}.$$

23. 如果向量组 $\boldsymbol{\alpha}_1,\boldsymbol{\alpha}_2,\cdots,\boldsymbol{\alpha}_s$ 的秩为 r, 在其中任取 m 个向量 $\boldsymbol{\alpha}_{i_1},\boldsymbol{\alpha}_{i_2},\cdots,\boldsymbol{\alpha}_{i_m}$, 证明: 所抽出的向量组的秩 $R(\boldsymbol{\alpha}_{i_1},\boldsymbol{\alpha}_{i_2},\cdots,\boldsymbol{\alpha}_{i_m})\geq r+m-s$.

证 此类题是向量组秩的关系问题, 一般从向量组的极大无关组来考虑, 从抽出的向量组的极大无关组扩充为整个向量组的极大无关组.

设所抽取的 m 个向量的秩为 t, 并设该 m 个向量的极大线性无关组为 $\boldsymbol{\alpha}_{j_1},\boldsymbol{\alpha}_{j_2},\cdots,\boldsymbol{\alpha}_{j_t}$, 将这 t 个线性无关向量组扩充为向量组 $\boldsymbol{\alpha}_1,\boldsymbol{\alpha}_2,\cdots,\boldsymbol{\alpha}_s$ 的极大线性无关组, 所增加的向量只能从剩下的 $s-m$ 个向量中选取, 所以 $t+(s-m)\geq r$, 即 $t\geq r+m-s$.

三、本章测验题

1. 若向量组 $\boldsymbol{\alpha},\boldsymbol{\beta},\boldsymbol{\gamma}$ 线性无关，$\boldsymbol{\alpha},\boldsymbol{\beta},\boldsymbol{\delta}$ 线性相关，则 ________.

(A) $\boldsymbol{\alpha}$ 必可由 $\boldsymbol{\beta},\boldsymbol{\gamma},\boldsymbol{\delta}$ 线性表示　　(B) $\boldsymbol{\beta}$ 必不可由 $\boldsymbol{\alpha},\boldsymbol{\gamma},\boldsymbol{\delta}$ 线性表示

(C) $\boldsymbol{\delta}$ 必可由 $\boldsymbol{\alpha},\boldsymbol{\beta},\boldsymbol{\gamma}$ 线性表示　　(D) $\boldsymbol{\delta}$ 必不可由 $\boldsymbol{\alpha},\boldsymbol{\beta},\boldsymbol{\gamma}$ 线性表示

2. 设向量组 $\boldsymbol{\alpha}_1$，$\boldsymbol{\alpha}_2$，$\boldsymbol{\alpha}_3$ 线性无关，则下列向量组中 线性无关的是 ________.

(A) $\boldsymbol{\alpha}_1+\boldsymbol{\alpha}_2$，$\boldsymbol{\alpha}_2+\boldsymbol{\alpha}_3$，$\boldsymbol{\alpha}_3-\boldsymbol{\alpha}_1$

(B) $\boldsymbol{\alpha}_1+\boldsymbol{\alpha}_2$，$\boldsymbol{\alpha}_2+\boldsymbol{\alpha}_3$，$\boldsymbol{\alpha}_1+2\boldsymbol{\alpha}_2+\boldsymbol{\alpha}_3$

(C) $\boldsymbol{\alpha}_1+2\boldsymbol{\alpha}_2$，$2\boldsymbol{\alpha}_2+3\boldsymbol{\alpha}_3$，$3\boldsymbol{\alpha}_3+\boldsymbol{\alpha}_1$

(D) $\boldsymbol{\alpha}_1+\boldsymbol{\alpha}_2+\boldsymbol{\alpha}_3$，$2\boldsymbol{\alpha}_1-3\boldsymbol{\alpha}_2+22\boldsymbol{\alpha}_3$，$3\boldsymbol{\alpha}_1+5\boldsymbol{\alpha}_2-5\boldsymbol{\alpha}_3$

3. 设 $\boldsymbol{\alpha}_1,\boldsymbol{\alpha}_2,\cdots,\boldsymbol{\alpha}_s$ 均为 n 维列向量，$\boldsymbol{A}$ 是 $m\times n$ 矩阵，下列选项中正确的是 ________.

(A) 若 $\boldsymbol{\alpha}_1,\boldsymbol{\alpha}_2,\cdots,\boldsymbol{\alpha}_s$ 线性相关，则 $\boldsymbol{A}\boldsymbol{\alpha}_1,\boldsymbol{A}\boldsymbol{\alpha}_2,\cdots,\boldsymbol{A}\boldsymbol{\alpha}_s$ 线性相关

(B) 若 $\boldsymbol{\alpha}_1,\boldsymbol{\alpha}_2,\cdots,\boldsymbol{\alpha}_s$ 线性相关，则 $\boldsymbol{A}\boldsymbol{\alpha}_1,\boldsymbol{A}\boldsymbol{\alpha}_2,\cdots,\boldsymbol{A}\boldsymbol{\alpha}_s$ 线性无关

(C) 若 $\boldsymbol{\alpha}_1,\boldsymbol{\alpha}_2,\cdots,\boldsymbol{\alpha}_s$ 线性无关，则 $\boldsymbol{A}\boldsymbol{\alpha}_1,\boldsymbol{A}\boldsymbol{\alpha}_2,\cdots,\boldsymbol{A}\boldsymbol{\alpha}_s$ 线性相关

(D) 若 $\boldsymbol{\alpha}_1,\boldsymbol{\alpha}_2,\cdots,\boldsymbol{\alpha}_s$ 线性无关，则 $\boldsymbol{A}\boldsymbol{\alpha}_1,\boldsymbol{A}\boldsymbol{\alpha}_2,\cdots,\boldsymbol{A}\boldsymbol{\alpha}_s$ 线性无关

4. 设有向量组 $\boldsymbol{\alpha}_1=(1,-1,2,4)$，$\boldsymbol{\alpha}_2=(0,3,1,2)$，$\boldsymbol{\alpha}_3=(3,0,7,14)$，$\boldsymbol{\alpha}_4=(1,-2,2,0)$，$\boldsymbol{\alpha}_5=(2,1,5,10)$，则该向量组的极大线性无关组是 ________.

(A) $\boldsymbol{\alpha}_1,\boldsymbol{\alpha}_2,\boldsymbol{\alpha}_3$　　(B) $\boldsymbol{\alpha}_1,\boldsymbol{\alpha}_2,\boldsymbol{\alpha}_4$

(C) $\boldsymbol{\alpha}_1,\boldsymbol{\alpha}_2,\boldsymbol{\alpha}_5$　　(D) $\boldsymbol{\alpha}_1,\boldsymbol{\alpha}_2,\boldsymbol{\alpha}_4,\boldsymbol{\alpha}_5$

5. 设 $\boldsymbol{A}$ 为 n 阶实矩阵，$\boldsymbol{A}^{\mathrm{T}}$ 是 $\boldsymbol{A}$ 的转置矩阵，则对于线性方程组(Ⅰ)：$\boldsymbol{A}\boldsymbol{x}=\boldsymbol{0}$ 和(Ⅱ)：$\boldsymbol{A}^{\mathrm{T}}\boldsymbol{A}\boldsymbol{x}=\boldsymbol{0}$，必有 ________.

(A) (Ⅱ) 的解是(Ⅰ) 的解，(Ⅰ) 的解也是(Ⅱ) 的解

(B) (Ⅱ) 的解是(Ⅰ) 的解，但(Ⅰ) 的解不是(Ⅱ) 的解

(C) (Ⅰ) 的解不是(Ⅱ) 的解，(Ⅱ) 的解也不是(Ⅰ) 的解

(D) (Ⅰ) 的解是(Ⅱ) 的解，但(Ⅱ) 的解不是(Ⅰ) 的解

6. 设 $\boldsymbol{A}$ 是 $m\times n$ 矩阵，$\boldsymbol{B}$ 是 $n\times m$ 矩阵，则线性方程组 $(\boldsymbol{AB})\boldsymbol{x}=\boldsymbol{0}$ ________.

(A) 当 $n>m$ 时仅有零解　　(B) 当 $n>m$ 时必有非零解

(C) 当 $m>n$ 时仅有零解　　(D) 当 $m>n$ 时必有非零解

7. 设 $\boldsymbol{A}=\begin{pmatrix}1 & 2 & -2\\ 4 & t & 3\\ 3 & -1 & 1\end{pmatrix}$，$\boldsymbol{B}$ 为 3 三阶非零矩阵，且 $\boldsymbol{AB}=\boldsymbol{O}$，则 $t=$ ________.

8. 已知向量组 $\boldsymbol{a}_1=(1,2,-1,1)$，$\boldsymbol{a}_2=(2,0,t,0)$，$\boldsymbol{a}_3=(0,-4,5,-2)$ 的秩为 2，则 $t=$ ______.

9. 已知方程组 $\begin{pmatrix}1 & 2 & 1\\ 2 & 3 & a+2\\ 1 & a & -2\end{pmatrix}\begin{pmatrix}x_1\\ x_2\\ x_3\end{pmatrix}=\begin{pmatrix}1\\ 3\\ 0\end{pmatrix}$ 无解，则 $a=$ ________.

10. 设 $\boldsymbol{\alpha}_1=(1,1,1)$, $\boldsymbol{\alpha}_2=(1,2,3)$, $\boldsymbol{\alpha}_3=(1,3,t)$.

(1) 当 t 为何值时，向量组 $\boldsymbol{\alpha}_1,\boldsymbol{\alpha}_2,\boldsymbol{\alpha}_3$ 线性无关?

(2) 当 t 为何值时，向量组 $\boldsymbol{\alpha}_1,\boldsymbol{\alpha}_2,\boldsymbol{\alpha}_3$ 线性相关?

(3) 当向量组 $\boldsymbol{\alpha}_1,\boldsymbol{\alpha}_2,\boldsymbol{\alpha}_3$ 线性相关时，将 $\boldsymbol{\alpha}_3$ 表示为 $\boldsymbol{\alpha}_1$ 和 $\boldsymbol{\alpha}_2$ 的线性组合.

11. 当 λ 为何值时，线性方程组

$$\begin{cases}x_1+\qquad\quad x_3=\lambda\\4x_1+x_2+2x_3=\lambda+2\\6x_1+x_2+4x_3=2\lambda+3\end{cases}$$

有解? 并求出解的一般形式.

本章测验题答案

1. (C)　　2. (C)　　3. (A)　　4. (B)　　5. (A)　　6. (D)

7. $t=-3$.　　8. $t=3$.　　9. $a=-1$.

10. (1) 当 $t\neq5$ 时，向量组 $\boldsymbol{\alpha}_1,\boldsymbol{\alpha}_2,\boldsymbol{\alpha}_3$ 线性无关; (2) 当 $t=5$ 时向量组 $\boldsymbol{\alpha}_1,\boldsymbol{\alpha}_2,\boldsymbol{\alpha}_3$ 线性相关; (3) $\boldsymbol{\alpha}_3=-\boldsymbol{\alpha}_1+2\boldsymbol{\alpha}_2$.

11. $\lambda=1$ 时，方程组有解. 方程组的通解为: $(x_1,x_2,x_3)^{\mathrm{T}}=t(-1,2,1)^{\mathrm{T}}+(1,-1,0)^{\mathrm{T}}$, 其中, t 为任意常数.

四、本章习题全解

练习 3.1

1. 设 $\boldsymbol{\alpha}_1=(1,1,0)^{\mathrm{T}}$, $\boldsymbol{\alpha}_2=(0,1,1)^{\mathrm{T}}$, $\boldsymbol{\alpha}_3=(3,4,0)^{\mathrm{T}}$, 求 $\boldsymbol{\alpha}_1-\boldsymbol{\alpha}_2$ 及 $3\boldsymbol{\alpha}_1+2\boldsymbol{\alpha}_2-\boldsymbol{\alpha}_3$.

解 $\boldsymbol{\alpha}_1-\boldsymbol{\alpha}_2=(1,0,-1)^{\mathrm{T}}$, $3\boldsymbol{\alpha}_1+2\boldsymbol{\alpha}_2-\boldsymbol{\alpha}_3=(0,1,2)^{\mathrm{T}}$.

2. 设 $\boldsymbol{\alpha}_1=(2,5,1,3)$, $\boldsymbol{\alpha}_2=(10,1,5,10)$, $\boldsymbol{\alpha}_3=(4,1,-1,1)$, 且向量 $\boldsymbol{\alpha}$ 满足 $3(\boldsymbol{\alpha}_1-\boldsymbol{\alpha})+2(\boldsymbol{\alpha}_2+\boldsymbol{\alpha})=5(\boldsymbol{\alpha}_3+\boldsymbol{\alpha})$, 求 $\boldsymbol{\alpha}$.

解 $\boldsymbol{\alpha}=\dfrac{1}{6}(3\boldsymbol{\alpha}_1+2\boldsymbol{\alpha}_2-5\boldsymbol{\alpha}_3)=\dfrac{1}{6}(6,12,18,24)=(1,2,3,4)$.

练习 3.2

1. 向量 $\boldsymbol{\beta}=(1,2,1,1)$ 能否表示成 $\boldsymbol{\alpha}_1,\boldsymbol{\alpha}_2,\boldsymbol{\alpha}_3,\boldsymbol{\alpha}_4$ 的线性组合? 其中, $\boldsymbol{\alpha}_1=(1,1,1,1)$, $\boldsymbol{\alpha}_2=(1,1,-1,-1)$, $\boldsymbol{\alpha}_3=(1,-1,1,-1)$, $\boldsymbol{\alpha}_4=(1,-1,-1,1)$.

解 对下列矩阵施行初等行变换:

$$\left(\begin{array}{cccc:c}1&1&1&1&1\\1&1&-1&-1&2\\1&-1&1&-1&1\\1&-1&-1&1&1\end{array}\right)\xrightarrow[i=2,3,4]{r_i-r_1}\left(\begin{array}{cccc:c}1&1&1&1&1\\0&0&-2&-2&1\\0&-2&0&-2&0\\0&-2&-2&0&0\end{array}\right)$$

$$\xrightarrow[r_4\leftrightarrow r_2]{\substack{r_4\div(-2)\\ r_3\div(-2)}}\left(\begin{array}{cccc:c}1&1&1&1&1\\0&1&1&0&0\\0&1&0&1&0\\0&0&1&1&-\frac{1}{2}\end{array}\right)\xrightarrow[r_3-r_2]{r_1-r_2}\left(\begin{array}{cccc:c}1&0&0&1&1\\0&1&1&0&0\\0&0&-1&1&0\\0&0&1&1&-\frac{1}{2}\end{array}\right)$$

$$\xrightarrow[\substack{r_3\cdot(-1)\\ r_3\div(-2)}]{r_4+r_3}\left(\begin{array}{cccc:c}1&0&0&1&1\\0&1&1&0&0\\0&0&1&-1&0\\0&0&0&1&-\frac{1}{4}\end{array}\right)\xrightarrow[r_2-r_3]{\substack{r_1-r_4\\ r_3+r_4}}\left(\begin{array}{cccc:c}1&0&0&0&\frac{5}{4}\\0&1&0&0&\frac{1}{4}\\0&0&1&0&-\frac{1}{4}\\0&0&0&1&-\frac{1}{4}\end{array}\right),$$

故有$\boldsymbol{\beta}=\frac{5}{4}\boldsymbol{\alpha}_1+\frac{1}{4}\boldsymbol{\alpha}_2-\frac{1}{4}\boldsymbol{\alpha}_3-\frac{1}{4}\boldsymbol{\alpha}_4$.

2. 设$\boldsymbol{\alpha}_1=(1,0,0)$, $\boldsymbol{\alpha}_2=(1,1,0)$, $\boldsymbol{\alpha}_3=(1,1,1)$;$\boldsymbol{\beta}_1=(2,3,4)$, $\boldsymbol{\beta}_2=(a,b,c)$. 问$\boldsymbol{\beta}_1$, $\boldsymbol{\beta}_2$能否由$\boldsymbol{\alpha}_1,\boldsymbol{\alpha}_2,\boldsymbol{\alpha}_3$线性表示？若能线性表示，求出具体的表达式.

解　对下列矩阵施行初等行变换：

$$\left(\begin{array}{ccc:cc}1&1&1&2&a\\0&1&1&3&b\\0&0&1&4&c\end{array}\right)\xrightarrow[r_2-r_3]{r_1-r_2}\left(\begin{array}{ccc:cc}1&0&0&-1&a-b\\0&1&0&-1&b-c\\0&0&1&4&c\end{array}\right),$$

故有

$$\boldsymbol{\beta}_1=-\boldsymbol{\alpha}_1-\boldsymbol{\alpha}_2+4\boldsymbol{\alpha}_3,\ \boldsymbol{\beta}_2=(a-b)\boldsymbol{\alpha}_1+(b-c)\boldsymbol{\alpha}_2+c\boldsymbol{\alpha}_3.$$

3. 已知$\boldsymbol{\alpha}_1$, $\boldsymbol{\alpha}_2$, $\boldsymbol{\alpha}_3$线性无关，证明$2\boldsymbol{\alpha}_1+3\boldsymbol{\alpha}_2$, $\boldsymbol{\alpha}_2-\boldsymbol{\alpha}_3$, $\boldsymbol{\alpha}_1+\boldsymbol{\alpha}_2+\boldsymbol{\alpha}_3$线性无关.

证　本题可以用定义证明，这里略去. 下面通过矩阵来证明. 因

$$(2\boldsymbol{\alpha}_1+3\boldsymbol{\alpha}_2,\boldsymbol{\alpha}_2-\boldsymbol{\alpha}_3,\boldsymbol{\alpha}_1+\boldsymbol{\alpha}_2+\boldsymbol{\alpha}_3)=(\boldsymbol{\alpha}_1,\boldsymbol{\alpha}_2,\boldsymbol{\alpha}_3)\begin{pmatrix}2&0&1\\3&1&1\\0&-1&1\end{pmatrix},$$

而行列式$\begin{vmatrix}2&0&1\\3&1&1\\0&-1&1\end{vmatrix}=1\neq0$，故矩阵$\begin{pmatrix}2&0&1\\3&1&1\\0&-1&1\end{pmatrix}$可逆，从而$2\boldsymbol{\alpha}_1+3\boldsymbol{\alpha}_2$, $\boldsymbol{\alpha}_2-\boldsymbol{\alpha}_3$, $\boldsymbol{\alpha}_1+\boldsymbol{\alpha}_2+\boldsymbol{\alpha}_3$与$\boldsymbol{\alpha}_1$, $\boldsymbol{\alpha}_2$, $\boldsymbol{\alpha}_3$具有相同的线性相关性，从而$2\boldsymbol{\alpha}_1+3\boldsymbol{\alpha}_2$, $\boldsymbol{\alpha}_2-\boldsymbol{\alpha}_3$, $\boldsymbol{\alpha}_1+\boldsymbol{\alpha}_2+\boldsymbol{\alpha}_3$线性无关.

4. 设$\boldsymbol{\alpha}_1,\boldsymbol{\alpha}_2$线性相关，$\boldsymbol{\beta}_1,\boldsymbol{\beta}_2$也线性相关，问$\boldsymbol{\alpha}_1+\boldsymbol{\beta}_1,\boldsymbol{\alpha}_2+\boldsymbol{\beta}_2$是否一定线性相关？试举例说明之.

解　不一定. 例如，$\boldsymbol{\alpha}_1=(1,1)^{\mathrm{T}}$, $\boldsymbol{\alpha}_2=(-1,-1)^{\mathrm{T}}$线性相关，$\boldsymbol{\beta}_1=(1,0)^{\mathrm{T}}$, $\boldsymbol{\beta}_2=(2,0)^{\mathrm{T}}$线性相关，但$\boldsymbol{\alpha}_1+\boldsymbol{\beta}_1=(2,1)^{\mathrm{T}}$, $\boldsymbol{\alpha}_2+\boldsymbol{\beta}_2=(1,-1)^{\mathrm{T}}$线性无关.

5. 设$\boldsymbol{A}$为3阶矩阵，$\boldsymbol{\alpha}_1$, $\boldsymbol{\alpha}_2$, $\boldsymbol{\alpha}_3$为3维列向量，若$\boldsymbol{A\alpha}_1,\boldsymbol{A\alpha}_2,\boldsymbol{A\alpha}_3$线性无关，证明：$\boldsymbol{\alpha}_1$,

$\boldsymbol{\alpha}_2$, $\boldsymbol{\alpha}_3$ 线性无关, 且 $\boldsymbol{A}$ 为可逆矩阵.

证 下面用定义证明. 设 $k_1\boldsymbol{\alpha}_1+k_2\boldsymbol{\alpha}_2+k_3\boldsymbol{\alpha}_3=\boldsymbol{0}$, 两边同时左乘 $\boldsymbol{A}$, 有

$$\boldsymbol{A}(k_1\boldsymbol{\alpha}_1+k_2\boldsymbol{\alpha}_2+k_3\boldsymbol{\alpha}_3)=k_1\boldsymbol{A}\boldsymbol{\alpha}_1+k_2\boldsymbol{A}\boldsymbol{\alpha}_2+k_3\boldsymbol{A}\boldsymbol{\alpha}_3=\boldsymbol{0},$$

因 $\boldsymbol{A}\boldsymbol{\alpha}_1,\boldsymbol{A}\boldsymbol{\alpha}_2,\boldsymbol{A}\boldsymbol{\alpha}_3$ 线性无关, 故 $k_1=k_2=k_3=0$, 从而 $\boldsymbol{\alpha}_1$, $\boldsymbol{\alpha}_2$, $\boldsymbol{\alpha}_3$ 线性无关.

因 $(\boldsymbol{A}\boldsymbol{\alpha}_1,\boldsymbol{A}\boldsymbol{\alpha}_2,\boldsymbol{A}\boldsymbol{\alpha}_3)=\boldsymbol{A}(\boldsymbol{\alpha}_1,\boldsymbol{\alpha}_2,\boldsymbol{\alpha}_3)$, 且 $\boldsymbol{A}\boldsymbol{\alpha}_1,\boldsymbol{A}\boldsymbol{\alpha}_2,\boldsymbol{A}\boldsymbol{\alpha}_3$ 线性无关, 故 $|\boldsymbol{A}\boldsymbol{\alpha}_1,\boldsymbol{A}\boldsymbol{\alpha}_2,\boldsymbol{A}\boldsymbol{\alpha}_3|=|\boldsymbol{A}|\cdot|(\boldsymbol{\alpha}_1,\boldsymbol{\alpha}_2,\boldsymbol{\alpha}_3)|\neq 0$, 故 $|\boldsymbol{A}|\neq 0$, $\boldsymbol{A}$ 为可逆矩阵.

6. 求 t 取何值时, 下列向量组线性相关:

$$\boldsymbol{\alpha}_1=(2,1,0),\ \boldsymbol{\alpha}_2=(3,2,5),\ \boldsymbol{\alpha}_3=(10,6,t).$$

解 由线性相关的性质, 有

$$\begin{vmatrix} 2 & 3 & 10 \\ 1 & 2 & 6 \\ 0 & 5 & t \end{vmatrix}=t-10=0,$$

故 $t=10$.

7. 举例说明下列各命题是错误的:

(1) 若向量组 $\boldsymbol{\alpha}_1$, $\boldsymbol{\alpha}_2,\cdots,\boldsymbol{\alpha}_m$ 是线性相关的, 则 $\boldsymbol{\alpha}_1$ 可由 $\boldsymbol{\alpha}_2,\cdots,\boldsymbol{\alpha}_m$ 线性表示.

(2) 若有不全为0的数 λ_1, λ_2, $\cdots$, λ_m, 使 $\lambda_1\boldsymbol{\alpha}_1+\cdots+\lambda_m\boldsymbol{\alpha}_m+\lambda_1\boldsymbol{\beta}_1+\cdots+\lambda_m\boldsymbol{\beta}_m=\boldsymbol{0}$ 成立, 则 $\boldsymbol{\alpha}_1,\cdots,\boldsymbol{\alpha}_m$ 线性相关, $\boldsymbol{\beta}_1,\cdots,\boldsymbol{\beta}_m$ 亦线性相关.

(3) 若只有当 λ_1, λ_2, $\cdots$, λ_m 全为0时, 等式 $\lambda_1\boldsymbol{\alpha}_1+\cdots+\lambda_m\boldsymbol{\alpha}_m+\lambda_1\boldsymbol{\beta}_1+\cdots+\lambda_m\boldsymbol{\beta}_m=0$ 才能成立, 则 $\boldsymbol{\alpha}_1$, $\cdots$, $\boldsymbol{\alpha}_m$ 线性无关, $\boldsymbol{\beta}_1$, $\cdots$, $\boldsymbol{\beta}_m$ 亦线性无关.

(4) 若 $\boldsymbol{\alpha}_1,\cdots,\boldsymbol{\alpha}_m$ 线性相关, $\boldsymbol{\beta}_1,\cdots,\boldsymbol{\beta}_m$ 亦线性相关, 则有不全为0的数 $\lambda_1,\lambda_2,\cdots,\lambda_m$, 使 $\lambda_1\boldsymbol{\alpha}_1+\cdots+\lambda_m\boldsymbol{\alpha}_m=\boldsymbol{0}$, $\lambda_1\boldsymbol{\beta}_1+\cdots+\lambda_m\boldsymbol{\beta}_m=\boldsymbol{0}$ 同时成立.

解 (1) 例如 $\boldsymbol{\alpha}_1=\boldsymbol{0}$, $\boldsymbol{\alpha}_2\neq\boldsymbol{0}$;

(2) 取 $\boldsymbol{\beta}_i=-\boldsymbol{\alpha}_i$, $i=1,2,\cdots,m$, 而 $\boldsymbol{\alpha}_1,\cdots,\boldsymbol{\alpha}_m$ 线性无关即可;

(3) 取 $\boldsymbol{\alpha}_1,\cdots,\boldsymbol{\alpha}_m$ 线性无关, 而 $\boldsymbol{\beta}_i=\boldsymbol{0}$, $i=1,2,\cdots,m$, 即可;

(4) 取 $\boldsymbol{\alpha}_1=(1,0)^{\mathrm{T}}$, $\boldsymbol{\alpha}_2=(-1,0)^{\mathrm{T}}$, 则 $\boldsymbol{\alpha}_1+\boldsymbol{\alpha}_2=\boldsymbol{0}$. 取 $\boldsymbol{\beta}_1=(0,1)^{\mathrm{T}}$, $\boldsymbol{\beta}_2=(0,2)^{\mathrm{T}}$, 则 $2\boldsymbol{\beta}_1-\boldsymbol{\beta}_2=\boldsymbol{0}$, 可以验证.

8. 下列命题是否正确? 说明理由.

(1) 若 $\boldsymbol{\alpha}_1,\boldsymbol{\alpha}_2,\cdots,\boldsymbol{\alpha}_r$ 是一组线性相关的 n 维向量, 则对于任意不全为零的 $k_1,k_2,\cdots,k_r$, 均有 $k_1\boldsymbol{\alpha}_1+k_2\boldsymbol{\alpha}_2+\cdots+k_r\boldsymbol{\alpha}_r=\boldsymbol{0}$.

(2) 若 $\boldsymbol{\alpha}_1,\boldsymbol{\alpha}_2,\cdots,\boldsymbol{\alpha}_r$ 是一组线性无关的 n 维向量, 则对于任意不全为零的 $k_1,k_2,\cdots,k_r$, 均有 $k_1\boldsymbol{\alpha}_1+k_2\boldsymbol{\alpha}_2+\cdots+k_r\boldsymbol{\alpha}_r\neq\boldsymbol{0}$.

(3) 如果向量组 $\boldsymbol{\alpha}_1,\boldsymbol{\alpha}_2,\cdots,\boldsymbol{\alpha}_r(r\geq 2)$ 中任取 $m(m<r)$ 个向量, 所组成的部分向量组都线性无关, 则这个向量组本身也是线性无关的.

(4) 若 $\boldsymbol{\alpha}_1,\boldsymbol{\alpha}_2,\cdots,\boldsymbol{\alpha}_r$ 线性无关, 且只有 $k_1,k_2,\cdots,k_r$ 全为零时, 等式 $k_1\boldsymbol{\alpha}_1+k_2\boldsymbol{\alpha}_2+\cdots+k_r\boldsymbol{\alpha}_r+k_1\boldsymbol{\beta}_1+k_2\boldsymbol{\beta}_2+\cdots+k_r\boldsymbol{\beta}_r=\boldsymbol{0}$ 才成立, 则 $\boldsymbol{\beta}_1,\boldsymbol{\beta}_2,\cdots,\boldsymbol{\beta}_r$ 线性无关.

(5) 在线性相关的向量组中, 去掉若干个向量后所得向量组仍然线性相关.

(6) 在线性无关的向量组中, 去掉每个向量的最后一个分量后仍然线性无关.

解 (1) 显然错误, 容易举例. 注意定义中仅要求存在某一组数使其成立即可.

(2) 正确. 这与原始的定义等价.

(3) 错误. 例如, 当 $\boldsymbol{\alpha}_1=(1,0)^{\mathrm{T}},\boldsymbol{\alpha}_2=(0,1)^{\mathrm{T}},\boldsymbol{\alpha}_3=(1,1)^{\mathrm{T}}$ 时, 结论就不成立.

(4) 错误. 例如, 当 $\boldsymbol{\alpha}_1=(1,0)^{\mathrm{T}}$, $\boldsymbol{\alpha}_2=(0,1)^{\mathrm{T}}$, $\boldsymbol{\beta}_1=(0,0)^{\mathrm{T}}$, $\boldsymbol{\beta}_2=(1,1)^{\mathrm{T}}$ 时, 满足条件, 但 $\boldsymbol{\beta}_1,\boldsymbol{\beta}_2$ 线性相关.

(5) 错误. 举例同(3).

(6) 错误. 例如, $\boldsymbol{\alpha}_1=(1,1,0)^{\mathrm{T}}$, $\boldsymbol{\alpha}_2=(1,1,1)^{\mathrm{T}}$ 线性无关, 但去掉第 3 个分量后线性相关.

9. 若 $\boldsymbol{\alpha}_1,\cdots,\boldsymbol{\alpha}_r$ 线性无关, 而 $\boldsymbol{\alpha}_{r+1}$ 不能由 $\boldsymbol{\alpha}_1,\cdots,\boldsymbol{\alpha}_r$ 线性表示, 试证 $\boldsymbol{\alpha}_1,\cdots,\boldsymbol{\alpha}_r$, $\boldsymbol{\alpha}_{r+1}$ 必线性无关.

证　否则, 设存在不全为零的数 $k_1,k_2,\cdots,k_{r+1}$, 使得

$$k_1\boldsymbol{\alpha}_1+k_2\boldsymbol{\alpha}_2+\cdots+k_r\boldsymbol{\alpha}_r+k_{r+1}\boldsymbol{\alpha}_{r+1}=\mathbf{0},$$

则 $k_{r+1}=0$. 否则由上式可得

$$\boldsymbol{\alpha}_{r+1}=-\frac{1}{k_{r+1}}(k_1\boldsymbol{\alpha}_1+k_2\boldsymbol{\alpha}_2+\cdots+k_r\boldsymbol{\alpha}_r),$$

从而 $\boldsymbol{\alpha}_{r+1}$ 能由 $\boldsymbol{\alpha}_1,\cdots,\boldsymbol{\alpha}_r$ 线性表示, 与题设矛盾. 此时即有不全为零的数 $k_1,k_2,\cdots,k_r$, 使得 $k_1\boldsymbol{\alpha}_1+k_2\boldsymbol{\alpha}_2+\cdots+k_r\boldsymbol{\alpha}_r=\mathbf{0}$, 得 $\boldsymbol{\alpha}_1,\cdots,\boldsymbol{\alpha}_r$ 线性相关, 再与题设矛盾, 故 $\boldsymbol{\alpha}_1,\cdots,\boldsymbol{\alpha}_r$, $\boldsymbol{\alpha}_{r+1}$ 线性无关.

10. 设有两向量组

$$\begin{cases}\boldsymbol{\alpha}_1=(1,0,2,1)\\ \boldsymbol{\alpha}_2=(1,2,0,1)\\ \boldsymbol{\alpha}_3=(2,1,3,0)\\ \boldsymbol{\alpha}_4=(2,5,-1,4)\end{cases}\quad 和 \quad \begin{cases}\boldsymbol{\beta}_1=(1,-1,3,1)\\ \boldsymbol{\beta}_2=(0,1,-1,3),\\ \boldsymbol{\beta}_3=(0,-1,1,4)\end{cases}$$

证明上述两向量组等价.

解　设 $\boldsymbol{A}=(\boldsymbol{\alpha}_1^{\mathrm{T}},\boldsymbol{\alpha}_2^{\mathrm{T}},\boldsymbol{\alpha}_3^{\mathrm{T}},\boldsymbol{\alpha}_4^{\mathrm{T}})$, $\boldsymbol{B}=(\boldsymbol{\beta}_1^{\mathrm{T}},\boldsymbol{\beta}_2^{\mathrm{T}},\boldsymbol{\beta}_3^{\mathrm{T}})$, 若能证 $R(\boldsymbol{A},\boldsymbol{B})=R(\boldsymbol{A})=R(\boldsymbol{B})$, 即说明两向量组等价.

$$\left(\begin{array}{cccc|ccc}1&1&2&2&1&0&0\\0&2&1&5&-1&1&-1\\2&0&3&-1&3&-1&1\\1&1&0&4&1&3&4\end{array}\right)\xrightarrow[r_4-r_1]{r_3-2r_1}\left(\begin{array}{cccc|ccc}1&1&2&2&1&0&0\\0&2&1&5&-1&1&-1\\0&-2&-1&-5&1&-1&1\\0&0&-2&2&0&3&4\end{array}\right)$$

$$\xrightarrow[r_4\leftrightarrow r_3]{r_3+r_2}\left(\begin{array}{cccc|ccc}1&1&2&2&1&0&0\\0&2&1&5&-1&1&-1\\0&0&-2&2&0&3&4\\0&0&0&0&0&0&0\end{array}\right),$$

故 $R(\boldsymbol{A},\boldsymbol{B})=R(\boldsymbol{A})=R(\boldsymbol{B})=3$. 得证.

练习 3.3

1. 已知向量组 $\boldsymbol{\alpha}_1=(1,-2,2,3)$, $\boldsymbol{\alpha}_2=(-2,4,-1,3)$, $\boldsymbol{\alpha}_3=(-1,2,0,3)$, $\boldsymbol{\alpha}_4=(0,6,$

2,3)，$\boldsymbol{\alpha}_5=(2,-6,3,4)$. 求该向量组的一个极大线性无关组，并用它来表示其余向量.

解 对下面矩阵进行初等行变换，有：

$$\begin{pmatrix}1&-2&-1&0&2\\-2&4&2&6&-6\\2&-1&0&2&3\\3&3&3&3&4\end{pmatrix}\xrightarrow[r_3-3r_1]{r_2+2r_1,\ r_3-2r_1}\begin{pmatrix}1&-2&-1&0&2\\0&0&0&6&-2\\0&3&2&2&-1\\0&9&6&3&-2\end{pmatrix}$$

$$\xrightarrow[r_3\leftrightarrow r_4,\ r_4+2r_3]{r_4-3r_3,\ r_3\leftrightarrow r_2}\begin{pmatrix}1&-2&-1&0&2\\0&3&2&2&-1\\0&0&0&-3&1\\0&0&0&0&0\end{pmatrix}\xrightarrow[r_2-2r_3]{r_3\div(-3)}\begin{pmatrix}1&-2&-1&0&2\\0&3&2&0&-\frac{1}{3}\\0&0&0&1&-\frac{1}{3}\\0&0&0&0&0\end{pmatrix}$$

$$\xrightarrow[r_1+2r_2]{r_2\div 3}\begin{pmatrix}1&0&\frac{1}{3}&0&\frac{16}{9}\\0&1&\frac{2}{3}&0&-\frac{1}{9}\\0&0&0&1&-\frac{1}{3}\\0&0&0&0&0\end{pmatrix},$$

故 $\boldsymbol{\alpha}_1,\boldsymbol{\alpha}_2,\boldsymbol{\alpha}_4$ 是一个极大线性无关组，且 $\boldsymbol{\alpha}_3=\frac{1}{3}\boldsymbol{\alpha}_1+\frac{2}{3}\boldsymbol{\alpha}_2$，$\boldsymbol{\alpha}_5=\frac{16}{9}\boldsymbol{\alpha}_1-\frac{1}{9}\boldsymbol{\alpha}_2-\frac{1}{3}\boldsymbol{\alpha}_4$.

2. 已知向量组 Ⅰ：$\boldsymbol{\alpha}_1=\begin{pmatrix}1\\2\\-3\end{pmatrix}$，$\boldsymbol{\alpha}_2=\begin{pmatrix}3\\0\\1\end{pmatrix}$，$\boldsymbol{\alpha}_3=\begin{pmatrix}9\\6\\-7\end{pmatrix}$ 和向量组 Ⅱ：$\boldsymbol{\beta}_1=\begin{pmatrix}0\\1\\-1\end{pmatrix}$，$\boldsymbol{\beta}_2=\begin{pmatrix}a\\2\\1\end{pmatrix}$，$\boldsymbol{\beta}_3=\begin{pmatrix}b\\1\\0\end{pmatrix}$ 具有相同秩，并且 $\boldsymbol{\beta}_3$ 可由 $\boldsymbol{\alpha}_1,\boldsymbol{\alpha}_2,\boldsymbol{\alpha}_3$ 线性表示，求 a，b 之值.

解 **方法 1**：先求 $R(\boldsymbol{\alpha}_1,\boldsymbol{\alpha}_2,\boldsymbol{\alpha}_3)$，将如下矩阵作初等行变换，得

$$(\boldsymbol{\alpha}_1,\boldsymbol{\alpha}_2,\boldsymbol{\alpha}_3)=\begin{pmatrix}1&3&9\\2&0&6\\-3&1&-7\end{pmatrix}\to\begin{pmatrix}1&3&9\\0&-6&-12\\0&10&20\end{pmatrix}\to\begin{pmatrix}1&3&9\\0&1&2\\0&0&0\end{pmatrix},$$

知 $R(\boldsymbol{\alpha}_1,\boldsymbol{\alpha}_2,\boldsymbol{\alpha}_3)=2$，故 $R(\boldsymbol{\beta}_1,\boldsymbol{\beta}_2,\boldsymbol{\beta}_3)=R(\boldsymbol{\alpha}_1,\boldsymbol{\alpha}_2,\boldsymbol{\alpha}_3)=2$. 对 $(\boldsymbol{\beta}_1,\boldsymbol{\beta}_2,\boldsymbol{\beta}_3)$ 作初等行变换

$$(\boldsymbol{\beta}_1,\boldsymbol{\beta}_2,\boldsymbol{\beta}_3)=\begin{pmatrix}0&a&b\\1&2&1\\-1&1&0\end{pmatrix}\to\begin{pmatrix}-1&1&0\\0&3&1\\0&a-3b&0\end{pmatrix}.$$

因为 $R(\boldsymbol{\beta}_1,\boldsymbol{\beta}_2,\boldsymbol{\beta}_3)=2$，所以 $a=3b$.

又 $\boldsymbol{\beta}_3$ 可由 $\boldsymbol{\alpha}_1,\boldsymbol{\alpha}_2,\boldsymbol{\alpha}_3$ 线性表出，故 $R(\boldsymbol{\alpha}_1,\boldsymbol{\alpha}_2,\boldsymbol{\alpha}_3,\boldsymbol{\beta}_3)=R(\boldsymbol{\alpha}_1,\boldsymbol{\alpha}_2,\boldsymbol{\alpha}_3)=2$. 将 $(\boldsymbol{\alpha}_1,\boldsymbol{\alpha}_2,\boldsymbol{\alpha}_3,\boldsymbol{\beta}_3)$ 作初等行变换

$$\begin{pmatrix} 1 & 3 & 9 & b \\ 2 & 0 & 6 & 1 \\ -3 & 1 & -7 & 0 \end{pmatrix} \xrightarrow[r_3+3r_1]{r_2-2r_1} \begin{pmatrix} 1 & 3 & 9 & b \\ 0 & -6 & -12 & 1-2b \\ 0 & 10 & 20 & 3b \end{pmatrix}$$

$$\xrightarrow[r_3-10r_2]{r_2\div(-6)} \begin{pmatrix} 1 & 3 & 9 & b \\ 0 & 1 & 2 & \frac{1}{6}(2b-1) \\ 0 & 0 & 0 & \frac{5}{3}-\frac{b}{3} \end{pmatrix},$$

由 $R(\boldsymbol{\alpha}_1,\boldsymbol{\alpha}_2,\boldsymbol{\alpha}_3,\boldsymbol{\beta}_3)=2$，得$\frac{5}{3}-\frac{b}{3}=0$，解得 $b=5$，$a=3b=15$.

方法2：$\boldsymbol{\alpha}_1$ 和$\boldsymbol{\alpha}_2$ 线性无关，而$\boldsymbol{\alpha}_3=3\boldsymbol{\alpha}_1+2\boldsymbol{\alpha}_2$，所以向量组$\boldsymbol{\alpha}_1,\boldsymbol{\alpha}_2,\boldsymbol{\alpha}_3$ 线性相关，且其秩为 2，$\boldsymbol{\alpha}_1,\boldsymbol{\alpha}_2$ 是它的一个极大线性无关组.

由于向量组$\boldsymbol{\beta}_1,\boldsymbol{\beta}_2,\boldsymbol{\beta}_3$ 与 $\boldsymbol{\alpha}_1,\boldsymbol{\alpha}_2,\boldsymbol{\alpha}_3$ 具有相同的秩，故$\boldsymbol{\beta}_1,\boldsymbol{\beta}_2,\boldsymbol{\beta}_3$ 线性相关，从而

$$\begin{vmatrix} 0 & a & b \\ 1 & 2 & 1 \\ -1 & 1 & 0 \end{vmatrix}=0,$$

由此解得 $a=3b$.

又$\boldsymbol{\beta}_3$ 可由 $\boldsymbol{\alpha}_1,\boldsymbol{\alpha}_2,\boldsymbol{\alpha}_3$ 线性表示，从而可由 $\boldsymbol{\alpha}_1,\boldsymbol{\alpha}_2$ 线性表示，所以 $\boldsymbol{\alpha}_1,\boldsymbol{\alpha}_2,\boldsymbol{\beta}_1$ 线性相关. 于是

$$\begin{vmatrix} 1 & 3 & b \\ 2 & 0 & 1 \\ -3 & 1 & 0 \end{vmatrix}=0,$$

解得 $2b-10=0$. 于是得 $a=15, b=5$.

方法 3：因$\boldsymbol{\beta}_3$ 可由 $\boldsymbol{\alpha}_1,\boldsymbol{\alpha}_2,\boldsymbol{\alpha}_3$ 线性表示，故线性方程组

$$\begin{pmatrix} 1 & 3 & 9 \\ 2 & 0 & 6 \\ -3 & 1 & -7 \end{pmatrix}\begin{pmatrix} x_1 \\ x_2 \\ x_3 \end{pmatrix}=\begin{pmatrix} b \\ 1 \\ 0 \end{pmatrix}$$

有解. 对增广矩阵的行施行初等变换：

$$\begin{pmatrix} 1 & 3 & 9 & b \\ 2 & 0 & 6 & 1 \\ -3 & 1 & -7 & 0 \end{pmatrix} \xrightarrow[r_3+3r_1]{r_2-2r_1} \begin{pmatrix} 1 & 3 & 9 & b \\ 0 & -6 & -12 & 1-2b \\ 0 & 10 & 20 & 3b \end{pmatrix}$$

$$\xrightarrow[r_3-10r_2]{r_2\div(-6)} \begin{pmatrix} 1 & 3 & 9 & b \\ 0 & 1 & 2 & \frac{1}{6}(2b-1) \\ 0 & 0 & 0 & \frac{5}{3}-\frac{b}{3} \end{pmatrix},$$

由非齐次线性方程组有解的条件，知$\frac{5}{3}-\frac{1}{3}b=0$，解得 $b=5$.

又$\boldsymbol{\alpha}_1$和$\boldsymbol{\alpha}_2$线性无关，$\boldsymbol{\alpha}_3=3\boldsymbol{\alpha}_1+2\boldsymbol{\alpha}_2$，所以向量组$\boldsymbol{\alpha}_1,\boldsymbol{\alpha}_2,\boldsymbol{\alpha}_3$的秩为2. 由题设知向量组$\boldsymbol{\beta}_1,\boldsymbol{\beta}_2,\boldsymbol{\beta}_3$的秩也是2，从而$\begin{vmatrix}0&a&5\\1&2&1\\-1&1&0\end{vmatrix}=0$，解得$a=15$. 故$a=15,b=5$.

3. 设4维向量组$\boldsymbol{\alpha}_1=(1+a,1,1,1)^{\mathrm{T}}$，$\boldsymbol{\alpha}_2=(2,2+a,2,2)^{\mathrm{T}}$，$\boldsymbol{\alpha}_3=(3,3,3+a,3)^{\mathrm{T}}$，$\boldsymbol{\alpha}_4=(4,4,4,4+a)^{\mathrm{T}}$，问$a$为何值时，$\boldsymbol{\alpha}_1,\boldsymbol{\alpha}_2,\boldsymbol{\alpha}_3,\boldsymbol{\alpha}_4$线性相关？当$\boldsymbol{\alpha}_1,\boldsymbol{\alpha}_2,\boldsymbol{\alpha}_3,\boldsymbol{\alpha}_4$线性相关时，求其一个极大线性无关组，并将其余向量用该极大线性无关组线性表出.

解　方法1：记$\boldsymbol{A}=(\boldsymbol{\alpha}_1,\boldsymbol{\alpha}_2,\boldsymbol{\alpha}_3,\boldsymbol{\alpha}_4)$，则

$$|\boldsymbol{A}|=(10+a)\begin{vmatrix}1&2&3&4\\1&2+a&3&4\\1&2&3+a&4\\1&2&3&4+a\end{vmatrix}=(10+a)\begin{vmatrix}1&2&3&4\\0&a&0&0\\0&0&a&0\\0&0&0&a\end{vmatrix}=(a+10)a^3,$$

于是当$a=0$或$a=-10$时，$\boldsymbol{\alpha}_1,\boldsymbol{\alpha}_2,\boldsymbol{\alpha}_3,\boldsymbol{\alpha}_4$线性相关.

当$a=0$时，$\boldsymbol{\alpha}_1$为$\boldsymbol{\alpha}_1,\boldsymbol{\alpha}_2,\boldsymbol{\alpha}_3,\boldsymbol{\alpha}_4$的一个极大线性无关组，且$\boldsymbol{\alpha}_2=2\boldsymbol{\alpha}_1$，$\boldsymbol{\alpha}_3=3\boldsymbol{\alpha}_1$，$\boldsymbol{\alpha}_4=4\boldsymbol{\alpha}_1$.

当$a=-10$时，对$\boldsymbol{A}$作初等行变换：

$$\boldsymbol{A}=\begin{pmatrix}-9&2&3&4\\1&-8&3&4\\1&2&-7&4\\1&2&3&-6\end{pmatrix}\xrightarrow[r_4-r_1]{\substack{r_2-r_1\\r_3-r_1}}\begin{pmatrix}-9&2&3&4\\10&-10&0&0\\10&0&-10&0\\10&0&0&-10\end{pmatrix}$$

$$\xrightarrow[r_4\div 10]{\substack{r_2\div 10\\r_3\div 10}}\begin{pmatrix}-9&2&3&4\\1&-1&0&0\\1&0&-1&0\\1&0&0&-1\end{pmatrix}$$

$$\xrightarrow{r_1+2r_2+3r_3+4r_4}\begin{pmatrix}0&0&0&0\\1&-1&0&0\\1&0&-1&0\\1&0&0&-1\end{pmatrix}=(\boldsymbol{\beta}_1,\boldsymbol{\beta}_2,\boldsymbol{\beta}_3,\boldsymbol{\beta}_4),$$

由于$\boldsymbol{\beta}_2,\boldsymbol{\beta}_3,\boldsymbol{\beta}_4$为$\boldsymbol{\beta}_1,\boldsymbol{\beta}_2,\boldsymbol{\beta}_3,\boldsymbol{\beta}_4$的一个极大线性无关组，且$\boldsymbol{\beta}_1=-\boldsymbol{\beta}_2-\boldsymbol{\beta}_3-\boldsymbol{\beta}_4$，故$\boldsymbol{\alpha}_2,\boldsymbol{\alpha}_3,\boldsymbol{\alpha}_4$为$\boldsymbol{\alpha}_1,\boldsymbol{\alpha}_2,\boldsymbol{\alpha}_3,\boldsymbol{\alpha}_4$的一个极大线性无关组，且$\boldsymbol{\alpha}_1=-\boldsymbol{\alpha}_2-\boldsymbol{\alpha}_3-\boldsymbol{\alpha}_4$.

方法2：记$\boldsymbol{A}=(\boldsymbol{\alpha}_1,\boldsymbol{\alpha}_2,\boldsymbol{\alpha}_3,\boldsymbol{\alpha}_4)$，对$\boldsymbol{A}$施以初等行变换，有

$$\boldsymbol{A}=\begin{pmatrix}1+a&2&3&4\\1&2+a&3&4\\1&2&3+a&4\\1&2&3&4+a\end{pmatrix}\xrightarrow[i=2,3,4]{r_i-r_1}\begin{pmatrix}1+a&2&3&4\\-a&a&0&0\\-a&0&a&0\\-a&0&0&a\end{pmatrix}=\boldsymbol{B}.$$

当$a=0$时，$\boldsymbol{A}$的秩为1，因而$\boldsymbol{\alpha}_1,\boldsymbol{\alpha}_2,\boldsymbol{\alpha}_3,\boldsymbol{\alpha}_4$线性相关，此时$\boldsymbol{\alpha}_1$为$\boldsymbol{\alpha}_1,\boldsymbol{\alpha}_2,\boldsymbol{\alpha}_3,\boldsymbol{\alpha}_4$的一个极大线性无关组，且$\boldsymbol{\alpha}_2=2\boldsymbol{\alpha}_1$，$\boldsymbol{\alpha}_3=3\boldsymbol{\alpha}_1$，$\boldsymbol{\alpha}_4=4\boldsymbol{\alpha}_1$.

当$a\neq 0$时，再对$\boldsymbol{B}$施以初等行变换，有

$$B \xrightarrow{r} \begin{pmatrix} 1+a & 2 & 3 & 4 \\ -1 & 1 & 0 & 0 \\ -1 & 0 & 1 & 0 \\ -1 & 0 & 0 & 1 \end{pmatrix} \xrightarrow{r} \begin{pmatrix} a+10 & 0 & 0 & 0 \\ 1 & -1 & 0 & 0 \\ 1 & 0 & -1 & 0 \\ 1 & 0 & 0 & -1 \end{pmatrix} = C = (\gamma_1,\gamma_2,\gamma_3,\gamma_4).$$

如果 $a \neq -10$, C 的秩为 4, 故 $\boldsymbol{\alpha}_1,\boldsymbol{\alpha}_2,\boldsymbol{\alpha}_3,\boldsymbol{\alpha}_4$ 线性无关;如果 $a=-10$, C 的秩为 3, 故 $\boldsymbol{\alpha}_1,\boldsymbol{\alpha}_2,\boldsymbol{\alpha}_3,\boldsymbol{\alpha}_4$ 线性相关.

由于 $\gamma_2,\gamma_3,\gamma_4$ 是 $\gamma_1,\gamma_2,\gamma_3,\gamma_4$ 的一个极大线性无关组, 且 $\gamma_1=-\gamma_2-\gamma_3-\gamma_4$, 于是 $\boldsymbol{\alpha}_2,\boldsymbol{\alpha}_3,\boldsymbol{\alpha}_4$ 是 $\boldsymbol{\alpha}_1,\boldsymbol{\alpha}_2,\boldsymbol{\alpha}_3,\boldsymbol{\alpha}_4$ 的一个极大线性无关组, $\boldsymbol{\alpha}_1=-\boldsymbol{\alpha}_2-\boldsymbol{\alpha}_3-\boldsymbol{\alpha}_4$.

4. 设向量组 A 和向量组 B 的秩相等, 且 A 能由 B 线性表示, 试证明 A 与 B 两向量组等价.

证　设向量组 A: $\boldsymbol{\alpha}_1,\boldsymbol{\alpha}_2,\cdots,\boldsymbol{\alpha}_m$, 向量组 B: $\boldsymbol{\beta}_1,\boldsymbol{\beta}_2,\cdots,\boldsymbol{\beta}_t$. 只需证明向量组 B 也可由向量 A 线性表示.

设向量组 A 与 B 的秩都为 r, 且 $\boldsymbol{\alpha}_{i_1},\boldsymbol{\alpha}_{i_2},\cdots,\boldsymbol{\alpha}_{i_r}$ 为向量组 A 的一个极大无关组, $\boldsymbol{\beta}_{i_1},\boldsymbol{\beta}_{i_2},\cdots,\boldsymbol{\beta}_{i_r}$ 为向量组 B 的一个极大无关组. 将 A, B 合在一起得向量组 C: $\boldsymbol{\alpha}_1,\boldsymbol{\alpha}_2,\cdots,\boldsymbol{\alpha}_m,\boldsymbol{\beta}_1,\boldsymbol{\beta}_2,\cdots,\boldsymbol{\beta}_t$. 由于向量组 A 可被向量组 B 线性表示, 故向量组 A 必能被 $\boldsymbol{\beta}_{i_1},\boldsymbol{\beta}_{i_2},\cdots,\boldsymbol{\beta}_{i_r}$ 线性表示, 因此 $\boldsymbol{\beta}_{i_1},\boldsymbol{\beta}_{i_2},\cdots,\boldsymbol{\beta}_{i_r}$ 也是向量组 C 的一个极大无关组. 向量组 C 中任意 r 个线性无关的向量都可作为 C 的一个极大无关组, 故 $\boldsymbol{\alpha}_{i_1},\boldsymbol{\alpha}_{i_2},\cdots,\boldsymbol{\alpha}_{i_r}$ 也是 C 的一个极大无关组, 于是 $\boldsymbol{\beta}_1,\boldsymbol{\beta}_2,\cdots,\boldsymbol{\beta}_t$ 能被 $\boldsymbol{\alpha}_{i_1},\boldsymbol{\alpha}_{i_2},\cdots,\boldsymbol{\alpha}_{i_r}$ 线性表示, 故 $\boldsymbol{\beta}_1,\boldsymbol{\beta}_2,\cdots,\boldsymbol{\beta}_t$ 能被 $\boldsymbol{\alpha}_1,\boldsymbol{\alpha}_2,\cdots,\boldsymbol{\alpha}_m$ 线性表示, 故向量组 A 与 B 等价.

5. 设 A 为 n 阶方阵, $R(A)=r<n$, 则对于 A 的 n 个行向量, 下列说法中正确的有:

(1) 必有 r 行线性无关;

(2) 任意 r 行线性无关;

(3) 任意 r 个行向量都构成极大线性无关组;

(4) 任意一个行向量均可由其他 r 个行向量线性表示.

解　由向量组的秩的定义可知, 仅有(1) 是正确的, 其他均错误.

练习 3.4

1. 求 $x_1+x_3-x_4=0$ 的通解.

解　由于系数矩阵的秩为 1, 其基础解系共有 3 个线性无关的解向量, 方程可变化为: $x_1=-x_3+x_4$, 分别令 $(x_2,x_3,x_4)=(1,0,0)$, $(0,1,0)$, $(0,0,1)$, 可得 $\boldsymbol{\eta}_1=(0,1,0,0)^{\mathrm{T}}$, $\boldsymbol{\eta}_2=(-1,0,1,0)^{\mathrm{T}}$, $\boldsymbol{\eta}_3=(1,0,0,1)^{\mathrm{T}}$, 从而方程的通解为

$$\boldsymbol{x}=k_1\boldsymbol{\eta}_1+k_2\boldsymbol{\eta}_2+k_3\boldsymbol{\eta}_3,\ k_1,k_2,k_3 \text{ 为任意实数.}$$

2. 求下列齐次线性方程组的一个基础解系:

$$\begin{cases} x_1+x_2+x_5=0 \\ x_1+x_2-x_3=0. \\ x_3+x_4+x_5=0 \end{cases}$$

解　对系数矩阵实施初等行变换

$$\begin{pmatrix}1&1&0&0&1\\1&1&-1&0&0\\0&0&1&1&1\end{pmatrix}\xrightarrow[r_3+r_2]{r_2-r_1}\begin{pmatrix}1&1&0&0&1\\0&0&-1&0&-1\\0&0&0&1&0\end{pmatrix}\xrightarrow{r_2\times(-1)}\begin{pmatrix}1&1&0&0&1\\0&0&1&0&1\\0&0&0&1&0\end{pmatrix},$$

故原方程组等价于：$\begin{cases}x_1+x_2+x_5=0\\x_3+x_5=0\\x_4=0\end{cases}$，得$\begin{cases}x_1=-x_2-x_5\\x_3=-x_5\\x_4=0\end{cases}$，从而原方程组的基础解系为

$$\boldsymbol{\eta}_1=(-1,1,0,0,0)^{\mathrm{T}},\ \boldsymbol{\eta}_2=(-1,0,-1,0,1)^{\mathrm{T}}.$$

3. 求解方程组 $\boldsymbol{Ax}=\boldsymbol{b}$，其中，$\boldsymbol{A}=\begin{pmatrix}1&2&3&4\\2&4&4&6\\-1&-2&-1&-2\end{pmatrix}$，$b=\begin{pmatrix}5\\8\\-3\end{pmatrix}$.

解 对增广矩阵实施初等行变换：

$$(\boldsymbol{A}\,\vdots\,\boldsymbol{b})=\left(\begin{array}{cccc:c}1&2&3&4&5\\2&4&4&6&8\\-1&-2&-1&-2&-3\end{array}\right)\xrightarrow[r_3+r_1]{r_2-2r_1}\left(\begin{array}{cccc:c}1&2&3&4&5\\0&0&-2&-2&-2\\0&0&2&2&2\end{array}\right)$$

$$\xrightarrow[\substack{r_3+r_2\\r_2\div 2}]{r_2\leftrightarrow r_3}\left(\begin{array}{cccc:c}1&2&3&4&5\\0&0&1&1&1\\0&0&0&0&0\end{array}\right)\xrightarrow{r_1-3r_2}\left(\begin{array}{cccc:c}1&2&0&1&2\\0&0&1&1&1\\0&0&0&0&0\end{array}\right),$$

故方程组的通解为$\begin{cases}x_1=2-2k_1-k_2\\x_2=k_1\\x_3=1-k_2\\x_4=k_2\end{cases}$，$k_1,k_2$ 为任意实数.

4. 已知$\begin{cases}ax_1+x_2+x_3=1\\x_1+ax_2+x_3=1\\x_1+x_2+ax_3=-2\end{cases}$有无穷多解，求 a.

解 由题设条件有

$$\begin{vmatrix}a&1&1\\1&a&1\\1&1&a\end{vmatrix}=(a+2)(a-1)^2=0,$$

故 $a=1$ 或 $a=-2$. 当 $a=1$ 时，显然方程组无解. 当 $a=-2$ 时，因

$$\left(\begin{array}{ccc:c}-2&1&1&1\\1&-2&1&1\\1&1&-2&-2\end{array}\right)\xrightarrow[r_3+r_1+r_2]{r_1\leftrightarrow r_3}\left(\begin{array}{ccc:c}1&1&-2&-2\\1&-2&1&1\\0&0&0&0\end{array}\right),$$

系数矩阵的秩与增广矩阵的秩相等且小于 3，方程组有无穷多解，满足题意.

5. λ 取何值时，方程组$\begin{cases}2x_1+\lambda x_2-x_3=1\\\lambda x_1-x_2+x_3=2\\4x_1+5x_2-5x_3=-1\end{cases}$无解、有唯一解或有无穷多解？并在有

无穷多解时写出方程组的通解.

解　**方法 1**：原方程组系数矩阵的行列式

$$|\boldsymbol{A}| = \begin{vmatrix} 2 & \lambda & -1 \\ \lambda & -1 & 1 \\ 4 & 5 & -5 \end{vmatrix} = \begin{vmatrix} 2 & \lambda & \lambda-1 \\ \lambda & -1 & 0 \\ 4 & 5 & 0 \end{vmatrix} = (\lambda-1)(5\lambda+4),$$

故当 $\lambda \neq -\dfrac{4}{5}$ 且 $\lambda \neq 1$ 时，$R(\boldsymbol{A}) = R(\boldsymbol{A},\boldsymbol{b}) = 3$，即方程组的系数矩阵与增广矩阵的秩相等且等于未知量的个数，此时原方程组有唯一解.

当 $\lambda = -\dfrac{4}{5}$ 时，对原方程组的增广矩阵作初等行变换，得

$$(\boldsymbol{A},\boldsymbol{b}) = \left(\begin{array}{ccc|c} 2 & -\dfrac{4}{5} & -1 & 1 \\ -\dfrac{4}{5} & -1 & 1 & 2 \\ 4 & 5 & -5 & -1 \end{array}\right) \xrightarrow[r_2 \times 5]{r_1 \times 5} \left(\begin{array}{ccc|c} 10 & -4 & -5 & 5 \\ -4 & -5 & 5 & 10 \\ 4 & 5 & -5 & -1 \end{array}\right)$$

$$\xrightarrow{r_3 + r_2} \left(\begin{array}{ccc|c} 10 & -4 & -5 & 5 \\ -4 & -5 & 5 & 10 \\ 0 & 0 & 0 & 9 \end{array}\right),$$

$R(\boldsymbol{A}) \neq R(\boldsymbol{A},\boldsymbol{b})$，即方程组的系数矩阵与增广矩阵的秩不相等，此时原方程组无解.

当 $\lambda = 1$ 时，对原方程组的增广矩阵作初等行变换，得

$$(\boldsymbol{A},\boldsymbol{b}) = \left(\begin{array}{ccc|c} 2 & 1 & -1 & 1 \\ 1 & -1 & 1 & 2 \\ 4 & 5 & -5 & -1 \end{array}\right) \xrightarrow[r_3 - 4r_1]{\substack{r_1 \leftrightarrow r_2 \\ r_2 - 2r_1}} \left(\begin{array}{ccc|c} 1 & -1 & 1 & 2 \\ 0 & 3 & -3 & -3 \\ 0 & 9 & -9 & -9 \end{array}\right) \xrightarrow{r} \left(\begin{array}{ccc|c} 1 & 0 & 0 & 1 \\ 0 & 1 & -1 & -1 \\ 0 & 0 & 0 & 0 \end{array}\right),$$

$R(\boldsymbol{A}) = R(\boldsymbol{A},\boldsymbol{b}) = 2 < 3$，此时原方程组有无穷多解，其通解为 $\begin{cases} x_1 = 1, \\ x_2 = -1 + k, \\ x_3 = k. \end{cases}$ (k 为任意常数). 或

$$(x_1, x_2, x_3)^{\mathrm{T}} = k\,(0,1,1)^{\mathrm{T}} + (1,-1,0)^{\mathrm{T}},\ k \text{ 为任意常数.}$$

方法 2：直接对原方程组的增广矩阵作初等行变换：

$$(\boldsymbol{A},\boldsymbol{b}) = \left(\begin{array}{ccc|c} 2 & \lambda & -1 & 1 \\ \lambda & -1 & 1 & 2 \\ 4 & 5 & -5 & -1 \end{array}\right) \xrightarrow[r_3 - 5r_1]{r_2 + r_1} \left(\begin{array}{ccc|c} 2 & \lambda & -1 & 1 \\ \lambda+2 & \lambda-1 & 0 & 3 \\ -6 & 5-5\lambda & 0 & -6 \end{array}\right)$$

$$\xrightarrow{r_3 + 5r_2} \left(\begin{array}{ccc|c} 2 & \lambda & -1 & 1 \\ \lambda+2 & \lambda-1 & 0 & 3 \\ 5\lambda+4 & 0 & 0 & 9 \end{array}\right),$$

故当 $\lambda \neq -\dfrac{4}{5}$ 且 $\lambda \neq 1$ 时，$R(\boldsymbol{A}) = R(\boldsymbol{A},\boldsymbol{b}) = 3$，即方程组的系数矩阵与增广矩阵的秩相等且等于未知量的个数，此时原方程组有唯一解.

当 $\lambda=-\dfrac{4}{5}$ 时，$R(\boldsymbol{A})=2<R(\boldsymbol{A},\boldsymbol{b})=3$，即方程组的系数矩阵与增广矩阵的秩不相等，此时原方程组无解.

当 $\lambda=1$ 时，原方程组的同解方程组为 $\begin{cases}2x_1+x_2-x_3=1\\ x_1\qquad\qquad\ =1\end{cases}$，此时原方程组有无穷多解，其通解为：

$$(x_1,x_2,x_3)^{\mathrm{T}}=k(0,1,1)^{\mathrm{T}}+(1,-1,0)^{\mathrm{T}},\ k \text{ 为任意常数.}$$

6. 设 4 元非齐次线性方程组的系数矩阵的秩为 3，已知 $\boldsymbol{\eta}_1,\boldsymbol{\eta}_2,\boldsymbol{\eta}_3$ 是它的 3 个解向量，且 $\boldsymbol{\eta}_1=(2,3,4,5)^{\mathrm{T}}$，$\boldsymbol{\eta}_2+\boldsymbol{\eta}_3=(1,2,3,4)^{\mathrm{T}}$，求该方程组的通解.

解　设非齐次线性方程组为 $\boldsymbol{Ax}=\boldsymbol{b}$，则 $R(\boldsymbol{A})=3$，故齐次线性方程组 $\boldsymbol{Ax}=\boldsymbol{0}$ 有 $4-R(\boldsymbol{A})=1$ 个基础解系. 依题意，$\dfrac{1}{2}(\boldsymbol{\eta}_2+\boldsymbol{\eta}_3)$ 为非齐次方程组的一个解，从而 $2\boldsymbol{\eta}_1-(\boldsymbol{\eta}_2+\boldsymbol{\eta}_3)$ 为齐次线性方程组的一个解，故 $\boldsymbol{Ax}=\boldsymbol{b}$ 的通解为

$$\boldsymbol{x}=k(2\boldsymbol{\eta}_1-(\boldsymbol{\eta}_2+\boldsymbol{\eta}_3))+\boldsymbol{\eta}_1=k(3,4,5,6)^{\mathrm{T}}+(2,3,4,5)^{\mathrm{T}},\ k\in\mathbb{R}.$$

7. 设 $\boldsymbol{\alpha}_1,\boldsymbol{\alpha}_2,\boldsymbol{\alpha}_3$ 是齐次线性方程组 $\boldsymbol{Ax}=\boldsymbol{0}$ 的一个基础解系. 证明 $\boldsymbol{\alpha}_1+\boldsymbol{\alpha}_2,\boldsymbol{\alpha}_2+\boldsymbol{\alpha}_3$，$\boldsymbol{\alpha}_3+\boldsymbol{\alpha}_1$ 也是该方程组的一个基础解系.

证　由 $\boldsymbol{A}(\boldsymbol{\alpha}_1+\boldsymbol{\alpha}_2)=\boldsymbol{A\alpha}_1+\boldsymbol{A\alpha}_2=\boldsymbol{0}+\boldsymbol{0}=\boldsymbol{0}$，知 $\boldsymbol{\alpha}_1+\boldsymbol{\alpha}_2$ 是 $\boldsymbol{Ax}=\boldsymbol{0}$ 的解. 同理，知 $\boldsymbol{\alpha}_2+\boldsymbol{\alpha}_3,\boldsymbol{\alpha}_3+\boldsymbol{\alpha}_1$ 也都是 $\boldsymbol{Ax}=\boldsymbol{0}$ 的解.

若 $k_1(\boldsymbol{\alpha}_1+\boldsymbol{\alpha}_2)+k_2(\boldsymbol{\alpha}_2+\boldsymbol{\alpha}_3)+k_3(\boldsymbol{\alpha}_3+\boldsymbol{\alpha}_1)=0$，即

$$(k_3+k_1)\boldsymbol{\alpha}_1+(k_1+k_2)\boldsymbol{\alpha}_2+(k_2+k_3)\boldsymbol{\alpha}_3=0.$$

由于 $\boldsymbol{\alpha}_1,\boldsymbol{\alpha}_2,\boldsymbol{\alpha}_3$ 是基础解系，知 $\boldsymbol{\alpha}_1,\boldsymbol{\alpha}_2,\boldsymbol{\alpha}_3$ 线性无关，故知

$$\begin{cases}k_1+k_3=0,\\ k_1+k_2=0,\\ k_2+k_3=0.\end{cases}$$

因为系数行列式 $\begin{vmatrix}1&0&1\\1&1&0\\0&1&1\end{vmatrix}=2\neq0$，所以方程组只有零解 $k_1=k_2=k_3=0$. 从而 $\boldsymbol{\alpha}_1+\boldsymbol{\alpha}_2,\boldsymbol{\alpha}_2+\boldsymbol{\alpha}_3,\boldsymbol{\alpha}_3+\boldsymbol{\alpha}_1$ 线性无关.

由已知，$\boldsymbol{Ax}=\boldsymbol{0}$ 的基础解系含 3 个线性无关的解向量，所以 $\boldsymbol{\alpha}_1+\boldsymbol{\alpha}_2,\boldsymbol{\alpha}_2+\boldsymbol{\alpha}_3,\boldsymbol{\alpha}_3+\boldsymbol{\alpha}_1$ 也是 $\boldsymbol{Ax}=\boldsymbol{0}$ 的基础解系.

也可以这样证明：因

$$(\boldsymbol{\alpha}_1+\boldsymbol{\alpha}_2,\boldsymbol{\alpha}_2+\boldsymbol{\alpha}_3,\boldsymbol{\alpha}_3+\boldsymbol{\alpha}_1)=(\boldsymbol{\alpha}_1,\boldsymbol{\alpha}_2,\boldsymbol{\alpha}_3)\begin{pmatrix}1&0&1\\1&1&0\\0&1&1\end{pmatrix},$$

而矩阵 $\boldsymbol{K}=\begin{pmatrix}1&0&1\\1&1&0\\0&1&1\end{pmatrix}$ 可逆，$\boldsymbol{\alpha}_1,\boldsymbol{\alpha}_2,\boldsymbol{\alpha}_3$ 线性无关，故 $\boldsymbol{\alpha}_1+\boldsymbol{\alpha}_2,\boldsymbol{\alpha}_2+\boldsymbol{\alpha}_3,\boldsymbol{\alpha}_3+\boldsymbol{\alpha}_1$ 线性无关，从

而是 $Ax=0$ 的基础解系.

8. 设 $\boldsymbol{\eta}_1,\cdots,\boldsymbol{\eta}_s$ 是非齐次线性方程组 $Ax=b$ 的 s 个解，$k_1,\cdots,k_s$ 为实数，满足 $k_1+k_2+\cdots+k_s=1$. 证明：$x=k_1\boldsymbol{\eta}_1+k_2\boldsymbol{\eta}_2+\cdots+k_s\boldsymbol{\eta}_s$ 也是它的解.

证　直接验证可知结论成立. 因 $\boldsymbol{\eta}_1,\cdots,\boldsymbol{\eta}_s$ 是非齐次线性方程组 $Ax=b$ 的 s 个解，有 $A\boldsymbol{\eta}_i=b$，$i=1,2,\cdots,s$，故

$$\begin{aligned}Ax&=A(k_1\boldsymbol{\eta}_1+k_2\boldsymbol{\eta}_2+\cdots+k_s\boldsymbol{\eta}_s)=k_1A\boldsymbol{\eta}_1+k_2A\boldsymbol{\eta}_2+\cdots+k_sA\boldsymbol{\eta}_s\\&=k_1b+k_2b+\cdots+k_sb=(k_1+k_2+\cdots+k_s)b=b,\end{aligned}$$

故 $x=k_1\boldsymbol{\eta}_1+k_2\boldsymbol{\eta}_2+\cdots+k_s\boldsymbol{\eta}_s$ 也是 $Ax=b$ 的解.

9. 设向量 $\boldsymbol{\alpha}_1,\boldsymbol{\alpha}_2,\cdots,\boldsymbol{\alpha}_t$ 是齐次线性方程组 $Ax=0$ 的一个基础解系，向量 $\boldsymbol{\beta}$ 不是方程组 $Ax=0$ 的解，即 $A\boldsymbol{\beta}\neq 0$. 试证明：向量组 $\boldsymbol{\beta},\boldsymbol{\beta}+\boldsymbol{\alpha}_1,\boldsymbol{\beta}+\boldsymbol{\alpha}_2,\cdots,\boldsymbol{\beta}+\boldsymbol{\alpha}_t$ 线性无关.

证　**方法1(定义法)**：若有一组数 $k,k_1,k_2,\cdots,k_t$，使得

$$k\boldsymbol{\beta}+k_1(\boldsymbol{\beta}+\boldsymbol{\alpha}_1)+k_2(\boldsymbol{\beta}+\boldsymbol{\alpha}_2)+\cdots+k_t(\boldsymbol{\beta}+\boldsymbol{\alpha}_t)=0,\tag{1}$$

因 $\boldsymbol{\alpha}_1,\boldsymbol{\alpha}_2,\cdots,\boldsymbol{\alpha}_t$ 是 $Ax=0$ 的解，故 $A\boldsymbol{\alpha}_i=0(i=1,2,\cdots,t)$，用 A 左乘上式两边，有

$$(k+k_1+k_2+\cdots+k_t)A\boldsymbol{\beta}=0.$$

由于 $A\boldsymbol{\beta}\neq 0$，故 $k+k_1+k_2+\cdots+k_t=0.$　(2)

对(1)重新分组为

$$(k+k_1+k_2+\cdots+k_t)\boldsymbol{\beta}+k_1\boldsymbol{\alpha}_1+k_2\boldsymbol{\alpha}_2+\cdots+k_t\boldsymbol{\alpha}_t=0.\tag{3}$$

把(2)代入(3)得 $k_1\boldsymbol{\alpha}_1+k_2\boldsymbol{\alpha}_2+\cdots+k_t\boldsymbol{\alpha}_t=0$.

由于 $\boldsymbol{\alpha}_1,\boldsymbol{\alpha}_2,\cdots,\boldsymbol{\alpha}_t$ 是基础解系，它们线性无关，故必有 $k_1=0,k_2=0,\cdots,k_t=0$. 代入(2)式得：$k=0$. 因此，向量组 $\boldsymbol{\beta},\boldsymbol{\beta}+\boldsymbol{\alpha}_1,\boldsymbol{\beta}+\boldsymbol{\alpha}_2,\cdots,\boldsymbol{\beta}+\boldsymbol{\alpha}_t$ 线性无关.

方法2(用秩)：经初等变换向量组的秩不变. 把第一列的 -1 倍分别加至其余各列，有

$$(\boldsymbol{\beta},\boldsymbol{\beta}+\boldsymbol{\alpha}_1,\boldsymbol{\beta}+\boldsymbol{\alpha}_2,\cdots,\boldsymbol{\beta}+\boldsymbol{\alpha}_t)\xrightarrow[i=2,3,\cdots,t]{c_i-c_1}(\boldsymbol{\beta},\boldsymbol{\alpha}_1,\boldsymbol{\alpha}_2,\cdots,\boldsymbol{\alpha}_t).$$

因此

$$R(\boldsymbol{\beta},\boldsymbol{\beta}+\boldsymbol{\alpha}_1,\boldsymbol{\beta}+\boldsymbol{\alpha}_2,\cdots,\boldsymbol{\beta}+\boldsymbol{\alpha}_t)=R(\boldsymbol{\beta},\boldsymbol{\alpha}_1,\boldsymbol{\alpha}_2,\cdots,\boldsymbol{\alpha}_t).$$

由于 $\boldsymbol{\alpha}_1,\boldsymbol{\alpha}_2,\cdots,\boldsymbol{\alpha}_t$ 是基础解系，它们线性无关，有 $R(\boldsymbol{\alpha}_1,\boldsymbol{\alpha}_2,\cdots,\boldsymbol{\alpha}_t)=t$，又 $\boldsymbol{\beta}$ 必不能由 $\boldsymbol{\alpha}_1,\boldsymbol{\alpha}_2,\cdots,\boldsymbol{\alpha}_t$ 线性表出(否则 $A\boldsymbol{\beta}=0$)，故 $R(\boldsymbol{\alpha}_1,\boldsymbol{\alpha}_2,\cdots,\boldsymbol{\alpha}_t,\boldsymbol{\beta})=t+1$. 所以

$$R(\boldsymbol{\beta},\boldsymbol{\beta}+\boldsymbol{\alpha}_1,\boldsymbol{\beta}+\boldsymbol{\alpha}_2,\cdots,\boldsymbol{\beta}+\boldsymbol{\alpha}_t)=t+1,$$

即向量组 $\boldsymbol{\beta},\boldsymbol{\beta}+\boldsymbol{\alpha}_1,\boldsymbol{\beta}+\boldsymbol{\alpha}_2,\cdots,\boldsymbol{\beta}+\boldsymbol{\alpha}_t$ 线性无关.

10. 判断下列诊断是否正确，并说明理由：

(1) 矩阵 A 的行向量组 $\boldsymbol{\alpha}_1,\boldsymbol{\alpha}_2,\cdots,\boldsymbol{\alpha}_m$ 线性相关的充要条件是齐次线性方程组 $A^{\mathrm{T}}x=0$ 有非零解；

(2) 设齐次线性方程组 $Ax=0$ 有无穷多解，则 $Ax=b$ 也必有无穷多解；

(3) 设非齐次线性方程组 $Ax=b$ 有无穷多解，则 $Ax=0$ 也有无穷多解；

(4) 设 A 为 $m\times n$ 矩阵，对齐次线性方程组 $Ax=0$，

(A) 若 $m>n$，则方程组 $Ax=0$ 只有零解；

(B) 若 $m<n$，则方程组 $Ax=0$ 有非零解；

(5) 设 A 为 $m\times n$ 矩阵，$R(A)=r$，对非齐次线性方程组 $Ax=b$，

(A) 若 $r=m$, 则方程组 $\boldsymbol{Ax}=\boldsymbol{b}$ 有解;

(B) 若 $r=n$, 则方程组 $\boldsymbol{Ax}=\boldsymbol{b}$ 有唯一解;

(C) 若 $m=n$, 则方程组 $\boldsymbol{Ax}=\boldsymbol{b}$ 有唯一解;

(D) 若 $r<n$, 则方程组 $\boldsymbol{Ax}=\boldsymbol{b}$ 有无穷多解.

解 (1) 正确. $\boldsymbol{A}$ 的行向量组是$\boldsymbol{A}^{\mathrm{T}}$ 的列向量组, 从而结论成立.

(2) 错误. 由方程组$\boldsymbol{Ax}=\boldsymbol{0}$有无穷多解, 知$R(\boldsymbol{A})<n$, 但$R(\boldsymbol{A})=R(\boldsymbol{A},\boldsymbol{b})$不一定成立, 从而 $\boldsymbol{Ax}=\boldsymbol{b}$ 不一定有解.

(3) 正确. 由方程组$\boldsymbol{Ax}=\boldsymbol{b}$有无穷多解, 知$R(\boldsymbol{A})=R(\boldsymbol{A},\boldsymbol{b})<n$, 从而$\boldsymbol{Ax}=\boldsymbol{0}$也有无穷多解.

(4)(A) 错误. 若 $m>n$, 但 $R(\boldsymbol{A})<n$ 仍可能成立, 此时 $\boldsymbol{Ax}=\boldsymbol{0}$ 有无穷多解.

(B) 正确. 若 $m<n$, 则 $R(\boldsymbol{A})\leq m<n$, 从而方程组 $\boldsymbol{Ax}=\boldsymbol{0}$ 有非零解.

(5)(A) 正确. 若$r=m$, 此时$(\boldsymbol{A},\boldsymbol{b})$为$m\times(n+1)$矩阵, 从而$R(\boldsymbol{A})\leq R(\boldsymbol{A},\boldsymbol{b})\leq m=R(\boldsymbol{A})$, 故方程组 $\boldsymbol{Ax}=\boldsymbol{b}$ 有解.

(B) 错误. 若$r=n$, 则有$n\leq m$, 此时因$(\boldsymbol{A},\boldsymbol{b})$为$m\times(n+1)$矩阵, 从而可能$R(\boldsymbol{A},\boldsymbol{b})>n=R(\boldsymbol{A})$, 此时方程组 $\boldsymbol{Ax}=\boldsymbol{b}$ 无解;

(C) 错误. 若$m=n$, 但$r<n$, 则可能有$R(\boldsymbol{A})=r<R(\boldsymbol{A},\boldsymbol{b})$发生, 此时方程组$\boldsymbol{Ax}=\boldsymbol{b}$无解;

(D) 错误. 若 $r<n$, $R(\boldsymbol{A})=r<R(\boldsymbol{A},\boldsymbol{b})$ 仍可以发生, 此时方程组 $\boldsymbol{Ax}=\boldsymbol{b}$ 无解.

习题 3

1. 选择题

(1) 若向量组 $\boldsymbol{\alpha}_1,\boldsymbol{\alpha}_2,\boldsymbol{\alpha}_3$ 线性无关, 向量组 $\boldsymbol{\alpha}_1,\boldsymbol{\alpha}_2,\boldsymbol{\alpha}_4$ 线性相关, 则 ______.

(A) $\boldsymbol{\alpha}_1$ 必可由 $\boldsymbol{\alpha}_2,\boldsymbol{\alpha}_3,\boldsymbol{\alpha}_4$ 线性表示　　(B) $\boldsymbol{\alpha}_2$ 必不可由 $\boldsymbol{\alpha}_1,\boldsymbol{\alpha}_3,\boldsymbol{\alpha}_4$ 线性表示

(C) $\boldsymbol{\alpha}_4$ 必可由 $\boldsymbol{\alpha}_1,\boldsymbol{\alpha}_2,\boldsymbol{\alpha}_3$ 线性表示　　(D) $\boldsymbol{\alpha}_4$ 必不可由 $\boldsymbol{\alpha}_1,\boldsymbol{\alpha}_2,\boldsymbol{\alpha}_3$ 线性表示

解 因$\boldsymbol{\alpha}_1,\boldsymbol{\alpha}_2,\boldsymbol{\alpha}_3$线性无关, 从而$\boldsymbol{\alpha}_1,\boldsymbol{\alpha}_2$线性无关, 又$\boldsymbol{\alpha}_1,\boldsymbol{\alpha}_2,\boldsymbol{\alpha}_4$线性相关, 得$\boldsymbol{\alpha}_4$可由$\boldsymbol{\alpha}_1,\boldsymbol{\alpha}_2$ 线性表示, 从而可由 $\boldsymbol{\alpha}_1,\boldsymbol{\alpha}_2,\boldsymbol{\alpha}_3$ 线性表示, 选(C).

(2) 设 $\boldsymbol{\alpha}_1,\boldsymbol{\alpha}_2,\boldsymbol{\alpha}_3,\boldsymbol{\alpha}_4$ 线性无关, 则 ____ .

(A) $\boldsymbol{\alpha}_1+\boldsymbol{\alpha}_2,\boldsymbol{\alpha}_2+\boldsymbol{\alpha}_3,\boldsymbol{\alpha}_3+\boldsymbol{\alpha}_4,\boldsymbol{\alpha}_4+\boldsymbol{\alpha}_1$ 线性无关

(B) $\boldsymbol{\alpha}_1-\boldsymbol{\alpha}_2,\boldsymbol{\alpha}_2-\boldsymbol{\alpha}_3,\boldsymbol{\alpha}_3-\boldsymbol{\alpha}_4,\boldsymbol{\alpha}_4-\boldsymbol{\alpha}_1$ 线性无关

(C) $\boldsymbol{\alpha}_1+\boldsymbol{\alpha}_2,\boldsymbol{\alpha}_2+\boldsymbol{\alpha}_3,\boldsymbol{\alpha}_3+\boldsymbol{\alpha}_4,\boldsymbol{\alpha}_4-\boldsymbol{\alpha}_1$ 线性无关

(D) $\boldsymbol{\alpha}_1+\boldsymbol{\alpha}_2,\boldsymbol{\alpha}_2+\boldsymbol{\alpha}_3,\boldsymbol{\alpha}_3-\boldsymbol{\alpha}_4,\boldsymbol{\alpha}_4-\boldsymbol{\alpha}_1$ 线性无关

解 这里有一个很有用的结论: 若向量组$\boldsymbol{\beta}_1,\cdots,\boldsymbol{\beta}_m$ 可由线性无关的向量组$\boldsymbol{\alpha}_1,\cdots,\boldsymbol{\alpha}_r$线性表示, 即可写为$(\boldsymbol{\beta}_1,\cdots,\boldsymbol{\beta}_m)=(\boldsymbol{\alpha}_1,\cdots,\boldsymbol{\alpha}_r)\boldsymbol{P}_{r\times m}$, 则$\boldsymbol{\beta}_1,\cdots,\boldsymbol{\beta}_m$线性无关$\Leftrightarrow R(\boldsymbol{P})=m$. 即$\boldsymbol{\beta}_1,\cdots,\boldsymbol{\beta}_m$ 的线性相关性可由表示矩阵 $\boldsymbol{P}$ 的列秩来判断. 容易看出, (A), (B), (C), (D) 四个向量组中的表示矩阵分别为

$$\boldsymbol{P}_1=\begin{pmatrix}1&0&0&1\\1&1&0&0\\0&1&1&0\\0&0&1&1\end{pmatrix},\ \boldsymbol{P}_2=\begin{pmatrix}1&0&0&-1\\-1&1&0&0\\0&-1&1&0\\0&0&-1&1\end{pmatrix},$$

$$P_3 = \begin{pmatrix} 1 & 0 & 0 & -1 \\ 1 & 1 & 0 & 0 \\ 0 & 1 & 1 & 0 \\ 0 & 0 & 1 & 1 \end{pmatrix}, \quad P_4 = \begin{pmatrix} 1 & 0 & 0 & -1 \\ 1 & 1 & 0 & 0 \\ 0 & 1 & 1 & 0 \\ 0 & 0 & -1 & 1 \end{pmatrix},$$

容易算得，只有 $|P_3| \neq 0$. 即 P_3 列满秩，故(C)成立.

也可以直接证明其余三个向量组线性相关：

对(A)，有 $(\boldsymbol{\alpha}_1+\boldsymbol{\alpha}_2)-(\boldsymbol{\alpha}_2+\boldsymbol{\alpha}_3)+(\boldsymbol{\alpha}_3+\boldsymbol{\alpha}_4)-(\boldsymbol{\alpha}_4+\boldsymbol{\alpha}_1)=\mathbf{0}$;

对(B)，有 $(\boldsymbol{\alpha}_1-\boldsymbol{\alpha}_2)+(\boldsymbol{\alpha}_2-\boldsymbol{\alpha}_3)+(\boldsymbol{\alpha}_3-\boldsymbol{\alpha}_4)+(\boldsymbol{\alpha}_4-\boldsymbol{\alpha}_1)=\mathbf{0}$;

对(D)，有 $(\boldsymbol{\alpha}_1+\boldsymbol{\alpha}_2)-(\boldsymbol{\alpha}_2+\boldsymbol{\alpha}_3)+(\boldsymbol{\alpha}_3-\boldsymbol{\alpha}_4)+(\boldsymbol{\alpha}_4-\boldsymbol{\alpha}_1)=\mathbf{0}$.

(3) 设 n 维列向量组 $\boldsymbol{\alpha}_1,\cdots,\boldsymbol{\alpha}_m(m<n)$ 线性无关，则 n 维列向量组 $\boldsymbol{\beta}_1,\cdots,\boldsymbol{\beta}_m$ 线性无关的充分必要条件为____.

(A) 向量组 $\boldsymbol{\alpha}_1,\cdots,\boldsymbol{\alpha}_m$ 可由向量组 $\boldsymbol{\beta}_1,\cdots,\boldsymbol{\beta}_m$ 线性表示

(B) 向量组 $\boldsymbol{\beta}_1,\cdots,\boldsymbol{\beta}_m$ 可由向量组 $\boldsymbol{\alpha}_1,\cdots,\boldsymbol{\alpha}_m$ 线性表示

(C) 向量组 $\boldsymbol{\alpha}_1,\cdots,\boldsymbol{\alpha}_m$ 与向量组 $\boldsymbol{\beta}_1,\cdots,\boldsymbol{\beta}_m$ 等价

(D) 矩阵 $\boldsymbol{A}=(\boldsymbol{\alpha}_1,\cdots,\boldsymbol{\alpha}_m)$ 与矩阵 $\boldsymbol{B}=(\boldsymbol{\beta}_1,\cdots,\boldsymbol{\beta}_m)$ 等价

解　可以用排除法.

(A) 为充分但非必要条件：若向量组 $\boldsymbol{\alpha}_1,\cdots,\boldsymbol{\alpha}_m$ 可由向量组 $\boldsymbol{\beta}_1,\cdots,\boldsymbol{\beta}_m$ 线性表示，则一定可推导 $\boldsymbol{\beta}_1,\cdots,\boldsymbol{\beta}_m$ 线性无关，因为若 $\boldsymbol{\beta}_1,\cdots,\boldsymbol{\beta}_m$ 线性相关，则 $R(\boldsymbol{\alpha}_1,\cdots,\boldsymbol{\alpha}_m)<m$，于是 $\boldsymbol{\alpha}_1,\cdots,\boldsymbol{\alpha}_m$ 必线性相关，矛盾. 但反过来不成立，如当 $m=1$ 时，$\boldsymbol{\alpha}_1=(1,0)^{\mathrm{T}}$，$\boldsymbol{\beta}_1=(0,1)^{\mathrm{T}}$，均为单个非零向量，是线性无关的，但 $\boldsymbol{\alpha}_1$ 并不能用 $\boldsymbol{\beta}_1$ 线性表示.

(B) 为既非充分又非必要条件：如当 $m=1$ 时，考虑 $\boldsymbol{\alpha}_1=(1,0)^{\mathrm{T}}$，$\boldsymbol{\beta}_1=(0,1)^{\mathrm{T}}$ 均线性无关，但并不能由 $\boldsymbol{\alpha}_1$ 线性表示，必要性不成立；又如 $\boldsymbol{\alpha}_1=(1,0)^{\mathrm{T}}$，$\boldsymbol{\beta}_1=(0,0)^{\mathrm{T}}$ 可由 $\boldsymbol{\alpha}_1$ 线性表示，但 $\boldsymbol{\beta}_1$ 并不线性无关，充分性也不成立.

(C) 为充分但非必要条件：若向量组 $\boldsymbol{\alpha}_1,\cdots,\boldsymbol{\alpha}_m$ 与向量组 $\boldsymbol{\beta}_1,\cdots,\boldsymbol{\beta}_m$ 等价，由 $\boldsymbol{\alpha}_1,\cdots,\boldsymbol{\alpha}_m$ 线性无关知，$R(\boldsymbol{\beta}_1,\cdots,\boldsymbol{\beta}_m)=R(\boldsymbol{\alpha}_1,\cdots,\boldsymbol{\alpha}_m)=m$，因此 $\boldsymbol{\beta}_1,\cdots,\boldsymbol{\beta}_m$ 线性无关，充分性成立；当 $m=1$ 时，考虑 $\boldsymbol{\alpha}_1=(1,0)^{\mathrm{T}}$，$\boldsymbol{\beta}_1=(0,1)^{\mathrm{T}}$，均线性无关，但 $\boldsymbol{\alpha}_1$ 与 $\boldsymbol{\beta}_1$ 并不是等价的，必要性不成立.

(D) 剩下(D)为正确选项. 事实上，若矩阵 $\boldsymbol{A}=(\boldsymbol{\alpha}_1,\cdots,\boldsymbol{\alpha}_m)$ 与矩阵 $\boldsymbol{B}=(\boldsymbol{\beta}_1,\cdots,\boldsymbol{\beta}_m)$ 等价，则 $R(\boldsymbol{A})=R(\boldsymbol{B})$，从而 $R(\boldsymbol{\beta}_1,\cdots,\boldsymbol{\beta}_m)=R(\boldsymbol{\alpha}_1,\cdots,\boldsymbol{\alpha}_m)=m$，因此是向量组 $\boldsymbol{\beta}_1,\cdots,\boldsymbol{\beta}_m$ 线性无关的充要条件.

(4) 设向量组(Ⅰ)：$\boldsymbol{\alpha}_1,\boldsymbol{\alpha}_2,\cdots,\boldsymbol{\alpha}_r$ 可由向量组(Ⅱ)：$\boldsymbol{\beta}_1,\boldsymbol{\beta}_2,\cdots,\boldsymbol{\beta}_s$ 线性表示，则____.

(A) 当 $r<s$ 时，向量组(Ⅱ)必线性相关

(B) 当 $r>s$ 时，向量组(Ⅱ)必线性相关

(C) 当 $r<s$ 时，向量组(Ⅰ)必线性相关

(D) 当 $r>s$ 时，向量组(Ⅰ)必线性相关

解　由题设易知：$R(\text{Ⅰ})\leq r$，$R(\text{Ⅱ})\leq s$，因为向量组(Ⅰ)可由向量组(Ⅱ)线性表示，所以 $R(\text{Ⅰ})\leq R(\text{Ⅱ})\leq s$. 当 $r>s$ 时，由 $R(\text{Ⅰ})\leq R(\text{Ⅱ})\leq s<r$ 可推出 $R(\text{Ⅰ})<r$，从而向量组(Ⅰ)线性相关. 选(D).

其他几个选项，可以通过举例说明不正确.

(5) 设$\boldsymbol{A},\boldsymbol{B}$为满足$\boldsymbol{AB}=\boldsymbol{O}$的任意两个非零矩阵，则必有 ____ .

(A) $\boldsymbol{A}$的列向量组线性相关，$\boldsymbol{B}$的行向量组线性相关

(B) $\boldsymbol{A}$的列向量组线性相关，$\boldsymbol{B}$的列向量组线性相关

(C) $\boldsymbol{A}$的行向量组线性相关，$\boldsymbol{B}$的行向量组线性相关

(D) $\boldsymbol{A}$的行向量组线性相关，$\boldsymbol{B}$的列向量组线性相关

解 本题答案为(A). 有几种解法：

方法1：设$\boldsymbol{A}$为$m\times n$矩阵，$\boldsymbol{B}$为$n\times s$矩阵，则由$\boldsymbol{AB}=\boldsymbol{O}$知，$R(\boldsymbol{A})+R(\boldsymbol{B})\leq n$，其中$n$是矩阵$\boldsymbol{A}$的列数，也是$\boldsymbol{B}$的行数. 因$\boldsymbol{A},\boldsymbol{B}$均为非零矩阵，必有$R(\boldsymbol{A})>0$，$R(\boldsymbol{B})>0$. 从而可知$R(\boldsymbol{A})<n$，$R(\boldsymbol{B})<n$，即$\boldsymbol{A}$的列向量组线性相关，$\boldsymbol{B}$的行向量组线性相关，故应选(A).

方法2：由$\boldsymbol{AB}=\boldsymbol{O}$知，$\boldsymbol{B}$的每一列向量均为$\boldsymbol{Ax}=\boldsymbol{0}$的解，而$\boldsymbol{B}$为非零矩阵，从而$\boldsymbol{Ax}=\boldsymbol{0}$有非零解，故$\boldsymbol{A}$的列向量组线性相关.

同理，由$\boldsymbol{AB}=\boldsymbol{O}$知，$\boldsymbol{B}^{\mathrm{T}}\boldsymbol{A}^{\mathrm{T}}=\boldsymbol{O}$，于是有$\boldsymbol{B}^{\mathrm{T}}$的列向量组线性相关，从而$\boldsymbol{B}$的行向量组线性相关，故应选(A).

方法3：设$\boldsymbol{A}=(a_{ij})_{m\times n}$，$\boldsymbol{B}=(b_{ij})_{n\times s}$，记$\boldsymbol{A}=(\boldsymbol{\alpha}_1,\boldsymbol{\alpha}_2,\cdots,\boldsymbol{\alpha}_n)$，则由$\boldsymbol{AB}=\boldsymbol{O}$，可得

$$(\boldsymbol{\alpha}_1,\boldsymbol{\alpha}_2,\cdots,\boldsymbol{\alpha}_n)\begin{pmatrix} b_{11} & b_{12} & \cdots & b_{1s} \\ b_{21} & b_{22} & \cdots & b_{2s} \\ \vdots & \vdots & & \vdots \\ b_{n1} & b_{n2} & \cdots & b_{ns} \end{pmatrix}$$

$$=(b_{11}\boldsymbol{\alpha}_1+\cdots+b_{n1}\boldsymbol{\alpha}_n,\quad \cdots,\quad b_{1s}\boldsymbol{\alpha}_1+\cdots+b_{ns}\boldsymbol{\alpha}_n)=\boldsymbol{O}.$$

由于$\boldsymbol{B}\neq\boldsymbol{O}$，故存在某$b_{ij}\neq 0(1\leq i\leq n,1\leq j\leq s)$，由上式知，

$$b_{1j}\boldsymbol{\alpha}_1+b_{2j}\boldsymbol{\alpha}_2+\cdots+b_{ij}\boldsymbol{\alpha}_i+\cdots+b_{nj}\boldsymbol{\alpha}_n=\boldsymbol{0},$$

于是$\boldsymbol{\alpha}_1,\boldsymbol{\alpha}_2,\cdots,\boldsymbol{\alpha}_n$，即$\boldsymbol{A}$的列向量组线性相关.

又记$\boldsymbol{B}=\begin{pmatrix}\boldsymbol{\beta}_1\\ \boldsymbol{\beta}_2\\ \vdots\\ \boldsymbol{\beta}_n\end{pmatrix}$，则由$\boldsymbol{AB}=\boldsymbol{O}$，可得

$$\begin{pmatrix} a_{11} & a_{12} & \cdots & a_{1n} \\ a_{21} & a_{22} & \cdots & a_{2n} \\ \vdots & \vdots & & \vdots \\ a_{m1} & a_{m2} & \cdots & a_{mn} \end{pmatrix}\begin{pmatrix}\boldsymbol{\beta}_1\\ \boldsymbol{\beta}_2\\ \vdots\\ \boldsymbol{\beta}_n\end{pmatrix}=\begin{pmatrix} a_{11}\boldsymbol{\beta}_1+a_{12}\boldsymbol{\beta}_2+\cdots+a_{1n}\boldsymbol{\beta}_n \\ a_{21}\boldsymbol{\beta}_1+a_{22}\boldsymbol{\beta}_2+\cdots+a_{2n}\boldsymbol{\beta}_n \\ \vdots \\ a_{m1}\boldsymbol{\beta}_1+a_{m2}\boldsymbol{\beta}_2+\cdots+a_{mn}\boldsymbol{\beta}_n \end{pmatrix}=\boldsymbol{O},$$

由于$\boldsymbol{A}\neq\boldsymbol{O}$，故存在某$a_{ij}\neq 0(1\leq i\leq m,1\leq j\leq n)$，使

$$a_{i1}\boldsymbol{\beta}_1+\cdots+a_{ij}\boldsymbol{\beta}_j+\cdots+a_{in}\boldsymbol{\beta}_n=\boldsymbol{0},$$

从而$\boldsymbol{\beta}_1,\boldsymbol{\beta}_2,\cdots,\boldsymbol{\beta}_n$线性相关，故应选(A).

(6) 设向量$\boldsymbol{b}$可由$\boldsymbol{a}_1,\boldsymbol{a}_2,\cdots,\boldsymbol{a}_m$线性表示，但不能由(Ⅰ)：$\boldsymbol{a}_1,\boldsymbol{a}_2,\cdots,\boldsymbol{a}_{m-1}$线性表示，记(Ⅱ)：$\boldsymbol{a}_1,\boldsymbol{a}_2,\cdots,\boldsymbol{a}_{m-1},\boldsymbol{b}$，则 ____ .

(A) $\boldsymbol{a}_m$ 不能由(Ⅰ)线性表示，也不能由(Ⅱ)线性表示；

(B) $\boldsymbol{a}_m$ 不能由(Ⅰ)线性表示，但可由(Ⅱ)线性表示；

(C) $\boldsymbol{a}_m$ 可由(Ⅰ)线性表示，也可由(Ⅱ)线性表示；

(D) $\boldsymbol{a}_m$ 可由(Ⅰ)线性表示，但不能由(Ⅱ)线性表示.

解　由题设条件：向量 $\boldsymbol{b}$ 可由 $\boldsymbol{a}_1,\boldsymbol{a}_2,\cdots,\boldsymbol{a}_m$ 线性表示，故存在 $k_1,k_2,\cdots,k_m$，使得

$$\boldsymbol{b}=k_1\boldsymbol{a}_1+k_2\boldsymbol{a}_2+\cdots+k_{m-1}\boldsymbol{a}_{m-1}+k_m\boldsymbol{a}_m, \qquad (*)$$

从而 $k_m\neq 0$. 否则 $\boldsymbol{b}$ 可由 $\boldsymbol{a}_1,\boldsymbol{a}_2,\cdots,\boldsymbol{a}_{m-1}$ 线性表示，与题设矛盾，从而由上式可得

$$\boldsymbol{a}_m=\frac{1}{k_m}(\boldsymbol{b}-(k_1\boldsymbol{a}_1+k_2\boldsymbol{a}_2+\cdots+k_{m-1}\boldsymbol{a}_{m-1})).$$

若 $\boldsymbol{a}_m$ 还能由(Ⅰ)线性表示，将此表达式代入($*$)式，即知 $\boldsymbol{b}$ 可由 $\boldsymbol{a}_1,\boldsymbol{a}_2,\cdots,\boldsymbol{a}_{m-1}$ 线性表示，与题设矛盾，故(B)正确.

(7) 设 $\boldsymbol{\alpha}_1=(a_1,a_2,a_3)^{\mathrm{T}}$，$\boldsymbol{\alpha}_2=(b_1,b_2,b_3)^{\mathrm{T}}$，$\boldsymbol{\alpha}_3=(c_1,c_2,c_3)^{\mathrm{T}}$，则3条直线 $a_1x+b_1y+c_1=0$，$a_2x+b_2y+c_2=0$，$a_3x+b_3y+c_3=0$(其中，$a_i^2+b_i^2\neq 0$，$i=1,2,3$)交于一点的充分必要条件是____.

(A) $\boldsymbol{\alpha}_1,\boldsymbol{\alpha}_2,\boldsymbol{\alpha}_3$ 线性相关　　(B) $\boldsymbol{\alpha}_1,\boldsymbol{\alpha}_2,\boldsymbol{\alpha}_3$ 线性无关

(C) $R(\boldsymbol{\alpha}_1,\boldsymbol{\alpha}_2,\boldsymbol{\alpha}_3)=R(\boldsymbol{\alpha}_1,\boldsymbol{\alpha}_2)$　　(D) $\boldsymbol{\alpha}_1,\boldsymbol{\alpha}_2,\boldsymbol{\alpha}_3$ 线性相关，$\boldsymbol{\alpha}_1,\boldsymbol{\alpha}_2$ 线性无关

解　**方法1**：3条直线交于一点的充要条件是方程组

$$\begin{cases}a_1x+b_1y+c_1=0\\a_2x+b_2y+c_2=0\\a_3x+b_3y+c_3=0\end{cases}，即\begin{cases}a_1x+b_1y=-c_1\\a_2x+b_2y=-c_2\\a_3x+b_3y=-c_3\end{cases}$$

有唯一解.

将上述方程组写成矩阵形式：$\boldsymbol{A}_{3\times 2}\boldsymbol{x}=\boldsymbol{b}$，其中，$\boldsymbol{A}=\begin{pmatrix}a_1&b_1\\a_2&b_2\\a_3&b_3\end{pmatrix}=(\boldsymbol{\alpha}_1,\boldsymbol{\alpha}_2)$ 是其系数矩阵，$\boldsymbol{b}=\begin{pmatrix}-c_1\\-c_2\\-c_3\end{pmatrix}=-\boldsymbol{\alpha}_3$. 则 $\boldsymbol{Ax}=\boldsymbol{b}$ 有唯一解等价于 $R(\boldsymbol{A})=R(\boldsymbol{A},\boldsymbol{b})=2$，即 $\boldsymbol{A}$ 的列向量组 $\boldsymbol{\alpha}_1,\boldsymbol{\alpha}_2$ 线性无关，且 $\boldsymbol{\alpha}_1,\boldsymbol{\alpha}_2,\boldsymbol{\alpha}_3$ 线性相关. 所以应选(D).

方法2：用排除法.

(A) $\boldsymbol{\alpha}_1,\boldsymbol{\alpha}_2,\boldsymbol{\alpha}_3$ 线性相关，当 $\boldsymbol{\alpha}_1=\boldsymbol{\alpha}_2=\boldsymbol{\alpha}_3$ 时，方程组的系数矩阵与增广矩阵的秩相等且小于未知量的个数，则上述方程组有无穷多解，根据解的个数与直线的位置关系，此时3条直线重合，有无穷多相交点，(A)不成立.

(B) $\boldsymbol{\alpha}_1,\boldsymbol{\alpha}_2,\boldsymbol{\alpha}_3$ 线性无关，$\boldsymbol{\alpha}_3$ 不能由 $\boldsymbol{\alpha}_1,\boldsymbol{\alpha}_2$ 线性表出，方程组的系数矩阵与增广矩阵的秩不相等，方程组无解，所以无交点，(B)不成立.

(C) $R(\boldsymbol{\alpha}_1,\boldsymbol{\alpha}_2,\boldsymbol{\alpha}_3)=R(\boldsymbol{\alpha}_1,\boldsymbol{\alpha}_2)$，当 $R(\boldsymbol{\alpha}_1,\boldsymbol{\alpha}_2,\boldsymbol{\alpha}_3)=R(\boldsymbol{\alpha}_1,\boldsymbol{\alpha}_2)=1$ 时，3条直线重合，不只交于一点，与题设条件矛盾，故(C)不成立.

由排除法知选(D).

(8) 当 $\boldsymbol{A}=$ ____ 时，$\boldsymbol{\xi}_1=(0,1,-1)^{\mathrm{T}}$ 和 $\boldsymbol{\xi}_2=(1,0,2)^{\mathrm{T}}$ 构成 $\boldsymbol{Ax}=\boldsymbol{0}$ 的基础解系.

(A) $(-2,1,1)$ (B) $\begin{pmatrix}2&0&-1\\0&1&1\end{pmatrix}$ (C) $\begin{pmatrix}1&0&2\\0&1&-1\end{pmatrix}$ (D) $\begin{pmatrix}0&1&-1\\1&0&2\\0&1&1\end{pmatrix}$

解 $\boldsymbol{\xi}_1,\boldsymbol{\xi}_2$ 向量对应的分量不成比例，所以 $\boldsymbol{\xi}_1,\boldsymbol{\xi}_2$ 是 $\boldsymbol{Ax}=\boldsymbol{0}$ 两个线性无关的解，故 $n-R(\boldsymbol{A})\geq 2$. 由 $n=3$ 知 $R(\boldsymbol{A})\leq 1$.

再看(A) 选项秩为 1；(B) 和(C) 选项秩为 2；而(D) 选项秩为 3. 故选项 $\boldsymbol{A}$ 正确.

(9) 设矩阵 $\begin{pmatrix}a_1&b_1&c_1\\a_2&b_2&c_2\\a_3&b_3&c_3\end{pmatrix}$ 是满秩的，则直线 $\dfrac{x-a_3}{a_1-a_2}=\dfrac{y-b_3}{b_1-b_2}=\dfrac{z-c_3}{c_1-c_2}$ 与直线 $\dfrac{x-a_1}{a_2-a_3}=\dfrac{y-b_1}{b_2-b_3}=\dfrac{z-c_1}{c_2-c_3}$ ________.

(A) 相交于一点 (B) 重合 (C) 平行但不重合 (D) 异面

解 设 $L_1:\dfrac{x-a_3}{a_1-a_2}=\dfrac{y-b_3}{b_1-b_2}=\dfrac{z-c_3}{c_1-c_2}$，$L_2:\dfrac{x-a_1}{a_2-a_3}=\dfrac{y-b_1}{b_2-b_3}=\dfrac{z-c_1}{c_2-c_3}$，题设矩阵 $\begin{pmatrix}a_1&b_1&c_1\\a_2&b_2&c_2\\a_3&b_3&c_3\end{pmatrix}$ 满秩，则由行列式的性质，可知

$$\begin{vmatrix}a_1&b_1&c_1\\a_2&b_2&c_2\\a_3&b_3&c_3\end{vmatrix}\xlongequal{r_1-r_2,r_2-r_3}\begin{vmatrix}a_1-a_2&b_1-b_2&c_1-c_2\\a_2-a_3&b_2-b_3&c_2-c_3\\a_3&b_3&c_3\end{vmatrix}\neq 0,$$

故向量组 $(a_1-a_2,b_1-b_2,c_1-c_2)$ 与 $(a_2-a_3,b_2-b_3,c_2-c_3)$ 线性无关，从而 L_1,L_2 不平行.

又由 $\dfrac{x-a_3}{a_1-a_2}=\dfrac{y-b_3}{b_1-b_2}=\dfrac{z-c_3}{c_1-c_2}$ 得 $\dfrac{x-a_3}{a_1-a_2}-1=\dfrac{y-b_3}{b_1-b_2}-1=\dfrac{z-c_3}{c_1-c_2}-1$，

即

$$\frac{x-(a_1-a_2+a_3)}{a_1-a_2}=\frac{y-(b_1-b_2+b_3)}{b_1-b_2}=\frac{z-(c_1-c_2+c_3)}{c_1-c_2}.$$

同样由 $\dfrac{x-a_1}{a_2-a_3}=\dfrac{y-b_1}{b_2-b_3}=\dfrac{z-c_1}{c_2-c_3}$，得 $\dfrac{x-a_1}{a_2-a_3}+1=\dfrac{y-b_1}{b_2-b_3}+1=\dfrac{z-c_1}{c_2-c_3}+1$，

即

$$\frac{x-(a_1-a_2+a_3)}{a_2-a_3}=\frac{y-(b_1-b_2+b_3)}{b_2-b_3}=\frac{z-(c_1-c_2+c_3)}{c_2-c_3},$$

可见 L_1,L_2 均过点 $(a_1-a_2+a_3,b_1-b_2+b_3,c_1-c_2+c_3)$，故两直线相交于一点，选(A).

(10) 已知 $\boldsymbol{\eta}_1,\boldsymbol{\eta}_2$ 是线性非齐次方程组 $\boldsymbol{A}_{m\times n}\boldsymbol{x}=\boldsymbol{b}$ 的两个不同的解，$\boldsymbol{\xi}_1,\boldsymbol{\xi}_2$ 是对应线性齐次方程组 $\boldsymbol{Ax}=\boldsymbol{0}$ 的基础解系，k_1,k_2 为任意常数，则方程组 $\boldsymbol{A}_{m\times n}\boldsymbol{x}=\boldsymbol{b}$ 的通解为 ____ .

(A) $k_1\boldsymbol{\xi}_1+k_2(\boldsymbol{\xi}_1+\boldsymbol{\xi}_2)+\dfrac{\boldsymbol{\eta}_1-\boldsymbol{\eta}_2}{2}$ (B) $k_1\boldsymbol{\xi}_1+k_2(\boldsymbol{\xi}_1-\boldsymbol{\xi}_2)+\dfrac{\boldsymbol{\eta}_1+\boldsymbol{\eta}_2}{2}$

(C) $k_1\boldsymbol{\xi}_1+k_2(\boldsymbol{\eta}_1+\boldsymbol{\eta}_2)+\dfrac{\boldsymbol{\eta}_1-\boldsymbol{\eta}_2}{2}$　(D) $k_1\boldsymbol{\xi}_1+k_2(\boldsymbol{\eta}_1-\boldsymbol{\eta}_2)+\dfrac{\boldsymbol{\eta}_1+\boldsymbol{\eta}_2}{2}$

解　只需找出非齐次方程组的一个解及齐次方程组的两个线性无关的解即可. 显然 $\dfrac{\boldsymbol{\eta}_1+\boldsymbol{\eta}_2}{2}$ 是非齐次方程组的解, $\boldsymbol{\xi}_1$, $\boldsymbol{\xi}_1-\boldsymbol{\xi}_2$ 是齐次方程组的两个线性无关的解. 故选(B).

注意 $\dfrac{\boldsymbol{\eta}_1-\boldsymbol{\eta}_2}{2}$ 是齐次方程组的解, 从而(A), (C) 均不正确. $\boldsymbol{\eta}_1-\boldsymbol{\eta}_2$ 虽然是齐次方程组的解, 但不能保证与 $\boldsymbol{\xi}_1$ 线性无关, 故(D) 不正确.

(11) 设 $\boldsymbol{A}$ 是 $m\times n$ 矩阵, $\boldsymbol{Ax}=\boldsymbol{0}$ 是非齐次线性方程组 $\boldsymbol{Ax}=\boldsymbol{b}$ 的导出组, 则下列结论正确的是____.

(A) 当 $\boldsymbol{Ax}=\boldsymbol{0}$ 仅有零解时, $\boldsymbol{Ax}=\boldsymbol{b}$ 有唯一解

(B) 当 $\boldsymbol{Ax}=\boldsymbol{0}$ 有非零解时, $\boldsymbol{Ax}=\boldsymbol{b}$ 有无穷多解

(C) 当 $\boldsymbol{Ax}=\boldsymbol{b}$ 有无穷多解时, $\boldsymbol{Ax}=\boldsymbol{0}$ 仅有零解

(D) 当 $\boldsymbol{Ax}=\boldsymbol{b}$ 有无穷多解时, $\boldsymbol{Ax}=\boldsymbol{0}$ 有非零解

解　根据线性方程组的解的结论, 有: $\boldsymbol{Ax}=\boldsymbol{0}$ 仅有零解 $\Leftrightarrow R(\boldsymbol{A})=n$;

$\boldsymbol{Ax}=\boldsymbol{b}$ 有唯一解 $\Leftrightarrow R(\boldsymbol{A})=R(\overline{\boldsymbol{A}})=n$; $\boldsymbol{Ax}=\boldsymbol{b}$ 有无穷多解 $\Leftrightarrow R(\boldsymbol{A})=R(\overline{\boldsymbol{A}})<n$.

由 $R(\boldsymbol{A})=n$ 不一定能推导出 $R(\overline{\boldsymbol{A}})=n$. 若 $\boldsymbol{A}$ 是 n 阶方阵, 该结论正确, 但对 $m\times n$ 矩阵, 该结论不一定成立. 例如:

$$\begin{cases}x_1+x_2=0,\\x_1-x_2=0,\\x_1+x_2=0,\end{cases},\quad\begin{cases}x_1+x_2=1,\\x_1-x_2=2,\\x_1+x_2=3,\end{cases}$$

显然 $\boldsymbol{Ax}=\boldsymbol{0}$ 只有零解, 而 $\boldsymbol{Ax}=\boldsymbol{b}$ 无解, 可见(A) 不正确.

因为 $R(\boldsymbol{A})<n$, 故 $\boldsymbol{Ax}=\boldsymbol{0}$ 必有非零解, 所以(D) 正确. 故应选(D).

2. 填空题

(1) 设3阶矩阵 $\boldsymbol{A}=\begin{pmatrix}1&2&-2\\2&1&2\\3&0&b\end{pmatrix}$, 3维列向量 $\boldsymbol{\alpha}=(a,1,1)^{\mathrm{T}}$. 已知 $\boldsymbol{A\alpha}$ 与 $\boldsymbol{\alpha}$ 线性相关, 则 $a=$______.

解　因 $\boldsymbol{A\alpha}=\begin{pmatrix}1&2&-2\\2&1&2\\3&0&b\end{pmatrix}\begin{pmatrix}a\\1\\1\end{pmatrix}=\begin{pmatrix}a\\2a+3\\3a+b\end{pmatrix}$, $\boldsymbol{A\alpha}$ 与 $\boldsymbol{\alpha}$ 线性相关, 有

$$\frac{a}{a}=\frac{2a+3}{1}=\frac{3a+b}{1},$$

得 $2a+3=1$, $3a+b=1$. 故 $a=-1$, $b=4$.

(2) 已知 $\boldsymbol{a}_1=(1,0,5,2)^{\mathrm{T}}$, $\boldsymbol{a}_2=(3,-2,3,-4)^{\mathrm{T}}$, $\boldsymbol{a}_3=(-1,1,t,3)^{\mathrm{T}}$ 线性相关, 则 $t=$______.

解　显然 $\boldsymbol{a}_1,\boldsymbol{a}_2$ 线性无关, 故 $\boldsymbol{a}_3$ 可由 $\boldsymbol{a}_1,\boldsymbol{a}_2$ 线性表示. 设 $\boldsymbol{a}_3=x\boldsymbol{a}_1+y\boldsymbol{a}_2$, 则有

$$\begin{pmatrix} 1 & 3 & \vdots & -1 \\ 0 & -2 & \vdots & 1 \\ 5 & 3 & \vdots & t \\ 2 & -4 & \vdots & 3 \end{pmatrix} \xrightarrow[r_4-2r_1]{r_3-5r_1} \begin{pmatrix} 1 & 3 & \vdots & -1 \\ 0 & -2 & \vdots & 1 \\ 0 & -12 & \vdots & t+5 \\ 0 & -10 & \vdots & 5 \end{pmatrix} \xrightarrow[r_4-5r_2]{r_3-6r_2} \begin{pmatrix} 1 & 3 & \vdots & -1 \\ 0 & -2 & \vdots & 1 \\ 0 & 0 & \vdots & t-1 \\ 0 & 0 & \vdots & 0 \end{pmatrix},$$

故 $t=1$.

(3) 设3维向量组 $\boldsymbol{\alpha}_1,\boldsymbol{\alpha}_2,\boldsymbol{\alpha}_3$ 线性无关, 则向量组 $\boldsymbol{\alpha}_1-\boldsymbol{\alpha}_2,\boldsymbol{\alpha}_2-k\boldsymbol{\alpha}_3,\boldsymbol{\alpha}_3-\boldsymbol{\alpha}_1$ 也线性无关的充分必要条件是______.

解 因 $\boldsymbol{\alpha}_1,\boldsymbol{\alpha}_2,\boldsymbol{\alpha}_3$ 线性无关, 且

$$(\boldsymbol{\alpha}_1-\boldsymbol{\alpha}_2,\boldsymbol{\alpha}_2-k\boldsymbol{\alpha}_3,\boldsymbol{\alpha}_3-\boldsymbol{\alpha}_1)=(\boldsymbol{\alpha}_1,\boldsymbol{\alpha}_2,\boldsymbol{\alpha}_3)\begin{pmatrix} 1 & 0 & -1 \\ -1 & 1 & 0 \\ 0 & -k & 1 \end{pmatrix},$$

故向量组 $\boldsymbol{\alpha}_1-\boldsymbol{\alpha}_2,\boldsymbol{\alpha}_2-k\boldsymbol{\alpha}_3,\boldsymbol{\alpha}_3-\boldsymbol{\alpha}_1$ 线性无关的充分必要条件是

$$\begin{vmatrix} 1 & 0 & -1 \\ -1 & 1 & 0 \\ 0 & -k & 1 \end{vmatrix}=1-k\neq 0,$$

即 $k\neq 1$.

(4) 设行向量组 $(2,1,1,1)$, $(2,1,a,a)$, $(3,2,1,a)$, $(4,3,2,1)$ 线性相关, 且 $a\neq 1$, 则 $a=$______.

解 **方法1**: 由题设, 有

$$\begin{vmatrix} 2 & 1 & 1 & 1 \\ 2 & 1 & a & a \\ 3 & 2 & 1 & a \\ 4 & 3 & 2 & 1 \end{vmatrix} \overset{c_1-2c_2}{\underset{\substack{c_3-c_1 \\ c_4-c_1}}{=\!=\!=}} \begin{vmatrix} 0 & 1 & 0 & 0 \\ 0 & 1 & a-1 & a-1 \\ -1 & 2 & -1 & a-2 \\ -2 & 3 & -1 & -2 \end{vmatrix} = -\begin{vmatrix} 0 & a-1 & a-1 \\ -1 & -1 & a-2 \\ -2 & -1 & -2 \end{vmatrix}$$

$$=(a-1)(2a-1)=0,$$

得 $a=1$ 或 $a=\frac{1}{2}$, 但题设 $a\neq 1$, 故 $a=\frac{1}{2}$.

方法2: 令

$$(\boldsymbol{\alpha}_1,\boldsymbol{\alpha}_2,\boldsymbol{\alpha}_3,\boldsymbol{\alpha}_4)=\begin{pmatrix} 2 & 2 & 3 & 4 \\ 1 & 1 & 2 & 3 \\ 1 & a & 1 & 2 \\ 1 & a & a & 1 \end{pmatrix} \xrightarrow[\substack{r_1-2r_2 \\ r_1\leftrightarrow r_2}]{\substack{r_3-r_2 \\ r_4-r_2}} \begin{pmatrix} 1 & 1 & 2 & 3 \\ 0 & 0 & -1 & -2 \\ 0 & a-1 & -1 & -1 \\ 0 & a-1 & a-2 & -2 \end{pmatrix}$$

$$\xrightarrow{r_4-r_3} \begin{pmatrix} 1 & 1 & 2 & 3 \\ 0 & 0 & -1 & -2 \\ 0 & a-1 & -1 & -1 \\ 0 & 0 & a-1 & -1 \end{pmatrix} \xrightarrow[r_4-(a-1)r_3]{\substack{r_3\cdot(-1) \\ r_2\leftrightarrow r_3}} \begin{pmatrix} 1 & 1 & 2 & 3 \\ 0 & a-1 & -1 & -1 \\ 0 & 0 & 1 & 2 \\ 0 & 0 & 0 & -2a+1 \end{pmatrix}.$$

由向量组线性相关得 $R(\boldsymbol{\alpha}_1,\boldsymbol{\alpha}_2,\boldsymbol{\alpha}_3,\boldsymbol{\alpha}_4)<4$, 从而 $a=1$ 或 $a=\frac{1}{2}$, 又 $a=1$ 不合题意, 故 $a=\frac{1}{2}$.

(5) 设有向量组(A) :$\boldsymbol{a}_1,\boldsymbol{a}_2,\boldsymbol{a}_3$;(B) :$\boldsymbol{a}_1,\boldsymbol{a}_2,\boldsymbol{a}_3,\boldsymbol{a}_4$;(C) :$\boldsymbol{a}_1,\boldsymbol{a}_2,\boldsymbol{a}_3,\boldsymbol{a}_5$, 且$R(\boldsymbol{A})=R(\boldsymbol{B})=3$, $R(\boldsymbol{C})=4$, 则 $R(\boldsymbol{a}_1,\boldsymbol{a}_2,\boldsymbol{a}_3,\boldsymbol{a}_4+\boldsymbol{a}_5)=$________.

解　因为$R(\boldsymbol{A})=R(\boldsymbol{B})=3$, 所以$\boldsymbol{a}_1,\boldsymbol{a}_2,\boldsymbol{a}_3$线性无关, 而$\boldsymbol{a}_1,\boldsymbol{a}_2,\boldsymbol{a}_3,\boldsymbol{a}_4$线性相关, 因此$\boldsymbol{a}_4$可由$\boldsymbol{a}_1,\boldsymbol{a}_2,\boldsymbol{a}_3$线性表出, 设为$\boldsymbol{a}_4=l_1\boldsymbol{a}_1+l_2\boldsymbol{a}_2+l_3\boldsymbol{a}_3$. 若

$$k_1\boldsymbol{a}_1+k_2\boldsymbol{a}_2+k_3\boldsymbol{a}_3+k_4(\boldsymbol{a}_4+\boldsymbol{a}_5)=\boldsymbol{0},$$

即

$$(k_1+l_1k_4)\boldsymbol{a}_1+(k_2+l_2k_4)\boldsymbol{a}_2+(k_3+l_3k_4)\boldsymbol{a}_3+k_4\boldsymbol{a}_5=\boldsymbol{0},$$

由于$R(\boldsymbol{C})=4$, 所以$\boldsymbol{a}_1,\boldsymbol{a}_2,\boldsymbol{a}_3,\boldsymbol{a}_5$线性无关. 故必有

$$\begin{cases}k_1+l_1k_4=0,\\k_2+l_2k_4=0,\\k_3+l_3k_4=0,\\k_4=0.\end{cases}$$

解出$k_4=0,k_3=0,k_2=0,k_1=0$. 于是$\boldsymbol{a}_1,\boldsymbol{a}_2,\boldsymbol{a}_3,\boldsymbol{a}_4+\boldsymbol{a}_5$线性无关, 即其秩为4.

也可以这样说明: 设$\boldsymbol{a}_4=l_1\boldsymbol{a}_1+l_2\boldsymbol{a}_2+l_3\boldsymbol{a}_3$, 显然有

$$(\boldsymbol{a}_1,\boldsymbol{a}_2,\boldsymbol{a}_3,\boldsymbol{a}_4+\boldsymbol{a}_5)=(\boldsymbol{a}_1,\boldsymbol{a}_2,\boldsymbol{a}_3,\boldsymbol{a}_5)\begin{pmatrix}1&0&0&l_1\\0&1&0&l_2\\0&0&1&l_3\\0&0&0&1\end{pmatrix},$$

因$\boldsymbol{a}_1,\boldsymbol{a}_2,\boldsymbol{a}_3,\boldsymbol{a}_5$线性无关, 而矩阵$\begin{pmatrix}1&0&0&l_1\\0&1&0&l_2\\0&0&1&l_3\\0&0&0&1\end{pmatrix}$显然列满秩, 故$\boldsymbol{a}_1,\boldsymbol{a}_2,\boldsymbol{a}_3,\boldsymbol{a}_4+\boldsymbol{a}_5$线性无关.

(6) 若线性方程组$\begin{cases}x_1+x_2=-a_1,\\x_2+x_3=a_2,\\x_3+x_4=-a_3,\\x_4+x_1=a_4\end{cases}$有解, 则常数$a_1,a_2,a_3,a_4$应满足条件______.

解　由于方程组有解等价于$R(\boldsymbol{A})=R(\overline{\boldsymbol{A}})$, 对$\overline{\boldsymbol{A}}$作初等行变换:

$$\left(\begin{array}{cccc:c}1&1&0&0&-a_1\\0&1&1&0&a_2\\0&0&1&1&-a_3\\1&0&0&1&a_4\end{array}\right)\xrightarrow{r_4-r_1}\left(\begin{array}{cccc:c}1&1&0&0&-a_1\\0&1&1&0&a_2\\0&0&1&1&-a_3\\0&-1&0&1&a_1+a_4\end{array}\right)$$

$$\xrightarrow{r_4+r_2-r_3}\left(\begin{array}{cccc:c}1&1&0&0&-a_1\\0&1&1&0&a_2\\0&0&1&1&-a_3\\0&0&0&0&a_1+a_2+a_3+a_4\end{array}\right),$$

为使 $R(\boldsymbol{A}) = R(\overline{\boldsymbol{A}})$，常数 a_1,a_2,a_3,a_4 应满足条件：$a_1+a_2+a_3+a_4=0$.

(7) 如 $R(\boldsymbol{A}_n)=n-1(n\geq 2)$，且代数余子式 $A_{11}\neq 0$，则 $\boldsymbol{A}^*\boldsymbol{x}=\boldsymbol{0}$ 的通解为 ______ .

解 因 $R(\boldsymbol{A}_n)=n-1$，知 $|\boldsymbol{A}|=0$，且 $\boldsymbol{A}^*\boldsymbol{A}=|\boldsymbol{A}|\boldsymbol{E}=\boldsymbol{O}$，故 $R(A)+R(\boldsymbol{A}^*)\leq n$，由代数余子式 $A_{11}\neq 0$，得 $\boldsymbol{A}^*\neq\boldsymbol{O}$，从而 $R(\boldsymbol{A}^*)=1$，得 $\boldsymbol{A}^*\boldsymbol{x}=\boldsymbol{0}$ 有 $n-1$ 个解向量. 由 $\boldsymbol{A}^*\boldsymbol{A}=\boldsymbol{O}$，知 $\boldsymbol{A}$ 的全部列向量均为其解向量. 因 $A_{11}\neq 0$，故 $\boldsymbol{A}$ 的后 $n-1$ 个列向量线性无关，从而 $\boldsymbol{A}^*\boldsymbol{x}=\boldsymbol{0}$ 的通解为：$x=\sum\limits_{i=2}^{n}k_i\boldsymbol{a}_i$，其中，$\boldsymbol{a}_2,\boldsymbol{a}_3,\cdots,\boldsymbol{a}_n$ 为 $\boldsymbol{A}$ 的后 $n-1$ 个列向量.

(8) 已知 n 阶方阵 $\boldsymbol{A}$ 的各行元素之和均为零，且 $R(\boldsymbol{A})=n-1$，则方程组 $\boldsymbol{Ax}=\boldsymbol{0}$ 的通解为______.

解 因 $R(\boldsymbol{A})=n-1$，故 $\boldsymbol{Ax}=\boldsymbol{0}$ 的基础解系有 $n-R(\boldsymbol{A})=1$ 个解向量. 又依题设条件有：$\boldsymbol{A}(1,1,\cdots,1)^{\mathrm{T}}=\boldsymbol{0}$，从而 $\boldsymbol{x}=(1,1,\cdots,1)^{\mathrm{T}}$ 是方程组 $\boldsymbol{Ax}=\boldsymbol{0}$ 的解，故方程组 $\boldsymbol{Ax}=\boldsymbol{0}$ 的通解为 $\boldsymbol{x}=k(1,1,\cdots,1)^{\mathrm{T}}$，$k\in\mathbb{R}$.

(9) 设 $\boldsymbol{\alpha}_1,\boldsymbol{\alpha}_2,\boldsymbol{\alpha}_3$ 是 4 元非齐次线性方程组 $\boldsymbol{Ax}=\boldsymbol{b}$ 的 3 个解向量，且 $R(\boldsymbol{A})=3$，$\boldsymbol{\alpha}_1=(1,2,3,4)^{\mathrm{T}}$，$\boldsymbol{\alpha}_2+\boldsymbol{\alpha}_3=(0,1,2,3)^{\mathrm{T}}$，则线性方程组 $\boldsymbol{Ax}=\boldsymbol{b}$ 的通解为 $\boldsymbol{x}=$ ______.

解 因为 $\boldsymbol{\alpha}_1=(1,2,3,4)^{\mathrm{T}}$ 是非齐次方程组的解向量，有 $\boldsymbol{A\alpha}_1=\boldsymbol{b}$，故 $\boldsymbol{\alpha}_1$ 是 $\boldsymbol{Ax}=\boldsymbol{b}$ 的一个特解. 又 $R(\boldsymbol{A})=3$，$n=4$(未知量的个数)，故 $\boldsymbol{Ax}=\boldsymbol{0}$ 的基础解系由一个非零解组成，即基础解系的个数为 1.

因为 $\boldsymbol{A}(2\boldsymbol{\alpha}_1-(\boldsymbol{\alpha}_2+\boldsymbol{\alpha}_3))=2\boldsymbol{b}-\boldsymbol{b}-\boldsymbol{b}=\boldsymbol{0}$，故

$$2\boldsymbol{\alpha}_1-(\boldsymbol{\alpha}_2+\boldsymbol{\alpha}_3)=(2,4,6,8)^{\mathrm{T}}-(0,1,2,3)^{\mathrm{T}}=(2,3,4,5)^{\mathrm{T}}$$

是对应齐次方程组的基础解系，故 $\boldsymbol{Ax}=\boldsymbol{b}$ 的通解为

$k(2\boldsymbol{\alpha}_1-(\boldsymbol{\alpha}_2+\boldsymbol{\alpha}_3))+\boldsymbol{\alpha}_1=k(2,3,4,5)^{\mathrm{T}}+(1,2,3,4)^{\mathrm{T}}$，其中，$k$ 为任意实数.

3. 设 $\boldsymbol{\alpha},\boldsymbol{\beta},\boldsymbol{\gamma}$ 是 3 个 n 维向量，若 $\boldsymbol{\alpha},\boldsymbol{\beta}$ 线性无关，$\boldsymbol{\beta},\boldsymbol{\gamma}$ 线性无关，$\boldsymbol{\alpha},\boldsymbol{\gamma}$ 线性无关，问：$\boldsymbol{\alpha},\boldsymbol{\beta},\boldsymbol{\gamma}$ 是否线性无关?

解 不一定. 例如：$\boldsymbol{\alpha}=(1,0,0,0,\cdots,0)$，$\boldsymbol{\beta}=(0,1,0,0,\cdots,0)$，$\boldsymbol{\gamma}=(1,1,0,0,\cdots,0)$，它们两两线性无关，但 $\boldsymbol{\alpha},\boldsymbol{\beta},\boldsymbol{\gamma}$ 线性相关.

4. 设有 3 维列向量

$$\boldsymbol{\alpha}_1=\begin{pmatrix}\lambda+1\\1\\1\end{pmatrix},\boldsymbol{\alpha}_2=\begin{pmatrix}1\\\lambda+1\\1\end{pmatrix},\boldsymbol{\alpha}_3=\begin{pmatrix}1\\1\\\lambda+1\end{pmatrix},\boldsymbol{\beta}=\begin{pmatrix}0\\\lambda\\\lambda^2\end{pmatrix},$$

问当 λ 取何值时：

(1) $\boldsymbol{\beta}$ 可由 $\boldsymbol{\alpha}_1,\boldsymbol{\alpha}_2,\boldsymbol{\alpha}_3$ 线性表示，且表达式唯一；

(2) $\boldsymbol{\beta}$ 可由 $\boldsymbol{\alpha}_1,\boldsymbol{\alpha}_2,\boldsymbol{\alpha}_3$ 线性表示，但表达式不唯一；

(3) $\boldsymbol{\beta}$ 不能由 $\boldsymbol{\alpha}_1,\boldsymbol{\alpha}_2,\boldsymbol{\alpha}_3$ 线性表示.

解 设 $x_1\boldsymbol{\alpha}_1+x_2\boldsymbol{\alpha}_2+x_3\boldsymbol{\alpha}_3=\boldsymbol{\beta}$，将分量代入得到方程组

$$\begin{cases}(1+\lambda)x_1+x_2+x_3=0,\\x_1+(1+\lambda)x_2+x_3=\lambda,\\x_1+x_2+(1+\lambda)x_3=\lambda^2.\end{cases}$$

对方程组的增广矩阵作初等行变换.

$$\left(\begin{array}{ccc:c}1+\lambda & 1 & 1 & 0\\ 1 & 1+\lambda & 1 & \lambda\\ 1 & 1 & 1+\lambda & \lambda^2\end{array}\right)\xrightarrow[r_3-(1+\lambda)r_1]{r_2-r_1}\left(\begin{array}{ccc:c}1+\lambda & 1 & 1 & 0\\ -\lambda & \lambda & 0 & \lambda\\ -\lambda^2-2\lambda & -\lambda & 0 & \lambda^2\end{array}\right)$$

$$\xrightarrow{r_3+r_2}\left(\begin{array}{ccc:c}1+\lambda & 1 & 1 & 0\\ -\lambda & \lambda & 0 & \lambda\\ -\lambda^2-3\lambda & 0 & 0 & \lambda^2+\lambda\end{array}\right).$$

若 $\lambda\neq 0$ 且 $\lambda^2+3\lambda\neq 0$,即 $\lambda\neq 0$ 且 $\lambda\neq -3$, 则 $R(\boldsymbol{A})=R(\overline{\boldsymbol{A}})=3$, 方程组有唯一解, $\boldsymbol{\beta}$ 可由 $\boldsymbol{\alpha}_1,\boldsymbol{\alpha}_2,\boldsymbol{\alpha}_3$ 线性表示且表达式唯一.

若 $\lambda=0$, 则 $R(\boldsymbol{A})=R(\overline{\boldsymbol{A}})=1<3$, 方程组有无穷多解, $\boldsymbol{\beta}$ 可由 $\boldsymbol{\alpha}_1,\boldsymbol{\alpha}_2,\boldsymbol{\alpha}_3$ 线性表示, 且表达式不唯一.

若 $\lambda=-3$, 则 $R(\boldsymbol{A})=2$, $R(\overline{\boldsymbol{A}})=3$, 方程组无解, 从而 $\boldsymbol{\beta}$ 不能由 $\boldsymbol{\alpha}_1,\boldsymbol{\alpha}_2,\boldsymbol{\alpha}_3$ 线性表示.

5. 设 $\boldsymbol{A}$ 为 3 阶矩阵, 3 维列向量 $\boldsymbol{\alpha}_1,\boldsymbol{\alpha}_2,\boldsymbol{\alpha}_3$ 线性无关, 且

$$\boldsymbol{A\alpha}_1=\boldsymbol{\alpha}_1+2\boldsymbol{\alpha}_2+\boldsymbol{\alpha}_3,\ \boldsymbol{A\alpha}_2=\boldsymbol{\alpha}_1+\boldsymbol{\alpha}_3,\ \boldsymbol{A\alpha}_3=\boldsymbol{\alpha}_2+\boldsymbol{\alpha}_3.$$

求 $|\boldsymbol{A}|$.

解　依题设条件, 有

$$\boldsymbol{A}(\boldsymbol{\alpha}_1,\boldsymbol{\alpha}_2,\boldsymbol{\alpha}_3)=(\boldsymbol{\alpha}_1,\boldsymbol{\alpha}_2,\boldsymbol{\alpha}_3)\begin{pmatrix}1&1&0\\2&0&1\\1&1&1\end{pmatrix},$$

两边取行列式, 因 $\boldsymbol{\alpha}_1,\boldsymbol{\alpha}_2,\boldsymbol{\alpha}_3$ 线性无关, 有 $|(\boldsymbol{\alpha}_1,\boldsymbol{\alpha}_2,\boldsymbol{\alpha}_3)|\neq 0$, 故

$$|\boldsymbol{A}|=\begin{vmatrix}1&1&0\\2&0&1\\1&1&1\end{vmatrix}=-2.$$

6. 设 $\boldsymbol{A}$ 为 $n\times m$ 矩阵, $\boldsymbol{B}$ 为 $m\times n$ 矩阵, 其中, $n<m$. 若 $\boldsymbol{AB}=\boldsymbol{E}$, 证明 $\boldsymbol{B}$ 的列向量线性无关.

证　由相关结论有 $n=R(\boldsymbol{E})=R(\boldsymbol{AB})\leq\min\{R(\boldsymbol{A}),R(\boldsymbol{B})\}$, 故 $R(\boldsymbol{B})\geq n$, 由于 $\boldsymbol{B}$ 为 $m\times n$ 矩阵, 有 $R(\boldsymbol{B})=n$, 从而 $\boldsymbol{B}$ 的列向量线性无关.

7. 证明向量组 $\boldsymbol{\alpha}_1,\cdots,\boldsymbol{\alpha}_s$ 与向量组 $\boldsymbol{\beta}_1=\boldsymbol{\alpha}_2+\cdots+\boldsymbol{\alpha}_s$, $\boldsymbol{\beta}_2=\boldsymbol{\alpha}_1+\boldsymbol{\alpha}_3+\cdots+\boldsymbol{\alpha}_s$, $\cdots$, $\boldsymbol{\beta}_s=\boldsymbol{\alpha}_1+\cdots+\boldsymbol{\alpha}_{s-1}$ 等价.

证　由题设, $\boldsymbol{\beta}_1,\cdots,\boldsymbol{\beta}_s$ 可由 $\boldsymbol{\alpha}_1,\cdots,\boldsymbol{\alpha}_s$ 线性表示, 仅须证明 $\boldsymbol{\alpha}_1,\cdots,\boldsymbol{\alpha}_s$ 可由 $\boldsymbol{\beta}_1,\cdots,\boldsymbol{\beta}_s$ 线性表示. 将 s 个等式相加可得

$$\boldsymbol{\beta}_1+\cdots+\boldsymbol{\beta}_s=(s-1)(\boldsymbol{\alpha}_1+\cdots+\boldsymbol{\alpha}_s),$$

即

$$\boldsymbol{\alpha}_1+\cdots+\boldsymbol{\alpha}_s=\frac{1}{s-1}(\boldsymbol{\beta}_1+\cdots+\boldsymbol{\beta}_r),$$

再分别用该等式减去题设的每个等式, 可得

$$\boldsymbol{\alpha}_i=\frac{1}{s-1}(\boldsymbol{\beta}_1+\cdots+\boldsymbol{\beta}_s)-\boldsymbol{\beta}_i$$

$$=\frac{1}{s-1}\boldsymbol{\beta}_1+\frac{1}{s-1}\boldsymbol{\beta}_2+\cdots+\left(\frac{1}{s-1}-1\right)\boldsymbol{\beta}_i+\cdots+\frac{1}{s-1}\boldsymbol{\beta}_s,\ (i=1,2,\cdots,s)$$

即 $\boldsymbol{\alpha}_1,\cdots,\boldsymbol{\alpha}_s$ 可由 $\boldsymbol{\beta}_1,\cdots,\boldsymbol{\beta}_s$ 线性表示，从而两向量组等价.

8. 求下列向量组的秩，并求一个极大无关组：

(1) $\boldsymbol{\alpha}_1=(1,1,0,0)$，$\boldsymbol{\alpha}_2=(1,0,1,1)$，$\boldsymbol{\alpha}_3=(2,-1,3,3)$；

(2) $\boldsymbol{\beta}_1=(1,0,1,0)$，$\boldsymbol{\beta}_2=(2,1,-1,-3)$，$\boldsymbol{\beta}_3=(1,0,-3,-1)$，$\boldsymbol{\beta}_4=(0,2,-6,3)$.

解 (1) 由

$$\begin{pmatrix}1&1&2\\1&0&-1\\0&1&3\\0&1&3\end{pmatrix}\xrightarrow[r_4-r_3]{r_2-r_1}\begin{pmatrix}1&1&2\\0&-1&-3\\0&1&3\\0&0&0\end{pmatrix}\xrightarrow{r_1-r_3}\begin{pmatrix}1&0&-1\\0&1&3\\0&0&0\\0&0&0\end{pmatrix},$$

得 $\boldsymbol{\alpha}_1,\boldsymbol{\alpha}_2$ 是一个极大无关组，且 $\boldsymbol{\alpha}_3=3\boldsymbol{\alpha}_2-\boldsymbol{\alpha}_1$.

(2) 由

$$\begin{pmatrix}1&2&1&0\\0&1&0&2\\1&-1&-3&-6\\0&-3&-1&3\end{pmatrix}\xrightarrow[r_4+3r_2]{r_3-r_1}\begin{pmatrix}1&2&1&0\\0&1&0&2\\0&-3&-4&-6\\0&0&-1&9\end{pmatrix}$$

$$\xrightarrow[r_4+3r_2]{r_3+3r_2}\begin{pmatrix}1&2&1&0\\0&1&0&2\\0&0&-4&0\\0&0&-1&9\end{pmatrix}\xrightarrow{r}\begin{pmatrix}1&2&1&0\\0&1&0&2\\0&0&1&0\\0&0&0&1\end{pmatrix},$$

故 $\boldsymbol{\beta}_1,\boldsymbol{\beta}_2,\boldsymbol{\beta}_3,\boldsymbol{\beta}_4$ 线性无关，其自身为极大无关组.

9. 求下列向量组的秩及一个极大无关组，并将其余向量用极大无关组线性表示.

(1) $\boldsymbol{a}_1=(2,3,4,5)$，$\boldsymbol{a}_2=(3,4,5,6)$，$\boldsymbol{a}_3=(4,5,6,7)$，$\boldsymbol{a}_4=(5,6,7,8)$；

(2) $\boldsymbol{\alpha}_1=(2,1,-1,1,1)^{\mathrm{T}}$，$\boldsymbol{\alpha}_2=(3,-2,1,-3,4)^{\mathrm{T}}$，$\boldsymbol{\alpha}_3=(1,4,-3,5,-2)^{\mathrm{T}}$，$\boldsymbol{\alpha}_4=(1,-3,2,-4,3)^{\mathrm{T}}$.

解 (1) 对下面矩阵进行初等行变换，因

$$\begin{pmatrix}2&3&4&5\\3&4&5&6\\4&5&6&7\\5&6&7&8\end{pmatrix}\xrightarrow[r_2-r_1]{\substack{r_4-r_3\\r_3-r_2}}\begin{pmatrix}2&3&4&5\\1&1&1&1\\1&1&1&1\\1&1&1&1\end{pmatrix}\xrightarrow[\substack{r_1\leftrightarrow r_2\\r_2-2r_1}]{\substack{r_4-r_2\\r_3-r_2}}\begin{pmatrix}1&1&1&1\\0&1&2&3\\0&0&0&0\\0&0&0&0\end{pmatrix}$$

$$\xrightarrow{r_1-r_2}\begin{pmatrix}1&0&-1&-2\\0&1&2&3\\0&0&0&0\\0&0&0&0\end{pmatrix},$$

故 $\boldsymbol{a}_1,\boldsymbol{a}_2$ 为极大无关组. $\boldsymbol{a}_3=-\boldsymbol{a}_1+2\boldsymbol{a}_2$，$\boldsymbol{a}_4=-2\boldsymbol{a}_1+3\boldsymbol{a}_2$.

(2) 对下面矩阵进行初等行变换，因

$$\begin{pmatrix}2&3&1&1\\1&-2&4&-3\\-1&1&-3&2\\1&-3&5&-4\\1&4&-2&3\end{pmatrix}\xrightarrow[\substack{r_3+r_1\\r_4-r_1\\r_5-r_1}]{\substack{r_1\leftrightarrow r_2\\r_2-2r_1}}\begin{pmatrix}1&-2&4&-3\\0&7&-7&7\\0&-1&1&-1\\0&-1&1&-1\\0&6&-6&6\end{pmatrix}$$

$$\xrightarrow[\substack{r_4+r_2\\r_5-6r_2}]{\substack{r_2\div 7\\r_3+r_2}}\begin{pmatrix}1&-2&4&-3\\0&1&-1&1\\0&0&0&0\\0&0&0&0\\0&0&0&0\end{pmatrix}\xrightarrow{r_1+2r_2}\begin{pmatrix}1&0&2&-1\\0&1&-1&1\\0&0&0&0\\0&0&0&0\\0&0&0&0\end{pmatrix},$$

故 $\boldsymbol{\alpha}_1,\boldsymbol{\alpha}_2$ 为极大线性无关组. $\boldsymbol{\alpha}_3=2\boldsymbol{\alpha}_1-\boldsymbol{\alpha}_2$, $\boldsymbol{\alpha}_4=-\boldsymbol{\alpha}_1+\boldsymbol{\alpha}_2$.

10. 求向量组 $\boldsymbol{a}_1=(1,-1,1,3)^{\mathrm{T}}$, $\boldsymbol{a}_2=(-1,3,5,1)^{\mathrm{T}}$, $\boldsymbol{a}_3=(3,-2,-1,b)^{\mathrm{T}}$, $\boldsymbol{a}_4=(-2,6,10,a)^{\mathrm{T}}$, $\boldsymbol{a}_5=(4,-1,6,10)^{\mathrm{T}}$ 的秩和一个极大无关组.

解　对下列矩阵做初等行变换,

$$(\boldsymbol{a}_1,\boldsymbol{a}_2,\boldsymbol{a}_3,\boldsymbol{a}_4,\boldsymbol{a}_5)=\begin{pmatrix}1&-1&3&-2&4\\-1&3&-2&6&-1\\1&5&-1&10&6\\3&1&b&a&10\end{pmatrix}\xrightarrow[r_4-3r_1]{\substack{r_2+r_1\\r_3-r_1}}\begin{pmatrix}1&-1&3&-2&4\\0&2&1&4&3\\0&6&-4&12&2\\0&4&b-9&a+6&-2\end{pmatrix}$$

$$\xrightarrow[r_4-2r_2]{r_3-3r_2}\begin{pmatrix}1&-1&3&-2&4\\0&2&1&4&3\\0&0&-7&0&-7\\0&0&b-11&a-2&-8\end{pmatrix}\xrightarrow[r_4-(b-11)r_3]{r_3\div(-7)}\begin{pmatrix}1&-1&3&-2&4\\0&2&1&4&3\\0&0&1&0&1\\0&0&0&a-2&3-b\end{pmatrix}.$$

故

(1) 当 $a=2,b=3$ 时, 向量组的秩为3, $\boldsymbol{a}_1,\boldsymbol{a}_2,\boldsymbol{a}_3$(或 $\boldsymbol{a}_1,\boldsymbol{a}_2,\boldsymbol{a}_5$) 为一个极大无关组;

(2) 当 $a\neq 2$ 时, 向量组的秩为4, $\boldsymbol{a}_1,\boldsymbol{a}_2,\boldsymbol{a}_3,\boldsymbol{a}_4$ 为一个极大无关组;

(3) 当 $b\neq 3$ 时, 向量组的秩为4, 且 $\boldsymbol{a}_1,\boldsymbol{a}_2,\boldsymbol{a}_3,\boldsymbol{a}_5$ 为一个极大无关组.

11. 确定常数 a, 使向量组 $\boldsymbol{\alpha}_1=(1,1,a)^{\mathrm{T}}$, $\boldsymbol{\alpha}_2=(1,a,1)^{\mathrm{T}}$, $\boldsymbol{\alpha}_3=(a,1,1)^{\mathrm{T}}$ 可由向量组 $\boldsymbol{\beta}_1=(1,1,a)^{\mathrm{T}}$, $\boldsymbol{\beta}_2=(-2,a,4)^{\mathrm{T}}$, $\boldsymbol{\beta}_3=(-2,a,a)^{\mathrm{T}}$ 线性表示, 但向量组 $\boldsymbol{\beta}_1,\boldsymbol{\beta}_2,\boldsymbol{\beta}_3$ 不能由 $\boldsymbol{\alpha}_1,\boldsymbol{\alpha}_2,\boldsymbol{\alpha}_3$ 线性表示.

解　**方法1**: 记 $\boldsymbol{A}=(\boldsymbol{\alpha}_1,\boldsymbol{\alpha}_2,\boldsymbol{\alpha}_3)$, $\boldsymbol{B}=(\boldsymbol{\beta}_1,\boldsymbol{\beta}_2,\boldsymbol{\beta}_3)$, 由于 $\boldsymbol{\beta}_1,\boldsymbol{\beta}_2,\boldsymbol{\beta}_3$ 不能由 $\boldsymbol{\alpha}_1,\boldsymbol{\alpha}_2,\boldsymbol{\alpha}_3$ 线性表出, 故 $R(\boldsymbol{A})<3$(若 $R(\boldsymbol{A})=3$, 则任何3维向量都可以由 $\boldsymbol{\alpha}_1,\boldsymbol{\alpha}_2,\boldsymbol{\alpha}_3$ 线性表出), 从而

$$|\boldsymbol{A}|=\begin{vmatrix}1&1&a\\1&a&1\\a&1&1\end{vmatrix}=(2+a)\begin{vmatrix}1&1&1\\0&a-1&0\\a-1&0&0\end{vmatrix}=-(2+a)(a-1)^2,$$

从而得 $a=1$ 或 $a=-2$.

当 $a=1$ 时, $\boldsymbol{\alpha}_1=\boldsymbol{\alpha}_2=\boldsymbol{\alpha}_3=\boldsymbol{\beta}_1=(1,1,1)^{\mathrm{T}}$, 显然 $\boldsymbol{\alpha}_1,\boldsymbol{\alpha}_2,\boldsymbol{\alpha}_3$ 可由 $\boldsymbol{\beta}_1,\boldsymbol{\beta}_2,\boldsymbol{\beta}_3$ 线性表出但 $\boldsymbol{\beta}_2=(-2,1,4)^{\mathrm{T}}$ 不能由 $\boldsymbol{\alpha}_1,\boldsymbol{\alpha}_2,\boldsymbol{\alpha}_3$ 线性表出, 故 $a=1$ 符合题意.

当 $a=-2$ 时, 由于

$$(\boldsymbol{B} \vdots \boldsymbol{A}) = \left(\begin{array}{ccc:ccc} 1 & -2 & -2 & 1 & 1 & -2 \\ 1 & -2 & -2 & 1 & -2 & 1 \\ -2 & 4 & -2 & -2 & 1 & 1 \end{array}\right) \xrightarrow[r_3 + r_2]{\substack{r_2 - r_1 \\ r_3 + 2r_1}} \left(\begin{array}{ccc:ccc} 1 & -2 & -2 & 1 & 1 & -2 \\ 0 & 0 & 0 & 0 & -3 & 3 \\ 0 & 0 & -6 & 0 & 0 & 0 \end{array}\right),$$

因 $R(\boldsymbol{B}) = 2$，$R(\boldsymbol{B}, \boldsymbol{\alpha}_2) = 3$，故方程组 $\boldsymbol{Bx} = \boldsymbol{\alpha}_2$ 无解，从而 $\boldsymbol{\alpha}_2$ 不能由 $\boldsymbol{\beta}_1, \boldsymbol{\beta}_2, \boldsymbol{\beta}_3$ 线性表出，与题设矛盾，$a = -2$ 舍去.

因此 $a = 1$.

方法 2： 对矩阵 $\overline{\boldsymbol{A}} = (\boldsymbol{\beta}_1, \boldsymbol{\beta}_2, \boldsymbol{\beta}_3 \vdots \boldsymbol{\alpha}_1, \boldsymbol{\alpha}_2, \boldsymbol{\alpha}_3)$ 作初等行变换，有

$$\overline{\boldsymbol{A}} = (\boldsymbol{B} \vdots \boldsymbol{A}) = \left(\begin{array}{ccc:ccc} 1 & -2 & -2 & 1 & 1 & a \\ 1 & a & a & 1 & a & 1 \\ a & 4 & a & a & 1 & 1 \end{array}\right)$$

$$\xrightarrow[r_3 - ar_1]{r_2 - r_1} \left(\begin{array}{ccc:ccc} 1 & -2 & -2 & 1 & 1 & a \\ 0 & a+2 & a+2 & 0 & a-1 & 1-a \\ 0 & 4+2a & 3a & 0 & 1-a & 1-a^2 \end{array}\right)$$

$$\xrightarrow{r_3 - 2r_2} \left(\begin{array}{ccc:ccc} 1 & -2 & -2 & 1 & 1 & a \\ 0 & a+2 & a+2 & 0 & a-1 & 1-a \\ 0 & 0 & a-4 & 0 & 3(1-a) & -(a-1)^2 \end{array}\right).$$

当 $a = -2$ 时，

$$\overline{\boldsymbol{A}} \xrightarrow{r} \left(\begin{array}{ccc:ccc} 1 & -2 & -2 & 1 & 1 & -2 \\ 0 & 0 & 0 & 0 & -3 & 3 \\ 0 & 0 & -6 & 0 & 9 & -9 \end{array}\right).$$

显然 $\boldsymbol{\alpha}_2$ 不能由 $\boldsymbol{\beta}_1, \boldsymbol{\beta}_2, \boldsymbol{\beta}_3$ 线性表示，因此 $a \neq -2$.

当 $a = 4$ 时，

$$\overline{\boldsymbol{A}} \xrightarrow{r} \left(\begin{array}{ccc:ccc} 1 & -2 & -2 & 1 & 1 & 4 \\ 0 & 6 & 6 & 0 & 3 & -3 \\ 0 & 0 & 0 & 0 & 9 & -9 \end{array}\right),$$

显然 $\boldsymbol{\alpha}_2$ 不能由 $\boldsymbol{\beta}_1, \boldsymbol{\beta}_2, \boldsymbol{\beta}_3$ 线性表示，因此 $a \neq 4$.

当 $a \neq -2$ 且 $a \neq 4$ 时，秩 $R(\boldsymbol{\beta}_1, \boldsymbol{\beta}_2, \boldsymbol{\beta}_3) = 3$，此时向量组 $\boldsymbol{\alpha}_1, \boldsymbol{\alpha}_2, \boldsymbol{\alpha}_3$ 可由向量组 $\boldsymbol{\beta}_1, \boldsymbol{\beta}_2, \boldsymbol{\beta}_3$ 线性表示.

$$\overline{\boldsymbol{B}} = (\boldsymbol{A} \vdots B) = \left(\begin{array}{ccc:ccc} 1 & 1 & a & 1 & -2 & -2 \\ 1 & a & 1 & 1 & a & a \\ a & 1 & 1 & a & 4 & a \end{array}\right)$$

$$\xrightarrow{r} \left(\begin{array}{ccc:ccc} 1 & 1 & a & 1 & -2 & -2 \\ 0 & a-1 & 1-a & 0 & a+2 & a+2 \\ 0 & 1-a & 1-a^2 & 0 & 2a+4 & 3a \end{array}\right)$$

$$\xrightarrow{r} \left(\begin{array}{ccc:ccc} 1 & 1 & a & 1 & -2 & -2 \\ 0 & a-1 & 1-a & 0 & a+2 & a+2 \\ 0 & 0 & 2-a-a^2 & 0 & 3a+6 & 4a+2 \end{array}\right),$$

由题设向量组$\boldsymbol{\beta}_1,\boldsymbol{\beta}_2,\boldsymbol{\beta}_3$不能由向量组$\boldsymbol{\alpha}_1,\boldsymbol{\alpha}_2,\boldsymbol{\alpha}_3$线性表示，必有$a-1=0$或$2-a-a^2=0$，即$a=1$或$a=-2$.

综上所述，满足题设条件的a为：$a=1$.

12. 设有向量组(A)：$\boldsymbol{\alpha}_1=(a,2,10)^{\mathrm{T}}$，$\boldsymbol{\alpha}_2=(-2,1,5)^{\mathrm{T}}$，$\boldsymbol{\alpha}_3=(-1,1,4)^{\mathrm{T}}$，及$\boldsymbol{\beta}=(1,b,-1)^{\mathrm{T}}$，问当$a,b$为何值时：

(1) 向量$\boldsymbol{\beta}$能由向量组(A)线性表示，且表示式唯一；

(2) 向量$\boldsymbol{\beta}$不能由向量组(A)线性表示；

(3) 向量$\boldsymbol{\beta}$能由向量组(A)线性表示，且表示式不唯一，并求一般表示式.

解　$\boldsymbol{\beta}$能否由$\boldsymbol{\alpha}_1,\boldsymbol{\alpha}_2,\boldsymbol{\alpha}_3$线性表示，相当于对应的非齐次方程组$x_1\boldsymbol{\alpha}_1+x_2\boldsymbol{\alpha}_2+x_3\boldsymbol{\alpha}_3=\boldsymbol{\beta}$是否有解的问题，可转换为方程组求解的情形进行讨论.

方法 1：设有一组数x_1,x_2,x_3使得$x_1\boldsymbol{\alpha}_1+x_2\boldsymbol{\alpha}_2+x_3\boldsymbol{\alpha}_3=\boldsymbol{\beta}$，该方程组的系数行列式

$$|\boldsymbol{A}|=\begin{vmatrix} a & -2 & -1 \\ 2 & 1 & 1 \\ 10 & 5 & 4 \end{vmatrix}=-a-4,$$

故

(1) 当$a\neq-4$时，$|\boldsymbol{A}|\neq0$，方程组有唯一解，$\boldsymbol{\beta}$可由$\boldsymbol{\alpha}_1,\boldsymbol{\alpha}_2,\boldsymbol{\alpha}_3$线性表示，且表示式唯一.

(2) 当$a=-4$时，对增广矩阵作行初等变换，有

$$\overline{\boldsymbol{A}}=\left(\begin{array}{ccc:c} -4 & -2 & -1 & 1 \\ 2 & 1 & 1 & b \\ 10 & 5 & 4 & -1 \end{array}\right)\xrightarrow[\substack{r_2+2r_1\\ r_3-5r_1}]{r_1\leftrightarrow r_2}\left(\begin{array}{ccc:c} 2 & 1 & 1 & b \\ 0 & 0 & 1 & 2b+1 \\ 0 & 0 & -1 & -1-5b \end{array}\right)$$

$$\xrightarrow{r_3+r_2}\left(\begin{array}{ccc:c} 2 & 1 & 1 & b \\ 0 & 0 & 1 & 2b+1 \\ 0 & 0 & 0 & -3b \end{array}\right),$$

此时若$b\neq0$，则方程组无解，$\boldsymbol{\beta}$不能由$\boldsymbol{\alpha}_1,\boldsymbol{\alpha}_2,\boldsymbol{\alpha}_3$线性表示.

若$b=0$，$R(\boldsymbol{A})=R(\overline{\boldsymbol{A}})=2<3$，方程组有无穷多解，$\boldsymbol{\beta}$能由$\boldsymbol{\alpha}_1,\boldsymbol{\alpha}_2,\boldsymbol{\alpha}_3$线性表示，但表示式不唯一，进一步对上面矩阵进行初等行变换，可得：

$$\boldsymbol{\beta}=k\boldsymbol{\alpha}_1-(2k+1)\boldsymbol{\alpha}_2+\boldsymbol{\alpha}_3,\ k\text{ 为任意实数.}$$

方法 2：直接对下面矩阵作初等行变换，有

$$\overline{\boldsymbol{A}}=\left(\begin{array}{ccc:c} a & -2 & -1 & 1 \\ 2 & 1 & 1 & b \\ 10 & 5 & 4 & -1 \end{array}\right)\xrightarrow[r_2-\frac{a}{2}r_1]{\substack{r_1\leftrightarrow r_2\\ r_3-5r_1}}\left(\begin{array}{ccc:c} 2 & 1 & 1 & b \\ 0 & -2-\dfrac{a}{2} & -1-\dfrac{a}{2} & 1-\dfrac{ab}{2} \\ 0 & 0 & -1 & -1-5b \end{array}\right)$$

$$\xrightarrow[r_2+\left(1+\frac{a}{2}\right)r_3]{r_3\cdot(-1)}\left(\begin{array}{ccc:c} 2 & 1 & 1 & b \\ 0 & -2-\dfrac{a}{2} & 0 & 1-\dfrac{ab}{2}+(1+5b)\left(1+\dfrac{a}{2}\right) \\ 0 & 0 & 1 & 1+5b \end{array}\right),$$

故当 $-2-\frac{a}{2}\neq 0$，即 $a\neq -4$ 时，向量 $\boldsymbol{\beta}$ 能由向量组(A) 线性表示，且表示式唯一；

当 $-2-\frac{a}{2}=0$，即 $a=-4$ 时，进一步有

$$\overline{\boldsymbol{A}}\xrightarrow{r}\left(\begin{array}{ccc:c}2&1&1&b\\0&0&0&-3b\\0&0&1&1+5b\end{array}\right),$$

从而当 $b=0$ 时，方程组有无穷多解，$\boldsymbol{\beta}$ 能由 $\boldsymbol{\alpha}_1,\boldsymbol{\alpha}_2,\boldsymbol{\alpha}_3$ 线性表示(表示法略去)；当 $b\neq 0$ 时，则方程组无解，即 $\boldsymbol{\beta}$ 不能由 $\boldsymbol{\alpha}_1,\boldsymbol{\alpha}_2,\boldsymbol{\alpha}_3$ 线性表示.

13. 设有两向量组

$\boldsymbol{A}$: $\boldsymbol{\alpha}_1=(2,4,-2)^{\mathrm{T}}$，$\boldsymbol{\alpha}_2=(-1,a-3,1)^{\mathrm{T}}$，$\boldsymbol{\alpha}_3=(2,8,b)^{\mathrm{T}}$；

$\boldsymbol{B}$: $\boldsymbol{\beta}_1=(2,b+6,-2)^{\mathrm{T}}$，$\boldsymbol{\beta}_2=(3,7,a+1)^{\mathrm{T}}$，$\boldsymbol{\beta}_3=(1,2b+6,-1)^{\mathrm{T}}$，

问：

(1) 当 a，b 取何值时，$R(\boldsymbol{A})=R(\boldsymbol{B})$，且 $\boldsymbol{A},\boldsymbol{B}$ 等价；

(2) 当 a，b 取何值时，$R(\boldsymbol{A})=R(\boldsymbol{B})$，但 $\boldsymbol{A},\boldsymbol{B}$ 不等价.

解 因

$$(\boldsymbol{\alpha}_1,\boldsymbol{\alpha}_2,\boldsymbol{\alpha}_3,\boldsymbol{\beta}_1,\boldsymbol{\beta}_2,\boldsymbol{\beta}_3)=\left(\begin{array}{ccc:ccc}2&-1&2&2&3&1\\4&a-3&8&b+6&7&2b+6\\-2&1&b&-2&a+1&-1\end{array}\right)$$

$$\xrightarrow[r_3+r_1]{r_2-2r_1}\left(\begin{array}{ccc:ccc}2&-1&2&2&3&1\\0&a-1&4&b+2&1&2b+4\\0&0&b+2&0&a+4&0\end{array}\right),$$

(1) 当 $R(\boldsymbol{A})=R(\boldsymbol{B})=R(\boldsymbol{A},\boldsymbol{B})$ 时，$\boldsymbol{A},\boldsymbol{B}$ 等价，故

当 $a\neq -4$，$a\neq 1$ 且 $b\neq -2$ 时，$R(\boldsymbol{A})=R(\boldsymbol{B})=R(\boldsymbol{A},\boldsymbol{B})=3$，根据克拉默法则，方程组：$\boldsymbol{\alpha}_1x_1+\boldsymbol{\alpha}_2x_2+\boldsymbol{\alpha}_3x_3=\boldsymbol{\beta}_i$，$i=1,2,3$，与方程组：$\boldsymbol{\beta}_1x_1+\boldsymbol{\beta}_2x_2+\boldsymbol{\beta}_3x_3=\boldsymbol{\alpha}_i$，$i=1,2,3$，均有解，即两向量组可以相互线性表示，得 $R(\boldsymbol{A})=R(\boldsymbol{B})$，且 $\boldsymbol{A},\boldsymbol{B}$ 等价.

当 $a=-4$，$b=-2$ 时，有 $R(\boldsymbol{A})=R(\boldsymbol{B})=R(\boldsymbol{A},\boldsymbol{B})=2$. 上述方程组仍有解，故 $R(\boldsymbol{A})=R(\boldsymbol{B})$，且 $\boldsymbol{A},\boldsymbol{B}$ 也等价.

(2) 当 $R(\boldsymbol{A})=R(\boldsymbol{B})<R(\boldsymbol{A},\boldsymbol{B})$ 时，$\boldsymbol{A},\boldsymbol{B}$ 不等价，故

当 $b=-2$ 时，若 $a\neq -4$，有 $R(\boldsymbol{A})=R(\boldsymbol{B})=2$，但方程 $\boldsymbol{\alpha}_1x_1+\boldsymbol{\alpha}_2x_2+\boldsymbol{\alpha}_3x_3=\boldsymbol{\beta}_2$ 无解，$\boldsymbol{\beta}_2$ 不能由 $\boldsymbol{A}$ 表示，故 $\boldsymbol{A},\boldsymbol{B}$ 不等价.

当 $a=1$，若 $b\neq -2$，此时 $R(\boldsymbol{A})=2$，$R(\boldsymbol{B})=3$，不合题意.

14. 已知 3 阶矩阵 $\boldsymbol{A}$ 与 3 维列向量 $\boldsymbol{x}$ 满足 $\boldsymbol{A}^3\boldsymbol{x}=3\boldsymbol{A}\boldsymbol{x}-\boldsymbol{A}^2\boldsymbol{x}$，且向量组 $\boldsymbol{x},\boldsymbol{A}\boldsymbol{x},\boldsymbol{A}^2\boldsymbol{x}$ 线性无关.

(1) 记 $\boldsymbol{P}=(\boldsymbol{x},\boldsymbol{A}\boldsymbol{x},\boldsymbol{A}^2\boldsymbol{x})$，求 3 阶矩阵 $\boldsymbol{B}$，使 $\boldsymbol{A}\boldsymbol{P}=\boldsymbol{P}\boldsymbol{B}$；

(2) 求 $|\boldsymbol{A}+\boldsymbol{E}|$.

解 (1) **方法 1**：由题设条件有

$\boldsymbol{A}(\boldsymbol{x},\boldsymbol{A}\boldsymbol{x},\boldsymbol{A}^2\boldsymbol{x})=(\boldsymbol{A}\boldsymbol{x},\boldsymbol{A}^2\boldsymbol{x},\boldsymbol{A}^3\boldsymbol{x})=(\boldsymbol{A}\boldsymbol{x},\boldsymbol{A}^2\boldsymbol{x},3\boldsymbol{A}\boldsymbol{x}-2\boldsymbol{A}^2\boldsymbol{x})$

$$= (\boldsymbol{x},\boldsymbol{Ax},\boldsymbol{A}^2\boldsymbol{x})\begin{pmatrix}0&0&0\\1&0&3\\0&1&-2\end{pmatrix},$$

即 $\boldsymbol{AP}=\boldsymbol{P}\begin{pmatrix}0&0&0\\1&0&3\\0&1&-2\end{pmatrix}=\boldsymbol{PB}$，其中 $\boldsymbol{B}=\begin{pmatrix}0&0&0\\1&0&3\\0&1&-2\end{pmatrix}$.

方法 2：设 $\boldsymbol{B}=\begin{pmatrix}a_1&a_2&a_3\\b_1&b_2&b_3\\c_1&c_2&c_3\end{pmatrix}$，则由 $\boldsymbol{AP}=\boldsymbol{PB}$ 得

$$(\boldsymbol{Ax},\boldsymbol{A}^2\boldsymbol{x},\boldsymbol{A}^3\boldsymbol{x})=(\boldsymbol{x},\boldsymbol{Ax},\boldsymbol{A}^2\boldsymbol{x})\begin{pmatrix}a_1&a_2&a_3\\b_1&b_2&b_3\\c_1&c_2&c_3\end{pmatrix},$$

上式可写成

$$\boldsymbol{Ax}=a_1\boldsymbol{x}+b_1\boldsymbol{Ax}+c_1\boldsymbol{A}^2\boldsymbol{x},$$
$$\boldsymbol{A}^2\boldsymbol{x}=a_2\boldsymbol{x}+b_2\boldsymbol{Ax}+c_2\boldsymbol{A}^2\boldsymbol{x},$$
$$\boldsymbol{A}^3\boldsymbol{x}=a_3\boldsymbol{x}+b_3\boldsymbol{Ax}+c_3\boldsymbol{A}^2\boldsymbol{x},$$

将 $\boldsymbol{A}^3\boldsymbol{x}=3\boldsymbol{Ax}-2\boldsymbol{A}^2\boldsymbol{x}$ 代入上式得

$$3\boldsymbol{Ax}-2\boldsymbol{A}^2\boldsymbol{x}=a_3\boldsymbol{x}+b_3\boldsymbol{Ax}+c_3\boldsymbol{A}^2\boldsymbol{x}.$$

由于 $\boldsymbol{x},\boldsymbol{Ax},\boldsymbol{A}^2\boldsymbol{x}$ 线性无关，可解得 $a_1=c_1=0,b_1=1;a_2=b_2=0,c_2=1;a_3=b_3=0,c_3=-2$，故

$$\boldsymbol{B}=\begin{pmatrix}0&0&0\\1&0&3\\0&1&-2\end{pmatrix}.$$

(2) 由 $\boldsymbol{AP}=\boldsymbol{PB}$，有 $(\boldsymbol{A}+\boldsymbol{E})\boldsymbol{P}=\boldsymbol{P}(\boldsymbol{B}+\boldsymbol{E})$，因 $\boldsymbol{P}$ 可逆，得

$$|\boldsymbol{A}+\boldsymbol{E}|=|\boldsymbol{B}+\boldsymbol{E}|=\begin{vmatrix}1&0&0\\1&1&3\\0&1&-1\end{vmatrix}=-4.$$

15. 已知矩阵 $\boldsymbol{A}=\begin{pmatrix}1&0&2\\2&1&5\\-1&0&a-3\end{pmatrix}$ 不可逆，又矩阵 $\boldsymbol{B}=\begin{pmatrix}2&2&3\\3&4&8\\b+1&c-2&-3\end{pmatrix}$ 使 $\boldsymbol{AX}=\boldsymbol{B}$ 有解.

(1) 求 a，b，c 的值；

(2) 求 $\boldsymbol{X}$.

解　(1) 因 $\boldsymbol{A}$ 不可逆，有

$$|\boldsymbol{A}|=\begin{vmatrix}1&0&2\\2&1&5\\-1&0&a-3\end{vmatrix}=a-1=0,$$

得 $a=1$. 欲使 $\boldsymbol{AX}=\boldsymbol{B}$ 有解，则有 $R(\boldsymbol{A})=R(\boldsymbol{A},\boldsymbol{B})$，因

$$(\boldsymbol{A} \vdots \boldsymbol{B})=\begin{pmatrix}1&0&2&\vdots&2&2&3\\2&1&5&\vdots&3&4&8\\-1&0&-2&\vdots&b+1&c-2&-3\end{pmatrix}\xrightarrow[r_3+r_1]{r_2-2r_1}\begin{pmatrix}1&0&2&\vdots&2&2&3\\0&1&1&\vdots&-1&0&2\\0&0&0&\vdots&b+3&c&0\end{pmatrix},$$

得 $b=-3$, $c=0$.

(2) 此时 $\boldsymbol{AX}=\boldsymbol{B}$ 等价于 $\boldsymbol{A}(\boldsymbol{x}_1,\boldsymbol{x}_2,\boldsymbol{x}_3)=(\boldsymbol{b}_1,\boldsymbol{b}_2,\boldsymbol{b}_3)$, $\boldsymbol{A}\,\boldsymbol{x}_i=\boldsymbol{b}_i$ 的解分别为：

$$\boldsymbol{x}_1=\begin{pmatrix}2\\-1\\0\end{pmatrix}+k_1\begin{pmatrix}-2\\-1\\1\end{pmatrix},\ \boldsymbol{x}_2=\begin{pmatrix}2\\0\\0\end{pmatrix}+k_2\begin{pmatrix}-2\\-1\\1\end{pmatrix},\ \boldsymbol{x}_3=\begin{pmatrix}3\\2\\0\end{pmatrix}+k_3\begin{pmatrix}-2\\-1\\1\end{pmatrix},$$

得

$$\boldsymbol{X}=(\boldsymbol{x}_1,\boldsymbol{x}_2,\boldsymbol{x}_3)=\begin{pmatrix}2&2&3\\-1&0&2\\0&0&0\end{pmatrix}+\begin{pmatrix}-2k_1&-2k_2&-2k_3\\-k_1&-k_2&-k_3\\k_1&k_2&k_3\end{pmatrix},\ k_1,k_2,k_3 \text{ 为任意实数.}$$

16. 求线性方程组

$$\begin{cases}2x_1-x_2+4x_3-3x_4=-4\\x_1+x_3-x_4=-3\\3x_1+x_2+x_3=1\\7x_1+7x_3-3x_4=3\end{cases}$$

的通解(用基础解系表示).

解 对增广矩阵进行初等行变换：

$$\begin{pmatrix}2&-1&4&-3&\vdots&-4\\1&0&1&-1&\vdots&-3\\3&1&1&0&\vdots&1\\7&0&7&-3&\vdots&3\end{pmatrix}\xrightarrow[\substack{r_3-3r_1\\r_4-7r_1}]{\substack{r_1\leftrightarrow r_2\\r_2-2r_1}}\begin{pmatrix}1&0&1&-1&\vdots&-3\\0&-1&2&-1&\vdots&2\\0&1&-2&3&\vdots&10\\0&0&0&4&\vdots&24\end{pmatrix}$$

$$\xrightarrow{\substack{r_4\div 4\\r_3+r_2}}\begin{pmatrix}1&0&1&-1&\vdots&-3\\0&-1&2&-1&\vdots&2\\0&0&0&2&\vdots&12\\0&0&0&1&\vdots&6\end{pmatrix}\xrightarrow[\substack{r_1+r_3\\r_2+r_3\\r_2\cdot(-1)}]{\substack{r_3-2r_4\\r_3\leftrightarrow r_4}}\begin{pmatrix}1&0&1&0&\vdots&3\\0&1&-2&0&\vdots&-8\\0&0&0&1&\vdots&6\\0&0&0&0&\vdots&0\end{pmatrix},$$

故方程组的通解为 $\boldsymbol{x}=\boldsymbol{\eta}_0+k\boldsymbol{\eta}_1$, 其中, $\boldsymbol{\eta}_1=(-1,2,1,0)^{\mathrm{T}}$, $\boldsymbol{\eta}_0=(3,-8,0,6)^{\mathrm{T}}$, k 为任意实数.

17. 已知 $(1,-1,1,-1)^{\mathrm{T}}$ 是方程组

$$\begin{cases}x_1+\lambda x_2+\mu x_3+x_4=0,\\2x_1+x_2+x_3+2x_4=0,\\3x_1+(2+\lambda)x_2+(4+\mu)x_3+4x_4=1.\end{cases}$$

的一个解.

(1) 用导出组的基础解系表示此方程组的通解；

(2) 写出该方程组中满足 $x_2=x_3$ 的全部解.

解　将解$(1,-1,1,-1)^{\mathrm{T}}$代入方程组得$\begin{cases}1-\lambda+\mu-1=0\\3-(2+\lambda)+(4+\mu)-4=1\end{cases}$，可得$\mu=\lambda$.

(1) 方程组对应的增广矩阵为：

$$(\boldsymbol{A}\vdots\boldsymbol{b})=\left(\begin{array}{cccc:c}1&\lambda&\lambda&1&0\\2&1&1&2&0\\3&2+\lambda&4+\lambda&4&1\end{array}\right)\xrightarrow[r_3-3r_1]{r_2-2r_1}\left(\begin{array}{cccc:c}1&\lambda&\lambda&1&0\\0&1-2\lambda&1-2\lambda&0&0\\0&2-2\lambda&4-2\lambda&1&1\end{array}\right),$$

当$2\lambda-1=0$时，上式继续可以进行初等行变换：

$$(\boldsymbol{A}\vdots\boldsymbol{b})\to\left(\begin{array}{cccc:c}1&\frac{1}{2}&\frac{1}{2}&1&0\\0&0&0&0&0\\0&1&3&1&1\end{array}\right)\xrightarrow[r_1-\frac{1}{2}r_2]{r_2\leftrightarrow r_3}\left(\begin{array}{cccc:c}1&0&-1&\frac{1}{2}&-\frac{1}{2}\\0&1&3&1&1\\0&0&0&0&0\end{array}\right),$$

此时，方程组的通解为：

$(x_1,x_2,x_3,x_4)^{\mathrm{T}}=(1,-1,1,-1)^{\mathrm{T}}+c_1(1,-3,1,0)^{\mathrm{T}}+c_2\left(-\frac{1}{2},-1,0,1\right)^{\mathrm{T}}$，$c_1,c_2\in\mathbb{R}$.

当$2\lambda-1\neq0$时，继续进行初等行变换：

$$(\boldsymbol{A}\vdots\boldsymbol{b})\to\left(\begin{array}{cccc:c}1&\lambda&\lambda&1&0\\0&1&1&0&0\\0&2-2\lambda&4-2\lambda&1&1\end{array}\right)\xrightarrow[r_3-(2-2\lambda)r_2]{r_1-\lambda r_2}\left(\begin{array}{cccc:c}1&0&0&1&0\\0&1&1&0&0\\0&0&2&1&1\end{array}\right)$$

$$\xrightarrow{r_1-r_3}\left(\begin{array}{cccc:c}1&0&-2&0&-1\\0&1&1&0&0\\0&0&2&1&1\end{array}\right),$$

此时，方程组的通解为：

$(x_1,x_2,x_3,x_4)^{\mathrm{T}}=(1,-1,1,-1)^{\mathrm{T}}+c(2,-1,1,-2)^{\mathrm{T}}$，$c$为任意实数.

(2) 在前面已经进行初等行变换的基础上，当$2\lambda-1=0$时，由

$$(\boldsymbol{A}\vdots\boldsymbol{b})\to\left(\begin{array}{cccc:c}1&\frac{1}{2}&\frac{1}{2}&1&0\\0&0&0&0&0\\0&1&3&1&1\end{array}\right)\xrightarrow[r_1-\frac{1}{2}r_2]{r_2\leftrightarrow r_3}\left(\begin{array}{cccc:c}1&0&-1&\frac{1}{2}&-\frac{1}{2}\\0&1&3&1&1\\0&0&0&0&0\end{array}\right),$$

可得

$$\left(\begin{array}{cccc:c}1&0&-1&\frac{1}{2}&-\frac{1}{2}\\0&1&3&1&1\\0&1&-1&0&0\\0&0&0&0&0\end{array}\right)\xrightarrow[\substack{r_3-r_2\\r_1-\frac{1}{2}r_3}]{r_3\leftrightarrow r_2}\left(\begin{array}{cccc:c}1&0&-3&0&-1\\0&1&-1&0&0\\0&0&4&1&1\\0&0&0&0&0\end{array}\right),$$

从而方程组的通解为：$(x_1,x_2,x_3,x_4)^{\mathrm{T}}=(-1,0,0,1)^{\mathrm{T}}+c(3,1,1,-4)^{\mathrm{T}}$，$c$为任意实数.

当$2\lambda-1\neq0$时，由

$$(\boldsymbol{A} \vdots \boldsymbol{b}) \to \begin{pmatrix} 1 & 0 & -2 & 0 & \vdots & -1 \\ 0 & 1 & 1 & 0 & \vdots & 0 \\ 0 & 0 & 2 & 1 & \vdots & 1 \end{pmatrix},$$

可得

$$\begin{pmatrix} 1 & 0 & -2 & 0 & \vdots & -1 \\ 0 & 1 & 1 & 0 & \vdots & 0 \\ 0 & 0 & 2 & 1 & \vdots & 1 \\ 0 & 1 & -1 & 0 & \vdots & 0 \end{pmatrix} \xrightarrow{r_4 - r_2} \begin{pmatrix} 1 & 0 & -2 & 0 & \vdots & -1 \\ 0 & 1 & 1 & 0 & \vdots & 0 \\ 0 & 0 & 2 & 1 & \vdots & 1 \\ 0 & 0 & -2 & 0 & \vdots & 0 \end{pmatrix} \xrightarrow[\substack{r_3 \leftrightarrow r_4 \\ r_2 - r_3}]{\substack{r_3 + r_4 \\ r_4 \div (-2)}} \begin{pmatrix} 1 & 0 & 0 & 0 & \vdots & -1 \\ 0 & 1 & 0 & 0 & \vdots & 0 \\ 0 & 0 & 1 & 0 & \vdots & 0 \\ 0 & 0 & 0 & 1 & \vdots & 1 \end{pmatrix},$$

故只有一个解：$(x_1, x_2, x_3, x_4)^{\mathrm{T}} = (-1, 0, 0, 1)^{\mathrm{T}}$.

18. 设 $\boldsymbol{A} = \begin{pmatrix} 1 & 1 & 2 \\ 2 & 2 & 4 \\ 3 & 3 & 6 \end{pmatrix}$，求一个秩为 2 的方阵 $\boldsymbol{B}$，使得 $\boldsymbol{AB} = \boldsymbol{O}$.

解 设 $\boldsymbol{B} = (\boldsymbol{b}_1, \boldsymbol{b}_2, \boldsymbol{b}_3)$，依题设有 $\boldsymbol{A}\,\boldsymbol{b}_i = \boldsymbol{0}$，即求方程组 $\boldsymbol{Ax} = \boldsymbol{0}$ 的解向量，从中选 3 个解向量构成矩阵 $\boldsymbol{B}$，使其秩为 2. 由于该方程组 $\boldsymbol{Ax} = \boldsymbol{0}$ 等价于方程 $x_1 + x_2 + 2x_3 = 0$，易求得方程组 $\boldsymbol{Ax} = \boldsymbol{0}$ 的两个线性无关的解向量为：$\boldsymbol{x} = (1, 1, -1)^{\mathrm{T}}$，$\boldsymbol{x} = (1, -1, 0)^{\mathrm{T}}$，故可取 $\boldsymbol{B}$ 为：

$$\boldsymbol{B} = \begin{pmatrix} 1 & 1 & 0 \\ 1 & -1 & 0 \\ -1 & 0 & 0 \end{pmatrix}.$$

19. 已知 3 阶矩阵 $\boldsymbol{A}$ 的第一行是 (a, b, c)，a, b, c 不全为零，矩阵 $\boldsymbol{B} = \begin{pmatrix} 1 & 2 & 3 \\ 2 & 4 & 6 \\ 3 & 6 & k \end{pmatrix}$（$k$ 为常数），且 $\boldsymbol{AB} = \boldsymbol{O}$，求线性方程组 $\boldsymbol{Ax} = \boldsymbol{0}$ 的通解.

解 由 $\boldsymbol{AB} = \boldsymbol{O}$ 知，$\boldsymbol{B}$ 的每一列均为 $\boldsymbol{Ax} = \boldsymbol{0}$ 的解，且 $R(\boldsymbol{A}) + R(\boldsymbol{B}) \leq 3$.

(1) 若 $k \neq 9$，则 $R(\boldsymbol{B}) = 2$，于是 $R(\boldsymbol{A}) \leq 1$，显然 $R(\boldsymbol{A}) \geq 1$，故 $R(\boldsymbol{A}) = 1$. 可见，此时 $\boldsymbol{Ax} = \boldsymbol{0}$ 的基础解系所含解向量的个数为 $3 - R(\boldsymbol{A}) = 2$，矩阵 $\boldsymbol{B}$ 的第 1 列、第 3 列线性无关，可作为其基础解系，故 $\boldsymbol{Ax} = \boldsymbol{0}$ 的通解为：$\boldsymbol{x} = k_1 (1, 2, 3)^{\mathrm{T}} + k_2 (3, 6, k)^{\mathrm{T}}$，$k_1, k_2 \in \mathbb{R}$ 为任意常数.

(2) 若 $k = 9$，则 $R(\boldsymbol{B}) = 1$，从而 $1 \leq R(\boldsymbol{A}) \leq 2$.

若 $R(\boldsymbol{A}) = 2$，则 $\boldsymbol{Ax} = \boldsymbol{0}$ 的通解为：$\boldsymbol{x} = k_1 (1, 2, 3)^{\mathrm{T}}$，$k_1 \in \mathbb{R}$ 为任意常数.

若 $R(\boldsymbol{A}) = 1$，则 $\boldsymbol{Ax} = \boldsymbol{0}$ 的同解方程组为：$ax_1 + bx_2 + cx_3 = 0$，不妨设 $a \neq 0$，则其通解为 $\boldsymbol{x} = k_1 \left(-\dfrac{b}{a}, 1, 0\right)^{\mathrm{T}} + k_2 \left(-\dfrac{c}{a}, 0, 1\right)^{\mathrm{T}}$，$k_1, k_2 \in \mathbb{R}$ 为任意常数.

20. 设四元齐次线性方程组

$$(\mathrm{I}) \begin{cases} x_1 + x_2 = 0 \\ x_2 - x_4 = 0 \end{cases}.$$

还知道另一齐次线性方程组(Ⅱ)的通解为

$$k_1(0,1,1,0)^{\mathrm{T}}+k_2(-1,2,2,1)^{\mathrm{T}}.$$

求方程组(Ⅰ)与(Ⅱ)的公共解.

解　由已知，方程组(Ⅰ)的系数矩阵为$\begin{pmatrix}1&1&0&0\\0&1&0&-1\end{pmatrix}$，故(Ⅰ)的通解为

$$k_3(0,0,1,0)^{\mathrm{T}}+k_4(-1,1,0,1)^{\mathrm{T}}.$$

方法1：令$k_1(0,1,1,0)^{\mathrm{T}}+k_2(-1,2,2,1)^{\mathrm{T}}=k_3(0,0,1,0)^{\mathrm{T}}+k_4(-1,1,0,1)^{\mathrm{T}}$，解得

$$k_1=-k,\ k_2=k_3=k_4=k,\ k\text{为任意常数},$$

故其公共解为

$$-k(0,1,1,0)^{\mathrm{T}}+k(-1,2,2,1)^{\mathrm{T}}=k(-1,1,1,1)^{\mathrm{T}},\ k\text{为任意常数}.$$

方法2：将(Ⅱ)的通解代入方程组(Ⅰ)，则有

$$\begin{cases}-k_2+k_1+2k_2=0\\k_1+2k_2-k_2=0\end{cases},$$

得$k_1=-k_2$. 故向量$k_1(0,1,1,0)^{\mathrm{T}}+k_2(-1,2,2,1)^{\mathrm{T}}=k_2(-1,1,1,1)^{\mathrm{T}}$满足方程组(Ⅰ)(Ⅱ). 即方程组(Ⅰ)，(Ⅱ)有公共解，所有公共解是$k(-1,1,1,1)^{\mathrm{T}}$(k为任意常数).

21. 已知齐次线性方程组

$$(\text{Ⅰ})\begin{cases}x_1+2x_2+3x_3=0,\\2x_1+3x_2+5x_3=0,\\x_1+x_2+ax_3=0,\end{cases}\quad\text{和}\quad(\text{Ⅱ})\begin{cases}x_1+bx_2+cx_3=0,\\2x_1+b^2x_2+(c+1)x_3=0,\end{cases}$$

同解，求a,b,c的值.

解　方程组(Ⅱ)的未知量个数大于方程个数，故方程组(Ⅱ)有无穷多解. 因为方程组(Ⅰ)与(Ⅱ)同解，所以方程组(Ⅰ)的系数矩阵的秩小于3.

对方程组(Ⅰ)的系数矩阵施以初等行变换

$$\begin{pmatrix}1&2&3\\2&3&5\\1&1&a\end{pmatrix}\xrightarrow{r}\begin{pmatrix}1&0&1\\0&-1&-1\\0&0&a-2\end{pmatrix},$$

从而$a=2$. 此时，方程组(Ⅰ)的系数矩阵通过初等行变换可化为

$$\begin{pmatrix}1&2&3\\2&3&5\\1&1&2\end{pmatrix}\xrightarrow{r}\begin{pmatrix}1&0&1\\0&1&1\\0&0&0\end{pmatrix},$$

故$(-1,-1,1)^{\mathrm{T}}$是方程组(Ⅰ)的一个基础解系.

将$x_1=-1,\ x_2=-1,\ x_3=1$代入方程组(Ⅱ)，可得$b=1,c=2$或$b=0,\ c=1$.

当$b=1,\ c=2$时，对方程组(Ⅱ)的系数矩阵施以初等行变换，有

$$\begin{pmatrix}1&1&2\\2&1&3\end{pmatrix}\to\begin{pmatrix}1&0&1\\0&1&1\end{pmatrix},$$

显然此时方程组(Ⅰ)与(Ⅱ)同解.

当$b=0,\ c=1$时，对方程组(Ⅱ)的系数矩阵施以初等行变换，有

$$\begin{pmatrix}1&0&1\\2&0&2\end{pmatrix}\to\begin{pmatrix}1&0&1\\0&0&0\end{pmatrix},$$

显然此时方程组(Ⅰ)与(Ⅱ)的解不相同.

综上所述，当 $a=2$，$b=1$，$c=2$ 时，方程组(Ⅰ)与(Ⅱ)同解.

22. 设有4元齐次线性方程组(Ⅰ)和(Ⅱ)，已知 $\boldsymbol{\xi}_1=(1,0,1,1)^{\mathrm{T}}$，$\boldsymbol{\xi}_2=(-1,0,1,0)^{\mathrm{T}}$，$\boldsymbol{\xi}_3=(0,1,1,0)^{\mathrm{T}}$ 是(Ⅰ)的一个基础解系，$\boldsymbol{\eta}_1=(0,1,0,1)^{\mathrm{T}}$，$\boldsymbol{\eta}_2=(1,1,-1,0)^{\mathrm{T}}$ 是(Ⅱ)的一个基础解系，求(Ⅰ)和(Ⅱ)公共解.

解　方法1：依题意，即寻找 $x_1,x_2,x_3,-x_4,-x_5$，使得 $x_1\boldsymbol{\xi}_1+x_2\boldsymbol{\xi}_2+x_3\boldsymbol{\xi}_3=-x_4\boldsymbol{\eta}_1-x_5\boldsymbol{\eta}_2$ 成立(对 x_4,x_5 取负号的原因是不想改变下面矩阵中最后两列的符号)，由

$$\begin{pmatrix}1&-1&0&0&1\\0&0&1&1&1\\1&1&1&0&-1\\1&0&0&1&0\end{pmatrix}\xrightarrow[r_4-r_1]{r_3-r_1}\begin{pmatrix}1&-1&0&0&1\\0&0&1&1&1\\0&2&1&0&-2\\0&1&0&1&-1\end{pmatrix}\xrightarrow[r_3-2r_2]{r_2\leftrightarrow r_4}\begin{pmatrix}1&-1&0&0&1\\0&1&0&1&-1\\0&0&1&-2&0\\0&0&1&1&1\end{pmatrix}$$

$$\xrightarrow[r_3-2r_2]{r_4-r_3}\begin{pmatrix}1&-1&0&0&1\\0&1&0&1&-1\\0&0&1&-2&0\\0&0&0&3&1\end{pmatrix}\xrightarrow[\substack{r_2+r_4\\r_1+r_2}]{r_1-r_4}\begin{pmatrix}1&0&0&1&0\\0&1&0&4&0\\0&0&1&-2&0\\0&0&0&3&1\end{pmatrix},$$

此时 $(x_1,x_2,x_3,x_4,x_5)^{\mathrm{T}}=k(-1,-4,2,1,-3)^{\mathrm{T}}$，故公共解为

$$k(-\boldsymbol{\xi}_1-4\boldsymbol{\xi}_2+2\boldsymbol{\xi}_3)=k(-\boldsymbol{\eta}_1+3\boldsymbol{\eta}_2)=k(3,2,-3,-1)^{\mathrm{T}},\ k\text{ 为任意实数.}$$

方法2：因为 $k_1\boldsymbol{\eta}_1+k_2\boldsymbol{\eta}_2$ 是方程组(Ⅱ)的通解，若 $k_1\boldsymbol{\eta}_1+k_2\boldsymbol{\eta}_2$ 能用 $\boldsymbol{\xi}_1,\boldsymbol{\xi}_2,\boldsymbol{\xi}_3$ 线性表示，即 $R(\boldsymbol{\xi}_1,\boldsymbol{\xi}_2,\boldsymbol{\xi}_3,k_1\boldsymbol{\eta}_1+k_2\boldsymbol{\eta}_2)=R(\boldsymbol{\xi}_1,\boldsymbol{\xi}_2,\boldsymbol{\xi}_3)$，则 $k_1\boldsymbol{\eta}_1+k_2\boldsymbol{\eta}_2$ 也是方程组(Ⅰ)的解，从而可以利用秩来计算. 对下面矩阵施行初等行变换：

$$\left(\begin{array}{ccc:c}1&-1&0&k_2\\0&0&1&k_1+k_2\\1&1&1&-k_2\\1&0&0&k_1\end{array}\right)\xrightarrow[r_4-r_1]{r_3-r_4}\left(\begin{array}{ccc:c}1&-1&0&k_2\\0&0&1&k_1+k_2\\0&1&1&-k_2-k_1\\0&1&0&k_1-k_2\end{array}\right)\xrightarrow{r_2\leftrightarrow r_4}\left(\begin{array}{ccc:c}1&-1&0&k_2\\0&1&0&k_1-k_2\\0&1&1&-k_2-k_1\\0&0&1&k_1+k_2\end{array}\right)$$

$$\xrightarrow[r_3-r_4]{r_1+r_2}\left(\begin{array}{ccc:c}1&0&0&k_1\\0&1&0&k_1-k_2\\0&1&0&-2k_2-2k_1\\0&0&1&k_1+k_2\end{array}\right)\xrightarrow{r_3-r_2}\left(\begin{array}{ccc:c}1&0&0&k_1\\0&1&0&k_1-k_2\\0&0&0&-k_2-3k_1\\0&0&1&k_1+k_2\end{array}\right),$$

于是当 $3k_1+k_2=0$ 时，$k_1\boldsymbol{\eta}_1+k_2\boldsymbol{\eta}_2$ 也是(Ⅰ)的解. 从而(Ⅰ)和(Ⅱ)的公共解为：

$$k(-\boldsymbol{\eta}_1+3\boldsymbol{\eta}_2)=k(3,2,-3,-1)^{\mathrm{T}},\ \text{其中，}k\text{ 可取任意常数.}$$

23. 设(Ⅰ)和(Ⅱ)都是3元非齐次线性方程组，

(Ⅰ)的通解为：$\boldsymbol{\xi}_1+k_1\boldsymbol{\alpha}_1+k_2\boldsymbol{\alpha}_2$，其中，$\boldsymbol{\xi}_1=(1,0,1)^{\mathrm{T}}$，$\boldsymbol{\alpha}_1=(1,1,0)^{\mathrm{T}}$，$\boldsymbol{\alpha}_2=(1,2,1)^{\mathrm{T}}$，$k_1,k_2$ 为任意常数；

(Ⅱ)的通解为：$\boldsymbol{\xi}_2+k\boldsymbol{\beta}$，其中，$\boldsymbol{\xi}_2=(0,1,2)^{\mathrm{T}}$，$\boldsymbol{\beta}=(1,1,2)^{\mathrm{T}}$，$k$ 为任意实数.

求(Ⅰ)和(Ⅱ)的公共解.

解　因公共解具有 $\boldsymbol{\xi}_2+k\boldsymbol{\beta}$ 的形式，即它也是(Ⅰ)的解，从而存在 k_1,k_2 使得

$$\boldsymbol{\xi}_2+k\boldsymbol{\beta}=\boldsymbol{\xi}_1+k_1\boldsymbol{\alpha}_1+k_2\boldsymbol{\alpha}_2.$$

于是$\boldsymbol{\xi}_2+k\boldsymbol{\beta}-\boldsymbol{\xi}_1$可用$\boldsymbol{\alpha}_1,\boldsymbol{\alpha}_2$线性表示，即

$$R(\boldsymbol{\alpha}_1,\boldsymbol{\alpha}_2,\boldsymbol{\xi}_2+k\boldsymbol{\beta}-\boldsymbol{\xi}_1)=R(\boldsymbol{\alpha}_1,\boldsymbol{\alpha}_2).$$

对下面矩阵$(\boldsymbol{\alpha}_1,\boldsymbol{\alpha}_2,\boldsymbol{\xi}_2+k\boldsymbol{\beta}-\boldsymbol{\xi}_1)$进行初等行变换：

$$\begin{pmatrix}1&1&k-1\\1&2&k+1\\0&1&2k+1\end{pmatrix}\xrightarrow{r_2-r_1}\begin{pmatrix}1&1&k-1\\0&1&2\\0&1&2k+1\end{pmatrix}\xrightarrow{r_3-r_2}\begin{pmatrix}1&1&k-1\\0&1&2\\0&0&2k-1\end{pmatrix},$$

得$k=\dfrac{1}{2}$，从而(Ⅰ)和(Ⅱ)有公共解$\boldsymbol{\xi}_2+k\boldsymbol{\beta}=\boldsymbol{\xi}_2+\dfrac{1}{2}\boldsymbol{\beta}=\left(\dfrac{1}{2},\dfrac{3}{2},3\right)^{\mathrm{T}}$.

24. 设$\boldsymbol{A}$是n阶方阵，存在正整数k，$\boldsymbol{A}^k\boldsymbol{x}=\boldsymbol{0}$有解向量$\boldsymbol{\alpha}$，但$\boldsymbol{A}^{k-1}\boldsymbol{\alpha}\neq\boldsymbol{0}$. 试证：$\boldsymbol{\alpha},\boldsymbol{A}\boldsymbol{\alpha},\cdots,\boldsymbol{A}^{k-1}\boldsymbol{\alpha}$线性无关.

证　用线性无关的定义证明.

设有常数$\lambda_0,\lambda_1,\cdots,\lambda_{k-1}$，使得

$$\lambda_0\boldsymbol{\alpha}+\lambda_1\boldsymbol{A}\boldsymbol{\alpha}+\cdots+\lambda_{k-1}\boldsymbol{A}^{k-1}\boldsymbol{\alpha}=\boldsymbol{0}. \qquad (*)$$

两边左乘$\boldsymbol{A}^{k-1}$，则有

$$\boldsymbol{A}^{k-1}(\lambda_0\boldsymbol{\alpha}+\lambda_1\boldsymbol{A}\boldsymbol{\alpha}+\cdots+\lambda_{k-1}\boldsymbol{A}^{k-1}\boldsymbol{\alpha})=\boldsymbol{0},$$

即

$$\lambda_0\boldsymbol{A}^{k-1}\boldsymbol{\alpha}+\lambda_1\boldsymbol{A}^{k}\boldsymbol{\alpha}+\cdots+\lambda_{k-1}\boldsymbol{A}^{2(k-1)}\boldsymbol{\alpha}=\boldsymbol{0}.$$

因$\boldsymbol{A}^k\boldsymbol{\alpha}=\boldsymbol{0}$，可知$\boldsymbol{A}^{k+1}\boldsymbol{\alpha}=\cdots=\boldsymbol{A}^{2(k-1)}\boldsymbol{\alpha}=\boldsymbol{0}$，代入上式可得$\lambda_0\boldsymbol{A}^{k-1}\boldsymbol{\alpha}=\boldsymbol{0}$. 由题设$\boldsymbol{A}^{k-1}\boldsymbol{\alpha}\neq\boldsymbol{0}$，所以$\lambda_0=0$. 将$\lambda_0=0$代入(*)，有

$$\lambda_1\boldsymbol{A}\boldsymbol{\alpha}+\cdots+\lambda_{k-1}\boldsymbol{A}^{k-1}\boldsymbol{\alpha}=\boldsymbol{0}.$$

两边左乘$\boldsymbol{A}^{k-2}$，则有

$$\boldsymbol{A}^{k-2}(\lambda_1\boldsymbol{A}\boldsymbol{\alpha}+\cdots+\lambda_{k-1}\boldsymbol{A}^{k-1}\boldsymbol{\alpha})=\boldsymbol{0}，即\ \lambda_1\boldsymbol{A}^{k-1}\boldsymbol{\alpha}+\cdots+\lambda_{k-1}\boldsymbol{A}^{2k-3}\boldsymbol{\alpha}=\boldsymbol{0}.$$

同样，由$\boldsymbol{A}^k\boldsymbol{\alpha}=\boldsymbol{0}$，$\boldsymbol{A}^{k+1}\boldsymbol{\alpha}=\cdots=\boldsymbol{A}^{2(k-1)}\boldsymbol{\alpha}=\boldsymbol{0}$，可得$\lambda_1\boldsymbol{A}^{k-1}\boldsymbol{\alpha}=\boldsymbol{0}$. 由题设$\boldsymbol{A}^{k-1}\boldsymbol{\alpha}\neq\boldsymbol{0}$，所以$\lambda_1=0$. 类似地，可证明$\lambda_2=\cdots=\lambda_{k-1}=0$，因此向量组$\boldsymbol{\alpha},\boldsymbol{A}\boldsymbol{\alpha},\cdots,\boldsymbol{A}^{k-1}\boldsymbol{\alpha}$线性无关.

25. 已知4阶方阵$\boldsymbol{A}=(\boldsymbol{\alpha}_1,\boldsymbol{\alpha}_2,\boldsymbol{\alpha}_3,\boldsymbol{\alpha}_4)$中$\boldsymbol{\alpha}_2,\boldsymbol{\alpha}_3,\boldsymbol{\alpha}_4$线性无关，$\boldsymbol{\alpha}_1=2\boldsymbol{\alpha}_2-\boldsymbol{\alpha}_3$，如果$\boldsymbol{\beta}=\boldsymbol{\alpha}_1+\boldsymbol{\alpha}_2+\boldsymbol{\alpha}_3+\boldsymbol{\alpha}_4$，求$\boldsymbol{A}x=\boldsymbol{\beta}$的通解.

解　本题考查线性方程组解的性质和解的结构、齐次线性方程组的基础解系及非齐次线性方程组的通解等.

方法1：由$\boldsymbol{\alpha}_2,\boldsymbol{\alpha}_3,\boldsymbol{\alpha}_4$线性无关，及$\boldsymbol{\alpha}_1=2\boldsymbol{\alpha}_2-\boldsymbol{\alpha}_3+0\boldsymbol{\alpha}_4$，即$\boldsymbol{\alpha}_1,\boldsymbol{\alpha}_2,\boldsymbol{\alpha}_3,\boldsymbol{\alpha}_4$线性相关，及$\boldsymbol{\beta}=\boldsymbol{\alpha}_1+\boldsymbol{\alpha}_2+\boldsymbol{\alpha}_3+\boldsymbol{\alpha}_4$，知

$$R(\boldsymbol{A})=R(\boldsymbol{\alpha}_1,\boldsymbol{\alpha}_2,\boldsymbol{\alpha}_3,\boldsymbol{\alpha}_4)=3,\ R(\boldsymbol{A},\boldsymbol{\beta})=R(\boldsymbol{\alpha}_1,\boldsymbol{\alpha}_2,\boldsymbol{\alpha}_3,\boldsymbol{\alpha}_4,\boldsymbol{\beta})=3.$$

故$\boldsymbol{A}x=\boldsymbol{\beta}$有解，且其通解为$k\boldsymbol{\xi}+\boldsymbol{\eta}^*$，其中，$k\boldsymbol{\xi}$是对应齐次线性方程组$\boldsymbol{A}\boldsymbol{x}=\boldsymbol{0}$的通解，$\boldsymbol{\eta}^*$是$\boldsymbol{A}x=\boldsymbol{\beta}$的一个特解. 因$\boldsymbol{\alpha}_1=2\boldsymbol{\alpha}_2-\boldsymbol{\alpha}_3+0\boldsymbol{\alpha}_4$，故

$$(\boldsymbol{\alpha}_1,\boldsymbol{\alpha}_2,\boldsymbol{\alpha}_3,\boldsymbol{\alpha}_4)\begin{pmatrix}1\\-2\\1\\0\end{pmatrix}=\boldsymbol{0},$$

从而 $\boldsymbol{\xi}=(1,-2,1,0)^{\mathrm{T}}$ 是 $\boldsymbol{Ax}=\mathbf{0}$ 的基础解系. 又

$$\boldsymbol{\beta}=\boldsymbol{\alpha}_1+\boldsymbol{\alpha}_2+\boldsymbol{\alpha}_3+\boldsymbol{\alpha}_4=(\boldsymbol{\alpha}_1,\boldsymbol{\alpha}_2,\boldsymbol{\alpha}_3,\boldsymbol{\alpha}_4)\begin{pmatrix}1\\1\\1\\1\end{pmatrix},$$

故 $\boldsymbol{\eta}^*=(1,1,1,1)^{\mathrm{T}}$ 是 $\boldsymbol{Ax}=\boldsymbol{\beta}$ 的一个特解, 故方程组的通解为

$$\boldsymbol{x}=k(1,-2,1,0)^{\mathrm{T}}+(1,1,1,1)^{\mathrm{T}},\ 其中,\ k\in\mathbb{R}\ 是任意常数.$$

方法 2: 令 $\boldsymbol{x}=(x_1,x_2,x_3,x_4)^{\mathrm{T}}$, 则非齐次线性方程组 $\boldsymbol{Ax}=\boldsymbol{\beta}$ 为

$$\boldsymbol{\alpha}_1x_1+\boldsymbol{\alpha}_2x_2+\boldsymbol{\alpha}_3x_3+\boldsymbol{\alpha}_4x_4=(\boldsymbol{\alpha}_1,\boldsymbol{\alpha}_2,\boldsymbol{\alpha}_3,\boldsymbol{\alpha}_4)\boldsymbol{x}=\boldsymbol{\beta}.$$

因 $\boldsymbol{\beta}=\boldsymbol{\alpha}_1+\boldsymbol{\alpha}_2+\boldsymbol{\alpha}_3+\boldsymbol{\alpha}_4$, 故

$$\boldsymbol{\alpha}_1x_1+\boldsymbol{\alpha}_2x_2+\boldsymbol{\alpha}_3x_3+\boldsymbol{\alpha}_4x_4=\boldsymbol{\alpha}_1+\boldsymbol{\alpha}_2+\boldsymbol{\alpha}_3+\boldsymbol{\alpha}_4,$$

将 $\boldsymbol{\alpha}_1=2\boldsymbol{\alpha}_2-\boldsymbol{\alpha}_3$ 代入上式, 得

$$(2x_1+x_2-3)\boldsymbol{\alpha}_2+(-x_1+x_3)\boldsymbol{\alpha}_3+(x_4-1)\boldsymbol{\alpha}_4=\mathbf{0}.$$

又已知 $\boldsymbol{\alpha}_2,\boldsymbol{\alpha}_3,\boldsymbol{\alpha}_4$ 线性无关, 上式成立当且仅当

$$\begin{cases}2x_1+x_2=3\\-x_1+x_3=0,\\x_4-1=0\end{cases}$$

上述方程组的解为

$$x_1=k,\ x_2=-2k+3,\ x_3=k,\ x_4=1,\ 其中,\ k\in\mathbb{R}\ 是任意常数.$$

即方程组 $\boldsymbol{Ax}=\boldsymbol{\beta}$ 的通解为:

$$\begin{pmatrix}x_1\\x_2\\x_3\\x_4\end{pmatrix}=\begin{pmatrix}k\\-2k+3\\k\\1\end{pmatrix}=k\begin{pmatrix}1\\-2\\1\\0\end{pmatrix}+\begin{pmatrix}0\\3\\0\\1\end{pmatrix},\ 其中,\ k\in\mathbb{R}\ 是任意常数.$$

26. 求一个齐次线性方程组, 使它的基础解系为 $\boldsymbol{\xi}_1=(0,1,2,3)^{\mathrm{T}}$, $\boldsymbol{\xi}_2=(3,2,1,0)^{\mathrm{T}}$.

解 方程组的通解为: $\boldsymbol{x}=k_1\boldsymbol{\xi}_1+k_2\boldsymbol{\xi}_2$, 即

$$\begin{pmatrix}x_1\\x_2\\x_3\\x_4\end{pmatrix}=k_1\begin{pmatrix}0\\1\\2\\3\end{pmatrix}+k_2\begin{pmatrix}3\\2\\1\\0\end{pmatrix},\ 有\begin{cases}x_1=3k_2\\x_2=k_1+2k_2\\x_3=2k_1+k_2\\x_4=3k_1\end{cases},$$

该式中消去 k_1,k_2, 可得

$$\begin{cases}2x_1-3x_2+x_4=0\\x_1-3x_3+2x_4=0\end{cases}.$$

注意该题答案不唯一, 例如: $\begin{cases}x_1-3x_3+2x_4=0\\x_2-2x_3+x_4=0\end{cases}$ 也满足要求.

27. 设 $\boldsymbol{\eta}^*$ 是非齐次线性方程组 $\boldsymbol{Ax}=\boldsymbol{b}$ 的一个解, $\boldsymbol{\xi}_1,\boldsymbol{\xi}_2,\cdots,\boldsymbol{\xi}_{n-r}$ 是对应的齐次线性方程

组的一个基础解系. 证明

(1)$\boldsymbol{\eta}^*,\boldsymbol{\xi}_1,\cdots,\boldsymbol{\xi}_{n-r}$ 线性无关；

(2)$\boldsymbol{\eta}^*,\boldsymbol{\eta}^*+\boldsymbol{\xi}_1,\cdots,\boldsymbol{\eta}^*+\boldsymbol{\xi}_{n-r}$ 线性无关.

证　(1) 反证法. 若 $\boldsymbol{\eta}^*,\boldsymbol{\xi}_1,\cdots,\boldsymbol{\xi}_{n-r}$ 线性相关，则存在不全为零的数 $k_1,k_2,\cdots,k_{n-r},k_0$，使得

$$k_1\boldsymbol{\xi}_1+\cdots+k_{n-r}\boldsymbol{\xi}_{n-r}+k_0\boldsymbol{\eta}^*=\mathbf{0},$$

可证 $k_0=0$. 否则由上式可得 $\boldsymbol{\eta}^*=-\dfrac{1}{k_0}(k_1\boldsymbol{\xi}_1+\cdots+k_{n-r}\boldsymbol{\xi}_{n-r})$，满足 $\boldsymbol{A\eta}^*=\mathbf{0}$，从而 $\boldsymbol{\eta}^*$ 是齐次线性方程组 $\boldsymbol{Ax}=\mathbf{0}$ 的解，与题设矛盾. 从而存在不全为零的数 $k_1,k_2,\cdots,k_{n-r}$，使得 $k_1\boldsymbol{\xi}_1+\cdots+k_{n-r}\boldsymbol{\xi}_{n-r}=\mathbf{0}$，这与 $\boldsymbol{\xi}_1,\boldsymbol{\xi}_2,\cdots,\boldsymbol{\xi}_{n-r}$ 是基础解系矛盾，从而假设不成立，故 $\boldsymbol{\eta}^*$，$\boldsymbol{\xi}_1,\cdots,\boldsymbol{\xi}_{n-r}$ 线性无关.

(2) 由于该向量组与(1) 中向量组等价，从而由 $\boldsymbol{\eta}^*,\boldsymbol{\xi}_1,\cdots,\boldsymbol{\xi}_{n-r}$ 线性无关，可得 $\boldsymbol{\eta}^*$，$\boldsymbol{\eta}^*+\boldsymbol{\xi}_1,\cdots,\boldsymbol{\eta}^*+\boldsymbol{\xi}_{n-r}$ 也线性无关.

28. 设非齐次线性方程组 $\boldsymbol{Ax}=\boldsymbol{b}$ 的系数矩阵的秩为 r，$\boldsymbol{\eta}_1,\cdots,\boldsymbol{\eta}_{n-r+1}$ 是它的 $n-r+1$ 个线性无关的解. 试证它的任一解可表示为

$$\boldsymbol{x}=k_1\boldsymbol{\eta}_1+k_2\boldsymbol{\eta}_2+\cdots+k_{n-r+1}\boldsymbol{\eta}_{n-r+1}，\text{其中，}k_1+\cdots+k_{n-r+1}=1.$$

证　因 $R(\boldsymbol{A})=r$，故 $\boldsymbol{Ax}=\mathbf{0}$ 有 $n-r$ 个线性无关的解向量. 由题设可得 $\boldsymbol{\eta}_1-\boldsymbol{\eta}_{n-r+1}$，$\boldsymbol{\eta}_2-\boldsymbol{\eta}_{n-r+1}$，…，$\boldsymbol{\eta}_{n-r}-\boldsymbol{\eta}_{n-r+1}$ 是齐次方程组 $\boldsymbol{Ax}=\mathbf{0}$ 的解，且可以证明它们线性无关，从而

$$\boldsymbol{\eta}_1-\boldsymbol{\eta}_{n-r+1},\ \boldsymbol{\eta}_2-\boldsymbol{\eta}_{n-r+1},\ \cdots,\ \boldsymbol{\eta}_{n-r}-\boldsymbol{\eta}_{n-r+1}$$

是齐次方程组 $\boldsymbol{Ax}=\mathbf{0}$ 的基础解系. 故方程 $\boldsymbol{Ax}=\boldsymbol{b}$ 的任一解可表示为

$$\begin{aligned}\boldsymbol{x}&=k_1(\boldsymbol{\eta}_1-\boldsymbol{\eta}_{n-r+1})+k_2(\boldsymbol{\eta}_2-\boldsymbol{\eta}_{n-r+1})+\cdots+k_{n-r}(\boldsymbol{\eta}_{n-r}-\boldsymbol{\eta}_{n-r+1})+\boldsymbol{\eta}_{n-r+1}\\&=k_1\boldsymbol{\eta}_1+k_2\boldsymbol{\eta}_2+\cdots+(1-k_1-k_2-\cdots-k_{n-r})\boldsymbol{\eta}_{n-r+1},\end{aligned}$$

令 $k_{n-r+1}=1-k_1-k_2-\cdots-k_{n-r}$，易知结论成立.

29. 设 $\boldsymbol{A}$ 是 n 阶矩阵，且 $|\boldsymbol{A}|=0$，$\boldsymbol{A}^*\neq\boldsymbol{O}$，证明 $\boldsymbol{A}^*$ 中任何一个非零列向量都构成齐次线性方程组 $\boldsymbol{Ax}=\mathbf{0}$ 的基础解系.

证　因 $\boldsymbol{A}$ 是 n 阶矩阵，且 $|\boldsymbol{A}|=0$，故 $R(\boldsymbol{A})\leq n-1$，又 $\boldsymbol{A}^*\neq\boldsymbol{O}$，故 $R(\boldsymbol{A})\geq n-1$(否则由伴随矩阵的定义，可得 $\boldsymbol{A}^*=\boldsymbol{O}$，矛盾)，从而 $R(\boldsymbol{A})=n-1$，得 $\boldsymbol{Ax}=\mathbf{0}$ 的基础解系的解向量有 $n-R(\boldsymbol{A})=n-(n-1)=1$ 个，而 $\boldsymbol{AA}^*=|\boldsymbol{A}|\boldsymbol{E}=\boldsymbol{O}$，故 $\boldsymbol{A}^*$ 的任一列均为方程组 $\boldsymbol{Ax}=\mathbf{0}$ 的解，从而 $\boldsymbol{A}^*$ 中任何一个非零列向量均构成齐次线性方程组 $\boldsymbol{Ax}=\mathbf{0}$ 的基础解系.

30. 设 $\boldsymbol{A}$，$\boldsymbol{B}$ 是 n 阶非零矩阵，满足 $\boldsymbol{AB}=\boldsymbol{O}$，$\boldsymbol{A}^*\neq\boldsymbol{O}$，若 $\boldsymbol{\alpha}_1$，$\boldsymbol{\alpha}_2$，…，$\boldsymbol{\alpha}_k$ 为 $\boldsymbol{Bx}=\mathbf{0}$ 的一个基础解系，$\boldsymbol{\beta}$ 是任意 n 维列向量，证明：$\boldsymbol{B\beta}$ 可由 $\boldsymbol{\beta}$，$\boldsymbol{\alpha}_1$，$\boldsymbol{\alpha}_2$，…，$\boldsymbol{\alpha}_k$ 线性表示，并说明该表示是否唯一.

证　由 $\boldsymbol{AB}=\boldsymbol{O}$ 和 $\boldsymbol{B}\neq\boldsymbol{O}$($\boldsymbol{Ax}=\mathbf{0}$ 有非零解) 推知 $\boldsymbol{A}$ 不可逆(否则 $\boldsymbol{B}=\boldsymbol{O}$)，即 $R(\boldsymbol{A})<n$，又 $\boldsymbol{A}^*\neq\boldsymbol{O}$，根据

$$R(\boldsymbol{A}^*)=\begin{cases}n, & R(\boldsymbol{A})=n\\1, & R(\boldsymbol{A})=n-1\\0, & R(\boldsymbol{A})<n-1\end{cases},$$

可知 $R(\boldsymbol{A}^*)=1$，从而有 $R(\boldsymbol{A})=n-1$.

又 $\boldsymbol{AB}=\boldsymbol{O}$，可得 $R(\boldsymbol{A})+R(\boldsymbol{B})\le n$，从而 $R(\boldsymbol{B})\le n-(n-1)=1$，得 $R(\boldsymbol{B})=1$. 推得 $\boldsymbol{Bx}=\boldsymbol{0}$ 的解空间有 $n-R(\boldsymbol{B})=n-1$ 维，设为 $\boldsymbol{\alpha}_1,\ \boldsymbol{\alpha}_2,\ \cdots,\ \boldsymbol{\alpha}_{n-1}$，故

(1) 若 $\boldsymbol{\beta}$ 与 $\boldsymbol{\alpha}_1,\ \boldsymbol{\alpha}_2,\ \cdots,\ \boldsymbol{\alpha}_{n-1}$ 线性相关，则 $\boldsymbol{\beta}$ 是 $\boldsymbol{Bx}=\boldsymbol{0}$ 的解，即 $\boldsymbol{B\beta}=\boldsymbol{0}$，显然 $\boldsymbol{B\beta}$ 可由 $\boldsymbol{\beta},\ \boldsymbol{\alpha}_1,\ \boldsymbol{\alpha}_2,\ \cdots,\ \boldsymbol{\alpha}_k(k=n-1)$ 线性表示但表示法不唯一；

(2) 若 $\boldsymbol{\beta}$ 与 $\boldsymbol{\alpha}_1,\ \boldsymbol{\alpha}_2,\ \cdots,\ \boldsymbol{\alpha}_{n-1}(k=n-1)$ 线性无关，则 $\boldsymbol{\beta}$ 不是 $\boldsymbol{Bx}=\boldsymbol{0}$ 的解，即 $\boldsymbol{B\beta}\ne\boldsymbol{0}$，显然 $\boldsymbol{B\beta}$ 也可由 $\boldsymbol{\beta},\ \boldsymbol{\alpha}_1,\ \boldsymbol{\alpha}_2,\ \cdots,\ \boldsymbol{\alpha}_k$ 线性表示但表示法唯一.

31. 设 $\boldsymbol{A}=(a_{ij})_{n\times n}$，$|\boldsymbol{A}|\ne 0$，证明：当 $r<n$ 时，齐次线性方程组

$$\begin{cases}a_{11}x_1+a_{12}x_2+\cdots+a_{1n}x_n=0\\ \quad\cdots\\ a_{r1}x_1+a_{r2}x_2+\cdots+a_{rn}x_n=0\end{cases}$$

的一个基础解系为

$$\boldsymbol{\xi}_j=(A_{j1},A_{j2},\cdots,A_{jn})^{\mathrm{T}},\ (j=r+1,\cdots,n)$$

其中，A_{jk} 为 $\boldsymbol{A}$ 的 (j,k) 元的代数余子式 $(j,k=1,2,\cdots,n)$.

证 易知方程组的系数矩阵的秩为 r，从而基础解系含 $n-r$ 个解向量；另一方面，因行列式的某一行的元素乘上另一行对应元素的代数余子式之和为 0，即

$$a_{i1}A_{j1}+a_{i2}A_{j2}+\cdots+a_{in}A_{jn}=0,\ \forall i=1,2,\cdots,r,\ \forall j=r+1,r+2,\cdots,n,$$

故 $(A_{j1},A_{j2},\cdots,A_{jn})^{\mathrm{T}}$ 为原方程组的解，$j=r+1,r+2,\cdots,n$.

又因 $|\boldsymbol{A}|\ne 0$，有 $|\boldsymbol{A}^*|\ne 0$，故 $(\boldsymbol{A}^*)^{\mathrm{T}}$ 的行向量组线性无关. 从而 $(A_{r+1,1},A_{r+1,2},\cdots,A_{r+1,n})^{\mathrm{T}}$，$(A_{r+2,1},A_{r+2,2},\cdots,A_{r+2,n})^{\mathrm{T}}$，…，$(A_{n1},A_{n2},\cdots,A_{nn})^{\mathrm{T}}$ 线性无关，故 $\boldsymbol{\xi}_j=(A_{j1},A_{j2},\cdots,A_{jn})^{\mathrm{T}}$，$j=r+1,\cdots,n$ 为原方程组的一个基础解系，结论成立.

32. 已知

$$\boldsymbol{\beta}_1=(b_{11},b_{12},\cdots b_{1,2n})^{\mathrm{T}},\boldsymbol{\beta}_2=(b_{21},b_{22},\cdots,b_{2,2n})^{\mathrm{T}},\cdots,\boldsymbol{\beta}_n=(b_{n1},b_{n2},\cdots,b_{n,2n})^{\mathrm{T}}$$

是方程组

$$(\mathrm{I}):\begin{cases}a_{11}x_1+a_{12}x_2+\cdots+a_{1,2n}x_{2n}=0\\ a_{21}x_1+a_{22}x_2+\cdots+a_{2,2n}x_{2n}=0\\ \quad\cdots\\ a_{n1}x_1+a_{n2}x_2+\cdots+a_{n,2n}x_{2n}=0\end{cases}$$

的基础解系. 证明

$$\boldsymbol{\xi}_1=(a_{11},a_{12},\cdots a_{1,2n})^{\mathrm{T}},\boldsymbol{\xi}_2=(a_{21},a_{22},\cdots,a_{2,2n})^{\mathrm{T}},\cdots,\boldsymbol{\xi}_n=(a_{n1},a_{n2},\cdots,a_{n,2n})^{\mathrm{T}}$$

是方程组

$$(\mathrm{II}):\begin{cases}b_{11}x_1+b_{12}x_2+\cdots+b_{1,2n}x_{2n}=0\\ b_{21}x_1+b_{22}x_2+\cdots+b_{2,2n}x_{2n}=0\\ \quad\cdots\\ b_{n1}x_1+b_{n2}x_2+\cdots+b_{n,2n}x_{2n}=0\end{cases}$$

的基础解系.

证　记方程组(Ⅰ):$\boldsymbol{A}_{n\times 2n}\boldsymbol{x}=\boldsymbol{0}$, 方程组(Ⅱ):$\boldsymbol{B}_{n\times 2n}\boldsymbol{y}=\boldsymbol{0}$, 两方程组的系数矩阵分别记为$\boldsymbol{A}$, $\boldsymbol{B}$. 由于$\boldsymbol{B}$的每一行系数构成的列向量都是$\boldsymbol{A}_{n\times 2n}\boldsymbol{x}=\boldsymbol{0}$的解, 故$\boldsymbol{A}\boldsymbol{B}^{\mathrm{T}}=\boldsymbol{O}$. $\boldsymbol{B}^{\mathrm{T}}$的列是方程组(Ⅰ)的基础解系, 故由基础解系的定义知, $\boldsymbol{B}^{\mathrm{T}}$的列向量线性无关, 因此$R(\boldsymbol{B})=n$. 故方程组(Ⅰ)的基础解系所含向量的个数$n=2n-R(\boldsymbol{A})$, 得$R(\boldsymbol{A})=2n-n=n$. 因此, $\boldsymbol{A}$的行向量组线性无关.

对$\boldsymbol{A}\boldsymbol{B}^{\mathrm{T}}=\boldsymbol{O}$两边取转置, 有$(\boldsymbol{A}\boldsymbol{B}^{\mathrm{T}})^{\mathrm{T}}=\boldsymbol{B}\boldsymbol{A}^{\mathrm{T}}=\boldsymbol{O}$, 则有$\boldsymbol{A}^{\mathrm{T}}$的列向量, 即$\boldsymbol{A}$的行向量是$\boldsymbol{B}_{n\times 2n}\boldsymbol{y}=\boldsymbol{0}$的线性无关的解.

又$R(\boldsymbol{B})=n$, 故$\boldsymbol{B}_{n\times 2n}\boldsymbol{y}=\boldsymbol{0}$基础解系所含向量的个数应为$2n-R(\boldsymbol{B})=2n-n=n$, 恰好等于$\boldsymbol{A}$的行向量个数. 故$\boldsymbol{A}$的行向量组是$\boldsymbol{B}_{n\times 2n}\boldsymbol{y}=\boldsymbol{0}$的基础解系, 其通解为

$$k_1\boldsymbol{\xi}_1+k_2\boldsymbol{\xi}_2+\cdots+k_n\boldsymbol{\xi}_n,$$

其中, $\boldsymbol{\xi}_1=(a_{11},a_{12},\cdots a_{1,2n})^{\mathrm{T}}$, $\boldsymbol{\xi}_2=(a_{21},a_{22},\cdots,a_{2,2n})^{\mathrm{T}}$, $\cdots$, $\boldsymbol{\xi}_n=(a_{n1},a_{n2},\cdots,a_{n,2n})^{\mathrm{T}}$, k_1, k_2, $\cdots$, k_n为任意常数.

33. 证明: 含有n个未知量$n+1$个方程的线性方程组(Ⅰ):

$$a_{i1}x_1+a_{i2}x_2+\cdots+a_{in}x_n=b_i\quad(i=1,2,\cdots,n+1)$$

如果有解, 则行列式

$$D=\begin{vmatrix} a_{11} & \cdots & a_{1n} & b_1 \\ \vdots & & \vdots & \vdots \\ a_{n1} & \cdots & a_{nn} & b_n \\ a_{n+1,1} & \cdots & a_{n+1,n} & b_{n+1} \end{vmatrix}=0.$$

证　利用非齐次线性方程组有解的充要条件是其系数矩阵的秩与增广矩阵的秩相等加以证明.

方法1: 因为方程组(Ⅰ)有解, 故系数矩阵和增广矩阵$\boldsymbol{A}=(a_{ij})_{(n+1)\times n}$与$\overline{\boldsymbol{A}}=(\boldsymbol{A}\mid\boldsymbol{b})$有相同的秩, 其中, $\boldsymbol{b}=(b_1,b_2,\cdots,b_n)^{\mathrm{T}}$. 由于$R(\boldsymbol{A})\leq n$, 从而$R(\overline{\boldsymbol{A}})\leq n$, 故有$|\overline{\boldsymbol{A}}|=D=0$.

方法2: 因为方程组(Ⅰ)有解, 设$x_1=k_1,x_2=k_2,\cdots,x_n=k_n$为其一组解, 另外, 设$\boldsymbol{\alpha}_1$, $\boldsymbol{\alpha}_2,\cdots,\boldsymbol{\alpha}_n,\boldsymbol{\beta}$为$D$的列向量, 则有$\boldsymbol{\beta}=k_1\boldsymbol{\alpha}_1+\cdots+k_n\boldsymbol{\alpha}_n$, 即$D$的第$n+1$列是前$n$列的线性组合, 故$D=0$.

34. 已知n维向量$\boldsymbol{a}_1,\boldsymbol{a}_2,\cdots,\boldsymbol{a}_n$中, 前$n-1$个向量线性相关, 后$n-1$个向量无关, 又$\boldsymbol{b}=\boldsymbol{a}_1+\boldsymbol{a}_2+\cdots+\boldsymbol{a}_n$, 矩阵$\boldsymbol{A}=(\boldsymbol{a}_1,\boldsymbol{a}_2,\cdots,\boldsymbol{a}_n)$是$n$阶方阵, 求证: 方程组$\boldsymbol{Ax}=\boldsymbol{b}$必有无穷多解, 且其任一解$(c_1,c_2,\cdots,c_n)^{\mathrm{T}}$中必有$c_n=1$.

证　只需证明$\boldsymbol{Ax}=\boldsymbol{b}$的所有解的形式为$(c_1,c_2,\cdots,c_{n-1},1)$即可. 由于

$\boldsymbol{b}=\boldsymbol{a}_1+\boldsymbol{a}_2+\cdots+\boldsymbol{a}_n=(\boldsymbol{a}_1,\boldsymbol{a}_2,\cdots,\boldsymbol{a}_n)(1,1,\cdots,1)^{\mathrm{T}}=\boldsymbol{A\alpha}$, 其中, $\boldsymbol{\alpha}=(1,1,\cdots,1)^{\mathrm{T}}$, 故$\boldsymbol{\alpha}$是$\boldsymbol{Ax}=\boldsymbol{b}$的解向量. 又由题设知$\boldsymbol{a}_1,\boldsymbol{a}_2,\cdots,\boldsymbol{a}_{n-1}$线性相关, $\boldsymbol{a}_2,\boldsymbol{a}_3,\cdots,\boldsymbol{a}_n$线性无关, 所以$\boldsymbol{a}_2,\boldsymbol{a}_3,\cdots,\boldsymbol{a}_{n-1}$也线性无关, $\boldsymbol{a}_1$可由$\boldsymbol{a}_2,\boldsymbol{a}_3,\cdots,\boldsymbol{a}_{n-1}$线性表示. 故$R(\boldsymbol{A})=n-1$, 而$\boldsymbol{Ax}=\boldsymbol{b}$有

解，所以

$$R(\boldsymbol{A})=R(\boldsymbol{a}_1,\boldsymbol{a}_2,\cdots,\boldsymbol{a}_n)=R(\boldsymbol{a}_1,\boldsymbol{a}_2,\cdots,\boldsymbol{a}_n,\boldsymbol{b})=n-1,$$

即 $R(\boldsymbol{A})=R(\boldsymbol{A},\boldsymbol{b})=n-1<n$，故 $\boldsymbol{Ax}=\boldsymbol{b}$ 有无穷多解. 由于 $\boldsymbol{a}_1,\boldsymbol{a}_2,\cdots,\boldsymbol{a}_{n-1}$ 线性相关，因此存在不全为零的数 $k_1,k_2,\cdots,k_{n-1}$，使得 $k_1\boldsymbol{a}_1+k_2\boldsymbol{a}_2+\cdots+k_{n-1}\boldsymbol{a}_{n-1}=\boldsymbol{0}$，即

$$(\boldsymbol{a}_1,\boldsymbol{a}_2,\cdots,\boldsymbol{a}_{n-1},\boldsymbol{a}_n)\begin{pmatrix}k_1\\k_2\\\vdots\\k_{n-1}\\0\end{pmatrix}=0,$$

故 $\boldsymbol{\eta}=(k_1,k_2,\cdots,k_{n-1},0)^{\mathrm{T}}$ 是 $\boldsymbol{Ax}=\boldsymbol{0}$ 的基础解系，从而 $\boldsymbol{Ax}=\boldsymbol{b}$ 的通解为

$$k\boldsymbol{\eta}+\boldsymbol{\alpha}=k(k_1,k_2,\cdots,k_{n-1},0)^{\mathrm{T}}+(1,1,\cdots,1,1)^{\mathrm{T}}=(c_1,c_2,\cdots,c_{n-1},1),$$

于是 $\boldsymbol{Ax}=\boldsymbol{b}$ 的任一解中必有 $c_n=1$.

35. 设齐次线性方程组

$$\begin{cases}x_1+2x_2+x_3+2x_4=0\\ x_2+cx_3+cx_4=0\\ x_1+cx_2+x_4=0\end{cases}$$

解空间的维数是 2，求其一个基础解系.

解 依题设知，系数矩阵的秩为 2，由

$$\begin{pmatrix}1&2&1&2\\0&1&c&c\\1&c&0&1\end{pmatrix}\xrightarrow{r_3-r_1}\begin{pmatrix}1&2&1&2\\0&1&c&c\\0&c-2&-1&-1\end{pmatrix}$$

$$\xrightarrow{r_3-(c-2)r_2}\begin{pmatrix}1&2&1&2\\0&1&c&c\\0&0&-(c-1)^2&-(c-1)^2\end{pmatrix},$$

故 $c=1$. 此时继续进行初等行变换有

$$\begin{pmatrix}1&2&1&2\\0&1&1&1\\0&0&0&0\end{pmatrix}\xrightarrow{r_1-2r_2}\begin{pmatrix}1&0&-1&0\\0&1&1&1\\0&0&0&0\end{pmatrix},$$

故方程组的基础解系为 $\boldsymbol{\alpha}_1=(1,-1,1,0)^{\mathrm{T}}$，$\boldsymbol{\alpha}_2=(0,-1,0,1)^{\mathrm{T}}$.

36. 设 n 元齐次线性方程组 $\boldsymbol{Ax}=\boldsymbol{0}$ 与 $\boldsymbol{Bx}=\boldsymbol{0}$ 同解，证明 $R(\boldsymbol{A})=R(\boldsymbol{B})$.

证 设 W_1，W_2 分别是 $\boldsymbol{Ax}=\boldsymbol{0}$ 与 $\boldsymbol{Bx}=\boldsymbol{0}$ 的解空间，则 $\dim W_1=n-R(\boldsymbol{A})$，$\dim W_2=n-R(\boldsymbol{B})$. 由 $\boldsymbol{Ax}=\boldsymbol{0}$ 与 $\boldsymbol{Bx}=\boldsymbol{0}$ 同解知 $W_1=W_2$，可得 $\dim W_1=n-R(\boldsymbol{A})=\dim W_2=n-R(\boldsymbol{B})$，所以 $R(\boldsymbol{A})=R(\boldsymbol{B})$.

37. 证明：$R(\boldsymbol{A}^{\mathrm{T}}\boldsymbol{A})=R(\boldsymbol{A})$.

证 若 $\boldsymbol{\eta}$ 是 $\boldsymbol{Ax}=\boldsymbol{0}$ 的解，即 $\boldsymbol{A\eta}=\boldsymbol{0}$，则必有 $(\boldsymbol{A}^{\mathrm{T}}\boldsymbol{A})\boldsymbol{\eta}=\boldsymbol{A}^{\mathrm{T}}(\boldsymbol{A\eta})=\boldsymbol{0}$，从而 $\boldsymbol{\eta}$ 是 $(\boldsymbol{A}^{\mathrm{T}}\boldsymbol{A})\boldsymbol{x}=\boldsymbol{0}$ 的解.

若$\boldsymbol{\eta}$是$(\boldsymbol{A}^{\mathrm{T}}\boldsymbol{A})\boldsymbol{x}=\boldsymbol{0}$的解，即$(\boldsymbol{A}^{\mathrm{T}}\boldsymbol{A})\boldsymbol{\eta}=\boldsymbol{0}$，等式两边左乘$\boldsymbol{\eta}^{\mathrm{T}}$，得$\boldsymbol{\eta}^{\mathrm{T}}(\boldsymbol{A}^{\mathrm{T}}\boldsymbol{A})\boldsymbol{\eta}=0$，即$(\boldsymbol{A\eta})^{\mathrm{T}}(\boldsymbol{A\eta})=0$, $\boldsymbol{A\eta}$是一个向量，设$\boldsymbol{A\eta}=(b_1,b_2,\cdots,b_n)^{\mathrm{T}}$，则$(\boldsymbol{A\eta})^{\mathrm{T}}\boldsymbol{A\eta}=\sum_{i=1}^{n}b_i^2=0$，得$\boldsymbol{A\eta}=\boldsymbol{0}$，从而$\boldsymbol{\eta}$是$\boldsymbol{Ax}=\boldsymbol{0}$的解.

故$(\boldsymbol{A}^{\mathrm{T}}\boldsymbol{A})\boldsymbol{x}=\boldsymbol{0}$，依上题知，$R(\boldsymbol{A}^{\mathrm{T}}\boldsymbol{A})=R(\boldsymbol{A})$.

第4章　向量空间与线性变换

一、知识点总结

1　大纲要求

本章内容包括：n维实向量空间$\mathbb{R}^n$中的基及向量在基下的坐标、基变换和坐标变换、向量的内积、向量的正交性、线性无关向量组正交规范化方法、正交矩阵、线性空间、线性子空间、线性空间上的线性变换等.

本章要求：

(1) 理解向量在指定基下的坐标以及基变换和坐标变换的概念，会求两组基之间的过渡矩阵，掌握坐标变换公式；

(2) 理解向量的内积与正交的概念，掌握线性无关向量组正交规范化的施密特方法，理解规范正交基、正交矩阵、正交变换的概念及其性质；

(3) 理解线性空间的基本概念及性质，理解子空间的概念；

(4) 理解线性空间中基及向量的坐标，掌握不同基下坐标的转换；

(5) 了解线性变换，会求不同基下线性变换对应的矩阵.

2　知识点总结

2.1　向量空间中的基与向量的坐标

设向量组$\boldsymbol{A}=(\boldsymbol{\alpha}_1,\boldsymbol{\alpha}_2,\cdots,\boldsymbol{\alpha}_n)\subset\mathbb{R}^n$是$n$维向量空间$\mathbb{R}^n$的一组基，则$\mathbb{R}^n$中任一向量$\boldsymbol{\alpha}$可唯一地表示为

$$\boldsymbol{\alpha}=x_1\boldsymbol{\alpha}_1+x_2\boldsymbol{\alpha}_2+\cdots+x_n\boldsymbol{\alpha}_n=(\boldsymbol{\alpha}_1,\boldsymbol{\alpha}_2,\cdots,\boldsymbol{\alpha}_n)(x_1,x_2,\cdots,x_n)^{\mathrm{T}},$$

这里$\boldsymbol{x}=(x_1,x_2,\cdots,x_n)^{\mathrm{T}}$是向量$\boldsymbol{\alpha}$在基$\boldsymbol{A}$下的坐标，也称为$\boldsymbol{\alpha}$的坐标向量. 注意：同一个向量在不同的基下的坐标通常是不同的.

设$\boldsymbol{A}=(\boldsymbol{\alpha}_1,\boldsymbol{\alpha}_2,\cdots,\boldsymbol{\alpha}_n)$和$\boldsymbol{B}=(\boldsymbol{\beta}_1,\boldsymbol{\beta}_2,\cdots,\boldsymbol{\beta}_n)$是$\mathbb{R}^n$的两组基，它们之间的关系为

$$\boldsymbol{B}=(\boldsymbol{\beta}_1,\boldsymbol{\beta}_2,\cdots,\boldsymbol{\beta}_n)=(\boldsymbol{\alpha}_1,\boldsymbol{\alpha}_2,\cdots,\boldsymbol{\alpha}_n)(k_{ij})_{n\times n}=\boldsymbol{AK},$$

称矩阵$\boldsymbol{K}$为由基$\boldsymbol{A}=(\boldsymbol{\alpha}_1,\boldsymbol{\alpha}_2,\cdots,\boldsymbol{\alpha}_n)$到基$\boldsymbol{B}=(\boldsymbol{\beta}_1,\boldsymbol{\beta}_2,\cdots,\boldsymbol{\beta}_n)$的过渡矩阵；上式称为基变换公式. 此时矩阵$\boldsymbol{K}^{-1}$是由基$\boldsymbol{B}=(\boldsymbol{\beta}_1,\boldsymbol{\beta}_2,\cdots,\boldsymbol{\beta}_n)$到基$\boldsymbol{A}=(\boldsymbol{\alpha}_1,\boldsymbol{\alpha}_2,\cdots,\boldsymbol{\alpha}_n)$的过渡矩阵.

◆ 坐标变换公式：

设向量 $\boldsymbol{\alpha}$ 在基 $\boldsymbol{A}=(\boldsymbol{\alpha}_1,\boldsymbol{\alpha}_2,\cdots,\boldsymbol{\alpha}_n)$ 与基 $\boldsymbol{B}=(\boldsymbol{\beta}_1,\boldsymbol{\beta}_2,\cdots,\boldsymbol{\beta}_n)$ 下的坐标分别是 $\boldsymbol{x}$ 与 $\boldsymbol{y}$，基 $\boldsymbol{A}=(\boldsymbol{\alpha}_1,\boldsymbol{\alpha}_2,\cdots,\boldsymbol{\alpha}_n)$ 到基 $\boldsymbol{B}=(\boldsymbol{\beta}_1,\boldsymbol{\beta}_2,\cdots,\boldsymbol{\beta}_n)$ 的过渡矩阵为 $\boldsymbol{K}$，则有

$$\boldsymbol{x}=\boldsymbol{K}\boldsymbol{y}\Leftrightarrow \boldsymbol{y}=\boldsymbol{K}^{-1}\boldsymbol{x}.$$

2.2　线性空间与线性子空间

设 V 是一个非空集合，$\mathbb{F}$为数域. 在 V 中定义有加法“+”和数乘“·”两种运算，使得：$\forall\boldsymbol{\alpha},\boldsymbol{\beta}\in V$，$k\in\mathbb{F}$，有

$$\boldsymbol{\alpha}+\boldsymbol{\beta}\in V, k\cdot\boldsymbol{\alpha}\in V,$$

并且这两种运算满足以下八条运算规律：

(1) 加法交换律：$\forall\boldsymbol{\alpha},\boldsymbol{\beta}\in V$，有 $\boldsymbol{\alpha}+\boldsymbol{\beta}=\boldsymbol{\beta}+\boldsymbol{\alpha}$；

(2) 加法结合律：$\forall\boldsymbol{\alpha},\boldsymbol{\beta},\boldsymbol{\gamma}\in V$，有 $(\boldsymbol{\alpha}+\boldsymbol{\beta})+\boldsymbol{\gamma}=\boldsymbol{\alpha}+(\boldsymbol{\beta}+\boldsymbol{\gamma})$；

(3) 零元素：存在 $\boldsymbol{0}\in V$，使得 $\forall\boldsymbol{\alpha}\in V$，有 $\boldsymbol{\alpha}+\boldsymbol{0}=\boldsymbol{\alpha}$；

(4) 负元素：$\forall\boldsymbol{\alpha}\in V$，存在 $\boldsymbol{\beta}\in V$，使得 $\boldsymbol{\alpha}+\boldsymbol{\beta}=\boldsymbol{0}$，并记 $\boldsymbol{\beta}=-\boldsymbol{\alpha}$；

(5) 单位元：对数 1，有 $1\boldsymbol{\alpha}=\boldsymbol{\alpha}$；

(6) 数乘结合律：$\forall k,l\in\mathbb{F}$，$\boldsymbol{\alpha}\in V$，有 $(kl)\boldsymbol{\alpha}=k(l\boldsymbol{\alpha})=l(k\boldsymbol{\alpha})$；

(7) 分配律：$\forall k\in\mathbb{F}$，$\boldsymbol{\alpha},\boldsymbol{\beta}\in V$，有 $k(\boldsymbol{\alpha}+\boldsymbol{\beta})=k\boldsymbol{\alpha}+k\boldsymbol{\beta}$；

(8) 分配律：$\forall k,l\in\mathbb{F}$，$\boldsymbol{\alpha}\in V$，有 $(k+l)\boldsymbol{\alpha}=k\boldsymbol{\alpha}+l\boldsymbol{\alpha}$，

则称 V 为数域$\mathbb{F}$上的线性空间. 特别地，若 $V=\mathbb{R}^n$，则称其为 n 维向量空间.

设 V 是数域$\mathbb{F}$上的线性空间，L 是 V 的一个非空子集，如果对任意 $\boldsymbol{\alpha},\boldsymbol{\beta}\in L$，及任意 $\lambda,\mu\in\mathbb{F}$，有 $\lambda\boldsymbol{\alpha}+\mu\boldsymbol{\beta}\in L$，则称 L 为 V 的线性子空间. 称

$$L=\{\boldsymbol{x}=k_1\boldsymbol{\alpha}_1+k_2\boldsymbol{\alpha}_2+\cdots+k_m\boldsymbol{\alpha}_m \mid k_1,k_2,\cdots,k_m\in\mathbb{R}\}$$

为由向量组 $\boldsymbol{\alpha}_1,\boldsymbol{\alpha}_2,\cdots,\boldsymbol{\alpha}_m$ 生成的线性子空间. 在线性空间 V 中，不同基中所含向量的个数相同. 一组基中基向量的个数称为向量空间 V 的维数.

n 元齐次线性方程组 $\boldsymbol{A}\boldsymbol{x}=\boldsymbol{0}$ 的解向量的集合，称为 $\boldsymbol{A}\boldsymbol{x}=\boldsymbol{0}$ 的解空间，它是$\mathbb{R}^n$ 的一个线性子空间. 方程组的基础解系的个数是 $n-r$ 个，所以解空间是 $n-r$ 维向量空间.

将$\mathbb{R}^n$ 换为 V，即可得线性空间 V 上的基、基变换及坐标变换公式.

在 n 维向量空间$\mathbb{R}^n$ 中，基 $\boldsymbol{A}=(\boldsymbol{\alpha}_1,\boldsymbol{\alpha}_2,\cdots,\boldsymbol{\alpha}_n)$ 与 $\boldsymbol{B}=(\boldsymbol{\beta}_1,\boldsymbol{\beta}_2,\cdots,\boldsymbol{\beta}_n)$ 是 n 阶矩阵，向量 $\boldsymbol{\alpha}$ 是$\mathbb{R}^n$ 的 n 维列向量；在一般线性空间 V 中，基 $\boldsymbol{A}=(\boldsymbol{\alpha}_1,\boldsymbol{\alpha}_2,\cdots,\boldsymbol{\alpha}_n)$ 与基 $\boldsymbol{B}=(\boldsymbol{\beta}_1,\boldsymbol{\beta}_2,\cdots,\boldsymbol{\beta}_n)$ 不一定是 n 阶矩阵，向量 $\boldsymbol{\alpha}$ 也不一定是 n 维列向量. 但是，过渡矩阵 $\boldsymbol{K}$ 一定是矩阵，向量在基下的坐标一定是列向量.

过渡矩阵 $\boldsymbol{K}$ 不仅起到基之间的过渡作用，对向量在基下的坐标也有过渡作用.

2.3　向量的内积、标准正交基与正交矩阵

设 $\boldsymbol{\alpha}=(a_1,a_2,\cdots,a_n)^{\mathrm{T}},\boldsymbol{\beta}=(b_1,b_2,\cdots,b_n)^{\mathrm{T}}\in\mathbb{R}^n$，则 $\boldsymbol{\alpha}$ 与 $\boldsymbol{\beta}$ 的内积 $[\boldsymbol{\alpha},\boldsymbol{\beta}]$ 定义为

$$[\boldsymbol{\alpha},\boldsymbol{\beta}]=\boldsymbol{\alpha}^{\mathrm{T}}\boldsymbol{\beta}=\sum_{i=1}^{n}a_ib_i.$$

向量 $\boldsymbol{\alpha}$ 的长度：$\|\boldsymbol{\alpha}\|=\sqrt{[\boldsymbol{\alpha},\boldsymbol{\alpha}]}=\sqrt{\sum_{i=1}^{n}a_i^2}$.

两个向量 $\boldsymbol{\alpha}$ 与 $\boldsymbol{\beta}$ 的夹角 $\langle\boldsymbol{\alpha},\boldsymbol{\beta}\rangle$ 为: $\langle\boldsymbol{\alpha},\boldsymbol{\beta}\rangle=\arccos\dfrac{[\boldsymbol{\alpha},\boldsymbol{\beta}]}{\|\boldsymbol{\alpha}\|\ \|\boldsymbol{\beta}\|}$.

当 $[\boldsymbol{\alpha},\boldsymbol{\beta}]=0$ 时, 称向量 $\boldsymbol{\alpha}$ 与 $\boldsymbol{\beta}$ 正交, 记为 $\boldsymbol{\alpha}\perp\boldsymbol{\beta}$. 零向量与任何向量都正交.

定义了内积运算的 n 维实向量空间 $\mathbb{R}^n$ 称为 n 维欧氏空间, 仍记作 $\mathbb{R}^n$.

◆ 将一个线性无关的向量组 $\boldsymbol{\alpha}_1,\boldsymbol{\alpha}_2,\cdots,\boldsymbol{\alpha}_m$ 化为与 $\boldsymbol{\alpha}_1,\boldsymbol{\alpha}_2,\cdots,\boldsymbol{\alpha}_m$ 等价的标准正交向量组 $\boldsymbol{\eta}_1,\cdots,\boldsymbol{\eta}_m$ 的过程称为施密特正交化方法:

$$\boldsymbol{\beta}_1=\boldsymbol{\alpha}_1,$$

$$\boldsymbol{\beta}_2=\boldsymbol{\alpha}_2-\frac{[\boldsymbol{\alpha}_2,\boldsymbol{\beta}_1]}{[\boldsymbol{\beta}_1,\boldsymbol{\beta}_1]}\boldsymbol{\beta}_1,$$

$$\boldsymbol{\beta}_3=\boldsymbol{\alpha}_3-\frac{[\boldsymbol{\alpha}_3,\boldsymbol{\beta}_1]}{[\boldsymbol{\beta}_1,\boldsymbol{\beta}_1]}\boldsymbol{\beta}_1-\frac{[\boldsymbol{\alpha}_3,\boldsymbol{\beta}_2]}{[\boldsymbol{\beta}_2,\boldsymbol{\beta}_2]}\boldsymbol{\beta}_2,$$

$$\boldsymbol{\beta}_r=\boldsymbol{\alpha}_r-\frac{[\boldsymbol{\alpha}_r,\boldsymbol{\beta}_1]}{[\boldsymbol{\beta}_1,\boldsymbol{\beta}_1]}\boldsymbol{\beta}_1-\frac{[\boldsymbol{\alpha}_r,\boldsymbol{\beta}_2]}{[\boldsymbol{\beta}_2,\boldsymbol{\beta}_2]}\boldsymbol{\beta}_2-\cdots-\frac{[\boldsymbol{\alpha}_r,\boldsymbol{\beta}_{r-1}]}{[\boldsymbol{\beta}_{r-1},\boldsymbol{\beta}_{r-1}]}\boldsymbol{\beta}_{r-1},\ r=2,3,\cdots,m.$$

这里, $\boldsymbol{\beta}_1,\boldsymbol{\beta}_2,\cdots,\boldsymbol{\beta}_m$ 两两正交, 且与 $\boldsymbol{\alpha}_1,\boldsymbol{\alpha}_2,\cdots,\boldsymbol{\alpha}_m$ 等价.

如果再将正交向量组 $\boldsymbol{\beta}_1,\boldsymbol{\beta}_2,\cdots,\boldsymbol{\beta}_m$ 单位化, 即令

$$\boldsymbol{\eta}_i=\frac{\boldsymbol{\beta}_i}{\|\boldsymbol{\beta}_i\|},\ i=1,2,\cdots,m,$$

则 $\boldsymbol{\eta}_1,\cdots,\boldsymbol{\eta}_m$ 是与 $\boldsymbol{\alpha}_1,\boldsymbol{\alpha}_2,\cdots,\boldsymbol{\alpha}_m$ 等价的标准正交向量组.

◆ 正交向量组的性质: 设 $\boldsymbol{\alpha}_1,\boldsymbol{\alpha}_2,\cdots,\boldsymbol{\alpha}_m$ 中任意两个向量均正交, 则称此向量组是正交向量组. 正交向量组都是线性无关向量组.

如果 n 阶方阵 $\boldsymbol{A}$ 满足 $\boldsymbol{A}^{\mathrm{T}}\boldsymbol{A}=\boldsymbol{E}$(即 $\boldsymbol{A}^{-1}=\boldsymbol{A}^{\mathrm{T}}$), 则称 $\boldsymbol{A}$ 为正交矩阵. 方阵 $\boldsymbol{A}$ 为正交矩阵的等价条件:

① $\boldsymbol{A}^{\mathrm{T}}\boldsymbol{A}=\boldsymbol{E}$(或 $\boldsymbol{A}\boldsymbol{A}^{\mathrm{T}}=\boldsymbol{E}$);

② $\boldsymbol{A}^{-1}=\boldsymbol{A}^{\mathrm{T}}$;

③ $\boldsymbol{A}^{\mathrm{T}}$ 为正交矩阵;

④ $\boldsymbol{A}$ 的列(行) 向量都为单位向量且两两正交;

⑤ $\boldsymbol{A}$ 可逆且 $\boldsymbol{A}^{-1}$ 正交.

2.4 线性变换

设 V, W 都是数域 $\mathbb{F}$ 上的线性空间, T 为集合 V 到 W 的映射, 若 T 满足: 对 $\forall\boldsymbol{\alpha},\boldsymbol{\beta}\in V$ 及 λ, $\mu\in\mathbb{F}$, 都有 $T(\lambda\boldsymbol{\alpha}+\mu\boldsymbol{\beta})=\lambda T(\boldsymbol{\alpha})+\mu T(\boldsymbol{\beta})$, 则称 T 是从 V 到 W 的线性映射. 若 $V=W$, 则称 T 为线性空间 V 上的线性变换. 线性变换通常用大写字母来表示.

设 T 为 n 维线性空间 V 上的线性变换, $\boldsymbol{\alpha}_1,\boldsymbol{\alpha}_2,\cdots,\boldsymbol{\alpha}_n$ 为线性空间 V 的一组基, 则 $T(\boldsymbol{\alpha}_1)$, $T(\boldsymbol{\alpha}_2),\cdots,T(\boldsymbol{\alpha}_n)$ 在基 $\boldsymbol{\alpha}_1,\boldsymbol{\alpha}_2,\cdots,\boldsymbol{\alpha}_n$ 下的坐标向量组构成的矩阵 $\boldsymbol{A}$ 称为线性变换 T 在基 $\boldsymbol{\alpha}_1,\boldsymbol{\alpha}_2,\cdots,\boldsymbol{\alpha}_n$ 下的矩阵.

设线性变换 T 在基 $\boldsymbol{\alpha}_1,\boldsymbol{\alpha}_2,\cdots,\boldsymbol{\alpha}_n$ 下的矩阵是 $\boldsymbol{A}$, 向量 $\boldsymbol{\alpha}$ 在基 $\boldsymbol{\alpha}_1,\boldsymbol{\alpha}_2,\cdots,\boldsymbol{\alpha}_n$ 下的坐标为 $\boldsymbol{x}=(x_1,x_2,\cdots,x_n)^{\mathrm{T}}$, $T(\boldsymbol{\alpha})$ 在基 $\boldsymbol{\alpha}_1,\boldsymbol{\alpha}_2,\cdots,\boldsymbol{\alpha}_n$ 下的坐标为 $\boldsymbol{y}=(y_1,y_2,\cdots,y_n)^{\mathrm{T}}$, 则有 $\boldsymbol{y}=\boldsymbol{A}\boldsymbol{x}$.

设 $\boldsymbol{\alpha}_1,\cdots,\boldsymbol{\alpha}_n$ 与 $\boldsymbol{\beta}_1,\cdots,\boldsymbol{\beta}_n$ 为线性空间 V 中的两组基, $\boldsymbol{P}$ 为由基 $\boldsymbol{\alpha}_1,\cdots,\boldsymbol{\alpha}_n$ 到 $\boldsymbol{\beta}_1,\cdots,\boldsymbol{\beta}_n$ 的

过渡矩阵，T 为线性空间 V 上的线性变换，在这两组基下的矩阵分别为 $\boldsymbol{A}$ 和 $\boldsymbol{B}$，则 $\boldsymbol{B}=\boldsymbol{P}^{-1}\boldsymbol{A}\boldsymbol{P}$.

3　疑难点解析

◆ 向量空间的基有什么重要意义?

n 维向量空间$\mathbb{R}^n$的任一子空间 V(零子空间除外)，必定有无限多个向量. 但 V 的任一组基所含的向量个数小于等于n；V中任一个向量都是这组基的线性组合，即可以由该基线性表示. 于是，确定了基也就确定了整个线性空间.

◆ 向量组的一个极大无关组与向量空间的一个基有什么区别与联系?

由定义，除零空间外，任一向量空间作为一个向量的集合必定是无限集. 但向量组作为一个向量的集合可以是有限集，即它所含的向量个数可以是有限多个的. 设 V 是向量空间，把V看作一个无限向量组，则V中向量组 A_0：$\boldsymbol{\alpha}_1,\boldsymbol{\alpha}_2,\cdots,\boldsymbol{\alpha}_r$ 是V的一组基的充分必要条件是 A_0 是V的一个极大无关组. 向量空间V的维数就等于向量组V的秩. 这时，可以认为只是描述的语言不同而已：前者用纯粹的几何语言，而后者则着重于代数语言.

通常来说，极大无关组只对有限向量组而言. 对非零向量空间(当然是一个无限向量组)而言，称为基，而对线性方程组的解空间，特称为基础解系.

◆ 正交规范基与正交矩阵之间有什么联系?

由单位正交向量组构成的一组基称为正交规范基，但向量的维数并不一定与空间的维数一样，而正交矩阵一定是方阵. 正交规范基与正交矩阵之间也有着紧密的联系，具体来说，基本上有下面两种关系：

① 如果$\boldsymbol{\alpha}_1,\boldsymbol{\alpha}_2,\cdots,\boldsymbol{\alpha}_n$ 是n维向量空间中的一组正交规范基，那么以这些向量作为列向量组成的矩阵是一个正交矩阵，反过来，一个正交矩阵的行(列)向量组必然是一组正交规范基；

② 如果$\boldsymbol{A}=(\boldsymbol{\alpha}_1,\boldsymbol{\alpha}_2,\cdots,\boldsymbol{\alpha}_n)$，$\boldsymbol{B}=(\boldsymbol{\beta}_1,\boldsymbol{\beta}_2,\cdots,\boldsymbol{\beta}_n)$ 是n维向量空间的两组正交规范基，那么其中一组基被另一组基表出的系数构成的矩阵一定是正交矩阵，即若

$$(\boldsymbol{\beta}_1,\boldsymbol{\beta}_2,\cdots,\boldsymbol{\beta}_n)=(\boldsymbol{\alpha}_1,\boldsymbol{\alpha}_2,\cdots,\boldsymbol{\alpha}_n)\boldsymbol{K},$$

那么$\boldsymbol{K}$一定是正交矩阵；反过来，在上式中，若$\boldsymbol{K}$是正交矩阵，则这两组基中只要其中一组是正交规范基，那么另一组基也一定是正交规范基.

◆ 在进行施密特正交化过程中，由于经常出现分数，所以在运算时经常出错. 有没有什么方法避免呢?

在进行施密特正交化过程中，要求运算非常仔细，否则很容易出错. 避免分数运算实际上是可以的，例如：

设$\boldsymbol{\alpha}_1=\begin{pmatrix}1\\1\\0\\0\end{pmatrix},\boldsymbol{\alpha}_2=\begin{pmatrix}1\\0\\1\\0\end{pmatrix},\boldsymbol{\alpha}_3=\begin{pmatrix}-1\\0\\0\\1\end{pmatrix},\boldsymbol{\alpha}_4=\begin{pmatrix}1\\-1\\-1\\1\end{pmatrix}$，在用施密特正交化过程把该组向量正交规范化的过程中，可以如下处理：取

$\boldsymbol{\beta}_1=\boldsymbol{\alpha}_1$；

$$\boldsymbol{\beta}'_2=\boldsymbol{\alpha}_2-\frac{[\boldsymbol{\alpha}_2,\boldsymbol{\beta}_1]}{\|\boldsymbol{\beta}_1\|^2}\boldsymbol{\beta}_1=\begin{pmatrix}1\\0\\1\\0\end{pmatrix}-\frac{1}{2}\begin{pmatrix}1\\1\\0\\0\end{pmatrix}=\frac{1}{2}\begin{pmatrix}1\\-1\\2\\0\end{pmatrix},\text{ 取}\boldsymbol{\beta}_2=\begin{pmatrix}1\\-1\\2\\0\end{pmatrix};$$

$$\boldsymbol{\beta}'_3=\boldsymbol{\alpha}_3-\frac{[\boldsymbol{\alpha}_3,\boldsymbol{\beta}_1]}{\|\boldsymbol{\beta}_1\|^2}\boldsymbol{\beta}_1-\frac{[\boldsymbol{\alpha}_3,\boldsymbol{\beta}_2]}{\|\boldsymbol{\beta}_2\|^2}\boldsymbol{\beta}_2=\begin{pmatrix}-1\\0\\0\\1\end{pmatrix}+\frac{1}{2}\begin{pmatrix}1\\1\\0\\0\end{pmatrix}+\frac{1}{6}\begin{pmatrix}1\\-1\\2\\0\end{pmatrix}=\frac{1}{3}\begin{pmatrix}-1\\1\\1\\3\end{pmatrix},$$

取$\boldsymbol{\beta}_3=\begin{pmatrix}-1\\1\\1\\3\end{pmatrix}$;

$$\begin{aligned}\boldsymbol{\beta}_4&=\boldsymbol{\alpha}_4-\frac{[\boldsymbol{\alpha}_4,\boldsymbol{\beta}_1]}{\|\boldsymbol{\beta}_1\|^2}\boldsymbol{\beta}_1-\frac{[\boldsymbol{\alpha}_4,\boldsymbol{\beta}_2]}{\|\boldsymbol{\beta}_2\|^2}\boldsymbol{\beta}_2-\frac{[\boldsymbol{\alpha}_4,\boldsymbol{\beta}_3]}{\|\boldsymbol{\beta}_3\|^2}\boldsymbol{\beta}_3\\&=\begin{pmatrix}1\\-1\\-1\\1\end{pmatrix}-\frac{0}{2}\begin{pmatrix}1\\1\\0\\0\end{pmatrix}-\frac{0}{6}\begin{pmatrix}1\\-1\\2\\0\end{pmatrix}-\frac{0}{12}\begin{pmatrix}-1\\1\\1\\3\end{pmatrix}=\begin{pmatrix}1\\-1\\-1\\1\end{pmatrix},\end{aligned}$$

最后将$\boldsymbol{\beta}_1,\boldsymbol{\beta}_2,\boldsymbol{\beta}_3,\boldsymbol{\beta}_3$单位化.

◆ 关于线性空间中线性变换与向量的坐标:

在线性空间中基给定的情况下，可用矩阵表示线性变换. 线性变换T在基$\boldsymbol{\alpha}_1,\boldsymbol{\alpha}_2,\cdots,\boldsymbol{\alpha}_n$下的矩阵$\boldsymbol{A}$的列向量分别为$T(\boldsymbol{\alpha}_i)$在基$\boldsymbol{\alpha}_1,\boldsymbol{\alpha}_2,\cdots,\boldsymbol{\alpha}_n$下的坐标，求$\boldsymbol{A}$时不要把行和列写颠倒. 线性变换在不同的基下的矩阵可能不同.

实数域上的n维线性空间V中，向量的坐标可看成$\mathbb{R}^n$中的向量，V中的每个向量在给定基下的坐标是唯一的，在不同基下可能有不同的坐标，于是在基给定的情况下，通过坐标建立了V与$\mathbb{R}^n$间同构的关系. 借助坐标以及$\mathbb{R}^n$中的向量与矩阵的关系，可把对一般的线性空间中的向量及其性质(如向量组的线性相关性)的研究转化为对矩阵的研究. 应该注意向量和向量的坐标的区别，同一向量在不同基下的坐标可能不同.

二、典型例题分析

1. 求向量空间$\mathbb{R}^3$中从基$\boldsymbol{a}_1=(1,2,1)^{\mathrm{T}}$, $\boldsymbol{a}_2=(1,1,1)^{\mathrm{T}}$, $\boldsymbol{a}_3=(1,1,-1)^{\mathrm{T}}$到基$\boldsymbol{b}_1=(1,3,5)^{\mathrm{T}}$, $\boldsymbol{b}_2=(6,3,2)^{\mathrm{T}}$, $\boldsymbol{b}_3=(3,1,0)^{\mathrm{T}}$的过渡矩阵.

解　**方法1**：本题可以由定义求解，即设

$$\begin{cases}\boldsymbol{b}_1=k_{11}\boldsymbol{a}_1+k_{21}\boldsymbol{a}_2+k_{31}\boldsymbol{a}_3\\\boldsymbol{b}_2=k_{12}\boldsymbol{a}_1+k_{22}\boldsymbol{a}_2+k_{32}\boldsymbol{a}_3,\\\boldsymbol{b}_3=k_{13}\boldsymbol{a}_1+k_{23}\boldsymbol{a}_2+k_{33}\boldsymbol{a}_3\end{cases}$$

则$(\boldsymbol{b}_1,\boldsymbol{b}_2,\boldsymbol{b}_3)=(\boldsymbol{a}_1,\boldsymbol{a}_2,\boldsymbol{a}_3)\boldsymbol{K}$，其中，$\boldsymbol{K}=(k_{ij})$ 即为过渡矩阵. 从而可通过解矩阵方程$(\boldsymbol{a}_1,\boldsymbol{a}_2,\boldsymbol{a}_3)\boldsymbol{K}=(\boldsymbol{b}_1,\boldsymbol{b}_2,\boldsymbol{b}_3)$ 求得：

$$(\boldsymbol{a}_1,\boldsymbol{a}_2,\boldsymbol{a}_3 \mid \boldsymbol{b}_1,\boldsymbol{b}_2,\boldsymbol{b}_3)=\left(\begin{array}{ccc|ccc}1&1&1&1&6&3\\2&1&1&3&3&1\\1&1&-1&5&2&0\end{array}\right)$$

$$\xrightarrow[r_3-r_2]{\substack{r_2\leftrightarrow r_1\\ r_1-r_2}}\left(\begin{array}{ccc|ccc}1&0&0&2&-3&-2\\1&1&1&1&6&3\\0&0&-2&4&-4&-3\end{array}\right)\xrightarrow[r_2-r_3]{\substack{r_2-r_1\\ r_3\div(-2)}}\left(\begin{array}{ccc|ccc}1&0&0&2&-3&-2\\0&1&0&1&7&\frac{7}{2}\\0&0&1&-2&2&\frac{3}{2}\end{array}\right),$$

故从基$\boldsymbol{a}_1,\boldsymbol{a}_2,\boldsymbol{a}_3$ 到基$\boldsymbol{b}_1,\boldsymbol{b}_2,\boldsymbol{b}_3$ 的过渡矩阵为$\boldsymbol{K}=\begin{pmatrix}2&-3&-2\\1&7&\frac{7}{2}\\-2&2&\frac{3}{2}\end{pmatrix}$.

方法 2：本题也可利用从基$\boldsymbol{e}_1=(1,0,0)^{\mathrm{T}},\boldsymbol{e}_2=(0,1,0)^{\mathrm{T}}$，$\boldsymbol{e}_3=(0,0,1)^{\mathrm{T}}$ 到$\boldsymbol{b}_1,\boldsymbol{b}_2,\boldsymbol{b}_3$ 的过渡矩阵$\boldsymbol{K}_1$ 以及从基$\boldsymbol{e}_1,\boldsymbol{e}_2,\boldsymbol{e}_3$ 到基$\boldsymbol{a}_1,\boldsymbol{a}_2,\boldsymbol{a}_3$ 的过渡矩阵$\boldsymbol{K}_2$，求出从基$\boldsymbol{a}_1,\boldsymbol{a}_2,\boldsymbol{a}_3$ 到基$\boldsymbol{b}_1,\boldsymbol{b}_2,\boldsymbol{b}_3$ 的过渡矩阵 K. 即，由于

$$(\boldsymbol{a}_1,\boldsymbol{a}_2,\boldsymbol{a}_3)=(\boldsymbol{e}_1,\boldsymbol{e}_2,\boldsymbol{e}_3)\begin{pmatrix}1&1&1\\2&1&1\\1&1&-1\end{pmatrix}=(\boldsymbol{e}_1,\boldsymbol{e}_2,\boldsymbol{e}_3)\boldsymbol{K}_1,$$

有$(\boldsymbol{e}_1,\boldsymbol{e}_2,\boldsymbol{e}_3)=(\boldsymbol{a}_1,\boldsymbol{a}_2,\boldsymbol{a}_3)\boldsymbol{K}_1^{-1}$. 又因

$$(\boldsymbol{b}_1,\boldsymbol{b}_2,\boldsymbol{b}_3)=(\boldsymbol{e}_1,\boldsymbol{e}_2,\boldsymbol{e}_3)\begin{pmatrix}1&6&3\\3&3&1\\5&2&0\end{pmatrix}=(\boldsymbol{e}_1,\boldsymbol{e}_2,\boldsymbol{e}_3)\boldsymbol{K}_2,$$

因此有$(\boldsymbol{b}_1,\boldsymbol{b}_2,\boldsymbol{b}_3)=(\boldsymbol{e}_1,\boldsymbol{e}_2,\boldsymbol{e}_3)\boldsymbol{K}_2=(\boldsymbol{a}_1,\boldsymbol{a}_2,\boldsymbol{a}_3)\boldsymbol{K}_1^{-1}\boldsymbol{K}_2$，从而

$$\boldsymbol{K}=\boldsymbol{K}_1^{-1}\boldsymbol{K}_2=\begin{pmatrix}1&1&1\\2&1&1\\1&1&-1\end{pmatrix}^{-1}\begin{pmatrix}1&6&3\\3&3&1\\5&2&0\end{pmatrix}=\begin{pmatrix}2&-3&-2\\1&7&\frac{7}{2}\\-2&2&\frac{3}{2}\end{pmatrix},$$

故从基$\boldsymbol{a}_1,\boldsymbol{a}_2,\boldsymbol{a}_3$ 到基$\boldsymbol{b}_1,\boldsymbol{b}_2,\boldsymbol{b}_3$ 的过渡矩阵为$\boldsymbol{K}=\begin{pmatrix}2&-3&-2\\1&7&\frac{7}{2}\\-2&2&\frac{3}{2}\end{pmatrix}$.

2. 求$\mathbb{R}^3$ 中向量 $\boldsymbol{a}=(1,2,1)^{\mathrm{T}}$ 在基 $\boldsymbol{\alpha}_1=(1,1,1)^{\mathrm{T}}$，$\boldsymbol{\alpha}_2=(1,1,-1)^{\mathrm{T}}$，$\boldsymbol{\alpha}_3=(1,-1,-1)^{\mathrm{T}}$ 下的坐标.

解 **方法1**：本题可由坐标的定义直接求解. 设 a 在题设基下的坐标为$(x,y,z)^{\mathrm{T}}$，则由定义知 $\boldsymbol{a}=x\boldsymbol{\alpha}_1+y\boldsymbol{\alpha}_2+z\boldsymbol{\alpha}_3$，即

$$
\begin{aligned}
(1,2,1)^{\mathrm{T}} &= x(1,1,1)^{\mathrm{T}}+y(1,1,-1)^{\mathrm{T}}+z(1,-1,-1)^{\mathrm{T}} \\
&= (x+y+z,x+y-z,x-y-z)^{\mathrm{T}},
\end{aligned}
$$

因此有$\begin{cases}x+y+z=1\\x+y-z=2\\x-y-z=1\end{cases}$，解之得 $x=1,y=\dfrac{1}{2},z=-\dfrac{1}{2}$，故 $\boldsymbol{a}=(1,2,1)^{\mathrm{T}}$ 在基 $\boldsymbol{\alpha}_1,\boldsymbol{\alpha}_2,\boldsymbol{\alpha}_3$ 下的坐标为 $\left(1,\dfrac{1}{2},-\dfrac{1}{2}\right)^{\mathrm{T}}$.

方法2：本题也由坐标变换公式计算. 设 a 在题设基下的坐标为$(x,y,z)^{\mathrm{T}}$，由 $\boldsymbol{e}_1=(1,0,0)^{\mathrm{T}}$，$\boldsymbol{e}_2=(0,1,0)^{\mathrm{T}}$，$\boldsymbol{e}_3=(0,0,1)^{\mathrm{T}}$，则从基$(\boldsymbol{e}_1,\boldsymbol{e}_2,\boldsymbol{e}_3)$到基$(\boldsymbol{\alpha}_1,\boldsymbol{\alpha}_2,\boldsymbol{\alpha}_3)$的过渡矩阵为 $\boldsymbol{K}=(\alpha_1,\alpha_2,\alpha_3)$，故

$$
\begin{pmatrix}x\\y\\z\end{pmatrix}=\boldsymbol{K}^{-1}\begin{pmatrix}1\\2\\1\end{pmatrix}=\begin{pmatrix}1&1&1\\1&1&-1\\1&-1&-1\end{pmatrix}^{-1}\begin{pmatrix}1\\2\\1\end{pmatrix}=\begin{pmatrix}1\\\dfrac{1}{2}\\-\dfrac{1}{2}\end{pmatrix}
$$

即为所求.

3. 设向量空间$\mathbb{R}^3$的两组基是 $\boldsymbol{\alpha}_1,\boldsymbol{\alpha}_2,\boldsymbol{\alpha}_3$ 与 $\boldsymbol{\beta}_1,\boldsymbol{\beta}_2,\boldsymbol{\beta}_3$，且$\begin{cases}\boldsymbol{\beta}_1=\boldsymbol{\alpha}_1-\boldsymbol{\alpha}_2\\\boldsymbol{\beta}_2=2\boldsymbol{\alpha}_1+3\boldsymbol{\alpha}_2+\boldsymbol{\alpha}_3\\\boldsymbol{\beta}_3=\boldsymbol{\alpha}_1+3\boldsymbol{\alpha}_2-\boldsymbol{\alpha}_3\end{cases}$，而向量 $\boldsymbol{a}$ 在基 $\boldsymbol{\beta}_1,\boldsymbol{\beta}_2,\boldsymbol{\beta}_3$ 下的坐标为$(2,-1,3)^{\mathrm{T}}$，求向量 $\boldsymbol{a}$ 在基 $\boldsymbol{\alpha}_1,\boldsymbol{\alpha}_2,\boldsymbol{\alpha}_3$ 下的坐标.

解 本题可利用坐标变换公式直接得解. 设 $\boldsymbol{a}$ 在基 $\boldsymbol{\alpha}_1,\boldsymbol{\alpha}_2,\boldsymbol{\alpha}_3$ 下的坐标为$(x,y,z)^{\mathrm{T}}$，由题设知

$$
(\boldsymbol{\beta}_1,\boldsymbol{\beta}_2,\boldsymbol{\beta}_3)=(\boldsymbol{\alpha}_1,\boldsymbol{\alpha}_2,\boldsymbol{\alpha}_3)\begin{pmatrix}1&2&1\\-1&3&3\\0&1&-1\end{pmatrix}=(\boldsymbol{\alpha}_1,\boldsymbol{\alpha}_2,\boldsymbol{\alpha}_3)\boldsymbol{K},
$$

$$
\boldsymbol{a}=(\boldsymbol{\beta}_1,\boldsymbol{\beta}_2,\boldsymbol{\beta}_3)\begin{pmatrix}2\\-1\\3\end{pmatrix}=(\boldsymbol{\alpha}_1,\boldsymbol{\alpha}_2,\boldsymbol{\alpha}_3)\begin{pmatrix}x\\y\\z\end{pmatrix},
$$

由坐标变换公式得：

$$
\begin{pmatrix}x\\y\\z\end{pmatrix}=\boldsymbol{K}\begin{pmatrix}2\\-1\\3\end{pmatrix}=\begin{pmatrix}1&2&1\\-1&3&3\\0&1&-1\end{pmatrix}\begin{pmatrix}2\\-1\\3\end{pmatrix}=\begin{pmatrix}3\\4\\-4\end{pmatrix},
$$

故向量 $\boldsymbol{a}$ 在基 $\boldsymbol{\alpha}_1,\boldsymbol{\alpha}_2,\boldsymbol{\alpha}_3$ 下的坐标为$(3,4,-4)^{\mathrm{T}}$.

4. 设 $\boldsymbol{\alpha}_1,\boldsymbol{\alpha}_2,\boldsymbol{\alpha}_3$ 与 $\boldsymbol{\beta}_1,\boldsymbol{\beta}_2,\boldsymbol{\beta}_3$ 分别是$\mathbb{R}^3$中的两组基，且$\begin{cases}\boldsymbol{\beta}_1=\boldsymbol{\alpha}_1-\boldsymbol{\alpha}_3\\\boldsymbol{\beta}_2=3\boldsymbol{\alpha}_2+\boldsymbol{\alpha}_3\\\boldsymbol{\beta}_3=\boldsymbol{\alpha}_1+2\boldsymbol{\alpha}_2\end{cases}$.

(1) 若向量 $\boldsymbol{a}=2\boldsymbol{\beta}_1-\boldsymbol{\beta}_2+\boldsymbol{\beta}_3$，求 $\boldsymbol{a}$ 在基 $\boldsymbol{\alpha}_1,\boldsymbol{\alpha}_2,\boldsymbol{\alpha}_3$ 下的坐标；

(2) 若向量 $\boldsymbol{b}=\boldsymbol{\alpha}_1+2\boldsymbol{\alpha}_2-3\boldsymbol{\alpha}_3$，求 $\boldsymbol{b}$ 在基 $\boldsymbol{\beta}_1,\boldsymbol{\beta}_2,\boldsymbol{\beta}_3$ 下的坐标.

解　由题设知

$$(\boldsymbol{\beta}_1,\boldsymbol{\beta}_2,\boldsymbol{\beta}_3)=(\boldsymbol{\alpha}_1,\boldsymbol{\alpha}_2,\boldsymbol{\alpha}_3)\begin{pmatrix}1&0&1\\0&3&2\\-1&1&0\end{pmatrix}=(\boldsymbol{\alpha}_1,\boldsymbol{\alpha}_2,\boldsymbol{\alpha}_3)\boldsymbol{K},$$

故从基 $\boldsymbol{\alpha}_1,\boldsymbol{\alpha}_2,\boldsymbol{\alpha}_3$ 到 $\boldsymbol{\beta}_1,\boldsymbol{\beta}_2,\boldsymbol{\beta}_3$ 的过渡矩阵为 $\boldsymbol{K}$，从基 $\boldsymbol{\beta}_1,\boldsymbol{\beta}_2,\boldsymbol{\beta}_3$ 到基 $\boldsymbol{\alpha}_1,\boldsymbol{\alpha}_2,\boldsymbol{\alpha}_3$ 的过渡矩阵为 $\boldsymbol{K}^{-1}$.

(1) 设 $\boldsymbol{a}$ 在基 $\boldsymbol{\alpha}_1,\boldsymbol{\alpha}_2,\boldsymbol{\alpha}_3$ 下的坐标为 $\boldsymbol{a}_{\mathrm{I}}=(x,y,z)^{\mathrm{T}}$，由 $\boldsymbol{a}=2\boldsymbol{\beta}_1-\boldsymbol{\beta}_2+\boldsymbol{\beta}_3$，知 $\boldsymbol{a}$ 在基 $\boldsymbol{\beta}_1,\boldsymbol{\beta}_2,\boldsymbol{\beta}_3$ 下的坐标为 $(2,-1,1)^{\mathrm{T}}$，由坐标变换公式，有

$$\boldsymbol{a}_{\mathrm{I}}=(x,y,z)^{\mathrm{T}}=\boldsymbol{K}(2,-1,1)^{\mathrm{T}}=\begin{pmatrix}1&0&1\\0&3&2\\-1&1&0\end{pmatrix}\begin{pmatrix}2\\-1\\1\end{pmatrix}=\begin{pmatrix}3\\-1\\-3\end{pmatrix},$$

因此 $\boldsymbol{a}$ 在基 $\boldsymbol{\alpha}_1,\boldsymbol{\alpha}_2,\boldsymbol{\alpha}_3$ 下的坐标 $(3,-1,-3)^{\mathrm{T}}$.

(2) 设 $\boldsymbol{b}$ 在基 $\boldsymbol{\beta}_1,\boldsymbol{\beta}_2,\boldsymbol{\beta}_3$ 下的坐标为 $\boldsymbol{b}_{\mathrm{II}}=(x,y,z)^{\mathrm{T}}$，由 $\boldsymbol{b}=\boldsymbol{\alpha}_1+2\boldsymbol{\alpha}_2-3\boldsymbol{\alpha}_3$，知 b 在基 $\boldsymbol{\alpha}_1,\boldsymbol{\alpha}_2,\boldsymbol{\alpha}_3$ 下的坐标为 $(1,2,-3)^{\mathrm{T}}$，由坐标变换公式，有

$$\boldsymbol{b}_{\mathrm{II}}=(x,y,z)^{\mathrm{T}}=\boldsymbol{K}^{-1}(1,2,-3)^{\mathrm{T}}=\begin{pmatrix}1&0&1\\0&3&2\\-1&1&0\end{pmatrix}^{-1}\begin{pmatrix}1\\2\\-3\end{pmatrix}=\begin{pmatrix}9\\6\\-8\end{pmatrix},$$

所以 $\boldsymbol{b}$ 在基 $\boldsymbol{\beta}_1,\boldsymbol{\beta}_2,\boldsymbol{\beta}_3$ 下的坐标为 $(9,6,-8)^{\mathrm{T}}$.

5. 已知 $\mathbb{R}^3$ 中的两组基：$\boldsymbol{e}_1=(1,0,0)^{\mathrm{T}},\boldsymbol{e}_2=(0,1,0)^{\mathrm{T}},\boldsymbol{e}_3=(0,0,1)^{\mathrm{T}}$ 与 $\boldsymbol{\alpha}_1=(1,0,0)^{\mathrm{T}}$，$\boldsymbol{\alpha}_2=(1,1,0)^{\mathrm{T}}$，$\boldsymbol{\alpha}_3=(1,1,1)^{\mathrm{T}}$.

(1) 求由基 $\boldsymbol{e}_1,\boldsymbol{e}_2,\boldsymbol{e}_3$ 到基 $\boldsymbol{\alpha}_1,\boldsymbol{\alpha}_2,\boldsymbol{\alpha}_3$ 的过渡矩阵；

(2) 若由基 $\boldsymbol{\alpha}_1,\boldsymbol{\alpha}_2,\boldsymbol{\alpha}_3$ 到基 $\boldsymbol{\beta}_1,\boldsymbol{\beta}_2,\boldsymbol{\beta}_3$ 的过渡矩阵为 $\boldsymbol{A}=\begin{pmatrix}1&-1&0\\0&1&-1\\0&0&1\end{pmatrix}$，求向量 $\boldsymbol{\beta}_1,\boldsymbol{\beta}_2,\boldsymbol{\beta}_3$.

解　(1) 由题设易知 $\boldsymbol{\alpha}_1=\boldsymbol{e}_1$，$\boldsymbol{\alpha}_2=\boldsymbol{e}_1+\boldsymbol{e}_2$，$\boldsymbol{\alpha}_3=\boldsymbol{e}_1+\boldsymbol{e}_2+\boldsymbol{e}_3$，故有

$$(\boldsymbol{\alpha}_1,\boldsymbol{\alpha}_2,\boldsymbol{\alpha}_3)=(\boldsymbol{e}_1,\boldsymbol{e}_2,\boldsymbol{e}_3)\begin{pmatrix}1&1&1\\0&1&1\\0&0&1\end{pmatrix}=(\boldsymbol{e}_1,\boldsymbol{e}_2,\boldsymbol{e}_3)\boldsymbol{K},$$

所以由基 $\boldsymbol{e}_1,\boldsymbol{e}_2,\boldsymbol{e}_3$ 到基 $\boldsymbol{\alpha}_1,\boldsymbol{\alpha}_2,\boldsymbol{\alpha}_3$ 的过渡矩阵为 $\boldsymbol{K}=\begin{pmatrix}1&1&1\\0&1&1\\0&0&1\end{pmatrix}$.

(2) 由题设得

$$(\boldsymbol{\beta}_1,\boldsymbol{\beta}_2,\boldsymbol{\beta}_3)=(\boldsymbol{\alpha}_1,\boldsymbol{\alpha}_2,\boldsymbol{\alpha}_3)\boldsymbol{A}=\begin{pmatrix}1&1&1\\0&1&1\\0&0&1\end{pmatrix}\begin{pmatrix}1&-1&0\\0&1&-1\\0&0&1\end{pmatrix}=\begin{pmatrix}1&0&0\\0&1&0\\0&0&1\end{pmatrix},$$

所以有$\boldsymbol{\beta}_1=(1,0,0)^{\mathrm{T}}$, $\boldsymbol{\beta}_2=(0,1,0)^{\mathrm{T}}$, $\boldsymbol{\beta}_3=(0,0,1)^{\mathrm{T}}$.

6. 在向量空间$\mathbb{R}^4$中，求两个相互正交且与$\boldsymbol{a}_1=(1,2,-1,1)^{\mathrm{T}}$, $\boldsymbol{a}_2=(0,0,0,1)^{\mathrm{T}}$也正交的单位向量.

解 设$\boldsymbol{b}=(x_1,x_2,x_3,x_4)^{\mathrm{T}}$与$\boldsymbol{a}_1,\boldsymbol{a}_2$都正交，则有

$$\begin{cases}[\boldsymbol{b},\boldsymbol{a}_1]=x_1+2x_2-x_3+x_4=0\\ [\boldsymbol{b},\boldsymbol{a}_2]=x_4=0\end{cases},$$

解得满足上述方程组的两个非零解$\boldsymbol{b}_1=(1,0,1,0)^{\mathrm{T}}$, $\boldsymbol{b}_2=(0,1,2,0)^{\mathrm{T}}$. 利用施密特正交化方法，可得两正交的向量$\boldsymbol{b}_1=(1,0,1,0)^{\mathrm{T}}$, $\boldsymbol{b}_2'=(-1,1,1,0)^{\mathrm{T}}$，再将其单位化，即得满足要求的两单位向量为：

$$\boldsymbol{\eta}_1=\frac{1}{\sqrt{2}}(1,0,1,0)^{\mathrm{T}},\ \boldsymbol{\eta}_2=\frac{1}{\sqrt{3}}(-1,1,1,0)^{\mathrm{T}}.$$

7. 设$\boldsymbol{B}$是秩为2的5×4矩阵，$\boldsymbol{\alpha}_1=(1,1,2,3)^{\mathrm{T}}$, $\boldsymbol{\alpha}_2=(-1,1,4,-1)^{\mathrm{T}}$, $\boldsymbol{\alpha}_3=(5,-1,-8,9)^{\mathrm{T}}$是齐次线性方程组$\boldsymbol{Bx}=\mathbf{0}$的解向量，求$\boldsymbol{Bx}=\mathbf{0}$的解空间的一组标准正交基.

解 要求$\boldsymbol{Bx}=\mathbf{0}$的解空间的一组标准基，首先必须确定此解空间的维数以及相应个数的线性无关的解.

因秩$R(\boldsymbol{B})=2$，故解空间的维数$n-R(\boldsymbol{B})=4-2=2$，又因$\boldsymbol{\alpha}_1,\boldsymbol{\alpha}_2$线性无关，$\boldsymbol{\alpha}_1,\boldsymbol{\alpha}_2$是方程组$\boldsymbol{Bx}=\mathbf{0}$的解，由解空间中基的定义，$\boldsymbol{\alpha}_1,\boldsymbol{\alpha}_2$是解空间的一组基. 用施密特正交化方法先将其正交化，令

$$\boldsymbol{\beta}_1=\boldsymbol{\alpha}_1=(1,1,2,3)^{\mathrm{T}},$$

$$\boldsymbol{\beta}_2=\boldsymbol{\alpha}_2-\frac{[\boldsymbol{\alpha}_2,\boldsymbol{\beta}_1]}{[\boldsymbol{\beta}_1,\boldsymbol{\beta}_1]}\boldsymbol{\beta}_1=(-1,1,4,-1)^{\mathrm{T}}-\frac{5}{15}(1,1,2,3)^{\mathrm{T}}=\frac{2}{3}(-2,1,5,-3)^{\mathrm{T}},$$

将其单位化，有

$$\boldsymbol{\eta}_1=\frac{\boldsymbol{\beta}_1}{\|\boldsymbol{\beta}_1\|}=\frac{1}{\sqrt{15}}(1,1,2,3)^{\mathrm{T}},\ \boldsymbol{\eta}_2=\frac{\boldsymbol{\beta}_2}{\|\boldsymbol{\beta}_2\|}=\frac{1}{\sqrt{39}}(-2,1,5,-3)^{\mathrm{T}},$$

即为所求的一组标准正交基.

注意：因$2\boldsymbol{\alpha}_1-3\boldsymbol{\alpha}_2=\boldsymbol{\alpha}_3$，故已知条件中$\boldsymbol{\alpha}_1,\boldsymbol{\alpha}_2,\boldsymbol{\alpha}_3$是线性相关的，由于解空间的基也可选$\boldsymbol{\alpha}_1,\boldsymbol{\alpha}_3$或$\boldsymbol{\alpha}_2,\boldsymbol{\alpha}_3$或其他形式(如$\boldsymbol{\alpha}_1,2\boldsymbol{\alpha}_2-\boldsymbol{\alpha}_3$等)，从而其基不唯一，施密特正交化处理后得到的标准正交基也不唯一.

8. 按通常数域$\mathbb{F}$上矩阵的加法和数乘运算，下列数域$\mathbb{F}$上方阵的非空集合$\boldsymbol{V}$不构成数域$\mathbb{F}$上的线性空间.

(A) 全体n阶实对称矩阵构成的非空集合$\boldsymbol{V}$

(B) 全体n阶实上三角矩阵构成的非空集合$\boldsymbol{V}$

(C) 全体迹等于零($\mathrm{tr}(\boldsymbol{A})=0$)的$n$阶实矩阵构成的非空集合$\boldsymbol{V}$

(D) 全体n阶实对称和反称矩阵构成的非空集合$\boldsymbol{V}$

解 应选(D). 本题应直接运用线性空间的定义进行判定.

(A) 由$\forall\boldsymbol{A},\boldsymbol{B}\in\boldsymbol{V}$, $\forall k\in\mathbb{F}$，有$\boldsymbol{A}^{\mathrm{T}}=\boldsymbol{A}$, $\boldsymbol{B}^{\mathrm{T}}=\boldsymbol{B}$，故

$$(\boldsymbol{A}+\boldsymbol{B})^{\mathrm{T}}=\boldsymbol{A}^{\mathrm{T}}+\boldsymbol{B}^{\mathrm{T}}=\boldsymbol{A}+\boldsymbol{B}\in\boldsymbol{V},\ (k\boldsymbol{A})^{\mathrm{T}}=k\boldsymbol{A}^{\mathrm{T}}=k\boldsymbol{A}\in\boldsymbol{V},$$

所以全体 n 阶实对称矩阵构成的非空集合 V 构成线性空间.

(B) 同理可知全体 n 阶实上三角矩阵构成的非空集合 $\boldsymbol{V}$ 构成线性空间.

(C) 设 $\boldsymbol{A}=(a_{ij})\in\boldsymbol{V}$, $\boldsymbol{B}=(b_{ij})\in\boldsymbol{V}$, $\forall k\in\mathbb{F}$,若 $\mathrm{tr}(\boldsymbol{A})=0$, $\mathrm{tr}(\boldsymbol{B})=0$, 则

$$\mathrm{tr}(\boldsymbol{A}+\boldsymbol{B})=\sum_{i=1}^{n}(a_{ii}+b_{ii})=\sum_{i=1}^{n}a_{ii}+\sum_{i=1}^{n}b_{ii}=\mathrm{tr}(\boldsymbol{A})+\mathrm{tr}(\boldsymbol{B})=0,$$

$$\mathrm{tr}(k\boldsymbol{A})=\sum_{i=1}^{n}ka_{ii}=k\sum_{i=1}^{n}a_{ii}=k\mathrm{tr}(\boldsymbol{A})=0,$$

所以有 $\boldsymbol{A}+\boldsymbol{B}\in\boldsymbol{V}$, $k\boldsymbol{A}\in\boldsymbol{V}$, 即 $\boldsymbol{V}$ 中元素对运算封闭. 所以全体迹等于零的 n 阶实矩阵构成的非空集合 $\boldsymbol{V}$ 构成线性空间.

(D) 设 $\boldsymbol{A},B\in\boldsymbol{V}$, 且 $\boldsymbol{A}^{\mathrm{T}}=\boldsymbol{A}$, $\boldsymbol{B}^{\mathrm{T}}=-\boldsymbol{B}$, 容易举出例子, 使得 $\boldsymbol{A}+\boldsymbol{B}$ 既不是对称矩阵也不是反称矩阵, 故集合中的元素对加法运算不封闭. 所以全体 n 阶实对称和反称矩阵构成的非空集合 $\boldsymbol{V}$ 不构成线性空间.

9. 设 $\boldsymbol{V}$ 是由零及数域 $\mathbb{F}$ 上次数为 n 的两个未知量的齐次多项式构成的 $\mathbb{F}$ 上的线性空间, 则线性空间 $\boldsymbol{V}$ 的维数为 ______ .

(A) n　　(B) $2n$　　(C) $2n+1$　　(D) $n+1$

解　这类题一般利用定义求出 $\boldsymbol{V}$ 的一组基, 从而得解. 本题应选(D). 由题设知, $\boldsymbol{V}$ 中任一元素为 $f(x,y)=a_nx^n+a_{n-1}x^{n-1}y+\cdots+a_1xy^{n-1}+a_0y^n$, 即 $\boldsymbol{V}$ 中任一元素都可由 x^n, $x^{n-1}y,\cdots,xy^{n-1},y^n$ 线性表示, 且易证 $x^n,x^{n-1}y,\cdots,xy^{n-1},y^n$ 线性无关, 由基的定义知 $n+1$ 个线性无关的向量 $x^n,x^{n-1}y,\cdots,xy^{n-1},y^n$ 是线性空间 $\boldsymbol{V}$ 的一组基, 故 $\boldsymbol{V}$ 是一个 $n+1$ 维的线性空间.

10. 实数域 $\mathbb{R}$ 上全体 3 阶对称矩阵构成的线性空间 $\boldsymbol{V}$ 的维数为 ______.

(A) 3　　(B) 4　　(C) 5　　(D) 6

解　应选(D). 在 $\boldsymbol{V}$ 中取向量组

$$\boldsymbol{E}_1=\begin{pmatrix}1&0&0\\0&0&0\\0&0&0\end{pmatrix},\ \boldsymbol{E}_2=\begin{pmatrix}0&0&0\\0&1&0\\0&0&0\end{pmatrix},\ \boldsymbol{E}_3=\begin{pmatrix}0&0&0\\0&0&0\\0&0&1\end{pmatrix},$$

$$\boldsymbol{E}_4=\begin{pmatrix}0&1&0\\1&0&0\\0&0&0\end{pmatrix},\ \boldsymbol{E}_5=\begin{pmatrix}0&0&1\\0&0&0\\1&0&0\end{pmatrix},\ \boldsymbol{E}_6=\begin{pmatrix}0&0&0\\0&0&1\\0&1&0\end{pmatrix},$$

因为

$$k_1\boldsymbol{E}_1+k_2\boldsymbol{E}_2+k_3\boldsymbol{E}_3+k_4\boldsymbol{E}_4+k_5\boldsymbol{E}_5+k_6\boldsymbol{E}_6=\boldsymbol{O}$$

的充要条件是: $k_i=0$, $i=1,2,3,4,5,6$, 所以 $\boldsymbol{E}_1$, $\boldsymbol{E}_2$, $\boldsymbol{E}_3$, $\boldsymbol{E}_4$, $\boldsymbol{E}_5$, $\boldsymbol{E}_6$ 线性无关, 对任意 3 阶实对称矩阵

$$\boldsymbol{A}=\begin{pmatrix}a_{11}&a_{12}&a_{13}\\a_{12}&a_{22}&a_{23}\\a_{13}&a_{23}&a_{33}\end{pmatrix}=a_{11}\boldsymbol{E}_1+a_{22}\boldsymbol{E}_2+a_{33}\boldsymbol{E}_3+a_{12}\boldsymbol{E}_4+a_{13}\boldsymbol{E}_5+a_{23}\boldsymbol{E}_6,$$

由基的定义知 $\boldsymbol{E}_1$, $\boldsymbol{E}_2$, $\boldsymbol{E}_3$, $\boldsymbol{E}_4$, $\boldsymbol{E}_5$, $\boldsymbol{E}_6$ 是线性空间 $\boldsymbol{V}$ 的一组基, 故线性空间 $\boldsymbol{V}$ 的维数为 6.

事实上，一般实数域$\mathbb{R}$上的n阶对称矩阵构成的线性空间的维数为$\frac{n(n+1)}{2}$.

11. 下面$A_i(i=1,2,3,4)$是在$\mathbb{R}^3$中所定义的变换，则____是$\mathbb{R}^3$中的线性变换.

(A) $A_1(x_1,x_2,x_3)=(x_1^2,x_2,x_3^2)$　　(B) $A_2(x_1,x_2,x_3)=(x_1,x_2^2,x_3)$

(C) $A_3(x_1,x_2,x_3)=(x_3,x_1,x_3)$　　(D) $A_4(x_1,x_2,x_3)=(x_1+1,x_2,x_3)$

解　应选(C). 利用线性变换的定义直接验证性质$T(\boldsymbol{\alpha}+\boldsymbol{\beta})=T(\boldsymbol{\alpha})+T(\boldsymbol{\beta})$和$T(k\boldsymbol{\alpha})=kT(\boldsymbol{\alpha})$即可.

对$\boldsymbol{\alpha}=(1,0,0)\in\mathbb{R}^3$，$k\in\mathbb{R}$，因为

$$A_1(k\boldsymbol{\alpha})=A_1(k,0,0)=(k^2,0,0)\neq k(1,0,0)=kA_1(\boldsymbol{\alpha}),$$

所以A_1不是线性变换. 同理A_2,A_4都不是线性变换. 而对$\boldsymbol{\alpha}=(x_1,x_2,x_3)$，$\boldsymbol{\beta}=(y_1,y_2,y_3)$，因

$$\begin{aligned}A_3(k_1\boldsymbol{\alpha}+k_2\boldsymbol{\beta})&=A_3(k_1x_1+k_2y_1,k_1x_2+k_2y_2,k_1x_3+k_2y_3)\\&=(k_1x_3+k_2y_3,k_1x_1+k_2y_1,k_1x_3+k_2y_3)\\&=k_1(x_3,x_1,x_3)+k_2(y_3,y_1,y_3)=k_1A_3(\boldsymbol{\alpha})+k_2A_3(\boldsymbol{\beta}),\end{aligned}$$

故A_3是线性变换.

12. 下面$A_i(i=1,2,3,4)$是在$\boldsymbol{P}[x]$中所定义的变换，$f(x)\in\boldsymbol{P}[x]$，则____不是$\boldsymbol{P}[x]$中的线性变换.

(A) $A_1(f(x))=f(x+1)$　　(B) $A_2(f(x))=f(1)$

(C) $A_3(f(x))=1$　　(D) $A_4(f(x))=\frac{\mathrm{d}f(x)}{\mathrm{d}x}$

解　应选(C).

利用线性变换的定义直接验证性质$T(k\boldsymbol{\alpha}+l\boldsymbol{\beta})=kT(\boldsymbol{\alpha})+lT(\boldsymbol{\beta})$即可判定. 设$f(x)$，$g(x)\in\boldsymbol{P}[x]$，$k_1,k_2\in\mathbb{R}$，令$u(x)=k_1f(x)+k_2g(x)$，显然$u(x)\in\boldsymbol{P}[x]$，而

$$\begin{aligned}A_1(k_1f(x)+k_2g(x))&=A_1(u(x))=u(x+1)=k_1f(x+1)+k_2g(x+1)\\&=k_1A_1(f(x))+k_2A_2(g(x)),\end{aligned}$$

故A_1是$\boldsymbol{P}[x]$中的线性变换. 同理

$$A_2(k_1f(x)+k_2g(x))=u(1)=k_1f(1)+k_2g(1)=k_1A_2(f(x))+k_2A_2(g(x)),$$

故A_2是$\boldsymbol{P}[x]$中的线性变换.

$$\begin{aligned}A_4(k_1f(x)+k_2g(x))&=\frac{d(k_1f(x)+k_2g(x))}{dx}=k_1\frac{df(x)}{dx}+k_2\frac{dg(x)}{dx}\\&=k_1A_4(f(x))+k_2A_4(g(x)),\end{aligned}$$

故A_4是$\boldsymbol{P}[x]$中的线性变换. 对A_3，因$A_3(k_1f(x)+k_2g(x))=1$，但

$$k_1A_3(f(x))+k_2A_3(g(x))=k_1\times1+k_2\times1=1$$

不一定成立，故A_3不是$\boldsymbol{P}[x]$中的线性变换.

13. 设$\boldsymbol{V}$是$\mathbb{R}$上2×2矩阵组成的向量空间，则矩阵$\boldsymbol{A}=\begin{pmatrix}2&3\\4&-7\end{pmatrix}\in\boldsymbol{V}$在基$\begin{pmatrix}1&1\\1&1\end{pmatrix}$，$\begin{pmatrix}0&-1\\1&0\end{pmatrix}$，$\begin{pmatrix}1&-1\\0&0\end{pmatrix}$，$\begin{pmatrix}1&0\\0&0\end{pmatrix}$下的坐标是______.

解　应填$(-7,11,-21,30)^{\mathrm{T}}$. 本题可以利用向量坐标的定义式将问题转化为方程的求解. 设$\boldsymbol{A}$在题设基下的坐标为$(x,y,z,w)^{\mathrm{T}}$, 则有

$$\begin{pmatrix}2 & 3\\4 & -7\end{pmatrix}=x\begin{pmatrix}1 & 1\\1 & 1\end{pmatrix}+y\begin{pmatrix}0 & -1\\1 & 0\end{pmatrix}+z\begin{pmatrix}1 & -1\\0 & 0\end{pmatrix}+w\begin{pmatrix}1 & 0\\0 & 0\end{pmatrix}=\begin{pmatrix}x+z+w & x-y-z\\x+y & x\end{pmatrix},$$

即

$$\begin{cases}x+z+w=2\\x-y-z=3\\x+y=4\\x=-7\end{cases},$$

解得$x=-7,y=11,z=-21,w=30$, 因此所求坐标为$(-7,11,-21,30)^{\mathrm{T}}$.

14. 设$\boldsymbol{V}$是R上2×2对称矩阵组成的线性空间, 求矩阵$\boldsymbol{A}=\begin{pmatrix}4 & -11\\-11 & -7\end{pmatrix}$在基$\begin{pmatrix}1 & -2\\-2 & 1\end{pmatrix},\begin{pmatrix}2 & 1\\1 & 3\end{pmatrix},\begin{pmatrix}4 & -1\\-1 & -5\end{pmatrix}$下的坐标.

解　设$\boldsymbol{A}$在题设基下的坐标为$(x,y,z)^{\mathrm{T}}$, 则

$$\begin{pmatrix}4 & -11\\-11 & -7\end{pmatrix}=x\begin{pmatrix}1 & -2\\-2 & 1\end{pmatrix}+y\begin{pmatrix}2 & 1\\1 & 3\end{pmatrix}+z\begin{pmatrix}4 & -1\\-1 & -5\end{pmatrix},$$

即

$$\begin{cases}x+2y+4z=4\\-2x+y-z=-11\\-2x+y-z=-11\\x+3y-5z=-7\end{cases},$$

解之得$x=4,y=-2,z=1$, 所以$\boldsymbol{A}$在给定基下的坐标为$(4,-2,1)^{\mathrm{T}}$.

15. 设$\boldsymbol{V}$是实数域上所有 2 阶矩阵在通常矩阵加法和数乘运算下所构成的线性空间$M^{2\times2}$, $\boldsymbol{E}_{11}=\begin{pmatrix}1 & 0\\0 & 0\end{pmatrix}$, $\boldsymbol{E}_{12}=\begin{pmatrix}0 & 1\\0 & 0\end{pmatrix}$, $\boldsymbol{E}_{21}=\begin{pmatrix}0 & 0\\1 & 0\end{pmatrix}$, $\boldsymbol{E}_{22}=\begin{pmatrix}0 & 0\\0 & 1\end{pmatrix}$与$\boldsymbol{Q}_1=\begin{pmatrix}2 & 0\\0 & 1\end{pmatrix}$, $\boldsymbol{Q}_2=\begin{pmatrix}0 & 1\\1 & 0\end{pmatrix}$, $\boldsymbol{Q}_3=\begin{pmatrix}1 & 3\\2 & 1\end{pmatrix}$, $\boldsymbol{Q}_4=\begin{pmatrix}1 & 1\\1 & 3\end{pmatrix}$, 求两组基之间的过渡矩阵.

解　由题设条件, 易得$\boldsymbol{Q}_1=2\boldsymbol{E}_{11}+\boldsymbol{E}_{22}$, $\boldsymbol{Q}_2=\boldsymbol{E}_{12}+\boldsymbol{E}_{21}$, $\boldsymbol{Q}_3=\boldsymbol{E}_{11}+3\boldsymbol{E}_{12}+2\boldsymbol{E}_{21}+\boldsymbol{E}_{22}$, $\boldsymbol{Q}_4=\boldsymbol{E}_{11}+\boldsymbol{E}_{12}+\boldsymbol{E}_{21}+3\boldsymbol{E}_{22}$, 故有

$$(\boldsymbol{Q}_1,\boldsymbol{Q}_2,\boldsymbol{Q}_3,\boldsymbol{Q}_4)=(\boldsymbol{E}_{11},\boldsymbol{E}_{12},\boldsymbol{E}_{21},\boldsymbol{E}_{22})\begin{pmatrix}2 & 0 & 1 & 1\\0 & 1 & 3 & 1\\0 & 1 & 2 & 1\\1 & 0 & 1 & 3\end{pmatrix},$$

所以由$\{\boldsymbol{E}_{ij}(i,j=1,2)\}$到$\{\boldsymbol{Q}_i(i=1,2,3,4)\}$的过渡矩阵为$\boldsymbol{K}=\begin{pmatrix}2 & 0 & 1 & 1\\0 & 1 & 3 & 1\\0 & 1 & 2 & 1\\1 & 0 & 1 & 3\end{pmatrix}$, 而由

$\{\boldsymbol{Q}_i(i=1,2,3,4)\}$ 到 $\{\boldsymbol{E}_{ij}(i,j=1,2)\}$ 的过渡矩阵为

$$\boldsymbol{K}^{-1}=\begin{pmatrix}2&0&1&1\\0&1&3&1\\0&1&2&1\\1&0&1&3\end{pmatrix}^{-1}=\frac{1}{5}\begin{pmatrix}3&-2&2&-1\\1&-9&14&-2\\0&5&-5&0\\-1&-1&1&2\end{pmatrix}.$$

16. 设 $\boldsymbol{P}[x]_3$ 为次数不超过 3 次的实系数多项式构成的线性空间，则求基 $1,x,x^2,x^3$ 到基 $x^3,x^2,x,1$ 的过渡矩阵.

解　可以直接用定义来求. 因为

$$\begin{cases}x^3=0\times1+0\times x+0\times x^2+1\times x^3\\x^2=0\times1+0\times x+1\times x^2+0\times x^3\\x=0\times1+1\times x+0\times x^2+0\times x^3\\1=1\times1+0\times x+0\times x^2+0\times x^3\end{cases},$$

即

$$(x^3,x^2,x,1)=(1,x,x^2,x^3)\begin{pmatrix}0&0&0&1\\0&0&1&0\\0&1&0&0\\1&0&0&0\end{pmatrix},$$

所以由基 $1,x,x^2,x^3$ 到基 $x^3,x^2,x,1$ 的过渡矩阵为 $\begin{pmatrix}0&0&0&1\\0&0&1&0\\0&1&0&0\\1&0&0&0\end{pmatrix}$.

17. 在线性空间 $\boldsymbol{P}[x]_2$ 中取两组基 $\boldsymbol{a}_1=x+x^2$, $\boldsymbol{a}_2=-1+x$, $\boldsymbol{a}_3=1+2x+x^2$ 与 $\boldsymbol{b}_1=1-x^2$, $\boldsymbol{b}_2=2+x+x^2$, $\boldsymbol{b}_3=1+x+x^2$, 求坐标变换公式.

解　求坐标变换公式，关键在于求出一组基到另一组基的过渡矩阵. 由

$$(\boldsymbol{a}_1,\boldsymbol{a}_2,\boldsymbol{a}_3)=(1,x,x^2)\begin{pmatrix}0&-1&1\\1&1&2\\1&0&1\end{pmatrix}=(1,x,x^2)\boldsymbol{P},$$

$$(\boldsymbol{b}_1,\boldsymbol{b}_2,\boldsymbol{b}_3)=(1,x,x^2)\begin{pmatrix}1&2&1\\0&1&1\\-1&1&1\end{pmatrix}=(1,x,x^2)\boldsymbol{Q},$$

从而得 $(\boldsymbol{b}_1,\boldsymbol{b}_2,\boldsymbol{b}_3)=(\boldsymbol{a}_1,\boldsymbol{a}_2,\boldsymbol{a}_3)\boldsymbol{P}^{-1}\boldsymbol{Q}$，故由基 $\boldsymbol{a}_1,\boldsymbol{a}_2,\boldsymbol{a}_3$ 到基 $\boldsymbol{b}_1,\boldsymbol{b}_2,\boldsymbol{b}_3$ 的过渡矩阵为 $\boldsymbol{K}=\boldsymbol{P}^{-1}\boldsymbol{Q}$. 设任一 $\boldsymbol{\beta}\in\boldsymbol{P}[x]_2$ 在基 $\boldsymbol{a}_1,\boldsymbol{a}_2,\boldsymbol{a}_3$ 下的坐标为 $(x_1,x_2,x_3)^{\mathrm{T}}$，在基 $\boldsymbol{b}_1,\boldsymbol{b}_2,\boldsymbol{b}_3$ 下的坐标为 $(y_1,y_2,y_3)^{\mathrm{T}}$，则由坐标变换公式得

$$\begin{pmatrix}y_1\\y_2\\y_3\end{pmatrix}=\boldsymbol{K}^{-1}\begin{pmatrix}x_1\\x_2\\x_3\end{pmatrix}=\boldsymbol{Q}^{-1}P\begin{pmatrix}x_1\\x_2\\x_3\end{pmatrix},$$

由

$$(\boldsymbol{Q} \,\vdots\, \boldsymbol{P}) = \left(\begin{array}{ccc:ccc} 1 & 2 & 1 & 0 & -1 & 1 \\ 0 & 1 & 1 & 1 & 1 & 2 \\ -1 & 1 & 1 & 1 & 0 & 1 \end{array}\right) \xrightarrow{r} \left(\begin{array}{ccc:ccc} 1 & 0 & 0 & 0 & 1 & 1 \\ 0 & 1 & 0 & -1 & -3 & -2 \\ 0 & 0 & 1 & 2 & 4 & 4 \end{array}\right),$$

得$\boldsymbol{Q}^{-1}\boldsymbol{P} = \begin{pmatrix} 0 & 1 & 1 \\ -1 & -3 & -2 \\ 2 & 4 & 4 \end{pmatrix}$，故所要求的坐标变换公式为

$$\begin{pmatrix} y_1 \\ y_2 \\ y_3 \end{pmatrix} = \begin{pmatrix} 0 & 1 & 1 \\ -1 & -3 & -2 \\ 2 & 4 & 4 \end{pmatrix} \begin{pmatrix} x_1 \\ x_2 \\ x_3 \end{pmatrix}.$$

18. 在线性空间$\mathbb{R}^2$中，有线性变换$T(x,y) = (2x - 3y, x + 4y)$，求$T$在$\mathbb{R}^2$的基$e_1 = (1,0), e_2 = (0,1)$下的矩阵.

解　直接利用线性变换矩阵的定义求解. 由题设有$T(x,y) = (2x - 3y, x + 4y)$，故有

$$T(e_1) = T(1,0) = (2,1) = 2e_1 + e_2,\ T(e_2) = T(0,1) = (-3,4) = -3e_1 + 4e_2,$$

所以

$$(T(e_1), T(e_2)) = (e_1, e_2)\begin{pmatrix} 2 & -3 \\ 1 & 4 \end{pmatrix},$$

所以T在基e_1, e_2下的矩阵为：$\begin{pmatrix} 2 & -3 \\ 1 & 4 \end{pmatrix}$.

19. 设$T(x_1,x_2,x_3) = (2x_1 - x_2, x_2 + x_3, x_1)$是$\mathbb{R}^3$的线性变换，求线性变换$T$在$\mathbb{R}^3$中基$\boldsymbol{e}_1 = (1,0,0)^{\mathrm{T}}$，$\boldsymbol{e}_2 = (0,1,0)^{\mathrm{T}}$，$\boldsymbol{e}_3 = (0,0,1)^{\mathrm{T}}$下的矩阵.

解　可由定义直接求解. 由题设$T(x_1,x_2,x_3)^{\mathrm{T}} = (2x_1 - x_2, x_2 + x_3, x_1)^{\mathrm{T}}$，故有

$$T(\boldsymbol{e}_1) = (2,0,1)^{\mathrm{T}},\ T(\boldsymbol{e}_2) = (-1,1,0)^{\mathrm{T}},\ T(\boldsymbol{e}_3) = (0,1,0)^{\mathrm{T}},$$

所以有

$$T(\boldsymbol{e}_1,\boldsymbol{e}_2,\boldsymbol{e}_3) = (\boldsymbol{e}_1,\boldsymbol{e}_2,\boldsymbol{e}_3)\begin{pmatrix} 2 & -1 & 0 \\ 0 & 1 & 1 \\ 1 & 0 & 0 \end{pmatrix},$$

因此T在基$\boldsymbol{e}_1,\boldsymbol{e}_2,\boldsymbol{e}_3$下的矩阵为$\begin{pmatrix} 2 & -1 & 0 \\ 0 & 1 & 1 \\ 1 & 0 & 0 \end{pmatrix}$.

20. 在$\mathbb{R}^3$中，线性变换T把基$\boldsymbol{a}_1 = (1,0,1)^{\mathrm{T}}$，$\boldsymbol{a}_2 = (0,1,0)^{\mathrm{T}}$，$\boldsymbol{a}_3 = (0,0,1)^{\mathrm{T}}$分别变为$(1,0,2)^{\mathrm{T}}$，$(-1,2,-1)^{\mathrm{T}}$，$(1,0,0)^{\mathrm{T}}$.

(1) 求T在基$\boldsymbol{a}_1,\boldsymbol{a}_2,\boldsymbol{a}_3$下的矩阵；

(2) 求T在标准基$\boldsymbol{e}_1,\boldsymbol{e}_2,\boldsymbol{e}_3$下的矩阵.

解　**方法1**：由题设，计算可得$T\boldsymbol{a}_1 = (1,0,2)^{\mathrm{T}} = \boldsymbol{a}_1 + \boldsymbol{a}_3$，$T\boldsymbol{a}_2 = (-1,2,-1)^{\mathrm{T}} = -\boldsymbol{a}_1 + 2\boldsymbol{a}_2$，$T\boldsymbol{a}_3 = (1,0,0)^{\mathrm{T}} = \boldsymbol{a}_1 - \boldsymbol{a}_3$，故

$$(T\boldsymbol{a}_1,T\boldsymbol{a}_2,T\boldsymbol{a}_3)=(\boldsymbol{a}_1,\boldsymbol{a}_2,\boldsymbol{a}_3)\begin{pmatrix}1&-1&1\\0&2&0\\1&0&-1\end{pmatrix},$$

所以 T 在基$\boldsymbol{a}_1,\boldsymbol{a}_2,\boldsymbol{a}_3$ 下的矩阵为 $\boldsymbol{A}=\begin{pmatrix}1&-1&1\\0&2&0\\1&0&-1\end{pmatrix}$. 又因为

$$T\boldsymbol{e}_1=T(\boldsymbol{a}_1-\boldsymbol{a}_3)=T\boldsymbol{a}_1-T\boldsymbol{a}_3=(1,0,2)^{\mathrm{T}}-(1,0,0)^{\mathrm{T}}=2\boldsymbol{e}_3,$$

$$T\boldsymbol{e}_2=T\boldsymbol{a}_2=(-1,2,-1)^{\mathrm{T}}=-\boldsymbol{e}_1+2\boldsymbol{e}_2-\boldsymbol{e}_3,\ T\boldsymbol{e}_3=T\boldsymbol{a}_3=(1,0,0)^{\mathrm{T}}=\boldsymbol{e}_1,$$

即

$$(T\boldsymbol{e}_1,T\boldsymbol{e}_2,T\boldsymbol{e}_3)=(\boldsymbol{e}_1,\boldsymbol{e}_2,\boldsymbol{e}_3)\begin{pmatrix}0&-1&1\\0&2&0\\2&-1&0\end{pmatrix},$$

所以 T 在标准基$\boldsymbol{e}_1,\boldsymbol{e}_2,\boldsymbol{e}_3$ 下的矩阵为 $\boldsymbol{B}=\begin{pmatrix}0&-1&1\\0&2&0\\2&-1&0\end{pmatrix}$.

方法2: 先由方法1求出 T 在基$\boldsymbol{a}_1,\boldsymbol{a}_2,\boldsymbol{a}_3$ 的矩阵 $\boldsymbol{A}$, 再由以下方法求出 T 在基$\boldsymbol{e}_1,\boldsymbol{e}_2,\boldsymbol{e}_3$ 的矩阵 $\boldsymbol{B}$, 因为

$$(\boldsymbol{a}_1,\boldsymbol{a}_2,\boldsymbol{a}_3)=(\boldsymbol{e}_1,\boldsymbol{e}_2,\boldsymbol{e}_3)\begin{pmatrix}1&0&0\\0&1&0\\1&0&1\end{pmatrix}=(\boldsymbol{e}_1,\boldsymbol{e}_2,\boldsymbol{e}_3)\boldsymbol{P},$$

故$(\boldsymbol{e}_1,\boldsymbol{e}_2,\boldsymbol{e}_3)=(\boldsymbol{a}_1,\boldsymbol{a}_2,\boldsymbol{a}_3)\boldsymbol{P}^{-1}$, 从而

$$T(\boldsymbol{e}_1,\boldsymbol{e}_2,\boldsymbol{e}_3)=(T\boldsymbol{a}_1,T\boldsymbol{a}_2,T\boldsymbol{a}_3)\boldsymbol{P}^{-1}=(\boldsymbol{a}_1,\boldsymbol{a}_2,\boldsymbol{a}_3)\boldsymbol{A}\boldsymbol{P}^{-1}=(\boldsymbol{e}_1,\boldsymbol{e}_2,\boldsymbol{e}_3)\boldsymbol{PA}\boldsymbol{P}^{-1},$$

所以 $\boldsymbol{B}=\boldsymbol{PA}\boldsymbol{P}^{-1}=\begin{pmatrix}0&-1&1\\0&2&0\\2&-1&0\end{pmatrix}$ 为 T 在基$\boldsymbol{e}_1,\boldsymbol{e}_2,\boldsymbol{e}_3$ 下的矩阵.

21. 设 T 是 $\mathbb{R}^3$ 上的线性变换, 其在基 $\boldsymbol{a}_1=(-1,1,1)^{\mathrm{T}}$, $\boldsymbol{a}_2=(1,0,-1)^{\mathrm{T}}$, $\boldsymbol{a}_3=(0,1,1)^{\mathrm{T}}$ 下的矩阵为 $\boldsymbol{A}=\begin{pmatrix}1&0&1\\1&1&0\\-1&2&1\end{pmatrix}$, 求 T 在基$\boldsymbol{e}_1=(1,0,0)^{\mathrm{T}}$, $\boldsymbol{e}_2=(0,1,0)^{\mathrm{T}}$, $\boldsymbol{e}_3=(0,0,1)^{\mathrm{T}}$ 下的矩阵.

解　由题设知 $T(\boldsymbol{a}_1,\boldsymbol{a}_2,\boldsymbol{a}_3)=(\boldsymbol{a}_1,\boldsymbol{a}_2,\boldsymbol{a}_3)\boldsymbol{A}$, 设

$$\boldsymbol{P}=\begin{pmatrix}-1&1&0\\1&0&1\\1&-1&1\end{pmatrix},\ 则\boldsymbol{P}^{-1}=\begin{pmatrix}-1&1&0\\1&0&1\\1&-1&1\end{pmatrix}^{-1}=\begin{pmatrix}-1&1&-1\\0&1&-1\\1&0&1\end{pmatrix},$$

则$\boldsymbol{e}_1,\boldsymbol{e}_2,\boldsymbol{e}_3$ 到$\boldsymbol{a}_1,\boldsymbol{a}_2,\boldsymbol{a}_3$ 的过渡矩阵为 $\boldsymbol{P}$, 即$(\boldsymbol{a}_1,\boldsymbol{a}_2,\boldsymbol{a}_3)=(\boldsymbol{e}_1,\boldsymbol{e}_2,\boldsymbol{e}_3)P$, 从$\boldsymbol{a}_1,\boldsymbol{a}_2,\boldsymbol{a}_3$ 到$\boldsymbol{e}_1,\boldsymbol{e}_2,\boldsymbol{e}_3$ 的过渡矩阵为$\boldsymbol{P}^{-1}$, 即$(\boldsymbol{e}_1,\boldsymbol{e}_2,\boldsymbol{e}_3)=(\boldsymbol{a}_1,\boldsymbol{a}_2,\boldsymbol{a}_3)\boldsymbol{P}^{-1}$, 从而

$$T(\boldsymbol{e}_1,\boldsymbol{e}_2,\boldsymbol{e}_3)=T(\boldsymbol{a}_1,\boldsymbol{a}_2,\boldsymbol{a}_3)\boldsymbol{P}^{-1}=(\boldsymbol{a}_1,\boldsymbol{a}_2,\boldsymbol{a}_3)\boldsymbol{A}\boldsymbol{P}^{-1}=(\boldsymbol{e}_1,\boldsymbol{e}_2,\boldsymbol{e}_3)\boldsymbol{PA}\boldsymbol{P}^{-1}$$

$$=(\boldsymbol{e}_1,\boldsymbol{e}_2,\boldsymbol{e}_3)\begin{pmatrix}-1&1&0\\1&0&1\\1&-1&1\end{pmatrix}\begin{pmatrix}1&0&1\\1&1&0\\-1&2&1\end{pmatrix}\begin{pmatrix}-1&1&-1\\0&1&-1\\1&0&1\end{pmatrix}$$

$$=(\boldsymbol{e}_1,\boldsymbol{e}_2,\boldsymbol{e}_3)\begin{pmatrix}-1&1&-2\\2&2&0\\3&0&2\end{pmatrix},$$

所以 T 在基 $\boldsymbol{e}_1,\boldsymbol{e}_2,\boldsymbol{e}_3$ 下的矩阵为 $\begin{pmatrix}-1&1&-2\\2&2&0\\3&0&2\end{pmatrix}$.

22. 设 T 是 $\mathbb{R}^4$ 上的线性变换，且 T 在基 $\boldsymbol{e}_1=(1,0,0,0)^{\mathrm{T}}$，$\boldsymbol{e}_2=(0,1,0,0)^{\mathrm{T}}$，$\boldsymbol{e}_3=(0,0,1,0)^{\mathrm{T}}$，$\boldsymbol{e}_4=(0,0,0,1)^{\mathrm{T}}$ 下的矩阵为 $\boldsymbol{A}=\begin{pmatrix}-1&-2&-3&-2\\2&6&5&2\\0&0&-1&-2\\0&0&2&6\end{pmatrix}$，求 T 在基 $\boldsymbol{a}_1=\boldsymbol{e}_1$，$\boldsymbol{a}_2=-\boldsymbol{e}_1+\boldsymbol{e}_2$，$\boldsymbol{a}_3=-\boldsymbol{e}_2+\boldsymbol{e}_3$，$\boldsymbol{a}_4=-\boldsymbol{e}_3+\boldsymbol{e}_4$ 下的矩阵.

解　由题设知，有 $T(\boldsymbol{e}_1,\boldsymbol{e}_2,\boldsymbol{e}_3,\boldsymbol{e}_4)=(\boldsymbol{e}_1,\boldsymbol{e}_2,\boldsymbol{e}_3,\boldsymbol{e}_4)\boldsymbol{A}$. 设由基 $\boldsymbol{e}_1,\boldsymbol{e}_2,\boldsymbol{e}_3,\boldsymbol{e}_4$ 到基 $\boldsymbol{a}_1,\boldsymbol{a}_2,\boldsymbol{a}_3,\boldsymbol{a}_4$ 的过渡矩阵为 $\boldsymbol{P}$，即 $(\boldsymbol{a}_1,\boldsymbol{a}_2,\boldsymbol{a}_3,\boldsymbol{a}_4)=(\boldsymbol{e}_1,\boldsymbol{e}_2,\boldsymbol{e}_3,\boldsymbol{e}_4)\boldsymbol{P}$，则有

$$\boldsymbol{P}=\begin{pmatrix}1&-1&0&0\\0&1&-1&0\\0&0&1&-1\\0&0&0&1\end{pmatrix}.$$

设 T 在基 $\boldsymbol{a}_1,\boldsymbol{a}_2,\boldsymbol{a}_3,\boldsymbol{a}_4$ 下的矩阵为 $\boldsymbol{B}$，即 $T(\boldsymbol{a}_1,\boldsymbol{a}_2,\boldsymbol{a}_3,\boldsymbol{a}_4)=(\boldsymbol{a}_1,\boldsymbol{a}_2,\boldsymbol{a}_3,\boldsymbol{a}_4)\boldsymbol{B}$，则 $\boldsymbol{B}=\boldsymbol{P}^{-1}\boldsymbol{A}\boldsymbol{P}$，故

$$\boldsymbol{B}=\begin{pmatrix}1&-1&0&0\\0&1&-1&0\\0&0&1&-1\\0&0&0&1\end{pmatrix}^{-1}\begin{pmatrix}-1&-2&-2&-2\\2&6&5&2\\0&0&-1&-2\\0&0&2&6\end{pmatrix}\begin{pmatrix}1&-1&0&0\\0&1&-1&0\\0&0&1&-1\\0&0&0&1\end{pmatrix}$$

$$=\begin{pmatrix}1&1&1&1\\0&1&1&1\\0&0&1&1\\0&0&0&1\end{pmatrix}\begin{pmatrix}-1&-2&-2&-2\\2&6&5&2\\0&0&-1&-2\\0&0&2&6\end{pmatrix}\begin{pmatrix}1&-1&0&0\\0&1&-1&0\\0&0&1&-1\\0&0&0&1\end{pmatrix}=\begin{pmatrix}1&3&0&0\\2&4&0&0\\0&0&1&3\\0&0&2&4\end{pmatrix}.$$

23. 设 $\boldsymbol{V}$ 是 $\mathbb{R}$ 上 2×2 矩阵组成的线性空间，$\boldsymbol{M}=\begin{pmatrix}1&2\\0&3\end{pmatrix}$，且设 T 是 $\boldsymbol{V}$ 中的线性变换，定义为：$T(\boldsymbol{A})=\boldsymbol{AM}-\boldsymbol{MA}$，求 T 的核空间 $\boldsymbol{W}$ 的基与维数.

解　由核空间的定义知，满足

$$T\begin{pmatrix}x&y\\s&t\end{pmatrix}=\begin{pmatrix}0&0\\0&0\end{pmatrix}$$

的元素$\begin{pmatrix} x & y \\ s & t \end{pmatrix}$的全体构成的集合，即为 T 的核空间 $\boldsymbol{W}$. 由定义知，

$$T\begin{pmatrix} x & y \\ s & t \end{pmatrix}=\begin{pmatrix} x & y \\ s & t \end{pmatrix}\begin{pmatrix} 1 & 2 \\ 0 & 3 \end{pmatrix}-\begin{pmatrix} 1 & 2 \\ 0 & 3 \end{pmatrix}\begin{pmatrix} x & y \\ s & t \end{pmatrix}=\begin{pmatrix} -2s & 2x+2y-2t \\ -2s & 2s \end{pmatrix}=\begin{pmatrix} 0 & 0 \\ 0 & 0 \end{pmatrix},$$

所以有方程组$\begin{cases} 2x+2y-2t=0 \\ s=0 \end{cases}$，且方程组的解空间即为 T 的核空间 $\boldsymbol{W}$. 又因为方程组有两个自由变量，故方程组的解空间的维数为 2，得核空间的维数为 2，方程组的基础解系对应为核空间的基. 令 $y=-1, t=0$，得 $x=1, y=-1, s=0, t=0$；令 $y=0, t=1$，得 $x=1, y=0, s=0, t=1$，从而得$\begin{pmatrix} 1 & -1 \\ 0 & 0 \end{pmatrix}$，$\begin{pmatrix} 1 & 0 \\ 0 & 1 \end{pmatrix}$为 T 的核空间 $\boldsymbol{W}$ 的基.

24. 设 $\boldsymbol{P}[x]_2$ 是次数不超过 2 的全体实系数多项式构成的集合，在 $\boldsymbol{P}[x]_2$ 中取两组基（Ⅰ）：$1, x, x^2$；（Ⅱ）：$1, x+2, (x+2)^2$.

（1）求由基（Ⅰ）到基（Ⅱ）的过渡矩阵；

（2）对任意的 $f(x) \in \boldsymbol{P}[x]_2$，变换 T 定义如下：$T[f(x)]=f(x-2)$，证明：T 是 $\boldsymbol{P}[x]_2$ 上的线性变换；

（3）求出 T 在基（Ⅰ）和基（Ⅱ）下的矩阵；

（4）若 $f(x)=-x^2+x+2$，求 $T[f(x)]$ 在基（Ⅱ）下的坐标.

解 （1）因为

$$1=1+0x+0x^2,\ x+2=2\cdot 1+1x+0x^2,\ (x+2)^2=4\cdot 1+4x+1x^2,$$

即

$$(1, x+2, (x+2)^2)=(1, x, x^2)\begin{pmatrix} 1 & 2 & 4 \\ 0 & 1 & 4 \\ 0 & 0 & 1 \end{pmatrix},$$

所以由基（Ⅰ）到基（Ⅱ）的过渡矩阵为 $\boldsymbol{K}=\begin{pmatrix} 1 & 2 & 4 \\ 0 & 1 & 4 \\ 0 & 0 & 1 \end{pmatrix}$.

（2）$\forall g(x), h(x) \in \boldsymbol{P}[x]_2$，$\forall k, l \in \mathbb{R}$，因 $\boldsymbol{P}[x]_2$ 是线性空间，有 $kg(x)+lh(x) \in \boldsymbol{P}[x]_2$，故

$$T(kg(x)+lh(x))=kg(x-2)+lh(x-2)=kT(g(x))+lT(h(x)),$$

故 T 是 $\boldsymbol{P}[x]_2$ 上的线性变换.

（3）由题设

$$T(1, x, x^2)=(T1, Tx, Tx^2)=(1, x-2, (x-2)^2)=(1, x, x^2)\begin{pmatrix} 1 & -2 & 4 \\ 0 & 1 & -4 \\ 0 & 0 & 1 \end{pmatrix},$$

所以 T 在基（Ⅰ）下的矩阵为 $\boldsymbol{A}=\begin{pmatrix} 1 & -2 & 4 \\ 0 & 1 & -4 \\ 0 & 0 & 1 \end{pmatrix}$. 又

$$T(1, x+2, (x+2)^2)=(T1, T(x+2), T(x+2)^2)=(1, x, x^2)$$

$$=(1,x+2,(x+2)^2)\begin{pmatrix}1&-2&4\\0&1&-4\\0&0&1\end{pmatrix},$$

所以 T 在基(Ⅱ)下的矩阵为 $\boldsymbol{B}=\begin{pmatrix}1&-2&4\\0&1&-4\\0&0&1\end{pmatrix}$.

(4) 由 $T[f(x)]=f(x-2)$, 则

$$T(f(x))=T(-x^2+x+2)=(-(x-2)^2+x-2+2)=-4+5x-x^2$$

$$=(1,x,x^2)\begin{pmatrix}-4\\5\\-1\end{pmatrix}=(1,x+2,(1+x)^2)\begin{pmatrix}1&-2&4\\0&1&-4\\0&0&1\end{pmatrix}\begin{pmatrix}-4\\5\\-1\end{pmatrix}$$

$$=(1,x+2,(x+2)^2)\begin{pmatrix}-18\\9\\-1\end{pmatrix},$$

所以 $T[f(x)]$ 在基(Ⅱ)下的坐标为 $(-18,9,-1)^{\mathrm{T}}$.

或由 $-4+5x-x^2=-18+9(x+2)-(x+2)^2$, 直接可得所求坐标为 $(-18,9,-1)^{\mathrm{T}}$.

25. 设 $\boldsymbol{a}_1=(-1,1,1)^{\mathrm{T}}$, $\boldsymbol{a}_2=(1,0,-1)^{\mathrm{T}}$, $\boldsymbol{a}_3=(0,1,1)^{\mathrm{T}}$ 为 $\mathbb{R}^3$ 的一组基, T 是 $\mathbb{R}^3$ 中的线性变换, T 在 $\boldsymbol{a}_1,\boldsymbol{a}_2,\boldsymbol{a}_3$ 下的矩阵为 $\boldsymbol{A}=\begin{pmatrix}1&0&1\\1&1&0\\-1&2&1\end{pmatrix}$, 求:

(1) 由基 $\boldsymbol{a}_1,\boldsymbol{a}_2,\boldsymbol{a}_3$ 到基 $\boldsymbol{b}_1=T\boldsymbol{a}_1$, $\boldsymbol{b}_2=T\boldsymbol{a}_2$, $\boldsymbol{b}_3=T\boldsymbol{a}_3$ 的过渡矩阵;

(2) T 在 $\boldsymbol{b}_1,\boldsymbol{b}_2,\boldsymbol{b}_3$ 下的矩阵;

(3) 向量 $\boldsymbol{\alpha}\in\mathbb{R}^3$, 使得 $\boldsymbol{\alpha}$ 在 $\boldsymbol{a}_1,\boldsymbol{a}_2,\boldsymbol{a}_3$ 与 $\boldsymbol{b}_1,\boldsymbol{b}_2,\boldsymbol{b}_3$ 下有相同的坐标.

解　(1) 由题设知, $T(\boldsymbol{a}_1,\boldsymbol{a}_2,\boldsymbol{a}_3)=(\boldsymbol{a}_1,\boldsymbol{a}_2,\boldsymbol{a}_3)\boldsymbol{A}$, 而

$$(\boldsymbol{b}_1,\boldsymbol{b}_2,\boldsymbol{b}_3)=(T\boldsymbol{a}_1,T\boldsymbol{a}_2,T\boldsymbol{a}_3)=T(\boldsymbol{a}_1,\boldsymbol{a}_2,\boldsymbol{a}_3)=(\boldsymbol{a}_1,\boldsymbol{a}_2,\boldsymbol{a}_3)\boldsymbol{A},$$

故由基 $\boldsymbol{a}_1,\boldsymbol{a}_2,\boldsymbol{a}_3$ 到基 $\boldsymbol{b}_1,\boldsymbol{b}_2,\boldsymbol{b}_3$ 的过渡矩阵为 $\boldsymbol{A}=\begin{pmatrix}1&0&1\\1&1&0\\-1&2&1\end{pmatrix}$.

(2) 因

$$\begin{aligned}T(\boldsymbol{b}_1,\boldsymbol{b}_2,\boldsymbol{b}_3)&=T(T\boldsymbol{a}_1,T\boldsymbol{a}_2,T\boldsymbol{a}_3)=T[(\boldsymbol{a}_1,\boldsymbol{a}_2,\boldsymbol{a}_3)\boldsymbol{A}]\\&=(T\boldsymbol{a}_1,T\boldsymbol{a}_2,T\boldsymbol{a}_3)\boldsymbol{A}=(\boldsymbol{b}_1,\boldsymbol{b}_2,\boldsymbol{b}_3)\boldsymbol{A},\end{aligned}$$

所以 T 在 $\boldsymbol{b}_1,\boldsymbol{b}_2,\boldsymbol{b}_3$ 下的矩阵依然是 $\boldsymbol{A}=\begin{pmatrix}1&0&1\\1&1&0\\-1&2&1\end{pmatrix}$.

(3) 设 $\boldsymbol{\alpha}$ 在两组基下的坐标均是 $(x,y,z)^{\mathrm{T}}$, 则由坐标变换公式得 $\begin{pmatrix}x\\y\\z\end{pmatrix}=\boldsymbol{A}\begin{pmatrix}x\\y\\z\end{pmatrix}$, 即

$(\boldsymbol{A}-\boldsymbol{E})\begin{pmatrix}x\\y\\z\end{pmatrix}=\begin{pmatrix}0\\0\\0\end{pmatrix}$，又因为$|\boldsymbol{A}-\boldsymbol{E}|=\begin{vmatrix}0&0&1\\1&0&0\\-1&2&0\end{vmatrix}=-2\neq 0$，所以方程组只有零解，所以$(x,y,z)^{\mathrm{T}}=(0,0,0)^{\mathrm{T}}$，因此在$\boldsymbol{a}_1$，$\boldsymbol{a}_2$，$\boldsymbol{a}_3$与$\boldsymbol{b}_1$，$\boldsymbol{b}_2$，$\boldsymbol{b}_3$下有相同的坐标的向量是零向量$\boldsymbol{\alpha}=(0,0,0)^{\mathrm{T}}$.

三、本章测验题

1. 设$\boldsymbol{e}_1=(1,0,0)^{\mathrm{T}}$，$\boldsymbol{e}_2=(0,1,0)^{\mathrm{T}}$，$\boldsymbol{e}_3=(0,0,1)^{\mathrm{T}}$与$\boldsymbol{a}_1=(1,1,1)^{\mathrm{T}}$，$\boldsymbol{a}_2=(0,1,1)^{\mathrm{T}}$，$\boldsymbol{a}_3=(0,0,1)^{\mathrm{T}}$都是$\mathbb{R}^3$的基，则由$\boldsymbol{e}_1,\boldsymbol{e}_2,\boldsymbol{e}_3$到基$\boldsymbol{a}_1,\boldsymbol{a}_2,\boldsymbol{a}_3$过渡矩阵为______.

2. 已知$\mathbb{R}^3$上两组基$\boldsymbol{\alpha}_1=(1,1,-3)^{\mathrm{T}}$，$\boldsymbol{\alpha}_2=(-2,-1,6)^{\mathrm{T}}$，$\boldsymbol{\alpha}_3=(3,1,-10)^{\mathrm{T}}$；$\boldsymbol{\beta}_1=(1,4,2)^{\mathrm{T}}$，$\boldsymbol{\beta}_2=(2,1,0)^{\mathrm{T}}$，$\boldsymbol{\beta}_3=(1,-4,2)^{\mathrm{T}}$，则基$\boldsymbol{\alpha}_1,\boldsymbol{\alpha}_2,\boldsymbol{\alpha}_3$到基$\boldsymbol{\beta}_1$，$\boldsymbol{\beta}_2$，$\boldsymbol{\beta}_3$的过渡矩阵为______.

3. 设向量$\boldsymbol{a}=\boldsymbol{e}_1+\boldsymbol{e}_2-5\boldsymbol{e}_3$是$\mathbb{R}^3$中的向量，而$\boldsymbol{e}_1=(1,1,1)^{\mathrm{T}}$，$\boldsymbol{e}_2=(0,1,1)^{\mathrm{T}}$，$\boldsymbol{e}_3=(0,0,1)^{\mathrm{T}}$；$\boldsymbol{\alpha}_1=(1,0,0)^{\mathrm{T}}$，$\boldsymbol{\alpha}_2=(1,1,0)^{\mathrm{T}}$，$\boldsymbol{\alpha}_3=(1,1,1)^{\mathrm{T}}$分别是$\mathbb{R}^3$的两组基，则向量$\boldsymbol{a}$在基$\boldsymbol{\alpha}_1,\boldsymbol{\alpha}_2,\boldsymbol{\alpha}_3$下的坐标为______.

4. 设$\boldsymbol{\alpha}=2t^2-5t+6$是次数小于等于2的多项式构成的线性空间$\boldsymbol{V}=\{at^2+bt+c\mid a,b,c\in\mathbb{R}\}$中的向量，$\boldsymbol{e}_1=1,\boldsymbol{e}_2=t-1,\boldsymbol{e}_3=(t-1)^2$是$\boldsymbol{V}$的一组基，则$\boldsymbol{\alpha}$在基$\boldsymbol{e}_1,\boldsymbol{e}_2,\boldsymbol{e}_3$下的坐标为______.

5. 设$T(x_1,x_2,x_3)^{\mathrm{T}}=(2x_1-x_2,x_2-x_3,x_2+x_3)^{\mathrm{T}}$是定义在$\mathbb{R}^3$中的线性变换，$\boldsymbol{a}_1=(1,0,0)^{\mathrm{T}}$，$\boldsymbol{a}_2=(1,1,0)^{\mathrm{T}}$，$\boldsymbol{a}_3=(1,1,1)^{\mathrm{T}}$是$\mathbb{R}^3$中的一组基，$\boldsymbol{b}=(-1,1,1)^{\mathrm{T}}$是$\mathbb{R}^3$中向量，求：

(1) T在基$\boldsymbol{a}_1,\boldsymbol{a}_2,\boldsymbol{a}_3$下的矩阵；

(2) $T\boldsymbol{b}$在基$\boldsymbol{a}_1,\boldsymbol{a}_2,\boldsymbol{a}_3$下的坐标.

6. 设T是$\mathbb{R}^2$中的线性变换，定义为$T(x,y)^{\mathrm{T}}=(2x-3y,x+4y)^{\mathrm{T}}$，$\boldsymbol{e}_1=(1,0)^{\mathrm{T}}$，$\boldsymbol{e}_2=(0,1)^{\mathrm{T}}$和$\boldsymbol{a}_1=(1,3)^{\mathrm{T}}$，$\boldsymbol{a}_2=(2,5)^{\mathrm{T}}$为$\mathbb{R}^2$中的两组基，求基$T(\boldsymbol{e}_1),T(\boldsymbol{e}_2)$到基$\boldsymbol{a}_1,\boldsymbol{a}_2$的过渡矩阵.

本章测验题答案

1. $\begin{pmatrix}1&0&0\\1&1&0\\1&1&1\end{pmatrix}$. 2. $\begin{pmatrix}2&-6&-14\\-7&-13&-15\\-5&-6&-5\end{pmatrix}$. 3. $(-1,5,-3)^{\mathrm{T}}$. 4. $(3,-1,2)^{\mathrm{T}}$.

5. (1) T在基$\boldsymbol{a}_1,\boldsymbol{a}_2,\boldsymbol{a}_3$下的矩阵为$\begin{pmatrix}2&0&1\\0&0&-2\\0&1&2\end{pmatrix}$；

(2) $T\boldsymbol{b}$在基$\boldsymbol{a}_1,\boldsymbol{a}_2,\boldsymbol{a}_3$下的坐标为$(-3,-2,2)^{\mathrm{T}}$.

6. $\begin{pmatrix} -8 & 23 \\ 5 & -13 \end{pmatrix}$.

四、本章习题全解

练习 4.1

1. 验证 $\boldsymbol{\alpha}_1=(1,-1,0)^{\mathrm{T}}$，$\boldsymbol{\alpha}_2=(2,1,3)^{\mathrm{T}}$，$\boldsymbol{\alpha}_3=(3,1,2)^{\mathrm{T}}$ 为$\mathbb{R}^3$ 的一组基，并把$\boldsymbol{b}_1=(5,0,7)^{\mathrm{T}}$，$\boldsymbol{b}_2=(-9,-8,-3)^{\mathrm{T}}$ 用这组基线性表示.

解　设$\boldsymbol{A}=(\boldsymbol{\alpha}_1,\boldsymbol{\alpha}_2,\boldsymbol{\alpha}_3)$，$\boldsymbol{B}=(\boldsymbol{b}_1,\boldsymbol{b}_2)$，解矩阵方程$\boldsymbol{AX}=\boldsymbol{B}$，对下面矩阵实施初等行变换：

$$(\boldsymbol{A}\,\vdots\,\boldsymbol{B})=\left(\begin{array}{ccc:cc} 1 & 2 & 3 & 5 & -9 \\ -1 & 1 & 1 & 0 & -8 \\ 0 & 3 & 2 & 7 & -3 \end{array}\right)\xrightarrow[r_3-r_2]{r_2+r_1}\left(\begin{array}{ccc:cc} 1 & 2 & 3 & 5 & -9 \\ 0 & 3 & 4 & 5 & -17 \\ 0 & 0 & -2 & 2 & 14 \end{array}\right)$$

$$\xrightarrow[r_3\div(-2)]{r_2+2r_3}\left(\begin{array}{ccc:cc} 1 & 2 & 3 & 5 & -9 \\ 0 & 3 & 0 & 9 & 11 \\ 0 & 0 & 1 & -1 & -7 \end{array}\right)\xrightarrow[r_2\div 3]{r_1-\frac{2}{3}r_2-3r_3}\left(\begin{array}{ccc:cc} 1 & 0 & 0 & 2 & \frac{14}{3} \\ 0 & 1 & 0 & 3 & \frac{11}{3} \\ 0 & 0 & 1 & -1 & -7 \end{array}\right),$$

根据上述变换可知$\boldsymbol{\alpha}_1,\boldsymbol{\alpha}_2,\boldsymbol{\alpha}_3$ 线性无关，故为$\mathbb{R}^3$ 的一组基，且$\boldsymbol{b}_1=2\boldsymbol{\alpha}_1+3\boldsymbol{\alpha}_2-\boldsymbol{\alpha}_3$，$\boldsymbol{b}_2=\frac{14}{3}\boldsymbol{\alpha}_1+\frac{11}{3}\boldsymbol{\alpha}_2-7\boldsymbol{\alpha}_3$.

2. 求$\mathbb{R}^4$ 中向量 $\boldsymbol{\alpha}=(0,0,0,1)^{\mathrm{T}}$ 在基 $\boldsymbol{\varepsilon}_1=(1,1,0,1)^{\mathrm{T}}$，$\boldsymbol{\varepsilon}_2=(2,1,3,1)^{\mathrm{T}}$，$\boldsymbol{\varepsilon}_3=(1,1,0,0)^{\mathrm{T}}$，$\boldsymbol{\varepsilon}_4=(0,1,-1,-1)^{\mathrm{T}}$ 下的坐标.

解　设$\boldsymbol{A}=(\varepsilon_1,\varepsilon_2,\varepsilon_3,\varepsilon_4)$，解方程组$\boldsymbol{Ax}=\alpha$，对下列矩阵实施初等行变换：

$$(\boldsymbol{A}\,\vdots\,\alpha)=\left(\begin{array}{cccc:c} 1 & 2 & 1 & 0 & 0 \\ 1 & 1 & 1 & 1 & 0 \\ 0 & 3 & 0 & -1 & 0 \\ 1 & 1 & 0 & -1 & 1 \end{array}\right)\xrightarrow[r_4-r_1]{r_2-r_1}\left(\begin{array}{cccc:c} 1 & 2 & 1 & 0 & 0 \\ 0 & -1 & 0 & 1 & 0 \\ 0 & 3 & 0 & -1 & 0 \\ 0 & -1 & -1 & -1 & 1 \end{array}\right)$$

$$\xrightarrow[r_2\times(-1)]{\substack{r_3+3r_2\\ r_4-r_2}}\left(\begin{array}{cccc:c} 1 & 2 & 1 & 0 & 0 \\ 0 & 1 & 0 & -1 & 0 \\ 0 & 0 & 0 & 2 & 0 \\ 0 & 0 & -1 & -2 & 1 \end{array}\right)\xrightarrow[r_4\div 2]{\substack{r_1-2r_2\\ r_4\leftrightarrow r_3}}\left(\begin{array}{cccc:c} 1 & 0 & 1 & 2 & 0 \\ 0 & 1 & 0 & -1 & 0 \\ 0 & 0 & -1 & -2 & 1 \\ 0 & 0 & 0 & 1 & 0 \end{array}\right)$$

$$\xrightarrow[\substack{r_3+2r_4\\ r_3\times(-1)}]{\substack{r_1+r_3\\ r_2+r_4}}\left(\begin{array}{cccc:c} 1 & 0 & 0 & 0 & 1 \\ 0 & 1 & 0 & 0 & 0 \\ 0 & 0 & 1 & 0 & -1 \\ 0 & 0 & 0 & 1 & 0 \end{array}\right),$$

故 $\boldsymbol{\alpha}=(0,0,0,1)^{\mathrm{T}}$ 在给定基下的坐标为$(1,0,-1,0)^{\mathrm{T}}$.

3. 设$\mathbb{R}^3$中两组基$\boldsymbol{\alpha}_1=(1,1,0)^{\mathrm{T}}$, $\boldsymbol{\alpha}_2=(0,1,1)^{\mathrm{T}}$, $\boldsymbol{\alpha}_3=(0,0,1)^{\mathrm{T}}$和$\boldsymbol{\beta}_1,\boldsymbol{\beta}_2,\boldsymbol{\beta}_3$. 已知从$\boldsymbol{\alpha}_1,\boldsymbol{\alpha}_2,\boldsymbol{\alpha}_3$到$\boldsymbol{\beta}_1,\boldsymbol{\beta}_2,\boldsymbol{\beta}_3$的过渡矩阵$\boldsymbol{K}$为

$$\boldsymbol{K}=\begin{pmatrix}1&1&-2\\-2&0&3\\4&-1&-6\end{pmatrix},$$

求基向量$\boldsymbol{\beta}_1,\boldsymbol{\beta}_2,\boldsymbol{\beta}_3$.

解 设$\boldsymbol{A}=(\boldsymbol{\alpha}_1,\boldsymbol{\alpha}_2,\boldsymbol{\alpha}_3)$, $\boldsymbol{B}=(\boldsymbol{\beta}_1,\boldsymbol{\beta}_2,\boldsymbol{\beta}_3)$, 依题设有$\boldsymbol{B}=\boldsymbol{AK}$, 故

$$\boldsymbol{B}=\boldsymbol{AK}=\begin{pmatrix}1&0&0\\1&1&0\\0&1&1\end{pmatrix}\begin{pmatrix}1&1&-2\\-2&0&3\\4&-1&-6\end{pmatrix}=\begin{pmatrix}1&1&-2\\-1&1&1\\2&-1&-3\end{pmatrix},$$

故$\boldsymbol{\beta}_1=(1,-1,2)^{\mathrm{T}}$, $\boldsymbol{\beta}_2=(1,1,-1)^{\mathrm{T}}$, $\boldsymbol{\beta}_3=(-2,1,-3)^{\mathrm{T}}$.

4. 在$\mathbb{R}^3$中, 取两组基$\boldsymbol{\alpha}_1=(1,2,1)^{\mathrm{T}}$, $\boldsymbol{\alpha}_2=(2,3,3)^{\mathrm{T}}$, $\boldsymbol{\alpha}_3=(3,7,1)^{\mathrm{T}}$;$\boldsymbol{\beta}_1=(3,1,4)^{\mathrm{T}}$, $\boldsymbol{\beta}_2=(5,2,1)^{\mathrm{T}}$, $\boldsymbol{\beta}_3=(1,1,-6)^{\mathrm{T}}$, 试求$\boldsymbol{\alpha}_1,\boldsymbol{\alpha}_2,\boldsymbol{\alpha}_3$到$\boldsymbol{\beta}_1,\boldsymbol{\beta}_2,\boldsymbol{\beta}_3$的过渡矩阵$\boldsymbol{K}$与坐标变换公式.

解 设$\boldsymbol{A}=(\alpha_1,\alpha_2,\alpha_3)$, $\boldsymbol{B}=(\beta_1,\beta_2,\beta_3)$, 求过渡矩阵$\boldsymbol{K}$, 即$\boldsymbol{B}=\boldsymbol{AK}$, 对下面矩阵实施初等行变换:

$$(\boldsymbol{A}\,\vdots\,\boldsymbol{B})=\left(\begin{array}{ccc:ccc}1&2&3&3&5&1\\2&3&7&1&2&1\\1&3&1&4&1&-6\end{array}\right)\xrightarrow[r_3-r_1]{r_2-2r_1}\left(\begin{array}{ccc:ccc}1&2&3&3&5&1\\0&-1&1&-5&-8&-1\\0&1&-2&1&-4&-7\end{array}\right)$$

$$\xrightarrow[r_2\times(-1)]{r_3+r_2}\left(\begin{array}{ccc:ccc}1&2&3&3&5&1\\0&1&-1&5&8&1\\0&0&-1&-4&-12&-8\end{array}\right)$$

$$\xrightarrow[r_1-2r_2-3r_3]{\substack{r_3\times(-1)\\ r_2+r_3}}\left(\begin{array}{ccc:ccc}1&0&0&-27&-71&-41\\0&1&0&9&20&9\\0&0&1&4&12&8\end{array}\right),$$

故所求过渡矩阵为$\boldsymbol{K}=\begin{pmatrix}-27&-71&-41\\9&20&9\\4&12&8\end{pmatrix}$.

对任意$\mathbb{R}^3$中向量$\boldsymbol{\alpha}$, 若其在两组基下的坐标分别为$\boldsymbol{x}$, $\boldsymbol{y}$, 即

$$\boldsymbol{\alpha}=\boldsymbol{Ax}=\boldsymbol{By}=(\boldsymbol{AK})\boldsymbol{y},$$

从而有坐标变换公式为$\boldsymbol{x}=\boldsymbol{Ky}$及$\boldsymbol{y}=\boldsymbol{K}^{-1}\boldsymbol{x}$.

5. 设3维向量$\boldsymbol{\beta}$在基$\boldsymbol{\alpha}_1,\boldsymbol{\alpha}_2,\boldsymbol{\alpha}_3$下的坐标为$(1,2,1)^{\mathrm{T}}$, 求$\boldsymbol{\beta}$关于基$\boldsymbol{\alpha}_1+\boldsymbol{\alpha}_2$, $\boldsymbol{\alpha}_1+\boldsymbol{\alpha}_2+\boldsymbol{\alpha}_3$, $\boldsymbol{\alpha}_1-\boldsymbol{\alpha}_2$下的坐标.

解 **方法1**: 设$\boldsymbol{A}=(\boldsymbol{\alpha}_1,\boldsymbol{\alpha}_2,\boldsymbol{\alpha}_3)$, $\boldsymbol{B}=(\boldsymbol{\alpha}_1+\boldsymbol{\alpha}_2,\boldsymbol{\alpha}_1+\boldsymbol{\alpha}_2+\boldsymbol{\alpha}_3,\boldsymbol{\alpha}_1-\boldsymbol{\alpha}_2)$, 因

$$\boldsymbol{B}=(\boldsymbol{\alpha}_1,\boldsymbol{\alpha}_2,\boldsymbol{\alpha}_3)\begin{pmatrix}1&1&1\\1&1&-1\\0&1&0\end{pmatrix}=\boldsymbol{AK},$$

设$\boldsymbol{\beta}$在$\boldsymbol{A}$下的坐标为$\boldsymbol{x}$, 在$\boldsymbol{B}$下的坐标为$\boldsymbol{y}$, 则$\boldsymbol{y}=\boldsymbol{K}^{-1}\boldsymbol{x}$, 即

$$y=\begin{pmatrix}1&1&1\\1&1&-1\\0&1&0\end{pmatrix}^{-1}\begin{pmatrix}1\\2\\1\end{pmatrix}=\begin{pmatrix}\frac{1}{2}\\1\\-\frac{1}{2}\end{pmatrix}.$$

方法 2：设所求坐标为 $x=(x_1,x_2,x_3)^{\mathrm{T}}$，依定义有

$$\begin{aligned}\boldsymbol{\beta}&=x_1(\boldsymbol{\alpha}_1+\boldsymbol{\alpha}_2)+x_2(\boldsymbol{\alpha}_1+\boldsymbol{\alpha}_2+\boldsymbol{\alpha}_3)+x_3(\boldsymbol{\alpha}_1-\boldsymbol{\alpha}_2)\\&=(x_1+x_2+x_3)\boldsymbol{\alpha}_1+(x_1+x_2-x_3)\boldsymbol{\alpha}_2+x_2\boldsymbol{\alpha}_3,\end{aligned}$$

由条件有：$x_1+x_2+x_3=1$，$x_1+x_2-x_3=2$，$x_2=1$，故所求坐标为

$$\boldsymbol{x}=(x_1,x_2,x_3)^{\mathrm{T}}=\left(\frac{1}{2},1,-\frac{1}{2}\right)^{\mathrm{T}}.$$

练习 4.2

1. 计算$[\boldsymbol{x},\boldsymbol{y}]$，其中 $\boldsymbol{x},\boldsymbol{y}$ 如下：

(1)$\boldsymbol{x}=(0,1,5,-2)$，$\boldsymbol{y}=(-2,0,-1,3)$；

(2)$\boldsymbol{x}=(-2,1,0,3)^{\mathrm{T}}$，$\boldsymbol{y}=(3,-6,8,4)^{\mathrm{T}}$.

解　(1) $[\boldsymbol{x},\boldsymbol{y}]=0\times(-2)+1\times0+5\times(-1)+(-2)\times3=-11$；

(2) $[\boldsymbol{x},\boldsymbol{y}]=(-2)\times3+1\times(-6)+0\times8+3\times4=0$.

2. 已知$\boldsymbol{\alpha}_1=(1,1,1)^{\mathrm{T}}$，$\boldsymbol{\alpha}_2=(1,-2,1)^{\mathrm{T}}$正交，试求一个非零向量$\boldsymbol{\alpha}_3$，使$\boldsymbol{\alpha}_1,\boldsymbol{\alpha}_2,\boldsymbol{\alpha}_3$两两正交.

解　设$\boldsymbol{\alpha}_3=(x,y,z)^{\mathrm{T}}$，依题意有 $\boldsymbol{\alpha}_1^{\mathrm{T}}\boldsymbol{\alpha}_3=0$，$\boldsymbol{\alpha}_2^{\mathrm{T}}\boldsymbol{\alpha}_3=0$，即$\begin{cases}x+y+z=0\\x-2y+z=0\end{cases}$，可解得$(x,y,z)^{\mathrm{T}}=k(-1,0,1)^{\mathrm{T}}$，故可取$\boldsymbol{\alpha}_3=(-1,0,1)^{\mathrm{T}}$.

3. 已知$\boldsymbol{\alpha}_1=(1,-1,0)^{\mathrm{T}}$，$\boldsymbol{\alpha}_2=(1,0,1)^{\mathrm{T}}$，$\boldsymbol{\alpha}_3=(1,-1,1)^{\mathrm{T}}$是$\mathbb{R}^3$中一组基，试用施密特正交化方法构造$\mathbb{R}^3$的一个规范正交基.

解　由施密特正交化方法，有

$\boldsymbol{\beta}_1=\boldsymbol{\alpha}_1$，

$$\boldsymbol{\beta}_2=\boldsymbol{\alpha}_2-\frac{[\boldsymbol{\alpha}_2,\boldsymbol{\beta}_1]}{[\boldsymbol{\beta}_1,\boldsymbol{\beta}_1]}\boldsymbol{\beta}_1=\begin{pmatrix}1\\0\\1\end{pmatrix}-\frac{1}{2}\begin{pmatrix}1\\-1\\0\end{pmatrix}=\begin{pmatrix}\frac{1}{2}\\\frac{1}{2}\\1\end{pmatrix},$$

$$\boldsymbol{\beta}_3=\boldsymbol{\alpha}_3-\frac{[\boldsymbol{\alpha}_3,\boldsymbol{\beta}_1]}{[\boldsymbol{\beta}_1,\boldsymbol{\beta}_1]}\boldsymbol{\beta}_1-\frac{[\boldsymbol{\alpha}_3,\boldsymbol{\beta}_2]}{[\boldsymbol{\beta}_2,\boldsymbol{\beta}_2]}\boldsymbol{\beta}_2=\begin{pmatrix}1\\-1\\1\end{pmatrix}-\begin{pmatrix}1\\-1\\0\end{pmatrix}-\frac{2}{3}\begin{pmatrix}\frac{1}{2}\\\frac{1}{2}\\1\end{pmatrix}=\begin{pmatrix}-\frac{1}{3}\\-\frac{1}{3}\\\frac{1}{3}\end{pmatrix},$$

单位化，可得一组规范正交基为

$$\left(\frac{1}{\sqrt{2}},-\frac{1}{\sqrt{2}},0\right)^{\mathrm{T}},\left(\frac{1}{\sqrt{6}},\frac{1}{\sqrt{6}},\frac{2}{\sqrt{6}}\right)^{\mathrm{T}},\left(-\frac{1}{\sqrt{3}},-\frac{1}{\sqrt{3}},\frac{1}{\sqrt{3}}\right)^{\mathrm{T}}.$$

4. 验证矩阵 $\boldsymbol{A}$ 是否为正交矩阵并求 $\boldsymbol{A}^{-1}$：

$$\boldsymbol{A}=\begin{pmatrix}\frac{1}{\sqrt{6}} & -\frac{2}{\sqrt{6}} & \frac{1}{\sqrt{6}}\\ \frac{1}{\sqrt{2}} & 0 & -\frac{1}{\sqrt{2}}\\ \frac{1}{\sqrt{3}} & \frac{1}{\sqrt{3}} & \frac{1}{\sqrt{3}}\end{pmatrix}.$$

解 验证易得 $\boldsymbol{A}\boldsymbol{A}^{\mathrm{T}}=\boldsymbol{E}$，故 $\boldsymbol{A}$ 是正交矩阵. 此时 $\boldsymbol{A}^{-1}=\boldsymbol{A}^{\mathrm{T}}$，即

$$\boldsymbol{A}^{-1}=\boldsymbol{A}^{\mathrm{T}}=\begin{pmatrix}\frac{1}{\sqrt{6}} & \frac{1}{\sqrt{2}} & \frac{1}{\sqrt{3}}\\ -\frac{2}{\sqrt{6}} & 0 & \frac{1}{\sqrt{3}}\\ \frac{1}{\sqrt{6}} & -\frac{1}{\sqrt{2}} & \frac{1}{\sqrt{3}}\end{pmatrix}.$$

5. 设 $\boldsymbol{x}$ 为 n 维列向量，$\boldsymbol{x}^{\mathrm{T}}\boldsymbol{x}=1$，令 $\boldsymbol{H}=\boldsymbol{E}-2\boldsymbol{x}\boldsymbol{x}^{\mathrm{T}}$，求证 $\boldsymbol{H}$ 是对称的正交矩阵.

证 因

$$\boldsymbol{H}^{\mathrm{T}}=(\boldsymbol{E}-2\boldsymbol{x}\boldsymbol{x}^{\mathrm{T}})^{\mathrm{T}}=\boldsymbol{E}^{\mathrm{T}}-2(\boldsymbol{x}\boldsymbol{x}^{\mathrm{T}})^{\mathrm{T}}=\boldsymbol{E}-2\boldsymbol{x}\boldsymbol{x}^{\mathrm{T}}=\boldsymbol{H},$$

故 $\boldsymbol{H}$ 对称.

因

$$\boldsymbol{H}^{\mathrm{T}}\boldsymbol{H}=(\boldsymbol{E}-2\boldsymbol{x}\boldsymbol{x}^{\mathrm{T}})(\boldsymbol{E}-2\boldsymbol{x}\boldsymbol{x}^{\mathrm{T}})=\boldsymbol{E}-4\boldsymbol{x}\boldsymbol{x}^{\mathrm{T}}+4\boldsymbol{x}(\boldsymbol{x}^{\mathrm{T}}\boldsymbol{x})\boldsymbol{x}^{\mathrm{T}}=\boldsymbol{E},$$

故 $\boldsymbol{H}$ 是正交矩阵. 综合可知 $\boldsymbol{H}$ 是对称的正交矩阵.

6. 设 $\boldsymbol{A},\boldsymbol{B}$ 均为 n 阶正交矩阵，且 $|\boldsymbol{A}|=-|\boldsymbol{B}|$，求证：$|\boldsymbol{A}+\boldsymbol{B}|=0$.

证 因 $\boldsymbol{A},\boldsymbol{B}$ 均为 n 阶正交矩阵，有 $\boldsymbol{A}\boldsymbol{A}^{\mathrm{T}}=\boldsymbol{E}$，$\boldsymbol{B}^{\mathrm{T}}\boldsymbol{B}=\boldsymbol{E}$. 可得 $|\boldsymbol{A}|=\pm1$，$|\boldsymbol{B}|=\pm1$. 由 $|\boldsymbol{A}|=-|\boldsymbol{B}|$，得 $|\boldsymbol{A}||\boldsymbol{B}|=-1$，从而

$$\begin{aligned}|\boldsymbol{A}+\boldsymbol{B}|&=|\boldsymbol{A}\boldsymbol{E}+\boldsymbol{E}\boldsymbol{B}|=|\boldsymbol{A}\boldsymbol{B}^{\mathrm{T}}\boldsymbol{B}+\boldsymbol{A}\boldsymbol{A}^{\mathrm{T}}\boldsymbol{B}|=|\boldsymbol{A}(\boldsymbol{A}^{\mathrm{T}}+\boldsymbol{B}^{\mathrm{T}})\boldsymbol{B}|\\&=|\boldsymbol{A}||\boldsymbol{A}^{\mathrm{T}}+\boldsymbol{B}^{\mathrm{T}}||\boldsymbol{B}|=|\boldsymbol{A}||\boldsymbol{A}+\boldsymbol{B}||\boldsymbol{B}|=-|\boldsymbol{A}+\boldsymbol{B}|,\end{aligned}$$

故 $|\boldsymbol{A}+\boldsymbol{B}|=0$.

7. 已知 $\boldsymbol{A}$ 为反称矩阵，若 $\boldsymbol{E}+\boldsymbol{A}$ 可逆，证明 $(\boldsymbol{E}-\boldsymbol{A})(\boldsymbol{E}+\boldsymbol{A})^{-1}$ 是正交矩阵.

证 由条件有 $\boldsymbol{A}^{\mathrm{T}}=-\boldsymbol{A}$，且显然有 $(\boldsymbol{E}-\boldsymbol{A})(\boldsymbol{E}+\boldsymbol{A})=(\boldsymbol{E}+\boldsymbol{A})(\boldsymbol{E}-\boldsymbol{A})$，故

$$\begin{aligned}&((\boldsymbol{E}-\boldsymbol{A})(\boldsymbol{E}+\boldsymbol{A})^{-1})^{\mathrm{T}}(\boldsymbol{E}-\boldsymbol{A})(\boldsymbol{E}+\boldsymbol{A})^{-1}\\=&((\boldsymbol{E}+\boldsymbol{A})^{-1})^{\mathrm{T}}(\boldsymbol{E}-\boldsymbol{A})^{\mathrm{T}}(\boldsymbol{E}-\boldsymbol{A})(\boldsymbol{E}+\boldsymbol{A})^{-1}\\=&((\boldsymbol{E}+\boldsymbol{A})^{-1})^{\mathrm{T}}((\boldsymbol{E}+\boldsymbol{A})(\boldsymbol{E}-\boldsymbol{A}))(\boldsymbol{E}+\boldsymbol{A})^{-1}\\=&((\boldsymbol{E}+\boldsymbol{A})^{-1})^{\mathrm{T}}((\boldsymbol{E}-\boldsymbol{A})(\boldsymbol{E}+\boldsymbol{A}))(\boldsymbol{E}+\boldsymbol{A})^{-1}\\=&((\boldsymbol{E}+\boldsymbol{A})^{-1})^{\mathrm{T}}(\boldsymbol{E}+\boldsymbol{A})^{\mathrm{T}}((\boldsymbol{E}+\boldsymbol{A})(\boldsymbol{E}+\boldsymbol{A})^{-1})=\boldsymbol{E},\end{aligned}$$

故$(\boldsymbol{E}-\boldsymbol{A})(\boldsymbol{E}+\boldsymbol{A})^{-1}$是正交矩阵.

练习 4.3

1. 设$\boldsymbol{C}[-1,1]$是区间$[-1,1]$上连续函数的全体所构成之集合，下列子集关于函数的加法与数与函数的乘法是否构成实数域$\mathbb{R}$上的线性空间？

(1) $W_1=\{f\in \boldsymbol{C}[-1,1]\mid f(1)=f(-1)\}$；

(2) $W_2=\{f\in \boldsymbol{C}[-1,1]\mid f(x)\text{为奇函数}\}$；

(3) $W_3=\{f\in \boldsymbol{C}[-1,1]\mid f(x)\text{是}[-1,1]\text{是增函数}\}$；

(4) $W_4=\{f\in \boldsymbol{C}[-1,1]\mid f(-1)=f(1)=0\}$；

(5) $W_5=\{f\in \boldsymbol{C}[-1,1]\mid f(-1)=0\text{或}f(1)=0\}$.

解　根据定义，容易判定(1)(2)(4)是线性空间，(3)(5)不是线性空间. 例如：(3)中，两个增函数的差不一定为增函数；(5)中，例如：$f,g\in W_5$，$f(-1)=0,f(1)=1$，$g(-1)=2,g(1)=0$，则$f(-1)+g(-1)=2$，$f(1)+g(1)=1$，从而$f+g\notin W_5$.

2. 正弦函数的集合

$$S[x]=\{s=a\sin(x+b)\mid a,b\in\mathbb{R}\}$$

对于通常的函数加法及数乘这两种运算是否构成线性空间？

解　构成线性空间.

事实上，设$s=a\sin(x+b)$，则$s\in S[x]$，则$ks=ka\sin(x+b)$，从而$ks\in S[x]$. 设$s_1=a_1\sin(x+b_1)$，$s_2=a_2\sin(x+b_2)$，则

$$\begin{aligned}s_1+s_2&=(a_1\cos b_1+a_2\cos b_2)\sin x+(a_1\sin b_1+a_2\sin b_2)\cos x\\&=A\left(\frac{a_1\cos b_1+a_2\cos b_2}{A}\sin x+\frac{a_1\sin b_1+a_2\sin b_2}{A}\cos x\right)\\&=A\sin(x+B),\end{aligned}$$

其中，

$$A=\sqrt{(a_1\cos b_1+a_2\cos b_2)^2+(a_1\sin b_1+a_2\sin b_2)^2}=\sqrt{a_1^2+a_2^2+2a_1a_2\cos(b_1-b_2)},$$

$$\cos B=\frac{a_1\cos b_1+a_2\cos b_2}{A},\ \sin B=\frac{a_1\sin b_1+a_2\sin b_2}{A}.$$

故$s_1+s_2\in S[x]$，从而$S[x]$对通常的函数加法及数乘两种运算构成线性空间.

3. 设V是实数域$\mathbb{R}$上的 2 阶方阵全体关于矩阵的加法与乘法所构成的线性空间. 设

$$W_1=\left\{\begin{pmatrix}a&b\\0&c\end{pmatrix}\mid a,b,c\in\mathbb{R}\right\},\ W_2=\left\{\begin{pmatrix}a&0\\b&c\end{pmatrix}\mid a,b,c\in\mathbb{R}\right\}.$$

证明：(1) W_1和W_2均是V的子空间；

(2) $W_1\cap W_2$和$W_1+W_2=\{u+v\mid u\in W_1,v\in W_2\}$也是$V$的子空间.

证　(1) 设$\boldsymbol{M}_1=\begin{pmatrix}a_1&b_1\\0&c_1\end{pmatrix}$，$\boldsymbol{M}_2=\begin{pmatrix}a_2&b_2\\0&c_2\end{pmatrix}\in W_1$，则对任意的$k_1,k_2\in\mathbb{R}$，有

$$k_1\boldsymbol{M}_1+k_2\boldsymbol{M}_2=\begin{pmatrix}k_1a_1+k_2a_2&k_1b_1+k_2b_2\\0&k_1c_1+k_2c_2\end{pmatrix}\in W_1,$$

故 W_1 是 V 的子空间. 同理可证 W_2 是 V 的子空间.

(2) 容易求出

$$W_1 \cap W_2 = \left\{ \begin{pmatrix} a & 0 \\ 0 & c \end{pmatrix} \middle| a, c \in \mathbb{R} \right\},$$

类似于上面的证明, 可得 $W_1 \cap W_2$ 是 V 的子空间.

$$W_1 + W_2 = \left\{ \begin{pmatrix} a & b \\ c & d \end{pmatrix} \middle| a, b, c, d \in \mathbb{R} \right\} = V, \text{显然是 } V \text{ 的子空间.}$$

4. 设 $\boldsymbol{u}$ 是线性空间 $\mathbb{R}^n$ 中的一固定向量, $\boldsymbol{W} = \{\boldsymbol{x} \in \mathbb{R}^n \mid \boldsymbol{x} \perp \boldsymbol{u}\}$, 证明 $\boldsymbol{W}$ 构成 $\mathbb{R}^n$ 的一个线性子空间.

证 对 $\forall \boldsymbol{x}, \boldsymbol{y} \in \boldsymbol{W}$, 即 $\boldsymbol{x} \perp \boldsymbol{u}$, $\boldsymbol{y} \perp \boldsymbol{u}$, 则对任意的 $k_1, k_2 \in \mathbb{R}$, 有

$$[k_1\boldsymbol{x} + k_2\boldsymbol{y}, \boldsymbol{u}] = k_1[\boldsymbol{x}, \boldsymbol{u}] + k_2[\boldsymbol{y}, \boldsymbol{u}] = 0,$$

即 $k_1\boldsymbol{x} + k_2\boldsymbol{y} \perp \boldsymbol{u}$, 从而 $k_1\boldsymbol{x} + k_2\boldsymbol{y} \in \boldsymbol{W}$, 得 $\boldsymbol{W}$ 构成 $\mathbb{R}^n$ 的一个线性子空间.

5. 设 $\boldsymbol{W}$ 是 $\mathbb{R}^n$ 的一个线性子空间. 证明 $\boldsymbol{W}^{\perp} = \{x \in \mathbb{R}^n \mid x \perp u, \forall u \in \boldsymbol{W}\}$ 也是 $\mathbb{R}^n$ 的一个线性子空间.

证 对 $\forall \boldsymbol{x}, \boldsymbol{y} \in \boldsymbol{W}^{\perp}$, 即 $\boldsymbol{x} \perp \boldsymbol{u}$, $\boldsymbol{y} \perp \boldsymbol{u}$ 对任意的 $\boldsymbol{u} \in \boldsymbol{W}$ 均成立, 则对任意的 $k_1, k_2 \in \mathbb{R}$, 有

$$[k_1\boldsymbol{x} + k_2\boldsymbol{y}, \boldsymbol{u}] = k_1[\boldsymbol{x}, \boldsymbol{u}] + k_2[\boldsymbol{y}, \boldsymbol{u}] = 0, \text{对任意的 } \boldsymbol{u} \in \boldsymbol{W} \text{ 均成立},$$

故 $k_1\boldsymbol{x} + k_2\boldsymbol{y} \in \boldsymbol{W}^{\perp}$, 从而 $\boldsymbol{W}^{\perp}$ 是 $\mathbb{R}^n$ 的一个线性子空间.

练习 4.4

1. 试判定下列集合中在 $\mathbb{R}$ 上哪一些是线性相关的, 哪一些是线性无关的:

(1) $1 + x, 1 + x^2, x$;　　(2) $x^2 + x + 1, 2x + 1, 2x^2 + 1$;

(3) $1, \cos^2 t, \cos 2t$;　　(4) $e^{-x}, e^x, \sin x$.

解 因 $2(x^2 + x + 1) = (2x + 1) + (2x^2 + 1)$, $\cos 2t = 2\cos^2 t - 1$, 从而(2)(3) 线性相关. 可以用定义证明(1)(4) 线性无关. 例如证明(1) 线性无关. 设 $k_1, k_2, k_3 \in \mathbb{R}$, 使得 $k_1(1 + x) + k_2(1 + x^2) + k_3 x = 0$, 即 $k_2 x^2 + (k_1 + k_3)x + (k_1 + k_2) = 0$, 对任意的实数 x 均成立, 故 $k_2 = 0$, $k_1 + k_3 = 0$, $k_1 + k_2 = 0$, 从而 $k_1 = k_2 = k_3 = 0$, 从而 $1 + x, 1 + x^2, x$ 线性无关.

2. 试找出线性空间 $\boldsymbol{W} = \{\boldsymbol{A} \in \mathbb{R}^{n \times n} \mid \boldsymbol{A}^{\mathrm{T}} = -\boldsymbol{A}\}$ 的一组基, 并求出 $\dim \boldsymbol{W}$.

解 设 $\boldsymbol{P}_{ij} \in \boldsymbol{W}$, 其元素定义为: 当 $i > j$ 时, (i,j) 元素为 1, 当 $i < j$ 时, (i,j) 元素为 -1, 其余元素均为零. 这里 $i = 2, 3, \cdots, n; j = 1, 2, \cdots, i - 1$, 则对任意的 $\boldsymbol{B} = (b_{ij})_{n \times n} \in \boldsymbol{W}$, 有 $\boldsymbol{B} = \sum\limits_{i=1}^{n} \sum\limits_{j=1}^{i-1} b_{ij} \boldsymbol{P}_{ij}$. 设 $\sum\limits_{i=2}^{n} \sum\limits_{j=1}^{i-1} k_{ij} \boldsymbol{P}_{ij} = \boldsymbol{O}$, 即

$$\begin{pmatrix} 0 & -k_{21} & -k_{31} & \cdots & -k_{n1} \\ k_{21} & 0 & -k_{32} & \cdots & -k_{n2} \\ k_{31} & k_{32} & 0 & \cdots & -k_{n3} \\ \vdots & \vdots & \vdots & & \vdots \\ k_{n1} & k_{n2} & k_{n3} & \cdots & 0 \end{pmatrix} = \begin{pmatrix} 0 & 0 & 0 & \cdots & 0 \\ 0 & 0 & 0 & \cdots & 0 \\ 0 & 0 & 0 & \cdots & 0 \\ \vdots & \vdots & \vdots & & \vdots \\ 0 & 0 & 0 & \cdots & 0 \end{pmatrix},$$

故 $k_{ij}=0$, $i=2,3,\cdots,n;j=1,2,\cdots,i-1$, 从而$\boldsymbol{P}_{21}$, $\boldsymbol{P}_{31}$, $\boldsymbol{P}_{32}$, $\cdots$, $\boldsymbol{P}_{n1}$, $\boldsymbol{P}_{n2}$, $\boldsymbol{P}_{n3}$, $\cdots$, $\boldsymbol{P}_{n,n-1}$线性无关, 为 $\boldsymbol{W}$ 的一组基, 故有 $\dim\boldsymbol{W}=\dfrac{n(n-1)}{2}$.

3. 试找出线性空间 $\boldsymbol{W}=\left\{\begin{pmatrix}a_{11} & a_{12}\\ a_{21} & a_{22}\end{pmatrix}\in\mathbb{R}^{2\times2}\,\middle|\,a_{11}+a_{12}+a_{21}+a_{22}=0\right\}$ 的一组基, 并求出 $\dim\boldsymbol{W}$.

解　满足 $a_{11}+a_{12}+a_{21}+a_{22}=0$ 的基础解系为 $(1,-1,0,0)^{\mathrm{T}}$, $(1,0,-1,0)^{\mathrm{T}}$, $(1,0,0,-1)^{\mathrm{T}}$, 故 $\boldsymbol{W}$ 的一组基为$\begin{pmatrix}1 & -1\\ 0 & 0\end{pmatrix}$, $\begin{pmatrix}1 & 0\\ -1 & 0\end{pmatrix}$, $\begin{pmatrix}1 & 0\\ 0 & -1\end{pmatrix}$, $\dim\boldsymbol{W}=3$.

4. 下列向量组是否构成线性空间 $\boldsymbol{P}[x]_3$ 的基:

(1)$\boldsymbol{\alpha}_1=x+1$, $\boldsymbol{\alpha}_2=x^2+x$, $\boldsymbol{\alpha}_3=x^3+1$, $\boldsymbol{\alpha}_4=x^3+x^2+2x+2$;

(2)$\boldsymbol{\beta}_1=-1+x$, $\boldsymbol{\beta}_2=1-x^2$, $\boldsymbol{\beta}_3=-2+2x+x^2$, $\boldsymbol{\beta}_4=x^3$.

解　(1) 因 $\boldsymbol{\alpha}_4=\boldsymbol{\alpha}_1+\boldsymbol{\alpha}_2+\boldsymbol{\alpha}_3$, 故不构成基.

(2) 构成基. 可以验证$\boldsymbol{\beta}_1,\boldsymbol{\beta}_2,\boldsymbol{\beta}_3,\boldsymbol{\beta}_4$线性无关. 事实上, 若存在$k_1,k_2,k_3,k_4\in\mathbb{R}$, 使得 $k_1\boldsymbol{\beta}_1+k_2\boldsymbol{\beta}_2+k_3\boldsymbol{\beta}_3+k_4\boldsymbol{\beta}_4=0$, 即

$$k_1(-1+x)+k_2(1-x^2)+k_3(-2+2x+x^2)+k_4x^3=0,$$

则

$$(k_2-k_1-2k_3)+(k_1+2k_3)x+(k_3-k_2)x^2+k_4x^3=0,\ \text{对任意}\ x\ \text{均成立},$$

故 $k_2-k_1-2k_3=0$, $k_1+2k_3=0$, $k_3-k_2=0$, $k_4=0$, 可得 $k_1=k_2=k_3=k_4=0$, 从而$\boldsymbol{\beta}_1,\boldsymbol{\beta}_2,\boldsymbol{\beta}_3,\boldsymbol{\beta}_4$ 线性无关, 且 $\boldsymbol{P}[x]_3$ 中任一元素均可由其表示, 故构成线性空间 $\boldsymbol{P}[x]_3$ 的基.

5. 在线性空间$\boldsymbol{P}[x]_3$中, 设基(Ⅰ): $1,x,x^2,x^3$;基(Ⅱ): 1, $1+x$, $1+x+x^2$, $1+x+x^2+x^3$.

(1) 求由基(Ⅰ)到基(Ⅱ)的过渡矩阵;

(2) 已知 $g(x)$ 在(Ⅰ)下的坐标为$(1,0,-2,5)^{\mathrm{T}}$, $f(x)$ 在基(Ⅱ)下的坐标为$(7,0,8,-2)^{\mathrm{T}}$, 求$f(x)+g(x)$ 分别在基(Ⅰ)和基(Ⅱ)下的坐标.

解　(1) 依题意, 直接可得

$$(1,1+x,1+x+x^2,1+x+x^2+x^3)=(1,x,x^2,x^3)\begin{pmatrix}1 & 1 & 1 & 1\\ 0 & 1 & 1 & 1\\ 0 & 0 & 1 & 1\\ 0 & 0 & 0 & 1\end{pmatrix},$$

故从基(Ⅰ)到基(Ⅱ)的过渡矩阵为

$$\boldsymbol{K}=\begin{pmatrix}1 & 1 & 1 & 1\\ 0 & 1 & 1 & 1\\ 0 & 0 & 1 & 1\\ 0 & 0 & 0 & 1\end{pmatrix}.$$

(2) 依题设条件, 设 $\boldsymbol{a}=(1,0,-2,5)^{\mathrm{T}}$, $\boldsymbol{b}=(7,0,8,-2)^{\mathrm{T}}$, 则有

$$f(x)=(1,x,x^2,x^3)\boldsymbol{a},\ g(x)=(1,1+x,1+x+x^2,1+x+x^2+x^3)\boldsymbol{b},$$

从而

$$f(x)+g(x)=(1,x,x^2,x^3)\boldsymbol{a}+(1,x,x^2,x^3)\boldsymbol{Kb}=(1,x,x^2,x^3)(\boldsymbol{a}+\boldsymbol{Kb}),$$

即 $f(x)+g(x)$ 在基(Ⅰ)下的坐标为

$$\boldsymbol{a}+\boldsymbol{Kb}=\begin{pmatrix}1\\0\\-2\\5\end{pmatrix}+\begin{pmatrix}1&1&1&1\\0&1&1&1\\0&0&1&1\\0&0&0&1\end{pmatrix}\begin{pmatrix}7\\0\\8\\-2\end{pmatrix}=\begin{pmatrix}14\\6\\4\\3\end{pmatrix};$$

又

$$f(x)+g(x)=(1,1+x,1+x+x^2,1+x+x^2+x^3)(\boldsymbol{K}^{-1}\boldsymbol{a}+\boldsymbol{b}),$$

即 $f(x)+g(x)$ 在基(Ⅱ)下的坐标为

$$\boldsymbol{K}^{-1}\boldsymbol{a}+\boldsymbol{b}=\begin{pmatrix}1&1&1&1\\0&1&1&1\\0&0&1&1\\0&0&0&1\end{pmatrix}^{-1}\begin{pmatrix}1\\0\\-2\\5\end{pmatrix}+\begin{pmatrix}7\\0\\8\\-2\end{pmatrix}=\begin{pmatrix}8\\2\\1\\3\end{pmatrix}.$$

在基(Ⅰ)下的坐标为$(14,6,4,3)^{\mathrm{T}}$，在基(Ⅱ)下的坐标为$(8,2,1,3)^{\mathrm{T}}$.

练习 4.5

1. 判别下面所定义的变换，哪些是线性变换，哪些不是线性变换?

(1) 在线性空间 V 中，$\boldsymbol{A\xi}=\alpha$，其中，$\boldsymbol{\alpha}(\neq 0)\in V$ 是一个固定的向量;

(2) 在$\mathbb{R}^3$中，$\boldsymbol{A}(x_1,x_2,x_3)=(x_1^2,x_2+x_3,x_3^2)$;

(3) 在$\mathbb{R}^3$中，$\boldsymbol{A}(x_1,x_2,x_3)=(2x_1-x_2,\ x_2+x_3,x_1)$;

(4) 在 $\boldsymbol{P}[x]$ 中，$\boldsymbol{A}f(x)=f(x_0)$，其中，$x_0\in\mathbb{R}$ 是一个固定的数.

解 依定义可以验证(1)(2)不是线性变换，(3)(4)是线性变换.

(1) 设$\boldsymbol{\xi}_1,\boldsymbol{\xi}_2\in V$，因$\boldsymbol{A}(\boldsymbol{\xi}_1+\boldsymbol{\xi}_2)=\boldsymbol{\alpha}$，另一方面，$\boldsymbol{A}(\boldsymbol{\xi}_1)+\boldsymbol{A}(\boldsymbol{\xi}_2)=\boldsymbol{\alpha}+\boldsymbol{\alpha}$，从而$\boldsymbol{A}(\boldsymbol{\xi}_1+\boldsymbol{\xi}_2)\neq\boldsymbol{A}(\boldsymbol{\xi}_1)+\boldsymbol{A}(\boldsymbol{\xi}_2)$，故不是线性变换.

(2) 设$\boldsymbol{x}=(1,1,1)$，则有$\boldsymbol{Ax}=(1,2,1)$，$\boldsymbol{A}(2\boldsymbol{x})=(4,4,4)$，但$\boldsymbol{A}(2\boldsymbol{x})\neq 2\boldsymbol{Ax}$，故不是线性变换.

(3) 对任意$\boldsymbol{x}=(x_1,x_2,x_3)$，$\boldsymbol{y}=(y_1,y_2,y_3)$，对任意$\lambda,\mu\in\mathbb{R}$，则有

$$\lambda\boldsymbol{x}+\mu\boldsymbol{y}=(\lambda x_1+\mu y_1,\lambda x_2+\mu y_2,\lambda x_1+\mu y_2),$$

从而

$$\begin{aligned}\boldsymbol{A}(\lambda\boldsymbol{x}+\mu\boldsymbol{y})&=2(\lambda x_1+\mu y_1)-(\lambda x_2+\mu y_2),(\lambda x_2+\mu y_2)+(\lambda x_3+\mu y_3),\lambda x_1+\mu y_1)\\&=\lambda(2x_1-x_2,x_2+x_3,x_1)+\mu(2y_1-y_2,y_2+y_3,y_1)=\lambda\boldsymbol{A}(\boldsymbol{x})+\mu\boldsymbol{A}(\boldsymbol{y}),\end{aligned}$$

故是线性变换.

(4) 对任意$f,g\in\boldsymbol{P}[x]$，对任意$\lambda,\mu\in\mathbb{R}$，则有

$$\boldsymbol{A}(\lambda f(x)+\mu g(x))=\lambda f(x_0)+\mu g(x_0)=\lambda\boldsymbol{A}f(x)+\mu\boldsymbol{A}g(x),$$

故是线性变换.

2. 试举例说明，一个线性变换可把线性无关向量组变成线性相关组.

解 例如：$\boldsymbol{Tx}=\boldsymbol{0}$.

3. 在由闭区间$[a,b]$上全体连续函数所构成的线性空间$C[a,b]$中，证明变换

$$T(f)=\int_a^x f(t)\,\mathrm{d}t,\ f(x)\in C[a,b],$$

是一个线性变换.

证　对任意的k_1，k_2及$f,g\in C[a,b]$，有

$$\begin{aligned}T(k_1f+k_2g)&=\int_a^x(k_1f(x)+k_2g(x))\,\mathrm{d}t=k_1\int_a^x f(x)\,\mathrm{d}t+k_2\int_a^x g(x)\,\mathrm{d}t\\&=k_1T(f)+k_2T(g),\end{aligned}$$

故T是一个线性变换.

4. 设P是n阶可逆矩阵，对于任意的n阶方阵A，试证变换T：

$$T(A)=P^{-1}AP$$

是$\mathbb{R}^{n\times n}$上的一个线性变换.

证　对任意实数k_1，k_2及任意n阶方阵A，B，有

$$\begin{aligned}T(k_1A+k_2B)&=P^{-1}(k_1A+k_2B)P=k_1P^{-1}AP+k_2P^{-1}BP\\&=k_1T(A)+k_2T(B),\end{aligned}$$

故T是$\mathbb{R}^{n\times n}$上的一个线性变换.

5. 在$\mathbb{R}^{2\times 2}$中，定义线性变换

$$A_1(X)=\begin{pmatrix}a&b\\c&d\end{pmatrix}X,$$

$$A_2(X)=X\begin{pmatrix}a&b\\c&d\end{pmatrix},$$

$$A_3(X)=\begin{pmatrix}a&b\\c&d\end{pmatrix}X\begin{pmatrix}a&b\\c&d\end{pmatrix}.$$

求A_1,A_2,A_3在基$E_{11},E_{12},E_{22},E_{21}$下的矩阵.

解　依定义有

$$A_1(E_{11})=\begin{pmatrix}a&b\\c&d\end{pmatrix}\begin{pmatrix}1&0\\0&0\end{pmatrix}=\begin{pmatrix}a&0\\c&0\end{pmatrix}=aE_{11}+0E_{12}+cE_{21}+0E_{22},$$

$$A_1(E_{12})=\begin{pmatrix}a&b\\c&d\end{pmatrix}\begin{pmatrix}0&1\\0&0\end{pmatrix}=\begin{pmatrix}0&a\\0&c\end{pmatrix}=0E_{11}+aE_{12}+0E_{21}+cE_{22},$$

$$A_1(E_{21})=\begin{pmatrix}a&b\\c&d\end{pmatrix}\begin{pmatrix}0&0\\1&0\end{pmatrix}=\begin{pmatrix}b&0\\d&0\end{pmatrix}=bE_{11}+0E_{12}+dE_{21}+0E_{22},$$

$$A_1(E_{22})=\begin{pmatrix}a&b\\c&d\end{pmatrix}\begin{pmatrix}0&0\\0&1\end{pmatrix}=\begin{pmatrix}0&b\\0&d\end{pmatrix}=0E_{11}+bE_{12}+0E_{21}+dE_{22},$$

故A_1在基$E_{11},E_{12},E_{22},E_{21}$下的矩阵为

$$\begin{pmatrix}a&0&b&0\\0&a&0&b\\c&0&d&0\\0&c&0&d\end{pmatrix};$$

同理可得$\boldsymbol{A}_2,\boldsymbol{A}_3$ 在基$\boldsymbol{E}_{11},\boldsymbol{E}_{12},\boldsymbol{E}_{22},\boldsymbol{E}_{21}$ 下的矩阵分别为

$$\begin{pmatrix} a & c & 0 & 0 \\ b & d & 0 & 0 \\ 0 & 0 & a & c \\ 0 & 0 & b & d \end{pmatrix},\begin{pmatrix} a^2 & ac & ab & b \\ ab & ad & b^2 & bd \\ ac & c^2 & ad & cd \\ bc & cd & bd & d^2 \end{pmatrix}.$$

习题 4

1. 填空题

(1) 从$\mathbb{R}^2$中基$\boldsymbol{\alpha}_1=(1,0)^{\mathrm{T}}$, $\boldsymbol{\alpha}_2=(1,-1)^{\mathrm{T}}$到基$\boldsymbol{\beta}_1=(1,1)^{\mathrm{T}}$, $\boldsymbol{\beta}_2=(1,2)^{\mathrm{T}}$的过渡矩阵为 ______.

解 根据定义, 从$\mathbb{R}^2$的基$\boldsymbol{\alpha}_1=\begin{pmatrix}1\\0\end{pmatrix},\boldsymbol{\alpha}_2=\begin{pmatrix}1\\-1\end{pmatrix}$到基$\boldsymbol{\beta}_1=\begin{pmatrix}1\\1\end{pmatrix},\boldsymbol{\beta}_2=\begin{pmatrix}1\\2\end{pmatrix}$的过渡矩阵为

$$\boldsymbol{K}=(\boldsymbol{\alpha}_1,\boldsymbol{\alpha}_2)^{-1}(\boldsymbol{\beta}_1,\boldsymbol{\beta}_2)=\begin{pmatrix}1 & 1\\0 & -1\end{pmatrix}^{-1}\begin{pmatrix}1 & 1\\1 & 2\end{pmatrix}=\begin{pmatrix}1 & 1\\0 & -1\end{pmatrix}\begin{pmatrix}1 & 1\\1 & 2\end{pmatrix}=\begin{pmatrix}2 & 3\\-1 & -2\end{pmatrix}.$$

(2) 设$\boldsymbol{\alpha}_1,\boldsymbol{\alpha}_2,\boldsymbol{\alpha}_3$是 3 维向量空间$\mathbb{R}^3$的一组基, 则由基$\boldsymbol{\alpha}_1,\frac{1}{2}\boldsymbol{\alpha}_2,\frac{1}{3}\boldsymbol{\alpha}_3$到基$\boldsymbol{\alpha}_1+\boldsymbol{\alpha}_2$, $\boldsymbol{\alpha}_2+\boldsymbol{\alpha}_3,\boldsymbol{\alpha}_3+\boldsymbol{\alpha}_1$的过渡矩阵为 ______ .

解 根据过渡矩阵的定义, 若$(\boldsymbol{\eta}_1,\boldsymbol{\eta}_2,\cdots,\boldsymbol{\eta}_n)=(\boldsymbol{\alpha}_1,\boldsymbol{\alpha}_2,\cdots,\boldsymbol{\alpha}_n)\boldsymbol{K}$, 则$\boldsymbol{K}$称为基$\boldsymbol{\alpha}_1$, $\boldsymbol{\alpha}_2,\cdots,\boldsymbol{\alpha}_n$到$\boldsymbol{\eta}_1,\boldsymbol{\eta}_2,\cdots,\boldsymbol{\eta}_n$的过渡矩阵. 在本题中, 由基$\boldsymbol{\alpha}_1,\frac{1}{2}\boldsymbol{\alpha}_2,\frac{1}{3}\boldsymbol{\alpha}_3$到$\boldsymbol{\alpha}_1+\boldsymbol{\alpha}_2,\boldsymbol{\alpha}_2+\boldsymbol{\alpha}_3$, $\boldsymbol{\alpha}_3+\boldsymbol{\alpha}_1$的过渡矩阵$\boldsymbol{K}$满足

$$(\boldsymbol{\alpha}_1+\boldsymbol{\alpha}_2,\boldsymbol{\alpha}_2+\boldsymbol{\alpha}_3,\boldsymbol{\alpha}_3+\boldsymbol{\alpha}_1)=\left(\boldsymbol{\alpha}_1,\frac{1}{2}\boldsymbol{\alpha}_2,\frac{1}{3}\boldsymbol{\alpha}_3\right)\boldsymbol{K}=\left(\boldsymbol{\alpha}_1,\frac{1}{2}\boldsymbol{\alpha}_2,\frac{1}{3}\boldsymbol{\alpha}_3\right)\begin{pmatrix}1 & 0 & 1\\2 & 2 & 0\\0 & 3 & 3\end{pmatrix},$$

故$\boldsymbol{K}=\begin{pmatrix}1 & 0 & 1\\2 & 2 & 0\\0 & 3 & 3\end{pmatrix}$.

(3) 方程$x+y+2z=0$所有解组成的集合对向量加法与数乘运算构成一个 ____ 维线性空间, 其中 ______ 是它的一组基.

解 方程$x+y+2z=0$的解有两个线性无关的解$(-1,1,0)^{\mathrm{T}}$, $(-2,0,1)^{\mathrm{T}}$, 从而解向量组成的集合构成一个 2 维线性空间, 且$(-1,1,0)^{\mathrm{T}}$, $(-2,0,1)^{\mathrm{T}}$是它的一组基.

(4) 在$\boldsymbol{P}[x]_2$中, x^2-2x-3在基 1, $x-1$, $(x-1)^2$下的坐标为 ______.

解 因

$$x^2-2x-3=(x-1)^2-4=1\cdot(-4)+(x-1)\cdot 0+(x-1)^2\cdot 1,$$

故x^2-2x-3在基 1, $x-1$, $(x-1)^2$下的坐标为$(-4,0,1)^{\mathrm{T}}$.

(5) 线性空间$\mathbb{R}^3$中一组基$\varepsilon_1,\varepsilon_2,\varepsilon_3$在线性变换$\boldsymbol{A}$下的像定义如下: $\boldsymbol{A}\varepsilon_1=\varepsilon_1+\varepsilon_3$, $\boldsymbol{A}\varepsilon_2=\varepsilon_1+4\varepsilon_2$, $\boldsymbol{A}\varepsilon_3=\varepsilon_1-\varepsilon_2$, 则$\boldsymbol{A}$对应的矩阵为 ______ .

解 依题设条件, 有

$$A(\varepsilon_1,\varepsilon_2,\varepsilon_3)=(\varepsilon_1,\varepsilon_2,\varepsilon_3)\begin{pmatrix}1&1&1\\0&4&-1\\1&0&0\end{pmatrix},$$

故所求矩阵为$\begin{pmatrix}1&1&1\\0&4&-1\\1&0&0\end{pmatrix}$.

2. 选择题

(1) 下面定义的变换中, ______ 为线性变换.

(A) 在三维向量线性空间中, 定义 $A(x_1,x_2,x_3)=(x_1^2,0,x_3^2)$

(B) 在三维向量线性空间中, 定义 $A(x_1,x_2,x_3)=(x_1,x_2+3x_3,x_3^2)$

(C) 在三维向量线性空间中, 定义 $A(x_1,x_2,x_3)=(x_1,x_1+x_3,x_2-2x_1)$

(D) 在三维向量线性空间中, 定义 $A(x_1,x_2,x_3)=(x_1+1,0,x_2+2)$

解　通过验证可以得到, 仅有(C) 定义的变换为线性变换.

(2) 设$\{\boldsymbol{\alpha}_1,\boldsymbol{\alpha}_2,\cdots,\boldsymbol{\alpha}_n\}$, $\{\boldsymbol{\beta}_1,\boldsymbol{\beta}_2,\cdots,\boldsymbol{\beta}_n\}$, $\{\gamma_1,\gamma_2,\cdots,\gamma_n\}$ 是线性空间 $\boldsymbol{V}$ 的三组基, 且

$$(\boldsymbol{\alpha}_1,\boldsymbol{\alpha}_2,\cdots,\boldsymbol{\alpha}_n)=(\gamma_1,\gamma_2,\cdots,\gamma_n)\boldsymbol{A},\ (\boldsymbol{\beta}_1,\boldsymbol{\beta}_2,\cdots,\boldsymbol{\beta}_n)=(\gamma_1,\gamma_2,\cdots,\gamma_n)\boldsymbol{B},$$

则由基$\{\boldsymbol{\alpha}_1,\boldsymbol{\alpha}_2,\cdots,\boldsymbol{\alpha}_n\}$ 到基$\{\boldsymbol{\beta}_1,\boldsymbol{\beta}_2,\cdots,\boldsymbol{\beta}_n\}$ 的过渡矩阵是 ______.

(A)$\boldsymbol{AB}$　(B) $\boldsymbol{A}^{-1}\boldsymbol{B}$　(C)$\boldsymbol{A}\boldsymbol{B}^{-1}$　(D) $\boldsymbol{A}^{-1}\boldsymbol{B}^{-1}$

解　由$(\boldsymbol{\alpha}_1,\boldsymbol{\alpha}_2,\cdots,\boldsymbol{\alpha}_n)=(\gamma_1,\gamma_2,\cdots,\gamma_n)\boldsymbol{A}$, 可得

$$(\gamma_1,\gamma_2,\cdots,\gamma_n)=(\boldsymbol{\alpha}_1,\boldsymbol{\alpha}_2,\cdots,\boldsymbol{\alpha}_n)\boldsymbol{A}^{-1},$$

故

$$(\boldsymbol{\beta}_1,\boldsymbol{\beta}_2,\cdots,\boldsymbol{\beta}_n)=(\gamma_1,\gamma_2,\cdots,\gamma_n)\boldsymbol{B}=(\boldsymbol{\alpha}_1,\boldsymbol{\alpha}_2,\cdots,\boldsymbol{\alpha}_n)\boldsymbol{A}^{-1}\boldsymbol{B},$$

从而由基$\{\boldsymbol{\alpha}_1,\boldsymbol{\alpha}_2,\cdots,\boldsymbol{\alpha}_n\}$ 到基$\{\boldsymbol{\beta}_1,\boldsymbol{\beta}_2,\cdots,\boldsymbol{\beta}_n\}$ 的过渡矩阵是$\boldsymbol{A}^{-1}\boldsymbol{B}$. 选(B).

(3) 设在同一线性空间中考虑下面四个命题:

① 不同向量在同一基下的坐标一定不同;　② 同一向量在不同基下的坐标一定不同;

③ 不同向量在不同基下的坐标一定不同;　④ 同一向量在同一基下的坐标一定相同.

则 ______.

(A) 只有 ①② 正确　(B) 只有 ①③④ 正确

(C) 只有 ①④ 正确　(D) 只有 ①②④ 正确

解　(C) 正确. 根据定义, 向量$\boldsymbol{\alpha}$在基$\boldsymbol{A}$下的坐标为$\boldsymbol{x}$, 即$\boldsymbol{\alpha}=\boldsymbol{Ax}$, 从而同一基下坐标相同的向量必定是同一向量, 不同向量在同一基下的坐标一定不同, ① 正确;

若同一向量$\boldsymbol{\alpha}$在基$\boldsymbol{A}$和基$\boldsymbol{B}$下的坐标均为$\boldsymbol{x}$, 即$\boldsymbol{\alpha}=\boldsymbol{Ax}=\boldsymbol{Bx}$, 只需$(\boldsymbol{A}-\boldsymbol{B})\boldsymbol{x}=\boldsymbol{0}$有解即可, 这是可以发生的, 事实上, 取 $\boldsymbol{x}=\boldsymbol{0}$ 即可, 故 ② 不正确;

取某一坐标$\boldsymbol{x}$, 通常在不同基下的对应向量不一样, 即 $\boldsymbol{Ax}\neq\boldsymbol{Bx}$, 从而 ③ 不正确;

同一向量在一组基下的坐标是唯一的, 当然相等, 故 ④ 正确.

(4) 设 $\boldsymbol{T}$ 是线性空间 $\boldsymbol{V}$ 上的线性变换, $\boldsymbol{T}(\boldsymbol{\alpha}_i)=\boldsymbol{\beta}_i, i=1,\cdots,m$, 则下列命题中成立的是 ______.

(A) 若$\{\boldsymbol{\alpha}_1,\boldsymbol{\alpha}_2,\cdots,\boldsymbol{\alpha}_m\}$线性无关，则$\{\boldsymbol{\beta}_1,\boldsymbol{\beta}_2,\cdots,\boldsymbol{\beta}_m\}$线性无关

(B) 若$\{\boldsymbol{\alpha}_1,\boldsymbol{\alpha}_2,\cdots,\boldsymbol{\alpha}_m\}$线性相关，则$\{\boldsymbol{\beta}_1,\boldsymbol{\beta}_2,\cdots,\boldsymbol{\beta}_m\}$线性相关

(C) 若$\{\boldsymbol{\beta}_1,\boldsymbol{\beta}_2,\cdots,\boldsymbol{\beta}_m\}$线性无关，则$\{\boldsymbol{\alpha}_1,\boldsymbol{\alpha}_2,\cdots,\boldsymbol{\alpha}_m\}$线性相关

(D) 若$\{\boldsymbol{\beta}_1,\boldsymbol{\beta}_2,\cdots,\boldsymbol{\beta}_m\}$线性相关，则$\{\boldsymbol{\alpha}_1,\boldsymbol{\alpha}_2,\cdots,\boldsymbol{\alpha}_m\}$线性相关

解 若$\{\boldsymbol{\alpha}_1,\boldsymbol{\alpha}_2,\cdots,\boldsymbol{\alpha}_m\}$线性相关，即存在不全为零的数$k_1,k_2,k_m$，使得

$$k_1\boldsymbol{\alpha}_1+k_2\boldsymbol{\alpha}_2+\cdots+k_m\boldsymbol{\alpha}_m=\mathbf{0},$$

因$\boldsymbol{T}$是线性变换，有

$$\begin{aligned}\boldsymbol{T}(k_1\boldsymbol{\alpha}_1+k_2\boldsymbol{\alpha}_2+\cdots+k_m\boldsymbol{\alpha}_m)&=k_1\boldsymbol{T}(\boldsymbol{\alpha}_1)+k_2\boldsymbol{T}(\boldsymbol{\alpha}_2)+\cdots+k_m\boldsymbol{T}(\boldsymbol{\alpha}_m)\\&=k_1\boldsymbol{\beta}_1+k_2\boldsymbol{\beta}_2+\cdots+k_m\boldsymbol{\beta}_m=\boldsymbol{T}\mathbf{0}=\mathbf{0},\end{aligned}$$

故$\{\boldsymbol{\beta}_1,\boldsymbol{\beta}_2,\cdots,\boldsymbol{\beta}_m\}$线性相关，选项(B)正确.

3. 求向量$\boldsymbol{\xi}=(1,2,1,1)^{\mathrm{T}}$在基$\boldsymbol{\eta}_1=(1,1,1,1)^{\mathrm{T}}$，$\boldsymbol{\eta}_2=(1,1,-1,-1)^{\mathrm{T}}$，$\boldsymbol{\eta}_3=(1,-1,1,-1)^{\mathrm{T}}$，$\boldsymbol{\eta}_4=(1,-1,-1,1)^{\mathrm{T}}$下的坐标.

解 设$\boldsymbol{A}=(\boldsymbol{\eta}_1,\boldsymbol{\eta}_2,\boldsymbol{\eta}_3,\boldsymbol{\eta}_4)$，解方程组$\boldsymbol{Ax}=\boldsymbol{\xi}$，对下面矩阵实施初等行变换：

$$(\boldsymbol{A}\,\vdots\,\boldsymbol{\xi})=\left(\begin{array}{cccc:c}1&1&1&1&1\\1&1&-1&-1&2\\1&-1&1&-1&1\\1&-1&-1&1&1\end{array}\right)\xrightarrow[r_4-r_1]{\substack{r_2-r_1\\r_3-r_1}}\left(\begin{array}{cccc:c}1&1&1&1&1\\0&0&-2&-2&1\\0&-2&0&-2&0\\0&-2&-2&0&0\end{array}\right)$$

$$\xrightarrow[\substack{r_3\leftrightarrow r_2\\r_4-r_2}]{\substack{r_3\div(-2)\\r_4\div(-2)}}\left(\begin{array}{cccc:c}1&1&1&1&1\\0&1&0&1&0\\0&0&-2&-2&1\\0&0&1&-1&0\end{array}\right)\xrightarrow[r_4+2r_3]{\substack{r_1-r_2\\r_3\leftrightarrow r_4}}\left(\begin{array}{cccc:c}1&0&1&0&1\\0&1&0&1&0\\0&0&1&-1&0\\0&0&0&-4&1\end{array}\right)$$

$$\xrightarrow[\substack{r_2-r_4\\r_1-r_3}]{\substack{r_4\div(-4)\\r_3+r_4}}\left(\begin{array}{cccc:c}1&0&0&0&\frac{5}{4}\\0&1&0&0&\frac{1}{4}\\0&0&1&0&-\frac{1}{4}\\0&0&0&1&-\frac{1}{4}\end{array}\right),$$

故向量$\boldsymbol{\xi}$的坐标为$\left(\frac{5}{4},\frac{1}{4},-\frac{1}{4},-\frac{1}{4}\right)^{\mathrm{T}}$.

4. 在$\mathbb{R}^4$中取两组基

$$\begin{cases}\boldsymbol{\varepsilon}_1=(1,0,0,0)^{\mathrm{T}}\\\boldsymbol{\varepsilon}_2=(0,1,0,0)^{\mathrm{T}}\\\boldsymbol{\varepsilon}_3=(0,0,1,0)^{\mathrm{T}}\\\boldsymbol{\varepsilon}_4=(0,0,0,1)^{\mathrm{T}}\end{cases},\quad\begin{cases}\boldsymbol{\alpha}_1=(2,1,-1,1)^{\mathrm{T}}\\\boldsymbol{\alpha}_2=(0,3,1,0)^{\mathrm{T}}\\\boldsymbol{\alpha}_3=(5,3,2,1)^{\mathrm{T}}\\\boldsymbol{\alpha}_4=(6,6,1,3)^{\mathrm{T}}\end{cases},$$

(1) 求由前一组基到后一组基的过渡矩阵;

(2) 求向量$(x_1,x_2,x_3,x_4)^{\mathrm{T}}$在后一组基下的坐标;

(3) 求在两组基下有相同坐标的向量.

解　设$\boldsymbol{A}=(\boldsymbol{\varepsilon}_1,\boldsymbol{\varepsilon}_2,\boldsymbol{\varepsilon}_3,\boldsymbol{\varepsilon}_4)$, $\boldsymbol{B}=(\boldsymbol{\alpha}_1,\boldsymbol{\alpha}_2,\boldsymbol{\alpha}_3,\boldsymbol{\alpha}_4)$, 依题设, 有

(1) 即求过渡矩阵$\boldsymbol{K}$, 使得$\boldsymbol{B}=\boldsymbol{AK}$, 解方程组$\boldsymbol{AK}=\boldsymbol{B}$即可. 由于$\boldsymbol{A}=\boldsymbol{E}$, 故

$$\boldsymbol{K}=\boldsymbol{B}=\begin{pmatrix}2&0&5&6\\1&3&3&6\\-1&1&2&1\\1&0&1&3\end{pmatrix}.$$

(2) 设在后一组基下的坐标为$\boldsymbol{y}$, 则有$\boldsymbol{y}=\boldsymbol{K}^{-1}\boldsymbol{x}$. 对下面矩阵实施初等行变换:

$$(\boldsymbol{K}\,\vdots\,\boldsymbol{E})=\left(\begin{array}{cccc:cccc}2&0&5&6&1&0&0&0\\1&3&3&6&0&1&0&0\\-1&1&2&1&0&0&1&0\\1&0&1&3&0&0&0&1\end{array}\right)\xrightarrow[\substack{r_3+r_1\\r_4-2r_1}]{\substack{r_1\leftrightarrow r_4\\r_2-r_1}}\left(\begin{array}{cccc:cccc}1&0&1&3&0&0&0&1\\0&3&2&3&0&1&0&-1\\0&1&3&4&0&0&1&1\\0&0&3&0&1&0&0&-2\end{array}\right)$$

$$\xrightarrow[r_4\div 3]{\substack{r_2\leftrightarrow r_3\\r_3-3r_2}}\left(\begin{array}{cccc:cccc}1&0&1&3&0&0&0&1\\0&1&3&4&0&0&1&1\\0&0&-7&-9&0&1&-3&-4\\0&0&1&0&\frac{1}{3}&0&0&-\frac{2}{3}\end{array}\right)$$

$$\xrightarrow[\substack{r_3\leftrightarrow r_4\\r_4+7r_3}]{\substack{r_1-r_4\\r_2-3r_4}}\left(\begin{array}{cccc:cccc}1&0&0&3&-\frac{1}{3}&0&0&\frac{5}{3}\\0&1&0&4&-1&0&1&3\\0&0&1&0&\frac{1}{3}&0&0&-\frac{2}{3}\\0&0&0&-9&\frac{7}{3}&1&-3&-\frac{26}{3}\end{array}\right)$$

$$\xrightarrow[r_2-4r_4]{\substack{r_4\div(-9)\\r_1-3r_4}}\left(\begin{array}{cccc:cccc}1&0&0&0&\frac{4}{9}&\frac{1}{3}&-1&-\frac{11}{9}\\0&1&0&0&\frac{1}{27}&\frac{4}{9}&-\frac{1}{3}&-\frac{23}{27}\\0&0&1&0&\frac{1}{3}&0&0&-\frac{2}{3}\\0&0&0&1&-\frac{7}{27}&-\frac{1}{9}&\frac{1}{3}&\frac{26}{27}\end{array}\right),$$

故向量$(x_1,x_2,x_3,x_4)^{\mathrm{T}}$在后一组基下的坐标为

$$y = \begin{pmatrix} \frac{4}{9} & \frac{1}{3} & -1 & -\frac{11}{9} \\ \frac{1}{27} & \frac{4}{9} & -\frac{1}{3} & -\frac{23}{27} \\ \frac{1}{3} & 0 & 0 & -\frac{2}{3} \\ -\frac{7}{27} & -\frac{1}{9} & \frac{1}{3} & \frac{26}{27} \end{pmatrix} \begin{pmatrix} x_1 \\ x_2 \\ x_3 \\ x_4 \end{pmatrix}.$$

(3) 设向量 $\boldsymbol{\alpha}$ 在两组基下的坐标均为 $\boldsymbol{x}$，即 $\boldsymbol{\alpha} = \boldsymbol{Ax} = \boldsymbol{Bx}$，解 $(\boldsymbol{A} - \boldsymbol{B})\boldsymbol{x} = \boldsymbol{0}$：

$$(\boldsymbol{A} - \boldsymbol{B}) = \begin{pmatrix} -1 & 0 & -5 & -6 \\ -1 & -2 & -3 & -6 \\ 1 & -1 & -1 & -1 \\ -1 & 0 & -1 & -2 \end{pmatrix} \xrightarrow{r} \begin{pmatrix} 1 & -1 & -1 & -1 \\ 0 & 2 & -2 & 0 \\ 0 & 1 & 6 & 7 \\ 0 & 0 & 1 & 1 \end{pmatrix} \xrightarrow{r} \begin{pmatrix} 1 & 0 & 0 & 1 \\ 0 & 1 & 0 & 1 \\ 0 & 0 & 1 & 1 \\ 0 & 0 & 0 & 0 \end{pmatrix},$$

故 $\boldsymbol{x} = k(1,1,1,-1)^{\mathrm{T}}$，从而所求向量为 $\boldsymbol{\alpha} = \boldsymbol{Ax} = k(1,1,1,-1)^{\mathrm{T}}$，$k$ 为任意实数.

5. 已知$\mathbb{R}^3$ 的两组基分别是(Ⅰ)：$\boldsymbol{\alpha}_1 = (1,1,1)^{\mathrm{T}}$，$\boldsymbol{\alpha}_2 = (0,1,1)^{\mathrm{T}}$，$\boldsymbol{\alpha}_3 = (0,0,1)^{\mathrm{T}}$ 和(Ⅱ)：$\boldsymbol{\beta}_1 = (1,0,1)^{\mathrm{T}}$，$\boldsymbol{\beta}_2 = (0,1,-1)^{\mathrm{T}}$，$\boldsymbol{\beta}_3 = (1,2,0)^{\mathrm{T}}$. 求：

(1) 基(Ⅰ)到基(Ⅱ)的过渡矩阵；

(2) 已知向量 $\boldsymbol{a}$ 在基(Ⅰ)下的坐标为 $(1,-2,-1)^{\mathrm{T}}$，求 $\boldsymbol{a}$ 在基(Ⅱ)下的坐标.

解 (1) 设 $\boldsymbol{A} = (\boldsymbol{\alpha}_1,\boldsymbol{\alpha}_2,\boldsymbol{\alpha}_3)$，$\boldsymbol{B} = (\boldsymbol{\beta}_1,\boldsymbol{\beta}_2,\boldsymbol{\beta}_3)$，求过渡矩阵 $\boldsymbol{K}$，即 $\boldsymbol{B} = \boldsymbol{AK}$，对下面矩阵实施初等行变换：

$$(\boldsymbol{A} \vdots \boldsymbol{B}) = \left(\begin{array}{ccc:ccc} 1 & 0 & 0 & 1 & 0 & 1 \\ 1 & 1 & 0 & 0 & 1 & 2 \\ 1 & 1 & 1 & 1 & -1 & 0 \end{array}\right) \xrightarrow[r_2 - r_1]{r_3 - r_2} \left(\begin{array}{ccc:ccc} 1 & 0 & 0 & 1 & 0 & 1 \\ 0 & 1 & 0 & -1 & 1 & 1 \\ 0 & 0 & 1 & 1 & -2 & -2 \end{array}\right),$$

故过渡矩阵为 $\boldsymbol{K} = \begin{pmatrix} 1 & 0 & 1 \\ -1 & 1 & 1 \\ 1 & -2 & -2 \end{pmatrix}$.

(2) 设 $\boldsymbol{a}$ 在基(Ⅰ)下的坐标为 $\boldsymbol{x}$，在基(Ⅱ)下的坐标为 $\boldsymbol{y}$，则有 $\boldsymbol{y} = \boldsymbol{K}^{-1}\boldsymbol{x}$，对下面矩阵进行初等行变换，有

$$(\boldsymbol{K} \vdots \boldsymbol{x}) = \left(\begin{array}{ccc:c} 1 & 0 & 1 & 1 \\ -1 & 1 & 1 & -2 \\ 1 & -2 & -2 & -1 \end{array}\right) \xrightarrow[r_3 - r_1]{r_2 + r_1} \left(\begin{array}{ccc:c} 1 & 0 & 1 & 1 \\ 0 & 1 & 2 & -1 \\ 0 & -2 & -3 & -2 \end{array}\right)$$

$$\xrightarrow{r_3 + 2r_2} \left(\begin{array}{ccc:c} 1 & 0 & 1 & 1 \\ 0 & 1 & 2 & -1 \\ 0 & 0 & 1 & -4 \end{array}\right) \xrightarrow[r_2 - 2r_3]{r_1 - r_3} \left(\begin{array}{ccc:c} 1 & 0 & 0 & 5 \\ 0 & 1 & 0 & 7 \\ 0 & 0 & 1 & -4 \end{array}\right),$$

故 $\boldsymbol{y} = (5,7,-4)^{\mathrm{T}}$.

6. 向量空间$\mathbb{R}^4$ 的两组基分别为：

(Ⅰ) $\boldsymbol{\alpha}_1,\boldsymbol{\alpha}_2,\boldsymbol{\alpha}_3,\boldsymbol{\alpha}_4$；

(Ⅱ) $\boldsymbol{\beta}_1 = \boldsymbol{\alpha}_1 + \boldsymbol{\alpha}_2 + \boldsymbol{\alpha}_3$，$\boldsymbol{\beta}_2 = \boldsymbol{\alpha}_2 + \boldsymbol{\alpha}_3 + \boldsymbol{\alpha}_4$，$\boldsymbol{\beta}_3 = \boldsymbol{\alpha}_3 + \boldsymbol{\alpha}_4$，$\boldsymbol{\beta}_4 = \boldsymbol{\alpha}_4$. 求：

(1) 由基(Ⅱ)到基(Ⅰ)的过渡矩阵 $\boldsymbol{K}$;

(2) 在基(Ⅰ)与基(Ⅱ)下有相同坐标的全体向量.

解　(1) 设 $\boldsymbol{A}=(\boldsymbol{\alpha}_1,\boldsymbol{\alpha}_2,\boldsymbol{\alpha}_3,\boldsymbol{\alpha}_4)$, $\boldsymbol{B}=(\boldsymbol{\beta}_1,\boldsymbol{\beta}_2,\boldsymbol{\beta}_3,\boldsymbol{\beta}_4)$, 求 $\boldsymbol{B}$ 到 $\boldsymbol{A}$ 的过渡矩阵 $\boldsymbol{K}$, 即 $\boldsymbol{A}=\boldsymbol{BK}$. 由 $\boldsymbol{\beta}_1=\boldsymbol{\alpha}_1+\boldsymbol{\alpha}_2+\boldsymbol{\alpha}_3$, $\boldsymbol{\beta}_2=\boldsymbol{\alpha}_2+\boldsymbol{\alpha}_3+\boldsymbol{\alpha}_4$, $\boldsymbol{\beta}_3=\boldsymbol{\alpha}_3+\boldsymbol{\alpha}_4$, $\boldsymbol{\beta}_4=\boldsymbol{\alpha}_4$, 易得

$$\boldsymbol{\alpha}_1=\boldsymbol{\beta}_1-\boldsymbol{\beta}_2+\boldsymbol{\beta}_4,\ \boldsymbol{\alpha}_2=\boldsymbol{\beta}_2-\boldsymbol{\beta}_3,\ \boldsymbol{\alpha}_3=\boldsymbol{\beta}_3-\boldsymbol{\beta}_4,\ \boldsymbol{\alpha}_4=\boldsymbol{\beta}_4,$$

即

$$\boldsymbol{A}=(\boldsymbol{\alpha}_1,\boldsymbol{\alpha}_2,\boldsymbol{\alpha}_3,\boldsymbol{\alpha}_4)=(\boldsymbol{\beta}_1,\boldsymbol{\beta}_2,\boldsymbol{\beta}_3,\boldsymbol{\beta}_4)\begin{pmatrix}1&0&0&0\\-1&1&0&0\\0&-1&1&0\\1&0&-1&1\end{pmatrix},$$

故过渡矩阵为

$$\boldsymbol{K}=\begin{pmatrix}1&0&0&0\\-1&1&0&0\\0&-1&1&0\\1&0&-1&1\end{pmatrix}.$$

(2) 设向量 $\boldsymbol{\xi}$ 在两组基下有相同的坐标 $\boldsymbol{x}$, 即 $\boldsymbol{\xi}=\boldsymbol{Ax}=\boldsymbol{Bx}$, 因 $\boldsymbol{A}=\boldsymbol{BK}$, 故 $\boldsymbol{Kx}=\boldsymbol{x}$, 解方程 $(\boldsymbol{K}-\boldsymbol{E})\boldsymbol{x}=\boldsymbol{0}$, 对下面矩阵实施初等行变换:

$$\boldsymbol{K}-\boldsymbol{E}=\begin{pmatrix}0&0&0&0\\-1&0&0&0\\0&-1&0&0\\1&0&-1&0\end{pmatrix}\xrightarrow{r}\begin{pmatrix}1&0&0&0\\0&1&0&0\\0&0&1&0\\0&0&0&0\end{pmatrix},$$

故 $\boldsymbol{x}=k(0,0,0,1)^{\mathrm{T}}$, 从而所求向量为 $\boldsymbol{\xi}=\boldsymbol{Ax}=k\boldsymbol{\alpha}_4$, $k\in\mathbb{R}$.

7. 设 $\mathbb{R}^3$ 中两组基 $\boldsymbol{\alpha}_1,\boldsymbol{\alpha}_2,\boldsymbol{\alpha}_3$ 与 $\boldsymbol{\beta}_1,\boldsymbol{\beta}_2,\boldsymbol{\beta}_3$ 之间的关系为:

$$\boldsymbol{\beta}_1=\boldsymbol{\alpha}_1-\boldsymbol{\alpha}_3,\boldsymbol{\beta}_2=\boldsymbol{\alpha}_1-\boldsymbol{\alpha}_2,\boldsymbol{\beta}_3=2\boldsymbol{\alpha}_1+4\boldsymbol{\alpha}_3,$$

求向量 $\boldsymbol{\alpha}=\boldsymbol{\alpha}_1+\boldsymbol{\alpha}_2+\boldsymbol{\alpha}_3$ 在基 $\boldsymbol{\beta}_1,\boldsymbol{\beta}_2,\boldsymbol{\beta}_3$ 下的坐标.

解　设 $\boldsymbol{A}=(\boldsymbol{\alpha}_1,\boldsymbol{\alpha}_2,\boldsymbol{\alpha}_3)$, $\boldsymbol{B}=(\boldsymbol{\beta}_1,\boldsymbol{\beta}_2,\boldsymbol{\beta}_3)$, 则

$$\boldsymbol{B}=(\boldsymbol{\beta}_1,\boldsymbol{\beta}_2,\boldsymbol{\beta}_3)=(\boldsymbol{\alpha}_1,\boldsymbol{\alpha}_2,\boldsymbol{\alpha}_3)\begin{pmatrix}1&1&2\\0&-1&0\\-1&0&4\end{pmatrix}=\boldsymbol{AK},$$

故从基 $\boldsymbol{\alpha}_1,\boldsymbol{\alpha}_2,\boldsymbol{\alpha}_3$ 到基 $\boldsymbol{\beta}_1,\boldsymbol{\beta}_2,\boldsymbol{\beta}_3$ 的过渡矩阵为 $\boldsymbol{K}$. 向量 $\boldsymbol{\alpha}=\boldsymbol{\alpha}_1+\boldsymbol{\alpha}_2+\boldsymbol{\alpha}_3$ 在基 $\boldsymbol{\alpha}_1,\boldsymbol{\alpha}_2,\boldsymbol{\alpha}_3$ 下的坐标为 $\boldsymbol{x}=(1,1,1)^{\mathrm{T}}$, 设在基 $\boldsymbol{\beta}_1,\boldsymbol{\beta}_2,\boldsymbol{\beta}_3$ 下的坐标为 $\boldsymbol{y}$, 则有 $\boldsymbol{y}=\boldsymbol{K}^{-1}\boldsymbol{x}$, 对下面矩阵实施初等行变换, 有

$$(\boldsymbol{K}\,\vdots\,\boldsymbol{x})=\left(\begin{array}{ccc:c}1&1&2&1\\0&-1&0&1\\-1&0&4&1\end{array}\right)\xrightarrow[r_3+r_1]{r_1+r_2}\left(\begin{array}{ccc:c}1&0&2&2\\0&-1&0&1\\0&0&6&3\end{array}\right)$$

$$\xrightarrow[r_1-2r_3]{\substack{r_3\div 6\\ r_2\times(-1)}}\left(\begin{array}{ccc:c}1&0&0&1\\0&1&0&-1\\0&0&1&\frac{1}{2}\end{array}\right),$$

故向量 $\boldsymbol{\alpha}=\boldsymbol{\alpha}_1+\boldsymbol{\alpha}_2+\boldsymbol{\alpha}_3$ 在基 $\boldsymbol{\beta}_1,\boldsymbol{\beta}_2,\boldsymbol{\beta}_3$ 下的坐标为 $\boldsymbol{y}=\left(1,-1,\frac{1}{2}\right)^{\mathrm{T}}$.

8. 设 $\mathbb{R}^4$ 中两组基分别为 $\boldsymbol{\alpha}_1,\boldsymbol{\alpha}_2,\boldsymbol{\alpha}_3,\boldsymbol{\alpha}_4$ 和 $\boldsymbol{\beta}_1,\boldsymbol{\beta}_2,\boldsymbol{\beta}_3,\boldsymbol{\beta}_4$，对任意向量 $\boldsymbol{\xi}\in\mathbb{R}^4$，$\boldsymbol{\xi}$ 关于两组基的坐标分别是 $\boldsymbol{x}=(x_1,x_2,x_3,x_4)^{\mathrm{T}}$ 和 $\boldsymbol{y}=(y_1,y_2,y_3,y_4)^{\mathrm{T}}$. 已知有坐标变换公式：$y_1=x_1$，$y_2=x_2-x_1$，$y_3=x_3-x_2$，$y_4=x_4-x_3$，求从基 $\boldsymbol{\alpha}_1,\boldsymbol{\alpha}_2,\boldsymbol{\alpha}_3,\boldsymbol{\alpha}_4$ 到基 $\boldsymbol{\beta}_1,\boldsymbol{\beta}_2,\boldsymbol{\beta}_3,\boldsymbol{\beta}_4$ 的过渡矩阵 $\boldsymbol{C}$.

解 因 $\boldsymbol{A}=(\boldsymbol{\alpha}_1,\boldsymbol{\alpha}_2,\boldsymbol{\alpha}_3,\boldsymbol{\alpha}_4)$ 到 $\boldsymbol{B}=(\boldsymbol{\beta}_1,\boldsymbol{\beta}_2,\boldsymbol{\beta}_3,\boldsymbol{\beta}_4)$ 的过渡矩阵为 $\boldsymbol{C}$，即 $\boldsymbol{B}=\boldsymbol{AC}$. 依题意，则坐标变换公式为：$\boldsymbol{y}=\boldsymbol{C}^{-1}\boldsymbol{x}$，因

$$\boldsymbol{y}=\begin{pmatrix}1&0&0&0\\-1&1&0&0\\0&-1&1&0\\0&0&-1&1\end{pmatrix}\boldsymbol{x},$$

故

$$\boldsymbol{C}=\begin{pmatrix}1&0&0&0\\-1&1&0&0\\0&-1&1&0\\0&0&-1&1\end{pmatrix}^{-1}=\begin{pmatrix}1&0&0&0\\1&1&0&0\\1&1&1&0\\1&1&1&1\end{pmatrix}.$$

9. 设 $\boldsymbol{\alpha}_1,\boldsymbol{\alpha}_2$ 线性无关，$\boldsymbol{\beta}_1,\boldsymbol{\beta}_2$ 线性无关，且 $\boldsymbol{\alpha}_1,\boldsymbol{\alpha}_2$ 均与 $\boldsymbol{\beta}_1,\boldsymbol{\beta}_2$ 正交，证明：$\boldsymbol{\alpha}_1,\boldsymbol{\alpha}_2,\boldsymbol{\beta}_1,\boldsymbol{\beta}_2$ 线性无关.

证 若存在实数 k_1,k_2,m_1,m_2，使得

$$k_1\boldsymbol{\alpha}_1+k_2\boldsymbol{\alpha}_2+m_1\boldsymbol{\beta}_1+m_2\boldsymbol{\beta}_2=0,\qquad(*)$$

因 $\boldsymbol{\alpha}_1,\boldsymbol{\alpha}_2$ 均与 $\boldsymbol{\beta}_1,\boldsymbol{\beta}_2$ 正交，由定义易得向量 $k_1\boldsymbol{\alpha}_1+k_2\boldsymbol{\alpha}_2$ 与 $\boldsymbol{\beta}_1,\boldsymbol{\beta}_2$ 也正交，从而 $k_1\boldsymbol{\alpha}_1+k_2\boldsymbol{\alpha}_2$ 与向量 $m_1\boldsymbol{\beta}_1+m_2\boldsymbol{\beta}_2$ 正交，从而由(*)式知 $k_1\boldsymbol{\alpha}_1+k_2\boldsymbol{\alpha}_2$，$m_1\boldsymbol{\beta}_1+m_2\boldsymbol{\beta}_2$ 必均为零向量(否则 $k_1\boldsymbol{\alpha}_1+k_2\boldsymbol{\alpha}_2$，$m_1\boldsymbol{\beta}_1+m_2\boldsymbol{\beta}_2$ 两者均为非零向量，从而两者线性相关，与它们正交相矛盾)，从而 $k_1=k_2=m_1=m_2=0$，$\boldsymbol{\alpha}_1,\boldsymbol{\alpha}_2,\boldsymbol{\beta}_1,\boldsymbol{\beta}_2$ 线性无关，结论成立.

10. 已知 $\boldsymbol{a}_1=(1,1,-4)^{\mathrm{T}}$，求一组非零向量 $\boldsymbol{a}_2,\boldsymbol{a}_3$，使 $\boldsymbol{a}_1,\boldsymbol{a}_2,\boldsymbol{a}_3$ 两两正交.

解 观察可得 $\boldsymbol{a}_2=(-1,1,0)^{\mathrm{T}}$ 与 $\boldsymbol{a}_1$ 正交. 设 $\boldsymbol{a}_3=(x,y,z)^{\mathrm{T}}$ 与 $\boldsymbol{a}_1,\boldsymbol{a}_2$ 均正交，则有 $x+y-4z=0$，$-x+y=0$，可解得 $\boldsymbol{a}_3=k(2,2,1)^{\mathrm{T}}$，故可取

$$\boldsymbol{a}_2=(-1,1,0)^{\mathrm{T}},\ \boldsymbol{a}_3=(2,2,1)^{\mathrm{T}}.$$

11. 设 $\boldsymbol{a}_1=(1,2,-1)^{\mathrm{T}}$，$\boldsymbol{a}_2=(-1,3,1)^{\mathrm{T}}$，$\boldsymbol{a}_3=(4,-1,0)^{\mathrm{T}}$，试用施密特正交化过程把这组向量规范正交化.

解 由施密特正交化方法，有

$\boldsymbol{p}_1=\boldsymbol{a}_1=(1,2,-1)^{\mathrm{T}}$；

$$\boldsymbol{p}_2=\boldsymbol{a}_2-\frac{[\boldsymbol{a}_2,\boldsymbol{p}_1]}{[\boldsymbol{p}_1,\boldsymbol{p}_1]}\boldsymbol{p}_1=\begin{pmatrix}-1\\3\\1\end{pmatrix}-\frac{4}{6}\begin{pmatrix}1\\2\\-1\end{pmatrix}=\begin{pmatrix}-\frac{5}{3}\\\frac{5}{3}\\\frac{5}{3}\end{pmatrix};$$

$$\boldsymbol{p}_3=\boldsymbol{a}_3-\frac{[\boldsymbol{a}_3,\boldsymbol{p}_1]}{[\boldsymbol{p}_1,\boldsymbol{p}_1]}\boldsymbol{p}_1-\frac{[\boldsymbol{a}_3,\boldsymbol{p}_2]}{[\boldsymbol{p}_2,\boldsymbol{p}_2]}\boldsymbol{p}_2=\begin{pmatrix}4\\-1\\0\end{pmatrix}-\frac{2}{6}\begin{pmatrix}1\\2\\-1\end{pmatrix}+\frac{5}{3}\begin{pmatrix}-1\\1\\1\end{pmatrix}=\begin{pmatrix}2\\0\\2\end{pmatrix},$$

单位化，可得$\boldsymbol{b}_1=\frac{1}{\sqrt{6}}\begin{pmatrix}1\\2\\-1\end{pmatrix},\boldsymbol{b}_2=\frac{1}{\sqrt{3}}\begin{pmatrix}-1\\1\\1\end{pmatrix},\boldsymbol{b}_3=\frac{1}{\sqrt{2}}\begin{pmatrix}1\\0\\1\end{pmatrix}$.

12. 证明：n 阶矩阵 $\boldsymbol{A}=(a_{ij})$ 为正交矩阵的充要条件是 $|\boldsymbol{A}|=\pm 1$，且在 $|\boldsymbol{A}|=1$ 时，$\boldsymbol{A}$ 的每个元素与它的代数余子式相等，即 $a_{ij}=A_{ij}(i,j=1,2,\cdots,n)$；在 $|\boldsymbol{A}|=-1$ 时，$\boldsymbol{A}$ 的每个元素与它的代数余子式互为相反数，即 $a_{ij}=-A_{ij}(i,j=1,2,\cdots,n)$.

证　若 $\boldsymbol{A}$ 是正交矩阵，则 $\boldsymbol{A}\boldsymbol{A}^{\mathrm{T}}=\boldsymbol{E}$，$|\boldsymbol{A}|=\pm 1$. 且

当 $|\boldsymbol{A}|=1$ 时，由 $\boldsymbol{A}\boldsymbol{A}^*=|\boldsymbol{A}|\boldsymbol{E}=\boldsymbol{E}$，有 $\boldsymbol{A}\boldsymbol{A}^*=\boldsymbol{A}\boldsymbol{A}^{\mathrm{T}}$，得$\boldsymbol{A}^*=\boldsymbol{A}^{\mathrm{T}}$，即 $a_{ij}=A_{ij}(i,j=1,2,\cdots,n)$；

当 $|\boldsymbol{A}|=-1$ 时，由 $\boldsymbol{A}\boldsymbol{A}^*=|\boldsymbol{A}|\boldsymbol{E}=-\boldsymbol{E}$，有 $\boldsymbol{A}\boldsymbol{A}^*=-\boldsymbol{A}\boldsymbol{A}^{\mathrm{T}}$，得$\boldsymbol{A}^*=-\boldsymbol{A}^{\mathrm{T}}$，即 $a_{ij}=-A_{ij}(i,j=1,2,\cdots,n)$.

反过来，若在 $|\boldsymbol{A}|=1$ 时，$a_{ij}=A_{ij}$，即$\boldsymbol{A}^*=\boldsymbol{A}^{\mathrm{T}}$，由 $\boldsymbol{A}\boldsymbol{A}^*=|\boldsymbol{A}|\boldsymbol{E}=\boldsymbol{E}$，得 $\boldsymbol{A}\boldsymbol{A}^{\mathrm{T}}=\boldsymbol{E}$，故 $\boldsymbol{A}$ 为正交矩阵.

若 $|\boldsymbol{A}|=-1$ 时，$a_{ij}=-A_{ij}$，即$\boldsymbol{A}^*=-\boldsymbol{A}^{\mathrm{T}}$，由 $\boldsymbol{A}\boldsymbol{A}^*=|\boldsymbol{A}|\boldsymbol{E}=-\boldsymbol{E}$，得 $\boldsymbol{A}\boldsymbol{A}^{\mathrm{T}}=\boldsymbol{E}$，故 $\boldsymbol{A}$ 仍为正交矩阵.

13. 设 $\boldsymbol{\alpha}_1=(1,2,1,0)^{\mathrm{T}}$，$\boldsymbol{\alpha}_2=(-1,1,1,1)^{\mathrm{T}}$，$\boldsymbol{\beta}_1=(2,-1,0,1)^{\mathrm{T}}$，$\boldsymbol{\beta}_2=(1,-1,3,7)^{\mathrm{T}}$，$W_1=L(\boldsymbol{\alpha}_1,\boldsymbol{\alpha}_2)$，$W_2=L(\boldsymbol{\beta}_1,\boldsymbol{\beta}_2)$，求：(1) $W_1\cap W_2$；(2) W_1+W_2.

解　(1) 设 k_1,k_2,m_1,m_2 满足 $k_1\boldsymbol{\alpha}_1+k_2\boldsymbol{\alpha}_2=m_1\boldsymbol{\beta}_1+m_2\boldsymbol{\beta}_2$，即 k_1,k_2,m_1,m_2 是下列方程组的解：

$$(\boldsymbol{\alpha}_1,\boldsymbol{\alpha}_2,\boldsymbol{\beta}_1,\boldsymbol{\beta}_2)(k_1,k_2,-m_1,-m_2)^{\mathrm{T}}=\boldsymbol{0},$$

对下面矩阵进行初等行变换，有

$$\begin{pmatrix}1&-1&2&1\\2&1&-1&-1\\1&1&0&3\\0&1&1&7\end{pmatrix}\xrightarrow[r_3-r_1]{r_2-2r_1}\begin{pmatrix}1&-1&2&1\\0&3&-5&-3\\0&2&-2&2\\0&1&1&7\end{pmatrix}$$

$$\xrightarrow[r_4-3r_2]{\substack{r_4\leftrightarrow r_2\\r_3-2r_2}}\begin{pmatrix}1&-1&2&1\\0&1&1&7\\0&0&-4&-12\\0&0&-8&-24\end{pmatrix}\xrightarrow{r}\begin{pmatrix}1&0&0&-1\\0&1&0&4\\0&0&1&3\\0&0&0&0\end{pmatrix},$$

故 $k_1=m_2$，$k_2=-4m_2$，$m_1=-3m_2$，从而

$$W_1\cap W_2=L(\boldsymbol{\alpha}_1-4\boldsymbol{\alpha}_2)=L(3\boldsymbol{\beta}_1-\boldsymbol{\beta}_2).$$

(2) 容易确定$(\boldsymbol{\alpha}_1,\boldsymbol{\alpha}_2,\boldsymbol{\beta}_1,\boldsymbol{\beta}_2)$ 的极大无关组为$(\boldsymbol{\alpha}_1,\boldsymbol{\alpha}_2,\boldsymbol{\beta}_1)$，且

$$W_1+W_2=\{\boldsymbol{\alpha}\mid\boldsymbol{\alpha}=(k_1\boldsymbol{\alpha}_1+k_2\boldsymbol{\alpha}_2)+(m_1\boldsymbol{\beta}_1+m_2\boldsymbol{\beta}_2),k_1,k_2,m_1,m_2\in\mathbb{R}\},$$

故 $W_1+W_2=L(\boldsymbol{\alpha}_1,\boldsymbol{\alpha}_2,\boldsymbol{\beta}_1)$.

14. 设

$$A=\begin{pmatrix}1&0&0\\0&1&0\\3&1&2\end{pmatrix},$$

求$\mathbb{R}^{3\times3}$的子空间$C(A)$的维数和一组基，其中，$C(A)$是$\mathbb{R}^{3\times3}$上与A可交换的3阶方阵的集合.

解 设矩阵$B=\begin{pmatrix}x&y&z\\a&b&c\\p&q&r\end{pmatrix}$满足$AB=BA$，即

$$\begin{pmatrix}1&0&0\\0&1&0\\3&1&2\end{pmatrix}\begin{pmatrix}x&y&z\\a&b&c\\p&q&r\end{pmatrix}=\begin{pmatrix}x&y&z\\a&b&c\\p&q&r\end{pmatrix}\begin{pmatrix}1&0&0\\0&1&0\\3&1&2\end{pmatrix},$$

得

$$\begin{pmatrix}x&y&z\\a&b&c\\3x+a+2p&3y+b+2q&3z+c+2r\end{pmatrix}=\begin{pmatrix}x+3z&y+z&2z\\a+3c&b+c&2c\\p+3r&q+r&2r\end{pmatrix},$$

故

$$z=0,\ c=0,\ 3x+a+2p=p+3r,\ 3y+b+2q=q+r,$$

有5个线性无关的基础解系，从而$\dim C(A)=5$，用矩阵的形式表示，即得$C(A)$的一组基为：

$$\begin{pmatrix}1&0&0\\-3&0&0\\0&0&0\end{pmatrix},\begin{pmatrix}0&1&0\\0&-3&0\\0&0&0\end{pmatrix},\begin{pmatrix}0&0&0\\-1&0&0\\1&0&0\end{pmatrix},\begin{pmatrix}0&0&0\\0&-1&0\\0&1&0\end{pmatrix},\begin{pmatrix}0&0&0\\3&1&0\\0&0&1\end{pmatrix}.$$

15. 已知线性空间$P[x]_3$的向量组：

$f_1=1+2x+3x^2+4x^3$，$f_2=-1+x+2x^2$，$f_3=1+x$，$f_4=1+4x+5x^2+4x^3$，

(1) 试求子空间$L(f_1,f_2,f_3,f_4)$的维数和一组基；

(2) 确定向量$f_5=f_1+f_2+f_3+f_4$在此基下的坐标；

(3) 向量$f_6=1$是否属于子空间$L(f_1,f_2,f_3,f_4)$?

解 (1) 易验证$f_4=f_1+f_2+f_3$，且f_1,f_2,f_3线性无关，故$\dim L(f_1,f_2,f_3,f_4)=3$，且$\{f_1,f_2,f_3\}$为其一组基.

(2) 因$f_5=f_1+f_2+f_3+f_4=2f_1+2f_2+2f_3$，故$f_5$在此基下的坐标为：$x=(2,2,2)^T$.

若选$\{f_1,f_2,f_4\}$为其一组基，因$f_5=2f_4$，故f_5在此基下的坐标为$x=(0,0,2)^T$.

(3) 设$f_6=k_1f_1+k_2f_2+k_3f_3$，易知此方程无解，故$f_6=1$无法表达为$\{f_1,f_2,f_3\}$的线性组合，从而不属于子空间$L(f_1,f_2,f_3,f_4)$.

16. 求下列子空间的维数和一组基：

(1)$L(\boldsymbol{\alpha}_1,\boldsymbol{\alpha}_2,\boldsymbol{\alpha}_3)\subseteq\mathbb{R}^3$，其中，

$$\boldsymbol{\alpha}_1=\begin{pmatrix}2\\3\\1\end{pmatrix},\boldsymbol{\alpha}_2=\begin{pmatrix}1\\0\\-1\end{pmatrix},\boldsymbol{\alpha}_3=\begin{pmatrix}2\\0\\1\end{pmatrix};$$

(2) $L(\boldsymbol{\alpha}_1,\boldsymbol{\alpha}_2,\boldsymbol{\alpha}_3,\boldsymbol{\alpha}_4)\subseteq\mathbb{R}^4$，其中，

$$\boldsymbol{\alpha}_1=\begin{pmatrix}2\\1\\3\\-1\end{pmatrix},\boldsymbol{\alpha}_2=\begin{pmatrix}1\\-1\\3\\-1\end{pmatrix},\boldsymbol{\alpha}_3=\begin{pmatrix}4\\5\\3\\-1\end{pmatrix},\boldsymbol{\alpha}_4=\begin{pmatrix}1\\5\\-3\\1\end{pmatrix}.$$

解　(1) 因

$$|\boldsymbol{\alpha}_1,\boldsymbol{\alpha}_2,\boldsymbol{\alpha}_3|=\begin{vmatrix}2&1&2\\3&0&0\\1&-1&1\end{vmatrix}=-12\neq 0,$$

故 $\{\boldsymbol{\alpha}_1,\boldsymbol{\alpha}_2,\boldsymbol{\alpha}_3\}$ 线性无关，从而 $\dim L(\boldsymbol{\alpha}_1,\boldsymbol{\alpha}_2,\boldsymbol{\alpha}_3)=3$，且 $\{\boldsymbol{\alpha}_1,\boldsymbol{\alpha}_2,\boldsymbol{\alpha}_3\}$ 为其基.

(2) 对下面矩阵作初等行变换，有

$$(\boldsymbol{\alpha}_1,\boldsymbol{\alpha}_2,\boldsymbol{\alpha}_3,\boldsymbol{\alpha}_4)=\begin{pmatrix}2&1&4&1\\1&-1&5&5\\3&3&3&-3\\-1&-1&-1&1\end{pmatrix}\xrightarrow[\substack{r_3-3r_1\\r_4-2r_1}]{\substack{r_1\leftrightarrow r_4\\r_2-r_1}}\begin{pmatrix}1&1&1&-1\\0&-2&4&6\\0&0&0&0\\0&-1&2&3\end{pmatrix}$$

$$\xrightarrow[\substack{r_3-3r_1\\r_4-2r_1}]{\substack{r_1\leftrightarrow r_4\\r_2-r_1}}\begin{pmatrix}1&1&1&-1\\0&1&-2&-3\\0&0&0&0\\0&0&0&0\end{pmatrix},$$

故 $\{\boldsymbol{\alpha}_1,\boldsymbol{\alpha}_2,\boldsymbol{\alpha}_3,\boldsymbol{\alpha}_4\}$ 的秩为 2，从而 $\dim L(\boldsymbol{\alpha}_1,\boldsymbol{\alpha}_2,\boldsymbol{\alpha}_3,\boldsymbol{\alpha}_4)=2$，且其基可取为 $\{\boldsymbol{\alpha}_1,\boldsymbol{\alpha}_2\}$.

17. 设 3 维向量空间 $\boldsymbol{V}$ 上的线性变换 $\boldsymbol{A}$ 在基 $\boldsymbol{\varepsilon}_1,\boldsymbol{\varepsilon}_2,\boldsymbol{\varepsilon}_3$ 下的矩阵为

$$\begin{pmatrix}1&0&1\\2&1&1\\0&0&1\end{pmatrix},$$

基 $\boldsymbol{\xi}_1,\boldsymbol{\xi}_2,\boldsymbol{\xi}_3$ 到基 $\boldsymbol{\varepsilon}_1+\boldsymbol{\varepsilon}_3,\boldsymbol{\varepsilon}_2,\boldsymbol{\varepsilon}_3$ 的过渡矩阵为

$$\begin{pmatrix}1&1&0\\0&0&1\\1&-1&1\end{pmatrix},$$

求 $\boldsymbol{A}$ 在基 $\boldsymbol{\xi}_1,\boldsymbol{\xi}_2,\boldsymbol{\xi}_3$ 下的矩阵.

解　设

$$\boldsymbol{C}=\begin{pmatrix}1&0&1\\2&1&1\\0&0&1\end{pmatrix},\ \boldsymbol{P}=\begin{pmatrix}1&1&0\\0&0&1\\1&-1&1\end{pmatrix},\ \boldsymbol{Q}=\begin{pmatrix}1&0&0\\0&1&0\\1&0&1\end{pmatrix},$$

依题意有

$$\boldsymbol{A}(\boldsymbol{\varepsilon}_1,\boldsymbol{\varepsilon}_2,\boldsymbol{\varepsilon}_3)=(\boldsymbol{\varepsilon}_1,\boldsymbol{\varepsilon}_2,\boldsymbol{\varepsilon}_3)\boldsymbol{C},\ (\boldsymbol{\varepsilon}_1+\boldsymbol{\varepsilon}_3,\boldsymbol{\varepsilon}_2,\boldsymbol{\varepsilon}_3)=(\boldsymbol{\xi}_1,\boldsymbol{\xi}_2,\boldsymbol{\xi}_3)\boldsymbol{P},$$

因 $(\boldsymbol{\varepsilon}_1+\boldsymbol{\varepsilon}_3,\boldsymbol{\varepsilon}_2,\boldsymbol{\varepsilon}_3)=(\boldsymbol{\varepsilon}_1,\boldsymbol{\varepsilon}_2,\boldsymbol{\varepsilon}_3)\boldsymbol{Q}$，从而

$$(\boldsymbol{\xi}_1,\boldsymbol{\xi}_2,\boldsymbol{\xi}_3)=(\boldsymbol{\varepsilon}_1+\boldsymbol{\varepsilon}_3,\boldsymbol{\varepsilon}_2,\boldsymbol{\varepsilon}_3)\boldsymbol{P}^{-1}=(\boldsymbol{\varepsilon}_1,\boldsymbol{\varepsilon}_2,\boldsymbol{\varepsilon}_3)\boldsymbol{Q}\boldsymbol{P}^{-1},$$

得

$\boldsymbol{A}(\boldsymbol{\xi}_1,\boldsymbol{\xi}_2,\boldsymbol{\xi}_3)=\boldsymbol{A}((\boldsymbol{\varepsilon}_1,\boldsymbol{\varepsilon}_2,\boldsymbol{\varepsilon}_3)\boldsymbol{Q}\boldsymbol{P}^{-1})=((\boldsymbol{\varepsilon}_1,\boldsymbol{\varepsilon}_2,\boldsymbol{\varepsilon}_3)\boldsymbol{C})\boldsymbol{Q}\boldsymbol{P}^{-1}=(\boldsymbol{\xi}_1,\boldsymbol{\xi}_2,\boldsymbol{\xi}_3)\boldsymbol{P}\boldsymbol{Q}^{-1}\boldsymbol{C}\boldsymbol{Q}\boldsymbol{P}^{-1}$,
故所求矩阵为：

$$\boldsymbol{K}=\boldsymbol{P}\boldsymbol{Q}^{-1}\boldsymbol{C}\boldsymbol{Q}\boldsymbol{P}^{-1}=\frac{1}{2}\begin{pmatrix}6&0&4\\-1&1&-1\\-3&1&-1\end{pmatrix}.$$

18. 设$\mathbb{R}^3$上的线性变换$\boldsymbol{T}$由如下关系确定：

$\boldsymbol{\alpha}_1=(1,0,1)^{\mathrm{T}}\to\boldsymbol{\beta}_1=(2,3,-1)^{\mathrm{T}}$,

$\boldsymbol{\alpha}_2=(1,-1,1)^{\mathrm{T}}\to\boldsymbol{\beta}_2=(3,0,-2)^{\mathrm{T}}$,

$\boldsymbol{\alpha}_3=(1,2,-1)^{\mathrm{T}}\to\boldsymbol{\beta}_3=(-2,7,-1)^{\mathrm{T}}$,

(1) 求变换$\boldsymbol{T}$在自然基$\{\boldsymbol{e}_1,\boldsymbol{e}_2,\boldsymbol{e}_3\}$下的矩阵；

(2) 求$\mathbb{R}^3$中向量$\boldsymbol{\alpha}=(2,2,1)^{\mathrm{T}}$在$\boldsymbol{T}$下的像.

解 (1) 依题意有$(\boldsymbol{T}\boldsymbol{\alpha}_1,\boldsymbol{T}\boldsymbol{\alpha}_2,\boldsymbol{T}\boldsymbol{\alpha}_3)=\boldsymbol{T}(\boldsymbol{\alpha}_1,\boldsymbol{\alpha}_2,\boldsymbol{\alpha}_3)=(\boldsymbol{\beta}_1,\boldsymbol{\beta}_2,\boldsymbol{\beta}_3)$，又因

$(\boldsymbol{\alpha}_1,\boldsymbol{\alpha}_2,\boldsymbol{\alpha}_3)=(\boldsymbol{e}_1,\boldsymbol{e}_2,\boldsymbol{e}_3)(\boldsymbol{\alpha}_1,\boldsymbol{\alpha}_2,\boldsymbol{\alpha}_3)$，$(\boldsymbol{\beta}_1,\boldsymbol{\beta}_2,\boldsymbol{\beta}_3)=(\boldsymbol{e}_1,\boldsymbol{e}_2,\boldsymbol{e}_3)(\boldsymbol{\beta}_1,\boldsymbol{\beta}_2,\boldsymbol{\beta}_3)$，
故

$\boldsymbol{T}(\boldsymbol{e}_1,\boldsymbol{e}_2,\boldsymbol{e}_3)=\boldsymbol{T}(\boldsymbol{\alpha}_1,\boldsymbol{\alpha}_2,\boldsymbol{\alpha}_3)(\boldsymbol{\alpha}_1,\boldsymbol{\alpha}_2,\boldsymbol{\alpha}_3)^{-1}=(\boldsymbol{e}_1,\boldsymbol{e}_2,\boldsymbol{e}_3)(\boldsymbol{\beta}_1,\boldsymbol{\beta}_2,\boldsymbol{\beta}_3)(\boldsymbol{\alpha}_1,\boldsymbol{\alpha}_2,\boldsymbol{\alpha}_3)^{-1}$,
得变换T在自然基$\{\boldsymbol{e}_1,\boldsymbol{e}_2,\boldsymbol{e}_3\}$下的矩阵$\boldsymbol{K}$为：

$$\boldsymbol{K}=(\boldsymbol{\beta}_1,\boldsymbol{\beta}_2,\boldsymbol{\beta}_3)(\boldsymbol{\alpha}_1,\boldsymbol{\alpha}_2,\boldsymbol{\alpha}_3)^{-1}=\begin{pmatrix}2&3&-2\\3&0&7\\-1&-2&-1\end{pmatrix}\begin{pmatrix}1&1&1\\0&-1&2\\1&1&-1\end{pmatrix}^{-1}=\begin{pmatrix}1&-1&1\\2&3&1\\-2&1&1\end{pmatrix}.$$

(2) 设$\boldsymbol{T}\boldsymbol{\alpha}=\boldsymbol{x}$，即$\boldsymbol{T}\boldsymbol{\alpha}=\boldsymbol{T}((\boldsymbol{e}_1,\boldsymbol{e}_2,\boldsymbol{e}_3)\boldsymbol{\alpha})=(\boldsymbol{e}_1,\boldsymbol{e}_2,\boldsymbol{e}_3)\boldsymbol{K}\boldsymbol{\alpha}$，得

$$\boldsymbol{x}=\boldsymbol{K}\boldsymbol{\alpha}=\begin{pmatrix}1&-1&1\\2&3&1\\-2&1&1\end{pmatrix}\begin{pmatrix}2\\2\\1\end{pmatrix}=\begin{pmatrix}1\\11\\-1\end{pmatrix}.$$

19. 设$\boldsymbol{T}$为$\mathbb{R}^3\to\mathbb{R}^3$的线性变换，已知

$$\boldsymbol{T}\begin{pmatrix}1\\0\\0\end{pmatrix}=\begin{pmatrix}1\\0\\1\end{pmatrix},\ \boldsymbol{T}\begin{pmatrix}0\\1\\0\end{pmatrix}=\begin{pmatrix}2\\1\\1\end{pmatrix},\ \boldsymbol{T}\begin{pmatrix}0\\0\\1\end{pmatrix}=\begin{pmatrix}-1\\1\\-2\end{pmatrix}.$$

(1) 求变换$\boldsymbol{T}$在自然基$\{\boldsymbol{e}_1,\boldsymbol{e}_2,\boldsymbol{e}_3\}$下的矩阵；

(2) 设$\boldsymbol{T}(\mathbb{R}^3)=W$，求$W$的一组基；

(3) 求出满足$\boldsymbol{T}\boldsymbol{x}=\boldsymbol{0}$的$\mathbb{R}^3$中向量的全体.

解 (1) 依题设得

$$\boldsymbol{T}(\boldsymbol{e}_1,\boldsymbol{e}_2,\boldsymbol{e}_3)=(T\boldsymbol{e}_1,T\boldsymbol{e}_2,T\boldsymbol{e}_3)=(\boldsymbol{e}_1,\boldsymbol{e}_2,\boldsymbol{e}_3)\begin{pmatrix}1&2&-1\\0&1&1\\1&1&-2\end{pmatrix},$$

故变换T在自然基$\{\boldsymbol{e}_1,\boldsymbol{e}_2,\boldsymbol{e}_3\}$下的矩阵$\boldsymbol{K}$为：

$$\boldsymbol{K}=\begin{pmatrix}1&2&-1\\0&1&1\\1&1&-2\end{pmatrix}.$$

(2) 设$\boldsymbol{\beta}_1=(1,0,1)^{\mathrm{T}}$, $\boldsymbol{\beta}_2=(2,1,1)^{\mathrm{T}}$, $\boldsymbol{\beta}_3=(-1,1,-2)^{\mathrm{T}}$, 易验证$\boldsymbol{\beta}_1,\boldsymbol{\beta}_2,\boldsymbol{\beta}_3$线性相关, 但$\boldsymbol{\beta}_1,\boldsymbol{\beta}_2$线性无关, 故 W 的一组基可取为$\boldsymbol{\beta}_1=(1,0,1)^{\mathrm{T}}$, $\boldsymbol{\beta}_2=(2,1,1)^{\mathrm{T}}$.

(3) 即求$\boldsymbol{x}=(x_1,x_2,x_3)^{\mathrm{T}}$, 使得$\boldsymbol{Tx}=\boldsymbol{0}$, 因

$$\boldsymbol{Tx}=\boldsymbol{T}((\boldsymbol{e}_1,\boldsymbol{e}_2,\boldsymbol{e}_3)\boldsymbol{x})=x_1\boldsymbol{\beta}_1+x_2\boldsymbol{\beta}_2+x_3\boldsymbol{\beta}_3,$$

故只需求$x_1\boldsymbol{\beta}_1+x_2\boldsymbol{\beta}_2+x_3\boldsymbol{\beta}_3=\boldsymbol{0}$的解即可. 由

$$\begin{pmatrix}1&2&-1\\0&1&1\\1&1&-2\end{pmatrix}\xrightarrow{r_3-r_1}\begin{pmatrix}1&2&-1\\0&1&1\\0&-1&-1\end{pmatrix}\xrightarrow[r_1-2r_2]{r_3+r_2}\begin{pmatrix}1&0&-3\\0&1&1\\0&0&0\end{pmatrix},$$

得方程组的通解为: $\{k(3,-1,1)^{\mathrm{T}}\mid k\in\mathbb{R}\}$.

20. 2 阶方阵所组成的线性空间$\mathbb{R}^{2\times2}$中取基

$$\boldsymbol{E}_{11}=\begin{pmatrix}1&0\\0&0\end{pmatrix},\ \boldsymbol{E}_{12}=\begin{pmatrix}0&1\\0&0\end{pmatrix},\ \boldsymbol{E}_{21}=\begin{pmatrix}0&0\\1&0\end{pmatrix},\ \boldsymbol{E}_{22}=\begin{pmatrix}0&0\\0&1\end{pmatrix},$$

在线性变换 $\boldsymbol{T}$ 下的像分别为

$$\boldsymbol{\alpha}_1=\begin{pmatrix}1&0\\1&0\end{pmatrix},\ \boldsymbol{\alpha}_2=\begin{pmatrix}1&1\\1&1\end{pmatrix},\ \boldsymbol{\alpha}_3=\begin{pmatrix}1&-1\\-1&1\end{pmatrix},\ \boldsymbol{\alpha}_4=\begin{pmatrix}1&0\\0&1\end{pmatrix},$$

试求$\boldsymbol{T}(\boldsymbol{\alpha}_1+2\boldsymbol{\alpha}_2-4\boldsymbol{\alpha}_3)$.

解　依题设条件, 有

$$(\boldsymbol{T}\boldsymbol{E}_{11},\boldsymbol{T}\boldsymbol{E}_{12},\boldsymbol{T}\boldsymbol{E}_{21},\boldsymbol{T}\boldsymbol{E}_{22})=(\boldsymbol{E}_{11},\boldsymbol{E}_{12},\boldsymbol{E}_{21},\boldsymbol{E}_{22})\begin{pmatrix}1&1&1&1\\0&1&-1&0\\1&1&-1&0\\0&1&1&1\end{pmatrix},$$

$$\boldsymbol{\alpha}_1+2\boldsymbol{\alpha}_2-4\boldsymbol{\alpha}_3=\begin{pmatrix}-1&6\\7&-2\end{pmatrix}=(\boldsymbol{E}_{11},\boldsymbol{E}_{12},\boldsymbol{E}_{21},\boldsymbol{E}_{22})(-1,6,7,-2)^{\mathrm{T}},$$

故

$$\begin{aligned}\boldsymbol{T}(\boldsymbol{\alpha}_1+2\boldsymbol{\alpha}_2-4\boldsymbol{\alpha}_3)&=\boldsymbol{T}(\boldsymbol{E}_{11},\boldsymbol{E}_{12},\boldsymbol{E}_{21},\boldsymbol{E}_{22})(-1,6,7,-2)^{\mathrm{T}}\\&=(\boldsymbol{E}_{11},\boldsymbol{E}_{12},\boldsymbol{E}_{21},\boldsymbol{E}_{22})\begin{pmatrix}1&1&1&1\\0&1&-1&0\\1&1&-1&0\\0&1&1&1\end{pmatrix}\begin{pmatrix}-1\\6\\7\\-2\end{pmatrix}\\&=(\boldsymbol{E}_{11},\boldsymbol{E}_{12},\boldsymbol{E}_{21},\boldsymbol{E}_{22})(10,-1,-2,11)^{\mathrm{T}},\end{aligned}$$

故$\boldsymbol{T}(\boldsymbol{\alpha}_1+2\boldsymbol{\alpha}_2-4\boldsymbol{\alpha}_3)$在基$\boldsymbol{E}_{11}$, $\boldsymbol{E}_{12}$, $\boldsymbol{E}_{21}$, $\boldsymbol{E}_{22}$下的坐标为$(10,-1,-2,11)^{\mathrm{T}}$, 即矩阵$\begin{pmatrix}10&-1\\-2&11\end{pmatrix}$.

21. 在 4 维线性空间 V 中, 线性变换 $\boldsymbol{T}$ 在基$\{\boldsymbol{\alpha}_1,\boldsymbol{\alpha}_2,\boldsymbol{\alpha}_3,\boldsymbol{\alpha}_4\}$下的矩阵为

$$\boldsymbol{A}=\begin{pmatrix}1&3&-3&2\\-1&-5&2&1\\0&-2&5&0\\0&1&-1&1\end{pmatrix},$$

求 $\boldsymbol{T}$ 在 $\{\boldsymbol{\alpha}_1,\boldsymbol{\alpha}_3,\boldsymbol{\alpha}_2,\boldsymbol{\alpha}_4\}$ 下的矩阵.

解 依题设有：$\boldsymbol{T}(\boldsymbol{\alpha}_1,\boldsymbol{\alpha}_2,\boldsymbol{\alpha}_3,\boldsymbol{\alpha}_4)=(\boldsymbol{\alpha}_1,\boldsymbol{\alpha}_2,\boldsymbol{\alpha}_3,\boldsymbol{\alpha}_4)\boldsymbol{A}$，又因为

$$(\boldsymbol{\alpha}_1,\boldsymbol{\alpha}_3,\boldsymbol{\alpha}_2,\boldsymbol{\alpha}_4)=(\boldsymbol{\alpha}_1,\boldsymbol{\alpha}_2,\boldsymbol{\alpha}_3,\boldsymbol{\alpha}_4)\begin{pmatrix}1&0&0&0\\0&0&1&0\\0&1&0&0\\0&0&0&1\end{pmatrix}=(\boldsymbol{\alpha}_1,\boldsymbol{\alpha}_2,\boldsymbol{\alpha}_3,\boldsymbol{\alpha}_4)\boldsymbol{C},$$

故

$$\begin{aligned}\boldsymbol{T}(\boldsymbol{\alpha}_1,\boldsymbol{\alpha}_3,\boldsymbol{\alpha}_2,\boldsymbol{\alpha}_4)&=\boldsymbol{T}((\boldsymbol{\alpha}_1,\boldsymbol{\alpha}_2,\boldsymbol{\alpha}_3,\boldsymbol{\alpha}_4)\boldsymbol{C})\\&=(\boldsymbol{\alpha}_1,\boldsymbol{\alpha}_2,\boldsymbol{\alpha}_3,\boldsymbol{\alpha}_4)\boldsymbol{AC}=(\boldsymbol{\alpha}_1,\boldsymbol{\alpha}_3,\boldsymbol{\alpha}_2,\boldsymbol{\alpha}_4)\,\boldsymbol{C}^{-1}\boldsymbol{AC},\end{aligned}$$

故 T 在 $\{\boldsymbol{\alpha}_1,\boldsymbol{\alpha}_3,\boldsymbol{\alpha}_2,\boldsymbol{\alpha}_4\}$ 下的矩阵 $\boldsymbol{K}$ 为：

$$\begin{aligned}\boldsymbol{K}=\boldsymbol{C}^{-1}\boldsymbol{AC}&=\begin{pmatrix}1&0&0&0\\0&0&1&0\\0&1&0&0\\0&0&0&1\end{pmatrix}\begin{pmatrix}1&3&-3&2\\-1&-5&2&1\\0&-2&5&0\\0&1&-1&1\end{pmatrix}\begin{pmatrix}1&0&0&0\\0&0&1&0\\0&1&0&0\\0&0&0&1\end{pmatrix}\\&=\begin{pmatrix}1&-3&3&2\\0&5&-2&0\\-1&2&-5&1\\0&-1&1&1\end{pmatrix}.\end{aligned}$$

注：$\boldsymbol{C}^{-1}\boldsymbol{AC}$ 等同于对矩阵 $\boldsymbol{A}$ 交换第 2 行第 3 行，再交换第 2 列第 3 列.

22. 试证明：对任意两组向量组 $\{\boldsymbol{\alpha}_1,\boldsymbol{\alpha}_2,\cdots,\boldsymbol{\alpha}_r\}$ 与 $\{\boldsymbol{\beta}_1,\boldsymbol{\beta}_2,\cdots,\boldsymbol{\beta}_s\}$，如果每个 $\boldsymbol{\alpha}_j, j=1,2,\cdots,r$，都可由 $\boldsymbol{\beta}_1,\boldsymbol{\beta}_2,\cdots,\boldsymbol{\beta}_s$ 线性表示，则

$$\dim L(\boldsymbol{\alpha}_1,\boldsymbol{\alpha}_2,\cdots,\boldsymbol{\alpha}_r)\leq\dim L(\boldsymbol{\beta}_1,\boldsymbol{\beta}_2,\cdots,\boldsymbol{\beta}_s).$$

证 因每个 $\boldsymbol{\alpha}_j, j=1,2,\cdots,r$，都可由 $\boldsymbol{\beta}_1,\boldsymbol{\beta}_2,\cdots,\boldsymbol{\beta}_s$ 线性表示，故 $R(\{\boldsymbol{\alpha}_1,\boldsymbol{\alpha}_2,\cdots,\boldsymbol{\alpha}_r\})\leq R(\{\boldsymbol{\beta}_1,\boldsymbol{\beta}_2,\cdots,\boldsymbol{\beta}_s\})$，故

$$\dim L(\boldsymbol{\alpha}_1,\boldsymbol{\alpha}_2,\cdots,\boldsymbol{\alpha}_r)\leq\dim L(\boldsymbol{\beta}_1,\boldsymbol{\beta}_2,\cdots,\boldsymbol{\beta}_s).$$

23. 证明：在线性空间 V 中，有

$$L(\boldsymbol{\alpha}_1,\boldsymbol{\alpha}_2,\cdots,\boldsymbol{\alpha}_s)+L(\boldsymbol{\beta}_1,\boldsymbol{\beta}_2,\cdots,\boldsymbol{\beta}_t)=L(\boldsymbol{\alpha}_1,\cdots,\boldsymbol{\alpha}_s,\boldsymbol{\beta}_1,\cdots,\boldsymbol{\beta}_t).$$

证 $\forall x\in L(\boldsymbol{\alpha}_1,\boldsymbol{\alpha}_2,\cdots,\boldsymbol{\alpha}_s)$，$\forall y\in L(\boldsymbol{\beta}_1,\boldsymbol{\beta}_2,\cdots,\boldsymbol{\beta}_t)$，则存在 $k_1,k_2,\cdots,k_s\in\mathbb{R}$，$m_1,m_2,\cdots,m_t\in\mathbb{R}$，使得

$$\boldsymbol{x}=k_1\boldsymbol{\alpha}_1+k_2\boldsymbol{\alpha}_2+\cdots+k_s\boldsymbol{\alpha}_s,\ \boldsymbol{y}=m_1\boldsymbol{\beta}_1+m_2\boldsymbol{\beta}_2+\cdots+m_t\boldsymbol{\beta}_t,$$

从而

$$\begin{aligned}\boldsymbol{x}+\boldsymbol{y}&=(k_1\boldsymbol{\alpha}_1+k_2\boldsymbol{\alpha}_2+\cdots+k_s\boldsymbol{\alpha}_s)+(m_1\boldsymbol{\beta}_1+m_2\boldsymbol{\beta}_2+\cdots+m_t\boldsymbol{\beta}_t)\\&\in L(\boldsymbol{\alpha}_1,\cdots,\boldsymbol{\alpha}_s,\boldsymbol{\beta}_1,\cdots,\boldsymbol{\beta}_t).\end{aligned}$$

另一方面，对任意向量 $z\in L(\boldsymbol{\alpha}_1,\cdots,\boldsymbol{\alpha}_s,\boldsymbol{\beta}_1,\cdots,\boldsymbol{\beta}_t)$，则存在 $k_1,k_2,\cdots,k_s\in\mathbb{R}$，$m_1,m_2,\cdots,m_t\in\mathbb{R}$，使得

$$\boldsymbol{z}=k_1\boldsymbol{\alpha}_1+k_2\boldsymbol{\alpha}_2+\cdots+k_s\boldsymbol{\alpha}_s+m_1\boldsymbol{\beta}_1+m_2\boldsymbol{\beta}_2+\cdots+m_t\boldsymbol{\beta}_t,$$

取 $\boldsymbol{x}=k_1\boldsymbol{\alpha}_1+k_2\boldsymbol{\alpha}_2+\cdots+k_s\boldsymbol{\alpha}_s$, $\boldsymbol{y}=m_1\boldsymbol{\beta}_1+m_2\boldsymbol{\beta}_2+\cdots+m_t\boldsymbol{\beta}_t$, 则有 $\boldsymbol{z}=\boldsymbol{x}+\boldsymbol{y}$, 从而 $\boldsymbol{z}\in L(\boldsymbol{\alpha}_1,\boldsymbol{\alpha}_2,\cdots,\boldsymbol{\alpha}_s)+L(\boldsymbol{\beta}_1,\boldsymbol{\beta}_2,\cdots,\boldsymbol{\beta}_t)$. 综合可得

$$L(\boldsymbol{\alpha}_1,\boldsymbol{\alpha}_2,\cdots,\boldsymbol{\alpha}_s)+L(\boldsymbol{\beta}_1,\boldsymbol{\beta}_2,\cdots,\boldsymbol{\beta}_t)=L(\boldsymbol{\alpha}_1,\cdots,\boldsymbol{\alpha}_s,\boldsymbol{\beta}_1,\cdots,\boldsymbol{\beta}_t).$$

第5章　相似矩阵与二次型

一、知识点总结

1　大纲要求

本章内容包括：矩阵的特征值与特征向量的概念、性质，矩阵可相似对角化的充要条件，实对称矩阵的特征值、特征向量的性质，实对称矩阵与对角矩阵的关系，二次型及其矩阵表示，合同变换与合同矩阵，二次型的秩，惯性定理，二次型的标准形和规范形，用正交变换和配方法化二次型为标准形，二次型及其矩阵的正定性等.

本章要求：

（1）理解矩阵的特征值和特征向量的概念及其性质，熟练掌握求特征值和特征向量的基本步骤.

（2）理解矩阵相似的概念、性质及其矩阵相似对角化的充要条件，在矩阵可以对角化的条件下，会求出相似对角阵及对应的相似变换矩阵.

（3）掌握实对称矩阵特征值和特征向量的性质，理解特征值重数和对应的线性无关的特征向量个数之间的一致性，熟练掌握用正交相似变换化实对称矩阵为对角矩阵的方法，特别是正交矩阵的构造.

（4）掌握二次型的概念和矩阵形式，理解二次型和矩阵之间的对应关系，会用矩阵形式表示二次型. 理解合同变换和矩阵合同的概念，熟练掌握用正交变换和配方法化二次型为标准形，理解与矩阵对角化的关系，注意正交变换方法和配方法的不同之处.

（5）了解二次型的秩的概念，了解二次型的标准形、规范形等概念；二次型的秩及正、负惯性指数. 理解惯性定理，理解正定二次型的概念并掌握其判别方法. 重点是正定二次型的判定. 会判别二次型的正定性（特别是用正定定义及顺序主子式法）.

2　知识点总结

2.1　特征值和特征向量的概念

设 $\boldsymbol{A}$ 是 n 阶矩阵，如果数 λ 和 n 维非零列向量 $\boldsymbol{x}$ 使得 $\boldsymbol{Ax}=\lambda\boldsymbol{x}$，则称数 λ 是 $\boldsymbol{A}$ 的特征值，$\boldsymbol{x}$ 是对应于 λ 的特征向量. 称方程 $|\lambda\boldsymbol{E}-\boldsymbol{A}|=0$ 为 $\boldsymbol{A}$ 的特征方程，称 $f(\lambda)=|\lambda\boldsymbol{E}-\boldsymbol{A}|$ 为 $\boldsymbol{A}$ 的特征多项式. n 阶矩阵有 n 个特征值（重根按重数计算）.

◆ 计算特征值与特征向量的步骤：

① 求出特征多项式 $|\lambda \boldsymbol{E}-\boldsymbol{A}|$.

② 求 $|\lambda \boldsymbol{E}-\boldsymbol{A}|=0$ 的根，得方阵 $\boldsymbol{A}$ 的特征值.

③ 对每个特征值 λ_i，求 $(\lambda_i \boldsymbol{E}-\boldsymbol{A})\boldsymbol{x}=\boldsymbol{0}$ 的基础解系 $\boldsymbol{\alpha}_1,\boldsymbol{\alpha}_2,\cdots,\boldsymbol{\alpha}_r$，则 $\boldsymbol{A}$ 的属于 λ_i 的全部特征向量为 $k_1\boldsymbol{\alpha}_1+k_2\boldsymbol{\alpha}_2+\cdots+k_r\boldsymbol{\alpha}_r$，其中，$k_1,k_2,\cdots,k_r$ 是不全为0的任意常数.

◆ 特征值和特征向量的性质：

(1) 设 n 阶矩阵 $\boldsymbol{A}$ 的特征值为 $\lambda_1,\lambda_2,\cdots,\lambda_n$，则有

① $\lambda_1+\lambda_2+\cdots+\lambda_n=a_{11}+a_{22}+\cdots+a_{nn}$.

② $\lambda_1\lambda_2\cdots\lambda_n=|\boldsymbol{A}|$.

从而可得：$\boldsymbol{A}$ 可逆 $\Leftrightarrow \boldsymbol{A}$ 的 n 个特征值都不为零.

(2) 设 λ 是 $\boldsymbol{A}$ 的特征值，$\boldsymbol{p}$ 是 $\boldsymbol{A}$ 的属于 λ 的特征向量，则

① $k\lambda$ 是 $k\boldsymbol{A}$ 的特征值(k 为任意数)，$\boldsymbol{p}$ 是 $k\boldsymbol{A}$ 属于 $k\lambda$ 的特征向量.

② λ^m 是 $\boldsymbol{A}^m$ 的特征值(m 为正整数)，$\boldsymbol{p}$ 是 $\boldsymbol{A}^m$ 属于 λ^m 的特征向量.

③ 设 λ 是 $\boldsymbol{A}$ 的特征值，$f(x)$ 是 x 的多项式，则 $f(\lambda)$ 是 $f(\boldsymbol{A})$ 的特征值，$\boldsymbol{p}$ 是 $f(\boldsymbol{A})$ 属于 $f(\lambda)$ 的特征向量.

④ 若 $\boldsymbol{A}$ 可逆，则 $\dfrac{1}{\lambda}$ 是 $\boldsymbol{A}^{-1}$ 的特征值，$\boldsymbol{p}$ 是 $\boldsymbol{A}^{-1}$ 属于 $\dfrac{1}{\lambda}$ 的特征向量，且 $\dfrac{|\boldsymbol{A}|}{\lambda}$ 是 $\boldsymbol{A}^*$ 的特征值，$\boldsymbol{p}$ 是 $\boldsymbol{A}^*$ 属于 $\dfrac{|\boldsymbol{A}|}{\lambda}$ 的特征向量.

⑤ $\boldsymbol{A}$ 与 $\boldsymbol{A}^{\mathrm{T}}$ 有相同的特征值多项式和特征值，但不一定有相同的特征向量.

⑥ $\boldsymbol{A}$ 的不同特征值对应的特征向量线性无关.

2.2　相似矩阵的概念

设 $\boldsymbol{A},\boldsymbol{B}$ 都是 n 阶方阵，若存在可逆矩阵 $\boldsymbol{P}$，使得 $\boldsymbol{P}^{-1}\boldsymbol{A}\boldsymbol{P}=\boldsymbol{B}$，则称 $\boldsymbol{A}$ 相似于 $\boldsymbol{B}$，记作 $\boldsymbol{A}\sim\boldsymbol{B}$. 对 $\boldsymbol{A}$ 进行运算 $\boldsymbol{P}^{-1}\boldsymbol{A}\boldsymbol{P}$，称为对 $\boldsymbol{A}$ 进行相似变换，可逆矩阵 $\boldsymbol{P}$ 称为把 $\boldsymbol{A}$ 变成 $\boldsymbol{B}$ 的相似变换矩阵.

两个矩阵之间的相似关系具有如下三条性质：

(1) 自反性：$\boldsymbol{A}\sim\boldsymbol{A}$.

(2) 对称性：若 $\boldsymbol{A}\sim\boldsymbol{B}$，则 $\boldsymbol{B}\sim\boldsymbol{A}$.

(3) 传递性：若 $\boldsymbol{A}\sim\boldsymbol{B}$，$\boldsymbol{B}\sim\boldsymbol{C}$，则 $\boldsymbol{A}\sim\boldsymbol{C}$.

◆ 相似矩阵的性质：

若 $\boldsymbol{A}\sim\boldsymbol{B}$，相似变换矩阵为 $\boldsymbol{P}$，即 $\boldsymbol{P}^{-1}\boldsymbol{A}\boldsymbol{P}=\boldsymbol{B}$，则有

① $\boldsymbol{A}$ 与 $\boldsymbol{B}$ 有相同的行列式值与相同的秩，即 $|\boldsymbol{A}|=|\boldsymbol{B}|$，$R(\boldsymbol{A})=R(\boldsymbol{B})$.

② $|\lambda\boldsymbol{E}-\boldsymbol{A}|=|\lambda\boldsymbol{E}-\boldsymbol{B}|$，即 $\boldsymbol{A}$ 与 $\boldsymbol{B}$ 有相同的特征多项式，因而有相同的特征值.

从而有，若 n 阶方阵 $\boldsymbol{A}$ 与对角矩阵 $\boldsymbol{\Lambda}=\mathrm{diag}(\lambda_1,\lambda_2,\cdots,\lambda_n)$ 相似，则 $\lambda_1,\lambda_2,\cdots,\lambda_n$ 为 $\boldsymbol{A}$ 的所有 n 个特征值.

③ $\boldsymbol{A}^n\sim\boldsymbol{B}^n$，$k\boldsymbol{A}\sim k\boldsymbol{B}$，其中，$n$ 为正整数，k 为任意实数.

④ $f(\boldsymbol{A})\sim f(\boldsymbol{B})$，其中，$f(x)=a_nx^n+a_{n-1}x^{n-1}+\cdots+a_1x+a_0$ 为任意多项式.

⑤ $\boldsymbol{A}^{\mathrm{T}}\sim\boldsymbol{B}^{\mathrm{T}}$.

⑥ 当 $\boldsymbol{A}$ 可逆时，$\boldsymbol{A}^{-1}\sim\boldsymbol{B}^{-1}$，$\boldsymbol{A}^{*}\sim\boldsymbol{B}^{*}$，相似变换矩阵皆为 $\boldsymbol{P}$.

如果 $\boldsymbol{B}_1=\boldsymbol{P}^{-1}\boldsymbol{A}_1\boldsymbol{P}$，$\boldsymbol{B}_2=\boldsymbol{P}^{-1}\boldsymbol{A}_2\boldsymbol{P}$，则

$$\boldsymbol{B}_1+\boldsymbol{B}_2=\boldsymbol{P}^{-1}(\boldsymbol{A}_1+\boldsymbol{A}_2)\boldsymbol{P};\boldsymbol{B}_1\boldsymbol{B}_2=\boldsymbol{P}^{-1}(\boldsymbol{A}_1\boldsymbol{A}_2)\boldsymbol{P};k\boldsymbol{B}_1=\boldsymbol{P}^{-1}(k\boldsymbol{A})\boldsymbol{P}.$$

◆ 矩阵的对角化：

若 n 阶矩阵 $\boldsymbol{A}$ 可与对角矩阵相似，则称 $\boldsymbol{A}$ 是可相似对角化的，简称可对角化.

n 阶方阵 $\boldsymbol{A}$ 相似于对角阵(即 $\boldsymbol{A}$ 可对角化)的充要条件是 $\boldsymbol{A}$ 有 n 个线性无关的特征向量. $\Leftrightarrow\boldsymbol{A}$ 的每个特征值中线性无关的特征向量的个数，恰好等于该特征值的重根数. $\Leftrightarrow$ 对于特征方程 $|\lambda\boldsymbol{E}-\boldsymbol{A}|=0$ 的每个 k_i 重根 λ_i，秩 $R(\lambda_i\boldsymbol{E}-\boldsymbol{A})=n-k_i$.

特别地，有：若 n 阶矩阵 $\boldsymbol{A}$ 有 n 个互不相等的特征值，则 $\boldsymbol{A}$ 可对角化.

◆ $\boldsymbol{A}$ 的相似对角化的步骤：

① 求 $\boldsymbol{A}$ 的特征值；

② 求 $\boldsymbol{A}$ 的 n 个线性无关的特征向量 $\boldsymbol{p}_1,\boldsymbol{p}_2,\cdots,\boldsymbol{p}_n$；

③ 令相似变换矩阵 $\boldsymbol{P}=(\boldsymbol{p}_1,\boldsymbol{p}_2,\cdots,\boldsymbol{p}_n)$，则 $\boldsymbol{P}^{-1}\boldsymbol{A}\boldsymbol{P}=\boldsymbol{\Lambda}=\mathrm{diag}(\lambda_1,\lambda_2,\cdots,\lambda_n)$.

2.3 实对称矩阵的对角化

◆ 实对称矩阵的性质：

① 实对称矩阵的特征值全是实数，特征向量都是实向量；

② 实对称矩阵 $\boldsymbol{A}$ 的不同特征值对应的特征向量是正交的；

③ 对实对称矩阵 $\boldsymbol{A}$，若 λ 是特征方程的 k 重特征值，则必有 k 个线性无关的特征向量，即秩 $R(\lambda\boldsymbol{E}-\boldsymbol{A})=n-k$；

④ n 阶实对称矩阵 $\boldsymbol{A}$ 必有 n 个线性无关的特征向量，从而实对称矩阵 $\boldsymbol{A}$ 必能对角化，即存在正交矩阵 $\boldsymbol{P}$，使得 $\boldsymbol{P}^{-1}\boldsymbol{A}\boldsymbol{P}=\boldsymbol{P}^{\mathrm{T}}\boldsymbol{A}\boldsymbol{P}=\boldsymbol{\Lambda}=\mathrm{diag}(\lambda_1,\lambda_2,\cdots,\lambda_n)$，其中，$\lambda_1,\lambda_2,\cdots,\lambda_n$ 为 $\boldsymbol{A}$ 的特征值.

◆ 对于给定 n 阶实对称矩阵 $\boldsymbol{A}$，求使 $\boldsymbol{A}$ 对角化的正交矩阵 $\boldsymbol{P}$ 的一般步骤如下：

① 写出 $\boldsymbol{A}$ 的特征多项式

$|\lambda\boldsymbol{E}-\boldsymbol{A}|=(\lambda-\lambda_1)^{k_1}(\lambda-\lambda_2)^{k_2}\cdots(\lambda-\lambda_s)^{k_s}$，其中 $\lambda_i\neq\lambda_j(i\neq j)$，

求出 $\boldsymbol{A}$ 的互异特征值为 $\lambda_1,\lambda_2,\cdots,\lambda_s$，其中，$\lambda_i$ 的代数重数为 $k_i(k_1+k_2+\cdots+k_s=n)$.

② 对应于每个特征值 λ_i，求出 $(\lambda_i\boldsymbol{E}-\boldsymbol{A})\boldsymbol{x}=\boldsymbol{0}$ 的基础解系 $\boldsymbol{\xi}_{i1},\cdots,\boldsymbol{\xi}_{i,k_i}$，再把它们正交化并单位化，得到 k_i 个两两正交的单位向量 $\boldsymbol{p}_{i1},\cdots,\boldsymbol{p}_{i,k_i}$.

③ 把 ② 中求出的 n 个两两正交的单位向量合在一起，以它们为列向量构成正交矩阵 $\boldsymbol{P}$，譬如令 $\boldsymbol{P}=(\boldsymbol{p}_{11},\cdots,\boldsymbol{p}_{1,k_1},\cdots,\boldsymbol{p}_{s1},\cdots,\boldsymbol{p}_{s,k_s})$，则 $\boldsymbol{P}$ 是正交矩阵，且

$$\boldsymbol{P}^{-1}\boldsymbol{A}\boldsymbol{P}=\boldsymbol{P}^{\mathrm{T}}\boldsymbol{A}\boldsymbol{P}=\boldsymbol{\Lambda}=\mathrm{diag}\,(\underbrace{\lambda_1,\cdots\lambda_1}_{k_1},\underbrace{\lambda_2,\cdots,\lambda_2}_{k_2},\cdots,\underbrace{\lambda_s,\cdots,\lambda_s}_{k_s}).$$

2.4 二次型及其标准形

含有 n 个变量的二次齐次函数 $f(x_1,x_2,\cdots,x_n)=\sum\limits_{i,j=1}^{n}a_{ij}x_ix_j$，$a_{ij}=a_{ji}$，称为二次型. 设

$$\boldsymbol{A}=\begin{pmatrix} a_{11} & a_{12} & \cdots & a_{1n} \\ a_{21} & a_{22} & \cdots & a_{2n} \\ \vdots & \vdots & \vdots & \vdots \\ a_{n1} & a_{n2} & \cdots & a_{nn} \end{pmatrix},\ \boldsymbol{x}=\begin{pmatrix} x_1 \\ x_2 \\ \vdots \\ x_n \end{pmatrix},$$

则二次型可表为$f(\boldsymbol{x})=\boldsymbol{x}^{\mathrm{T}}\boldsymbol{A}\boldsymbol{x}$, 称对称矩阵 $\boldsymbol{A}$ 为二次型 f 的矩阵, f 为对称矩阵 $\boldsymbol{A}$ 的二次型, 对称矩阵 $\boldsymbol{A}$ 的秩为二次型 f 的秩.

对两个 n 阶矩阵 $\boldsymbol{A}$ 和 $\boldsymbol{B}$, 若存在可逆矩阵 $\boldsymbol{C}$, 使得$\boldsymbol{C}^{\mathrm{T}}\boldsymbol{A}\boldsymbol{C}=\boldsymbol{B}$, 则称 $\boldsymbol{A}$ 合同于 $\boldsymbol{B}$, 记为 $\boldsymbol{A}\simeq\boldsymbol{B}$, 称 $\boldsymbol{C}$ 为合同变换矩阵.

矩阵间的合同关系满足自反性、对称性和传递性:

① 自反性: $\boldsymbol{A}\simeq\boldsymbol{A}$;

② 对称性: 若 $\boldsymbol{A}\simeq\boldsymbol{B}$, 则 $\boldsymbol{B}\simeq\boldsymbol{A}$;

③ 传递性: 若 $\boldsymbol{A}\simeq\boldsymbol{B},\boldsymbol{B}\simeq\boldsymbol{C}$, 则 $\boldsymbol{A}\simeq\boldsymbol{C}$.

矩阵合同的性质有:

设 $\boldsymbol{A}\simeq\boldsymbol{B}$, 合同变换矩阵为 $\boldsymbol{C}$, 即 $\boldsymbol{C}^{\mathrm{T}}\boldsymbol{A}\boldsymbol{C}=\boldsymbol{B}$, 则有:

① $\boldsymbol{A}$ 与 $\boldsymbol{B}$ 有相同的秩, 即 $R(\boldsymbol{A})=R(\boldsymbol{B})$;

② $\boldsymbol{A}^{\mathrm{T}}\simeq\boldsymbol{B}^{\mathrm{T}}$, 合同变换矩阵仍为 $\boldsymbol{C}$;

③ 当 $\boldsymbol{A}$ 可逆时, $\boldsymbol{A}^{-1}\simeq\boldsymbol{B}^{-1}$, $\boldsymbol{A}^{*}\simeq\boldsymbol{B}^{*}$.

若二次型 $f(\boldsymbol{x})=\boldsymbol{x}^{\mathrm{T}}\boldsymbol{A}\boldsymbol{x}$ 经过可逆线性变换 $\boldsymbol{x}=\boldsymbol{C}\boldsymbol{y}$ 化为只含平方项的二次型, 即

$$f=\boldsymbol{x}^{\mathrm{T}}\boldsymbol{A}\boldsymbol{x}=\boldsymbol{y}^{\mathrm{T}}(\boldsymbol{C}^{\mathrm{T}}\boldsymbol{A}\boldsymbol{C})\boldsymbol{y}=d_1y_1^2+d_2y_2^2+\cdots+d_ny_n^2,$$

则右边只含平方项的二次型称为 f 的标准形, 其中所含平方项的项数等于二次型 f 的秩.

二次型 f 的标准形不是唯一的, 但有下面的惯性定理:

◆ 对于一个 n 元二次型 $f(\boldsymbol{x})=\boldsymbol{x}^{\mathrm{T}}\boldsymbol{A}\boldsymbol{x}$, 经任意一个可逆线性变换化为标准形 $f=k_1y_1^2+k_2y_2^2+\cdots+k_ny_n^2$后, 标准形中正平方项的个数 p 和负平方项的个数 q 都是唯一确定的, 且 $p+q=R(\boldsymbol{A})$.

二次型$f(x)=\boldsymbol{x}^{\mathrm{T}}\boldsymbol{A}\boldsymbol{x}$的标准形中的正平方项的个数 p 称为二次型$f(\boldsymbol{x})=\boldsymbol{x}^{\mathrm{T}}\boldsymbol{A}\boldsymbol{x}$(或 $\boldsymbol{A}$) 的正惯性指数, 负平方项的个数 q 称为二次型$f(\boldsymbol{x})=\boldsymbol{x}^{\mathrm{T}}\boldsymbol{A}\boldsymbol{x}$(或 $\boldsymbol{A}$) 的负惯性指数. 若 $R(\boldsymbol{A})=r=p+q$, 则 f 的规范形可确定为

$$f=y_1^2+y_2^2+\cdots+y_p^2-y_{p+1}^2-\cdots-y_{p+q}^2,$$

其中, p 为正惯性指数, q 为负惯性指数.

◆ 化实二次型为标准形的方法:

① 正交变换法:

设二次型 $f(\boldsymbol{x})=\boldsymbol{x}^{\mathrm{T}}\boldsymbol{A}\boldsymbol{x}$, 则存在正交变换 $\boldsymbol{x}=\boldsymbol{P}\boldsymbol{y}$, 使 f 化为标准形 $f=\lambda_1y_1^2+\lambda_2y_2^2+\cdots+\lambda_n^2y_n^2$, 其中, $\lambda_1,\lambda_2,\cdots,\lambda_n$ 是 f 对应的矩阵 $\boldsymbol{A}$ 的特征值.

用正交变换化二次型 f 为标准形, 实际上就是求正交矩阵 $\boldsymbol{P}$, 将二次型 f 的矩阵 $\boldsymbol{A}$ 对角化, 即求正交矩阵 $\boldsymbol{P}$, 使得$\boldsymbol{P}^{-1}\boldsymbol{A}\boldsymbol{P}=\boldsymbol{P}^{\mathrm{T}}\boldsymbol{A}\boldsymbol{P}=\mathrm{diag}(\lambda_1,\lambda_2,\cdots,\lambda_n)=\boldsymbol{\Lambda}$, 由于 $\boldsymbol{P}$ 是正交矩阵, $\boldsymbol{P}^{-1}=\boldsymbol{P}^{\mathrm{T}}$, 此时 $\boldsymbol{\Lambda}$ 与 $\boldsymbol{A}$ 既相似又合同. 因 $\boldsymbol{A}$ 是对称矩阵, 令 $\boldsymbol{x}=\boldsymbol{P}\boldsymbol{y}$, 可得

$$f(x_1,x_2,\cdots,x_n)=\boldsymbol{x}^{\mathrm{T}}\boldsymbol{A}\boldsymbol{x}=\boldsymbol{y}^{\mathrm{T}}(\boldsymbol{P}^{\mathrm{T}}\boldsymbol{A}\boldsymbol{P})\boldsymbol{y}=\lambda_1y_1^2+\lambda_2y_2^2+\cdots+\lambda_ny_n^2,$$

其中，$\lambda_1,\lambda_2,\cdots,\lambda_n$ 是 $\boldsymbol{A}$ 的特征值.

② 配方法：

如果f中含有x_i的平方项，则先将x_i的各项集中，按x_i配成完全平方，然后按此法对其他变量配方，直到都配成平方项.

如果f中不含平方项，但有某个 $a_{ij}\neq 0(i\neq j)$，则先作一个可逆变换

$$\begin{cases}x_i=y_i+y_j,\\x_j=y_i-y_j,\\x_k=y_k,k\neq i,j,\end{cases}$$

使二次型f出现平方项，再按上述方法配方.

2.5 正定二次型

对二次型$f(\boldsymbol{x})=\boldsymbol{x}^{\mathrm{T}}\boldsymbol{A}\boldsymbol{x}$，若 $\forall\boldsymbol{x}\neq\boldsymbol{0}\in\mathbb{R}^n$，有

(1)$f(\boldsymbol{x})>0$，则称f为正定二次型，并称对称矩阵$\boldsymbol{A}$是正定矩阵；

(2)$f(\boldsymbol{x})<0$，则称f为负定二次型，并称对称矩阵$\boldsymbol{A}$是负定矩阵；

(3)$f(\boldsymbol{x})\geq 0$，且至少存在一个$\boldsymbol{x}_0\neq\boldsymbol{0}$，使$f(\boldsymbol{x}_0)=0$，则称$f$为半正定二次型，并称对称矩阵$\boldsymbol{A}$是半正定矩阵；

(4)$f(\boldsymbol{x})\leq 0$，且至少存在一个$\boldsymbol{x}_0\neq\boldsymbol{0}$，使$f(\boldsymbol{x}_0)=0$，则称$f$为半负定二次型，并称对称矩阵$\boldsymbol{A}$是半负定矩阵.

正定和半正定以及负定和半负定二次型，统称为有定二次型.

对二次型$f(\boldsymbol{x})=\boldsymbol{x}^{\mathrm{T}}\boldsymbol{A}\boldsymbol{x}$，有

① 实对称阵$\boldsymbol{A}$正定当且仅当$-\boldsymbol{A}$负定.

② 二次型$f(\boldsymbol{x})=\boldsymbol{x}^{\mathrm{T}}\boldsymbol{A}\boldsymbol{x}$经任何可逆线性变换$\boldsymbol{x}=\boldsymbol{P}\boldsymbol{y}$后所得的二次型

$$f(\boldsymbol{x})=\boldsymbol{x}^{\mathrm{T}}\boldsymbol{A}\boldsymbol{x}=(\boldsymbol{P}\boldsymbol{y})^{\mathrm{T}}\boldsymbol{A}(\boldsymbol{P}\boldsymbol{y})=\boldsymbol{y}^{\mathrm{T}}(\boldsymbol{P}^{\mathrm{T}}\boldsymbol{A}\boldsymbol{P})\boldsymbol{y}=\boldsymbol{y}^{\mathrm{T}}\boldsymbol{B}\boldsymbol{y}=g(\boldsymbol{y})$$

的正定性不变.

◆ 以下条件之一即为二次型$f(\boldsymbol{x})=\boldsymbol{x}^{\mathrm{T}}\boldsymbol{A}\boldsymbol{x}$正定的充要条件，也是正定二次型的判别方法的依据：

设$\boldsymbol{A}=\boldsymbol{A}_{n\times n}$为实对称阵，$f(\boldsymbol{x})=\boldsymbol{x}^{\mathrm{T}}\boldsymbol{A}\boldsymbol{x}$，则以下几个命题等价：

① $\boldsymbol{A}$ 正定，或$f(\boldsymbol{x})=\boldsymbol{x}^{\mathrm{T}}\boldsymbol{A}\boldsymbol{x}$是正定二次型；

② f的标准形中的n个系数全为正；

③ $\boldsymbol{A}$ 的特征值全大于零；

④ $\boldsymbol{A}$ 的正惯性指数为n；

⑤ $\boldsymbol{A}$ 合同于单位阵$\boldsymbol{E}$；

⑥ 存在可逆阵$\boldsymbol{B}$，使得$\boldsymbol{A}=\boldsymbol{B}^{\mathrm{T}}\boldsymbol{B}$；

⑦ $\boldsymbol{A}$ 的各阶顺序主子式全大于零.

◆ 若$\boldsymbol{A}$为实对称矩阵，则下列条件等价：

① $\boldsymbol{A}$ 为半正定矩阵；

② $\boldsymbol{A}$ 的特征值均大于等于零，且至少有一个等于零；

③ $\boldsymbol{A}$ 的正惯性指数为 $R(\boldsymbol{A})$ 且 $R(\boldsymbol{A}) < n$；

④ $\boldsymbol{A} \simeq \mathrm{diag}(1,1,\cdots,1,0,\cdots,0)$，其中，1 有 $R(\boldsymbol{A})$ 个，$R(\boldsymbol{A}) < n$；

⑤ 存在非满秩矩阵 $\boldsymbol{B}$，使得 $\boldsymbol{A} = \boldsymbol{B}^{\mathrm{T}}\boldsymbol{B}$.

◆ 若满足下列条件之一，则二次型 f 为负定二次型：

① f 的标准形中的 n 个系数全为负；

② 对称矩阵 $\boldsymbol{A}$ 的特征值全小于零；

③ 对称矩阵 $\boldsymbol{A}$ 的各阶顺序主子式中，奇数阶的全小于零，偶数阶的全大于零.

◆ 关于正定矩阵常用的结论：

① 若 $\boldsymbol{A},\boldsymbol{B}$ 是正定矩阵，则 $\boldsymbol{A}+\boldsymbol{B}$ 也是正定矩阵；

② $\boldsymbol{A} = (a_{ij})_{n\times n}$ 是正定矩阵 $\Rightarrow a_{ii} > 0$，但反之不成立.

3　疑难点解析

◆ 特征值与特征向量要注意的问题：

理解方阵的特征值与特征向量的概念，特别对其实质要理解，以便会利用定义与性质去求解有关矩阵特征值、特征向量的性质及其应用的多种题目. 会用已知特征值及有关特征向量反求该方阵.

在引入方阵特征值和特征向量的定义时，要注意定义的转化和通过定义计算的方法. 定义等价于 $(\lambda\boldsymbol{E}-\boldsymbol{A})\boldsymbol{x} = \boldsymbol{0}$，即特征值和特征向量问题转化为齐次方程组的非零解的问题，注意通解的表示和全体特征向量的表示的区别. 设 $\boldsymbol{\xi}_1,\boldsymbol{\xi}_2,\cdots,\boldsymbol{\xi}_{n-r}$ 是 λ_i 对应的方程组 $(\lambda_i\boldsymbol{E}-\boldsymbol{A})\boldsymbol{x} = \boldsymbol{0}$ 的基础解系，则通解为

$$\boldsymbol{x} = k_1\boldsymbol{\xi}_1 + k_2\boldsymbol{\xi}_2 + \cdots + k_{n-r}\boldsymbol{\xi}_{n-r}，其中，k_1,k_2,\cdots,k_{n-r} 为任意实数.$$

而 λ_i 所对应的所有的特征向量为

$$\boldsymbol{x} = k_1\boldsymbol{\xi}_1 + k_2\boldsymbol{\xi}_2 + \cdots + k_{n-r}\boldsymbol{\xi}_{n-r}，其中，k_1,k_2,\cdots,k_{n-r} 为不全为零的任意实数.$$

◆ 矩阵相似与矩阵的对角化：

一般实矩阵相似于对角阵的充要条件是它有 n 个线性无关的特征向量，因此，并不是任何实矩阵都可以相似于对角阵，但实对称方阵一定与对角阵相似.

两矩阵相似，则它们有相同的特征值，但两矩阵有相同的特征值，却不一定相似.

◆ 相似矩阵具有相同的特征值，那么是否具有相同的特征向量呢？属于同一个特征值的两个相似矩阵的特征向量之间有什么关系呢？

相似矩阵具有相同的特征值，$\boldsymbol{A}$ 与 $\boldsymbol{B}$ 相似不能推出 $\boldsymbol{A}$ 与 $\boldsymbol{B}$ 具有相同的特征向量. 一般来说，它们的特征向量是不同的. 设矩阵 $\boldsymbol{A}$ 与 $\boldsymbol{B}$ 相似，并设 $\boldsymbol{B} = \boldsymbol{P}^{-1}\boldsymbol{AP}$，$\lambda$ 是 $\boldsymbol{A}$ 的一个特征值，$\boldsymbol{\alpha}$ 是 $\boldsymbol{A}$ 的属于 λ 的特征向量，那么 $\boldsymbol{P}^{-1}\boldsymbol{\alpha}$ 就是 $\boldsymbol{B}$ 的属于特征值 λ 的特征向量，因为

$$\boldsymbol{B}(\boldsymbol{P}^{-1}\boldsymbol{\alpha}) = (\boldsymbol{P}^{-1}\boldsymbol{AP})(\boldsymbol{P}^{-1}\boldsymbol{\alpha}) = \boldsymbol{P}^{-1}(\boldsymbol{A\alpha}) = \lambda(\boldsymbol{P}^{-1}\boldsymbol{\alpha}).$$

◆ 求二次型的标准形需要注意的问题：

特别强调：

① 在将二次型化为标准形时所用的线性变换必须是可逆线性变换；

② 在上面的两组变量的个数必须是一样多的；

③ 二次型的规范形其形式是唯一的，但是在化为规范形中所做的非退化的线性变换

不是唯一的；

④ 将二次型化为标准形可通过寻找正交矩阵 $\boldsymbol{P}$，使$\boldsymbol{P}^{-1}\boldsymbol{A}\boldsymbol{P}=\boldsymbol{P}^{\mathrm{T}}\boldsymbol{A}\boldsymbol{P}=\boldsymbol{\Lambda}$. 正交矩阵和标准形是对应的，但不是唯一的.

◆ 矩阵的等价、合同及相似之间的比较：

变换关系	变换矩阵	性　质
等价 $\boldsymbol{PAQ}=\boldsymbol{B}$	$\boldsymbol{P},\boldsymbol{Q}$ 可逆	两矩阵的秩不变
合同$\boldsymbol{P}^{\mathrm{T}}\boldsymbol{AP}=\boldsymbol{B}$	$\boldsymbol{P}$ 可逆	两矩阵秩不变，对称性、正定性不变
相似$\boldsymbol{P}^{-1}\boldsymbol{AP}=\boldsymbol{B}$	$\boldsymbol{P}$ 可逆	两矩阵秩不变，特征值不变，行列式不变，迹不变，即 $\mathrm{tr}(\boldsymbol{A})=\mathrm{tr}(\boldsymbol{B})$
合同相似$\boldsymbol{C}^{-1}\boldsymbol{AC}=\boldsymbol{B}$	$\boldsymbol{C}$ 正交	

◆ 矩阵正交与矩阵正定的比较：

矩阵正交的定义：$\boldsymbol{A}\boldsymbol{A}^{\mathrm{T}}=\boldsymbol{E}$，正交矩阵不要求矩阵对称. 矩阵 $\boldsymbol{A}$ 正定，指的是二次型 $f(\boldsymbol{x})=\boldsymbol{x}^{\mathrm{T}}\boldsymbol{A}\boldsymbol{x}$ 正定，本教材中正定只针对对称矩阵. 关于两概念，教材中有多种等价描述. 容易证明或举例说明下面结论：

① $\boldsymbol{A}$ 和 $\boldsymbol{B}$ 均正交可推得 $\boldsymbol{AB}$ 正交；

② $\boldsymbol{A}$ 和 $\boldsymbol{B}$ 均正定可推得 $\boldsymbol{A}+\boldsymbol{B}$ 正定；

③ $\boldsymbol{A}$ 和 $\boldsymbol{B}$ 均正定推不出 $\boldsymbol{AB}$ 正定；

④ $\boldsymbol{A}$ 和 $\boldsymbol{B}$ 均正交推不出 $\boldsymbol{A}+\boldsymbol{B}$ 正交.

二、典型例题分析

1. 客观题

(1) 设$\boldsymbol{A}$为n阶矩阵，$|\boldsymbol{A}|\neq 0$，$\boldsymbol{A}^*$ 为$\boldsymbol{A}$的伴随矩阵，$\boldsymbol{E}$为n阶单位矩阵. 若$\boldsymbol{A}$有特征值 λ，则$(\boldsymbol{A}^*)^2+\boldsymbol{E}$必有特征值______.

解　**方法 1**：设 $\boldsymbol{A}$ 的对应于特征值 λ 的特征向量为 $\boldsymbol{\xi}$，由特征向量的定义有

$$\boldsymbol{A\xi}=\lambda\boldsymbol{\xi},\qquad (\boldsymbol{\xi}\neq\boldsymbol{0}).$$

由$|\boldsymbol{A}|\neq 0$，知 $\lambda\neq 0$，将上式两端左乘$\boldsymbol{A}^*$，得

$$\boldsymbol{A}^*\boldsymbol{A\xi}=|\boldsymbol{A}|\boldsymbol{\xi}=\boldsymbol{A}^*\lambda\boldsymbol{\xi}=\lambda\boldsymbol{A}^*\boldsymbol{\xi},$$

从而有$\boldsymbol{A}^*\boldsymbol{\xi}=\dfrac{|\boldsymbol{A}|}{\lambda}\boldsymbol{\xi}$，即$\boldsymbol{A}^*$ 的特征值为$\dfrac{|\boldsymbol{A}|}{\lambda}$. 将此式两端左乘$\boldsymbol{A}^*$，得

$$(\boldsymbol{A}^*)^2\boldsymbol{\xi}=\frac{|\boldsymbol{A}|}{\lambda}\boldsymbol{A}^*\boldsymbol{\xi}=\left(\frac{|\boldsymbol{A}|}{\lambda}\right)^2\boldsymbol{\xi}.$$

又 $\boldsymbol{E\xi}=\boldsymbol{\xi}$，所以$((\boldsymbol{A}^*)^2+\boldsymbol{E})\boldsymbol{\xi}=\left(\left(\dfrac{|\boldsymbol{A}|}{\lambda}\right)^2+1\right)\boldsymbol{\xi}$，故$(\boldsymbol{A}^*)^2+\boldsymbol{E}$ 的特征值为$\left(\dfrac{|\boldsymbol{A}|}{\lambda}\right)^2+1$.

方法 2：由$|\boldsymbol{A}|\neq 0$，$\boldsymbol{A}$ 的特征值 $\lambda\neq 0$，则$\boldsymbol{A}^{-1}$ 有特征值$\dfrac{1}{\lambda}$，$\boldsymbol{A}^*$ 的特征值为$\dfrac{|\boldsymbol{A}|}{\lambda}$；

$(A^*)^2+E$ 的特征值为 $\left(\frac{|A|}{\lambda}\right)^2+1$.

(2) 若3维列向量 $\boldsymbol{\alpha},\boldsymbol{\beta}$ 满足 $\boldsymbol{\alpha}^{\mathrm{T}}\boldsymbol{\beta}=2$, 其中, $\boldsymbol{\alpha}^{\mathrm{T}}$ 为 $\boldsymbol{\alpha}$ 的转置, 则矩阵 $\boldsymbol{\beta}\boldsymbol{\alpha}^{\mathrm{T}}$ 的非零特征值为 ______ .

解　因为对 n 阶矩阵 A, 若 $R(A)=1$, 则 A 的 n 个特征值是 $\lambda_1=\sum a_{ii}$, $\lambda_2=\cdots=\lambda_n=0$. 并且特征值有性质: 特征值的和等于矩阵主对角线上元素之和, 即 $\sum_{i=1}^{n}\lambda_i=\sum_{i=1}^{n}a_{ii}$. 在本题中, 因为矩阵 $A=\beta\alpha^{\mathrm{T}}$ 的秩为1, 所以矩阵 A 的特征值是 $\sum a_{ii}$, 0, 0. 而本题 $\sum a_{ii}$ 就是 $\alpha^{\mathrm{T}}\beta$, 故 $\beta\alpha^{\mathrm{T}}$ 的非零特征值为2.

(3) n 阶方阵 A 具有 n 个不同的特征值是 A 与对角阵相似的 ______ .

(A) 充分必要条件　　(B) 充分而非必要条件

(C) 必要而非充分条件　　(D) 既非充分也非必要条件

解　$A\sim\Lambda\Leftrightarrow A$ 有 n 个线性无关的特征向量.

由于当特征值 $\lambda_1\neq\lambda_2$ 时, 特征向量 $\boldsymbol{\alpha}_1,\boldsymbol{\alpha}_2$ 线性无关, 从而当 A 有 n 个不同特征值时, 矩阵 A 有 n 个线性无关的特征向量, 那么矩阵 A 可以相似对角化.

因为当 A 的特征值有重根时, 矩阵 A 仍有可能相似对角化(当特征根的代数重数等于其几何重数时), 所以特征值不同仅是能相似对角化的充分条件, 故应选(B).

(4) 设 A 为3阶实对称矩阵, 如果二次曲面方程 $(x,y,z)A\begin{pmatrix}x\\y\\z\end{pmatrix}=1$ 在正交变换下的标准方程的图形如下图, 则 A 的正特征值个数为 ______ .

(A) 0　　(B) 1　　(C) 2　　(D) 3

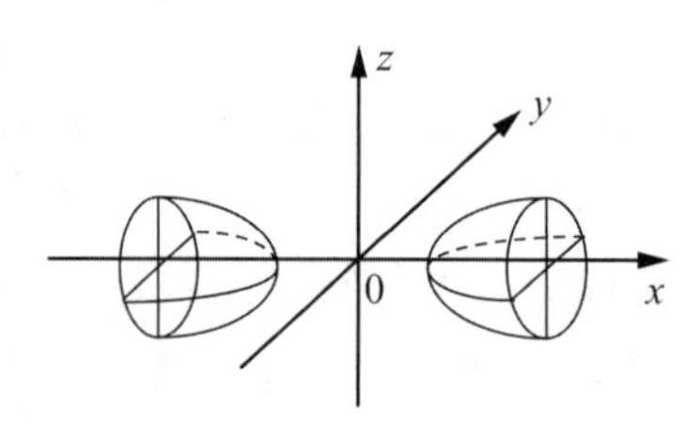

解　此二次曲面为旋转双叶双曲面, 其标准方程为 $\frac{x^2}{a^2}-\frac{y^2+z^2}{c^2}=1$. 二次型 $\frac{x^2}{a^2}-\frac{y^2+z^2}{c^2}$ 的特征值为 $\frac{1}{a^2}$, $-\frac{1}{c^2}$, $-\frac{1}{c^2}$, 故 A 的正特征值个数为1. 选(B).

2. 设 $A=\begin{pmatrix}-1&2&2\\2&-1&-2\\2&-2&-1\end{pmatrix}$.

(1) 试求矩阵 A 的特征值;

(2) 利用(1)中结果, 求矩阵 $E+A^{-1}$ 的特征值, 其中 E 是3阶单位矩阵.

解 (1) 矩阵$\boldsymbol{A}$的特征多项式为

$$|\lambda\boldsymbol{E}-\boldsymbol{A}|=\begin{vmatrix}\lambda+1&-2&-2\\-2&\lambda+1&2\\-2&2&\lambda+1\end{vmatrix},$$

计算可得

$$|\lambda\boldsymbol{E}-\boldsymbol{A}|=\begin{vmatrix}\lambda-1&-2&-2\\0&\lambda+3&4\\0&2&\lambda+1\end{vmatrix}=(\lambda-1)^2(\lambda+5)=0,$$

故矩阵$\boldsymbol{A}$的特征值为：1,1，-5.

(2) 因λ为$\boldsymbol{A}$的特征值，按特征值的性质知$\dfrac{1}{\lambda}$是$\boldsymbol{A}^{-1}$的特征值. 由$\boldsymbol{A}$的特征值是1，1，-5，可知$\boldsymbol{A}^{-1}$的特征值为1，1，$-\dfrac{1}{5}$，从而$\boldsymbol{E}+\boldsymbol{A}^{-1}$的特征值是2，2，$\dfrac{4}{5}$.

3. 设矩阵$\boldsymbol{A}=\begin{pmatrix}3&2&2\\2&3&2\\2&2&3\end{pmatrix}$，$\boldsymbol{P}=\begin{pmatrix}0&1&0\\1&0&1\\0&0&1\end{pmatrix}$，$\boldsymbol{B}=\boldsymbol{P}^{-1}\boldsymbol{A}^*\boldsymbol{P}$，求$\boldsymbol{B}+2\boldsymbol{E}$的特征值与特征向量，其中，$\boldsymbol{A}^*$为$\boldsymbol{A}$的伴随矩阵，$\boldsymbol{E}$为3阶单位矩阵.

解 对两矩阵$\boldsymbol{A}$，$\boldsymbol{B}$，若存在可逆矩阵$\boldsymbol{P}$，使$\boldsymbol{B}=\boldsymbol{P}^{-1}\boldsymbol{A}\boldsymbol{P}$，若$\lambda$是$\boldsymbol{A}$的特征值，对应特征向量为$\boldsymbol{\eta}$，即$\boldsymbol{A\eta}=\lambda\boldsymbol{\eta}$，则$\boldsymbol{B}$与$\boldsymbol{A}$有相同的特征值，且$\boldsymbol{B}(\boldsymbol{P}^{-1}\boldsymbol{\eta})=\boldsymbol{P}^{-1}\boldsymbol{AP}(\boldsymbol{P}^{-1}\boldsymbol{\eta})=\lambda(\boldsymbol{P}^{-1}\boldsymbol{\eta})$成立，从而$\boldsymbol{B}$对应特征值$\lambda$的特征向量为$\boldsymbol{P}^{-1}\boldsymbol{\eta}$.

方法1：直接计算$\boldsymbol{B}+2\boldsymbol{E}$，求其特征值与特征向量. 经计算可得

$$\boldsymbol{A}^*=\begin{pmatrix}5&-2&-2\\-2&5&-2\\-2&-2&5\end{pmatrix},\quad \boldsymbol{P}^{-1}=\begin{pmatrix}0&1&-1\\1&0&0\\0&0&1\end{pmatrix},$$

$$\boldsymbol{B}=\boldsymbol{P}^{-1}\boldsymbol{A}^*\boldsymbol{P}=\begin{pmatrix}7&0&0\\-2&5&-4\\-2&-2&3\end{pmatrix},\quad \boldsymbol{B}+2\boldsymbol{E}=\begin{pmatrix}9&0&0\\-2&7&-4\\-2&-2&5\end{pmatrix}.$$

$$|\lambda\boldsymbol{E}-(\boldsymbol{B}+2\boldsymbol{E})|=\begin{vmatrix}\lambda-9&0&0\\2&\lambda-7&4\\2&2&\lambda-5\end{vmatrix}=(\lambda-9)^2(\lambda-3),$$

故$\boldsymbol{B}+2\boldsymbol{E}$的特征值为$\lambda_1=\lambda_2=9$，$\lambda_3=3$.

当$\lambda_1=\lambda_2=9$时，解$(9\boldsymbol{E}-\boldsymbol{A})\boldsymbol{x}=\boldsymbol{0}$，得线性无关的特征向量为$\boldsymbol{\eta}_1=(-1,1,0)^{\mathrm{T}}$，$\boldsymbol{\eta}_2=(-2,0,1)^{\mathrm{T}}$. 所以，属于特征值$\lambda_1=\lambda_2=9$的所有特征向量为$k_1\boldsymbol{\eta}_1+k_2\boldsymbol{\eta}_2=k_1(-1,1,0)^{\mathrm{T}}+k_2(-2,0,1)^{\mathrm{T}}$，其中，$k_1,k_2$是不全为零的任意常数.

当$\lambda_3=3$时，解$(3\boldsymbol{E}-\boldsymbol{A})\boldsymbol{x}=\boldsymbol{0}$，得线性无关的特征向量为$\boldsymbol{\eta}_3=(0,1,1)^{\mathrm{T}}$，所以，属于特征值$\lambda_3=3$的所有特征向量为$k_3\boldsymbol{\eta}_3=k_3(0,1,1)^{\mathrm{T}}$，其中，$k_3$是不为零的任意常数.

方法2：间接计算. 设$\boldsymbol{A}$的特征值为λ，对应的特征向量为$\boldsymbol{\eta}$，即$\boldsymbol{A\eta}=\lambda\boldsymbol{\eta}$. 由于$|\boldsymbol{A}|=7$

$\neq 0$, 所以 $\lambda \neq 0$. 又因$A^*A = |A|E$, 故有$A^*\eta = \dfrac{|A|}{\lambda}\eta$. 于是有

$$B(P^{-1}\eta) = P^{-1}A^*P(P^{-1}\eta) = \frac{|A|}{\lambda}(P^{-1}\eta),\ (B+2E)P^{-1}\eta = \left(\frac{|A|}{\lambda}+2\right)P^{-1}\eta,$$

因此, $\dfrac{|A|}{\lambda}+2$ 为 $B+2E$ 的特征值, 对应的特征向量为$P^{-1}\eta$. 由于

$$|\lambda E - A| = \begin{vmatrix} \lambda-3 & -2 & -2 \\ -2 & \lambda-3 & -2 \\ -2 & -2 & \lambda-3 \end{vmatrix} = (\lambda-1)^2(\lambda-7),$$

故 A 的特征值为 $\lambda_1 = \lambda_2 = 1$, $\lambda_3 = 7$.

当$\lambda_1 = \lambda_2 = 1$时, 对应的线性无关特征向量可取为$\eta_1 = (-1,1,0)^T$, $\eta_2 = (-1,0,1)^T$. 当 $\lambda_3 = 7$ 时, 对应的一个特征向量可取 $\eta_3 = (1,1,1)^T$.

由$P^{-1} = \begin{pmatrix} 0 & 1 & -1 \\ 1 & 0 & 0 \\ 0 & 0 & 1 \end{pmatrix}$, 得

$$P^{-1}\eta_1 = (1,-1,0)^T,\ P^{-1}\eta_2 = (-1,-1,1)^T,\ P^{-1}\eta_3 = (0,1,1)^T,$$

因此, $B+2E$ 的三个特征值分别为 9, 9, 3.

对应于特征值 9 的全部特征向量为 $k_1 P^{-1}\eta_1 + k_2 P^{-1}\eta_2 = k_1(1,-1,0)^T + k_2(-1,-1,1)^T$, 其中, k_1,k_2 是不全为零的任意常数;对应于特征值 3 的全部特征向量为 $k_3 P^{-1}\eta_3 = k_3(0,1,1)^T$, 其中, k_3 是不为零的任意常数.

4. 已知向量 $\alpha = (1,k,1)^T$ 是矩阵

$$A = \begin{pmatrix} 2 & 1 & 1 \\ 1 & 2 & 1 \\ 1 & 1 & 2 \end{pmatrix}$$

的逆矩阵A^{-1} 的特征向量, 试求常数 k 的值.

解　由 λ 为A的特征值可知, 存在非零向量α使$A\alpha = \lambda\alpha$, 从而$\dfrac{1}{\lambda}$是A^{-1}的特征值, 且 α 为相应的特征向量.

本题中设 λ_0 是向量 α 所对应的特征值, 即$A^{-1}\alpha = \lambda_0\alpha$. 于是, $\alpha = \lambda_0 A\alpha$,

$$\lambda_0\begin{pmatrix} 2 & 1 & 1 \\ 1 & 2 & 1 \\ 1 & 1 & 2 \end{pmatrix}\begin{pmatrix} 1 \\ k \\ 1 \end{pmatrix} = \begin{pmatrix} 1 \\ k \\ 1 \end{pmatrix},\ 即\begin{cases} \lambda_0(2+k+1) = 1, \\ \lambda_0(1+2k+1) = k,, \\ \lambda_0(1+k+2) = 1, \end{cases} 得\ k = -2\ 或\ k = 1.$$

5. 设 3 阶矩阵 A 满足 $A\alpha_i = i\alpha_i (i = 1,2,3)$, 其中, 列向量 $\alpha_1 = (1,2,2)^T$, $\alpha_2 = (2,-2,1)^T$, $\alpha_3 = (-2,-1,2)^T$. 试求矩阵 A.

解　由 $A\alpha_i = i\alpha_i$, $i = 1,2,3$, 知$\alpha_1,\alpha_2,\alpha_3$是矩阵$A$的不同特征值对应的特征向量, 有 $A(\alpha_1,\alpha_2,\alpha_3) = (\alpha_1,2\alpha_2,3\alpha_3)$. 由 $\alpha_1,\alpha_2,\alpha_3$ 线性无关, 知矩阵$(\alpha_1,\alpha_2,\alpha_3)$可逆. 故

$$A = (\alpha_1,2\alpha_2,3\alpha_3)(\alpha_1,\alpha_2,\alpha_3)^{-1}.$$

而

$$(\boldsymbol{\alpha}_1,\boldsymbol{\alpha}_2,\boldsymbol{\alpha}_3)^{-1}=\begin{pmatrix}1&2&-2\\2&-2&-1\\2&1&2\end{pmatrix}^{-1}=\frac{1}{9}\begin{pmatrix}1&2&2\\2&-2&1\\-2&-1&2\end{pmatrix},$$

故

$$\boldsymbol{A}=\begin{pmatrix}1&4&-6\\2&-4&-3\\2&2&6\end{pmatrix}\cdot\frac{1}{9}\begin{pmatrix}1&2&2\\2&-2&1\\-2&-1&2\end{pmatrix}=\frac{1}{3}\begin{pmatrix}7&0&-2\\0&5&-2\\-2&-2&6\end{pmatrix}.$$

6. 设 3 阶矩阵 $\boldsymbol{A}$ 的特征值为 $\lambda_1=1$, $\lambda_2=2$, $\lambda_3=3$, 对应的特征向量依次为 $\boldsymbol{\xi}_1=(1,1,1)^{\mathrm{T}}$, $\boldsymbol{\xi}_2=(1,2,4)^{\mathrm{T}}$, $\boldsymbol{\xi}_3=(1,3,9)^{\mathrm{T}}$, 又向量 $\boldsymbol{\beta}=(1,1,3)^{\mathrm{T}}$, 则

(1) 将 $\boldsymbol{\beta}$ 用 $\boldsymbol{\xi}_1,\boldsymbol{\xi}_2,\boldsymbol{\xi}_3$ 线性表出;

(2) 求 $\boldsymbol{A}^n\boldsymbol{\beta}$ (n 为自然数).

解 (1) 设 $\boldsymbol{\beta}=x_1\boldsymbol{\xi}_1+x_2\boldsymbol{\xi}_2+x_3\boldsymbol{\xi}_3$, 下面求此方程组的解. 对增广矩阵 $(\boldsymbol{\xi}_1,\boldsymbol{\xi}_2,\boldsymbol{\xi}_3,\boldsymbol{\beta})$ 作初等行变换, 有

$$\left(\begin{array}{ccc:c}1&1&1&1\\1&2&3&1\\1&4&9&3\end{array}\right)\xrightarrow[r_3-r_1]{r_2-r_1}\left(\begin{array}{ccc:c}1&1&1&1\\0&1&2&0\\0&3&8&2\end{array}\right)\xrightarrow[r_3\div 2]{r_3-3r_2}\left(\begin{array}{ccc:c}1&1&1&1\\0&1&2&0\\0&0&1&1\end{array}\right)$$

$$\xrightarrow[r_1-r_2-r_3]{r_2-2r_3}\left(\begin{array}{ccc:c}1&0&0&2\\0&1&0&-2\\0&0&1&1\end{array}\right),$$

解出 $x_1=2$, $x_2=-2$, $x_3=1$, 故 $\boldsymbol{\beta}=2\boldsymbol{\xi}_1-2\boldsymbol{\xi}_2+\boldsymbol{\xi}_3$.

(2) 由 λ 为 $\boldsymbol{A}$ 的特征值可知, 有 $\boldsymbol{A}^n\boldsymbol{\alpha}=\lambda^n\boldsymbol{\alpha}$, 知 λ^n 是 $\boldsymbol{A}^n$ 的特征值, 且 $\boldsymbol{\alpha}$ 为相应的特征向量, 所以有 $\boldsymbol{A}\boldsymbol{\xi}_i=\lambda_i\boldsymbol{\xi}_i$, $\boldsymbol{A}^n\boldsymbol{\xi}_i=\lambda_i^n\boldsymbol{\xi}_i(i=1,2,3)$, 于是

$$\begin{aligned}\boldsymbol{A}^n\boldsymbol{\beta}&=\boldsymbol{A}^n(2\boldsymbol{\xi}_1-2\boldsymbol{\xi}_2+\boldsymbol{\xi}_3)\\&=2\boldsymbol{A}^n\boldsymbol{\xi}_1-2\boldsymbol{A}^n\boldsymbol{\xi}_2+\boldsymbol{A}^n\boldsymbol{\xi}_3=2\lambda_1^n\boldsymbol{\xi}_1-2\lambda_2^n\boldsymbol{\xi}_2+\lambda_3^n\boldsymbol{\xi}_3\\&=2\begin{pmatrix}1\\1\\1\end{pmatrix}-2\cdot 2^n\begin{pmatrix}1\\2\\4\end{pmatrix}+3^n\begin{pmatrix}1\\3\\9\end{pmatrix}=\begin{pmatrix}2-2^{n+1}+3^n\\2-2^{n+2}+3^{n+1}\\2-2^{n+3}+3^{n+2}\end{pmatrix}.\end{aligned}$$

7. 设向量 $\boldsymbol{\alpha}=(a_1,a_2,\cdots,a_n)^{\mathrm{T}}$, $\boldsymbol{\beta}=(b_1,b_2,\cdots,b_n)^{\mathrm{T}}$ 都是非零向量, 且满足条件 $\boldsymbol{\alpha}^{\mathrm{T}}\boldsymbol{\beta}=0$, 记 n 阶矩阵 $\boldsymbol{A}=\boldsymbol{\alpha}\boldsymbol{\beta}^{\mathrm{T}}$, 求:

(1) $\boldsymbol{A}^2$;

(2) 矩阵 $\boldsymbol{A}$ 的特征值和特征向量.

解 (1) 对等式 $\boldsymbol{\alpha}^{\mathrm{T}}\boldsymbol{\beta}=0$ 两边取转置, 有 $(\boldsymbol{\alpha}^{\mathrm{T}}\boldsymbol{\beta})^{\mathrm{T}}=\boldsymbol{\beta}^{\mathrm{T}}\boldsymbol{\alpha}=0$, 即 $\boldsymbol{\beta}^{\mathrm{T}}\boldsymbol{\alpha}=0$.

利用 $\boldsymbol{\beta}^{\mathrm{T}}\boldsymbol{\alpha}=0$ 及矩阵乘法的运算法则, 有

$$\boldsymbol{A}^2=(\boldsymbol{\alpha}\boldsymbol{\beta}^{\mathrm{T}})^2=\boldsymbol{\alpha}\boldsymbol{\beta}^{\mathrm{T}}\boldsymbol{\alpha}\boldsymbol{\beta}^{\mathrm{T}}=\boldsymbol{\alpha}(\boldsymbol{\beta}^{\mathrm{T}}\boldsymbol{\alpha})\boldsymbol{\beta}^{\mathrm{T}}=\boldsymbol{O},$$

即 $\boldsymbol{A}^2$ 是 n 阶零矩阵.

(2) 设 λ 是 $\boldsymbol{A}$ 的任一特征值, $\boldsymbol{\xi}(\boldsymbol{\xi}\neq\boldsymbol{0})$ 是 $\boldsymbol{A}$ 属于特征值 λ 的特征向量, 即 $\boldsymbol{A}\boldsymbol{\xi}=\lambda\boldsymbol{\xi}$. 两

边左乘 $\boldsymbol{A}$ 得 $\boldsymbol{A}^2\boldsymbol{\xi}=\boldsymbol{A}\lambda\boldsymbol{\xi}=\lambda(\boldsymbol{A}\boldsymbol{\xi})=\lambda(\lambda\boldsymbol{\xi})=\lambda^2\boldsymbol{\xi}$，由(1)的结果 $\boldsymbol{A}^2=\boldsymbol{O}$，得 $\lambda^2\boldsymbol{\xi}=\boldsymbol{A}^2\boldsymbol{\xi}=\boldsymbol{0}$，因 $\boldsymbol{\xi}\neq\boldsymbol{0}$，故 $\lambda=0$(n 重根)，即矩阵的全部特征值为零.

下面求 $\boldsymbol{A}$ 的特征向量.

先将 $\boldsymbol{A}$ 写成矩阵形式

$$\boldsymbol{A}=\boldsymbol{\alpha}\boldsymbol{\beta}^{\mathrm{T}}=\begin{pmatrix}a_1\\a_2\\\vdots\\a_n\end{pmatrix}(b_1,b_2,\cdots,b_n)=\begin{pmatrix}a_1b_1&a_1b_2&\cdots&a_1b_n\\a_2b_1&a_2b_2&\cdots&a_2b_n\\\vdots&\vdots&&\vdots\\a_nb_1&a_nb_2&\cdots&a_nb_n\end{pmatrix},$$

不妨设 $a_1\neq0$，$b_1\neq0$，则有

$$0\boldsymbol{E}-\boldsymbol{A}=\begin{pmatrix}-a_1b_1&-a_1b_2&\cdots&-a_1b_n\\-a_2b_1&-a_2b_2&\cdots&-a_2b_n\\\vdots&\vdots&&\vdots\\-a_nb_1&-a_nb_2&\cdots&-a_nb_n\end{pmatrix}$$

$$\xrightarrow{r_1\div(-a_1)}\begin{pmatrix}b_1&b_2&\cdots&b_n\\-a_2b_1&-a_2b_2&\cdots&-a_2b_n\\\vdots&\vdots&&\vdots\\-a_nb_1&-a_nb_2&\cdots&-a_nb_n\end{pmatrix}\xrightarrow[i=2,3,\cdots,n]{r_i+a_i\cdot r_1}\begin{pmatrix}b_1&b_2&\cdots&b_n\\0&0&\cdots&0\\\vdots&\vdots&&\vdots\\0&0&\cdots&0\end{pmatrix},$$

于是得方程组 $(0\boldsymbol{E}-\boldsymbol{A})\boldsymbol{x}=\boldsymbol{0}$ 的同解方程组 $b_1x_1+b_2x_2+\cdots+b_nx_n=0$，故其基础解系所含向量个数为 $n-R(0\boldsymbol{E}-\boldsymbol{A})=n-1$.

选 $x_2,\cdots,x_n$ 为自由未知量，将它们的组值 $(b_1,0,\cdots,0),(0,b_1,\cdots,0),\cdots,(0,0,\cdots,b_1)$ 代入，可解得基础解系为

$$\boldsymbol{\xi}_1=(-b_2,b_1,0,\cdots,0),\boldsymbol{\xi}_2=(-b_3,0,b_1,\cdots,0),\cdots,\boldsymbol{\xi}_{n-1}=(-b_n,0,0,\cdots,b_1),$$

则 $\boldsymbol{A}$ 的属于 $\lambda=0$ 的全部特征向量为 $k_1\boldsymbol{\xi}_1+k_2\boldsymbol{\xi}_2+\cdots+k_{n-1}\boldsymbol{\xi}_{n-1}$，其中，$k_1,k_2,\cdots,k_{n-1}$ 为不全为零的任意常数.

8. 设 $\boldsymbol{A}=\begin{pmatrix}0&0&1\\x&1&y\\1&0&0\end{pmatrix}$ 有 3 个线性无关的特征向量，求 x 和 y 应满足的条件.

解　由 $\boldsymbol{A}$ 的特征方程，按照第二列展开，有

$$|\lambda\boldsymbol{E}-\boldsymbol{A}|=\begin{vmatrix}\lambda&0&-1\\-x&\lambda-1&-y\\-1&0&\lambda\end{vmatrix}=(\lambda-1)\begin{vmatrix}\lambda&-1\\-1&\lambda\end{vmatrix}=(\lambda-1)^2(\lambda+1)=0,$$

得到 $\boldsymbol{A}$ 的特征值为 $\lambda_1=\lambda_2=1,\lambda_3=-1$.

由题设有 3 个线性无关的特征向量，因此，$\lambda=1$ 必有两个线性无关的特征向量，从而 $R(\boldsymbol{E}-\boldsymbol{A})=1$. 这样才能保证方程组 $(\boldsymbol{E}-\boldsymbol{A})\boldsymbol{x}=\boldsymbol{0}$ 解空间的维数是 2，即有两个线性无关的解向量.

对 $\boldsymbol{E}-\boldsymbol{A}$ 实施初等行变换，有

$$E - A = \begin{pmatrix} 1 & 0 & -1 \\ -x & 0 & -y \\ -1 & 0 & 1 \end{pmatrix} \xrightarrow[r_2 + x \cdot r_1]{r_3 + r_1} \begin{pmatrix} 1 & 0 & -1 \\ 0 & 0 & -x-y \\ 0 & 0 & 0 \end{pmatrix},$$

由 $R(E - A) = 1$，得 x 和 y 必须满足条件 $x + y = 0$.

9. 设方阵 A 满足条件 $A^T A = E$，其中，A^T 是 A 的转置矩阵，E 为单位矩阵. 试证明 A 的实特征向量所对应的特征值的绝对值等于 1.

证 设 λ 是 A 的特征值，$x = (x_1, x_2, \cdots, x_n)^T$ 是属于 λ 的实特征向量，则 $Ax = \lambda x$，$x \neq 0$. 两边取转置有 $x^T A^T = \lambda x^T$，两式相乘得

$$x^T A^T A x = \lambda^2 x^T x.$$

由题设条件 $A^T A = E$，故 $x^T x = \lambda^2 x^T x$，即 $(\lambda^2 - 1) x^T x = 0$.

因为 $x^T x = x_1^2 + x_2^2 + \cdots + x_n^2 > 0$，从而 $\lambda^2 - 1 = 0$，即 $|\lambda| = 1$. 命题得证.

10. 设 A 为 4 阶矩阵，满足条件 $AA^T = 2E$，$|A| < 0$，其中，E 是 4 阶单位矩阵. 求方阵 A 的伴随矩阵 A^* 的一个特征值.

解 对 $AA^T = 2E$，两边取行列式有 $|A|^2 = |A||A^T| = |2E| = 16$. 又因 $|A| < 0$，故 $|A| = -4$.

由于 $AA^T = 2E$，故 $\left(\frac{A}{\sqrt{2}}\right)\left(\frac{A}{\sqrt{2}}\right)^T = E$，所以 $\frac{A}{\sqrt{2}}$ 是正交矩阵，则 $\frac{A}{\sqrt{2}}$ 的特征值取 1 或 -1.

又因为 $|A| = \prod \lambda_i$，且 $|A| = -4 < 0$，故 -1 必是 $\frac{A}{\sqrt{2}}$ 的特征值，得 $-\sqrt{2}$ 必是 A 的特征值；而 $AA^* = |A|E$，从而 $\frac{-4}{-\sqrt{2}} = 2\sqrt{2}$ 必是 A^* 的一个特征值.

11. 设 A, B 为同阶方阵，则

(1) 如果 A, B 相似，试证 A, B 的特征多项式相等；

(2) 举一个 2 阶方阵的例子说明(1) 的逆命题不成立；

(3) 当 A, B 均为实对称矩阵时，试证(1) 的逆命题成立.

解 (1) 因 $A \sim B$，由定义知，存在可逆阵 P，使得 $P^{-1}AP = B$，故

$$\begin{aligned} |\lambda E - B| &= |\lambda E - P^{-1}AP| = |\lambda P^{-1}P - P^{-1}AP| = |P^{-1}(\lambda E - A)P| \\ &= |P^{-1}||\lambda E - A||P| = |\lambda E - A|, \end{aligned}$$

故 A, B 有相同的特征多项式.

(2) 取 $A = \begin{pmatrix} 0 & 0 \\ 0 & 0 \end{pmatrix}$，$B = \begin{pmatrix} 0 & 1 \\ 0 & 0 \end{pmatrix}$，则有 $|\lambda E - A| = \lambda^2 = |\lambda E - B|$，$A, B$ 有相同的特征多项式，但 A 不相似于 B，因为对任何的 2 阶可逆矩阵 P，均有 $P^{-1}AP = P^{-1}OP = O \neq B$，故 (1) 的逆命题不成立.

(3) 若 A, B 有相同的特征多项式，则 A, B 有相同的特征值(包含重数). 当 A, B 都是实对称矩阵时，A, B 均能相似于对角阵，故 A, B 相似于同一个对角阵. 设特征值为 $\lambda_1, \lambda_2, \cdots, \lambda_n$，$\Lambda = \mathrm{diag}(\lambda_1, \lambda_2, \cdots, \lambda_n)$，则存在可逆矩阵 P，Q，使得 $P^{-1}AP = \Lambda = Q^{-1}BQ$. 故

$$B = QP^{-1}APQ^{-1} = (PQ^{-1})^{-1}A(PQ^{-1}),$$

从而 $A \sim B$. (1) 的逆命题成立.

12. 设矩阵 $A=\begin{pmatrix}1&2&-3\\-1&4&-3\\1&a&5\end{pmatrix}$ 的特征方程有一个二重根，求 a 的值，并讨论 A 是否可相似对角化.

解　A 的特征多项式为

$$|\lambda E-A|=\begin{vmatrix}\lambda-1&-2&3\\1&\lambda-4&3\\-1&-a&\lambda-5\end{vmatrix}=\begin{vmatrix}\lambda-2&-(\lambda-2)&0\\1&\lambda-4&3\\-1&-a&\lambda-5\end{vmatrix}$$

$$=(\lambda-2)\begin{vmatrix}1&-1&0\\1&\lambda-4&3\\-1&-a&\lambda-5\end{vmatrix}=(\lambda-2)(\lambda^2-8\lambda+18+3a).$$

已知 A 有一个二重特征值，则可分两种情况讨论：

(1) $\lambda=2$ 就是二重特征值；

(2) 若 $\lambda=2$ 不是二重根，则 $\lambda^2-8\lambda+18+3a$ 是一个完全平方.

若 $\lambda=2$ 是特征方程的二重根，则有 $2^2-16+18+3a=0$，解得 $a=-2$.

当 $a=-2$ 时，A 的特征值为 2，2，6，矩阵

$$2E-A=\begin{pmatrix}1&-2&3\\1&-2&3\\-1&2&-3\end{pmatrix}$$

的秩为 1，故 $\lambda=2$ 对应的线性无关的特征向量有两个，从而 A 可相似对角化.

若 $\lambda=2$ 不是特征方程的二重根，则 $\lambda^2-8\lambda+18+3a$ 为完全平方，从而 $18+3a=16$，解得 $a=-\frac{2}{3}$. 此时 A 的特征值为 2，4，4，矩阵

$$4E-A=\begin{pmatrix}3&-2&3\\1&0&3\\-1&\frac{2}{3}&-1\end{pmatrix}$$

秩为 2，故 $\lambda=4$ 对应的线性无关的特征向量只有一个，从而 A 不可相似对角化.

13. 若矩阵 $A=\begin{pmatrix}2&2&0\\8&2&a\\0&0&6\end{pmatrix}$ 相似于对角矩阵 Λ，试确定常数 a 的值，并求可逆矩阵 P 使 $P^{-1}AP=\Lambda$.

解　矩阵 A 的特征多项式

$$|\lambda E-A|=\begin{vmatrix}\lambda-2&-2&0\\-8&\lambda-2&-a\\0&0&\lambda-6\end{vmatrix}=(\lambda-6)((\lambda-2)^2-16)=(\lambda-6)^2(\lambda+2),$$

故 A 的特征值为 $\lambda_1=\lambda_2=6,\lambda_3=-2$.

由于$\boldsymbol{A}$相似于对角矩阵$\boldsymbol{\Lambda}$，故特征值$\lambda_1=\lambda_2=6$应有两个线性无关的特征向量，即$3-R(6\boldsymbol{E}-\boldsymbol{A})=2$，于是有$R(6\boldsymbol{E}-\boldsymbol{A})=1$.

由

$$6\boldsymbol{E}-\boldsymbol{A}=\begin{pmatrix}4&-2&0\\-8&4&-a\\0&0&0\end{pmatrix}\xrightarrow{r}\begin{pmatrix}2&-1&0\\0&0&-a\\0&0&0\end{pmatrix},$$

知$a=0$，于是对应于$\lambda_1=\lambda_2=6$的两个线性无关的特征向量可取为$\boldsymbol{\xi}_1=(0,0,1)^{\mathrm{T}}$，$\boldsymbol{\xi}_2=(1,2,0)^{\mathrm{T}}$.

当$\lambda_3=-2$时，

$$-2\boldsymbol{E}-\boldsymbol{A}=\begin{pmatrix}-4&-2&0\\-8&-4&0\\0&0&-8\end{pmatrix}\xrightarrow{r}\begin{pmatrix}2&1&0\\0&0&1\\0&0&0\end{pmatrix},$$

得对应于$\lambda_3=-2$的特征向量$\boldsymbol{\xi}_3=(1,-2,0)^{\mathrm{T}}$. 令

$$\boldsymbol{P}=(\boldsymbol{\xi}_1,\boldsymbol{\xi}_2,\boldsymbol{\xi}_3)^{\mathrm{T}}=\begin{pmatrix}0&1&1\\0&2&-2\\1&0&0\end{pmatrix},$$

则$\boldsymbol{P}$可逆，并有$\boldsymbol{P}^{-1}\boldsymbol{A}\boldsymbol{P}=\boldsymbol{\Lambda}$.

14. 设3阶实对称矩阵$\boldsymbol{A}$的特征值是1，2，3,矩阵$\boldsymbol{A}$的属于特征值1，2的特征向量分别是$\boldsymbol{\alpha}_1=(-1,-1,1)^{\mathrm{T}}$，$\boldsymbol{\alpha}_2=(1,-2,-1)^{\mathrm{T}}$，则

(1) 求$\boldsymbol{A}$的属于特征值3的特征向量;

(2) 求矩阵$\boldsymbol{A}$.

解 (1) 设$\boldsymbol{A}$的属于$\lambda=3$的特征向量为$\boldsymbol{\alpha}_3=(x_1,x_2,x_3)^{\mathrm{T}}$，因为实对称矩阵属于不同特征值的特征向量相互正交，所以

$$\begin{cases}\boldsymbol{\alpha}_1^{\mathrm{T}}\boldsymbol{\alpha}_3=-x_1-x_2+x_3=0,\\\boldsymbol{\alpha}_2^{\mathrm{T}}\boldsymbol{\alpha}_3=x_1-2x_2-x_3=0.\end{cases}$$

得$\boldsymbol{A}$的对应于$\lambda=3$的特征向量为$\boldsymbol{\alpha}_3=k(1,0,1)^{\mathrm{T}}$，其中，$k$为非零常数.

(2) 令$\boldsymbol{P}=(\boldsymbol{\alpha}_1,\boldsymbol{\alpha}_2,\boldsymbol{\alpha}_3)=\begin{pmatrix}-1&1&1\\-1&-2&0\\1&-1&1\end{pmatrix}$，则有$\boldsymbol{P}^{-1}\boldsymbol{A}\boldsymbol{P}=\begin{pmatrix}1&0&0\\0&2&0\\0&0&3\end{pmatrix}=\boldsymbol{\Lambda}$，即

$\boldsymbol{A}=\boldsymbol{P}\boldsymbol{\Lambda}\boldsymbol{P}^{-1}$，解得$\boldsymbol{P}^{-1}=\dfrac{1}{6}\begin{pmatrix}-2&-2&2\\1&-2&-1\\3&0&3\end{pmatrix}$，从而

$$\boldsymbol{A}=\boldsymbol{P}\boldsymbol{\Lambda}\boldsymbol{P}^{-1}=\frac{1}{6}\begin{pmatrix}-1&1&1\\-1&-2&0\\1&-1&1\end{pmatrix}\begin{pmatrix}1&0&0\\0&2&0\\0&0&3\end{pmatrix}\begin{pmatrix}-2&-2&2\\1&-2&-1\\3&0&3\end{pmatrix}=\frac{1}{6}\begin{pmatrix}13&-2&5\\-2&10&2\\5&2&13\end{pmatrix}.$$

15. 设二次型$f(x_1,x_2,x_3)=ax_1^2+ax_2^2+(a-1)x_3^2+2x_1x_3-2x_2x_3$.

(1) 求二次型f的矩阵的所有特征值;

(2) 若二次型 f 的规范形为 $y_1^2+y_2^2$，求 a 的值.

解　(1) 二次型对应的矩阵为

$$A=\begin{pmatrix} a & 0 & 1 \\ 0 & a & -1 \\ 1 & -1 & a-1 \end{pmatrix},$$

其特征多项式

$$|\lambda E-A|=\begin{vmatrix} \lambda-a & 0 & -1 \\ 0 & \lambda-a & 1 \\ -1 & 1 & \lambda-a+1 \end{vmatrix}=(\lambda-a)(\lambda-a-1)(\lambda-a-2),$$

可知二次型 A 的 3 个特征值为 $a, a+1, a-2$.

(2) 若二次型的规范形为 $y_1^2+y_2^2$，则正惯性指数 $p=2$，负惯性指数 $q=0$. 则二次型矩阵 A 的 3 个特征值中应当有 2 个为正，1 个为 0，所以必有 $a=2$.

16. 设二次型

$$f=x_1^2+x_2^2+x_3^2+2ax_1x_2+2bx_2x_3+2x_1x_3$$

经正交变换 $x=Py$ 化成 $f=y_2^2+2y_3^2$，其中，$x=(x_1,x_2,x_3)^{\mathrm{T}}$ 和 $y=(y_1,y_2,y_3)^{\mathrm{T}}$ 是 3 维列向量，P 是 3 阶正交矩阵. 试求常数 a，b.

解　二次型 f 经正交变换前后的矩阵分别为

$$A=\begin{pmatrix} 1 & a & 1 \\ a & 1 & b \\ 1 & b & 1 \end{pmatrix},\ B=\begin{pmatrix} 0 & & \\ & 1 & \\ & & 2 \end{pmatrix}.$$

由于 P 是正交矩阵，有 $P^{-1}AP=B$，即知矩阵 A 的特征值是 0，1，2，则有

$$\begin{cases} |A|=2ab-a^2-b^2=0 \\ |E-A|=-2ab=0 \end{cases},\ a=b=0.$$

可以验证此时 A 还有一特征值 2，满足题设条件.

17. 已知二次曲面方程 $x^2+ay^2+z^2+2bxy+2xz+2yz=4$ 可以经过正交变换

$$(x,y,z)^{\mathrm{T}}=P\,(u,v,w)^{\mathrm{T}}$$

化为椭圆柱面方程 $v^2+4w^2=4$，求 a,b 的值和正交矩阵 P.

解　由题设知，二次曲面方程左端二次型对应矩阵为

$$A=\begin{pmatrix} 1 & b & 1 \\ b & a & 1 \\ 1 & 1 & 1 \end{pmatrix},$$

则存在正交矩阵 P，使得

$$P^{-1}AP=\begin{pmatrix} 0 & 0 & 0 \\ 0 & 1 & 0 \\ 0 & 0 & 4 \end{pmatrix}=\Lambda,$$

即 A 与 Λ 相似.

由相似矩阵有相同的特征值，知矩阵 A 有特征值 0,1,4，从而

$$\begin{cases}1+a+1=0+1+4\\ |\boldsymbol{A}|=-(b-1)^2=|\boldsymbol{\Lambda}|=0\end{cases},$$

得 $a=3,b=1$. 故

$$\boldsymbol{A}=\begin{pmatrix}1&1&1\\1&3&1\\1&1&1\end{pmatrix}.$$

当 $\lambda_1=0$ 时,

$$0\boldsymbol{E}-\boldsymbol{A}=\begin{pmatrix}-1&-1&-1\\-1&-3&-1\\-1&-1&-1\end{pmatrix}\xrightarrow[r_3-r_1]{r_2-r_1}\begin{pmatrix}-1&-1&-1\\0&-2&0\\0&0&0\end{pmatrix},$$

于是得方程组 $(0\boldsymbol{E}-\boldsymbol{A})\boldsymbol{x}=\boldsymbol{0}$ 的基础解系为 $\boldsymbol{\alpha}_1=(1,0,-1)^{\mathrm{T}}$.

当 $\lambda_2=1$ 时,

$$\boldsymbol{E}-\boldsymbol{A}=\begin{pmatrix}0&-1&-1\\-1&-2&-1\\-1&-1&0\end{pmatrix}\xrightarrow{r_2-r_3}\begin{pmatrix}0&-1&-1\\0&-1&-1\\-1&-1&0\end{pmatrix}\xrightarrow[r_2\leftrightarrow r_3]{r_2-r_1}\begin{pmatrix}0&-1&-1\\-1&-1&0\\0&0&0\end{pmatrix},$$

于是得方程组 $(\boldsymbol{E}-\boldsymbol{A})\boldsymbol{x}=\boldsymbol{0}$ 的基础解系为 $\boldsymbol{\alpha}_2=(1,-1,1)^{\mathrm{T}}$.

当 $\lambda_3=4$ 时,

$$4\boldsymbol{E}-\boldsymbol{A}=\begin{pmatrix}3&-1&-1\\-1&1&-1\\-1&-1&3\end{pmatrix}\xrightarrow[\substack{r_3-r_1\\r_2+3r_1}]{r_1\leftrightarrow r_2}\begin{pmatrix}-1&1&-1\\0&2&-4\\0&-2&4\end{pmatrix}\xrightarrow{r_3+r_2}\begin{pmatrix}-1&1&-1\\0&2&-4\\0&0&0\end{pmatrix},$$

于是得方程组 $(4\boldsymbol{E}-\boldsymbol{A})\boldsymbol{x}=\boldsymbol{0}$ 的基础解系为 $\boldsymbol{\alpha}_3=(1,2,1)^{\mathrm{T}}$.

由实对称矩阵不同特征值对应的特征向量相互正交，可知 $\boldsymbol{\alpha}_1,\boldsymbol{\alpha}_2,\boldsymbol{\alpha}_3$ 相互正交.

将 $\boldsymbol{\alpha}_1,\boldsymbol{\alpha}_2,\boldsymbol{\alpha}_3$ 单位化，得

$$\boldsymbol{\eta}_1=\left(\frac{1}{\sqrt{2}},0,-\frac{1}{\sqrt{2}}\right)^{\mathrm{T}},\ \boldsymbol{\eta}_2=\left(\frac{1}{\sqrt{3}},-\frac{1}{\sqrt{3}},\frac{1}{\sqrt{3}}\right)^{\mathrm{T}},\ \boldsymbol{\eta}_3=\left(\frac{1}{\sqrt{6}},\frac{2}{\sqrt{6}},\frac{1}{\sqrt{6}}\right)^{\mathrm{T}},$$

因此所求正交矩阵为

$$\boldsymbol{P}=(\boldsymbol{\eta}_1,\boldsymbol{\eta}_2,\boldsymbol{\eta}_3)=\begin{pmatrix}\frac{1}{\sqrt{2}}&\frac{1}{\sqrt{3}}&\frac{1}{\sqrt{6}}\\0&-\frac{1}{\sqrt{3}}&\frac{2}{\sqrt{6}}\\-\frac{1}{\sqrt{2}}&\frac{1}{\sqrt{3}}&\frac{1}{\sqrt{6}}\end{pmatrix}.$$

18. 已知二次型 $f(x_1,x_2,x_3)=5x_1^2+5x_2^2+cx_3^2-2x_1x_2+6x_1x_3-6x_2x_3$ 的秩为 2.

(1) 求参数 c 及此二次型对应矩阵的特征值;

(2) 指出方程 $f(x_1,x_2,x_3)=1$ 表示何种二次曲面.

解 (1) 此二次型对应的矩阵为

$$A=\begin{pmatrix}5&-1&3\\-1&5&-3\\3&-3&c\end{pmatrix}.$$

因为二次型的秩 $R(f)=R(A)=2$，故 $|A|=24(c-3)=0$，得 $c=3$. 再由 A 的特征多项式

$$|\lambda E-A|=\begin{vmatrix}\lambda-5&1&-3\\1&\lambda-5&3\\-3&3&\lambda-3\end{vmatrix}=\lambda(\lambda-4)(\lambda-9),$$

求得二次型矩阵的特征值为 0,4,9.

(2) 因为二次型经正交变换可化为 $4y_2^2+9y_3^2$，故由 $f(x_1,x_2,x_3)=1$，得 $4y_2^2+9y_3^2=1$，表示椭圆柱面.

19. 设有 n 元实二次型

$f(x_1,x_2,\cdots,x_n)=(x_1+a_1x_2)^2+(x_2+a_2x_3)^2+\cdots+(x_{n-1}+a_{n-1}x_n)^2+(x_n+a_nx_1)^2$，其中，$a_i(i=1,2,\cdots,n)$ 为实数. 试问：当 $a_1,a_2,\cdots,a_n$ 满足什么条件时，二次型 $f(x_1,x_2,\cdots,x_n)$ 为正定二次型.

解　**方法 1**：用正定性的定义判别.

显然，对任意的 $x_1,x_2,\cdots x_n$，均有 $f(x_1,x_2,\cdots,x_n)\geq 0$，其等号成立当且仅当

$$\begin{cases}x_1+a_1x_2=0\\x_2+a_2x_3=0\\\cdots,\\x_{n-1}+a_{n-1}x_n=0\\x_n+a_nx_1=0\end{cases}\qquad ①$$

方程组 ① 仅有零解的充分必要条件是其系数行列式

$$|B|=\begin{vmatrix}1&a_1&0&\cdots&0&0\\0&1&a_2&\cdots&0&0\\0&0&1&\cdots&0&0\\\vdots&\vdots&\vdots&\ddots&\vdots&\vdots\\0&0&0&\cdots&1&a_{n-1}\\a_n&0&0&\cdots&0&1\end{vmatrix}=1+(-1)^{n+1}a_1a_2\cdots a_n\neq 0.$$

故当 $a_1a_2\cdots a_n\neq(-1)^n$ 时，方程组 ① 只有零解，即对任意的非零向量 $\boldsymbol{x}=(x_1,x_2,\cdots,x_n)^{\mathrm{T}}\neq\mathbf{0}$，① 中总有一个方程不成立，从而有 $f(x_1,x_2,\cdots,x_n)>0$. 根据正定二次型的定义，此时 $f(x_1,x_2,\cdots,x_n)$ 为正定二次型.

方法 2：将二次型表示成矩阵形式，有

$$\begin{aligned}f(x_1,x_2,\cdots,x_n)&=(x_1+a_1x_2)^2+(x_2+a_2x_3)^2+\cdots+(x_{n-1}+a_{n-1}x_n)^2+(x_n+a_nx_1)^2\\&=(x_1+a_1x_2,x_2+a_2x_3,\cdots,x_{n-1}+a_{n-1}x_n,x_n+a_nx_1)\begin{pmatrix}x_1+a_1x_2\\\vdots\\x_{n-1}+a_{n-1}x_n\\x_n+a_nx_1\end{pmatrix}\end{aligned}$$

$$=(x_1,x_2,\cdots,x_n)\begin{pmatrix}1&0&0&\cdots&0&a_n\\a_1&1&0&\cdots&0&0\\0&a_2&1&\cdots&0&0\\\vdots&\vdots&\vdots&\ddots&\vdots&\vdots\\0&0&0&\cdots&1&0\\0&0&0&\cdots&a_{n-1}&1\end{pmatrix}\begin{pmatrix}1&a_1&0&\cdots&0&0\\0&1&a_2&\cdots&0&0\\0&0&1&\cdots&0&0\\\vdots&\vdots&\vdots&\ddots&\vdots&\vdots\\0&0&0&\cdots&1&a_{n-1}\\a_n&0&0&\cdots&0&1\end{pmatrix}\begin{pmatrix}x_1\\x_2\\\vdots\\\vdots\\\vdots\\x_n\end{pmatrix}.$$

记 $\boldsymbol{B}=\begin{pmatrix}1&a_1&0&\cdots&0&0\\0&1&a_2&\cdots&0&0\\0&0&1&\cdots&0&0\\\vdots&\vdots&\vdots&\ddots&\vdots&\vdots\\0&0&0&\cdots&1&a_{n-1}\\a_n&0&0&\cdots&0&1\end{pmatrix}$，$\boldsymbol{x}=\begin{pmatrix}x_1\\x_2\\\vdots\\\vdots\\\vdots\\x_n\end{pmatrix}$，则

$$f(x_1,x_2,\cdots,x_n)=\boldsymbol{x}^{\mathrm{T}}\boldsymbol{B}^{\mathrm{T}}\boldsymbol{B}x=(\boldsymbol{Bx})^{\mathrm{T}}\boldsymbol{Bx}\geq 0.$$

当 $|\boldsymbol{B}|=1+(-1)^{n+1}a_1a_2\cdots a_n\neq 0$，即 $a_1a_2\cdots a_n\neq(-1)^n$ 时，$\boldsymbol{Bx}=\boldsymbol{0}$ 只有零解，故对任意的非零向量 $\boldsymbol{x}=(x_1,x_2,\cdots,x_n)^{\mathrm{T}}\neq\boldsymbol{0}$，均有 $f(x_1,x_2,\cdots,x_n)=(\boldsymbol{Bx})^{\mathrm{T}}\boldsymbol{Bx}>0$，从而由正定二次型的定义，此时 $f(x_1,x_2,\cdots,x_n)$ 为正定二次型.

20. 设 $\boldsymbol{A}$ 为 n 阶正定矩阵，$\boldsymbol{E}$ 是 n 阶单位阵，证明 $\boldsymbol{A}+\boldsymbol{E}$ 的行列式大于1.

证 设 $\boldsymbol{A}$ 的 n 个特征值是 $\lambda_1,\lambda_2,\cdots,\lambda_n$，由于 $\boldsymbol{A}$ 为 n 阶正定矩阵，故特征值全大于0.

方法1： 因为 $\boldsymbol{A}$ 为 n 阶正定矩阵，故存在正交矩阵 $\boldsymbol{Q}$，使

$$\boldsymbol{Q}^{\mathrm{T}}\boldsymbol{AQ}=\boldsymbol{Q}^{-1}\boldsymbol{AQ}=\boldsymbol{\Lambda}=\begin{pmatrix}\lambda_1&&&\\&\lambda_2&&\\&&\ddots&\\&&&\lambda_n\end{pmatrix},$$

其中，$\lambda_i>0$，λ_i 是 $\boldsymbol{A}$ 的特征值，$i=1,2,\cdots,n$. 因此

$$\boldsymbol{Q}^{\mathrm{T}}(\boldsymbol{A}+\boldsymbol{E})\boldsymbol{Q}=\boldsymbol{Q}^{\mathrm{T}}\boldsymbol{AQ}+\boldsymbol{Q}^{\mathrm{T}}\boldsymbol{Q}=\boldsymbol{\Lambda}+\boldsymbol{E},$$

两端取行列式，得

$$|\boldsymbol{A}+\boldsymbol{E}|=|\boldsymbol{Q}^{\mathrm{T}}|\cdot|\boldsymbol{A}+\boldsymbol{E}|\cdot|\boldsymbol{Q}|=|\boldsymbol{Q}^{\mathrm{T}}(\boldsymbol{A}+\boldsymbol{E})\boldsymbol{Q}|=|\boldsymbol{\Lambda}+\boldsymbol{E}|=\prod(\lambda_i+1),$$

从而 $|\boldsymbol{A}+\boldsymbol{E}|>1$.

方法2： 由 λ 为 $\boldsymbol{A}$ 的特征值可知，按特征值性质知 $\lambda+1$ 是 $\boldsymbol{A}+\boldsymbol{E}$ 的特征值. 因为 $\boldsymbol{A}+\boldsymbol{E}$ 的特征值是 λ_1+1，λ_2+1，$\cdots$，λ_n+1，它们均大于1，故 $|\boldsymbol{A}+\boldsymbol{E}|=\prod(\lambda_i+1)>1$.

21. 设 $\boldsymbol{D}=\begin{pmatrix}\boldsymbol{A}&\boldsymbol{C}\\\boldsymbol{C}^{\mathrm{T}}&\boldsymbol{B}\end{pmatrix}$ 为正定矩阵，其中，$\boldsymbol{A}$，$\boldsymbol{B}$ 分别为 m 阶、n 阶对称矩阵，$\boldsymbol{C}$ 为 $m\times n$ 矩阵.

（1）计算 $\boldsymbol{P}^{\mathrm{T}}\boldsymbol{DP}$，其中，$\boldsymbol{P}=\begin{pmatrix}\boldsymbol{E}_m&-\boldsymbol{A}^{-1}\boldsymbol{C}\\\boldsymbol{O}&\boldsymbol{E}_n\end{pmatrix}$；

(2) 利用(1)的结果判断矩阵 $\boldsymbol{B}-\boldsymbol{C}^{\mathrm{T}}\boldsymbol{A}^{-1}\boldsymbol{C}$ 是否为正定矩阵，并证明你的结论.

解　(1) 因为

$$\boldsymbol{P}^{\mathrm{T}}=\begin{pmatrix}\boldsymbol{E}_m & -\boldsymbol{A}^{-1}\boldsymbol{C}\\ \boldsymbol{O} & \boldsymbol{E}_n\end{pmatrix}^{\mathrm{T}}=\begin{pmatrix}\boldsymbol{E}_m & \boldsymbol{O}\\ -\boldsymbol{C}^{\mathrm{T}}\boldsymbol{A}^{-1} & \boldsymbol{E}_n\end{pmatrix},$$

所以

$$\begin{aligned}\boldsymbol{P}^{\mathrm{T}}\boldsymbol{D}\boldsymbol{P}&=\begin{pmatrix}\boldsymbol{E}_m & \boldsymbol{O}\\ -\boldsymbol{C}^{\mathrm{T}}\boldsymbol{A}^{-1} & \boldsymbol{E}_n\end{pmatrix}\begin{pmatrix}\boldsymbol{A} & \boldsymbol{C}\\ \boldsymbol{C}^{\mathrm{T}} & \boldsymbol{B}\end{pmatrix}\begin{pmatrix}\boldsymbol{E}_m & -\boldsymbol{A}^{-1}\boldsymbol{C}\\ \boldsymbol{O} & \boldsymbol{E}_n\end{pmatrix}\\&=\begin{pmatrix}\boldsymbol{A} & \boldsymbol{C}\\ \boldsymbol{O} & \boldsymbol{B}-\boldsymbol{C}^{\mathrm{T}}\boldsymbol{A}^{-1}\boldsymbol{C}\end{pmatrix}\begin{pmatrix}\boldsymbol{E}_m & -\boldsymbol{A}^{-1}\boldsymbol{C}\\ \boldsymbol{O} & \boldsymbol{E}_n\end{pmatrix}=\begin{pmatrix}\boldsymbol{A} & \boldsymbol{O}\\ \boldsymbol{O} & \boldsymbol{B}-\boldsymbol{C}^{\mathrm{T}}\boldsymbol{A}^{-1}\boldsymbol{C}\end{pmatrix}.\end{aligned}$$

(2) 矩阵 $\boldsymbol{B}-\boldsymbol{C}^{\mathrm{T}}\boldsymbol{A}^{-1}\boldsymbol{C}$ 是正定矩阵，下面进行证明.

事实上，$\boldsymbol{D}$ 是对称矩阵，知 $\boldsymbol{P}^{\mathrm{T}}\boldsymbol{D}\boldsymbol{P}$ 是对称矩阵，且因 $\boldsymbol{A}$ 是对称矩阵，故 $\boldsymbol{B}-\boldsymbol{C}^{\mathrm{T}}\boldsymbol{A}^{-1}\boldsymbol{C}$ 是对称矩阵，又 $\boldsymbol{D}$ 和 $\begin{pmatrix}\boldsymbol{A} & \boldsymbol{O}\\ \boldsymbol{O} & \boldsymbol{B}-\boldsymbol{C}^{\mathrm{T}}\boldsymbol{A}^{-1}\boldsymbol{C}\end{pmatrix}$ 合同，且 $\boldsymbol{D}$ 正定，故 $\begin{pmatrix}\boldsymbol{A} & \boldsymbol{O}\\ \boldsymbol{O} & \boldsymbol{B}-\boldsymbol{C}^{\mathrm{T}}\boldsymbol{A}^{-1}\boldsymbol{C}\end{pmatrix}$ 正定，故对任意的 $\begin{pmatrix}\boldsymbol{0}\\ \boldsymbol{Y}\end{pmatrix}\neq\boldsymbol{0}$，恒有

$$(\boldsymbol{0},\boldsymbol{Y})^{\mathrm{T}}\begin{pmatrix}\boldsymbol{A} & \boldsymbol{O}\\ \boldsymbol{O} & \boldsymbol{B}-\boldsymbol{C}^{\mathrm{T}}\boldsymbol{A}^{-1}\boldsymbol{C}\end{pmatrix}\begin{pmatrix}\boldsymbol{0}\\ \boldsymbol{Y}\end{pmatrix}=\boldsymbol{Y}^{\mathrm{T}}(\boldsymbol{B}-\boldsymbol{C}^{\mathrm{T}}\boldsymbol{A}^{-1}\boldsymbol{C})\boldsymbol{Y}>0,$$

故 $\boldsymbol{B}-\boldsymbol{C}^{\mathrm{T}}\boldsymbol{A}^{-1}\boldsymbol{C}$ 为正定矩阵.

三、本章测验题

1. 设 $\boldsymbol{A}$ 为 n 阶可逆矩阵，λ 是 $\boldsymbol{A}$ 的一个特征根，则 $\boldsymbol{A}$ 的伴随矩阵 $\boldsymbol{A}^*$ 的特征根之一是(　　).

(A) $\lambda^{-1}|\boldsymbol{A}|^n$　　(B) $\lambda^{-1}|\boldsymbol{A}|$　　(C) $\lambda|\boldsymbol{A}|$　　(D) $\lambda|\boldsymbol{A}|^n$

2. 已知4阶矩阵 $\boldsymbol{A}$ 相似于 $\boldsymbol{B}$，$\boldsymbol{A}$ 的特征值为2,3,4,5，$\boldsymbol{E}$ 为4阶单位矩阵，则 $|\boldsymbol{B}-\boldsymbol{E}|=$ ______.

3. 若二次型 $f(x_1,x_2,x_3)=2x_1^2+x_2^2+x_3^2+2x_1x_2+tx_2x_3$ 是正定的，则 t 的取值范围是 ______.

4. 设3阶实对称矩阵 $\boldsymbol{A}$ 的特征值为 $\lambda_1=-1$，$\lambda_2=\lambda_3=1$，对应于 λ_1 的特征向量为 $\boldsymbol{\xi}_1=(0,1,1)^{\mathrm{T}}$，求 $\boldsymbol{A}$.

5. 设二次型

$$f(x_1,x_2,x_3)=\boldsymbol{x}^{\mathrm{T}}\boldsymbol{A}\boldsymbol{x}=ax_1^2+2x_2^2-2x_3^2+2bx_1x_3,\ b>0,$$

其中二次型的矩阵 $\boldsymbol{A}$ 的特征值之和为1，特征值之积为 -12.

(1) 求 a,b 的值；

(2) 利用正交变换将二次型 f 化为标准形，并写出所用的正交变换和对应的正交矩阵.

6. 设 $\boldsymbol{A}$ 为 $m\times n$ 实矩阵，$\boldsymbol{E}$ 为 n 阶单位矩阵. 已知矩阵 $\boldsymbol{B}=\lambda\boldsymbol{E}+\boldsymbol{A}^{\mathrm{T}}\boldsymbol{A}$，试证：当 $\lambda>0$ 时，矩阵 $\boldsymbol{B}$ 为正定矩阵.

本章测验题答案

1. B　　2.24　　3. $-\sqrt{2}<t<\sqrt{2}$　　4. $\boldsymbol{A}=\begin{pmatrix}1&0&0\\0&0&-1\\0&-1&0\end{pmatrix}$

5. (1) $a=1,b=-2$;

(2) 正交矩阵 $\boldsymbol{Q}=\begin{pmatrix}\frac{2}{\sqrt{5}}&0&\frac{1}{\sqrt{5}}\\0&1&0\\\frac{1}{\sqrt{5}}&0&-\frac{2}{\sqrt{5}}\end{pmatrix}$，在正交变换 $x=\boldsymbol{Qy}$ 下，有

$\boldsymbol{Q}^{\mathrm{T}}\boldsymbol{AQ}=\begin{pmatrix}2&0&0\\0&2&0\\0&0&-3\end{pmatrix}$，且二次型的标准形为 $f=2y_1^2+2y_2^2-3y_3^2$.

四、本章习题全解

练习 5.1

1. 求下列矩阵的特征值和特征向量:

(1) $\begin{pmatrix}3&-1\\-1&3\end{pmatrix}$;　(2) $\begin{pmatrix}-1&1&0\\-4&3&0\\1&0&2\end{pmatrix}$;　(3) $\boldsymbol{A}=\begin{pmatrix}-2&1&1\\0&2&0\\-4&1&3\end{pmatrix}$.

解　(1) 矩阵的特征多项式为

$$\begin{vmatrix}\lambda-3&1\\1&\lambda-3\end{vmatrix}=(\lambda-2)(\lambda-4),$$

故特征值为 $\lambda_1=2$, $\lambda_2=4$.

当 $\lambda_1=2$ 时，解 $(\lambda\boldsymbol{E}-\boldsymbol{A})\boldsymbol{x}=\boldsymbol{0}$，得特征向量为 $k_1(1,1)^{\mathrm{T}}$，k_1 为不等于零的任意实数.

当 $\lambda_2=4$ 时，解 $(\lambda\boldsymbol{E}-\boldsymbol{A})\boldsymbol{x}=\boldsymbol{0}$，得特征向量为 $k_2(1,-1)^{\mathrm{T}}$，k_2 为不等于零的任意实数.

(2) 矩阵的特征多项式为

$$\begin{vmatrix}\lambda+1&-1&0\\4&\lambda-3&0\\-1&0&\lambda-2\end{vmatrix}=(\lambda-2)(\lambda-1)^2,$$

故特征值为 $\lambda_1=2$, $\lambda_2=\lambda_3=1$.

当 $\lambda_1=2$ 时，解 $(\lambda\boldsymbol{E}-\boldsymbol{A})\boldsymbol{x}=\boldsymbol{0}$,

$$\begin{pmatrix} 3 & -1 & 0 \\ 4 & -1 & 0 \\ -1 & 0 & 0 \end{pmatrix} \xrightarrow{r} \begin{pmatrix} 1 & 0 & 0 \\ 0 & 1 & 0 \\ 0 & 0 & 0 \end{pmatrix},$$

得特征向量为 $k_1(0,0,1)^{\mathrm{T}}$，k_1 为不等于零的任意实数.

当 $\lambda_2=\lambda_3=1$ 时，解 $(\lambda \boldsymbol{E}-\boldsymbol{A})\boldsymbol{x}=\boldsymbol{0}$，

$$\begin{pmatrix} 2 & -1 & 0 \\ 4 & -2 & 0 \\ -1 & 0 & -1 \end{pmatrix} \xrightarrow{r} \begin{pmatrix} 1 & 0 & 1 \\ 2 & -1 & 0 \\ 0 & 0 & 0 \end{pmatrix} \xrightarrow{r} \begin{pmatrix} 1 & 0 & 1 \\ 0 & 1 & 2 \\ 0 & 0 & 0 \end{pmatrix},$$

得特征向量为 $k_2(-1,-2,1)^{\mathrm{T}}$，$k_2$ 为不等于零的任意实数.

(3) 矩阵的特征多项式为

$$\begin{vmatrix} \lambda+2 & -1 & -1 \\ 0 & \lambda-2 & 0 \\ 4 & -1 & \lambda-3 \end{vmatrix} = (\lambda+1)(\lambda-2)^2,$$

故特征值为 $\lambda_2=\lambda_3=2$，$\lambda_1=-1$.

当 $\lambda_1=-1$ 时，解 $(\lambda \boldsymbol{E}-\boldsymbol{A})\boldsymbol{x}=\boldsymbol{0}$，

$$\begin{pmatrix} 1 & -1 & -1 \\ 0 & -3 & 0 \\ 4 & -1 & -4 \end{pmatrix} \xrightarrow{r} \begin{pmatrix} 1 & 0 & -1 \\ 0 & 1 & 0 \\ 0 & 0 & 0 \end{pmatrix},$$

得特征向量为 $k_3(1,0,1)^{\mathrm{T}}$，k_3 不为 0.

当 $\lambda_2=\lambda_3=2$ 时，解 $(\lambda \boldsymbol{E}-\boldsymbol{A})\boldsymbol{x}=\boldsymbol{0}$，

$$\begin{pmatrix} 4 & -1 & -1 \\ 0 & 0 & 0 \\ 4 & -1 & -1 \end{pmatrix} \xrightarrow{r} \begin{pmatrix} 4 & -1 & -1 \\ 0 & 0 & 0 \\ 0 & 0 & 0 \end{pmatrix},$$

得特征向量为 $k_1(1,4,0)^{\mathrm{T}}+k_2(1,0,4)^{\mathrm{T}}$，$k_1,k_2$ 不同时为 0.

2. 设方阵 $\boldsymbol{A}$ 的特征值 $\lambda_1 \neq \lambda_2$，对应的特征向量分别为 $\boldsymbol{\xi}_1,\boldsymbol{\xi}_2$，证明：

(1) $\boldsymbol{\xi}_1-\boldsymbol{\xi}_2$ 不是 $\boldsymbol{A}$ 的特征向量；

(2) $\boldsymbol{\xi}_1,\boldsymbol{\xi}_1-\boldsymbol{\xi}_2$ 线性无关.

证　(1)（反证法）若 $\boldsymbol{\xi}_1-\boldsymbol{\xi}_2$ 是 $\boldsymbol{A}$ 的特征向量，它所对应的特征值为 λ，则由定义有：

$$\boldsymbol{A}(\boldsymbol{\xi}_1-\boldsymbol{\xi}_2)=\lambda(\boldsymbol{\xi}_1-\boldsymbol{\xi}_2).$$

由已知又有 $\boldsymbol{A}(\boldsymbol{\xi}_1-\boldsymbol{\xi}_2)=\boldsymbol{A}\boldsymbol{\xi}_1-\boldsymbol{A}\boldsymbol{\xi}_2=\lambda_1\boldsymbol{\xi}_1-\lambda_2\boldsymbol{\xi}_2$.

两式相减得 $(\lambda-\lambda_1)\boldsymbol{\xi}_1+(\lambda-\lambda_2)\boldsymbol{\xi}_2=\boldsymbol{0}$.

由 $\lambda_1 \neq \lambda_2$，知 $\lambda-\lambda_1,\lambda-\lambda_2$ 不全为 0，于是 $\boldsymbol{\xi}_1,\boldsymbol{\xi}_2$ 线性相关，这与不同特征值的特征向量线性无关相矛盾. 所以，$\boldsymbol{\xi}_1-\boldsymbol{\xi}_2$ 不是 $\boldsymbol{A}$ 的特征向量.

(2) 设存在 k_1,k_2，使得 $k_1\boldsymbol{\xi}_1+k_2(\boldsymbol{\xi}_1-\boldsymbol{\xi}_2)=\boldsymbol{0}$，则有

$\boldsymbol{A}(k_1\boldsymbol{\xi}_1+k_2(\boldsymbol{\xi}_1-\boldsymbol{\xi}_2))=\boldsymbol{A}(k_1+k_2)\boldsymbol{\xi}_1-\boldsymbol{A}(k_2\boldsymbol{\xi}_2)=(k_1+k_2)\lambda_1\boldsymbol{\xi}_1-k_2\lambda_2\boldsymbol{\xi}_2=\boldsymbol{0}$，

因 $\boldsymbol{\xi}_1,\boldsymbol{\xi}_2$ 线性无关，故 $(k_1+k_2)\lambda_1=0$，$k_2\lambda_2=0$.

因 $\lambda_1 \neq \lambda_2$，故两者中至少有一个不为零. 若 $\lambda_2 \neq 0$，则 $k_2=0$，从而由 $k_1\boldsymbol{\xi}_1+k_2(\boldsymbol{\xi}_1-\boldsymbol{\xi}_2)=\boldsymbol{0}$ 且 $\boldsymbol{\xi}_1 \neq \boldsymbol{0}$ 知 $k_1=0$. 若 $\lambda_1 \neq 0$，则 $k_1+k_2=0$，代入 $k_1\boldsymbol{\xi}_1+k_2(\boldsymbol{\xi}_1-\boldsymbol{\xi}_2)=\boldsymbol{0}$ 得 $k_2\boldsymbol{\xi}_2=\boldsymbol{0}$，

从而得 $k_2=0$ 进而知 $k_1=0$.

故 $k_1=0$, $k_2=0$. $\boldsymbol{\xi}_1,\boldsymbol{\xi}_1-\boldsymbol{\xi}_2$ 线性无关.

3. 设$\boldsymbol{A}^2-3\boldsymbol{A}+2\boldsymbol{E}=\boldsymbol{O}$, 证明 $\boldsymbol{A}$ 的特征值只能取 1 或 2.

证 设 $\boldsymbol{A}$ 的特征值为 λ, 对应的特征向量为 $\boldsymbol{x}$, 则 $\boldsymbol{A}\boldsymbol{x}=\lambda\boldsymbol{x}$, 从而有

$$(\boldsymbol{A}^2-3\boldsymbol{A}+2\boldsymbol{E})\boldsymbol{x}=(\lambda^2-3\lambda+2)\boldsymbol{x}=\boldsymbol{0},$$

因特征向量 $\boldsymbol{x}$ 是非零向量, 故 $\lambda^2-3\lambda+2=0$, 从而 $\boldsymbol{A}$ 的特征值只能取 1 或 2.

4. 已知 $\boldsymbol{A}=\begin{pmatrix} a & 1 & b \\ 2 & 3 & 4 \\ -1 & 1 & -1 \end{pmatrix}$的特征值之和是 3, 特征值之积为 -24, 求 a,b.

解 由特征值的性质, 有 $|\boldsymbol{A}|=-24$, $a+3-1=3$. 又 $|\boldsymbol{A}|=-7a+5b-2$, 可得 $a=1$, $b=-3$.

5. 已知 n 阶方阵 $\boldsymbol{A}$ 的特征值为 $2,4,\cdots,2n$, 求行列式 $|\boldsymbol{A}-3\boldsymbol{E}|$的值.

解 依题设, 若 λ 为 $\boldsymbol{A}$ 的特征值, 则 $\lambda-3$ 为 $\boldsymbol{A}-3\boldsymbol{E}$ 的特征值, 从而 $\boldsymbol{A}-3\boldsymbol{E}$ 的特征值有 $-1,1,3,5,\cdots,2n-3$, 故

$$|\boldsymbol{A}-3\boldsymbol{E}|=(-1)\cdot 1\cdot 3\cdot 5\cdot\cdots\cdot(2n-3)=-(2n-3)!!.$$

6. 已知 $\boldsymbol{A}=(a_{ij})_{4\times 4}$, 且 $\lambda=1$ 是 $\boldsymbol{A}$ 的二重特征值, $\lambda=-2$ 是 $\boldsymbol{A}$ 的单特征值, 求 $\boldsymbol{A}$ 的特征多项式.

解 因 $\boldsymbol{A}$ 为 4 阶方阵, 故可设第 4 个特征值为 λ_4, 则有 $1+1-2+\lambda_4=\sum_{i=1}^{4}a_{ii}$, 得 $\lambda_4=\sum_{i=1}^{4}a_{ii}$, 故 $\boldsymbol{A}$ 的特征多项式为:

$$|\lambda\boldsymbol{E}-\boldsymbol{A}|=(\lambda-\lambda_1)(\lambda-\lambda_2)(\lambda-\lambda_3)(\lambda-\lambda_4)=(\lambda-1)^2(\lambda+2)\left(\lambda-\sum_{i=1}^{4}a_{ii}\right).$$

7. 设 3 阶方阵 $\boldsymbol{A}$ 的特征值为 $1,-1,2$, 试求:

(1) $\boldsymbol{A}^{-1}$, $\boldsymbol{A}^*$ 的特征值;(2) $|\boldsymbol{A}^2-2\boldsymbol{E}|$, $|\boldsymbol{A}^{-1}-2\boldsymbol{A}^*|$的值.

解 设 λ 为 $\boldsymbol{A}$ 的特征值. 依题设, 有 $|\boldsymbol{A}|=1\cdot(-1)\cdot 2=-2$, 从而:

(1) $\dfrac{1}{\lambda}$为$\boldsymbol{A}^{-1}$ 的特征值, 即为 $1,-1,\dfrac{1}{2}$;$\boldsymbol{A}^*=|\boldsymbol{A}|\boldsymbol{A}^{-1}$, 从而$\dfrac{|\boldsymbol{A}|}{\lambda}$为$\boldsymbol{A}^*$ 的特征值, 即为 $-2,2,-1$.

(2) λ^2-2 为$\boldsymbol{A}^2-2\boldsymbol{E}$ 的特征值, 从而 $-1,-1,2$ 为$\boldsymbol{A}^2-2\boldsymbol{E}$ 的特征值, 得

$$|\boldsymbol{A}^2-2\boldsymbol{E}|=(-1)\cdot(-1)\cdot 2=2;$$

$(1-2|\boldsymbol{A}|)\cdot\dfrac{1}{\lambda}$ 为$\boldsymbol{A}^{-1}-2\boldsymbol{A}^*$ 的特征值, 即 $5,-5,\dfrac{5}{2}$, 从而有

$$|\boldsymbol{A}^{-1}-2\boldsymbol{A}^*|=5\cdot(-5)\cdot\frac{5}{2}=-\frac{125}{2}.$$

8. 证明 n 阶矩阵 $\boldsymbol{A}$ 是奇异矩阵的充分必要条件是 $\boldsymbol{A}$ 有一个特征值为零.

证 若 $\boldsymbol{A}$ 是奇异矩阵, 即 $|\boldsymbol{A}|=0$, 从而 $|0\cdot\boldsymbol{E}-\boldsymbol{A}|=0$, 即 0 为 $\boldsymbol{A}$ 的一个特征值.

反之, 若 0 为 $\boldsymbol{A}$ 的一个特征值, 则存在非零向量 $\boldsymbol{x}$ 为其特征向量, 即 $\boldsymbol{A}\boldsymbol{x}=0\boldsymbol{x}$, 从而

$\boldsymbol{A}\boldsymbol{x}=\boldsymbol{0}$ 有非零解，得 $|\boldsymbol{A}|=0$，故 $\boldsymbol{A}$ 是奇异矩阵.

9. 判断下列命题是否正确：

(1) 方阵 $\boldsymbol{A}$ 的任一特征值一定存在无穷多个特征向量；

(2) 由于方阵 $\boldsymbol{A}$ 和 $\boldsymbol{A}^{\mathrm{T}}$ 有相同的特征值，故它们也有相同的特征向量；

(3) 若 n 阶方阵 $\boldsymbol{A}$ 的 n 个特征值全为 0，则 $\boldsymbol{A}=\boldsymbol{O}$；

(4) 若 3 阶矩阵 $\boldsymbol{A}$ 的特征值为 0，± 1，则 $\boldsymbol{A}\boldsymbol{x}=\boldsymbol{0}$ 的基础解系仅一个向量.

解　(1) 正确. 若 $\boldsymbol{x}$ 是特征值 λ 对应的特征向量，即 $\boldsymbol{A}\boldsymbol{x}=\lambda\boldsymbol{x}$，则 $\boldsymbol{A}(k\boldsymbol{x})=\lambda(k\boldsymbol{x})$，故 $k\boldsymbol{x}(k\neq 0)$ 也是特征值 λ 对应的特征向量.

(2) 错误. 虽然 $|\lambda\boldsymbol{E}-\boldsymbol{A}|=|\lambda\boldsymbol{E}-\boldsymbol{A}^{\mathrm{T}}|$，但无法由 $\boldsymbol{A}\boldsymbol{x}=\lambda\boldsymbol{x}$ 推导出 $\boldsymbol{A}^{\mathrm{T}}\boldsymbol{x}=\lambda\boldsymbol{x}$，故该结论不一定成立，可以通过举例说明该命题错误，如：$\boldsymbol{A}=\begin{pmatrix}1&1\\0&1\end{pmatrix}$，$\boldsymbol{x}=\begin{pmatrix}1\\0\end{pmatrix}$ 是 $\lambda=1$ 对应的特征向量，但 $\boldsymbol{x}=\begin{pmatrix}1\\0\end{pmatrix}$ 不是 $\boldsymbol{A}^{\mathrm{T}}=\begin{pmatrix}1&0\\1&1\end{pmatrix}$ 的 $\lambda=1$ 对应的特征向量.

(3) 错误. 仅能得到 $|\boldsymbol{A}|=0$，无法得到 $\boldsymbol{A}=\boldsymbol{O}$. 例如：$\boldsymbol{A}=\begin{pmatrix}0&1\\0&0\end{pmatrix}$.

(4) 正确. 由题设可得 $R(\boldsymbol{A})=2$，故 $\boldsymbol{A}\boldsymbol{x}=\boldsymbol{0}$ 的基础解系仅一个向量.

练习 5.2

1. 设 $\boldsymbol{A},\boldsymbol{B}$ 都是 n 阶矩阵，且 $\boldsymbol{A}$ 可逆. 证明 $\boldsymbol{AB}$ 与 $\boldsymbol{BA}$ 相似.

证　因为 $\boldsymbol{A}$ 可逆，故有 $\boldsymbol{A}^{-1}(\boldsymbol{AB})\boldsymbol{A}=\boldsymbol{BA}$，故 $\boldsymbol{AB}$ 与 $\boldsymbol{BA}$ 相似.

2. 若 $\boldsymbol{A}\sim\boldsymbol{B}$，则 $R(\boldsymbol{A})=R(\boldsymbol{B})$.

解　因 $\boldsymbol{A}\sim\boldsymbol{B}$，存在可逆矩阵 $\boldsymbol{P}$，使得 $\boldsymbol{P}^{-1}\boldsymbol{AP}=\boldsymbol{B}$，从而由矩阵秩的性质，有 $R(\boldsymbol{A})=R(\boldsymbol{B})$.

3. 判断下列矩阵可否对角化：

(1) $\begin{pmatrix}0&1&0\\0&0&1\\-6&-11&-6\end{pmatrix}$；　(2) $\begin{pmatrix}4&6&0\\-3&-5&0\\-3&-6&1\end{pmatrix}$；　(3) $\begin{pmatrix}-1&1&0\\-4&3&0\\1&0&2\end{pmatrix}$.

解　先求特征值，再求特征向量，若有 3 个线性无关的特征向量，则可对角化.

(1) $|\lambda\boldsymbol{E}-\boldsymbol{A}|=\begin{vmatrix}\lambda&-1&0\\0&\lambda&-1\\6&11&\lambda+6\end{vmatrix}=(\lambda+1)(\lambda+2)(\lambda+3)$，

故有 3 个特征值 $\lambda_1=-1$，$\lambda_2=-2$，$\lambda_3=-3$，可以对角化.

当 $\lambda_1=-1$ 时，解 $(\lambda\boldsymbol{E}-\boldsymbol{A})\boldsymbol{x}=\boldsymbol{0}$ 得线性无关的特征向量 $\boldsymbol{p}_1=(1,-1,1)^{\mathrm{T}}$.

当 $\lambda_2=-2$ 时，解 $(\lambda\boldsymbol{E}-\boldsymbol{A})\boldsymbol{x}=\boldsymbol{0}$ 得线性无关的特征向量 $\boldsymbol{p}_2=(1,-2,4)^{\mathrm{T}}$.

当 $\lambda_3=-3$ 时，解 $(\lambda\boldsymbol{E}-\boldsymbol{A})\boldsymbol{x}=\boldsymbol{0}$ 得线性无关的特征向量 $\boldsymbol{p}_3=(1,-3,9)^{\mathrm{T}}$.

取 $\boldsymbol{P}=(\boldsymbol{p}_1,\boldsymbol{p}_2,\boldsymbol{p}_3)=\begin{pmatrix}1&1&1\\-1&-2&-3\\1&4&9\end{pmatrix}$，则可对角化为 $\boldsymbol{P}^{-1}\boldsymbol{AP}=\boldsymbol{\Lambda}=\begin{pmatrix}-1&&\\&-2&\\&&-3\end{pmatrix}$.

(2) $|\lambda \boldsymbol{E}-\boldsymbol{A}|=\begin{vmatrix}\lambda-4 & -6 & 0\\ 3 & \lambda+5 & 0\\ 3 & 6 & \lambda-1\end{vmatrix}=(\lambda-1)^2(\lambda+2)$,

故 $\boldsymbol{A}$ 有特征值 $\lambda_1=\lambda_2=1$, $\lambda_3=-2$.

当 $\lambda_1=\lambda_2=1$ 时, 解 $(\lambda \boldsymbol{E}-\boldsymbol{A})\boldsymbol{x}=\boldsymbol{0}$ 得基础解系: $\boldsymbol{p}_1=(-2,1,0)^{\mathrm{T}}$, $\boldsymbol{p}_2=(0,0,1)^{\mathrm{T}}$.

当 $\lambda_3=-2$ 时, 解 $(\lambda \boldsymbol{E}-\boldsymbol{A})\boldsymbol{x}=\boldsymbol{0}$ 得基础解系: $\boldsymbol{p}_3=(-1,1,1)^{\mathrm{T}}$.

取 $\boldsymbol{P}=(\boldsymbol{p}_1,\boldsymbol{p}_2,\boldsymbol{p}_3)=\begin{pmatrix}-2 & 0 & -1\\ 1 & 0 & 1\\ 0 & 1 & 1\end{pmatrix}$, 则可对角化为 $\boldsymbol{P}^{-1}\boldsymbol{A}\boldsymbol{P}=\boldsymbol{\Lambda}=\begin{pmatrix}1 & & \\ & 1 & \\ & & -2\end{pmatrix}$.

(3) $|\lambda \boldsymbol{E}-\boldsymbol{A}|=\begin{vmatrix}\lambda+1 & -1 & 0\\ 4 & \lambda-3 & 0\\ -1 & 0 & \lambda-2\end{vmatrix}=(\lambda-1)^2(\lambda-2)$,

故 $\boldsymbol{A}$ 有特征值 $\lambda_1=\lambda_2=1$, $\lambda_3=2$.

当 $\lambda_1=\lambda_2=1$ 时, 解 $(\lambda \boldsymbol{E}-\boldsymbol{A})\boldsymbol{x}=\boldsymbol{0}$ 得基础解系: $\boldsymbol{p}_1=(-1,-2,1)^{\mathrm{T}}$, 只有1个线性无关的解向量, 故 $\boldsymbol{A}$ 不可对角化.

4. 设 $\boldsymbol{A}=\begin{pmatrix}1 & -1 & 1\\ 2 & 4 & -2\\ -3 & -3 & a\end{pmatrix}$, $\boldsymbol{B}=\begin{pmatrix}2 & & \\ & 2 & \\ & & b\end{pmatrix}$ 相似, 求 a,b 及可逆阵 $\boldsymbol{P}$, 使 $\boldsymbol{P}^{-1}\boldsymbol{A}\boldsymbol{P}=\boldsymbol{B}$.

解 因为 $\boldsymbol{A}\sim\boldsymbol{B}=\boldsymbol{\Lambda}$, 则 $\sum_{i=1}^{3}a_{ii}=\sum_{i=1}^{3}\lambda_i$, $|\boldsymbol{A}|=|\boldsymbol{B}|$, 即

$$\begin{cases}1+4+a=2+2+b,\\ 6(a-1)=|\boldsymbol{A}|=|\boldsymbol{B}|=4b,\end{cases}$$

解得 $a=5$, $b=6$. 由题设条件 $\boldsymbol{A}\sim\boldsymbol{B}=\boldsymbol{\Lambda}$, 由相似矩阵的性质, $\boldsymbol{A}$ 有特征值 $\lambda_1=\lambda_2=2$, $\lambda_3=6$.

当 $\lambda_1=\lambda_2=2$ 时, 由 $(2\boldsymbol{E}-\boldsymbol{A})\boldsymbol{x}=\boldsymbol{0}$, 因

$$2\boldsymbol{E}-\boldsymbol{A}=\begin{pmatrix}1 & 1 & -1\\ -2 & -2 & 2\\ 3 & 3 & -3\end{pmatrix}\xrightarrow[r_3-3r_1]{r_2+2r_1}\begin{pmatrix}1 & 1 & -1\\ 0 & 0 & 0\\ 0 & 0 & 0\end{pmatrix},$$

得基础解系为 $\boldsymbol{\alpha}_1=(-1,1,0)^{\mathrm{T}}$, $\boldsymbol{\alpha}_2=(1,0,1)^{\mathrm{T}}$, 即为矩阵 $\boldsymbol{A}$ 的属于特征值 $\lambda_1=\lambda_2=2$ 的线性无关的特征向量;

当 $\lambda_3=6$ 时, 由 $(6\boldsymbol{E}-\boldsymbol{A})\boldsymbol{x}=\boldsymbol{0}$, 因

$$6\boldsymbol{E}-\boldsymbol{A}=\begin{pmatrix}5 & 1 & -1\\ -2 & 2 & 2\\ 3 & 3 & 1\end{pmatrix}\xrightarrow[r_1\div(-2)]{r_1\leftrightarrow r_2}\begin{pmatrix}1 & -1 & -1\\ 5 & 1 & -1\\ 3 & 3 & 1\end{pmatrix}\xrightarrow[\substack{r_3-3r_1\\ r_3-r_2}]{r_2-5r_1}\begin{pmatrix}1 & -1 & -1\\ 0 & 6 & 4\\ 0 & 0 & 0\end{pmatrix},$$

其基础解系为 $\boldsymbol{\alpha}_3=(1,-2,3)^{\mathrm{T}}$, 即为矩阵 $\boldsymbol{A}$ 的属于特征值 $\lambda_3=6$ 的特征向量.

令 $\boldsymbol{P}=(\boldsymbol{\alpha}_1,\boldsymbol{\alpha}_2,\boldsymbol{\alpha}_3)=\begin{pmatrix}-1 & 1 & 1\\ 1 & 0 & -2\\ 0 & 1 & 3\end{pmatrix}$, 则有 $\boldsymbol{P}^{-1}\boldsymbol{A}\boldsymbol{P}=\boldsymbol{B}$.

5. 设 $A=\begin{pmatrix}2&-1\\-1&2\end{pmatrix}$，求$A^n$.

解　$|\lambda E-A|=\begin{vmatrix}\lambda-2&1\\1&\lambda-2\end{vmatrix}=(\lambda-1)(\lambda-3)$，

当 $\lambda_1=1$ 时，由$(1E-A)x=0$，得特征向量为$p_1=(1,1)^T$；

当 $\lambda_2=3$ 时，由$(3E-A)x=0$，得特征向量为$p_2=(1,-1)^T$；

令 $P=(p_1,p_2)$，则 $A=P\Lambda P^{-1}$，其中 $\Lambda=\mathrm{diag}(1,3)$，从而有

$$A^n=P\Lambda^n P^{-1}=\begin{pmatrix}1&1\\1&-1\end{pmatrix}\begin{pmatrix}1&\\&3\end{pmatrix}^n\begin{pmatrix}1&1\\1&-1\end{pmatrix}^{-1}=\frac{1}{2}\begin{pmatrix}3^n+1&1-3^n\\1-3^n&3^n+1\end{pmatrix}.$$

6. 设 $A=\begin{pmatrix}1&2&2\\2&1&2\\2&2&1\end{pmatrix}$，求$A^k$.

解　先求 A 的特征值与特征向量. 因

$$|\lambda E-A|=\begin{vmatrix}\lambda-1&-2&-2\\-2&\lambda-1&-2\\-2&-2&\lambda-1\end{vmatrix}=(\lambda+1)^2(\lambda-5),$$

故 A 的特征值为 $\lambda_1=\lambda_2=-1$，$\lambda_3=5$.

对 $\lambda_1=\lambda_2=-1$，解$(-E-A)x=0$，得基础解系$p_1=(1,0,-1)^T$，$p_2=(0,1,-1)^T$；

对 $\lambda_3=5$，解$(5E-A)x=0$，得基础解系$p_3=(1,1,1)^T$.

令 $P=(p_1,p_2,p_3)=\begin{pmatrix}1&0&1\\0&1&1\\-1&-1&1\end{pmatrix}$，则有$P^{-1}=\frac{1}{3}\begin{pmatrix}2&-1&-1\\-1&2&-1\\1&1&1\end{pmatrix}$，且

$$P^{-1}AP=\Lambda=\begin{pmatrix}-1&&\\&-1&\\&&5\end{pmatrix},$$

从而 $A=P\Lambda P^{-1}$，得

$$A^k=P\Lambda^k P^{-1}=\begin{pmatrix}1&0&1\\0&1&1\\-1&-1&1\end{pmatrix}\begin{pmatrix}(-1)^k&&\\&(-1)^k&\\&&5^k\end{pmatrix}\cdot\frac{1}{3}\begin{pmatrix}2&-1&-1\\-1&2&-1\\1&1&1\end{pmatrix}$$

$$=\frac{1}{3}\begin{pmatrix}5^k+2(-1)^k&5^k-(-1)^k&5^k-(-1)^k\\5^k-(-1)^k&5^k+2(-1)^k&5^k-(-1)^k\\5^k-(-1)^k&5^k-(-1)^k&5^k+2(-1)^k\end{pmatrix}.$$

7. 设 n 阶实对称矩阵 A 的特征值仅为 0 和 1，证明：$A^2=A$.

证　因为 A 为实对称矩阵，从而可以对角化. 设 A 的特征值中有 r 个 1，$n-r$ 个 0，$\Lambda=\mathrm{diag}(\underbrace{1,\cdots,1}_{r},\underbrace{0,\cdots,0}_{n-r})$，则 $\Lambda^2=\Lambda$，且存在可逆矩阵 P，使得$P^{-1}AP=\Lambda$，故

$$A^2=(P\Lambda P^{-1})^2=P\Lambda^2P^{-1}=A.$$

8. 设 A 为实反称矩阵，证明：A 的特征值为零或纯虚数.

证 依题设有 $\overline{A}=A$ 且 $A^{\mathrm{T}}=-A$. 设 λ 是 A 的特征值，x 是 λ 对应的特征向量，即有 $Ax=\lambda x$，从而 $\overline{Ax}=\overline{\lambda x}$，即 $\overline{A}\,\overline{x}=\overline{\lambda}\,\overline{x}$，取转置，有 $\overline{x}^{\mathrm{T}}\overline{A}^{\mathrm{T}}=\overline{\lambda}\,\overline{x}^{\mathrm{T}}$，即 $\overline{x}^{\mathrm{T}}A^{\mathrm{T}}=\overline{\lambda}\,\overline{x}^{\mathrm{T}}$，从而 $-\overline{x}^{\mathrm{T}}A=\overline{\lambda}\,\overline{x}^{\mathrm{T}}$，得 $-\overline{x}^{\mathrm{T}}Ax=\overline{\lambda}\,\overline{x}^{\mathrm{T}}x$，代入 $Ax=\lambda x$，得 $-\lambda\,\overline{x}^{\mathrm{T}}x=\overline{\lambda}\,\overline{x}^{\mathrm{T}}x$，从而 $(\lambda+\overline{\lambda})\,\overline{x}^{\mathrm{T}}x=0$. 因 $x\neq \mathbf{0}$，得 $\overline{x}^{\mathrm{T}}x>0$，故 $\lambda+\overline{\lambda}=0$，得 λ 为零或纯虚数.

9. 设 m 阶矩阵 A 和 n 阶矩阵 B 均可对角化，证明：$m+n$ 阶矩阵 $\begin{pmatrix}A & O\\ O & B\end{pmatrix}$ 也可对角化.

证 依题设，存在可逆矩阵 P_m, Q_n 及对角矩阵 Λ_m，Λ_n，使得

$$P_m^{-1}AP_m=\Lambda_m,\ Q_n^{-1}BQ_n=\Lambda_n,$$

故

$$\begin{pmatrix}P_m^{-1} & O\\ O & Q_n^{-1}\end{pmatrix}\begin{pmatrix}A & O\\ O & B\end{pmatrix}\begin{pmatrix}P_m & O\\ O & Q_n\end{pmatrix}=\begin{pmatrix}\Lambda_m & O\\ O & \Lambda_n\end{pmatrix},$$

且 $\begin{pmatrix}P_m^{-1} & O\\ O & Q_n^{-1}\end{pmatrix}=\begin{pmatrix}P_m & O\\ O & Q_n\end{pmatrix}^{-1}$，故 $\begin{pmatrix}A & O\\ O & B\end{pmatrix}$ 也可对角化.

10. 设 A 为非零矩阵，且存在正整数 m，使得 $A^m=O$，证明：A 的特征值全为零且 A 不可对角化.

证 设 λ 为 A 的特征值，x 为其对应的特征向量，则有 $Ax=\lambda x$，从而 λ^m 为 A^m 的特征值，x 为其对应的特征向量，即 $A^mx=\lambda^mx=Ox=\mathbf{0}$，得 $\lambda^m=0$，故 $\lambda=0$. 此时，因 $R(A)\geq 1$，方程组 $Ax=0$ 至多有 $n-1$ 个线性无关的解向量，故 A 不存在 n 个线性无关的解向量，不可对角化.

11. 判断下列命题是否正确：

(1) 若 $A\sim B$，则对任意的实数 t，有 $tE-A\sim tE-B$；

(2) 设 $A\sim B$，则它们一定相似于同一对角矩阵；

(3) 设 A 为4阶矩阵，$R(A)=3$，$\lambda=0$ 是 A 的3重特征值，则 A 一定不能相似于对角矩阵.

解 (1) 正确. 若 $A\sim B$，即存在可逆矩阵 P，使得 $P^{-1}AP=B$，从而对任意的实数 t，有 $tE-B=tP^{-1}P-P^{-1}AP=P^{-1}(tE-A)P$，故 $tE-A\sim tE-B$.

(2) 错误. 任一矩阵 A 一定相似于它自身，但 A 不一定相似于对角矩阵，只有当 A 存在 n 个线性无关的特征向量时才相似于对角矩阵.

(3) 正确. 由 $R(A)=3$ 可知 $Ax=\mathbf{0}$ 的基础解系仅有1个解向量，即 $\lambda=0$ 仅有1个线性无关的特征向量，从而 A 不存在4个线性无关的特征向量，A 不能对角化.

练习 5.3

1. 求使矩阵

$$A=\begin{pmatrix}1 & -1 & 0\\ -1 & 1 & 0\\ 0 & 0 & 0\end{pmatrix}$$

可对角化的正交矩阵 Q 和对角矩阵 Λ.

解　先求矩阵的特征值与特征向量：

$$|\lambda E-A|=\begin{vmatrix}\lambda-1 & 1 & 0\\ 1 & \lambda-1 & 0\\ 0 & 0 & \lambda\end{vmatrix}=\lambda^2(\lambda-2),$$

故 A 有特征值 $\lambda_1=\lambda_2=0$, $\lambda_3=2$.

当 $\lambda_1=\lambda_2=0$ 时, 解 $(\lambda E-A)x=\mathbf{0}$ 得线性无关的特征向量 $p_1=(1,1,0)^{\mathrm{T}}$, $p_2=(0,0,1)^{\mathrm{T}}$.

当 $\lambda_3=2$ 时, 解 $(\lambda E-A)x=\mathbf{0}$ 得线性无关的特征向量 $p_3=(1,-1,0)^{\mathrm{T}}$.

单位化后, 令 $P=\begin{pmatrix}\frac{1}{\sqrt{2}} & 0 & \frac{1}{\sqrt{2}}\\ \frac{1}{\sqrt{2}} & 0 & -\frac{1}{\sqrt{2}}\\ 0 & 1 & 0\end{pmatrix}$, 则有

$$P^{-1}AP=\Lambda=\begin{pmatrix}0 & & \\ & 0 & \\ & & 2\end{pmatrix}.$$

2. 设 $A=\begin{pmatrix}7 & -3 & -1 & 1\\ -3 & 7 & 1 & -1\\ -1 & 1 & 7 & -3\\ 1 & -1 & -3 & 7\end{pmatrix}$, 求正交矩阵 T, 使 $T^{-1}AT$ 为对角矩阵.

解　先求矩阵的特征值与特征向量：

$$|\lambda E-A|=\begin{vmatrix}\lambda-7 & 3 & 1 & -1\\ 3 & \lambda-7 & -1 & 1\\ 1 & -1 & \lambda-7 & 3\\ -1 & 1 & 3 & \lambda-7\end{vmatrix}=(\lambda-4)^2(\lambda-8)(\lambda-12),$$

故 A 有特征值 $\lambda_1=\lambda_2=4$, $\lambda_3=8$, $\lambda_4=12$.

$\lambda_1=\lambda_2=4$ 时, 解 $(\lambda E-A)x=\mathbf{0}$ 得线性无关的特征向量 $p_1=(1,1,0,0)^{\mathrm{T}}$, $p_2=(0,0,1,1)^{\mathrm{T}}$.

$\lambda_3=8$ 时，解 $(\lambda\boldsymbol{E}-\boldsymbol{A})\boldsymbol{x}=\boldsymbol{0}$ 得线性无关的特征向量 $\boldsymbol{p}_3=(-1,1,-1,1)^{\mathrm{T}}$.

$\lambda_4=12$ 时，解 $(\lambda\boldsymbol{E}-\boldsymbol{A})\boldsymbol{x}=\boldsymbol{0}$ 得线性无关的特征向量 $\boldsymbol{p}_4=(1,1,1,1)^{\mathrm{T}}$.

单位化后，令 $\boldsymbol{T}=\begin{pmatrix}\frac{1}{\sqrt{2}} & 0 & -\frac{1}{2} & \frac{1}{2}\\ \frac{1}{\sqrt{2}} & 0 & \frac{1}{2} & \frac{1}{2}\\ 0 & \frac{1}{\sqrt{2}} & -\frac{1}{2} & \frac{1}{2}\\ 0 & \frac{1}{\sqrt{2}} & \frac{1}{2} & \frac{1}{2}\end{pmatrix}$，则有

$$\boldsymbol{T}^{-1}\boldsymbol{A}\boldsymbol{T}=\boldsymbol{\Lambda}=\begin{pmatrix}4 & & & \\ & 4 & & \\ & & 8 & \\ & & & 12\end{pmatrix}.$$

3. 设 $\boldsymbol{\xi}=(1,1,2)^{\mathrm{T}}$ 是 $\boldsymbol{A}=\begin{pmatrix}a & -1 & 1\\ -1 & 0 & 1\\ 1 & 1 & b\end{pmatrix}$ 的特征向量，求 a,b.

解 依题设，存在 λ，使得 $\boldsymbol{A}\boldsymbol{\xi}=\lambda\boldsymbol{\xi}$，即

$\begin{pmatrix}a & -1 & 1\\ -1 & 0 & 1\\ 1 & 1 & b\end{pmatrix}\begin{pmatrix}1\\1\\2\end{pmatrix}=\lambda\begin{pmatrix}1\\1\\2\end{pmatrix}$，得 $\begin{cases}a+1=\lambda\\ -1+2=\lambda\\ 2+2b=2\lambda\end{cases}$，故 $a=0$，$b=0$，$\lambda=1$.

4. 设 3 阶实对称矩阵 $\boldsymbol{A}$ 的各行元素之和均为 3，向量 $\boldsymbol{\alpha}_1=(-1,2,-1)^{\mathrm{T}}$，$\boldsymbol{\alpha}_2=(0,-1,1)^{\mathrm{T}}$ 是线性方程组 $\boldsymbol{A}\boldsymbol{x}=\boldsymbol{0}$ 的解.

(1) 求 $\boldsymbol{A}$ 的特征值与特征向量；

(2) 求正交矩阵 $\boldsymbol{P}$ 和对角矩阵 $\boldsymbol{\Lambda}$，使得 $\boldsymbol{P}^{\mathrm{T}}\boldsymbol{A}\boldsymbol{P}=\boldsymbol{\Lambda}$；

(3) 求 $\boldsymbol{A}$ 及 $\left(\boldsymbol{A}-\frac{3}{2}\boldsymbol{E}\right)^6$，其中 $\boldsymbol{E}$ 为 3 阶单位矩阵.

解 (1) 因为 $\boldsymbol{A}\begin{pmatrix}1\\1\\1\end{pmatrix}=\begin{pmatrix}3\\3\\3\end{pmatrix}=3\begin{pmatrix}1\\1\\1\end{pmatrix}$，所以 $\lambda=3$ 是矩阵 $\boldsymbol{A}$ 的特征值，$\boldsymbol{\alpha}=(1,1,1)^{\mathrm{T}}$ 是 $\boldsymbol{A}$ 对应于 $\lambda=3$ 的特征向量.

又 $\boldsymbol{A}\boldsymbol{\alpha}_1=\boldsymbol{0}=0\boldsymbol{\alpha}_1$，$\boldsymbol{A}\boldsymbol{\alpha}_2=\boldsymbol{0}=0\boldsymbol{\alpha}_2$，故 $\boldsymbol{\alpha}_1,\boldsymbol{\alpha}_2$ 是矩阵 $\boldsymbol{A}$ 对应于 $\lambda=0$ 的特征向量. 因此矩阵 $\boldsymbol{A}$ 的特征值是 3，0，0.

$\lambda=3$ 的特征向量为 $k(1,1,1)^{\mathrm{T}}$，其中 $k\neq 0$ 为常数；

$\lambda=0$ 的特征向量为 $k_1(-1,2,-1)^{\mathrm{T}}+k_2(0,-1,1)^{\mathrm{T}}$，其中 k_1,k_2 是不全为 0 的常数.

(2) 因为 $\boldsymbol{\alpha}_1,\boldsymbol{\alpha}_2$ 不正交，用施密特正交化方法先进行正交化：

$\boldsymbol{\beta}_1=\boldsymbol{\alpha}_1=(-1,2,-1)^{\mathrm{T}}$，

$$\boldsymbol{\beta}_2=\boldsymbol{\alpha}_2-\frac{[\boldsymbol{\alpha}_2,\boldsymbol{\beta}_1]}{[\boldsymbol{\beta}_1,\boldsymbol{\beta}_1]}\boldsymbol{\beta}_1=\begin{pmatrix}0\\-1\\1\end{pmatrix}-\frac{-3}{6}\begin{pmatrix}-1\\2\\-1\end{pmatrix}=\frac{1}{2}\begin{pmatrix}-1\\0\\1\end{pmatrix},$$

单位化 $\gamma_1=\frac{1}{\sqrt{6}}\begin{pmatrix}-1\\2\\-1\end{pmatrix}$，$\gamma_2=\frac{1}{\sqrt{2}}\begin{pmatrix}-1\\0\\1\end{pmatrix}$，$\gamma_3=\frac{1}{\sqrt{3}}\begin{pmatrix}1\\1\\1\end{pmatrix}$，令

$$\boldsymbol{P}=(\gamma_1,\gamma_2,\gamma_3)=\begin{pmatrix}-\frac{1}{\sqrt{6}} & -\frac{1}{\sqrt{2}} & \frac{1}{\sqrt{3}}\\ \frac{2}{\sqrt{6}} & 0 & \frac{1}{\sqrt{3}}\\ -\frac{1}{\sqrt{6}} & \frac{1}{\sqrt{2}} & \frac{1}{\sqrt{3}}\end{pmatrix},\ 得\boldsymbol{P}^{\mathrm{T}}\boldsymbol{AP}=\boldsymbol{\Lambda}=\begin{pmatrix}0 & & \\ & 0 & \\ & & 3\end{pmatrix}.$$

（3）设 $\boldsymbol{Q}=(\boldsymbol{\alpha}_1,\boldsymbol{\alpha}_2,\boldsymbol{\alpha})$，则 $\boldsymbol{AQ}=\boldsymbol{Q\Lambda}$，从而有 $\boldsymbol{A}=\boldsymbol{Q\Lambda Q}^{-1}$，即

$$\boldsymbol{A}=\begin{pmatrix}-1 & 0 & 1\\ 2 & -1 & 1\\ -1 & 1 & 1\end{pmatrix}\begin{pmatrix}0 & & \\ & 0 & \\ & & 3\end{pmatrix}\begin{pmatrix}-1 & 0 & 1\\ 2 & -1 & 1\\ -1 & 1 & 1\end{pmatrix}^{-1}=\begin{pmatrix}1 & 1 & 1\\ 1 & 1 & 1\\ 1 & 1 & 1\end{pmatrix}.$$

也可直接由 $\boldsymbol{P}^{\mathrm{T}}\boldsymbol{AP}=\boldsymbol{\Lambda}$ 得到 $\boldsymbol{A}=\boldsymbol{P\Lambda P}^{\mathrm{T}}$.

记 $\boldsymbol{B}=\boldsymbol{A}-\frac{3}{2}\boldsymbol{E}$，则

$$\boldsymbol{Q}^{-1}\boldsymbol{BQ}=\boldsymbol{Q}^{-1}\left(\boldsymbol{A}-\frac{3}{2}\boldsymbol{E}\right)\boldsymbol{Q}=\boldsymbol{\Lambda}-\frac{3}{2}\boldsymbol{E}=\begin{pmatrix}-\frac{3}{2} & & \\ & -\frac{3}{2} & \\ & & \frac{3}{2}\end{pmatrix}=\boldsymbol{\Lambda}_1,$$

于是

$$\boldsymbol{B}^6=\boldsymbol{Q\Lambda}_1^6\boldsymbol{Q}^{-1}=\left(\frac{3}{2}\right)^6\boldsymbol{PEP}^{-1}=\left(\frac{3}{2}\right)^6\boldsymbol{E}.$$

5. 设 $\boldsymbol{A}$ 和 $\boldsymbol{B}$ 是 n 阶实对称矩阵，证明：$\boldsymbol{A}\sim\boldsymbol{B}$ 的充分必要条件是它们的特征值相同.

证　因为实对称矩阵一定可以对角化，从而一定存在 n 个特征值(可以相同)及 n 个线性无关的特征向量.

先证充分性. 设 $\lambda_1,\lambda_2,\cdots,\lambda_n$ 为 n 阶矩阵 $\boldsymbol{A}$ 和 $\boldsymbol{B}$ 的全部特征值，$\boldsymbol{\alpha}_1,\boldsymbol{\alpha}_2,\cdots,\boldsymbol{\alpha}_n$ 和 $\boldsymbol{\beta}_1,\boldsymbol{\beta}_2,\cdots,\boldsymbol{\beta}_n$ 分别是对应的 $\boldsymbol{A}$ 和 $\boldsymbol{B}$ 的线性无关的特征向量，设 $\boldsymbol{P}=(\boldsymbol{\alpha}_1,\boldsymbol{\alpha}_2,\cdots,\boldsymbol{\alpha}_n)$，$\boldsymbol{Q}=(\boldsymbol{\beta}_1,\boldsymbol{\beta}_2,\cdots,\boldsymbol{\beta}_n)$，则 $\boldsymbol{P}$，$\boldsymbol{Q}$ 可逆，且有

$$\boldsymbol{P}^{-1}\boldsymbol{AP}=\boldsymbol{\Lambda}=\begin{pmatrix}\lambda_1 & & & \\ & \lambda_2 & & \\ & & \ddots & \\ & & & \lambda_n\end{pmatrix}=\boldsymbol{Q}^{-1}\boldsymbol{BQ},$$

从而 $\boldsymbol{B}=\boldsymbol{Q}\boldsymbol{P}^{-1}\boldsymbol{A}\boldsymbol{P}\boldsymbol{Q}^{-1}=(\boldsymbol{P}\boldsymbol{Q}^{-1})^{-1}\boldsymbol{A}(\boldsymbol{P}\boldsymbol{Q}^{-1})$，故 $\boldsymbol{A}\sim\boldsymbol{B}$.

再证必要性. 若两对称矩阵相似，即 $\boldsymbol{A}\sim\boldsymbol{B}$，则存在可逆矩阵 $\boldsymbol{P}$，使得 $\boldsymbol{B}=\boldsymbol{P}^{-1}\boldsymbol{A}\boldsymbol{P}$，从而特征多项式

$$
\begin{aligned}
|\lambda\boldsymbol{E}-\boldsymbol{B}| &= |\lambda\boldsymbol{P}^{-1}\boldsymbol{P}-\boldsymbol{P}^{-1}\boldsymbol{A}\boldsymbol{P}|=|\boldsymbol{P}^{-1}(\lambda\boldsymbol{E}-\boldsymbol{A})\boldsymbol{P}| \\
&= |\boldsymbol{P}^{-1}|\cdot|\lambda\boldsymbol{E}-\boldsymbol{A}|\cdot|\boldsymbol{P}|=|\lambda\boldsymbol{E}-\boldsymbol{A}|,
\end{aligned}
$$

故两矩阵有相同的特征值.

练习 5.4

1. 写出下列二次型所对应的矩阵：

(1) $f=x^2+2xy+4y^2-2xz-6yz+5z^2$；

(2) $f=x^2-3z^2-4xy+yz$；

(3) $f=(a_1x_1+a_2x_2+a_3x_3)^2$.

解 对应的矩阵分别为：

$$
(1)\boldsymbol{A}=\begin{pmatrix}1&1&-1\\1&4&-3\\-1&-3&5\end{pmatrix};\ (2)\boldsymbol{A}=\begin{pmatrix}1&-2&0\\-2&0&\frac{1}{2}\\0&\frac{1}{2}&-3\end{pmatrix};\ (3)\boldsymbol{A}=\begin{pmatrix}a_1^2&a_1a_2&a_1a_3\\a_1a_2&a_2^2&a_2a_3\\a_1a_3&a_2a_3&a_3^2\end{pmatrix}.
$$

2. 用正交变换化下列二次型为标准形：

(1) $f(x_1,x_2,x_3)=4x_2^2-3x_3^2+4x_1x_2-4x_1x_3+8x_2x_3$；

(2) $f(x_1,x_2,x_3,x_4)=x_1^2+x_2^2+x_3^2+x_4^2+2x_1x_2-2x_1x_4-2x_2x_3+2x_3x_4$.

解 (1) $f(x_1,x_2,x_3)$ 对应的矩阵为

$$
\boldsymbol{A}=\begin{pmatrix}0&2&-2\\2&4&4\\-2&4&-3\end{pmatrix},
$$

由 $\boldsymbol{A}$ 的特征方程

$$
|\lambda\boldsymbol{E}-\boldsymbol{A}|=\begin{vmatrix}\lambda&-2&2\\-2&\lambda-4&-4\\2&-4&\lambda+3\end{vmatrix}=(\lambda-1)(\lambda^2-36)=0,
$$

得到 $\boldsymbol{A}$ 的特征值为 $\lambda_1=1$，$\lambda_2=6$，$\lambda_3=-6$.

由 $(\boldsymbol{E}-\boldsymbol{A})\boldsymbol{x}=\boldsymbol{0}$ 得基础解系 $\boldsymbol{x}_1=(2,0,-1)^{\mathrm{T}}$，即属于 $\lambda=1$ 的特征向量.

由 $(6\boldsymbol{E}-\boldsymbol{A})\boldsymbol{x}=\boldsymbol{0}$ 得基础解系 $\boldsymbol{x}_2=(1,5,2)^{\mathrm{T}}$，即属于 $\lambda=6$ 的特征向量.

由 $(-6\boldsymbol{E}-\boldsymbol{A})\boldsymbol{x}=\boldsymbol{0}$ 得基础解系 $\boldsymbol{x}_3=(1,-1,2)^{\mathrm{T}}$，即属于 $\lambda=-6$ 的特征向量.

对于实对称矩阵，特征值对应的不同特征向量已正交，故只需单位化，有

$$
\gamma_1=\frac{\boldsymbol{x}_1}{\|\boldsymbol{x}_1\|}=\frac{1}{\sqrt{5}}\begin{pmatrix}2\\0\\-1\end{pmatrix},\gamma_2=\frac{\boldsymbol{x}_2}{\|\boldsymbol{x}_2\|}=\frac{1}{\sqrt{30}}\begin{pmatrix}1\\5\\2\end{pmatrix},\gamma_3=\frac{\boldsymbol{x}_3}{\|\boldsymbol{x}_3\|}=\frac{1}{\sqrt{6}}\begin{pmatrix}1\\-1\\2\end{pmatrix},
$$

令

$$Q=(\gamma_1,\gamma_2,\gamma_3)=\begin{pmatrix}\frac{2}{\sqrt5} & \frac{1}{\sqrt{30}} & \frac{1}{\sqrt6}\\ 0 & \frac{5}{\sqrt{30}} & -\frac{1}{\sqrt6}\\ -\frac{1}{\sqrt5} & \frac{2}{\sqrt{30}} & \frac{2}{\sqrt6}\end{pmatrix},$$

经正交变换 $\boldsymbol{x}=\boldsymbol{Q}\boldsymbol{y}$，二次型化为标准形

$$f(x_1,x_2,x_3)=\boldsymbol{x}^{\mathrm T}\boldsymbol{A}\boldsymbol{x}=\boldsymbol{y}^{\mathrm T}\boldsymbol{\Lambda}\boldsymbol{y}=y_1^2+6y_2^2-6y_3^2.$$

（2）二次型对应的矩阵为

$$\boldsymbol{A}=\begin{pmatrix}1 & 1 & 0 & -1\\ 1 & 1 & -1 & 0\\ 0 & -1 & 1 & 1\\ -1 & 0 & 1 & 1\end{pmatrix},$$

由 $\boldsymbol{A}$ 的特征方程

$$|\lambda\boldsymbol{E}-\boldsymbol{A}|=\begin{vmatrix}\lambda-1 & -1 & 0 & 1\\ -1 & \lambda-1 & 1 & 0\\ 0 & 1 & \lambda-1 & -1\\ 1 & 0 & -1 & \lambda-1\end{vmatrix}=(\lambda+1)(\lambda-3)(\lambda-1)^2=0,$$

得到 $\boldsymbol{A}$ 的特征值为 $\lambda_1=-1$，$\lambda_2=3$，$\lambda_3=\lambda_4=1$.

由 $(-\boldsymbol{E}-\boldsymbol{A})\boldsymbol{x}=\boldsymbol{0}$ 得基础解系 $\boldsymbol{x}_1=(1,-1,-1,1)^{\mathrm T}$，即属于 $\lambda_1=-1$ 的特征向量.

由 $(3\boldsymbol{E}-\boldsymbol{A})\boldsymbol{x}=\boldsymbol{0}$ 得基础解系 $\boldsymbol{x}_2=(1,1,-1,-1)^{\mathrm T}$，即属于 $\lambda_2=3$ 的特征向量.

由 $(\boldsymbol{E}-\boldsymbol{A})\boldsymbol{x}=\boldsymbol{0}$ 得基础解系 $\boldsymbol{x}_3=(1,0,1,0)^{\mathrm T}$，$\boldsymbol{x}_4=(0,1,0,1)^{\mathrm T}$，即属于 $\lambda_3=\lambda_4=1$ 的特征向量.

对于实对称矩阵，不同特征值对应的不同特征向量已正交，故只需单位化，令

$$\boldsymbol{Q}=\begin{pmatrix}\frac12 & \frac12 & \frac{1}{\sqrt2} & 0\\ -\frac12 & \frac12 & 0 & \frac{1}{\sqrt2}\\ -\frac12 & -\frac12 & \frac{1}{\sqrt2} & 0\\ \frac12 & -\frac12 & 0 & \frac{1}{\sqrt2}\end{pmatrix},$$

则经正交变换 $\boldsymbol{x}=\boldsymbol{Q}\boldsymbol{y}$，二次型化为标准形

$$f(x_1,x_2,x_3,x_4)=\boldsymbol{x}^{\mathrm T}\boldsymbol{A}\boldsymbol{x}=\boldsymbol{y}^{\mathrm T}\boldsymbol{\Lambda}\boldsymbol{y}=-y_1^2+3y_2^2+y_3^2+y_4^2.$$

3. 用配方法化下列二次型为标准形：

(1) $f(x_1,x_2,x_3)=2x_1^2+5x_2^2+5x_3^2+4x_1x_2-4x_1x_3-8x_2x_3$；

(2) $f(x_1,x_2,x_3)=2x_1x_2+2x_1x_3-6x_2x_3$.

解 (1) $f(x_1,x_2,x_3)=2x_1^2+5x_2^2+5x_3^2+4x_1x_2-4x_1x_3-8x_2x_3$

$$=2(x_1+x_2-x_3)^2+3\left(x_2-\frac{2}{3}x_3\right)^2+\frac{5}{3}x_3^2,$$

令

$$\begin{cases}y_1=x_1+x_2-x_3\\y_2=x_2-\dfrac{2}{3}x_3\\y_3=x_3\end{cases}，有\ \boldsymbol{x}=\begin{pmatrix}1&-1&\dfrac{1}{3}\\0&1&\dfrac{2}{3}\\0&0&1\end{pmatrix}\boldsymbol{y}，则有\ f=2y_1^2+3y_2^2+\frac{5}{3}y_3^2.$$

(2) 先作变换$\begin{cases}x_1=y_1+y_2\\x_2=y_1-y_2\\x_3=y_3\end{cases}$，得

$$f=2y_1^2-2y_2^2-4y_1y_3+8y_2y_3,$$

再配方，得

$$f=2(y_1-y_3)^2-2(y_2-2y_3)^2+6y_3^2.$$

令$\begin{cases}z_1=y_1-y_3\\z_2=y_2-2y_3\\z_3=y_3\end{cases}$，得$\begin{cases}y_1=z_1+z_3\\y_2=z_2+2z_3\\y_3=z_3\end{cases}$，二次型可变为$f=2z_1^2-2z_2^2+6z_3^2$.

所作的非退化线性变换矩阵为：

$$\boldsymbol{C}=\begin{pmatrix}1&1&0\\1&-1&0\\0&0&1\end{pmatrix}\begin{pmatrix}1&0&1\\0&1&2\\0&0&1\end{pmatrix}=\begin{pmatrix}1&1&3\\1&-1&-1\\0&0&1\end{pmatrix}，即\ \boldsymbol{x}=\boldsymbol{C}\boldsymbol{z}.$$

4. 用初等变换化下列二次型为标准形，并求对应的变换矩阵.

(1) $f(x_1,x_2,x_3)=x_1^2+x_2^2-4x_3^2-2x_1x_2+8x_1x_3+8x_2x_3$；

解 二次型所对应的矩阵为

$$\boldsymbol{A}=\begin{pmatrix}1&-1&4\\-1&1&4\\4&4&-4\end{pmatrix},$$

对下面矩阵实施合同变换：

$$\begin{pmatrix}\boldsymbol{A}\\\hline\boldsymbol{E}\end{pmatrix}=\begin{pmatrix}1&-1&4\\-1&1&4\\4&4&-4\\\hline1&0&0\\0&1&0\\0&0&1\end{pmatrix}\xrightarrow{c_2+c_1}\begin{pmatrix}1&0&4\\-1&0&4\\4&8&-4\\\hline1&1&0\\0&1&0\\0&0&1\end{pmatrix}\xrightarrow{r_2+r_1}\begin{pmatrix}1&0&4\\0&0&8\\4&8&-4\\\hline1&1&0\\0&1&0\\0&0&1\end{pmatrix}$$

$$
\xrightarrow{c_3-4c_1}\left(\begin{array}{ccc}1&0&0\\0&0&8\\4&8&-20\\ \hdashline 1&1&-4\\0&1&0\\0&0&1\end{array}\right)\xrightarrow[r_3-4r_1]{}\left(\begin{array}{ccc}1&0&0\\0&0&8\\0&8&-20\\ \hdashline 1&1&-4\\0&1&0\\0&0&1\end{array}\right)\xrightarrow{c_2+c_3}\left(\begin{array}{ccc}1&0&0\\0&8&8\\0&-12&-20\\ \hdashline 1&-3&-4\\0&1&0\\0&1&1\end{array}\right)
$$

$$
\xrightarrow[r_2+r_3]{}\left(\begin{array}{ccc}1&0&0\\0&-4&-12\\0&-12&-20\\ \hdashline 1&-3&-4\\0&1&0\\0&1&1\end{array}\right)\xrightarrow{c_3-3c_2}\left(\begin{array}{ccc}1&0&0\\0&-4&0\\0&-12&16\\ \hdashline 1&-3&5\\0&1&-3\\0&1&-2\end{array}\right)\xrightarrow[r_3-3r_2]{}\left(\begin{array}{ccc}1&0&0\\0&-4&0\\0&0&16\\ \hdashline 1&-3&5\\0&1&-3\\0&1&-2\end{array}\right).
$$

故 $\boldsymbol{C}=\begin{pmatrix}1&-3&5\\0&1&-3\\0&1&-2\end{pmatrix}$，在变换 $\boldsymbol{x}=\boldsymbol{C}\boldsymbol{y}$ 下，二次型可化为 $g(y_1,y_2,y_3)=y_1^2-4y_2^2+16y_3^2$.

(2) $f(x_1,x_2,x_3)=2x_1x_2+4x_1x_3$.

解　二次型所对应的矩阵为

$$
\boldsymbol{A}=\begin{pmatrix}0&1&2\\1&0&0\\2&0&0\end{pmatrix},
$$

对下面矩阵实施合同变换：

$$
\begin{pmatrix}\boldsymbol{A}\\ \boldsymbol{E}\end{pmatrix}=\left(\begin{array}{ccc}0&1&2\\1&0&0\\2&0&0\\ \hdashline 1&0&0\\0&1&0\\0&0&1\end{array}\right)\xrightarrow{c_1+c_2}\left(\begin{array}{ccc}1&1&2\\1&0&0\\2&0&0\\ \hdashline 1&0&0\\1&1&0\\0&0&1\end{array}\right)\xrightarrow[r_1+r_2]{}\left(\begin{array}{ccc}2&1&2\\1&0&0\\2&0&0\\ \hdashline 1&0&0\\1&1&0\\0&0&1\end{array}\right)
$$

$$
\xrightarrow{c_2-\frac{1}{2}c_1}\left(\begin{array}{ccc}2&0&2\\1&-\frac{1}{2}&0\\2&-1&0\\ \hdashline 1&-\frac{1}{2}&0\\1&\frac{1}{2}&0\\0&0&1\end{array}\right)\xrightarrow[r_2-\frac{1}{2}r_1]{}\left(\begin{array}{ccc}2&0&2\\0&-\frac{1}{2}&-1\\2&-1&0\\ \hdashline 1&-\frac{1}{2}&0\\1&\frac{1}{2}&0\\0&0&1\end{array}\right)\xrightarrow{c_3-c_1}\left(\begin{array}{ccc}2&0&0\\0&-\frac{1}{2}&-1\\2&-1&-2\\ \hdashline 1&-\frac{1}{2}&-1\\1&\frac{1}{2}&-1\\0&0&1\end{array}\right)
$$

$$\xrightarrow{r_3-r_1}\begin{pmatrix}2&0&0\\0&-\frac{1}{2}&-1\\0&-1&-2\\\hdashline 1&-\frac{1}{2}&-1\\1&\frac{1}{2}&-1\\0&0&1\end{pmatrix}\xrightarrow{c_3-2c_2}\begin{pmatrix}2&0&0\\0&-\frac{1}{2}&0\\0&-1&0\\\hdashline 1&-\frac{1}{2}&0\\1&\frac{1}{2}&-2\\0&0&1\end{pmatrix}\xrightarrow{r_3-2r_2}\begin{pmatrix}2&0&0\\0&-\frac{1}{2}&0\\0&0&0\\\hdashline 1&-\frac{1}{2}&0\\1&\frac{1}{2}&-2\\0&0&1\end{pmatrix},$$

故 $\boldsymbol{C}=\begin{pmatrix}1&-\frac{1}{2}&0\\1&\frac{1}{2}&-2\\0&0&1\end{pmatrix}$，在变换 $\boldsymbol{x}=\boldsymbol{C}\boldsymbol{y}$ 下，二次型可化为 $g(y_1,y_2,y_3)=2y_1^2-\frac{1}{2}y_2^2$.

5. 设二次曲面 $x^2+4y^2+z^2-4xy-8xz-4yz=1$，试利用正交变换将曲面方程化为标准方程，并指出方程的图形是怎样的曲面.

解 二次型对应的矩阵为：$\boldsymbol{A}=\begin{pmatrix}1&-2&-4\\-2&4&-2\\-4&-2&1\end{pmatrix}$，由 $\boldsymbol{A}$ 的特征方程

$$|\lambda\boldsymbol{E}-\boldsymbol{A}|=\begin{vmatrix}\lambda-1&2&4\\2&\lambda-4&2\\4&2&\lambda-1\end{vmatrix}=(\lambda-5)^2(\lambda+4)=0,$$

得到 $\boldsymbol{A}$ 的特征值为 $\lambda_1=\lambda_2=5$，$\lambda_3=-4$.

由 $(5\boldsymbol{E}-\boldsymbol{A})\boldsymbol{x}=\boldsymbol{0}$ 得基础解系 $\boldsymbol{x}_1=(1,-2,0)^{\mathrm{T}}$，$\boldsymbol{x}_2=(4,2,-5)^{\mathrm{T}}$，即属于 $\lambda_1=\lambda_2=5$ 的特征向量.

由 $(-4\boldsymbol{E}-\boldsymbol{A})\boldsymbol{x}=\boldsymbol{0}$ 得基础解系 $\boldsymbol{x}_3=(2,1,2)^{\mathrm{T}}$，即属于 $\lambda_3=-4$ 的特征向量.

对于实对称矩阵，不同特征值对应的特征向量正交，上面同一特征值对应的特征向量已经正交化，故只需单位化，令

$$\boldsymbol{Q}=\begin{pmatrix}\frac{1}{\sqrt{5}}&\frac{4}{3\sqrt{5}}&\frac{2}{3}\\-\frac{2}{\sqrt{5}}&\frac{2}{3\sqrt{5}}&\frac{1}{3}\\0&-\frac{5}{3\sqrt{5}}&\frac{2}{3}\end{pmatrix},$$

经正交变换$\begin{pmatrix}x\\y\\z\end{pmatrix}=\begin{pmatrix}\frac{1}{\sqrt{5}} & \frac{4}{3\sqrt{5}} & \frac{2}{3}\\ -\frac{2}{\sqrt{5}} & \frac{2}{3\sqrt{5}} & \frac{1}{3}\\ 0 & -\frac{5}{3\sqrt{5}} & \frac{2}{3}\end{pmatrix}\begin{pmatrix}x'\\y'\\z'\end{pmatrix}$，二次型化为标准形

$$f(x,y,z)=x^2+4y^2+z^2-4xy-8xz-4yz=5x'^2+5y'^2-4z'^2.$$

从而将二次曲面化为标准方程 $5x'^2+5y'^2-4z'^2=1$，方程的图形为单叶双曲面.

6. 试求出 $f(x,y,z)=x^2+4y^2+z^2-4xy-8xz-4yz$ 在条件 $x^2+y^2+z^2=1$ 下的最大值.

解　利用第 5 题答案易知 $f=5x'^2+5y'^2-4z'^2\leq 5$，最大值为 5.

7. 判断下列命题是否正确：

(1) 两个 n 阶矩阵合同的充分必要条件是它们有相同的秩；

(2) 若 $\boldsymbol{B}$ 与对称矩阵 $\boldsymbol{A}$ 合同，则 $\boldsymbol{B}$ 也是对称矩阵；

(3) 若矩阵 $\boldsymbol{A}$ 与 $\boldsymbol{B}$ 合同，则存在唯一的可逆矩阵 $\boldsymbol{P}$，使得 $\boldsymbol{P}^{\mathrm{T}}\boldsymbol{AP}=\boldsymbol{B}$；

(4) 正交矩阵的特征值一定是实数；

(5) 正交矩阵的特征值只能为 1 或 -1.

解　(1) 错误. 若两矩阵合同，则它们有相同的秩，但反过来不对. 两矩阵具有相同的秩，但不一定合同. 例如，$\boldsymbol{E}=\begin{pmatrix}1&0\\0&1\end{pmatrix}$，$\boldsymbol{B}=\begin{pmatrix}1&0\\0&-1\end{pmatrix}$，两者具有相同的秩，但它们不合同.

(2) 正确. 设 $\boldsymbol{P}^{\mathrm{T}}\boldsymbol{AP}=\boldsymbol{B}$，且 $\boldsymbol{A}^{\mathrm{T}}=\boldsymbol{A}$，则 $\boldsymbol{B}^{\mathrm{T}}=\boldsymbol{P}^{\mathrm{T}}\boldsymbol{A}^{\mathrm{T}}\boldsymbol{P}=\boldsymbol{P}^{\mathrm{T}}\boldsymbol{AP}=\boldsymbol{B}$，故 $\boldsymbol{B}$ 对称.

(3) 错误. 在化二次型为标准形时，有多种不同的方式，其对应的逆矩阵自然就不同.

(4) 错误. 对称矩阵的特征值一定是实数，但正交矩阵的特征值不一定是实数. 例如：$\boldsymbol{A}=\frac{1}{\sqrt{2}}\begin{pmatrix}1&1\\-1&1\end{pmatrix}$ 的特征值为虚数.

(5) 错误. 正交矩阵的特征值不一定是实数，更不一定只限于为 1 或 -1.

练习 5.5

1. 假设把任意 $(x_1,x_2,\cdots,x_n)(x_i\neq 0,\forall i)$ 代入二次型 $f(x_1,x_2,\cdots,x_n)$ 都使 $f>0$，问 f 是否必然正定？

解　不是，因为与正定定义不符. 例如，$f(x_1,x_2,\cdots,x_n)=(x_1-x_2)^2+x_3^2$ 仅是半正定，不是正定.

2. 设 $\boldsymbol{A}$ 为 n 阶实对称矩阵，且 $\boldsymbol{A}^3-3\boldsymbol{A}^2+5\boldsymbol{A}-3\boldsymbol{E}=\boldsymbol{O}$，证明：$\boldsymbol{A}$ 正定.

证　设 $\boldsymbol{A}$ 有特征值 λ，则 $\lambda^3-3\lambda^2+5\lambda-3=0$，即 $(\lambda-1)(\lambda^2-2\lambda+3)=0$，因 $\boldsymbol{A}$ 为 n 阶实对称矩阵，$\boldsymbol{A}$ 的特征值均为实数，故 $\boldsymbol{A}$ 的 3 个特征值均为 $\lambda=1$ 大于 0，从而 $\boldsymbol{A}$ 正定.

3. 设 $\boldsymbol{A}$ 为正定矩阵，证明：$\boldsymbol{A}^{\mathrm{T}}$，$\boldsymbol{A}^{-1}$，$\boldsymbol{A}^*$ 都是正定矩阵.

证　因 $\boldsymbol{A}$ 正定，故 $\boldsymbol{A}^{\mathrm{T}}=\boldsymbol{A}$，$(\boldsymbol{A}^{-1})^{\mathrm{T}}=(\boldsymbol{A}^{\mathrm{T}})^{-1}=\boldsymbol{A}^{-1}$，$(\boldsymbol{A}^*)^{\mathrm{T}}=\boldsymbol{A}^*$，从而 $\boldsymbol{A}^{\mathrm{T}}$，$\boldsymbol{A}^{-1}$，$\boldsymbol{A}^*$ 均为对称矩阵.

本题有多种证法，例如可以通过证明所有的特征值均为正数来得到. 因为 $\boldsymbol{A}$ 正定，故 $|\boldsymbol{A}|>0$，且 $\boldsymbol{A}$ 的全部特征值均大于零. 设 λ 为 $\boldsymbol{A}$ 的任一特征值，则易知 λ，$\frac{1}{\lambda}$，$\frac{|\boldsymbol{A}|}{\lambda}$ 分别为 $\boldsymbol{A}^{\mathrm{T}}$，$\boldsymbol{A}^{-1}$，$\boldsymbol{A}^{*}$ 对应的特征值，故 $\boldsymbol{A}^{\mathrm{T}}$，$\boldsymbol{A}^{-1}$，$\boldsymbol{A}^{*}$ 的特征值均大于零，从而均正定.

4. 判断二次型 $f(x_1,x_2,x_3)=(x_1,x_2,x_3)\begin{pmatrix}3&2&0\\2&3&0\\0&0&1\end{pmatrix}\begin{pmatrix}x_1\\x_2\\x_3\end{pmatrix}$ 的正定性.

解 可以通过顺序主子式来判断. 因

$$\Delta_1=3>0,\ \Delta_2=\begin{vmatrix}3&2\\2&3\end{vmatrix}=5>0,\ \Delta_3=\begin{vmatrix}3&2&0\\2&3&0\\0&0&1\end{vmatrix}=5>0,$$

故二次型正定.

5. 判别二次型 $f(x,y,z)=-5x^2-6y^2-4z^2+4xy+4xz$ 的正定性.

解 可以通过顺序主子式来判断. 二次型对应的矩阵为 $\begin{pmatrix}-5&2&2\\2&-6&0\\2&0&-4\end{pmatrix}$，因

$$\Delta_1=-5<0,\ \Delta_2=\begin{vmatrix}-5&2\\2&-6\end{vmatrix}=26>0,\ \Delta_3=\begin{vmatrix}-5&2&2\\2&-6&0\\2&0&-4\end{vmatrix}=-80<0,$$

故二次型负定.

6. 判断下列命题是否正确：

(1) 若 $\boldsymbol{A},\boldsymbol{B}$ 均为 n 阶正定矩阵，则 $\boldsymbol{A}+\boldsymbol{B}$ 也是正定矩阵；

(2) 若 $\boldsymbol{A},\boldsymbol{B}$ 均为 n 阶正定矩阵，则 $\boldsymbol{A}^{-1}+\boldsymbol{B}^{-1}$ 也是正定矩阵；

(3) 若 $\boldsymbol{A},\boldsymbol{B}$ 均为 n 阶正定矩阵，则 $\boldsymbol{AB}$ 也是正定矩阵；

(4) 若实矩阵 $\boldsymbol{B}$ 与正定矩阵 $\boldsymbol{A}$ 合同，则 $\boldsymbol{B}$ 也是正定矩阵；

(5) 若 $\boldsymbol{A}$ 是正定矩阵，则 $\boldsymbol{A}$ 的对角线上的元素全部大于 0.

解 (1) 正确.

(2) 正确.

(3) 错误. 此时 $\boldsymbol{AB}$ 不一定对称，也不一定是正定矩阵. 例如，$\boldsymbol{A}=\begin{pmatrix}1&-1\\-1&3\end{pmatrix}$，$\boldsymbol{B}=\begin{pmatrix}1&1\\1&2\end{pmatrix}$ 均正定，但 $\boldsymbol{AB}=\begin{pmatrix}0&-1\\2&5\end{pmatrix}$ 不正定.

(4) 正确. 设 $\boldsymbol{P}$ 可逆，且 $\boldsymbol{P}^{\mathrm{T}}\boldsymbol{AP}=\boldsymbol{B}$，对任意 $\boldsymbol{x}\neq\boldsymbol{0}$，有 $\boldsymbol{Px}\neq\boldsymbol{0}$，从而由 $\boldsymbol{A}$ 正定，有

$$\boldsymbol{x}^{\mathrm{T}}\boldsymbol{Bx}=\boldsymbol{x}^{\mathrm{T}}(\boldsymbol{P}^{\mathrm{T}}\boldsymbol{AP})\boldsymbol{x}=(\boldsymbol{Px})^{\mathrm{T}}\boldsymbol{A}(\boldsymbol{Px})>0,$$

故 $\boldsymbol{B}$ 正定.

(5) 正确.

习题 5

1. 选择题

(1) 设λ_1与λ_2是矩阵$\boldsymbol{A}$的两个不同的特征值，$\boldsymbol{\xi}$，$\boldsymbol{\eta}$是$\boldsymbol{A}$的分别属于λ_1，λ_2的特征向量，则 ______.

(A) 对任意$k_1 \neq 0$，$k_2 \neq 0$，$k_1\boldsymbol{\xi} + k_2\boldsymbol{\eta}$都是$\boldsymbol{A}$的特征向量

(B) 存在常数$k_1 \neq 0$，$k_2 \neq 0$，使$k_1\boldsymbol{\xi} + k_2\boldsymbol{\eta}$是$\boldsymbol{A}$的特征向量

(C) 当$k_1 \neq 0$，$k_2 \neq 0$时，$k_1\boldsymbol{\xi} + k_2\boldsymbol{\eta}$不可能是$\boldsymbol{A}$的特征向量

(D) 存在唯一的一组常数$k_1 \neq 0$，$k_2 \neq 0$，使$k_1\boldsymbol{\xi} + k_2\boldsymbol{\eta}$是$\boldsymbol{A}$的特征向量

解　可以直接证明选项(C)正确. 反证，设$k_1\boldsymbol{\xi} + k_2\boldsymbol{\eta}$是$\boldsymbol{A}$的对应特征值$\lambda$的特征向量，即

$$\boldsymbol{A}(k_1\boldsymbol{\xi} + k_2\boldsymbol{\eta}) = k_1\boldsymbol{A\xi} + k_2\boldsymbol{A\eta} = k_1\lambda_1\boldsymbol{\xi} + k_2\lambda_2\boldsymbol{\eta} = \lambda(k_1\boldsymbol{\xi} + k_2\boldsymbol{\eta}),$$

从而

$$k_1(\lambda - \lambda_1)\boldsymbol{\xi} + k_2(\lambda - \lambda_2)\boldsymbol{\eta} = \boldsymbol{0},$$

因$\boldsymbol{\xi}$，$\boldsymbol{\eta}$线性无关，故$k_1(\lambda - \lambda_1) = 0$，$k_2(\lambda - \lambda_2) = 0$，若$k_1 \neq 0$，$k_2 \neq 0$，则$\lambda = \lambda_1 = \lambda_2$，与题设矛盾.

(2) 设λ_1与λ_2是矩阵$\boldsymbol{A}$的两个不同的特征值，对应的特征向量分别为$\boldsymbol{\alpha}_1$，$\boldsymbol{\alpha}_2$，则$\boldsymbol{\alpha}_1$，$\boldsymbol{A}(\boldsymbol{\alpha}_1 + \boldsymbol{\alpha}_2)$线性无关的充分必要条件是 ______.

(A) $\lambda_1 \neq 0$　　(B) $\lambda_2 \neq 0$　　(C) $\lambda_1 = 0$　　(D) $\lambda_2 = 0$

解　**方法1**：令$k_1\boldsymbol{\alpha}_1 + k_2\boldsymbol{A}(\boldsymbol{\alpha}_1 + \boldsymbol{\alpha}_2) = \boldsymbol{0}$，则$k_1\boldsymbol{\alpha}_1 + k_2\lambda_1\boldsymbol{\alpha}_1 + k_2\lambda_2\boldsymbol{\alpha}_2 = \boldsymbol{0}$，即

$$(k_1 + k_2\lambda_1)\boldsymbol{\alpha}_1 + k_2\lambda_2\boldsymbol{\alpha}_2 = \boldsymbol{0}.$$

因$\lambda_1 \neq \lambda_2$，故$\boldsymbol{\alpha}_1,\boldsymbol{\alpha}_2$线性无关，于是有

$$\begin{cases} k_1 + k_2\lambda_1 = 0, \\ k_2\lambda_2 = 0. \end{cases}$$

当$\lambda_2 \neq 0$时，显然有$k_1 = 0$，$k_2 = 0$，此时$\boldsymbol{\alpha}_1$，$\boldsymbol{A}(\boldsymbol{\alpha}_1 + \boldsymbol{\alpha}_2)$线性无关；反过来，若$\boldsymbol{\alpha}_1$，$\boldsymbol{A}(\boldsymbol{\alpha}_1 + \boldsymbol{\alpha}_2)$线性无关，则必然有$\lambda_2 \neq 0$(否则，$\boldsymbol{\alpha}_1$与$\boldsymbol{A}(\boldsymbol{\alpha}_1 + \boldsymbol{\alpha}_2) = \lambda_1\boldsymbol{\alpha}_1$线性相关)，故应选(B).

方法2：由于

$$(\boldsymbol{\alpha}_1,\boldsymbol{A}(\boldsymbol{\alpha}_1 + \boldsymbol{\alpha}_2)) = (\boldsymbol{\alpha}_1,\lambda_1\boldsymbol{\alpha}_1 + \lambda_2\boldsymbol{\alpha}_2) = (\boldsymbol{\alpha}_1,\boldsymbol{\alpha}_2)\begin{pmatrix} 1 & \lambda_1 \\ 0 & \lambda_2 \end{pmatrix},$$

而$\lambda_1 \neq \lambda_2$，故$\boldsymbol{\alpha}_1,\boldsymbol{\alpha}_2$线性无关，从而$\boldsymbol{\alpha}_1$，$\boldsymbol{A}(\boldsymbol{\alpha}_1 + \boldsymbol{\alpha}_2)$线性无关的充要条件是$\begin{vmatrix} 1 & \lambda_1 \\ 0 & \lambda_2 \end{vmatrix} = \lambda_2 \neq 0$. 故应选(B).

(3) 设n阶可逆阵$\boldsymbol{A}$对应于特征值λ的特征向量为$\boldsymbol{x} \neq \boldsymbol{0}$，$\boldsymbol{P}$为$n$阶可逆矩阵，则$\boldsymbol{P}^{-1}\boldsymbol{A}^{-1}\boldsymbol{P}$的对应于特征值$\dfrac{1}{\lambda}$的特征向量为 ______.

(A) $\boldsymbol{P}^{-1}\boldsymbol{x}$　　(B) $\boldsymbol{Px}$　　(C) $\boldsymbol{P}^{\mathrm{T}}\boldsymbol{x}$　　(D) $(\boldsymbol{P}^{\mathrm{T}})^{-1}\boldsymbol{x}$

解　依题设有$\boldsymbol{Ax} = \lambda\boldsymbol{x}$，可得$\boldsymbol{A}^{-1}\boldsymbol{x} = \dfrac{1}{\lambda}\boldsymbol{x}$，即$\boldsymbol{A}^{-1}(\boldsymbol{P}\boldsymbol{P}^{-1})\boldsymbol{x} = \dfrac{1}{\lambda}\boldsymbol{x}$，两边同时左乘$\boldsymbol{P}^{-1}$，得$\boldsymbol{P}^{-1}\boldsymbol{A}^{-1}(\boldsymbol{P}\boldsymbol{P}^{-1})\boldsymbol{x} = \dfrac{1}{\lambda}\boldsymbol{P}^{-1}\boldsymbol{x}$，即$(\boldsymbol{P}^{-1}\boldsymbol{A}^{-1}\boldsymbol{P})(\boldsymbol{P}^{-1}\boldsymbol{x}) = \dfrac{1}{\lambda}(\boldsymbol{P}^{-1}\boldsymbol{x})$，依定义，应选(A).

(4) 设$\boldsymbol{A}$是n阶实对称矩阵, $\boldsymbol{P}$是n阶可逆矩阵. 已知n维列向量$\boldsymbol{\alpha}$是$\boldsymbol{A}$的属于特征值λ的特征向量, 则矩阵$(\boldsymbol{P}^{-1}\boldsymbol{A}\boldsymbol{P})^{\mathrm{T}}$属于特征值$\lambda$的特征向量是______.

(A) $\boldsymbol{P}^{-1}\boldsymbol{\alpha}$　　(B) $\boldsymbol{P}^{\mathrm{T}}\boldsymbol{\alpha}$　　(C) $\boldsymbol{P}\boldsymbol{\alpha}$　　(D) $(\boldsymbol{P}^{-1})^{\mathrm{T}}\boldsymbol{\alpha}$

解　由题设$\boldsymbol{A}\boldsymbol{\alpha}=\lambda\boldsymbol{\alpha}$, 且$\boldsymbol{A}^{\mathrm{T}}=\boldsymbol{A}$. 设$(\boldsymbol{P}^{-1}\boldsymbol{A}\boldsymbol{P})^{\mathrm{T}}=\boldsymbol{B}$, 则

$$\boldsymbol{B}=\boldsymbol{P}^{\mathrm{T}}\boldsymbol{A}^{\mathrm{T}}(\boldsymbol{P}^{-1})^{\mathrm{T}}=\boldsymbol{P}^{\mathrm{T}}\boldsymbol{A}(\boldsymbol{P}^{-1})^{\mathrm{T}},\ \boldsymbol{A}=(\boldsymbol{P}^{\mathrm{T}})^{-1}\boldsymbol{B}\boldsymbol{P}^{\mathrm{T}},$$

对$\boldsymbol{A}\boldsymbol{\alpha}=(\boldsymbol{P}^{\mathrm{T}})^{-1}\boldsymbol{B}\boldsymbol{P}^{\mathrm{T}}\boldsymbol{\alpha}=\lambda\boldsymbol{\alpha}$两边左乘$\boldsymbol{P}^{\mathrm{T}}$, 得$\boldsymbol{B}(\boldsymbol{P}^{\mathrm{T}}\boldsymbol{\alpha})=\lambda\boldsymbol{P}^{\mathrm{T}}\boldsymbol{\alpha}$, 故知$\boldsymbol{B}=(\boldsymbol{P}^{-1}\boldsymbol{A}\boldsymbol{P})^{\mathrm{T}}$的对应于特征值$\lambda$的特征向量为$\boldsymbol{P}^{\mathrm{T}}\boldsymbol{\alpha}$. 故选(B).

(5) 设$\lambda_1=2,\lambda_2=1,\lambda_3=-1$为3阶矩阵$\boldsymbol{A}$的3个特征值, 对应的特征向量为$\boldsymbol{\alpha}_1,\boldsymbol{\alpha}_2,\boldsymbol{\alpha}_3$, 令$\boldsymbol{P}=(2\boldsymbol{\alpha}_2,3\boldsymbol{\alpha}_3,-\boldsymbol{\alpha}_1)$, 则$\boldsymbol{P}^{-1}(\boldsymbol{A}+2\boldsymbol{E})\boldsymbol{P}=$______.

(A) $\begin{pmatrix}3&&\\&1&\\&&4\end{pmatrix}$　　(B) $\begin{pmatrix}4&&\\&3&\\&&1\end{pmatrix}$　　(C) $\begin{pmatrix}2&&\\&1&\\&&-1\end{pmatrix}$　　(D) $\begin{pmatrix}1&&\\&-1&\\&&2\end{pmatrix}$

解　设$\boldsymbol{Q}=(\boldsymbol{\alpha}_1,\boldsymbol{\alpha}_2,\boldsymbol{\alpha}_3)$, 依题设有$\boldsymbol{Q}^{-1}\boldsymbol{A}\boldsymbol{Q}=\boldsymbol{\Lambda}=\mathrm{diag}(2,1,-1)$, 从而$\boldsymbol{A}=\boldsymbol{Q}\boldsymbol{\Lambda}\boldsymbol{Q}^{-1}$, 而

$$\boldsymbol{P}=(\boldsymbol{\alpha}_1,\boldsymbol{\alpha}_2,\boldsymbol{\alpha}_3)\begin{pmatrix}0&0&-1\\2&0&0\\0&3&0\end{pmatrix}=\boldsymbol{Q}\boldsymbol{T},\text{ 其中, }\boldsymbol{T}=\begin{pmatrix}0&0&-1\\2&0&0\\0&3&0\end{pmatrix},$$

故

$$\boldsymbol{P}^{-1}(\boldsymbol{A}+2\boldsymbol{E})\boldsymbol{P}=(\boldsymbol{Q}\boldsymbol{T})^{-1}(\boldsymbol{Q}\boldsymbol{\Lambda}\boldsymbol{Q}^{-1}+2\boldsymbol{E})(\boldsymbol{Q}\boldsymbol{T})=\boldsymbol{T}^{-1}(\boldsymbol{\Lambda}+2\boldsymbol{E})T=\boldsymbol{T}^{-1}\boldsymbol{\Lambda}\boldsymbol{T}+2\boldsymbol{E},$$

因$\boldsymbol{T}^{-1}=\begin{pmatrix}0&\frac{1}{2}&0\\0&0&\frac{1}{3}\\-1&0&0\end{pmatrix}$, 可得

$$\boldsymbol{P}^{-1}(\boldsymbol{A}+2\boldsymbol{E})\boldsymbol{P}=\boldsymbol{T}^{-1}\boldsymbol{\Lambda}\boldsymbol{T}+2\boldsymbol{E}=\begin{pmatrix}3&&\\&1&\\&&4\end{pmatrix}.$$

故选(A).

(6) 设n阶矩阵$\boldsymbol{A}$的行列式$|\boldsymbol{A}|=a\neq0(n\geq2)$, λ为$\boldsymbol{A}$的一个特征值, $\boldsymbol{A}^*$为$\boldsymbol{A}$的伴随矩阵, 则$\boldsymbol{A}^*$的伴随矩阵$(\boldsymbol{A}^*)^*$有一个特征值为______.

(A) $\lambda^{-1}a^{n-1}$　　(B) $\lambda^{-1}a^{n-2}$　　(C) λa^{n-2}　　(D) λa^{n-1}

解　因$|\boldsymbol{A}|=a\neq0$, $\boldsymbol{A}$可逆, $\boldsymbol{A}^*=|\boldsymbol{A}|\boldsymbol{A}^{-1}$, 且$|\boldsymbol{A}^*|=|\boldsymbol{A}|^{n-1}=a^{n-1}$, 从而有

$$(\boldsymbol{A}^*)^*=|\boldsymbol{A}^*|(\boldsymbol{A}^*)^{-1}=a^{n-1}\cdot\frac{\boldsymbol{A}}{a}=a^{n-2}\boldsymbol{A},$$

故当λ为$\boldsymbol{A}$的一个特征值时, λa^{n-2}为$(\boldsymbol{A}^*)^*$的特征值. 故选(C).

(7) 设$\boldsymbol{A}=\begin{pmatrix}0&0&1\\a&1&b\\1&0&0\end{pmatrix}$有3个线性无关特征向量, 则______.

(A) $a=b=1$　　(B) $a=b=-1$　　(C) $a\neq b$　　(D) $a+b=0$

解　因

$$|\lambda \boldsymbol{E}-\boldsymbol{A}|=\begin{vmatrix}\lambda & 0 & -1\\ -a & \lambda-1 & -b\\ -1 & 0 & \lambda\end{vmatrix}=(\lambda-1)^2(\lambda+1),$$

故当 $\lambda=1$ 时，$(\lambda \boldsymbol{E}-\boldsymbol{A})\boldsymbol{x}=\mathbf{0}$ 需有 2 个线性无关的解向量，即 $R(\boldsymbol{E}-\boldsymbol{A})=1$，则

$$\boldsymbol{E}-\boldsymbol{A}=\begin{pmatrix}1 & 0 & -1\\ -a & 0 & -b\\ -1 & 0 & 1\end{pmatrix}\xrightarrow{r}\begin{pmatrix}1 & 0 & -1\\ -a & 0 & -b\\ 0 & 0 & 0\end{pmatrix},$$

故 $a+b=0$，选(D).

(8) 设3阶实对称矩阵$\boldsymbol{A}$有特征值1,1, －2，且$\boldsymbol{\xi}_1=(1,1,-1)^{\mathrm{T}}$是对应于$\lambda=-2$的特征向量，则 $\boldsymbol{A}$ 为 ______.

(A) $\begin{pmatrix}0 & -1 & 1\\ -1 & 0 & 1\\ 1 & 1 & 0\end{pmatrix}$　(B) $\begin{pmatrix}1 & 1 & 1\\ -1 & 2 & 1\\ 1 & 1 & 0\end{pmatrix}$　(C) $\begin{pmatrix}0 & -1 & 1\\ 0 & 1 & 2\\ 1 & 1 & 0\end{pmatrix}$　(D) $\begin{pmatrix}1 & -1 & 1\\ -1 & 0 & 1\\ 1 & 1 & 0\end{pmatrix}$

解　因对称矩阵的不同特征值对应的特征向量正交，设 $\lambda=1$ 对应的特征向量为 $\boldsymbol{\xi}=(x_1,x_2,x_3)^{\mathrm{T}}$，则有$x_1+x_2-x_3=0$，得基础解系为$\boldsymbol{\xi}_2=(1,0,1)^{\mathrm{T}}$，$\boldsymbol{\xi}_3=(1,-2,-1)^{\mathrm{T}}$(已与$\boldsymbol{\xi}_2$ 正交). 设 $\boldsymbol{P}=(\boldsymbol{\xi}_1,\boldsymbol{\xi}_2,\boldsymbol{\xi}_3)$，则有

$$\boldsymbol{P}^{-1}\boldsymbol{A}\boldsymbol{P}=\boldsymbol{\Lambda}=\begin{pmatrix}-2 & & \\ & 1 & \\ & & 1\end{pmatrix}，得 \boldsymbol{A}=\boldsymbol{P}\boldsymbol{\Lambda}\boldsymbol{P}^{-1}=\begin{pmatrix}0 & -1 & 1\\ -1 & 0 & 1\\ 1 & 1 & 0\end{pmatrix},$$

选(A).

(9) 已知 3 阶矩阵 $\boldsymbol{A}$ 的特征值为 0，±1，则下列命题中不正确的是 ______.

(A)$\boldsymbol{A}$ 为不可逆矩阵　　(B) $\boldsymbol{A}$ 的主对角线元素之和为零

(C) 1 与 －1 所对应的特征向量相互正交　　(D)$\boldsymbol{A}\boldsymbol{x}=\mathbf{0}$ 的基础解系仅一个向量

解　因$\boldsymbol{A}$不一定是对称矩阵，无法保证不同的特征值对应的特征向量正交，故选(C).

也可以通过排除法得到. $|\boldsymbol{A}|=\lambda_1\lambda_2\lambda_3=0$，故 $\boldsymbol{A}$ 为不可逆矩阵，选项(A) 正确；$\mathrm{tr}\boldsymbol{A}=\lambda_1+\lambda_2+\lambda_3=0$，$\boldsymbol{A}$ 的主对角线元素之和为零，选项(B) 正确；$(\lambda \boldsymbol{E}-\boldsymbol{A})\boldsymbol{x}=\mathbf{0}$ 对不同的特征值各有一个线性无关的解向量，对特征值 0，其基础解系也仅一个向量，选项(D) 正确.

(10) 设 $\boldsymbol{A}$，$\boldsymbol{B}$ 为 n 阶矩阵，且 $\boldsymbol{A}$ 与 $\boldsymbol{B}$ 相似，$\boldsymbol{E}$ 为 n 阶单位矩阵，则下列结论中正确的是 ______.

(A) 存在正交阵 $\boldsymbol{P}$，使有$\boldsymbol{P}^{-1}\boldsymbol{A}\boldsymbol{P}=\boldsymbol{B}$　　(B)$\boldsymbol{A}$ 与 $\boldsymbol{B}$ 有相同的特征值和特征向量

(C)$\boldsymbol{A}$ 与 $\boldsymbol{B}$ 相似于同一个对角矩阵　　(D) 对于任意常数 t，$t\boldsymbol{E}-\boldsymbol{A}$ 与 $t\boldsymbol{E}-\boldsymbol{B}$ 相似

解　因 $\boldsymbol{A}$ 与 $\boldsymbol{B}$ 相似，存在可逆矩阵 $\boldsymbol{P}$，使得 $\boldsymbol{B}=\boldsymbol{P}^{-1}\boldsymbol{A}\boldsymbol{P}$，从而

$$t\boldsymbol{E}-\boldsymbol{B}=t\boldsymbol{E}-\boldsymbol{P}^{-1}\boldsymbol{A}\boldsymbol{P}=\boldsymbol{P}^{-1}(t\boldsymbol{E}-\boldsymbol{A})\boldsymbol{P},$$

故选项(D) 正确.

也可以通过排除法得到. 根据定义，可逆矩阵不一定正交，故选项(A) 错误；两矩阵相似，则有相同的特征多项式，从而可以保证有相同的特征值，但特征向量不一定相同，选项(B) 错误；矩阵不一定是可对角化的，故选项(C) 错误.

(11) 设 $\boldsymbol{A}$ 为 n 阶对称矩阵, $\boldsymbol{B}$ 为 n 阶反称矩阵, 则下列矩阵中可用正交变换化成对角形的矩阵是 ______.

(A) $\boldsymbol{ABA}$ (B) $\boldsymbol{BAB}$ (C) $(\boldsymbol{AB})^2$ (D) $\boldsymbol{A}\boldsymbol{B}^2$

解 因为

$$(\boldsymbol{BAB})^{\mathrm{T}}=\boldsymbol{B}^{\mathrm{T}}\boldsymbol{A}^{\mathrm{T}}\boldsymbol{B}^{\mathrm{T}}=(-\boldsymbol{B})\boldsymbol{A}(-\boldsymbol{B})=\boldsymbol{BAB},$$

故 $\boldsymbol{BAB}$ 为对称矩阵, 从而可以对角化. 选(B).

(12) 设 $\boldsymbol{A}=\begin{pmatrix}1&1&1&1\\1&1&1&1\\1&1&1&1\\1&1&1&1\end{pmatrix}$, $\boldsymbol{B}=\begin{pmatrix}4&0&0&0\\0&0&0&0\\0&0&0&0\\0&0&0&0\end{pmatrix}$, 则 $\boldsymbol{A}$ 与 $\boldsymbol{B}$ ______.

(A) 合同且相似 (B) 合同但不相似

(C) 不合同但相似 (D) 不合同且不相似

解 因为 $R(\boldsymbol{A})=1$, $\mathrm{tr}(\boldsymbol{A})=1+1+1+1=4$, 易求得 $\boldsymbol{A}$ 的特征值为 $4,0,0,0$, 与 $\boldsymbol{B}$ 的特征值相同. 另一方面, 两矩阵 $\boldsymbol{A}$ 和 $\boldsymbol{B}$ 均为对称矩阵, 故两矩阵合同并且相似, 选(A).

(13) 设矩阵 $\boldsymbol{A}=\begin{pmatrix}2&-1&-1\\-1&2&-1\\-1&-1&2\end{pmatrix}$, $\boldsymbol{B}=\begin{pmatrix}1&0&0\\0&1&0\\0&0&0\end{pmatrix}$, 则 $\boldsymbol{A}$ 与 $\boldsymbol{B}$ ______.

(A) 合同, 且相似 (B) 合同, 但不相似

(C) 不合同, 但相似 (D) 既不合同, 也不相似

解 因

$$|\lambda\boldsymbol{E}-\boldsymbol{A}|=\begin{vmatrix}\lambda-2&1&1\\1&\lambda-2&1\\1&1&\lambda-2\end{vmatrix}=(\lambda-3)^2\lambda=0,$$

故 $\boldsymbol{A}$ 的特征值为 3, 3, 0; $\boldsymbol{B}$ 是对角阵, 对角元素即是其特征值, 则 $\boldsymbol{B}$ 的特征值为 1, 1, 0.

$\boldsymbol{A},\boldsymbol{B}$ 的特征值不相同, 由相似矩阵的特征值必须相同知, $\boldsymbol{A}$ 与 $\boldsymbol{B}$ 不相似.

由 $\boldsymbol{A},\boldsymbol{B}$ 的特征值可知, $\boldsymbol{A},\boldsymbol{B}$ 的正惯性指数都是 2, 又秩都等于 2, 可知负惯性指数也相同, 则由实对称矩阵合同的充要条件是有相同的正惯性指数和相同的负惯性指数, 知 $\boldsymbol{A}$ 与 $\boldsymbol{B}$ 合同, 应选(B).

(14) 下列矩阵中不能相似于对角阵的矩阵是 ______.

(A) $\begin{pmatrix}1&1&0\\&2&1\\&&3\end{pmatrix}$ (B) $\begin{pmatrix}1&1&0\\&1&0\\&&2\end{pmatrix}$ (C) $\begin{pmatrix}1&0&1\\0&1&0\\1&0&1\end{pmatrix}$ (D) $\begin{pmatrix}1&0&0\\&1&1\\&&2\end{pmatrix}$

解 由于选项(A) 和(C) 均有 3 个不同的特征值, 一定存在 3 个不同的特征向量; 选项(D) 虽仅有 2 个不同特征值, 但 2 重特征值 1 有两个线性无关的特征向量, 故均可以对角化. 应选(B).

实际上, 可以计算得 $\lambda=1$ 作为选项(B) 中矩阵的 2 重特征值, 仅有 1 个线性无关的特征向量, 从而不可对角化.

(15) 设 $\boldsymbol{A}=\begin{pmatrix}1&2\\2&1\end{pmatrix}$，则在实数域上与 $\boldsymbol{A}$ 合同的矩阵为 ______.

(A) $\begin{pmatrix}-2&1\\1&-2\end{pmatrix}$　(B) $\begin{pmatrix}2&-1\\-1&2\end{pmatrix}$　(C) $\begin{pmatrix}2&1\\1&2\end{pmatrix}$　(D) $\begin{pmatrix}1&-2\\-2&1\end{pmatrix}$

解　由于

$$|\lambda\boldsymbol{E}-\boldsymbol{A}|=\begin{vmatrix}\lambda-1&-2\\-2&\lambda-1\end{vmatrix}=(\lambda+1)(\lambda-3)=0,$$

得矩阵 $\boldsymbol{A}$ 的特征值为：$\lambda_1=-1,\lambda_2=3$. 记 $\boldsymbol{D}=\begin{pmatrix}1&-2\\-2&1\end{pmatrix}$，则

$$|\lambda\boldsymbol{E}-\boldsymbol{D}|=\begin{vmatrix}\lambda-1&2\\2&\lambda-1\end{vmatrix}=(\lambda+1)(\lambda-3)=0,$$

则 $\lambda_1=-1,\lambda_2=3$，正、负惯性指数与 $\boldsymbol{A}$ 相同，从而与 $\boldsymbol{A}$ 合同，选(D).

事实上，可计算出选项(A)，(B)，(C) 的两个特征值分别为 $-1,-3$;$1,3$;$1,3$，均与矩阵 $\boldsymbol{A}$ 的正、负惯性指数不同.

(16) 二次型 $f(x_1,x_2,x_3)=x_1x_2+x_1x_3+x_2x_3$ 的规范形为 ______.

(A) $f=y_1^2+y_2^2+y_3^2$　　(B) $f=y_1^2+y_2^2-y_3^2$

(C) $f=y_1^2-y_2^2-y_3^2$　　(D) $f=y_1^2-y_2^2$

解　应选(C). 判定规范形只需要确定二次型的秩 $R(\boldsymbol{A})$(即非零特征值的个数 = 标准形中非零系数的项数)、正惯性指数 p(即正特征值的个数 = 标准形中正系数的项数) 和负惯性指数 $q=R(\boldsymbol{A})-p$.

本题可以通过求出标准形(例如用配方法) 来确定答案，也可以计算特征值来判定. 可求得 $\boldsymbol{A}$ 的特征值为 $\lambda_1=1,\lambda_2=\lambda_3=-\dfrac{1}{2}$，所以 $R(\boldsymbol{A})=3$，正惯性指数 $p=1$，负惯性指数 $q=2$，从而(C) 正确.

2. 填空题

(1) 元素全为 1 的 n 阶矩阵 $\boldsymbol{A}$ 的 n 个特征值为 ______.

解　因为

$$\lambda\boldsymbol{E}-\boldsymbol{A}=\begin{pmatrix}\lambda-1&-1&\cdots&-1\\-1&\lambda-1&\cdots&-1\\\vdots&\vdots&&\vdots\\-1&-1&\cdots&\lambda-1\end{pmatrix},$$

两边取行列式，得

$$|\lambda\boldsymbol{E}-\boldsymbol{A}|=\begin{vmatrix}\lambda-1&-1&\cdots&-1\\-1&\lambda-1&\cdots&-1\\\vdots&\vdots&&\vdots\\-1&-1&\cdots&\lambda-1\end{vmatrix}\xlongequal{r_1+r_2+\cdots+r_n}\begin{vmatrix}\lambda-n&\lambda-n&\cdots&\lambda-n\\-1&\lambda-1&\cdots&-1\\\vdots&\vdots&&\vdots\\-1&-1&\cdots&\lambda-1\end{vmatrix}$$

$$\xlongequal[i=2,\cdots,n]{r_i+r_1}(\lambda-n)\begin{vmatrix}1&1&\cdots&1\\0&\lambda&\cdots&0\\\vdots&\vdots&&\vdots\\0&0&\cdots&\lambda\end{vmatrix}=\lambda^{n-1}(\lambda-n).$$

令 $|\lambda\boldsymbol{E}-\boldsymbol{A}|=\lambda^{n-1}(\lambda-n)=0$，得 $\lambda_1=n$(单根)，$\lambda_2=0$($n-1$ 重根)，故矩阵 $\boldsymbol{A}$ 的 n 个特征值是 n 和 0 ($n-1$ 重).

(2) 设 $\boldsymbol{A}$ 为 2 阶矩阵，$\boldsymbol{\alpha}_1,\boldsymbol{\alpha}_2$ 为线性无关的 2 维列向量，$\boldsymbol{A\alpha}_1=\boldsymbol{0}$，$\boldsymbol{A\alpha}_2=2\boldsymbol{\alpha}_1+\boldsymbol{\alpha}_2$，则 $\boldsymbol{A}$ 的非零特征值为 ______.

解　因为

$$\boldsymbol{A}(\boldsymbol{\alpha}_1,\boldsymbol{\alpha}_2)=(\boldsymbol{A\alpha}_1,\boldsymbol{A\alpha}_2)=(0,2\boldsymbol{\alpha}_1+\boldsymbol{\alpha}_2)=(\boldsymbol{\alpha}_1,\boldsymbol{\alpha}_2)\begin{pmatrix}0&2\\0&1\end{pmatrix},$$

记 $\boldsymbol{P}=(\boldsymbol{\alpha}_1,\boldsymbol{\alpha}_2)$，则 $\boldsymbol{P}$ 可逆，且由上式知 $\boldsymbol{P}^{-1}\boldsymbol{AP}=\begin{pmatrix}0&2\\0&1\end{pmatrix}=\boldsymbol{B}$，$\boldsymbol{A}$ 与 $\boldsymbol{B}$ 有相同的特征值. 由

$$|\lambda\boldsymbol{E}-\boldsymbol{B}|=\begin{vmatrix}\lambda&-2\\0&\lambda-1\end{vmatrix}=\lambda(\lambda-1),\ \lambda_1=0,\ \lambda_2=1,$$

故非零的特征值为 1.

(3) 设 3 阶矩阵 $\boldsymbol{A}$ 的特征值为 1，2，2，$\boldsymbol{E}$ 为 3 阶单位矩阵，则 $|4\boldsymbol{A}^{-1}-\boldsymbol{E}|=$ ______.

解　$\boldsymbol{A}$ 的特征值为 1,2,2，所以 $\boldsymbol{A}^{-1}$ 的特征值为 1，$\frac{1}{2}$，$\frac{1}{2}$，所以 $4\boldsymbol{A}^{-1}-\boldsymbol{E}$ 的特征值为

$$4\times1-1=3,\ 4\times\frac{1}{2}-1=1,\ 4\times\frac{1}{2}-1=1,$$

所以 $|4\boldsymbol{A}^{-1}-\boldsymbol{E}|=3\times1\times1=3$.

(4) 设 $\lambda=2$ 为 $\boldsymbol{A}$ 的一个特征值，则 $2\boldsymbol{A}-\left(\frac{1}{4}\boldsymbol{A}^3\right)^{-1}$ 有一个特征值为 ______.

解　$2\boldsymbol{A}-\left(\frac{1}{4}\boldsymbol{A}^3\right)^{-1}=2\boldsymbol{A}-4(\boldsymbol{A}^{-1})^3$，得其特征值有：$2\cdot2-4\cdot\frac{1}{2^3}=\frac{7}{2}$.

(5) 设 $\boldsymbol{A}$ 为 3 阶矩阵，其特征值为 1，2，3，若 $\boldsymbol{A}$ 与 $\boldsymbol{B}$ 相似，则 $|\boldsymbol{B}^*+\boldsymbol{E}|=$ ______.

解　因 $\boldsymbol{A}$ 与 $\boldsymbol{B}$ 相似，故 B 的特征值为 1，2，3，有 $|\boldsymbol{B}|=1\times2\times3=6$，且因 $\boldsymbol{B}^*+\boldsymbol{E}=|\boldsymbol{B}|\boldsymbol{B}^{-1}+\boldsymbol{E}$，故 $\boldsymbol{B}^*+\boldsymbol{E}$ 的特征值有 7，4，3，从而 $|\boldsymbol{B}^*+\boldsymbol{E}|=7\times4\times3=84$.

(6) 设 n 阶方阵 $\boldsymbol{A}$ 与 $\boldsymbol{B}$ 相似，$|\boldsymbol{B}|=4$，且 4 为 $\boldsymbol{B}$ 的特征值，则 $3\boldsymbol{A}^*-\boldsymbol{E}$ 必有特征值 ______.

解　依题设有 $|\boldsymbol{A}|=4$，且因 $3\boldsymbol{A}^*-\boldsymbol{E}=3|\boldsymbol{A}|\boldsymbol{A}^{-1}-\boldsymbol{E}$，故 $3\cdot4\cdot\frac{1}{4}-1=2$ 为其特征值.

(7) 已知 $\boldsymbol{A}=\begin{pmatrix}4&6&0\\-3&-5&0\\-3&-6&1\end{pmatrix}$ 有特征向量 $\boldsymbol{p}=\begin{pmatrix}-1\\1\\k\end{pmatrix}$，则 $k=$ ______.

解　依题设，存在 λ，使得 $\boldsymbol{Ap}=\lambda\boldsymbol{p}$，即

$$\begin{pmatrix} 4 & 6 & 0 \\ -3 & -5 & 0 \\ -3 & -6 & 1 \end{pmatrix}\begin{pmatrix} -1 \\ 1 \\ k \end{pmatrix} = \lambda\begin{pmatrix} -1 \\ 1 \\ k \end{pmatrix}，得\begin{pmatrix} 2 \\ -2 \\ k-3 \end{pmatrix} = \begin{pmatrix} -\lambda \\ \lambda \\ \lambda k \end{pmatrix},$$

从而有 $\lambda = -2$，$k = 1$.

(8) 设3阶矩阵 $\boldsymbol{A} = \begin{pmatrix} 3 & 2 & -2 \\ -k & -1 & k \\ 4 & 2 & -3 \end{pmatrix}$ 有3个线性无关的特征向量，则 $k =$ ______.

解　应填 $k = 0$.

$$\lambda\boldsymbol{E} - \boldsymbol{A} = \begin{pmatrix} \lambda-3 & -2 & 2 \\ k & \lambda+1 & -k \\ -4 & -2 & \lambda+3 \end{pmatrix},$$

故 $\boldsymbol{A}$ 的特征多项式

$$|\lambda\boldsymbol{E} - \boldsymbol{A}| = \begin{vmatrix} \lambda-3 & -2 & 2 \\ k & \lambda+1 & -k \\ -4 & -2 & \lambda+3 \end{vmatrix} \xlongequal{c_1+c_2+c_3} \begin{vmatrix} \lambda-3 & -2 & 2 \\ \lambda+1 & \lambda+1 & -k \\ \lambda-3 & -2 & \lambda+3 \end{vmatrix}$$

$$= (\lambda-1)(\lambda+1)^2,$$

令 $|\lambda\boldsymbol{E} - \boldsymbol{A}| = 0$，得 $\lambda_1 = 1, \lambda_2 = \lambda_3 = -1$，知 $\boldsymbol{A}$ 有特征值 $\lambda_1 = 1, \lambda_2 = \lambda_3 = -1$.

对 $\lambda_1 = 1$，可求得一特征向量为 $\boldsymbol{\xi}_1 = (1,0,1)^{\mathrm{T}}$.

对 $\lambda_2 = \lambda_3 = -1$，由 $(\lambda\boldsymbol{E} - \boldsymbol{A})\boldsymbol{x} = \boldsymbol{0}$，因为

$$\lambda\boldsymbol{E} - \boldsymbol{A} = -\boldsymbol{E} - \boldsymbol{A} = \begin{pmatrix} -4 & -2 & 2 \\ k & 0 & -k \\ -4 & -2 & 2 \end{pmatrix} \xrightarrow{r_3 - r_1} \begin{pmatrix} -4 & -2 & 2 \\ k & 0 & -k \\ 0 & 0 & 0 \end{pmatrix}.$$

当 $k \neq 0$ 时，$R(-\boldsymbol{E}-\boldsymbol{A}) = 2$，则 $(\lambda\boldsymbol{E}-\boldsymbol{A})\boldsymbol{x} = \boldsymbol{0}$ 的基础解系中只含有1个线性无关的解向量，从而 $\boldsymbol{A}$ 只有两个线性无关的特征向量，$\boldsymbol{A}$ 不能相似于对角阵.（n 阶矩阵 $\boldsymbol{A}$ 与对角矩阵相似的充要条件是 $\boldsymbol{A}$ 有 n 个线性无关的特征向量.）

当 $k = 0$ 时，对应于 $\lambda_2 = \lambda_3 = -1$ 有2个线性无关的特征向量 $\boldsymbol{\xi}_2 = (1,0,2)^{\mathrm{T}}$，$\boldsymbol{\xi}_3 = (0,1,1)^{\mathrm{T}}$. 从而知 $k = 0$ 时，$\boldsymbol{A}$ 有3个线性无关的特征向量.

(9) 设 $\boldsymbol{A}$ 是3阶奇异矩阵且 $\boldsymbol{A}+\boldsymbol{E}$ 与 $2\boldsymbol{E}-\boldsymbol{A}$ 均不可逆，则 $\boldsymbol{A}$ 相似于 ______.

解　依题设有0，−1，2均为 $\boldsymbol{A}$ 的特征值，从而 $\boldsymbol{A}$ 相似于 $\mathrm{diag}(2,-1,0)$.

(10) 已知矩阵 $\boldsymbol{A} = \begin{pmatrix} 2 & 0 & 0 \\ 0 & 0 & 1 \\ 0 & 1 & x \end{pmatrix}$ 与 $\boldsymbol{B} = \begin{pmatrix} 2 & 0 & 0 \\ 0 & y & 0 \\ 0 & 0 & -1 \end{pmatrix}$ 相似，则 $x =$ ______，$y =$ ______.

解　依题设，有 $|\boldsymbol{A}| = |\boldsymbol{B}|$ 及 $\mathrm{tr}\boldsymbol{A} = \mathrm{tr}\boldsymbol{B}$，由此得 $-2 = -2y$，$2 + x = 1 + y$，得 $x = 0$，$y = 1$.

(11) 设 $\boldsymbol{\alpha} = (1,1,1)^{\mathrm{T}}$，$\boldsymbol{\beta} = (1,0,k)^{\mathrm{T}}$，若矩阵 $\boldsymbol{\alpha\beta}^{\mathrm{T}}$ 相似于 $\begin{pmatrix} 3 & 0 & 0 \\ 0 & 0 & 0 \\ 0 & 0 & 0 \end{pmatrix}$，则 $k =$ ______.

解　由于

$$\boldsymbol{\alpha}\boldsymbol{\beta}^{\mathrm{T}}=\begin{pmatrix}1\\1\\1\end{pmatrix}(1\quad 0\quad k)=\begin{pmatrix}1&0&k\\1&0&k\\1&0&k\end{pmatrix},$$

由 $\boldsymbol{\alpha}\boldsymbol{\beta}^{\mathrm{T}}\sim\begin{pmatrix}3&&\\&0&\\&&0\end{pmatrix}$ 知它们有相同的迹. 故 $1+0+k=3+0+0$, 所以 $k=2$.

(12) 已知实二次型 $f(x_1,x_2,x_3)=a(x_1^2+x_2^2+x_3^2)+4x_1x_2+4x_1x_3+4x_2x_3$ 经正交变换 $\boldsymbol{x}=\boldsymbol{P}\boldsymbol{y}$ 可化成标准形 $f=6y_1^2$, 则 $a=$ ______.

解　方法 1: 二次型 f 的对应矩阵为

$$\boldsymbol{A}=\begin{pmatrix}a&2&2\\2&a&2\\2&2&a\end{pmatrix},\text{ 且 }\boldsymbol{A}\sim\begin{pmatrix}6&0&0\\0&0&0\\0&0&0\end{pmatrix},$$

故有 $\sum_{i=1}^{3}a_{ii}=3a=\sum_{i=1}^{3}\lambda_i=6+0+0=6$, 得 $a=2$.

方法 2: 由

$$\boldsymbol{A}=\begin{pmatrix}a&2&2\\2&a&2\\2&2&a\end{pmatrix}\sim\boldsymbol{\Lambda}=\begin{pmatrix}6&&\\&0&\\&&0\end{pmatrix},$$

知 0 是 $\boldsymbol{A}$ 的特征值, 故

$$|\boldsymbol{A}|=\begin{vmatrix}a&2&2\\2&a&2\\2&2&a\end{vmatrix}=(a+4)\begin{vmatrix}1&2&2\\1&a&2\\1&2&a\end{vmatrix}=(a+4)(a-2)^2=0,$$

得 $a=-4$ 或 $a=2$.

又 6 是 $\boldsymbol{A}$ 的特征值, 故

$$|6\boldsymbol{E}-\boldsymbol{A}|=\begin{vmatrix}6-a&-2&-2\\-2&6-a&-2\\-2&-2&6-a\end{vmatrix}=(2-a)(8-a)^2=0,$$

得 $a=2$ 或 $a=8$.

取两者的公共部分, 得 $a=2$.

方法 3: 直接求二次型 f 对应矩阵 $\boldsymbol{A}$ 的特征值, 其中一个是单根 6, 一个是 2 重根 0, 即由

$$|\lambda\boldsymbol{E}-\boldsymbol{A}|=\begin{vmatrix}\lambda-a&-2&-2\\-2&\lambda-a&-2\\-2&-2&\lambda-a\end{vmatrix}=(\lambda-(a+4))(\lambda-(a-2))^2,$$

其中单根 $a+4=6$, 及 2 重根 $a-2=0$, 故知 $a=2$.

方法 4: 由 $\boldsymbol{A}=\begin{pmatrix}a&2&2\\2&a&2\\2&2&a\end{pmatrix}\sim\boldsymbol{\Lambda}=\begin{pmatrix}6&&\\&0&\\&&0\end{pmatrix}$, 有 $R(\boldsymbol{A})=R(\boldsymbol{\Lambda})=1$. 因

$$A=\begin{pmatrix}a&2&2\\2&a&2\\2&2&a\end{pmatrix}\xrightarrow{r_1\leftrightarrow r_3}\begin{pmatrix}2&2&a\\2&a&2\\a&2&2\end{pmatrix}\xrightarrow[r_3-\frac{a}{2}r_1]{r_2-r_1}\begin{pmatrix}2&2&a\\0&a-2&2-a\\0&2-a&2-\frac{a^2}{2}\end{pmatrix}$$

$$\xrightarrow{r_3+r_2}\begin{pmatrix}2&2&a\\0&a-2&2-a\\0&0&4-a-\frac{a^2}{2}\end{pmatrix}\xrightarrow{r_3\cdot(-2)}\begin{pmatrix}2&2&a\\0&a-2&2-a\\0&0&(a-2)(a+4)\end{pmatrix},$$

故应取 $a=2$.

(13) 二次型 $f(x_1,x_2,x_3)=(x_1+x_2)^2+(x_2-x_3)^2+(x_1+x_3)^2$ 的秩为 ______.

解　因为

$$\begin{aligned}f(x_1,x_2,x_3)&=(x_1+x_2)^2+(x_2-x_3)^2+(x_3+x_1)^2\\&=2x_1^{\ 2}+2x_2^{\ 2}+2x_3^{\ 2}+2x_1x_2+2x_1x_3-2x_2x_3\end{aligned}$$

于是二次型的矩阵为

$$A=\begin{pmatrix}2&1&1\\1&2&-1\\1&-1&2\end{pmatrix},$$

由初等行变换得

$$A\xrightarrow{r}\begin{pmatrix}1&-1&2\\0&3&-3\\0&3&-3\end{pmatrix}\xrightarrow{r}\begin{pmatrix}1&-1&2\\0&3&-3\\0&0&0\end{pmatrix},$$

从而 $R(A)=2$，即二次型的秩为 2.

(14) 设二次型 $f(x_1,x_2,x_3)=x_1^2+2x_1x_2+2x_2x_3$，则其正惯性指数为 ______.

解　$f(x_1,x_2,x_3)=(x_1+x_2)^2-(x_2-x_3)^2+x_3^2$，故正惯性指数为 2.

(15) 设二次型 $f(x_1,x_2,x_3)=x_1^2+2x_2^2+(1-k)x_3^2+2kx_1x_2+2x_1x_3$ 是正定的，则参数 k 应满足 ______.

解　二次型对应的矩阵为 $A=\begin{pmatrix}1&k&1\\k&2&0\\1&0&1-k\end{pmatrix}$，顺序主子式均大于零，故

$$2-k^2>0,\ k(k-2)(k+1)>0,$$

故得 k 应该满足 $-1<k<0$.

3. 对下列矩阵 A，求正交矩阵 Q，使得 $Q^{\mathrm{T}}AQ=\Lambda$ 为对角阵.

(1) $A=\begin{pmatrix}1&0&1\\0&1&1\\1&1&2\end{pmatrix}$；

解　矩阵 A 的特征多项式为：

$$|\lambda E-A|=\begin{vmatrix}\lambda-1&0&-1\\0&\lambda-1&-1\\-1&-1&\lambda-2\end{vmatrix}=\lambda(\lambda-1)(\lambda-3),$$

故特征值为 $\lambda_1=0$, $\lambda_2=1$, $\lambda_3=3$.

当 $\lambda_1=0$ 时, 解 $(\lambda_1\boldsymbol{E}-\boldsymbol{A})\boldsymbol{x}=\boldsymbol{0}$, 得特征向量 $\boldsymbol{p}_1=(-1,-1,1)^{\mathrm{T}}$.

当 $\lambda_2=1$ 时, 解 $(\lambda_2\boldsymbol{E}-\boldsymbol{A})\boldsymbol{x}=\boldsymbol{0}$, 得特征向量 $\boldsymbol{p}_2=(1,-1,0)^{\mathrm{T}}$.

当 $\lambda_3=3$ 时, 解 $(\lambda_3\boldsymbol{E}-\boldsymbol{A})\boldsymbol{x}=\boldsymbol{0}$, 得特征向量 $\boldsymbol{p}_3=(1,1,2)^{\mathrm{T}}$.

单位化, 得正交矩阵 $\boldsymbol{Q}$, 从而有

$$\boldsymbol{Q}=\begin{pmatrix}-\frac{1}{\sqrt{3}} & \frac{1}{\sqrt{2}} & \frac{1}{\sqrt{6}}\\ -\frac{1}{\sqrt{3}} & -\frac{1}{\sqrt{2}} & \frac{1}{\sqrt{6}}\\ \frac{1}{\sqrt{3}} & 0 & \frac{2}{\sqrt{6}}\end{pmatrix},\ \boldsymbol{Q}^{\mathrm{T}}\boldsymbol{A}\boldsymbol{Q}=\boldsymbol{\Lambda}=\begin{pmatrix}0 & & \\ & 1 & \\ & & 3\end{pmatrix}.$$

(2) $\boldsymbol{A}=\begin{pmatrix}0 & -1 & 1\\ -1 & 0 & 1\\ 1 & 1 & 0\end{pmatrix}$;

解 矩阵 $\boldsymbol{A}$ 的特征多项式为

$$|\lambda\boldsymbol{E}-\boldsymbol{A}|=\begin{vmatrix}\lambda & 1 & -1\\ 1 & \lambda & -1\\ -1 & -1 & \lambda\end{vmatrix}=(\lambda+2)(\lambda-1)^2,$$

故特征值为 $\lambda_1=-2$, $\lambda_2=\lambda_3=1$.

当 $\lambda_1=-2$ 时, 解 $(\lambda_1\boldsymbol{E}-\boldsymbol{A})\boldsymbol{x}=\boldsymbol{0}$, 得特征向量 $\boldsymbol{p}_1=(-1,-1,1)^{\mathrm{T}}$.

当 $\lambda_2=\lambda_3=1$ 时, 解 $(\lambda_2\boldsymbol{E}-\boldsymbol{A})\boldsymbol{x}=\boldsymbol{0}$, 得已经正交化的两特征向量为 $\boldsymbol{p}_2=(1,-1,0)^{\mathrm{T}}$, $\boldsymbol{p}_3=(1,1,2)^{\mathrm{T}}$.

单位化, 得正交矩阵 $\boldsymbol{Q}$, 从而有

$$\boldsymbol{Q}=\begin{pmatrix}-\frac{1}{\sqrt{3}} & \frac{1}{\sqrt{2}} & \frac{1}{\sqrt{6}}\\ -\frac{1}{\sqrt{3}} & -\frac{1}{\sqrt{2}} & \frac{1}{\sqrt{6}}\\ \frac{1}{\sqrt{3}} & 0 & \frac{2}{\sqrt{6}}\end{pmatrix},\ \boldsymbol{Q}^{\mathrm{T}}\boldsymbol{A}\boldsymbol{Q}=\boldsymbol{\Lambda}=\begin{pmatrix}-2 & 0 & 0\\ 0 & 1 & 0\\ 0 & 0 & 1\end{pmatrix}.$$

(3) $\boldsymbol{A}=\begin{pmatrix}0 & 1 & 1 & -1\\ 1 & 0 & -1 & 1\\ 1 & -1 & 0 & 1\\ -1 & 1 & 1 & 0\end{pmatrix}$.

解 矩阵 $\boldsymbol{A}$ 的特征多项式为:

$$|\lambda\boldsymbol{E}-\boldsymbol{A}|=\begin{vmatrix}\lambda & -1 & -1 & 1\\ -1 & \lambda & 1 & -1\\ -1 & 1 & \lambda & -1\\ 1 & -1 & -1 & \lambda\end{vmatrix}=(\lambda-1)^3(\lambda+3),$$

故特征值为 $\lambda_1=\lambda_2=\lambda_3=1$，$\lambda_4=-3$.

当 $\lambda_1=\lambda_2=\lambda_3=1$ 时，解 $(\lambda_1\boldsymbol{E}-\boldsymbol{A})\boldsymbol{x}=\boldsymbol{0}$，得已经正交化的特征向量 $\boldsymbol{p}_1=(1,1,0,0)^{\mathrm{T}}$，$\boldsymbol{p}_2=(0,0,1,1)^{\mathrm{T}}$，$\boldsymbol{p}_3=(1,-1,1,-1)^{\mathrm{T}}$.

当 $\lambda_4=-3$ 时，解 $(\lambda_4\boldsymbol{E}-\boldsymbol{A})\boldsymbol{x}=\boldsymbol{0}$，得特征向量为 $\boldsymbol{p}_4=(-1,1,1,-1)^{\mathrm{T}}$.

单位化，得正交矩阵 $\boldsymbol{Q}$，从而有

$$\boldsymbol{Q}=\begin{pmatrix}\frac{1}{\sqrt{2}} & 0 & \frac{1}{2} & -\frac{1}{2}\\ \frac{1}{\sqrt{2}} & 0 & -\frac{1}{2} & \frac{1}{2}\\ 0 & \frac{1}{\sqrt{2}} & \frac{1}{2} & \frac{1}{2}\\ 0 & \frac{1}{\sqrt{2}} & -\frac{1}{2} & -\frac{1}{2}\end{pmatrix},\quad \boldsymbol{Q}^{\mathrm{T}}\boldsymbol{A}\boldsymbol{Q}=\boldsymbol{\Lambda}=\begin{pmatrix}1 & & & \\ & 1 & & \\ & & 1 & \\ & & & -3\end{pmatrix}.$$

4. 下列矩阵是否可以对角化？若能，求对应的可逆矩阵 $\boldsymbol{P}$ 和对角矩阵 $\boldsymbol{\Lambda}$.

$$\boldsymbol{A}=\begin{pmatrix}3 & 2 & -1\\ -2 & -2 & 2\\ 3 & 6 & -1\end{pmatrix}.$$

解　矩阵 $\boldsymbol{A}$ 的特征多项式为：

$$|\lambda\boldsymbol{E}-\boldsymbol{A}|=\begin{vmatrix}\lambda-3 & -2 & 1\\ 2 & \lambda+2 & -2\\ -3 & -6 & \lambda+1\end{vmatrix}=(\lambda-2)^2(\lambda+4),$$

故特征值为 $\lambda_1=\lambda_2=2$，$\lambda_3=-4$.

当 $\lambda_1=\lambda_2=2$ 时，解 $(\lambda_1\boldsymbol{E}-\boldsymbol{A})\boldsymbol{x}=\boldsymbol{0}$，得特征向量 $\boldsymbol{p}_1=(-2,1,0)^{\mathrm{T}}$，$\boldsymbol{p}_2=(1,0,1)^{\mathrm{T}}$.

当 $\lambda_3=-4$ 时，解 $(\lambda_3\boldsymbol{E}-\boldsymbol{A})\boldsymbol{x}=\boldsymbol{0}$，得特征向量 $\boldsymbol{p}_3=(1,-2,3)^{\mathrm{T}}$.

从而 $\boldsymbol{A}$ 存在 3 个线性无关的特征向量，可以对角化. 构造矩阵 $\boldsymbol{P}$ 如下，有

$$\boldsymbol{P}=(\boldsymbol{p}_1,\boldsymbol{p}_2,\boldsymbol{p}_3)=\begin{pmatrix}-2 & 1 & 1\\ 1 & 0 & -2\\ 0 & 1 & 3\end{pmatrix},\quad \boldsymbol{P}^{-1}\boldsymbol{A}\boldsymbol{P}=\boldsymbol{\Lambda}=\begin{pmatrix}2 & 0 & 0\\ 0 & 2 & 0\\ 0 & 0 & -4\end{pmatrix}.$$

5. 已知 $\lambda=0$ 是 $\boldsymbol{A}=\begin{pmatrix}3 & 2 & -2\\ -k & 1 & k\\ 4 & k & -3\end{pmatrix}$ 的特征值，判断 $\boldsymbol{A}$ 能否对角化，并说明理由.

解　依题设，有

$$|0\boldsymbol{E}-\boldsymbol{A}|=\begin{vmatrix}-3 & -2 & 2\\ k & -1 & -k\\ -4 & -k & 3\end{vmatrix}=(k-1)^2=0,$$

故 $k=1$. 此时

$$\lambda \boldsymbol{E}-\boldsymbol{A}=\begin{pmatrix}\lambda-3 & -2 & 2\\ 1 & \lambda-1 & -1\\ -4 & -1 & \lambda+3\end{pmatrix},$$

由 $|\lambda \boldsymbol{E}-\boldsymbol{A}|=\lambda^2(\lambda-1)=0$, 有:

对 $\lambda_1=\lambda_2=0$, 由 $(\lambda \boldsymbol{E}-\boldsymbol{A})\boldsymbol{x}=\boldsymbol{0}$,

$$0\boldsymbol{E}-\boldsymbol{A}=\begin{pmatrix}-3 & -2 & 2\\ 1 & -1 & -1\\ -4 & -1 & 3\end{pmatrix}\xrightarrow[\substack{r_2+3r_1\\ r_3+4r_1}]{r_2\leftrightarrow r_1}\begin{pmatrix}1 & -1 & -1\\ 0 & -5 & -1\\ 0 & -5 & -1\end{pmatrix}.$$

因 $R(0\boldsymbol{E}-\boldsymbol{A})=2$, 则 $(0\boldsymbol{E}-\boldsymbol{A})\boldsymbol{x}=\boldsymbol{0}$ 的基础解系中只含有1个线性无关的解向量, $\boldsymbol{A}$ 不能对角化.

6. 设3阶矩阵 $\boldsymbol{A}$ 的特征值为1, -1, 2, 求 $|\boldsymbol{A}^*+3\boldsymbol{A}-2\boldsymbol{E}|$.

解 由题设知 $|\boldsymbol{A}|=1\times(-1)\times 2=-2$. 因 $\boldsymbol{A}^*+3\boldsymbol{A}-2\boldsymbol{E}=|\boldsymbol{A}|\boldsymbol{A}^{-1}+3\boldsymbol{A}-2\boldsymbol{E}$, 若 λ 是 $\boldsymbol{A}$ 的特征值, 则 $|\boldsymbol{A}|\cdot\dfrac{1}{\lambda}+3\lambda-2$ 为 $\boldsymbol{A}^*+3\boldsymbol{A}-2\boldsymbol{E}$ 的特征值, 即为 -1, -3, 3, 从而有

$$|\boldsymbol{A}^*+3\boldsymbol{A}-2\boldsymbol{E}|=(-1)\cdot(-3)\cdot 3=9.$$

7. 设 $\boldsymbol{A}$ 为3阶实对称矩阵, 且满足条件 $\boldsymbol{A}^2+2\boldsymbol{A}=\boldsymbol{O}$, 已知 $\boldsymbol{A}$ 的秩为 $R(\boldsymbol{A})=2$.

(1) 求 $\boldsymbol{A}$ 的全部特征值;

(2) 当 k 为何值时, $\boldsymbol{A}+k\boldsymbol{E}$ 为正定阵, 其中, $\boldsymbol{E}$ 为3阶单位阵.

解 (1) 设 λ 是 $\boldsymbol{A}$ 的任意特征值, $\boldsymbol{\alpha}$ 是 $\boldsymbol{A}$ 的属于 λ 的特征向量, 即 $\boldsymbol{A\alpha}=\lambda\boldsymbol{\alpha}$. 两边左乘 $\boldsymbol{A}$, 得 $\boldsymbol{A}^2\boldsymbol{\alpha}=\lambda\boldsymbol{A\alpha}=\lambda^2\boldsymbol{\alpha}$, 从而可得 $(\boldsymbol{A}^2+2\boldsymbol{A})\boldsymbol{\alpha}=(\lambda^2+2\lambda)\boldsymbol{\alpha}$.

因 $\boldsymbol{A}^2+2\boldsymbol{A}=\boldsymbol{O}$, $\boldsymbol{\alpha}\neq\boldsymbol{0}$, 从而有 $\lambda^2+2\lambda=0$, 故 $\boldsymbol{A}$ 的特征值 λ 的取值范围为0, -2. 因 $\boldsymbol{A}$ 是实对称矩阵, 必相似于对角阵 $\boldsymbol{\Lambda}$, 且 $R(\boldsymbol{A})=R(\boldsymbol{\Lambda})=2$, 故

$$\boldsymbol{A}\sim\boldsymbol{\Lambda}=\begin{pmatrix}-2 & & \\ & -2 & \\ & & 0\end{pmatrix},$$

即 $\boldsymbol{A}$ 有特征值 $\lambda_1=\lambda_2=-2$, $\lambda_3=0$.

(2) $\boldsymbol{A}+k\boldsymbol{E}$ 是实对称矩阵, 由(1)知 $\boldsymbol{A}+k\boldsymbol{E}$ 的特征值为 $k-2,k-2,k$. 而 $\boldsymbol{A}+k\boldsymbol{E}$ 正定的充分必要条件是全部特征值均大于零, 得 $k-2>0$ 且 $k>0$, 故当 $k>2$ 时 $\boldsymbol{A}+k\boldsymbol{E}$ 是正定矩阵.

8. 设 $\boldsymbol{A}$ 为正交矩阵, 且 $|\boldsymbol{A}|=-1$, 证明 $\lambda=-1$ 是 $\boldsymbol{A}$ 的特征值.

证 因为

$$|\boldsymbol{E}+\boldsymbol{A}|=|\boldsymbol{A}\boldsymbol{A}^{\mathrm{T}}+\boldsymbol{A}|=|\boldsymbol{A}|\cdot|\boldsymbol{A}^{\mathrm{T}}+\boldsymbol{E}|=|\boldsymbol{A}|\cdot|\boldsymbol{A}+\boldsymbol{E}|=-|\boldsymbol{A}+\boldsymbol{E}|,$$

从而 $|\boldsymbol{A}+\boldsymbol{E}|=0$, 即 $|(-1)\boldsymbol{E}-\boldsymbol{A}|=0$, 得 $\lambda=-1$ 是 $\boldsymbol{A}$ 的特征值.

9. 已知 $\boldsymbol{A}=\begin{pmatrix}1 & -1 & 1\\ x & 4 & y\\ -3 & -3 & 5\end{pmatrix}$ 可对角化, $\lambda=2$ 是 $\boldsymbol{A}$ 的2重特征值, 求可逆矩阵 $\boldsymbol{P}$, 使得 $\boldsymbol{P}^{-1}\boldsymbol{AP}=\boldsymbol{\Lambda}$.

解 因 $\boldsymbol{A}$ 可对角化, $\lambda=2$ 是 $\boldsymbol{A}$ 的2重特征值, 故对应的线性无关的特征向量有2个,

$\boldsymbol{R}(2\boldsymbol{E}-\boldsymbol{A})=1$，将 $2\boldsymbol{E}-\boldsymbol{A}$ 作初等行变换，得

$$2\boldsymbol{E}-\boldsymbol{A}=\begin{pmatrix}1 & 1 & -1\\ -x & -2 & -y\\ 3 & 3 & -3\end{pmatrix}\xrightarrow[r_2+2r_1]{r_3-3r_1}\begin{pmatrix}1 & 1 & -1\\ 2-x & 0 & -y-2\\ 0 & 0 & 0\end{pmatrix},$$

由 $R(2\boldsymbol{E}-\boldsymbol{A})=1$，故 $x=2$，$y=-2$，从而

$$\boldsymbol{A}=\begin{pmatrix}1 & -1 & 1\\ 2 & 4 & -2\\ -3 & -3 & 5\end{pmatrix}.$$

$\boldsymbol{A}$ 的另一个特征值为 $\lambda_3=\sum_{i=1}^{3}a_{ii}-\lambda_1-\lambda_2=10-4=6$.

对 $\lambda=2$，由 $(2\boldsymbol{E}-\boldsymbol{A})\boldsymbol{x}=\boldsymbol{0}$，其同解方程为 $x_1+x_2-x_3=0$ 对应的特征向量为 $\boldsymbol{\xi}_1=(1,-1,0)^{\mathrm{T}}$，$\boldsymbol{\xi}_2=(0,1,1)^{\mathrm{T}}$.

对 $\lambda=6$，由 $(6\boldsymbol{E}-\boldsymbol{A})\boldsymbol{x}=\boldsymbol{0}$，有

$$6\boldsymbol{E}-\boldsymbol{A}=\begin{pmatrix}5 & 1 & -1\\ -2 & 2 & 2\\ 3 & 3 & 1\end{pmatrix}\to\begin{pmatrix}-2 & 2 & 2\\ 1 & 5 & 3\\ 0 & 0 & 0\end{pmatrix}\to\begin{pmatrix}1 & -1 & -1\\ 0 & 3 & 2\\ 0 & 0 & 0\end{pmatrix},$$

对应的特征向量为 $\boldsymbol{\xi}_3=(1,-2,3)^{\mathrm{T}}$.

$$令\ \boldsymbol{P}=(\boldsymbol{\xi}_1,\boldsymbol{\xi}_2,\boldsymbol{\xi}_3)=\begin{pmatrix}1 & 0 & 1\\ -1 & 1 & -2\\ 0 & 1 & 3\end{pmatrix}，则\boldsymbol{P}^{-1}\boldsymbol{A}\boldsymbol{P}=\boldsymbol{\Lambda}=\begin{pmatrix}2 & & \\ & 2 & \\ & & 6\end{pmatrix}.$$

10. 设 $\boldsymbol{A}=\begin{pmatrix}-2 & 0 & 0\\ -1 & 3 & -3\\ -1 & 1 & a\end{pmatrix}$ 与 $\boldsymbol{B}=\begin{pmatrix}-2 & 0 & 0\\ 0 & b & 0\\ 0 & 0 & 2\end{pmatrix}$ 相似，求：

(1) a,b 之值；

(2) 可逆矩阵 $\boldsymbol{P}$，使得 $\boldsymbol{P}^{-1}\boldsymbol{A}\boldsymbol{P}=\boldsymbol{B}$.

解　(1) 依题意，由特征值的性质，有

$$-2+3+a=-2+b+2,\quad |\boldsymbol{A}|=-6(a+1)=-4b,$$

解得 $a=-1$，$b=0$.

(2) 此时

$$\boldsymbol{A}=\begin{pmatrix}-2 & 0 & 0\\ -1 & 3 & -3\\ -1 & 1 & -1\end{pmatrix},\quad |\lambda\boldsymbol{E}-\boldsymbol{A}|=\begin{vmatrix}\lambda+2 & 0 & 0\\ 1 & \lambda-3 & 3\\ 1 & -1 & \lambda+1\end{vmatrix}=\lambda(\lambda-2)(\lambda+2),$$

对特征值 $\lambda_1=-2$，解 $(-2\boldsymbol{E}-\boldsymbol{A})\boldsymbol{x}=\boldsymbol{0}$，得基础解系 $\boldsymbol{p}_1=(2,1,1)^{\mathrm{T}}$.

对特征值 $\lambda_2=0$，解 $(0\boldsymbol{E}-\boldsymbol{A})\boldsymbol{x}=\boldsymbol{0}$，得基础解系 $\boldsymbol{p}_2=(0,1,1)^{\mathrm{T}}$.

对特征值 $\lambda_3=2$，解 $(2\boldsymbol{E}-\boldsymbol{A})\boldsymbol{x}=\boldsymbol{0}$，得基础解系 $\boldsymbol{p}_3=(0,3,1)^{\mathrm{T}}$.

令

$$\boldsymbol{P}=(\boldsymbol{p}_1,\boldsymbol{p}_2,\boldsymbol{p}_3)=\begin{pmatrix}2 & 0 & 0\\ 1 & 1 & 3\\ 1 & 1 & 1\end{pmatrix},\quad \boldsymbol{P}^{-1}=\frac{1}{2}\begin{pmatrix}1 & 0 & 0\\ -1 & -1 & 3\\ 0 & 1 & -1\end{pmatrix},$$

有$P^{-1}AP=B$.

11. 设 n 阶可逆阵 A 的每行元素之和为非零实数 a，证明A^{-1} 的每行元素之和为$\frac{1}{a}$，并求 $2A^{-1}+E$ 的一个特征值.

解 依题意有

$$A(1,1,\cdots,1)^{\mathrm{T}}=a(1,1,\cdots,1)^{\mathrm{T}},$$

从而 a 是 A 的一个特征值，得$\frac{1}{a}$ 为A^{-1} 的特征值，且由上式可得

$$A^{-1}(1,1,\cdots,1)^{\mathrm{T}}=\frac{1}{a}(1,1,\cdots,1)^{\mathrm{T}},$$

即A^{-1} 的每行元素之和为非零数$\frac{1}{a}$，且 $\frac{2}{a}+1$ 为 $2A^{-1}+E$ 的一个特征值.

12. 设 n 阶矩阵 A,B 可交换，且 A 的特征值不相同，证明：存在可逆矩阵 P，使得 $P^{-1}AP$，$P^{-1}BP$ 均为对角矩阵.

证 设 $\lambda_1,\lambda_2,\cdots,\lambda_n$ 为 A 的互不相同的特征值，$p_1,p_2,\cdots,p_n$ 为其对应的特征向量，即 $Ap_i=\lambda_i p_i$，$p_i\neq 0,i=1,2,\cdots,n$，且$p_1,p_2,\cdots,p_n$ 线性无关.

因 A,B 可交换，有

$$A(Bp_i)=B(Ap_i)=B(\lambda_i p_i)=\lambda_i(Bp_i),\ p_i\neq 0,i=1,2,\cdots,n.$$

即 Bp_i 也是A 的属于 λ_i 的特征向量或零向量. 因 λ_i 是A 的单重特征值，所以对应于 λ_i 的任意两个向量都成比例，于是

$$Bp_i=\mu_i p_i,\ p_i\neq 0,i=1,2,\cdots,n.$$

设 $P=(p_1,p_2,\cdots,p_n)$，则 P 可逆，且

$$P^{-1}AP=\mathrm{diag}(\lambda_1,\lambda_2,\cdots,\lambda_n)=\Lambda_1,\ P^{-1}BP=\mathrm{diag}(\mu_1,\mu_2,\cdots,\mu_n)=\Lambda_2,$$

即存在可逆矩阵 P，使得$P^{-1}AP$，$P^{-1}BP$ 均为对角矩阵.

13. 设n阶矩阵A,B满足$R(A)+R(B)<n$，证明A与B有公共的特征值，有公共的特征向量.

证 显然$|A|=0$，$|B|=0$，故 0 为 A,B 的公共的特征值.

因 $R\begin{pmatrix}A\\B\end{pmatrix}\leq R(A)+R(B)<n$，故方程组$\begin{cases}Ax=0\\Bx=0\end{cases}$有非零解，设此非零解为$x_0$，则有 $Ax_0=0x_0$，$Bx_0=0x_0$，即x_0 为 A 与 B 的对应于特征值 0 的公共的特征向量.

14. 设 $\lambda\neq 0$ 是 m 阶矩阵$A_{m\times n}B_{n\times m}$ 的特征值，证明 λ 也是 n 阶矩阵 BA 的特征值.

证 设 α 是 AB 的对应于特征值 λ 的特征向量，即

$$AB\alpha=\lambda\alpha.$$

因 $\alpha\neq 0$，且 $\lambda\neq 0$，从而 $B\alpha\neq 0$，上式两边左乘 B 得

$$BA(B\alpha)=\lambda(B\alpha),$$

由于 $B\alpha\neq 0$，故 $B\alpha$ 是矩阵 BA 对应于特征值 λ 的特征向量.

15. 已知矩阵$A=\begin{pmatrix}a&-1&c\\5&b&3\\1-c&0&-a\end{pmatrix}$，$|A|=-1$，又$A^*$ 有一个特征值λ_0，属于λ_0的一

个特征向量为 $\boldsymbol{\alpha}=(-1,-1,1)^{\mathrm{T}}$，求 a,b,c 和 λ_0 的值.

解　依题设，$\boldsymbol{A}^*$ 有一个特征值 λ_0 及对应的特征向量 $\boldsymbol{\alpha}=(-1,-1,1)^{\mathrm{T}}$，根据特征值和特征向量的定义，有 $\boldsymbol{A}^*\boldsymbol{\alpha}=\lambda_0\boldsymbol{\alpha}$.

由 $|\boldsymbol{A}|=-1$，得 $\boldsymbol{A}\boldsymbol{A}^*=|\boldsymbol{A}|\boldsymbol{E}=-\boldsymbol{E}$，从而 $\boldsymbol{A}\boldsymbol{A}^*\boldsymbol{\alpha}=-\boldsymbol{E}\boldsymbol{\alpha}=-\boldsymbol{\alpha}$. 把 $\boldsymbol{A}^*\boldsymbol{\alpha}=\lambda_0\boldsymbol{\alpha}$ 代入，于是 $\boldsymbol{A}\boldsymbol{A}^*\boldsymbol{\alpha}=\boldsymbol{A}\lambda_0\boldsymbol{\alpha}=\lambda_0\boldsymbol{A}\boldsymbol{\alpha}$，即 $-\boldsymbol{\alpha}=\lambda_0\boldsymbol{A}\boldsymbol{\alpha}$，故

$$\lambda_0\begin{pmatrix}a & -1 & c\\ 5 & b & 3\\ 1-c & 0 & -a\end{pmatrix}\begin{pmatrix}-1\\-1\\1\end{pmatrix}=-\begin{pmatrix}-1\\-1\\1\end{pmatrix},$$

得 $\lambda_0\begin{pmatrix}-a+1+c\\-5-b+3\\-(1-c)-a\end{pmatrix}+\begin{pmatrix}-1\\-1\\1\end{pmatrix}=\begin{pmatrix}0\\0\\0\end{pmatrix}$，即 $\begin{cases}\lambda_0(-a+1+c)=1\\ \lambda_0(-5-b+3)=1\\ \lambda_0(-1+c-a)=-1\end{cases}$.

因 $|\boldsymbol{A}|=-1\neq 0$，易知 $\lambda_0\neq 0$，由上面两式得

$$\lambda_0(-a+1+c)=-\lambda_0(-1+c-a),$$

两边同除 λ_0，得 $-a+1+c=-(-1+c-a)$，整理得 $a=c$. 代入上式得 $\lambda_0=1$. 再把 $\lambda_0=1$ 代入，得 $b=-3$. 又由 $|\boldsymbol{A}|=-1$，$b=-3$ 以及 $a=c$，有

$$|\boldsymbol{A}|=\begin{vmatrix}a & -1 & a\\ 5 & -3 & 3\\ 1-a & 0 & -a\end{vmatrix}=a-3=-1,$$

故 $a=c=2$，因此 $a=2,b=-3,c=2,\lambda_0=1$.

16. 设向量 $\boldsymbol{\alpha}_1=(1,2,0)^{\mathrm{T}}$，$\boldsymbol{\alpha}_2=(1,0,1)^{\mathrm{T}}$ 都是方阵 $\boldsymbol{A}$ 的属于特征值 $\lambda=2$ 的特征向量，又向量 $\boldsymbol{\beta}=(-1,2,-2)^{\mathrm{T}}$，求 $\boldsymbol{A}\boldsymbol{\beta}$.

解　依题意有 $\boldsymbol{A}\boldsymbol{\alpha}_1=2\boldsymbol{\alpha}_1$，$\boldsymbol{A}\boldsymbol{\alpha}_2=2\boldsymbol{\alpha}_2$，注意到 $\boldsymbol{\beta}=\boldsymbol{\alpha}_1-2\boldsymbol{\alpha}_2$，从而有

$$\boldsymbol{A}\boldsymbol{\beta}=\boldsymbol{A}(\boldsymbol{\alpha}_1-2\boldsymbol{\alpha}_2)=\boldsymbol{A}\boldsymbol{\alpha}_1-2\boldsymbol{A}\boldsymbol{\alpha}_2=2\boldsymbol{\alpha}_1-4\boldsymbol{\alpha}_2=(-2,4,-4)^{\mathrm{T}}.$$

17. 已知 $\boldsymbol{\xi}=\begin{pmatrix}1\\1\\-1\end{pmatrix}$ 是方阵 $\boldsymbol{A}=\begin{pmatrix}2 & -1 & 2\\ 5 & a & 3\\ -1 & b & -2\end{pmatrix}$ 的一个特征向量，

(1) 确定常数 a,b 及 $\boldsymbol{\xi}$ 所对应的特征值；

(2) 判断 $\boldsymbol{A}$ 能否相似于对角阵，并说明理由.

解　(1) 设 $\boldsymbol{\xi}$ 是矩阵 $\boldsymbol{A}$ 的属于特征值 λ_0 的特征向量，即 $\boldsymbol{A}\boldsymbol{\xi}=\lambda_0\boldsymbol{\xi}$，

$$\begin{pmatrix}2 & -1 & 2\\ 5 & a & 3\\ -1 & b & -2\end{pmatrix}\begin{pmatrix}1\\1\\-1\end{pmatrix}=\lambda_0\begin{pmatrix}1\\1\\-1\end{pmatrix},$$

即

$$\begin{cases}2-1-2=\lambda_0\\ 5+a-3=\lambda_0\\ -1+b+2=-\lambda_0\end{cases},$$

从而有 $a=-3$，$b=0$，特征向量 $\boldsymbol{\xi}$ 所对应的特征值 $\lambda_0=-1$.

(2) 此时 $A=\begin{pmatrix}2&-1&2\\5&-3&3\\-1&0&-2\end{pmatrix}$，其特征方程为

$$|\lambda E-A|=\begin{vmatrix}\lambda-2&1&-2\\-5&\lambda+3&-3\\1&0&\lambda+2\end{vmatrix}=(\lambda+1)^3=0,$$

知矩阵 A 的特征值为 $\lambda_1=\lambda_2=\lambda_3=-1$. 由于

$$R(-E-A)=R\begin{pmatrix}-3&1&-2\\-5&2&-3\\1&0&1\end{pmatrix}=2,$$

从而 $\lambda=-1$ 只有一个线性无关的特征向量，故 A 不能相似对角化.

18. 设 1, 1, −1 是 3 阶实对称矩阵 A 的 3 个特征值，对应于 1 的特征向量为 $p_1=(1,1,1)^T$，$p_2=(2,2,1)^T$，求 A.

解 设 $p_3=(x_1,x_2,x_3)^T$ 为 $\lambda=-1$ 对应的特征向量，则其与 p_1，p_2 正交，故

$$x_1+x_2+x_3=0,\ 2x_1+2x_2+x_3=0,$$

得 $p_3=(1,-1,0)^T$. 令 $P=(p_1,p_2,p_3)$，则有

$$P=\begin{pmatrix}1&2&1\\1&2&-1\\1&1&0\end{pmatrix},\ P^{-1}=\frac{1}{2}\begin{pmatrix}-1&-1&4\\1&1&-2\\1&-1&0\end{pmatrix},$$

$P^{-1}AP=\Lambda=\mathrm{diag}(1,1,-1)$，从而

$$A=P\Lambda P^{-1}=\begin{pmatrix}0&1&0\\1&0&0\\0&0&1\end{pmatrix}.$$

19. 设 A 为 3 阶实对称矩阵，特征值为 $\lambda_1=\lambda_2=2$，$\lambda_3=1$，对应于特征值 2 的一个特征向量为 $(1,-1,1)^T$，对应于特征值 1 的一个特征向量为 $(1,0,-1)^T$，求对应于特征值 2 的与 $(1,-1,1)^T$ 线性无关的一个特征向量，并求 A.

解 设 $p_2=(x_1,x_2,x_3)^T$ 为与 $\lambda_1=\lambda_2=2$ 对应的与 $p_1=(1,-1,1)^T$ 正交的特征向量，且与 $p_3=(1,0,-1)^T$ 正交，则

$$x_1-x_2+x_3=0,\ x_1-x_3=0,$$

得 $p_2=(1,2,1)^T$. 令 $P=(p_1,p_2,p_3)$，则

$$P=\begin{pmatrix}1&1&1\\-1&2&0\\1&1&-1\end{pmatrix},\ P^{-1}=\frac{1}{6}\begin{pmatrix}2&-2&2\\1&2&1\\3&0&-3\end{pmatrix},$$

此时

$$A=P\Lambda P^{-1}=\begin{pmatrix}1&1&1\\-1&2&0\\1&1&-1\end{pmatrix}\begin{pmatrix}2&&\\&2&\\&&1\end{pmatrix}\cdot\frac{1}{6}\begin{pmatrix}2&-2&2\\1&2&1\\3&0&-3\end{pmatrix}=\frac{1}{2}\begin{pmatrix}3&0&1\\0&4&0\\1&0&3\end{pmatrix}.$$

20. 设实对称矩阵$\boldsymbol{A}_{3\times 3}$的特征值$\lambda_1=1$，$\lambda_2=3$，$\lambda_3=-3$，属于$\lambda_1,\lambda_2$的特征向量依次为$\boldsymbol{p}_1=(1,-1,0)^{\mathrm{T}}$，$\boldsymbol{p}_2=(1,1,1)^{\mathrm{T}}$，求$\boldsymbol{A}$.

解　依题设，$\lambda_3=-3$对应的特征向量$\boldsymbol{p}_3=(x_1,x_2,x_3)^{\mathrm{T}}$与$\boldsymbol{p}_1$，$\boldsymbol{p}_2$正交，故

$$x_1-x_2=0,\ x_1+x_2+x_3=0,$$

得$\boldsymbol{p}_3=(1,1,-2)^{\mathrm{T}}$. 令$\boldsymbol{P}=(\boldsymbol{p}_1,\boldsymbol{p}_2,\boldsymbol{p}_3)$，则

$$\boldsymbol{P}=\begin{pmatrix}1&1&1\\-1&1&1\\0&1&-2\end{pmatrix},\ \boldsymbol{P}^{-1}=\frac{1}{6}\begin{pmatrix}3&-3&0\\2&2&2\\1&1&-2\end{pmatrix},$$

此时

$$\boldsymbol{A}=\boldsymbol{P\Lambda P}^{-1}=\begin{pmatrix}1&1&1\\-1&1&1\\0&1&-2\end{pmatrix}\begin{pmatrix}1&&\\&3&\\&&-3\end{pmatrix}\cdot\frac{1}{6}\begin{pmatrix}3&-3&0\\2&2&2\\1&1&-2\end{pmatrix}=\begin{pmatrix}1&0&2\\0&1&2\\2&2&-1\end{pmatrix}.$$

21. 设3阶对称矩阵$\boldsymbol{A}$的特征值$\lambda_1=1$，$\lambda_2=2$，$\lambda_3=-2$，$\boldsymbol{\alpha}_1=(1,-1,1)^{\mathrm{T}}$是$\boldsymbol{A}$的属于$\lambda_1$的一个特征向量，记$\boldsymbol{B}=\boldsymbol{A}^5-4\boldsymbol{A}^3+\boldsymbol{E}$，其中，$\boldsymbol{E}$为3阶单位矩阵.

（1）验证$\boldsymbol{\alpha}_1$是矩阵$\boldsymbol{B}$的特征向量，并求$\boldsymbol{B}$的全部特征值与特征向量；

（2）求矩阵$\boldsymbol{B}$.

解　（1）由$\boldsymbol{A\alpha}_1=\boldsymbol{\alpha}_1$，可得$\boldsymbol{A}^k\boldsymbol{\alpha}_1=\boldsymbol{A}^{k-1}(\boldsymbol{A\alpha}_1)=\boldsymbol{A}^{k-1}\boldsymbol{\alpha}_1=\cdots=\boldsymbol{\alpha}_1$，$k$是正整数，故

$$\boldsymbol{B\alpha}_1=(\boldsymbol{A}^5-4\boldsymbol{A}^3+\boldsymbol{E})\boldsymbol{\alpha}_1=\boldsymbol{A}^5\boldsymbol{\alpha}_1-4\boldsymbol{A}^3\boldsymbol{\alpha}_1+\boldsymbol{E\alpha}_1=\boldsymbol{\alpha}_1-4\boldsymbol{\alpha}_1+\boldsymbol{\alpha}_1=-2\boldsymbol{\alpha}_1,$$

于是$\boldsymbol{\alpha}_1$是矩阵$\boldsymbol{B}$的特征向量(对应的特征值为$\lambda_1'=-2$).

若$\boldsymbol{Ax}=\lambda\boldsymbol{x}$，则$(k\boldsymbol{A})\boldsymbol{x}=(k\lambda)\boldsymbol{x}$，$\boldsymbol{A}^m\boldsymbol{x}=\lambda^m\boldsymbol{x}$，因此对任意多项式$f(\boldsymbol{x})$，$f(\boldsymbol{A})\boldsymbol{x}=f(\lambda)\boldsymbol{x}$，即$f(\lambda)$是$f(\boldsymbol{A})$的特征值. 故$\boldsymbol{B}$的特征值可以由$\boldsymbol{A}$的特征值以及$\boldsymbol{B}$与$\boldsymbol{A}$的关系得到，$\boldsymbol{A}$的特征值$\lambda_1=1$，$\lambda_2=2$，$\lambda_3=-2$，则$\boldsymbol{B}$有特征值$\lambda_1'=f(\lambda_1)=-2$，$\lambda_2'=f(\lambda_2)=1$，$\lambda_3'=f(\lambda_3)=1$，所以$\boldsymbol{B}$的全部特征值为$-2$，1，1.

由$\boldsymbol{A}$是实对称矩阵及$\boldsymbol{B}$与$\boldsymbol{A}$的关系可知，$\boldsymbol{B}$也是实对称矩阵，故属于不同特征值的特征向量正交. 由前面证明知$\boldsymbol{\alpha}_1$是矩阵$\boldsymbol{B}$的属于特征值$\lambda_1'=-2$的特征向量，设$\boldsymbol{B}$的属于$\lambda_2'=\lambda_3'=1$的特征向量为$(x_1,x_2,x_3)^{\mathrm{T}}$，$\boldsymbol{\alpha}_1$与$(x_1,x_2,x_3)^{\mathrm{T}}$正交，得方程如下：

$$x_1-x_2+x_3=0.$$

选x_2,x_3为自由未知量，取$x_2=0,x_3=1$和$x_2=1,x_3=0$，于是求得$\boldsymbol{B}$的对应于$\lambda_2'=\lambda_3'=1$的特征向量为$\boldsymbol{\alpha}_2=(-1,0,1)^{\mathrm{T}}$，$\boldsymbol{\alpha}_3=(1,1,0)^{\mathrm{T}}$.

故$\boldsymbol{B}$的全部特征向量为：对应于$\lambda_1'=-2$的全体特征向量为$k_1\boldsymbol{\alpha}_1$，其中，k_1是非零任意常数；对应于$\lambda_2'=\lambda_3'=1$的全体特征向量为$k_2\boldsymbol{\alpha}_2+k_3\boldsymbol{\alpha}_3$，其中，$k_2,k_3$是不同时为零的任意常数.

（2）**方法1**：令矩阵$\boldsymbol{P}=(\boldsymbol{\alpha}_1,\boldsymbol{\alpha}_2,\boldsymbol{\alpha}_3)=\begin{pmatrix}1&-1&1\\-1&0&1\\1&1&0\end{pmatrix}$，先求$\boldsymbol{P}$的逆矩阵$\boldsymbol{P}^{-1}$.

$$\left(\begin{array}{ccc:ccc}1&-1&1&1&0&0\\-1&0&1&0&1&0\\1&1&0&0&0&1\end{array}\right)\xrightarrow[r_3-r_1]{r_2+r_1}\left(\begin{array}{ccc:ccc}1&-1&1&1&0&0\\0&-1&2&1&1&0\\0&2&-1&-1&0&1\end{array}\right)$$

$$\xrightarrow{r_3+2r_2}\left(\begin{array}{ccc:ccc}1&-1&1&1&0&0\\0&-1&2&1&1&0\\0&0&3&1&2&1\end{array}\right)\xrightarrow[r_2-2r_3]{\substack{r_3\div 3\\ r_1-r_2}}\left(\begin{array}{ccc:ccc}1&0&-1&0&-1&0\\0&-1&0&\frac{1}{3}&-\frac{1}{3}&-\frac{2}{3}\\0&0&1&\frac{1}{3}&\frac{2}{3}&\frac{1}{3}\end{array}\right)$$

$$\xrightarrow[r_1+r_3]{r_2\cdot(-1)}\left(\begin{array}{ccc:ccc}1&0&0&\frac{1}{3}&-\frac{1}{3}&\frac{1}{3}\\0&1&0&-\frac{1}{3}&\frac{1}{3}&\frac{2}{3}\\0&0&1&\frac{1}{3}&\frac{2}{3}&\frac{1}{3}\end{array}\right),$$

故

$$\boldsymbol{P}^{-1}=\frac{1}{3}\begin{pmatrix}1&-1&1\\-1&1&2\\1&2&1\end{pmatrix}.$$

由$\boldsymbol{P}^{-1}\boldsymbol{B}\boldsymbol{P}=\mathrm{diag}(-2,1,1)$，所以$\boldsymbol{B}=\boldsymbol{P}\cdot\mathrm{diag}(-2,1,1)\cdot\boldsymbol{P}^{-1}$，故

$$\boldsymbol{B}=\frac{1}{3}\begin{pmatrix}1&-1&1\\-1&0&1\\1&1&0\end{pmatrix}\begin{pmatrix}-2&0&0\\0&1&0\\0&0&1\end{pmatrix}\begin{pmatrix}1&-1&1\\-1&1&2\\1&2&1\end{pmatrix}=\begin{pmatrix}0&1&-1\\1&0&1\\-1&1&0\end{pmatrix}.$$

22. 设矩阵$\boldsymbol{A}=\begin{pmatrix}2&1&1\\1&2&1\\1&1&a\end{pmatrix}$可逆，向量$\boldsymbol{\xi}=\begin{pmatrix}1\\b\\1\end{pmatrix}$是矩阵$\boldsymbol{A}^*$的一个特征向量，$\lambda$是$\boldsymbol{\xi}$对应的特征值，其中，$\boldsymbol{A}^*$是$\boldsymbol{A}$的伴随矩阵，求$a,b$和$\lambda$的值.

解 依题设，有$\boldsymbol{A}^*=|\boldsymbol{A}|\boldsymbol{A}^{-1}$，$\boldsymbol{A}^*\boldsymbol{\xi}=\lambda\boldsymbol{\xi}$，从而$|\boldsymbol{A}|\boldsymbol{A}^{-1}\boldsymbol{\xi}=\lambda\boldsymbol{\xi}$，得$\boldsymbol{A}\boldsymbol{\xi}=\frac{|\boldsymbol{A}|}{\lambda}\boldsymbol{\xi}$，即

$$\begin{pmatrix}2&1&1\\1&2&1\\1&1&a\end{pmatrix}\begin{pmatrix}1\\b\\1\end{pmatrix}=\frac{|\boldsymbol{A}|}{\lambda}\begin{pmatrix}1\\b\\1\end{pmatrix}，从而\begin{cases}3+b=\frac{1}{\lambda}|\boldsymbol{A}|\\2+2b=\frac{1}{\lambda}|\boldsymbol{A}|b\\a+b+1=\frac{1}{\lambda}|\boldsymbol{A}|b\end{cases},$$

由$|\boldsymbol{A}|=3a-2$，可解得$\begin{cases}a=2\\b=1\\\lambda=1\end{cases}$或$\begin{cases}a=2\\b=-2.\\\lambda=4\end{cases}$

23. 设$\boldsymbol{A}$为3阶矩阵，$\boldsymbol{\alpha}_1,\boldsymbol{\alpha}_2$为$\boldsymbol{A}$的分别属于特征值$-1,1$的特征向量，向量$\boldsymbol{\alpha}_3$满足$\boldsymbol{A}\boldsymbol{\alpha}_3=\boldsymbol{\alpha}_2+\boldsymbol{\alpha}_3$，证明：

（1）$\boldsymbol{\alpha}_1,\boldsymbol{\alpha}_2,\boldsymbol{\alpha}_3$线性无关；

（2）令$\boldsymbol{P}=(\boldsymbol{\alpha}_1,\boldsymbol{\alpha}_2,\boldsymbol{\alpha}_3)$，求$\boldsymbol{P}^{-1}\boldsymbol{A}\boldsymbol{P}$.

解　(1) 设有一组数 k_1,k_2,k_3，使得 $k_1\boldsymbol{\alpha}_1+k_2\boldsymbol{\alpha}_2+k_3\boldsymbol{\alpha}_3=\mathbf{0}$.
用 $\boldsymbol{A}$ 左乘上式，得 $k_1(\boldsymbol{A}\boldsymbol{\alpha}_1)+k_2(\boldsymbol{A}\boldsymbol{\alpha}_2)+k_3(\boldsymbol{A}\boldsymbol{\alpha}_3)=\mathbf{0}$. 因 $\boldsymbol{A}\boldsymbol{\alpha}_1=-\boldsymbol{\alpha}_1$，$\boldsymbol{A}\boldsymbol{\alpha}_2=\boldsymbol{\alpha}_2$，$\boldsymbol{A}\boldsymbol{\alpha}_3=\boldsymbol{\alpha}_2+\boldsymbol{\alpha}_3$，所以

$$-k_1\boldsymbol{\alpha}_1+(k_2+k_3)\boldsymbol{\alpha}_2+k_3\boldsymbol{\alpha}_3=\mathbf{0},$$

可变形为：$(k_1\boldsymbol{\alpha}_1+k_2\boldsymbol{\alpha}_2+k_3\boldsymbol{\alpha}_3)-(2k_1\boldsymbol{\alpha}_1-k_3\boldsymbol{\alpha}_2)=\mathbf{0}$，故 $2k_1\boldsymbol{\alpha}_1-k_3\boldsymbol{\alpha}_2=\mathbf{0}$. 由于 $\boldsymbol{\alpha}_1,\boldsymbol{\alpha}_2$ 是属于不同特征值的特征向量，所以线性无关，因此，$k_1=k_3=0$，从而有 $k_2=0$，故 $\boldsymbol{\alpha}_1,\boldsymbol{\alpha}_2,\boldsymbol{\alpha}_3$ 线性无关.

(2) 记 $\boldsymbol{P}=(\boldsymbol{\alpha}_1,\boldsymbol{\alpha}_2,\boldsymbol{\alpha}_3)$，则 $\boldsymbol{P}$ 可逆，且

$$\boldsymbol{A}(\boldsymbol{\alpha}_1,\boldsymbol{\alpha}_2,\boldsymbol{\alpha}_3)=(-\boldsymbol{\alpha}_1,\boldsymbol{\alpha}_2,\boldsymbol{\alpha}_2+\boldsymbol{\alpha}_3)=(\boldsymbol{\alpha}_1,\boldsymbol{\alpha}_2,\boldsymbol{\alpha}_3)\begin{pmatrix}-1&0&0\\0&1&1\\0&0&1\end{pmatrix},$$

即 $\boldsymbol{AP}=\boldsymbol{P}\begin{pmatrix}-1&0&0\\0&1&1\\0&0&1\end{pmatrix}$，得 $\boldsymbol{P}^{-1}\boldsymbol{AP}=\begin{pmatrix}-1&0&0\\0&1&1\\0&0&1\end{pmatrix}$.

24. 设矩阵 $\boldsymbol{A}=\begin{pmatrix}0&1&0&0\\1&0&0&0\\0&0&y&1\\0&0&1&2\end{pmatrix}$，已知 $\boldsymbol{A}$ 的一个特征值为 3，求 y，并求矩阵 $\boldsymbol{P}$，使 $(\boldsymbol{AP})^{\mathrm{T}}(\boldsymbol{AP})$ 为对角阵.

解　因为 $\lambda=3$ 是 $\boldsymbol{A}$ 的特征值，故

$$|3\boldsymbol{E}-\boldsymbol{A}|=\begin{vmatrix}3&-1&0&0\\-1&3&0&0\\0&0&3-y&-1\\0&0&-1&1\end{vmatrix}=\begin{vmatrix}3&-1\\-1&3\end{vmatrix}\cdot\begin{vmatrix}3-y&-1\\-1&1\end{vmatrix}=8(2-y)=0,$$

所以 $y=2$.

由于 $\boldsymbol{A}^{\mathrm{T}}=\boldsymbol{A}$，要 $(\boldsymbol{AP})^{\mathrm{T}}(\boldsymbol{AP})=\boldsymbol{P}^{\mathrm{T}}\boldsymbol{A}^2\boldsymbol{P}=\boldsymbol{\Lambda}$，而

$$\boldsymbol{A}^2=\begin{pmatrix}1&0&0&0\\0&1&0&0\\0&0&5&4\\0&0&4&5\end{pmatrix}$$

是对称矩阵，故可构造二次型 $\boldsymbol{x}^{\mathrm{T}}\boldsymbol{A}^2\boldsymbol{x}$，将其化为标准形 $\boldsymbol{y}^{\mathrm{T}}\boldsymbol{\Lambda}\boldsymbol{y}$. 即有 $\boldsymbol{A}^2$ 与 $\boldsymbol{\Lambda}$ 合同，亦即 $\boldsymbol{P}^{\mathrm{T}}\boldsymbol{A}^2\boldsymbol{P}=\boldsymbol{\Lambda}$.

方法 1：配方法. 由于

$$\boldsymbol{x}^{\mathrm{T}}\boldsymbol{A}^2\boldsymbol{x}=x_1^2+x_2^2+5x_3^2+5x_4^2+8x_3x_4=x_1^2+x_2^2+5\left(x_3+\frac{4}{5}x_4\right)^2+\frac{9}{5}x_4^2,$$

令 $y_1=x_1$，$y_2=x_2$，$y_3=x_3+\dfrac{4}{5}x_4$，$y_4=x_4$，即经坐标变换

$$\begin{pmatrix} x_1 \\ x_2 \\ x_3 \\ x_4 \end{pmatrix} = \begin{pmatrix} 1 & 0 & 0 & 0 \\ 0 & 1 & 0 & 0 \\ 0 & 0 & 1 & -\frac{4}{5} \\ 0 & 0 & 0 & 1 \end{pmatrix} \begin{pmatrix} y_1 \\ y_2 \\ y_3 \\ y_4 \end{pmatrix},$$

有$\boldsymbol{x}^{\mathrm{T}} \boldsymbol{A}^2 \boldsymbol{x} = y_1^2 + y_2^2 + 5y_3^2 + \frac{9}{5}y_4^2$.

$$令 \boldsymbol{P} = \begin{pmatrix} 1 & 0 & 0 & 0 \\ 0 & 1 & 0 & 0 \\ 0 & 0 & 1 & -\frac{4}{5} \\ 0 & 0 & 0 & 1 \end{pmatrix}，则有(\boldsymbol{AP})^{\mathrm{T}}(\boldsymbol{AP}) = \boldsymbol{P}^{\mathrm{T}} \boldsymbol{A}^2 \boldsymbol{P} = \begin{pmatrix} 1 & & & \\ & 1 & & \\ & & 5 & \\ & & & \frac{9}{5} \end{pmatrix}.$$

方法 2： 正交变换法.

二次型$\boldsymbol{x}^{\mathrm{T}} \boldsymbol{A}^2 \boldsymbol{x} = x_1^2 + x_2^2 + 5x_3^2 + 5x_4^2 + 8x_3x_4$ 对应矩阵的特征多项式

$$|\lambda \boldsymbol{E} - \boldsymbol{A}^2| = \begin{vmatrix} \lambda - 1 & 0 & 0 & 0 \\ 0 & \lambda - 1 & 0 & 0 \\ 0 & 0 & \lambda - 5 & -4 \\ 0 & 0 & -4 & \lambda - 5 \end{vmatrix} = (\lambda - 1)^3(\lambda - 9).$$

$\boldsymbol{A}^2$ 的特征值 $\lambda_1 = \lambda_2 = \lambda_3 = 1$，$\lambda_4 = 9$. 由$(\lambda_1 \boldsymbol{E} - \boldsymbol{A}^2)\boldsymbol{x} = \boldsymbol{0}$，即

$$\begin{pmatrix} 0 & 0 & 0 & 0 \\ 0 & 0 & 0 & 0 \\ 0 & 0 & -4 & -4 \\ 0 & 0 & -4 & -4 \end{pmatrix} \begin{pmatrix} x_1 \\ x_2 \\ x_3 \\ x_4 \end{pmatrix} = \begin{pmatrix} 0 \\ 0 \\ 0 \\ 0 \end{pmatrix},$$

和$(\lambda_4 \boldsymbol{E} - \boldsymbol{A}^2)\boldsymbol{x} = \boldsymbol{0}$，即

$$\begin{pmatrix} 8 & 0 & 0 & 0 \\ 0 & 8 & 0 & 0 \\ 0 & 0 & 4 & -4 \\ 0 & 0 & -4 & 4 \end{pmatrix} \begin{pmatrix} x_1 \\ x_2 \\ x_3 \\ x_4 \end{pmatrix} = \begin{pmatrix} 0 \\ 0 \\ 0 \\ 0 \end{pmatrix},$$

分别求得对应 $\lambda_{1,2,3} = 1$ 的线性无关特征向量

$$\boldsymbol{\alpha}_1 = (1,0,0,0)^{\mathrm{T}}, \boldsymbol{\alpha}_2 = (0,1,0,0)^{\mathrm{T}}, \boldsymbol{\alpha}_3 = (0,0,1,-1)^{\mathrm{T}},$$

和对应 $\lambda_4 = 9$ 的特征向量 $\boldsymbol{\alpha}_4 = (0,0,1,1)^{\mathrm{T}}$.

对 $\boldsymbol{\alpha}_1, \boldsymbol{\alpha}_2, \boldsymbol{\alpha}_3$ 用施密特正交化方法得 $\boldsymbol{\beta}_1, \boldsymbol{\beta}_2, \boldsymbol{\beta}_3$，再将 $\boldsymbol{\alpha}_4$ 单位化为 $\boldsymbol{\beta}_4$，其中，

$$\boldsymbol{\beta}_1 = (1,0,0,0)^{\mathrm{T}}, \boldsymbol{\beta}_2 = (0,1,0,0)^{\mathrm{T}}, \boldsymbol{\beta}_3 = \left(0,0,\frac{1}{\sqrt{2}},-\frac{1}{\sqrt{2}}\right)^{\mathrm{T}}, \boldsymbol{\beta}_4 = \left(0,0,\frac{1}{\sqrt{2}},\frac{1}{\sqrt{2}}\right)^{\mathrm{T}}.$$

取正交矩阵

$$P=(\boldsymbol{\beta}_1,\boldsymbol{\beta}_2,\boldsymbol{\beta}_3,\boldsymbol{\beta}_4)=\begin{pmatrix}1&0&0&0\\0&1&0&0\\0&0&\frac{1}{\sqrt{2}}&\frac{1}{\sqrt{2}}\\0&0&-\frac{1}{\sqrt{2}}&\frac{1}{\sqrt{2}}\end{pmatrix},$$

则$$\boldsymbol{P}^{-1}\boldsymbol{A}^2\boldsymbol{P}=\boldsymbol{P}^{\mathrm{T}}\boldsymbol{A}^2\boldsymbol{P}=\begin{pmatrix}1&&&\\&1&&\\&&1&\\&&&9\end{pmatrix},\text{即}(\boldsymbol{AP})^{\mathrm{T}}(\boldsymbol{AP})=\boldsymbol{P}^{\mathrm{T}}\boldsymbol{A}^2\boldsymbol{P}=\begin{pmatrix}1&&&\\&1&&\\&&1&\\&&&9\end{pmatrix}.$$

25. 设$\boldsymbol{\alpha}=(a_1,a_2,\cdots,a_n)^{\mathrm{T}},\boldsymbol{\beta}=(b_1,b_2,\cdots,b_n)^{\mathrm{T}}$, $a_ib_i\neq 0$, $\forall i=1,2,\cdots,n$, 令$\boldsymbol{A}=\boldsymbol{\alpha}\boldsymbol{\beta}^{\mathrm{T}}$, 求 $\boldsymbol{A}$ 的特征值与特征向量.

解　因矩阵

$$\boldsymbol{A}=\begin{pmatrix}a_1b_1&a_1b_2&\cdots&a_1b_n\\a_2b_1&a_2b_2&\cdots&a_2b_n\\\vdots&\vdots&&\vdots\\a_nb_1&a_nb_1&\cdots&a_nb_n\end{pmatrix},$$

其特征多项式为:

$$|\lambda\boldsymbol{E}-\boldsymbol{A}|=D_n=\begin{vmatrix}\lambda-a_1b_1&-a_1b_2&\cdots&-a_1b_n\\-a_2b_1&\lambda-a_2b_2&\cdots&-a_2b_n\\\vdots&\vdots&&\vdots\\-a_nb_1&-a_nb_1&\cdots&\lambda-a_nb_n\end{vmatrix}$$

$$=\begin{vmatrix}\lambda-a_1b_1&-a_1b_2&\cdots&0\\-a_2b_1&\lambda-a_2b_2&\cdots&0\\\vdots&\vdots&&\vdots\\-a_nb_1&-a_nb_1&\cdots&\lambda\end{vmatrix}+\begin{vmatrix}\lambda-a_1b_1&-a_1b_2&\cdots&-a_1b_n\\-a_2b_1&\lambda-a_2b_2&\cdots&-a_2b_n\\\vdots&\vdots&&\vdots\\-a_nb_1&-a_nb_1&\cdots&-a_nb_n\end{vmatrix}$$

$$=\lambda D_{n-1}-a_nb_n\lambda^{n-1},$$

递推可得 $D_n=\lambda^{n-1}\left(\lambda-\sum_{i=1}^{n}a_ib_i\right)$, 从而$\boldsymbol{A}$有特征值$\lambda_1=\lambda_2=\cdots=\lambda_{n-1}=0$及$\lambda_n=\sum_{i=1}^{n}a_ib_i$.

对$\lambda_1=\lambda_2=\cdots=\lambda_{n-1}=0$, 解方程组$(0\boldsymbol{E}-\boldsymbol{A})\boldsymbol{x}=\boldsymbol{0}$, 其等价于方程$b_1x_1+b_2x_2+\cdots+b_nx_n=0$, 基础解系为:

$\boldsymbol{p}_1=(-b_2,b_1,0,\cdots,0)^{\mathrm{T}}$, $\boldsymbol{p}_2=(-b_3,0,b_1,\cdots,0)^{\mathrm{T}}$, $\cdots$, $\boldsymbol{p}_{n-1}=(-b_n,0,0,\cdots,b_1)^{\mathrm{T}}$, 则 $\boldsymbol{A}$ 的属于$\lambda_1=\lambda_2=\cdots=\lambda_{n-1}=0$的特征向量为$k_1\boldsymbol{p}_1+k_2\boldsymbol{p}_2+\cdots+k_{n-1}\boldsymbol{p}_{n-1}$, 其中, k_1, $k_2,\cdots,k_{n-1}$不全为零.

对$\lambda_n=\sum_{i=1}^{n}a_ib_i$, 解$(\lambda_n\boldsymbol{E}-\boldsymbol{A})\boldsymbol{x}=\boldsymbol{0}$, 得$\boldsymbol{p}=k(a_1,a_2,\cdots,a_n)^{\mathrm{T}}$为特征向量, 其中, $k\neq 0$.

26. 用三种不同方法化下列二次型为标准形和规范形:

(1) $f_1 = 2x_1^2 + 3x_2^2 + 4x_2x_3 + 3x_3^2$;

解 (1) 用正交变换法求解. 二次型对应的矩阵为 $\boldsymbol{A} = \begin{pmatrix} 2 & 0 & 0 \\ 0 & 3 & 2 \\ 0 & 2 & 3 \end{pmatrix}$, 由

$$|\lambda\boldsymbol{E} - \boldsymbol{A}| = \begin{vmatrix} \lambda - 2 & 0 & 0 \\ 0 & \lambda - 3 & -2 \\ 0 & -2 & \lambda - 3 \end{vmatrix} = (\lambda - 1)(\lambda - 2)(\lambda - 5),$$

知 $\boldsymbol{A}$ 的特征值为 $\lambda_1 = 1$, $\lambda_2 = 2$, $\lambda_3 = 5$.

对 $\lambda_1 = 1$, 解 $\begin{pmatrix} -1 & 0 & 0 \\ 0 & -2 & -2 \\ 0 & -2 & -2 \end{pmatrix}\begin{pmatrix} x_1 \\ x_2 \\ x_3 \end{pmatrix} = \begin{pmatrix} 0 \\ 0 \\ 0 \end{pmatrix}$, 得 $\begin{pmatrix} x_1 \\ x_2 \\ x_3 \end{pmatrix} = k\begin{pmatrix} 0 \\ 1 \\ -1 \end{pmatrix}$, 取 $x_1 = \begin{pmatrix} 0 \\ 1 \\ -1 \end{pmatrix}$, 单位化 $\boldsymbol{p}_1 = \left(0, \frac{\sqrt{2}}{2}, -\frac{\sqrt{2}}{2}\right)^{\mathrm{T}}$;

对 $\lambda_2 = 2$, 解 $\begin{pmatrix} 0 & 0 & 0 \\ 0 & -1 & -2 \\ 0 & -2 & -1 \end{pmatrix}\begin{pmatrix} x_1 \\ x_2 \\ x_3 \end{pmatrix} = \begin{pmatrix} 0 \\ 0 \\ 0 \end{pmatrix}$, 得 $\begin{pmatrix} x_1 \\ x_2 \\ x_3 \end{pmatrix} = k\begin{pmatrix} 1 \\ 0 \\ 0 \end{pmatrix}$, 取 $\boldsymbol{p}_2 = (1,0,0)^{\mathrm{T}}$;

对 $\lambda_3 = 5$, 解 $\begin{pmatrix} 3 & 0 & 0 \\ 0 & 2 & -2 \\ 0 & -2 & 2 \end{pmatrix}\begin{pmatrix} x_1 \\ x_2 \\ x_3 \end{pmatrix} = \begin{pmatrix} 0 \\ 0 \\ 0 \end{pmatrix}$, 得 $\begin{pmatrix} x_1 \\ x_2 \\ x_3 \end{pmatrix} = k\begin{pmatrix} 0 \\ 1 \\ 1 \end{pmatrix}$, 取 $\boldsymbol{x}_3 = \begin{pmatrix} 0 \\ 1 \\ 1 \end{pmatrix}$, 单位化得 $\boldsymbol{p}_3 = \left(0, \frac{\sqrt{2}}{2}, \frac{\sqrt{2}}{2}\right)^{\mathrm{T}}$.

令

$$\boldsymbol{P} = (\boldsymbol{p}_1, \boldsymbol{p}_2, \boldsymbol{p}_3) = \begin{pmatrix} 0 & 1 & 0 \\ \frac{\sqrt{2}}{2} & 0 & \frac{\sqrt{2}}{2} \\ -\frac{\sqrt{2}}{2} & 0 & \frac{\sqrt{2}}{2} \end{pmatrix},$$

则 $\boldsymbol{P}$ 为正交矩阵, 经正交变换 $\boldsymbol{x} = \boldsymbol{P}\boldsymbol{y}$, 原二次型 f 化为(化规范形略去)

$$f = \boldsymbol{x}^{\mathrm{T}}\boldsymbol{A}\boldsymbol{x} = y_1^2 + 2y_2^2 + 5y_3^2.$$

(2) 用配方法求解. 因

$$f_1 = 2x_1^2 + 3\left(x_2^2 + \frac{4}{3}x_2x_3\right) + 3x_3^2 = 2x_1^2 + 3\left(x_2 + \frac{2}{3}x_3\right)^2 + \frac{5}{3}x_3^2,$$

令

$$\begin{cases} y_1 = x_1 \\ y_2 = x_2 + \frac{2}{3}x_3, \\ y_3 = x_3 \end{cases} \text{即} \begin{cases} x_1 = y_1 \\ x_2 = y_2 - \frac{2}{3}y_3, \\ x_3 = y_3 \end{cases}$$

令

$$P=\begin{pmatrix}1 & 0 & 0\\ 0 & 1 & -\frac{2}{3}\\ 0 & 0 & 1\end{pmatrix},$$

则二次型 f_1 经可逆线性变换 $\boldsymbol{x}=\boldsymbol{P}\boldsymbol{y}$ 化成标准形

$$f_1=2y_1^2+3y_2^2+\frac{5}{3}y_3^2.$$

若再令

$$\begin{cases}z_1=\sqrt{2}\,y_1\\ z_2=\sqrt{3}\,y_2\\ z_3=\dfrac{\sqrt{15}}{3}y_3\end{cases}，即\begin{cases}y_1=\dfrac{\sqrt{2}}{2}z_1\\ y_2=\dfrac{\sqrt{3}}{3}z_2\\ y_3=\dfrac{\sqrt{15}}{5}z_3\end{cases},$$

令

$$\boldsymbol{Q}=\begin{pmatrix}\frac{\sqrt{2}}{2} & & \\ & \frac{\sqrt{3}}{3} & \\ & & \frac{\sqrt{15}}{5}\end{pmatrix},\ \boldsymbol{C}=\boldsymbol{P}\boldsymbol{Q}=\begin{pmatrix}\frac{\sqrt{2}}{2} & 0 & 0\\ 0 & \frac{\sqrt{3}}{3} & -\frac{2\sqrt{15}}{15}\\ 0 & 0 & \frac{\sqrt{15}}{5}\end{pmatrix},$$

原二次型 f_1 经可逆线性变换 $\boldsymbol{x}=\boldsymbol{P}\boldsymbol{Q}\boldsymbol{z}=\boldsymbol{C}\boldsymbol{z}$ 化成规范形

$$f_1=z_1^2+z_2^2+z_3^2.$$

(3) 用初等变换法求解. 作合同变换

$$(\boldsymbol{A}\ \vdots\ \boldsymbol{E})=\left(\begin{array}{ccc:ccc}2 & 0 & 0 & 1 & 0 & 0\\ 0 & 3 & 2 & 0 & 1 & 0\\ 0 & 2 & 3 & 0 & 0 & 1\end{array}\right)\xrightarrow[c_3+\left(-\frac{2}{3}\right)\times c_2]{r_3+\left(-\frac{2}{3}\right)\times r_2}\left(\begin{array}{ccc:ccc}2 & 0 & 0 & 1 & 0 & 0\\ 0 & 3 & 0 & 0 & 1 & 0\\ 0 & 0 & \frac{5}{3} & 0 & -\frac{2}{3} & 1\end{array}\right)$$

$$\xrightarrow[\substack{\frac{1}{\sqrt{3}}\times r_2,\ \frac{1}{\sqrt{3}}\times c_2\\ \frac{\sqrt{15}}{5}\times r_3,\ \frac{\sqrt{15}}{5}\times c_3}]{\frac{1}{\sqrt{2}}\times r_1,\ \frac{1}{\sqrt{2}}\times c_1}\left(\begin{array}{ccc:ccc}1 & 0 & 0 & \frac{1}{\sqrt{2}} & 0 & 0\\ 0 & 1 & 0 & 0 & \frac{1}{\sqrt{3}} & 0\\ 0 & 0 & 1 & 0 & -\frac{2\sqrt{15}}{15} & \frac{\sqrt{15}}{5}\end{array}\right),$$

令

$$P_1=\begin{pmatrix}1&0&0\\0&1&0\\0&-\frac{2}{3}&1\end{pmatrix}^{\mathrm{T}},\ P_2=\begin{pmatrix}\frac{1}{\sqrt{2}}&0&0\\0&\frac{1}{\sqrt{3}}&0\\0&-\frac{2\sqrt{15}}{15}&\frac{\sqrt{15}}{5}\end{pmatrix}^{\mathrm{T}},$$

则原二次型f_1经过可逆线性变换$\boldsymbol{x}=\boldsymbol{P}_1\boldsymbol{y}$化成标准形$f_1=2y_1^2+3y_2^2+\frac{5}{3}y_3^2$，二次型经过可逆线性变换$\boldsymbol{x}=\boldsymbol{P}_2\boldsymbol{z}$化成规范形$f_1=z_1^2+z_2^2+z_3^2$.

(2)$f_2=x_1^2+x_2^2+x_3^2+x_4^2+2x_1x_2-2x_1x_4-2x_2x_3+2x_3x_4$.

解　(1) 用正交变换法求解. 二次型的矩阵为:

$$\boldsymbol{A}=\begin{pmatrix}1&1&0&-1\\1&1&-1&0\\0&-1&1&1\\-1&0&1&1\end{pmatrix},$$

由

$$|\lambda\boldsymbol{E}-\boldsymbol{A}|=\begin{vmatrix}\lambda-1&-1&0&1\\-1&\lambda-1&1&0\\0&1&\lambda-1&-1\\1&0&-1&\lambda-1\end{vmatrix}=(\lambda+1)(\lambda-3)(\lambda-1)^2,$$

知$\boldsymbol{A}$的特征值为$\lambda_1=-1$，$\lambda_2=3$，$\lambda_3=\lambda_4=1$.

对$\lambda_1=-1$，解$\begin{pmatrix}-2&-1&0&1\\-1&-2&1&0\\0&1&-2&-1\\1&0&-1&-2\end{pmatrix}\begin{pmatrix}x_1\\x_2\\x_3\\x_4\end{pmatrix}=\begin{pmatrix}0\\0\\0\\0\end{pmatrix}$，得$\begin{pmatrix}x_1\\x_2\\x_3\\x_4\end{pmatrix}=k\begin{pmatrix}1\\-1\\-1\\1\end{pmatrix}$，取$\boldsymbol{x}_1=\begin{pmatrix}1\\-1\\-1\\1\end{pmatrix}$，

单位化得$\boldsymbol{p}_1=\left(\frac{1}{2},-\frac{1}{2},-\frac{1}{2},\frac{1}{2}\right)^{\mathrm{T}}$；

对$\lambda_2=3$，解$\begin{pmatrix}2&-1&0&1\\-1&2&1&0\\0&1&2&-1\\1&0&-1&2\end{pmatrix}\begin{pmatrix}x_1\\x_2\\x_3\\x_4\end{pmatrix}=\begin{pmatrix}0\\0\\0\\0\end{pmatrix}$，得$\begin{pmatrix}x_1\\x_2\\x_3\\x_4\end{pmatrix}=k\begin{pmatrix}-1\\-1\\1\\1\end{pmatrix}$，取$\boldsymbol{x}_2=\begin{pmatrix}-1\\-1\\1\\1\end{pmatrix}$，单位化得$\boldsymbol{p}_2=\left(-\frac{1}{2},-\frac{1}{2},\frac{1}{2},\frac{1}{2}\right)^{\mathrm{T}}$；

对$\lambda_3=\lambda_4=1$，解$\begin{pmatrix}0&-1&0&1\\-1&0&1&0\\0&1&0&-1\\1&0&-1&0\end{pmatrix}\begin{pmatrix}x_1\\x_2\\x_3\\x_4\end{pmatrix}=\begin{pmatrix}0\\0\\0\\0\end{pmatrix}$，得$\begin{pmatrix}x_1\\x_2\\x_3\\x_4\end{pmatrix}=k_1\begin{pmatrix}1\\0\\1\\0\end{pmatrix}+k_2\begin{pmatrix}0\\1\\0\\1\end{pmatrix}$，

取$\boldsymbol{x}_3=\begin{pmatrix}1\\0\\1\\0\end{pmatrix}$，$\boldsymbol{x}_4=\begin{pmatrix}0\\1\\0\\1\end{pmatrix}$，再单位化得$\boldsymbol{p}_3=\left(\frac{\sqrt{2}}{2},0,\frac{\sqrt{2}}{2},0\right)^{\mathrm{T}}$，$\boldsymbol{p}_4=\left(0,\frac{\sqrt{2}}{2},0,\frac{\sqrt{2}}{2}\right)^{\mathrm{T}}$. 令

$$\boldsymbol{P}=(\boldsymbol{p}_1,\boldsymbol{p}_2,\boldsymbol{p}_3,\boldsymbol{p}_4)=\begin{pmatrix}\frac{1}{2}&-\frac{1}{2}&\frac{\sqrt{2}}{2}&0\\-\frac{1}{2}&-\frac{1}{2}&0&\frac{\sqrt{2}}{2}\\-\frac{1}{2}&\frac{1}{2}&\frac{\sqrt{2}}{2}&0\\\frac{1}{2}&\frac{1}{2}&0&\frac{\sqrt{2}}{2}\end{pmatrix},$$

则 $\boldsymbol{P}$ 为正交矩阵，经正交变换 $\boldsymbol{x}=\boldsymbol{P}\boldsymbol{y}$，原二次型 f 化为(化规范形略去)

$$f=\boldsymbol{x}^{\mathrm{T}}\boldsymbol{A}\boldsymbol{x}=-y_1^2+3y_2^2+y_3^2+y_4^2.$$

(2) 用配方法求解. 因

$$\begin{aligned}f_2&=(x_1^2+2x_1x_2-2x_1x_4)+x_2^2+x_3^2+x_4^2-2x_2x_3+2x_3x_4\\&=(x_1+x_2-x_4)^2+x_3^2-2x_2x_3+2x_3x_4+2x_2x_4\\&=(x_1+x_2-x_4)^2+(x_3-x_2+x_4)^2-(x_2-2x_4)^2+3x_4^2,\end{aligned}$$

令

$$\begin{cases}y_1=x_1+x_2-x_4\\y_2=x_2-2x_4\\y_3=-x_2+x_3+x_4\\y_4=x_4\end{cases}，即\begin{cases}x_1=y_1-y_2-y_4\\x_2=y_2+2y_4\\x_3=y_2+y_3+y_4\\x_4=y_4\end{cases},$$

令

$$\boldsymbol{P}=\begin{pmatrix}1&-1&0&-1\\0&1&0&2\\0&1&1&1\\0&0&0&1\end{pmatrix},$$

则二次型 f_2 经可逆线性变换 $\boldsymbol{x}=\boldsymbol{P}\boldsymbol{y}$ 化成标准形

$$f_2=y_1^2-y_2^2+y_3^2+3y_4^2.$$

若再令

$$\begin{cases}z_1=y_1\\z_2=y_2\\z_3=y_3\\z_4=\sqrt{3}y_4\end{cases}，即\begin{cases}y_1=z_1\\y_2=z_2\\y_3=z_3\\y_4=\frac{\sqrt{3}}{3}z_4\end{cases},$$

令

$$Q=\begin{pmatrix}1&&&\\&1&&\\&&1&\\&&&\frac{\sqrt{3}}{3}\end{pmatrix},\ C=PQ=\begin{pmatrix}1&-1&0&-\frac{\sqrt{3}}{3}\\0&1&0&\frac{2\sqrt{3}}{3}\\0&1&1&\frac{\sqrt{3}}{3}\\0&0&0&-\frac{\sqrt{3}}{3}\end{pmatrix},$$

原二次型 f_2 经可逆线性变换 $x=PQz=Cz$ 化成规范形 $f_2=z_1^2-z_2^2+z_3^2+z_4^2$.

(3) 用初等变换法求解. 作合同变换:

$$(A\ \vdots\ E)=\left(\begin{array}{cccc:cccc}1&1&0&-1&1&0&0&0\\1&1&-1&0&0&1&0&0\\0&-1&1&1&0&0&1&0\\-1&0&1&1&0&0&0&1\end{array}\right)$$

$$\xrightarrow[c_2+(-1)\times c_1]{r_2+(-1)\times r_1}\left(\begin{array}{cccc:cccc}1&0&0&-1&1&0&0&0\\0&0&-1&1&-1&1&0&0\\0&-1&1&1&0&0&1&0\\-1&1&1&1&0&0&0&1\end{array}\right)$$

$$\xrightarrow[c_4+c_1]{r_4+r_1}\left(\begin{array}{cccc:cccc}1&0&0&0&1&0&0&0\\0&0&-1&1&-1&1&0&0\\0&-1&1&1&0&0&1&0\\0&1&1&0&1&0&0&1\end{array}\right)$$

$$\xrightarrow[c_3+c_2]{r_3+r_2}\left(\begin{array}{cccc:cccc}1&0&0&0&1&0&0&0\\0&0&-1&1&-1&1&0&0\\0&-1&-1&2&-1&1&1&0\\0&1&2&0&1&0&0&1\end{array}\right)$$

$$\xrightarrow[c_3+c_4]{r_3+r_4}\left(\begin{array}{cccc:cccc}1&0&0&0&1&0&0&0\\0&0&0&1&-1&1&0&0\\0&0&3&2&0&1&1&1\\0&1&2&0&1&0&0&1\end{array}\right)$$

$$\xrightarrow[c_3+(-2)\times c_2]{r_3+(-2)\times r_2}\left(\begin{array}{cccc:cccc}1&0&0&0&1&0&0&0\\0&0&0&1&-1&1&0&0\\0&0&3&0&2&-1&1&1\\0&1&0&0&1&0&0&1\end{array}\right)$$

$$\xrightarrow[c_2+c_4]{r_2+r_4}\left(\begin{array}{cccc:cccc}1&0&0&0&1&0&0&0\\0&2&0&1&0&1&0&1\\0&0&3&0&2&-1&1&1\\0&1&0&0&1&0&0&1\end{array}\right)$$

$$\xrightarrow[c_4+\left(-\frac{1}{2}\right)\times c_2]{r_4+\left(-\frac{1}{2}\right)\times r_2}\left(\begin{array}{cccc:cccc}1&0&0&0&1&0&0&0\\0&2&0&0&0&1&0&1\\0&0&3&0&2&-1&1&1\\0&0&0&-\frac{1}{2}&1&-\frac{1}{2}&0&\frac{1}{2}\end{array}\right)$$

$$\xrightarrow[\substack{\frac{1}{\sqrt3}\times r_3,\ \frac{1}{\sqrt3}\times c_3\\ \sqrt2\times r_4,\ \sqrt2\times c_4}]{\frac{1}{\sqrt2}\times r_2,\ \frac{1}{\sqrt2}\times c_2}\left(\begin{array}{cccc:cccc}1&0&0&0&1&0&0&0\\0&1&0&0&0&\frac{1}{\sqrt2}&0&\frac{1}{\sqrt2}\\0&0&1&0&\frac{2\sqrt3}{3}&-\frac{\sqrt3}{3}&\frac{\sqrt3}{3}&\frac{\sqrt3}{3}\\0&0&0&-1&\sqrt2&-\frac{\sqrt2}{2}&0&\frac{\sqrt2}{2}\end{array}\right),$$

令

$$\boldsymbol{P}_1=\begin{pmatrix}1&0&0&0\\0&1&0&1\\2&-1&1&1\\1&-\frac{1}{2}&0&\frac{1}{2}\end{pmatrix}^{\mathrm T},\ \boldsymbol{P}_2=\begin{pmatrix}1&0&0&0\\0&\frac{1}{\sqrt2}&0&\frac{1}{\sqrt2}\\\frac{2\sqrt3}{3}&-\frac{\sqrt3}{3}&\frac{\sqrt3}{3}&\frac{\sqrt3}{3}\\\sqrt2&-\frac{\sqrt2}{2}&0&\frac{\sqrt2}{2}\end{pmatrix}^{\mathrm T},$$

则原二次型f_2经可逆线性变换$\boldsymbol{x}=\boldsymbol{P}_1\boldsymbol{y}$化成标准形$f_2=y_1^2+2y_2^2+3y_3^2-\frac{1}{2}y_4^2$，$f_2$经可逆线性变换$\boldsymbol{x}=\boldsymbol{P}_2\boldsymbol{z}$化成规范形

$$f_2=z_1^2+z_2^2+z_3^2-z_4^2.$$

27. 存在可逆线性变换$\boldsymbol{x}=\boldsymbol{P}\boldsymbol{y}$，将如下二次型$f$化成二次型$g$，求此变换$\boldsymbol{P}$.

$$f=2x_1^2+9x_2^2+3x_3^2+8x_1x_2-4x_1x_3-10x_2x_3,$$
$$g=2y_1^2+3y_2^2+6y_3^2-4y_1y_2-4y_1y_3+8y_2y_3.$$

解　方法1:两二次型对应的矩阵分别为:

$$f=\boldsymbol{x}^{\mathrm T}\boldsymbol{A}\boldsymbol{x},\ \boldsymbol{A}=\begin{pmatrix}2&4&-2\\4&9&-5\\-2&-5&3\end{pmatrix},\ g=\boldsymbol{y}^{\mathrm T}\boldsymbol{B}\boldsymbol{y},\ \boldsymbol{B}=\begin{pmatrix}2&-2&-2\\-2&3&4\\-2&4&6\end{pmatrix},$$

将$\boldsymbol{A},\boldsymbol{B}$分别作合同变换如下:

$$\begin{pmatrix} A \\ \hline E \end{pmatrix} = \begin{pmatrix} 2 & 4 & -2 \\ 4 & 9 & -5 \\ -2 & -5 & 3 \\ \hdashline 1 & 0 & 0 \\ 0 & 1 & 0 \\ 0 & 0 & 1 \end{pmatrix} \xrightarrow[\substack{c_2 - 2c_1 \\ c_3 + c_1}]{\substack{r_2 - 2r_1 \\ r_3 + r_1}} \begin{pmatrix} 2 & 0 & 0 \\ 0 & 1 & -1 \\ 0 & -1 & 1 \\ \hdashline 1 & -2 & 1 \\ 0 & 1 & 0 \\ 0 & 0 & 1 \end{pmatrix} \xrightarrow[c_3 + c_2]{r_3 + r_2} \begin{pmatrix} 2 & 0 & 0 \\ 0 & 1 & 0 \\ 0 & 0 & 0 \\ \hdashline 1 & -2 & -1 \\ 0 & 1 & 1 \\ 0 & 0 & 1 \end{pmatrix},$$

在可逆线性变换 $\boldsymbol{x} = \boldsymbol{C}_1\boldsymbol{z}$ 下，

$$f = 2z_1^2 + z_2^2,$$

其中，

$$\boldsymbol{C}_1 = \begin{pmatrix} 1 & -2 & -1 \\ 0 & 1 & 1 \\ 0 & 0 & 1 \end{pmatrix}.$$

$$\begin{pmatrix} B \\ \hline E \end{pmatrix} = \begin{pmatrix} 2 & -2 & -2 \\ -2 & 3 & 4 \\ -2 & 4 & 6 \\ \hdashline 1 & 0 & 0 \\ 0 & 1 & 0 \\ 0 & 0 & 1 \end{pmatrix} \xrightarrow[\substack{c_2 + c_1 \\ c_3 + c_1}]{\substack{r_2 + r_1 \\ r_3 + r_1}} \begin{pmatrix} 2 & 0 & 0 \\ 0 & 1 & 2 \\ 0 & 2 & 4 \\ \hdashline 1 & 1 & 1 \\ 0 & 1 & 0 \\ 0 & 0 & 1 \end{pmatrix} \xrightarrow[c_3 - 2c_2]{r_3 - 2r_2} \begin{pmatrix} 2 & 0 & 0 \\ 0 & 1 & 0 \\ 0 & 0 & 0 \\ \hdashline 1 & 1 & -1 \\ 0 & 1 & -2 \\ 0 & 0 & 1 \end{pmatrix},$$

在可逆线性变换 $\boldsymbol{y} = \boldsymbol{C}_2\boldsymbol{z}$ 下，$g = 2z_1^2 + z_2^2$，其中，

$$\boldsymbol{C}_2 = \begin{pmatrix} 1 & 1 & -1 \\ 0 & 1 & -2 \\ 0 & 0 & 1 \end{pmatrix}.$$

由 $\boldsymbol{z} = \boldsymbol{C}_2^{-1}\boldsymbol{y}$ 得

$$\boldsymbol{x} = \boldsymbol{C}_1\boldsymbol{z} = \boldsymbol{C}_1\boldsymbol{C}_2^{-1}\boldsymbol{y},$$

令

$$\boldsymbol{P} = \boldsymbol{C}_1\boldsymbol{C}_2^{-1} = \begin{pmatrix} 1 & -2 & -1 \\ 0 & 1 & 1 \\ 0 & 0 & 1 \end{pmatrix} \begin{pmatrix} 1 & 1 & -1 \\ 0 & 1 & -2 \\ 0 & 0 & 1 \end{pmatrix}^{-1} = \begin{pmatrix} 1 & -3 & -6 \\ 0 & 1 & 3 \\ 0 & 0 & 1 \end{pmatrix},$$

在可逆线性变换 $\boldsymbol{x} = \boldsymbol{P}\boldsymbol{y}$ 下，$f = g = 2z_1^2 + z_2^2$.

方法 2： 配方易得

$$\begin{aligned} f &= 2(x_1 + 2x_2 - x_3)^2 + 8x_2x_3 + x_2^2 + x_3^2 - 10x_2x_3 \\ &= 2(x_1 + 2x_2 - x_3)^2 + (x_2 - x_3)^2, \end{aligned}$$

$$g = 2(y_2 + y_3 - y_1)^2 + (y_2 + 2y_3)^2,$$

故可令

$$\begin{cases} x_1 + 2x_2 - x_3 = y_2 + y_3 - y_1 \\ x_2 - x_3 = y_2 + 2y_3 \\ x_3 = y_3 \end{cases}，解得 \begin{cases} x_1 = -y_1 - y_2 - 4y_3 \\ x_2 = y_2 + 3y_3 \\ x_3 = y_3 \end{cases}，即$$

$$\begin{pmatrix}x_1\\x_2\\x_3\end{pmatrix}=\begin{pmatrix}-1&-1&-4\\0&1&3\\0&0&1\end{pmatrix}\begin{pmatrix}y_1\\y_2\\y_3\end{pmatrix}，取 \boldsymbol{P}=\begin{pmatrix}-1&-1&-4\\0&1&3\\0&0&1\end{pmatrix} 即可.$$

若令

$$\begin{cases}x_1+2x_2-x_3=-y_2-y_3+y_1\\x_2-x_3=y_2+2y_3\\x_3=y_3\end{cases}，则有\begin{cases}x_1=y_1-3y_2-6y_3\\x_2=y_2+3y_3\\x_3=y_3\end{cases}，即$$

$$\begin{pmatrix}x_1\\x_2\\x_3\end{pmatrix}=\begin{pmatrix}1&-3&-6\\0&1&3\\0&0&1\end{pmatrix}\begin{pmatrix}y_1\\y_2\\y_3\end{pmatrix}，取 \boldsymbol{P}=\begin{pmatrix}1&-3&-6\\0&1&3\\0&0&1\end{pmatrix} 即可.$$

若令

$$\begin{cases}x_1+2x_2-x_3=y_2+y_3-y_1\\x_2-x_3=-y_2-2y_3\\x_3=y_3\end{cases}，解得\begin{cases}x_1=-y_1+3y_2+4y_3\\x_2=-y_2-y_3\\x_3=y_3\end{cases}，即$$

$$\begin{pmatrix}x_1\\x_2\\x_3\end{pmatrix}=\begin{pmatrix}-1&3&4\\0&-1&-1\\0&0&1\end{pmatrix}\begin{pmatrix}y_1\\y_2\\y_3\end{pmatrix}，取 \boldsymbol{P}=\begin{pmatrix}-1&3&4\\0&-1&-1\\0&0&1\end{pmatrix} 即可.$$

若令

$$\begin{cases}x_1+2x_2-x_3=-y_2-y_3+y_1\\x_2-x_3=-y_2-2y_3\\x_3=y_3\end{cases}，则有\begin{cases}x_1=y_1+y_2+2y_3\\x_2=-y_2-y_3\\x_3=y_3\end{cases}，即$$

$$\begin{pmatrix}x_1\\x_2\\x_3\end{pmatrix}=\begin{pmatrix}1&1&2\\0&-1&-1\\0&0&1\end{pmatrix}\begin{pmatrix}y_1\\y_2\\y_3\end{pmatrix}，取 \boldsymbol{P}=\begin{pmatrix}1&1&2\\0&-1&-1\\0&0&1\end{pmatrix} 即可.$$

还可以有其他结果.

28. 设二次型 $f(x_1,x_2,x_3)=5x_1^2+5x_2^2+cx_3^2-2x_1x_2+6x_1x_3-6x_2x_3$，秩 $R(f)=2$.

(1) 求 c；

(2) 用正交变换化 $f(x_1,x_2,x_3)$ 为标准形；

(3) $f(x_1,x_2,x_3)=1$ 表示哪类二次曲面？

解　二次型 f 所对应的矩阵为

$$\boldsymbol{A}=\begin{pmatrix}5&-1&3\\-1&5&-3\\3&-3&c\end{pmatrix}.$$

(1) 显然 $R(f)=R(\boldsymbol{A})\geq 2$，欲使得 $R(\boldsymbol{A})=2$，则需 $\det\boldsymbol{A}=0$，可计算得

$$|\boldsymbol{A}|=\begin{vmatrix}5 & -1 & 3\\ -1 & 5 & -3\\ 3 & -3 & c\end{vmatrix}=24(c-3)=0,$$

故 $c=3$.

(2) 因为：

$$|\boldsymbol{A}-\lambda\boldsymbol{E}|=\begin{vmatrix}5-\lambda & -1 & 3\\ -1 & 5-\lambda & -3\\ 3 & -3 & 3-\lambda\end{vmatrix}\xlongequal{r_1+r_2}\begin{vmatrix}4-\lambda & 4-\lambda & 0\\ -1 & 5-\lambda & -3\\ 3 & -3 & 3-\lambda\end{vmatrix}$$

$$\xlongequal{c_2-c_1}\begin{vmatrix}4-\lambda & 0 & 0\\ -1 & 6-\lambda & -3\\ 3 & -6 & 3-\lambda\end{vmatrix}=-\lambda(\lambda-4)(\lambda-9),$$

故特征值依次为 $\lambda_1=0$，$\lambda_2=4$，$\lambda_3=9$，可求得对应的两两正交特征向量依次为

$$\boldsymbol{p}_1=\begin{pmatrix}-1\\1\\2\end{pmatrix},\ \boldsymbol{p}_2=\begin{pmatrix}1\\1\\0\end{pmatrix},\ \boldsymbol{p}_3=\begin{pmatrix}1\\-1\\1\end{pmatrix},$$

故对应的正交矩阵

$$\boldsymbol{Q}=\begin{pmatrix}-\frac{1}{\sqrt{6}} & \frac{1}{\sqrt{2}} & \frac{1}{\sqrt{3}}\\ \frac{1}{\sqrt{6}} & \frac{1}{\sqrt{2}} & -\frac{1}{\sqrt{3}}\\ \frac{2}{\sqrt{6}} & 0 & \frac{1}{\sqrt{3}}\end{pmatrix},$$

正交变换 $\boldsymbol{x}=\boldsymbol{Q}\boldsymbol{y}$，此时标准形为 $f=0y_1^2+4y_2^2+9y_3^2$.

(3) $f(x_1,x_2,x_3)=1$ 表示椭圆柱面.

29. 已知二次型 $f(x_1,x_2,x_3)=2x_1^2+3x_2^2+3x_3^2+2ax_2x_3(a>0)$，通过正交变换可化为标准形 $f=y_1^2+2y_2^2+5y_3^2$，求参数 a 及所用的正交变换.

解 依题设，二次型的矩阵为 $\boldsymbol{A}=\begin{pmatrix}2 & 0 & 0\\ 0 & 3 & a\\ 0 & a & 3\end{pmatrix}$，其特征值为 1，2，5. 因其特征多项式为：

$$|\lambda\boldsymbol{E}-\boldsymbol{A}|=\begin{vmatrix}\lambda-2 & 0 & 0\\ 0 & \lambda-3 & -a\\ 0 & -a & \lambda-3\end{vmatrix}=(\lambda-2)(\lambda-3-a)(\lambda-3+a),$$

故 $a=2$(负值舍去).

对于解特征值 $\lambda_1=1$，解 $(\boldsymbol{E}-\boldsymbol{A})\boldsymbol{x}=\boldsymbol{0}$，得基础解系 $\boldsymbol{p}_1=(0,1,-1)^{\mathrm{T}}$.

对于解特征值 $\lambda_2=2$，解 $(2\boldsymbol{E}-\boldsymbol{A})\boldsymbol{x}=\boldsymbol{0}$，得基础解系 $\boldsymbol{p}_2=(1,0,0)^{\mathrm{T}}$.

对于解特征值 $\lambda_3=5$，解 $(5\boldsymbol{E}-\boldsymbol{A})\boldsymbol{x}=\boldsymbol{0}$，得基础解系 $\boldsymbol{p}_3=(0,1,1)^{\mathrm{T}}$.

单位化后，令

$$P = \begin{pmatrix} 0 & 1 & 0 \\ \frac{1}{\sqrt{2}} & 0 & \frac{1}{\sqrt{2}} \\ -\frac{1}{\sqrt{2}} & 0 & \frac{1}{\sqrt{2}} \end{pmatrix},$$

则有$\boldsymbol{P}^{\mathrm{T}}\boldsymbol{A}\boldsymbol{P} = \boldsymbol{\Lambda} = \operatorname{diag}(1,2,5)$.

30. 已知二次型$f(x_1,x_2,x_3) = (1-a)x_1^2 + (1-a)x_2^2 + 2x_3^2 + 2(1+a)x_1x_2$ 的秩为 2.

(1) 求 a 的值;

(2) 求正交变换 $\boldsymbol{x} = \boldsymbol{Q}\boldsymbol{y}$，把$f(x_1,x_2,x_3)$ 化成标准形;

(3) 求方程$f(x_1,x_2,x_3) = 0$ 的解.

解　(1) 二次型对应矩阵为

$$\boldsymbol{A} = \begin{pmatrix} 1-a & 1+a & 0 \\ 1+a & 1-a & 0 \\ 0 & 0 & 2 \end{pmatrix},$$

由二次型的秩为 2，知

$$|\boldsymbol{A}| = \begin{vmatrix} 1-a & 1+a & 0 \\ 1+a & 1-a & 0 \\ 0 & 0 & 2 \end{vmatrix} = 2\begin{vmatrix} 1-a & 1+a \\ 1+a & 1-a \end{vmatrix} = -8a = 0,$$

得 $a = 0$.

(2) 当 $a = 0$ 时，有 $\boldsymbol{A} = \begin{pmatrix} 1 & 1 & 0 \\ 1 & 1 & 0 \\ 0 & 0 & 2 \end{pmatrix}$，由

$$|\lambda\boldsymbol{E} - \boldsymbol{A}| = \begin{vmatrix} \lambda-1 & -1 & 0 \\ -1 & \lambda-1 & 0 \\ 0 & 0 & \lambda-2 \end{vmatrix} = (\lambda-2)(\lambda^2-2\lambda) = \lambda(\lambda-2)^2 = 0,$$

知 $\boldsymbol{A}$ 有特征值为 $\lambda_1 = \lambda_2 = 2, \lambda_3 = 0$.

当 $\lambda_1 = \lambda_2 = 2$ 时，由

$$(2\boldsymbol{E} - \boldsymbol{A})\boldsymbol{x} = \boldsymbol{0},\ \begin{pmatrix} 1 & -1 & 0 \\ -1 & 1 & 0 \\ 0 & 0 & 0 \end{pmatrix} \xrightarrow{r} \begin{pmatrix} 1 & -1 & 0 \\ 0 & 0 & 0 \\ 0 & 0 & 0 \end{pmatrix},$$

得特征向量为:$\boldsymbol{\alpha}_1 = (1,1,0)^{\mathrm{T}}$，$\boldsymbol{\alpha}_2 = (0,0,1)^{\mathrm{T}}$.

当 $\lambda_3 = 0$ 时，由

$$(0\boldsymbol{E} - \boldsymbol{A})\boldsymbol{x} = \boldsymbol{0},\ \begin{pmatrix} -1 & -1 & 0 \\ -1 & -1 & 0 \\ 0 & 0 & -2 \end{pmatrix} \xrightarrow{r} \begin{pmatrix} 1 & 1 & 0 \\ 0 & 0 & 1 \\ 0 & 0 & 0 \end{pmatrix},$$

得特征向量为:$\boldsymbol{\alpha}_3 = (1,-1,0)^{\mathrm{T}}$.

由于 $\boldsymbol{\alpha}_1$，$\boldsymbol{\alpha}_2$，$\boldsymbol{\alpha}_3$ 已两两正交，直接将 $\boldsymbol{\alpha}_1$，$\boldsymbol{\alpha}_2$，$\boldsymbol{\alpha}_3$ 单位化，得:

$$\boldsymbol{\eta}_1=\frac{1}{\sqrt{2}}\begin{pmatrix}1\\1\\0\end{pmatrix},\boldsymbol{\eta}_2=\begin{pmatrix}0\\0\\1\end{pmatrix},\boldsymbol{\eta}_3=\frac{1}{\sqrt{2}}\begin{pmatrix}1\\-1\\0\end{pmatrix}.$$

令 $\boldsymbol{Q}=(\boldsymbol{\eta}_1,\boldsymbol{\eta}_2,\boldsymbol{\eta}_3)$，即为所求的正交变换矩阵，由 $\boldsymbol{x}=\boldsymbol{Q}\boldsymbol{y}$，可化原二次型为标准形：

$$f(x_1,x_2,x_3)=\boldsymbol{x}^{\mathrm{T}}\boldsymbol{A}\boldsymbol{x}=(\boldsymbol{Q}\boldsymbol{y})^{\mathrm{T}}\boldsymbol{A}\boldsymbol{Q}\boldsymbol{y}=\boldsymbol{y}^{\mathrm{T}}\boldsymbol{Q}^{\mathrm{T}}\boldsymbol{A}\boldsymbol{Q}\boldsymbol{y}=\boldsymbol{y}^{\mathrm{T}}\begin{pmatrix}2&&\\&2&\\&&0\end{pmatrix}\boldsymbol{y}=2y_1^2+2y_2^2.$$

(3) **方法1**：由 $f(x_1,x_2,x_3)=2y_1^2+2y_2^2=0$，得 $y_1=0,y_2=0,y_3=k$（k 为任意常数）. 从而所求解为：

$$\boldsymbol{x}=\boldsymbol{Q}\boldsymbol{y}=(\boldsymbol{\eta}_1\quad\boldsymbol{\eta}_2\quad\boldsymbol{\eta}_3)\begin{pmatrix}0\\0\\k\end{pmatrix}=k\boldsymbol{\eta}_3=\begin{pmatrix}k\\-k\\0\end{pmatrix}\text{，其中，}k\text{ 为任意常数.}$$

方法2：方程 $f(x_1,x_2,x_3)=x_1{}^2+x_2{}^2+2x_3{}^2+2x_1x_2=(x_1+x_2)^2+x_3{}^2=0$，

即 $\begin{cases}x_1+x_2=0\\x_3=0\end{cases}$，所以 $f(x_1,x_2,x_3)=0$ 的解为 $k(1,-1,0)^{\mathrm{T}}$.

31. 设矩阵 $\boldsymbol{A}=\begin{pmatrix}1&0&1\\0&2&0\\1&0&1\end{pmatrix}$，$\boldsymbol{B}=(k\boldsymbol{E}+\boldsymbol{A})^2$，其中，$k$ 为实数，$\boldsymbol{E}$ 为单位矩阵，求对角阵 $\boldsymbol{\Lambda}$，使 $\boldsymbol{B}$ 与 $\boldsymbol{\Lambda}$ 相似，并求当 k 为何值时 $\boldsymbol{B}$ 为正定矩阵.

解　由于 $\boldsymbol{B}$ 是实对称矩阵，$\boldsymbol{B}$ 必可相似对角化，而对角矩阵 $\boldsymbol{\Lambda}$ 的对角线元素即为 $\boldsymbol{B}$ 的特征值，只要求出 $\boldsymbol{B}$ 的特征值即知 $\boldsymbol{\Lambda}$，又因正定的充分必要条件是特征值全大于零，k 的取值亦可求出.

方法1：由

$$|\lambda\boldsymbol{E}-\boldsymbol{A}|=\begin{vmatrix}\lambda-1&0&-1\\0&\lambda-2&0\\-1&0&\lambda-1\end{vmatrix}=(\lambda-2)\begin{vmatrix}\lambda-1&-1\\-1&\lambda-1\end{vmatrix}=\lambda(\lambda-2)^2,$$

可得 $\boldsymbol{A}$ 的特征值是 $\lambda_1=\lambda_2=2,\lambda_3=0$.

则 $k\boldsymbol{E}+\boldsymbol{A}$ 的特征值是 $k+2,k+2,k$，而 $\boldsymbol{B}=(k\boldsymbol{E}+\boldsymbol{A})^2$ 的特征值是 $(k+2)^2,(k+2)^2,k^2$.

又由题设知 $\boldsymbol{A}$ 是实对称矩阵，则 $\boldsymbol{A}^{\mathrm{T}}=\boldsymbol{A}$，故

$$\boldsymbol{B}^{\mathrm{T}}=((k\boldsymbol{E}+\boldsymbol{A})^2)^{\mathrm{T}}=((k\boldsymbol{E}+\boldsymbol{A})^{\mathrm{T}})^2=(k\boldsymbol{E}+\boldsymbol{A})^2=\boldsymbol{B},$$

即 $\boldsymbol{B}$ 也是实对称矩阵，故 $\boldsymbol{B}$ 必可相似对角化，且

$$\boldsymbol{B}\sim\boldsymbol{\Lambda}=\begin{pmatrix}(k+2)^2&0&0\\0&(k+2)^2&0\\0&0&k^2\end{pmatrix}.$$

当 $k\neq-2$ 且 $k\neq0$ 时，$\boldsymbol{B}$ 的全部特征值大于零，此时 $\boldsymbol{B}$ 为正定矩阵.

方法2：由方法 1 知 $\boldsymbol{A}$ 的特征值是 $\lambda_1=\lambda_2=2,\lambda_3=0$.

因为 $\boldsymbol{A}$ 是实对称矩阵，故存在可逆矩阵 $\boldsymbol{P}$ 使 $\boldsymbol{P}^{-1}\boldsymbol{AP}=\boldsymbol{\Lambda}=\begin{pmatrix}2&&\\&2&\\&&0\end{pmatrix}$，即 $\boldsymbol{A}=\boldsymbol{P\Lambda P}^{-1}$，则

$$\begin{aligned}\boldsymbol{B}&=(k\boldsymbol{E}+\boldsymbol{A})^2=(k\boldsymbol{P}\boldsymbol{P}^{-1}+\boldsymbol{P\Lambda}\boldsymbol{P}^{-1})^2=(\boldsymbol{P}(k\boldsymbol{E}+\boldsymbol{\Lambda})\boldsymbol{P}^{-1})^2\\&=\boldsymbol{P}(k\boldsymbol{E}+\boldsymbol{\Lambda})\boldsymbol{P}^{-1}\boldsymbol{P}(k\boldsymbol{E}+\boldsymbol{\Lambda})\boldsymbol{P}^{-1}=\boldsymbol{P}(k\boldsymbol{E}+\boldsymbol{\Lambda})^2\boldsymbol{P}^{-1},\end{aligned}$$

即 $\boldsymbol{P}^{-1}\boldsymbol{BP}=(k\boldsymbol{E}+\boldsymbol{\Lambda})^2$，故 $\boldsymbol{B}\sim\begin{pmatrix}(k+2)^2&0&0\\0&(k+2)^2&0\\0&0&k^2\end{pmatrix}$.

当 $k\neq-2$ 且 $k\neq0$ 时，$\boldsymbol{B}$ 的全部特征值大于零，此时 $\boldsymbol{B}$ 为正定矩阵.

32. 设 $\boldsymbol{A}$ 为正定矩阵，证明 $\boldsymbol{A}$ 的伴随矩阵 $\boldsymbol{A}^*$ 也是正定矩阵.

证　由 $\boldsymbol{A}$ 正定，可得 $|\boldsymbol{A}|>0$，且 $\boldsymbol{A}$ 的所有特征值 λ_i 均大于 0，而 $\boldsymbol{A}^*=|\boldsymbol{A}|\boldsymbol{A}^{-1}$，故 $\boldsymbol{A}^*$ 的特征值为 $\dfrac{|\boldsymbol{A}|}{\lambda_i}>0$，从而 $\boldsymbol{A}^*$ 也是正定矩阵.

33. 设 $\boldsymbol{A}$ 为正定矩阵，$\boldsymbol{M}$ 为满秩矩阵，证明：$\boldsymbol{M}^{\mathrm{T}}\boldsymbol{AM}$ 为正定矩阵.

证　对任意非零向量 $\boldsymbol{x}$，因 $\boldsymbol{M}$ 满秩，故 $\boldsymbol{Mx}\neq\boldsymbol{0}$，从而由 $\boldsymbol{A}$ 正定，有

$$\boldsymbol{x}^{\mathrm{T}}(\boldsymbol{M}^{\mathrm{T}}\boldsymbol{AM})\boldsymbol{x}=(\boldsymbol{Mx})^{\mathrm{T}}\boldsymbol{A}(\boldsymbol{Mx})>0,$$

故 $\boldsymbol{M}^{\mathrm{T}}\boldsymbol{AM}$ 为正定矩阵.

34. 设 $\boldsymbol{A}$ 为 n 阶实对称矩阵，求证：对充分大的 t，$t\boldsymbol{E}+\boldsymbol{A}$ 是正定矩阵.

解　因 $\boldsymbol{A}$ 为 n 阶实对称矩阵，$\boldsymbol{A}$ 的特征值均为实数，设为 $\lambda_1,\lambda_2,\cdots,\lambda_n$，则 $t+\lambda_1,t+\lambda_2,\cdots,t+\lambda_n$ 为 $t\boldsymbol{E}+\boldsymbol{A}$ 的特征值，取 $t>\max\{-\lambda_1,-\lambda_2,\cdots,-\lambda_n\}$，从而 $t+\lambda_1,t+\lambda_2,\cdots,t+\lambda_n$ 均为正值，此时 $t\boldsymbol{E}+\boldsymbol{A}$ 是正定矩阵.

35. 若 $\boldsymbol{A}$ 为 m 阶正定矩阵，$\boldsymbol{B}$ 为 $m\times n$ 阶矩阵，证明：$\boldsymbol{B}^{\mathrm{T}}\boldsymbol{AB}$ 正定 $\Leftrightarrow R(\boldsymbol{B})=n$.

证　必要性. 设 $\boldsymbol{B}^{\mathrm{T}}\boldsymbol{AB}$ 为正定矩阵，则由定义知，对任意的实 n 维列向量 $\boldsymbol{x}\neq\boldsymbol{0}$，有 $\boldsymbol{x}^{\mathrm{T}}(\boldsymbol{B}^{\mathrm{T}}\boldsymbol{AB})\boldsymbol{x}>0$，即 $(\boldsymbol{Bx})^{\mathrm{T}}\boldsymbol{A}(\boldsymbol{Bx})>0$，于是 $\boldsymbol{Bx}\neq\boldsymbol{0}$，即对任意的实 n 维列向量 $\boldsymbol{x}\neq\boldsymbol{0}$，都有 $\boldsymbol{Bx}\neq\boldsymbol{0}$（若 $\boldsymbol{Bx}=\boldsymbol{0}$，则 $\boldsymbol{A}(\boldsymbol{Bx})=\boldsymbol{A0}=\boldsymbol{0}$ 矛盾）. 因此，$\boldsymbol{Bx}=\boldsymbol{0}$ 只有零解，故有 $R(\boldsymbol{B})=n$（$\boldsymbol{Bx}=\boldsymbol{0}$ 有唯一零解的充要条件是 $R(\boldsymbol{B})=n$）.

充分性. 因 $\boldsymbol{A}$ 为 m 阶实对称矩阵，有 $\boldsymbol{A}^{\mathrm{T}}=\boldsymbol{A}$，故 $(\boldsymbol{B}^{\mathrm{T}}\boldsymbol{AB})^{\mathrm{T}}=\boldsymbol{B}^{\mathrm{T}}\boldsymbol{A}^{\mathrm{T}}\boldsymbol{B}=\boldsymbol{B}^{\mathrm{T}}\boldsymbol{AB}$，由实对称矩阵的定义知 $\boldsymbol{B}^{\mathrm{T}}\boldsymbol{AB}$ 也为实对称矩阵. 若 $R(\boldsymbol{B})=n$，则线性方程组 $\boldsymbol{Bx}=\boldsymbol{0}$ 只有零解，从而对任意的实 n 维列向量 $\boldsymbol{x}\neq\boldsymbol{0}$，有 $\boldsymbol{Bx}\neq\boldsymbol{0}$. 又 $\boldsymbol{A}$ 为正定矩阵，所以对于 $\boldsymbol{Bx}\neq\boldsymbol{0}$ 有 $(\boldsymbol{Bx})^{\mathrm{T}}\boldsymbol{A}(\boldsymbol{Bx})=\boldsymbol{x}^{\mathrm{T}}(\boldsymbol{B}^{\mathrm{T}}\boldsymbol{AB})\boldsymbol{x}>0$，故 $\boldsymbol{B}^{\mathrm{T}}\boldsymbol{AB}$ 为正定矩阵.

36. 设 $\boldsymbol{A}$ 为 n 阶实矩阵，证明：如果 $|\boldsymbol{A}|\neq0$，则 $\boldsymbol{A}$ 可表示为 $\boldsymbol{A}=\boldsymbol{QB}$，其中，$\boldsymbol{Q}$ 为正交矩阵，$\boldsymbol{B}$ 为可逆对称矩阵.

证　$|\boldsymbol{A}|\neq0$，$\boldsymbol{A}$ 可逆，又 $\boldsymbol{A}^{\mathrm{T}}\boldsymbol{A}=\boldsymbol{A}^{\mathrm{T}}\boldsymbol{EA}$，故 $\boldsymbol{A}^{\mathrm{T}}\boldsymbol{A}$ 与 $\boldsymbol{E}$ 合同，则 $\boldsymbol{A}^{\mathrm{T}}\boldsymbol{A}$ 为正定矩阵，从而存在正交矩阵 $\boldsymbol{P}$，使得

$$\boldsymbol{A}^{\mathrm{T}}\boldsymbol{A}=\boldsymbol{P}^{\mathrm{T}}\begin{pmatrix}\lambda_1&&&\\&\lambda_2&&\\&&\ddots&\\&&&\lambda_n\end{pmatrix}\boldsymbol{P},$$

其中，$\lambda_i > 0(i = 1,2,\cdots,n)$ 为$\boldsymbol{A}^{\mathrm{T}}\boldsymbol{A}$ 的全部特征值，则

$$\boldsymbol{A}^{\mathrm{T}}\boldsymbol{A} = \boldsymbol{P}^{\mathrm{T}}\begin{pmatrix} \sqrt{\lambda_1} & & & \\ & \sqrt{\lambda_2} & & \\ & & \ddots & \\ & & & \sqrt{\lambda_n} \end{pmatrix}\boldsymbol{P}\cdot\boldsymbol{P}^{\mathrm{T}}\begin{pmatrix} \sqrt{\lambda_1} & & & \\ & \sqrt{\lambda_2} & & \\ & & \ddots & \\ & & & \sqrt{\lambda_n} \end{pmatrix}\boldsymbol{P} = \boldsymbol{B}^2,$$

其中，

$$\boldsymbol{B} = \boldsymbol{P}^{\mathrm{T}}\begin{pmatrix} \sqrt{\lambda_1} & & & \\ & \sqrt{\lambda_2} & & \\ & & \ddots & \\ & & & \sqrt{\lambda_n} \end{pmatrix}\boldsymbol{P},$$

显然，$\boldsymbol{B}$ 为可逆对称矩阵，且$\boldsymbol{B}^{-1}$ 也为对称矩阵. 于是有

$$(\boldsymbol{A}\boldsymbol{B}^{-1})^{\mathrm{T}}(\boldsymbol{A}\boldsymbol{B}^{-1}) = (\boldsymbol{B}^{-1})^{\mathrm{T}}\boldsymbol{A}^{\mathrm{T}}\boldsymbol{A}\boldsymbol{B}^{-1} = (\boldsymbol{B}^{-1})^{\mathrm{T}}\boldsymbol{B}^2\boldsymbol{B}^{-1} = \boldsymbol{E},$$

设$\boldsymbol{Q} = \boldsymbol{A}\boldsymbol{B}^{-1}$，即有$\boldsymbol{Q}^{\mathrm{T}}\boldsymbol{Q} = \boldsymbol{E}$，则$\boldsymbol{Q}$ 为正交矩阵，所以$\boldsymbol{A} = \boldsymbol{Q}\boldsymbol{B}$.

37. $\boldsymbol{A}$ 为正定矩阵的充要条件是存在可逆矩阵$\boldsymbol{U}$，使$\boldsymbol{A} = \boldsymbol{U}^{\mathrm{T}}\boldsymbol{U}$.

证　可以利用正定二次型定义证明. 对任意向量$\boldsymbol{x} \neq \boldsymbol{0}$，因$\boldsymbol{U}$ 可逆，从而$\boldsymbol{Ux} \neq \boldsymbol{0}$，得

$$\boldsymbol{x}^{\mathrm{T}}\boldsymbol{Ax} = \boldsymbol{x}^{\mathrm{T}}\boldsymbol{U}^{\mathrm{T}}\boldsymbol{Ux} = (\boldsymbol{Ux})^{\mathrm{T}}\boldsymbol{Ux} > 0,$$

故$\boldsymbol{A}$ 正定.

反之，若$\boldsymbol{A}$ 正定，则$\boldsymbol{A}$ 的全部特征值都大于零. 不妨设$\lambda_1,\lambda_2,\cdots,\lambda_n$ 为其特征值，$\lambda_i > 0, i = 1,2,\cdots,n$，则存在正交矩阵$\boldsymbol{P}$，使得

$$\boldsymbol{P}^{\mathrm{T}}\boldsymbol{AP} = \begin{pmatrix} \lambda_1 & & & \\ & \lambda_2 & & \\ & & \ddots & \\ & & & \lambda_n \end{pmatrix} = \begin{pmatrix} \sqrt{\lambda_1} & & & \\ & \sqrt{\lambda_2} & & \\ & & \ddots & \\ & & & \sqrt{\lambda_n} \end{pmatrix}\begin{pmatrix} \sqrt{\lambda_1} & & & \\ & \sqrt{\lambda_2} & & \\ & & \ddots & \\ & & & \sqrt{\lambda_n} \end{pmatrix} = \boldsymbol{Q}\boldsymbol{Q}^{\mathrm{T}},$$

从而

$$\boldsymbol{A} = (\boldsymbol{P}^{\mathrm{T}})^{-1}\boldsymbol{Q}\boldsymbol{Q}^{\mathrm{T}}\boldsymbol{P}^{-1} = (\boldsymbol{PQ})(\boldsymbol{Q}^{\mathrm{T}}\boldsymbol{P}^{\mathrm{T}}) = (\boldsymbol{PQ})(\boldsymbol{PQ})^{\mathrm{T}},$$

令$\boldsymbol{U} = (\boldsymbol{PQ})^{\mathrm{T}}$，则$\boldsymbol{U}$ 可逆，且$\boldsymbol{A} = \boldsymbol{U}^{\mathrm{T}}\boldsymbol{U}$.

38. 判断下列二次型的正定性：

(1) $f(x_1,x_2,x_3) = 5x_1^2 + x_2^2 + 5x_3^2 + 4x_1x_2 - 8x_1x_3 - 4x_2x_3$；

(2) $f(x_1,x_2,x_3) = x_1^2 + x_2^2 + x_3^2 + 2ax_1x_2 + 2bx_2x_3 \quad (a,b \in \mathbb{R})$.

解　(1) 二次型所对应的矩阵为：

$$\boldsymbol{A} = \begin{pmatrix} 5 & 2 & -4 \\ 2 & 1 & -2 \\ -4 & -2 & 5 \end{pmatrix},$$

计算其顺序主子式，有

$$\Delta_1 = 5 > 0,\ \Delta_2 = \begin{vmatrix} 5 & 2 \\ 2 & 1 \end{vmatrix} = 1 > 0,\ \Delta_3 = \det\boldsymbol{A} = 1 > 0,$$

故 $\boldsymbol{A}$ 为正定矩阵, f 为正定二次型.

(2) 二次型所对应的矩阵为

$$\boldsymbol{A}=\begin{pmatrix}1 & a & 0\\ a & 1 & b\\ 0 & b & 1\end{pmatrix},$$

计算其顺序主子式, 有

$$\Delta_1=1,\ \Delta_2=\begin{vmatrix}1 & a\\ a & 1\end{vmatrix}=1-a^2,\ \Delta_3=\det\boldsymbol{A}=1-(a^2+b^2),$$

当 $a^2+b^2<1$ 时, 有 $\Delta_1>0$, $\Delta_2>0$, $\Delta_3>0$, 故 $\boldsymbol{A}$ 为正定矩阵, f 为正定二次型; 当 $a^2+b^2\geq 1$ 时, 有 $\Delta_1>0$, $\Delta_3\leq 0$, 故 $\boldsymbol{A}$ 为不定矩阵, f 为不定二次型.

39. 设 $\boldsymbol{A}=(a_{ij})_{n\times n}$ 实对称, 则

(1) $\boldsymbol{A}$ 为正定矩阵 $\Rightarrow a_{ii}>0\quad(i=1,2,\cdots,n)$;

(2) $\boldsymbol{A}$ 为负定矩阵 $\Rightarrow a_{ii}<0\quad(i=1,2,\cdots,n)$.

证　取 $\boldsymbol{x}=\boldsymbol{e}_i=(0,\cdots,0,1,0,\cdots,0)^{\mathrm{T}}$, 则有:

(1) $\boldsymbol{A}$ 正定 $\Rightarrow \boldsymbol{x}^{\mathrm{T}}\boldsymbol{A}\boldsymbol{x}=a_{ii}>0(i=1,2,\cdots,n)$;

(2) $\boldsymbol{A}$ 负定 $\Rightarrow \boldsymbol{x}^{\mathrm{T}}\boldsymbol{A}x=a_{ii}<0\quad(i=1,2,\cdots,n)$.

40. 求 k 的值, 使二次曲面 $2x_1^2+x_2^2+x_3^2+2x_1x_2+kx_2x_3=1$ 表示椭球面.

解　对二次型 $f=2x_1^2+x_2^2+x_3^2+2x_1x_2+kx_2x_3$, 其矩阵为

$$\boldsymbol{A}=\begin{pmatrix}2 & 1 & 0\\ 1 & 1 & \frac{k}{2}\\ 0 & \frac{k}{2} & 1\end{pmatrix}.$$

当 $\boldsymbol{A}$ 正定时, 表示椭球面. 此时, $|\boldsymbol{A}|=1-\frac{k^2}{2}>0$, 得 $-\sqrt{2}<k<\sqrt{2}$. 故当 $-\sqrt{2}<k<\sqrt{2}$ 时, $f(x_1,x_2,x_3)=1$ 表示椭球面.

41. 设 $f=x_1^2+4x_2^2+4x_3^2+2\lambda x_1x_2-2x_1x_3+4x_2x_3$, 问当 λ 取何值时, f 为正定二次型?

解　判定二次型是否为正定时, 用“顺序主子式全大于 0”的方法最为简捷.

二次型 f 的矩阵为 $\boldsymbol{A}=\begin{pmatrix}1 & \lambda & -1\\ \lambda & 4 & 2\\ -1 & 2 & 4\end{pmatrix}$, 其顺序主子式为

$$\Delta_1=1,\ \Delta_2=\begin{vmatrix}1 & \lambda\\ \lambda & 4\end{vmatrix}=4-\lambda^2,\ \Delta_3=|\boldsymbol{A}|=-4\lambda^2-4\lambda+8,$$

正定的充分必要条件是各阶顺序主子式都大于 0, 所以有

$$\Delta_1>0,\ \Delta_2=(2-\lambda)(2+\lambda)>0,\ \Delta_3=-4(\lambda-1)(\lambda+2)>0,$$

解出其交集为 $(-2,1)$, 故当 $\lambda\in(-2,1)$ 时, f 为正定二次型.

42. 某试验性生产线每年一月份进行熟练工与非熟练工的人数统计, 然后将 $\frac{1}{6}$ 熟练工

支援其他生产部门，其缺额由招收新的非熟练工补齐，新、老非熟练工经过培训及实践至年终考核有$\frac{2}{5}$成为熟练工. 设第 n 年一月份统计的熟练工和非熟练工所占百分比分别为 x_n 和 y_n，记成向量$\begin{pmatrix} x_n \\ y_n \end{pmatrix}$.

（1）求$\begin{pmatrix} x_{n+1} \\ y_{n+1} \end{pmatrix}$与$\begin{pmatrix} x_n \\ y_n \end{pmatrix}$的关系式并写成矩阵形式$\begin{pmatrix} x_{n+1} \\ y_{n+1} \end{pmatrix} = \boldsymbol{A}\begin{pmatrix} x_n \\ y_n \end{pmatrix}$；

（2）验证$\boldsymbol{\eta}_1 = \begin{pmatrix} 4 \\ 1 \end{pmatrix}, \boldsymbol{\eta}_2 = \begin{pmatrix} -1 \\ 1 \end{pmatrix}$是 $\boldsymbol{A}$ 的两个线性无关的特征向量，并求出相应的特征值；

（3）当$\begin{pmatrix} x_1 \\ y_1 \end{pmatrix} = \begin{pmatrix} \frac{1}{2} \\ \frac{1}{2} \end{pmatrix}$时，求$\begin{pmatrix} x_{n+1} \\ y_{n+1} \end{pmatrix}$.

解 （1）由题意，$\frac{1}{6}x_n + y_n$ 是非熟练工人数，$\frac{2}{5}\left(\frac{1}{6}x_n + y_n\right)$是年终由非熟练工人变成的熟练工人数，$\frac{5}{6}x_n$ 是年初支援其他部门后的熟练工人数，根据年终熟练工的人数及非熟练工人数列出等式，得

$$\begin{cases} x_{n+1} = \frac{5}{6}x_n + \frac{2}{5}\left(\frac{1}{6}x_n + y_n\right) \\ y_{n+1} = \frac{3}{5}\left(\frac{1}{6}x_n + y_n\right) \end{cases},$$

可得$\begin{cases} x_{n+1} = \frac{9}{10}x_n + \frac{2}{5}y_n \\ y_{n+1} = \frac{1}{10}x_n + \frac{3}{5}y_n \end{cases}$，即$\begin{pmatrix} x_{n+1} \\ y_{n+1} \end{pmatrix} = \begin{pmatrix} \frac{9}{10} & \frac{2}{5} \\ \frac{1}{10} & \frac{3}{5} \end{pmatrix}\begin{pmatrix} x_n \\ y_n \end{pmatrix}$，可知$\boldsymbol{A} = \begin{pmatrix} \frac{9}{10} & \frac{2}{5} \\ \frac{1}{10} & \frac{3}{5} \end{pmatrix}$.

（2）把 $\boldsymbol{\eta}_1$，$\boldsymbol{\eta}_2$ 作为列向量写成矩阵的形式$(\boldsymbol{\eta}_1, \boldsymbol{\eta}_2)$，因为其行列式

$$|(\boldsymbol{\eta}_1, \boldsymbol{\eta}_2)| = \begin{vmatrix} 4 & -1 \\ 1 & 1 \end{vmatrix} = 5 \neq 0,$$

矩阵为满秩，由矩阵的秩和向量的关系可知 $\boldsymbol{\eta}_1, \boldsymbol{\eta}_2$ 线性无关.

又

$$\boldsymbol{A\eta}_1 = \begin{pmatrix} \frac{9}{10} & \frac{2}{5} \\ \frac{1}{10} & \frac{3}{5} \end{pmatrix}\begin{pmatrix} 4 \\ 1 \end{pmatrix} = \begin{pmatrix} 4 \\ 1 \end{pmatrix} = \boldsymbol{\eta}_1,\ \boldsymbol{A\eta}_2 = \begin{pmatrix} -\frac{1}{2} \\ \frac{1}{2} \end{pmatrix} = \frac{1}{2}\boldsymbol{\eta}_2,$$

由特征值与特征向量的定义，得 $\boldsymbol{\eta}_1$ 为 $\boldsymbol{A}$ 的属于特征值 $\lambda_1 = 1$ 的特征向量，$\boldsymbol{\eta}_2$ 为 $\boldsymbol{A}$ 的属于特征值 $\lambda_2 = \frac{1}{2}$ 的特征向量.

(3) 因为

$$\begin{pmatrix} x_{n+1} \\ y_{n+1} \end{pmatrix} = \boldsymbol{A}\begin{pmatrix} x_n \\ y_n \end{pmatrix} = \boldsymbol{A}^2\begin{pmatrix} x_{n-1} \\ y_{n-1} \end{pmatrix} = \cdots = \boldsymbol{A}^n\begin{pmatrix} x_1 \\ y_1 \end{pmatrix} = \boldsymbol{A}^n\begin{pmatrix} \frac{1}{2} \\ \frac{1}{2} \end{pmatrix},$$

因此，只要计算$\boldsymbol{A}^n$ 即可. 令

$$\boldsymbol{P} = (\boldsymbol{\eta}_1, \boldsymbol{\eta}_2) = \begin{pmatrix} 4 & -1 \\ 1 & 1 \end{pmatrix},$$

则由$\boldsymbol{P}^{-1}\boldsymbol{A}\boldsymbol{P} = \begin{pmatrix} \lambda_1 & \\ & \lambda_2 \end{pmatrix}$ 有 $\boldsymbol{A} = \boldsymbol{P}\begin{pmatrix} \lambda_1 & \\ & \lambda_2 \end{pmatrix}\boldsymbol{P}^{-1}$，于是

$$\boldsymbol{A}^n = \boldsymbol{P}\begin{pmatrix} \lambda_1 & \\ & \lambda_2 \end{pmatrix}^n \boldsymbol{P}^{-1} = \begin{pmatrix} 4 & -1 \\ 1 & 1 \end{pmatrix}\begin{pmatrix} 1 & \\ & \left(\frac{1}{2}\right)^n \end{pmatrix}\begin{pmatrix} 4 & -1 \\ 1 & 1 \end{pmatrix}^{-1} = \frac{1}{5}\begin{pmatrix} 4 + \left(\frac{1}{2}\right)^n & 4 - \left(\frac{1}{2}\right)^n \\ 1 - \left(\frac{1}{2}\right)^n & 1 + 4\left(\frac{1}{2}\right)^n \end{pmatrix},$$

其中，$\begin{pmatrix} 4 & -1 \\ 1 & 1 \end{pmatrix}^{-1} = \frac{1}{5}\begin{pmatrix} 1 & 1 \\ -1 & 4 \end{pmatrix}$. 因此，当$\begin{pmatrix} x_1 \\ y_1 \end{pmatrix} = \begin{pmatrix} \frac{1}{2} \\ \frac{1}{2} \end{pmatrix}$时，有

$$\begin{pmatrix} x_{n+1} \\ y_{n+1} \end{pmatrix} = \boldsymbol{A}^n\begin{pmatrix} x_n \\ y_n \end{pmatrix} = \frac{1}{10}\begin{pmatrix} 8 - 3\left(\frac{1}{2}\right)^n \\ 2 + 3\left(\frac{1}{2}\right)^n \end{pmatrix}.$$

附录 2010—2020年全国硕士研究生入学统一考试《线性代数》部分真题详解

一、行列式

1.（2014）行列式 $\begin{vmatrix} 0 & a & b & 0 \\ a & 0 & 0 & b \\ 0 & c & d & 0 \\ c & 0 & 0 & d \end{vmatrix} = (\quad)$.

(A) $(ad-bc)^2$　　(B) $-(ad-bc)^2$　　(C) $a^2d^2-b^2c^2$　　(D) $b^2c^2-a^2d^2$

解　由行列式展开定理，按第一列展开，得

$$\begin{vmatrix} 0 & a & b & 0 \\ a & 0 & 0 & b \\ 0 & c & d & 0 \\ c & 0 & 0 & d \end{vmatrix} = a\times(-1)^{2+1}\begin{vmatrix} a & b & 0 \\ c & d & 0 \\ 0 & 0 & d \end{vmatrix} + c\times(-1)^{4+1}\begin{vmatrix} a & b & 0 \\ 0 & 0 & b \\ c & d & 0 \end{vmatrix}$$

$$=-a\times d\times(-1)^{3+3}\begin{vmatrix} a & b \\ c & d \end{vmatrix} - c\times b\times(-1)^{2+3}\begin{vmatrix} a & b \\ c & d \end{vmatrix} = -ad\begin{vmatrix} a & b \\ c & d \end{vmatrix} + bc\begin{vmatrix} a & b \\ c & d \end{vmatrix}$$

$$=(bc-ad)\begin{vmatrix} a & b \\ c & d \end{vmatrix} = -(ad-bc)^2.$$

故选(B).

本题也可以通过多次交换行和列进行计算：

$$\begin{vmatrix} 0 & a & b & 0 \\ a & 0 & 0 & b \\ 0 & c & d & 0 \\ c & 0 & 0 & d \end{vmatrix} \xlongequal[\substack{r_4\leftrightarrow r_3 \\ r_3\leftrightarrow r_2}]{r_1\leftrightarrow r_2} -\begin{vmatrix} a & 0 & 0 & b \\ c & 0 & 0 & d \\ 0 & a & b & 0 \\ 0 & c & d & 0 \end{vmatrix}$$

$$\xlongequal[c_2\leftrightarrow c_3]{c_4\leftrightarrow c_3} -\begin{vmatrix} a & b & 0 & 0 \\ c & d & 0 & 0 \\ 0 & 0 & a & b \\ 0 & 0 & c & d \end{vmatrix} = -\begin{vmatrix} a & b \\ c & d \end{vmatrix}\cdot\begin{vmatrix} a & b \\ c & d \end{vmatrix} = -(ad-bc)^2.$$

2.（2016）设 n 阶矩阵 $\boldsymbol{A}$ 与 $\boldsymbol{B}$ 等价，则必有(　　).

(A) 当 $|\boldsymbol{A}|=a(a\neq 0)$ 时，$|\boldsymbol{B}|=a$　　(B) 当 $|\boldsymbol{A}|=a(a\neq 0)$ 时，$|\boldsymbol{B}|=-a$

(C) 当 $|\boldsymbol{A}|\neq 0$ 时，$|\boldsymbol{B}|=0$　　(D) 当 $|\boldsymbol{A}|=0$ 时，$|\boldsymbol{B}|=0$

解　因为矩阵$\boldsymbol{A}$与$\boldsymbol{B}$等价的充分必要条件是：存在可逆矩阵$\boldsymbol{P}$, $\boldsymbol{Q}$，使得$\boldsymbol{PAQ}=\boldsymbol{B}$，从而$|\boldsymbol{P}|\cdot|\boldsymbol{A}|\cdot|\boldsymbol{Q}|=|\boldsymbol{B}|$，当$|\boldsymbol{A}|=0$时，有$|\boldsymbol{B}|=0$，故选(D).

也可由$\boldsymbol{A}$与$\boldsymbol{B}$等价得$R(\boldsymbol{A})=R(\boldsymbol{B})$，从而当$|\boldsymbol{A}|=0$时，$R(\boldsymbol{A})<n$，故$R(\boldsymbol{B})<n$，即$|\boldsymbol{B}|=0$，选(D).

3. (2010) 设$\boldsymbol{A},\boldsymbol{B}$为3阶矩阵，且$|\boldsymbol{A}|=3$，$|\boldsymbol{B}|=2$，$|\boldsymbol{A}^{-1}+\boldsymbol{B}|=2$，则$|\boldsymbol{A}+\boldsymbol{B}^{-1}|=$______.

解　由于$\boldsymbol{A}(\boldsymbol{A}^{-1}+\boldsymbol{B})\boldsymbol{B}^{-1}=(\boldsymbol{E}+\boldsymbol{AB})\boldsymbol{B}^{-1}=\boldsymbol{B}^{-1}+\boldsymbol{A}$，所以

$$|\boldsymbol{A}+\boldsymbol{B}^{-1}|=|\boldsymbol{A}(\boldsymbol{A}^{-1}+\boldsymbol{B})\boldsymbol{B}^{-1}|=|\boldsymbol{A}||\boldsymbol{A}^{-1}+\boldsymbol{B}||\boldsymbol{B}^{-1}|,$$

因$|\boldsymbol{B}|=2$，故$|\boldsymbol{B}^{-1}|=|\boldsymbol{B}|^{-1}=\dfrac{1}{2}$，所以有

$$|\boldsymbol{A}+\boldsymbol{B}^{-1}|=|\boldsymbol{A}||\boldsymbol{A}^{-1}+\boldsymbol{B}||\boldsymbol{B}^{-1}|=3\times2\times\frac{1}{2}=3.$$

4. (2012) 设$\boldsymbol{A}$为3阶矩阵，$|\boldsymbol{A}|=3$，$\boldsymbol{A}^*$为$\boldsymbol{A}$的伴随矩阵，若交换$\boldsymbol{A}$的第1行与第2行得到矩阵$\boldsymbol{B}$，则$|\boldsymbol{BA}^*|=$______.

解　由伴随矩阵的性质，对n阶方阵$\boldsymbol{A}$，有$\boldsymbol{A}\boldsymbol{A}^*=|\boldsymbol{A}|\boldsymbol{E}$，可得

$$|\boldsymbol{A}^*|=|\boldsymbol{A}|^{n-1}=|\boldsymbol{A}|^2.$$

设$\boldsymbol{E}_{12}=\begin{pmatrix}0&1&0\\1&0&0\\0&0&1\end{pmatrix}$，则$|\boldsymbol{E}_{12}|=-1$，且依题意有$\boldsymbol{B}=\boldsymbol{E}_{12}\boldsymbol{A}$，从而

$$|\boldsymbol{BA}^*|=|\boldsymbol{E}_{12}\boldsymbol{AA}^*|=-|\boldsymbol{A}|^3=-27.$$

5. (2013) 设$\boldsymbol{A}=(a_{ij})$是3阶非零矩阵，$|\boldsymbol{A}|$为$\boldsymbol{A}$的行列式，A_{ij}为a_{ij}的代数余子式，若$a_{ij}+A_{ij}=0(i,j=1,2,3)$，则$|\boldsymbol{A}|=$______.

解　由$a_{ij}+A_{ij}=0$可得$A_{ij}=-a_{ij}$，从而$\boldsymbol{A}^*=-\boldsymbol{A}^{\mathrm{T}}$，故$\boldsymbol{AA}^*=-\boldsymbol{AA}^{\mathrm{T}}=|\boldsymbol{A}|\boldsymbol{E}$.
两边取行列式得(因$\boldsymbol{A}$为3阶矩阵)

$$|\boldsymbol{A}|^3=-|\boldsymbol{A}|^2,$$

故$|\boldsymbol{A}|=0$或$|\boldsymbol{A}|=-1$.

当$|\boldsymbol{A}|=0$时，$-\boldsymbol{AA}^{\mathrm{T}}=\boldsymbol{O}$，从而$\boldsymbol{A}=\boldsymbol{O}$(可通过验证$\boldsymbol{AA}^{\mathrm{T}}$的对角线元素为$\sum\limits_{k=1}^{n}a_{ik}^2=0$，得证$\boldsymbol{A}$的每个元素均须为0)，与已知矛盾，故$|\boldsymbol{A}|=-1$.

6. (2015) n阶行列式$\begin{vmatrix}2&0&\cdots&0&2\\-1&2&\cdots&0&2\\\vdots&\vdots&\ddots&\vdots&\vdots\\0&0&\cdots&2&2\\0&0&\cdots&-1&2\end{vmatrix}=$______.

解　按第一行展开得

$$D_n=\begin{vmatrix}2&0&\cdots&0&2\\-1&2&\cdots&0&2\\&&\ddots&&\\0&0&\cdots&2&2\\0&0&\cdots&-1&2\end{vmatrix}=2D_{n-1}+(-1)^{n+1}\cdot 2\cdot(-1)^{n-1}=2D_{n-1}+2,$$

故 $D_n+2=2(D_{n-1}+2)$，从而 $\{D_n+2\}$ 是以 $D_2+2=\begin{vmatrix}2&2\\-1&2\end{vmatrix}+2=8$ 为首项、公比为 2 的等比数列，从而 $D_n=8\cdot 2^{n-2}-2=2^{n+1}-2$.

7.（2015）设 3 阶矩阵 $\boldsymbol{A}$ 的特征值为 2，−2，1，$\boldsymbol{B}=\boldsymbol{A}^2-\boldsymbol{A}+\boldsymbol{E}$，其中，$\boldsymbol{E}$ 为 3 阶单位矩阵，则行列式 $|\boldsymbol{B}|=$ ______.

解　因 $\boldsymbol{A}$ 的特征值为 2，−2，1，又 $\boldsymbol{B}=\boldsymbol{A}^2-\boldsymbol{A}+\boldsymbol{E}$，有 $\lambda_B=\lambda_A^2-\lambda_A+1$，因此 3 阶矩阵 $\boldsymbol{B}$ 的全部特征值分别为 3，7，1，从而

$$|\boldsymbol{B}|=3\times 7\times 1=21.$$

8.（2016）行列式 $\begin{vmatrix}\lambda&-1&0&0\\0&\lambda&-1&0\\0&0&\lambda&-1\\4&3&2&\lambda+1\end{vmatrix}=$ ______.

解　按第 1 列展开，有

$$\begin{vmatrix}\lambda&-1&0&0\\0&\lambda&-1&0\\0&0&\lambda&-1\\4&3&2&\lambda+1\end{vmatrix}=\lambda\begin{vmatrix}\lambda&-1&0\\0&\lambda&-1\\3&2&\lambda+1\end{vmatrix}-4\cdot\begin{vmatrix}-1&0&0\\\lambda&-1&0\\0&\lambda&-1\end{vmatrix}$$

$$=\lambda^4+\lambda^3+2\lambda^2+3\lambda+4.$$

9.（2018）2 阶矩阵 $\boldsymbol{A}$ 有两个不同特征值，$\boldsymbol{\alpha}_1,\boldsymbol{\alpha}_2$ 是 $\boldsymbol{A}$ 的线性无关的特征向量，$\boldsymbol{A}^2(\boldsymbol{\alpha}_1+\boldsymbol{\alpha}_2)=\boldsymbol{\alpha}_1+\boldsymbol{\alpha}_2$，则 $|\boldsymbol{A}|=$ ______.

解　依题意，可设 $\lambda_1\neq\lambda_2$ 为 $\boldsymbol{A}$ 的两个特征值，$\boldsymbol{\alpha}_1,\boldsymbol{\alpha}_2$ 为对应的两个特征向量，因 $\boldsymbol{\alpha}_1$，$\boldsymbol{\alpha}_2$ 线性无关，且有 $\boldsymbol{A}\boldsymbol{\alpha}_1=\lambda_1\boldsymbol{\alpha}_1$，$\boldsymbol{A}\boldsymbol{\alpha}_2=\lambda_2\boldsymbol{\alpha}_2$，得 $\boldsymbol{A}(\boldsymbol{\alpha}_1+\boldsymbol{\alpha}_2)=\lambda_1\boldsymbol{\alpha}_1+\lambda_2\boldsymbol{\alpha}_2$，故

$$\boldsymbol{A}^2(\boldsymbol{\alpha}_1+\boldsymbol{\alpha}_2)=\boldsymbol{A}(\lambda_1\boldsymbol{\alpha}_1+\lambda_2\boldsymbol{\alpha}_2)=\lambda_1^2\boldsymbol{\alpha}_1+\lambda_2^2\boldsymbol{\alpha}_2=\boldsymbol{\alpha}_1+\boldsymbol{\alpha}_2,$$

从而 $(\lambda_1^2-1)\boldsymbol{\alpha}_1+(\lambda_2^2-1)\boldsymbol{\alpha}_2=\boldsymbol{0}$，由 $\boldsymbol{\alpha}_1,\boldsymbol{\alpha}_2$ 线性无关，有 $\lambda_1^2=\lambda_2^2=1$，且因 $\lambda_1\neq\lambda_2$，从而 $|\boldsymbol{A}|=\lambda_1\lambda_2=-1$.

10.（2019）已知矩阵 $\boldsymbol{A}=\begin{pmatrix}1&-1&0&0\\-2&1&-1&1\\3&-2&2&-1\\0&0&3&4\end{pmatrix}$，$A_{ij}$ 表示 $\boldsymbol{A}$ 中 (i,j) 元的代数余子式，则 $A_{11}-A_{12}=$ ______.

解　$A_{11}-A_{12}=1\cdot A_{11}+(-1)\cdot A_{12}+0\cdot A_{13}+0\cdot A_{14}$

$$=\begin{vmatrix}1&-1&0&0\\-2&1&-1&1\\3&-2&2&-1\\0&0&3&4\end{vmatrix}\xlongequal{c_2+c_1}\begin{vmatrix}1&0&0&0\\-2&-1&-1&1\\3&1&2&-1\\0&0&3&4\end{vmatrix}$$

$$=\begin{vmatrix}-1&-1&1\\1&2&-1\\0&3&4\end{vmatrix}=\begin{vmatrix}0&0&1\\0&1&-1\\4&7&4\end{vmatrix}=-4.$$

11.（2020）行列式 $\begin{vmatrix}a&0&-1&1\\0&a&1&-1\\-1&1&a&0\\1&-1&0&a\end{vmatrix}=$____.

解 $\begin{vmatrix}a&0&-1&1\\0&a&1&-1\\-1&1&a&0\\1&-1&0&a\end{vmatrix}\xlongequal[r_3+r_4]{r_1-a\cdot r_4}\begin{vmatrix}0&a&1&1-a^2\\0&a&1&-1\\0&0&a&a\\1&-1&0&a\end{vmatrix}=-\begin{vmatrix}a&-1&1-a^2\\a&1&-1\\0&a&a\end{vmatrix}$

$$=-a^2\begin{vmatrix}1&-1&1-a^2\\1&1&-1\\0&1&1\end{vmatrix}=-a^2\begin{vmatrix}1&a^2-2&1-a^2\\1&2&-1\\0&0&1\end{vmatrix}$$

$$=-a^2\begin{vmatrix}1&a^2-2\\1&2\end{vmatrix}=a^2(a^2-4)=a^4-4a^2.$$

二、矩阵

1.（2010）设 $\boldsymbol{A}$ 为 $m\times n$ 型矩阵，$\boldsymbol{B}$ 为 $n\times m$ 型矩阵，$\boldsymbol{E}$ 为 m 阶单位矩阵，若 $\boldsymbol{AB}=\boldsymbol{E}$，则（　　）.

（A）秩 $R(\boldsymbol{A})=m$，秩 $R(\boldsymbol{B})=m$　　（B）秩 $R(\boldsymbol{A})=m$，秩 $R(\boldsymbol{B})=n$

（C）秩 $R(\boldsymbol{A})=n$，秩 $R(\boldsymbol{B})=m$　　（D）秩 $R(\boldsymbol{A})=n$，秩 $R(\boldsymbol{B})=n$

解　由于 $\boldsymbol{AB}=\boldsymbol{E}$，故 $R(\boldsymbol{AB})=R(\boldsymbol{E})=m$. 因 $R(\boldsymbol{AB})\le R(\boldsymbol{A})$，$R(\boldsymbol{AB})\le R(\boldsymbol{B})$，故 $m\le R(\boldsymbol{A})$，$m\le R(\boldsymbol{B})$.

又因 $\boldsymbol{A}$ 为 $m\times n$ 型矩阵，$\boldsymbol{B}$ 为 $n\times m$ 型矩阵，故 $R(\boldsymbol{A})\le m$，$R(\boldsymbol{B})\le m$，从而有 $R(\boldsymbol{A})=m$，$R(\boldsymbol{B})=m$. 选(A).

2.（2011）设 $\boldsymbol{A}$ 为3阶矩阵，将 $\boldsymbol{A}$ 的第2列加到第1列得矩阵 $\boldsymbol{B}$，再交换 B 的第2行与第3行得单位矩阵，记 $\boldsymbol{P}_1=\begin{pmatrix}1&0&0\\1&1&0\\0&0&1\end{pmatrix}$，$\boldsymbol{P}_2=\begin{pmatrix}1&0&0\\0&0&1\\0&1&0\end{pmatrix}$，则 $\boldsymbol{A}=$（　　）.

（A）$\boldsymbol{P}_1\boldsymbol{P}_2$　　（B）$\boldsymbol{P}_1^{-1}\boldsymbol{P}_2$　　（C）$\boldsymbol{P}_2\boldsymbol{P}_1$　　（D）$\boldsymbol{P}_2\boldsymbol{P}_1^{-1}$

解　由初等矩阵与初等变换的关系知 $\boldsymbol{AP}_1=\boldsymbol{B}$，$\boldsymbol{P}_2\boldsymbol{B}=\boldsymbol{E}$，故 $\boldsymbol{A}=\boldsymbol{BP}_1^{-1}=\boldsymbol{P}_2^{-1}\boldsymbol{P}_1^{-1}=\boldsymbol{P}_2\boldsymbol{P}_1^{-1}$，选(D).

3. (2012) 设$\boldsymbol{A}$为3阶矩阵, $\boldsymbol{P}$为3阶可逆矩阵, 且$\boldsymbol{P}^{-1}\boldsymbol{AP}=\begin{pmatrix}1&0&0\\0&1&0\\0&0&2\end{pmatrix}$. 若$\boldsymbol{P}=(\boldsymbol{\alpha}_1,\boldsymbol{\alpha}_2,\boldsymbol{\alpha}_3)$, $\boldsymbol{Q}=(\boldsymbol{\alpha}_1+\boldsymbol{\alpha}_2,\boldsymbol{\alpha}_2,\boldsymbol{\alpha}_3)$, 则$\boldsymbol{Q}^{-1}\boldsymbol{AQ}=(\quad)$.

(A)$\begin{pmatrix}1&0&0\\0&2&0\\0&0&1\end{pmatrix}$　(B)$\begin{pmatrix}1&0&0\\0&1&0\\0&0&2\end{pmatrix}$　(C)$\begin{pmatrix}2&0&0\\0&1&0\\0&0&2\end{pmatrix}$　(D)$\begin{pmatrix}2&0&0\\0&2&0\\0&0&1\end{pmatrix}$

解　$\boldsymbol{Q}=\boldsymbol{P}\begin{pmatrix}1&0&0\\1&1&0\\0&0&1\end{pmatrix}=\boldsymbol{PE}_{12}(1)$, 又$\boldsymbol{E}_{12}^{-1}(1)=\begin{pmatrix}1&0&0\\-1&1&0\\0&0&1\end{pmatrix}$, 故

$$\begin{aligned}\boldsymbol{Q}^{-1}\boldsymbol{AQ}&=(\boldsymbol{PE}_{12}(1))^{-1}\boldsymbol{A}(\boldsymbol{PE}_{12}(1))=\boldsymbol{E}_{12}^{-1}(1)(\boldsymbol{P}^{-1}\boldsymbol{AP})\boldsymbol{E}_{12}(1)\\&=\begin{pmatrix}1&0&0\\-1&1&0\\0&0&1\end{pmatrix}\begin{pmatrix}1&&\\&1&\\&&2\end{pmatrix}\begin{pmatrix}1&0&0\\1&1&0\\0&0&1\end{pmatrix}=\begin{pmatrix}1&&\\&1&\\&&2\end{pmatrix},\end{aligned}$$

故选(B).

4. (2017) 设$\boldsymbol{\alpha}$为n维单位列向量, $\boldsymbol{E}$为n阶单位矩阵, 则(　　).

(A)$\boldsymbol{E}-\boldsymbol{\alpha\alpha}^{\mathrm{T}}$不可逆　(B) $\boldsymbol{E}+\boldsymbol{\alpha\alpha}^{\mathrm{T}}$不可逆

(C)$\boldsymbol{E}+2\boldsymbol{\alpha\alpha}^{\mathrm{T}}$不可逆　(D) $\boldsymbol{E}-2\boldsymbol{\alpha\alpha}^{\mathrm{T}}$不可逆

解　由$(\boldsymbol{E}-\boldsymbol{\alpha\alpha}^{\mathrm{T}})\boldsymbol{\alpha}=\boldsymbol{\alpha}-\boldsymbol{\alpha}=\boldsymbol{0}$得$(\boldsymbol{E}-\boldsymbol{\alpha\alpha}^{\mathrm{T}})\boldsymbol{x}=\boldsymbol{0}$有非零解, 故$|\boldsymbol{E}-\boldsymbol{\alpha\alpha}^{\mathrm{T}}|=0$, 即$\boldsymbol{E}-\boldsymbol{\alpha\alpha}^{\mathrm{T}}$不可逆, 选(A).

5. (2018) 设$\boldsymbol{A}$, $\boldsymbol{B}$为n阶矩阵, 记$R(\boldsymbol{X})$为矩阵$\boldsymbol{X}$的秩, $(\boldsymbol{X}\ \boldsymbol{Y})$表示分块矩阵, 则(　　).

(A)$R(\boldsymbol{A}\quad\boldsymbol{AB})=R(\boldsymbol{A})$　(B) $R(\boldsymbol{A}\quad\boldsymbol{BA})=R(\boldsymbol{A})$

(C) $R(\boldsymbol{A}\quad\boldsymbol{B})=\max\{R(\boldsymbol{A}),R(\boldsymbol{B})\}$　(D) $R(\boldsymbol{A}\quad\boldsymbol{B})=R(\boldsymbol{A}^{\mathrm{T}}\quad\boldsymbol{B}^{\mathrm{T}})$

解　设$\boldsymbol{A}=(\boldsymbol{\alpha}_1,\boldsymbol{\alpha}_2,\cdots,\boldsymbol{\alpha}_n)$, $\boldsymbol{AB}=(\boldsymbol{\beta}_1,\boldsymbol{\beta}_2,\cdots,\boldsymbol{\beta}_n)$, 则$\boldsymbol{\beta}_1,\boldsymbol{\beta}_2,\cdots,\boldsymbol{\beta}_n$可由$\boldsymbol{\alpha}_1,\boldsymbol{\alpha}_2,\cdots,\boldsymbol{\alpha}_n$线性表出, 从而$\boldsymbol{\alpha}_1,\boldsymbol{\alpha}_2,\cdots,\boldsymbol{\alpha}_n$与$\boldsymbol{\alpha}_1,\boldsymbol{\alpha}_2,\cdots,\boldsymbol{\alpha}_n,\boldsymbol{\beta}_1,\boldsymbol{\beta}_2,\cdots,\boldsymbol{\beta}_n$等价, 故$R(\boldsymbol{A},\boldsymbol{AB})=R(\boldsymbol{A})$. 选(A).

6. (2019) 设$\boldsymbol{A}$是4阶矩阵, $\boldsymbol{A}^*$是$\boldsymbol{A}$的伴随矩阵, 若线性方程组$\boldsymbol{Ax}=\boldsymbol{0}$的基础解系中只有2个向量, 则$\boldsymbol{A}^*$的秩是(　　).

(A)0　(B)1　(C)2　(D)3

解　由于线性方程组$\boldsymbol{Ax}=\boldsymbol{0}$的基础解系中只有2个向量, 故$4-R(\boldsymbol{A})=2$, 可得$R(\boldsymbol{A})=2<3$, 因$\boldsymbol{A}$是4阶方阵, 从而$\boldsymbol{A}^*=\boldsymbol{O}$, 得$R(\boldsymbol{A}^*)=0$. 选(A).

7. (2020) 若矩阵$\boldsymbol{A}$经过初等列变换化成B, 则(　　).

(A) 存在矩阵$\boldsymbol{P}$, 使得$\boldsymbol{PA}=\boldsymbol{B}$　(B) 存在矩阵$\boldsymbol{P}$, 使得$\boldsymbol{BP}=\boldsymbol{A}$

(C) 存在矩阵$\boldsymbol{P}$, 使得$\boldsymbol{PB}=\boldsymbol{A}$　(D) 方程组$\boldsymbol{Ax}=\boldsymbol{0}$与$\boldsymbol{Bx}=\boldsymbol{0}$同解

解　因$\boldsymbol{A}$经过初等列变换可化成$\boldsymbol{B}$, 故存在可逆矩阵$\boldsymbol{Q}$, 使得$\boldsymbol{AQ}=\boldsymbol{B}$, 从而$\boldsymbol{A}=\boldsymbol{BQ}^{-1}$, 令$\boldsymbol{P}=\boldsymbol{Q}^{-1}$, 则有$\boldsymbol{A}=\boldsymbol{BP}$, 选(B).

8. (2012) 设$\boldsymbol{\alpha}$为3维单位列向量, $\boldsymbol{E}$为3阶单位矩阵, 则矩阵$\boldsymbol{E}-\boldsymbol{\alpha\alpha}^{\mathrm{T}}$的秩为______.

解　设 $\boldsymbol{\alpha}=(a_1,a_2,a_3)^{\mathrm{T}}$，依题意有 $\boldsymbol{\alpha}^{\mathrm{T}}\boldsymbol{\alpha}=a_1^2+a_2^2+a_3^2=1$，又

$$\boldsymbol{A}=\boldsymbol{\alpha}\boldsymbol{\alpha}^{\mathrm{T}}=\begin{pmatrix}a_1\\a_2\\a_3\end{pmatrix}(a_1,a_2,a_3)=\begin{pmatrix}a_1^2&a_1a_2&a_1a_3\\a_2a_1&a_2^2&a_2a_3\\a_3a_1&a_3a_2&a_3^2\end{pmatrix},$$

易见秩 $R(\boldsymbol{A})=1$，所以矩阵 $\boldsymbol{A}$ 的特征值为 1，0，0，从而 $\boldsymbol{E}-\boldsymbol{\alpha}\boldsymbol{\alpha}^{\mathrm{T}}$ 的特征值为 0，1，1.

又因 $\boldsymbol{E}-\boldsymbol{A}$ 为实对称矩阵，可以相似对角化，故它的秩等于它非零特征值的个数，即 $R(\boldsymbol{E}-\boldsymbol{\alpha}\boldsymbol{\alpha}^{\mathrm{T}})=2$.

9.（2016）设矩阵 $\begin{pmatrix}a&-1&-1\\-1&a&-1\\-1&-1&a\end{pmatrix}$ 与 $\begin{pmatrix}1&1&0\\0&-1&1\\1&0&1\end{pmatrix}$ 等价，则 $a=$ ______.

解　设 $\boldsymbol{A}=\begin{pmatrix}a&-1&-1\\-1&a&-1\\-1&-1&a\end{pmatrix}$，$\boldsymbol{B}=\begin{pmatrix}1&1&0\\0&-1&1\\1&0&1\end{pmatrix}$，由 $\boldsymbol{A}$ 与 $\boldsymbol{B}$ 等价，可得 $R(\boldsymbol{A})=R(\boldsymbol{B})$，因为

$$\boldsymbol{B}=\begin{pmatrix}1&1&0\\0&-1&1\\1&0&1\end{pmatrix}\xrightarrow{r_3-r_1-r_2}\begin{pmatrix}1&1&0\\0&-1&1\\0&0&0\end{pmatrix},$$

得 $R(\boldsymbol{B})=2$，故 $R(\boldsymbol{A})=2$，得

$$|\boldsymbol{A}|=a^3-3a-2=(a+1)^2(a-2)=0,$$

从而 $a=2$ 或 $a=-1$. 当 $a=-1$ 时，有 $R(\boldsymbol{A})=1$，这与 $R(\boldsymbol{A})=2$ 矛盾，故 $a=2$.

10.（2017）$\boldsymbol{A}=\begin{pmatrix}1&0&1\\1&1&2\\0&1&1\end{pmatrix}$，$\boldsymbol{\alpha}_1$，$\boldsymbol{\alpha}_2$，$\boldsymbol{\alpha}_3$ 是3维线性无关的列向量，则 $(\boldsymbol{A}\boldsymbol{\alpha}_1,\boldsymbol{A}\boldsymbol{\alpha}_2,\boldsymbol{A}\boldsymbol{\alpha}_3)$ 的秩为 ______.

解　由 $\boldsymbol{\alpha}_1,\boldsymbol{\alpha}_2,\boldsymbol{\alpha}_3$ 线性无关，可知矩阵 $(\boldsymbol{\alpha}_1,\boldsymbol{\alpha}_2,\boldsymbol{\alpha}_3)$ 可逆，故

$$R(\boldsymbol{A}\boldsymbol{\alpha}_1,\boldsymbol{A}\boldsymbol{\alpha}_2,\boldsymbol{A}\boldsymbol{\alpha}_3)=R(\boldsymbol{A}(\boldsymbol{\alpha}_1,\boldsymbol{\alpha}_2,\boldsymbol{\alpha}_3))=R(\boldsymbol{A}),$$

再由 $R(\boldsymbol{A})=2$ 得 $R(\boldsymbol{A}\boldsymbol{\alpha}_1,\boldsymbol{A}\boldsymbol{\alpha}_2,\boldsymbol{A}\boldsymbol{\alpha}_3)=2$.

11.（2015）设矩阵 $\boldsymbol{A}=\begin{pmatrix}a&1&0\\1&a&-1\\0&1&a\end{pmatrix}$ 且 $\boldsymbol{A}^3=\boldsymbol{O}$.

（1）求 a 的值；

（2）若矩阵 $\boldsymbol{X}$ 满足 $\boldsymbol{X}-\boldsymbol{X}\boldsymbol{A}^2-\boldsymbol{A}\boldsymbol{X}+\boldsymbol{A}\boldsymbol{X}\boldsymbol{A}^2=\boldsymbol{E}$，$\boldsymbol{E}$ 为 3 阶单位阵，求 $\boldsymbol{X}$.

解　（1）由 $\boldsymbol{A}^3=\boldsymbol{O}$，得 $|\boldsymbol{A}|=0$，从而

$$\begin{vmatrix}a&1&0\\1&a&-1\\0&1&a\end{vmatrix}=\begin{vmatrix}0&1&0\\1-a^2&a&-1\\-a&1&a\end{vmatrix}=a^3=0,$$

得 $a=0$. 可验证当 $a=0$ 时 $\boldsymbol{A}^3=\boldsymbol{O}$ 成立.

（2）由题设条件可得 $\boldsymbol{X}(\boldsymbol{E}-\boldsymbol{A}^2)-\boldsymbol{A}\boldsymbol{X}(\boldsymbol{E}-\boldsymbol{A}^2)=\boldsymbol{E}$，从而 $(\boldsymbol{E}-\boldsymbol{A})\boldsymbol{X}(\boldsymbol{E}-\boldsymbol{A}^2)=\boldsymbol{E}$，故

$$\boldsymbol{X}=(\boldsymbol{E}-\boldsymbol{A})^{-1}(\boldsymbol{E}-\boldsymbol{A}^2)^{-1}=((\boldsymbol{E}-\boldsymbol{A}^2)(\boldsymbol{E}-\boldsymbol{A}))^{-1}=(\boldsymbol{E}-\boldsymbol{A}^2-\boldsymbol{A})^{-1}.$$

因 $\boldsymbol{E}-\boldsymbol{A}^2-\boldsymbol{A}=\begin{pmatrix}0&-1&1\\-1&1&1\\-1&-1&2\end{pmatrix}$，有

$$\left(\begin{array}{ccc:ccc}0&-1&1&1&0&0\\-1&1&1&0&1&0\\-1&-1&2&0&0&1\end{array}\right)\xrightarrow[r_3+r_1]{\substack{r_1-r_3\\r_2-r_3}}\left(\begin{array}{ccc:ccc}1&0&-1&1&0&-1\\0&2&-1&0&1&-1\\0&-1&1&1&0&0\end{array}\right)$$

$$\xrightarrow{r_2+r_3}\left(\begin{array}{ccc:ccc}1&0&-1&1&0&-1\\0&1&0&1&1&-1\\0&-1&1&1&0&0\end{array}\right)\xrightarrow{r_3+r_2}\left(\begin{array}{ccc:ccc}1&0&-1&1&0&-1\\0&1&0&1&1&-1\\0&0&1&2&1&-1\end{array}\right)$$

$$\xrightarrow{r_1+r_3}\left(\begin{array}{ccc:ccc}1&0&0&3&1&-2\\0&1&0&1&1&-1\\0&0&1&2&1&-1\end{array}\right),$$

故 $\boldsymbol{X}=\begin{pmatrix}3&1&-2\\1&1&-1\\2&1&-1\end{pmatrix}$.

12.（2018）已知 a 是常数，且矩阵 $\boldsymbol{A}=\begin{pmatrix}1&2&a\\1&3&0\\2&7&-a\end{pmatrix}$ 可经初等变换化为矩阵 $\boldsymbol{B}=\begin{pmatrix}1&a&2\\0&1&1\\-1&1&1\end{pmatrix}$.

（1）求 a；

（2）求满足 $\boldsymbol{AP}=\boldsymbol{B}$ 的可逆矩阵 $\boldsymbol{P}$.

解　（1）因 $\boldsymbol{A}$ 与 $\boldsymbol{B}$ 等价，故 $R(\boldsymbol{A})=R(\boldsymbol{B})$. 又

$$|\boldsymbol{A}|=\begin{vmatrix}1&2&a\\1&3&0\\2&7&-a\end{vmatrix}\xlongequal{r_3+r_1}\begin{vmatrix}1&2&a\\1&3&0\\3&9&0\end{vmatrix}=0,$$

所以

$$|\boldsymbol{B}|=\begin{vmatrix}1&a&2\\0&1&1\\-1&1&1\end{vmatrix}\xlongequal{r_3+r_1}\begin{vmatrix}1&a&2\\0&1&1\\0&a+1&3\end{vmatrix}=2-a=0,$$

得 $a=2$. 可验证当 $a=2$ 时，$\boldsymbol{A}$ 可通过初等变换化为 $\boldsymbol{B}$（秩均为 2）.

（2）可逆矩阵 $\boldsymbol{P}$ 满足 $\boldsymbol{AP}=\boldsymbol{B}$，即解矩阵方程 $\boldsymbol{AX}=\boldsymbol{B}$：

$$(\boldsymbol{A},\boldsymbol{B})=\left(\begin{array}{ccc:ccc}1&2&2&1&2&2\\1&3&0&0&1&1\\2&7&-2&-1&1&1\end{array}\right)\xrightarrow{r}\left(\begin{array}{ccc:ccc}1&0&6&3&4&4\\0&1&-2&-1&-1&-1\\0&0&0&0&0&0\end{array}\right),$$

得

$$\boldsymbol{P}=\begin{pmatrix}-6k_1+3 & -6k_2+4 & -6k_3+4\\ 2k_1-1 & 2k_2-1 & 2k_3-1\\ k_1 & k_2 & k_3\end{pmatrix}.$$

又 $\boldsymbol{P}$ 可逆，所以 $|\boldsymbol{P}|\neq 0$，得 $k_2\neq k_3$，其中 k_1,k_2,k_3 为任意常数.

三、向量

1.（2010）设向量组 Ⅰ：$\boldsymbol{\alpha}_1,\boldsymbol{\alpha}_2,\cdots,\boldsymbol{\alpha}_r$ 可由向量组 Ⅱ：$\boldsymbol{\beta}_1,\boldsymbol{\beta}_2,\cdots,\boldsymbol{\beta}_s$ 线性表示，则下列命题中正确的是(　　).

(A) 若向量组 Ⅰ 线性无关，则 $r\leq s$　　(B) 若向量组 Ⅰ 线性相关，则 $r>s$

(C) 若向量组 Ⅱ 线性无关，则 $r\leq s$　　(D) 若向量组 Ⅱ 线性相关，则 $r>s$

解　由于向量组 Ⅰ 能由向量组 Ⅱ 线性表示，所以 $R(\text{Ⅰ})\leq R(\text{Ⅱ})$，即

$$R(\boldsymbol{\alpha}_1,\cdots,\boldsymbol{\alpha}_r)\leq R(\boldsymbol{\beta}_1,\cdots,\boldsymbol{\beta}_s)\leq s.$$

若向量组 Ⅰ 线性无关，则 $R(\boldsymbol{\alpha}_1,\cdots,\boldsymbol{\alpha}_r)=r$，所以 $r=R(\boldsymbol{\alpha}_1,\cdots,\boldsymbol{\alpha}_r)\leq R(\boldsymbol{\beta}_1,\cdots,\boldsymbol{\beta}_s)\leq s$，即 $r\leq s$，选(A).

2.（2012）设 $\boldsymbol{\alpha}_1=\begin{pmatrix}0\\0\\C_1\end{pmatrix}$，$\boldsymbol{\alpha}_2=\begin{pmatrix}0\\1\\C_2\end{pmatrix}$，$\boldsymbol{\alpha}_3=\begin{pmatrix}1\\-1\\C_3\end{pmatrix}$，$\boldsymbol{\alpha}_4=\begin{pmatrix}-1\\1\\C_4\end{pmatrix}$，其中，$C_1,C_2,C_3,C_4$ 为任意常数，则下列向量组线性相关的为(　　).

(A) $\boldsymbol{\alpha}_1,\boldsymbol{\alpha}_2,\boldsymbol{\alpha}_3$　　(B) $\boldsymbol{\alpha}_1,\boldsymbol{\alpha}_2,\boldsymbol{\alpha}_4$　　(C) $\boldsymbol{\alpha}_1,\boldsymbol{\alpha}_3,\boldsymbol{\alpha}_4$　　(D) $\boldsymbol{\alpha}_2,\boldsymbol{\alpha}_3,\boldsymbol{\alpha}_4$

解　因

(A) $|\boldsymbol{\alpha}_1,\boldsymbol{\alpha}_2,\boldsymbol{\alpha}_3|=\begin{vmatrix}0&0&1\\0&1&-1\\C_1&C_2&C_3\end{vmatrix}=-C_1$，不恒为零，

(B) $|\boldsymbol{\alpha}_1,\boldsymbol{\alpha}_2,\boldsymbol{\alpha}_3|=\begin{vmatrix}0&0&1\\0&1&1\\C_1&C_2&C_4\end{vmatrix}=C_1$，不恒为零，

(C) $|\boldsymbol{\alpha}_1,\boldsymbol{\alpha}_3,\boldsymbol{\alpha}_4|=\begin{vmatrix}0&1&-1\\0&-1&1\\C_1&C_3&C_4\end{vmatrix}=0$，

(D) $|\boldsymbol{\alpha}_2,\boldsymbol{\alpha}_3,\boldsymbol{\alpha}_4|=\begin{vmatrix}0&1&-1\\1&-1&1\\C_2&C_3&C_4\end{vmatrix}=\begin{vmatrix}0&1&-1\\1&0&0\\C_2&C_3&C_4\end{vmatrix}=-C_4-C_3$，不恒为零，

所以 $\boldsymbol{\alpha}_1,\boldsymbol{\alpha}_3,\boldsymbol{\alpha}_4$ 必线性相关，选(C).

3.（2013）设 $\boldsymbol{A},\boldsymbol{B},\boldsymbol{C}$ 均为 n 阶矩阵，若 $\boldsymbol{AB}=\boldsymbol{C}$，且 $\boldsymbol{B}$ 可逆，则(　　).

(A) 矩阵 $\boldsymbol{C}$ 的行向量组与矩阵 $\boldsymbol{A}$ 的行向量组等价

(B) 矩阵 $\boldsymbol{C}$ 的列向量组与矩阵 $\boldsymbol{A}$ 的列向量组等价

(C) 矩阵 $\boldsymbol{C}$ 的行向量组与矩阵 $\boldsymbol{B}$ 的行向量组等价

(D) 矩阵 $\boldsymbol{C}$ 的列向量组与矩阵 $\boldsymbol{B}$ 的列向量组等价

解　将矩阵 $\boldsymbol{A}$, $\boldsymbol{C}$ 按列分块, $\boldsymbol{A}=(\boldsymbol{\alpha}_1,\cdots,\boldsymbol{\alpha}_n)$, $\boldsymbol{C}=(\boldsymbol{\gamma}_1,\cdots,\boldsymbol{\gamma}_n)$, 由于 $\boldsymbol{AB}=\boldsymbol{C}$, 得

$$(\boldsymbol{\alpha}_1,\cdots,\boldsymbol{\alpha}_n)\begin{pmatrix} b_{11} & \cdots & b_{1n} \\ \vdots & & \vdots \\ b_{n1} & \cdots & b_{nn} \end{pmatrix}=(\boldsymbol{\gamma}_1,\cdots,\boldsymbol{\gamma}_n),$$

即

$$\boldsymbol{\gamma}_1=b_{11}\boldsymbol{\alpha}_1+\cdots+b_{n1}\boldsymbol{\alpha}_n,\cdots,\boldsymbol{\gamma}_n=b_{1n}\boldsymbol{\alpha}_1+\cdots+b_{nn}\boldsymbol{\alpha}_n,$$

即 $\boldsymbol{C}$ 的列向量组可由 $\boldsymbol{A}$ 的列向量组线性表示.

由于 $\boldsymbol{B}$ 可逆, 故 $\boldsymbol{A}=\boldsymbol{C}\boldsymbol{B}^{-1}$, $\boldsymbol{A}$ 的列向量组可由 $\boldsymbol{C}$ 的列向量组线性表示, 选(B).

也可如此处理: 因 $\boldsymbol{AB}=\boldsymbol{C}$, 且 $\boldsymbol{B}$ 可逆, 即 $\boldsymbol{A}$ 可通过初等列变换变化为 $\boldsymbol{C}$, 因初等变换可逆, 故也可通过初等列变换将 $\boldsymbol{C}$ 变换为 $\boldsymbol{A}$, 故 $\boldsymbol{A},\boldsymbol{C}$ 的列向量组等价. 选(B).

4. (2014) 设 $\boldsymbol{\alpha}_1$, $\boldsymbol{\alpha}_2$, $\boldsymbol{\alpha}_3$ 均为 3 维向量, 则对任意常数 k,l, 向量组 $\boldsymbol{\alpha}_1+k\boldsymbol{\alpha}_3,\boldsymbol{\alpha}_2+l\boldsymbol{\alpha}_3$ 线性无关是向量组 $\boldsymbol{\alpha}_1$, $\boldsymbol{\alpha}_2$, $\boldsymbol{\alpha}_3$ 线性无关的(　　).

(A) 必要非充分条件　　(B) 充分非必要条件

(C) 充分必要条件　　(D) 既非充分也非必要条件

解　因 $(\boldsymbol{\alpha}_1+k\boldsymbol{\alpha}_3,\boldsymbol{\alpha}_2+l\boldsymbol{\alpha}_3)=(\boldsymbol{\alpha}_1,\boldsymbol{\alpha}_2,\boldsymbol{\alpha}_3)\begin{pmatrix} 1 & 0 \\ 0 & 1 \\ k & l \end{pmatrix}$, 记

$$\boldsymbol{A}=(\boldsymbol{\alpha}_1+k\boldsymbol{\alpha}_3,\boldsymbol{\alpha}_2+l\boldsymbol{\alpha}_3),\ \boldsymbol{B}=(\boldsymbol{\alpha}_1,\boldsymbol{\alpha}_2,\boldsymbol{\alpha}_3),\ \boldsymbol{C}=\begin{pmatrix} 1 & 0 \\ 0 & 1 \\ k & l \end{pmatrix},$$

则有 $\boldsymbol{A}=\boldsymbol{BC}$. 若 $\boldsymbol{\alpha}_1,\boldsymbol{\alpha}_2,\boldsymbol{\alpha}_3$ 线性无关, 则 $R(\boldsymbol{A})=R(\boldsymbol{BC})=R(\boldsymbol{C})=2$, 可得 $\boldsymbol{\alpha}_1+k\boldsymbol{\alpha}_3,\boldsymbol{\alpha}_2+l\boldsymbol{\alpha}_3$ 线性无关.

由 $\boldsymbol{\alpha}_1+k\boldsymbol{\alpha}_3,\boldsymbol{\alpha}_2+l\boldsymbol{\alpha}_3$ 线性无关不一定能推出 $\boldsymbol{\alpha}_1,\boldsymbol{\alpha}_2,\boldsymbol{\alpha}_3$ 线性无关. 如: $\boldsymbol{\alpha}_1=\begin{pmatrix} 1 \\ 0 \\ 0 \end{pmatrix}$, $\boldsymbol{\alpha}_2=\begin{pmatrix} 0 \\ 1 \\ 0 \end{pmatrix}$, $\boldsymbol{\alpha}_3=\begin{pmatrix} 0 \\ 0 \\ 0 \end{pmatrix}$, $\boldsymbol{\alpha}_1+k\boldsymbol{\alpha}_3,\boldsymbol{\alpha}_2+l\boldsymbol{\alpha}_3$ 线性无关, 但此时 $\boldsymbol{\alpha}_1,\boldsymbol{\alpha}_2,\boldsymbol{\alpha}_3$ 线性相关. 故选(A).

5. (2010) 设 $\boldsymbol{\alpha}_1=(1,2,-1,0)^{\mathrm{T}}$, $\boldsymbol{\alpha}_2=(1,1,0,2)^{\mathrm{T}}$, $\boldsymbol{\alpha}_3=(2,1,1,a)^{\mathrm{T}}$, 若由 $\boldsymbol{\alpha}_1,\boldsymbol{\alpha}_2,\boldsymbol{\alpha}_3$ 形成的向量空间维数是 2, 则 $a=$______.

解　因为由 $\boldsymbol{\alpha}_1,\boldsymbol{\alpha}_2,\boldsymbol{\alpha}_3$ 形成的向量空间维数为 2, 所以 $R(\boldsymbol{\alpha}_1,\boldsymbol{\alpha}_2,\boldsymbol{\alpha}_3)=2$. 对 $(\boldsymbol{\alpha}_1,\boldsymbol{\alpha}_2,\boldsymbol{\alpha}_3)$ 进行初等行变换:

$$(\boldsymbol{\alpha}_1,\boldsymbol{\alpha}_2,\boldsymbol{\alpha}_3)=\begin{pmatrix}1&1&2\\2&1&1\\-1&0&1\\0&2&a\end{pmatrix}\xrightarrow[r_3+r_1]{r_2-2r_1}\begin{pmatrix}1&1&2\\0&-1&-3\\0&1&3\\0&2&a\end{pmatrix}\xrightarrow[r_2+r_3]{r_4-2r_3}\begin{pmatrix}1&1&2\\0&1&3\\0&0&a-6\\0&0&0\end{pmatrix},$$

所以 $a=6$.

6. (2015) 设向量组 $\boldsymbol{\alpha}_1,\boldsymbol{\alpha}_2,\boldsymbol{\alpha}_3$ 是3维向量空间 $\mathbb{R}^3$ 的一组基, $\boldsymbol{\beta}_1=2\boldsymbol{\alpha}_1+2k\boldsymbol{\alpha}_3$, $\boldsymbol{\beta}_2=2\boldsymbol{\alpha}_2$, $\boldsymbol{\beta}_3=\boldsymbol{\alpha}_1+(k+1)\boldsymbol{\alpha}_3$.

(1) 证明向量组 $\boldsymbol{\beta}_1,\boldsymbol{\beta}_2,\boldsymbol{\beta}_3$ 是 $\mathbb{R}^3$ 的一组基;

(2) 当 k 为何值时, 存在非零向量 $\boldsymbol{\xi}$ 在基 $\boldsymbol{\alpha}_1,\boldsymbol{\alpha}_2,\boldsymbol{\alpha}_3$ 与基 $\boldsymbol{\beta}_1,\boldsymbol{\beta}_2,\boldsymbol{\beta}_3$ 下的坐标相同, 并求出所有的 $\boldsymbol{\xi}$.

解　(1) $(\boldsymbol{\beta}_1,\boldsymbol{\beta}_2,\boldsymbol{\beta}_3)=(\boldsymbol{\alpha}_1,\boldsymbol{\alpha}_2,\boldsymbol{\alpha}_3)\begin{pmatrix}2&0&1\\0&2&0\\2k&0&k+1\end{pmatrix}$, 设 $\boldsymbol{P}=\begin{pmatrix}2&0&1\\0&2&0\\2k&0&k+1\end{pmatrix}$, 因

$$|\boldsymbol{P}|=\begin{vmatrix}2&0&1\\0&2&0\\2k&0&k+1\end{vmatrix}=2\begin{vmatrix}2&1\\2k&k+1\end{vmatrix}=4\neq 0,$$

故 $R(\boldsymbol{\beta}_1,\boldsymbol{\beta}_2,\boldsymbol{\beta}_3)=R(\boldsymbol{\alpha}_1,\boldsymbol{\alpha}_2,\boldsymbol{\alpha}_3)=3$, $\boldsymbol{\beta}_1,\boldsymbol{\beta}_2,\boldsymbol{\beta}_3$ 线性无关, $\boldsymbol{\beta}_1,\boldsymbol{\beta}_2,\boldsymbol{\beta}_3$ 是 $\mathbb{R}^3$ 的一组基.

(2) $\boldsymbol{P}$ 为从基 $\boldsymbol{\alpha}_1,\boldsymbol{\alpha}_2,\boldsymbol{\alpha}_3$ 到基 $\boldsymbol{\beta}_1,\boldsymbol{\beta}_2,\boldsymbol{\beta}_3$ 的过渡矩阵, 即 $(\boldsymbol{\beta}_1,\boldsymbol{\beta}_2,\boldsymbol{\beta}_3)=(\boldsymbol{\alpha}_1,\boldsymbol{\alpha}_2,\boldsymbol{\alpha}_3)\boldsymbol{P}$, 又设 $\boldsymbol{\xi}$ 在基 $\boldsymbol{\alpha}_1,\boldsymbol{\alpha}_2,\boldsymbol{\alpha}_3$ 下的坐标为 $\boldsymbol{x}=(x_1,x_2,x_3)^{\mathrm{T}}$, 依题意有

$$\boldsymbol{\xi}=(\boldsymbol{\alpha}_1,\boldsymbol{\alpha}_2,\boldsymbol{\alpha}_3)\boldsymbol{x}=(\boldsymbol{\beta}_1,\boldsymbol{\beta}_2,\boldsymbol{\beta}_3)x=(\boldsymbol{\alpha}_1,\boldsymbol{\alpha}_2,\boldsymbol{\alpha}_3)\boldsymbol{P}\boldsymbol{x},$$

从而 $\boldsymbol{P}\boldsymbol{x}=\boldsymbol{x}$, 即 $(\boldsymbol{P}-\boldsymbol{E})\boldsymbol{x}=\boldsymbol{0}$. 由

$$|\boldsymbol{P}-\boldsymbol{E}|=\begin{vmatrix}1&0&1\\0&1&0\\2k&0&k\end{vmatrix}=\begin{vmatrix}1&1\\2k&k\end{vmatrix}=-k=0,$$

得 $k=0$, 并解方程 $(\boldsymbol{P}-\boldsymbol{E})\boldsymbol{x}=\boldsymbol{0}$ 得 $\boldsymbol{x}=c(-1,0,1)^{\mathrm{T}}$, c 为任意常数. 从而 $\boldsymbol{\xi}=-c\boldsymbol{\alpha}_1+c\boldsymbol{\alpha}_3$, c 为 任意常数.

7. (2011) 设向量组 $\boldsymbol{\alpha}_1=(1,0,1)^{\mathrm{T}}$, $\boldsymbol{\alpha}_2=(0,1,1)^{\mathrm{T}}$, $\boldsymbol{\alpha}_3=(1,3,5)^{\mathrm{T}}$ 不能由向量组 $\boldsymbol{\beta}_1=(1,1,1)^{\mathrm{T}}$, $\boldsymbol{\beta}_2=(1,2,3)^{\mathrm{T}}$, $\boldsymbol{\beta}_3=(3,4,a)^{\mathrm{T}}$ 线性表示.

(1) 求 a 的值;

(2) 将 $\boldsymbol{\beta}_1,\boldsymbol{\beta}_2,\boldsymbol{\beta}_3$ 用 $\boldsymbol{\alpha}_1,\boldsymbol{\alpha}_2,\boldsymbol{\alpha}_3$ 线性表示.

解　(1) 因为

$$|\boldsymbol{\alpha}_1,\boldsymbol{\alpha}_2,\boldsymbol{\alpha}_3|=\begin{vmatrix}1&0&1\\0&1&3\\1&1&5\end{vmatrix}=1\neq 0,$$

故 $\boldsymbol{\alpha}_1,\boldsymbol{\alpha}_2,\boldsymbol{\alpha}_3$ 线性无关. 从而由 $\boldsymbol{\alpha}_1,\boldsymbol{\alpha}_2,\boldsymbol{\alpha}_3$ 不能由 $\boldsymbol{\beta}_1,\boldsymbol{\beta}_2,\boldsymbol{\beta}_3$ 线性表示, 可得到 $\boldsymbol{\beta}_1,\boldsymbol{\beta}_2,\boldsymbol{\beta}_3$ 线性相关, 即

$$|\boldsymbol{\beta}_1,\boldsymbol{\beta}_2,\boldsymbol{\beta}_3|=\begin{vmatrix}1&1&3\\1&2&4\\1&3&a\end{vmatrix}=\begin{vmatrix}1&1&3\\0&1&1\\0&2&a-3\end{vmatrix}=a-5=0,$$

所以 $a=5$.

(2) 如果方程组 $x_1\boldsymbol{\alpha}_1+x_2\boldsymbol{\alpha}_2+x_3\boldsymbol{\alpha}_3=\boldsymbol{\beta}_j(j=1,2,3)$ 都有解, 即 $\boldsymbol{\beta}_1,\boldsymbol{\beta}_2,\boldsymbol{\beta}_3$ 可由 $\boldsymbol{\alpha}_1,\boldsymbol{\alpha}_2,\boldsymbol{\alpha}_3$ 线性表示. 对 $(\boldsymbol{\alpha}_1,\boldsymbol{\alpha}_2,\boldsymbol{\alpha}_3,\boldsymbol{\beta}_1,\boldsymbol{\beta}_2,\boldsymbol{\beta}_3)$ 作初等行变换, 有

$$(\boldsymbol{\alpha}_1,\boldsymbol{\alpha}_2,\boldsymbol{\alpha}_3,\boldsymbol{\beta}_1,\boldsymbol{\beta}_2,\boldsymbol{\beta}_3)=\left(\begin{array}{ccc|ccc}1&0&1&1&1&3\\0&1&3&1&2&4\\1&1&5&1&3&5\end{array}\right)$$

$$\xrightarrow{r_3-r_1}\left(\begin{array}{ccc|ccc}1&0&1&1&1&3\\0&1&3&1&2&4\\0&1&4&0&2&2\end{array}\right)\xrightarrow{r_3-r_2}\left(\begin{array}{ccc|ccc}1&0&1&1&1&3\\0&1&3&1&2&4\\0&0&1&-1&0&-2\end{array}\right)$$

$$\xrightarrow[r_2-3r_3]{r_1-r_3}\left(\begin{array}{ccc|ccc}1&0&0&2&1&5\\0&1&0&4&2&10\\0&0&1&-1&0&-2\end{array}\right).$$

故

$$\boldsymbol{\beta}_1=2\boldsymbol{\alpha}_1+4\boldsymbol{\alpha}_2-\boldsymbol{\alpha}_3,\ \boldsymbol{\beta}_2=\boldsymbol{\alpha}_1+2\boldsymbol{\alpha}_2,\ \boldsymbol{\beta}_3=5\boldsymbol{\alpha}_1+10\boldsymbol{\alpha}_2-2\boldsymbol{\alpha}_3.$$

8. (2019) 已知向量组

$$(\text{Ⅰ})\boldsymbol{\alpha}_1=\begin{pmatrix}1\\1\\4\end{pmatrix},\ \boldsymbol{\alpha}_2=\begin{pmatrix}1\\0\\4\end{pmatrix},\ \boldsymbol{\alpha}_3=\begin{pmatrix}1\\2\\a^2+3\end{pmatrix},$$

$$(\text{Ⅱ})\boldsymbol{\beta}_1=\begin{pmatrix}1\\1\\a+3\end{pmatrix},\ \boldsymbol{\beta}_2=\begin{pmatrix}0\\2\\1-a\end{pmatrix},\ \boldsymbol{\beta}_3=\begin{pmatrix}1\\3\\a^2+3\end{pmatrix},$$

若向量组(Ⅰ)和向量组(Ⅱ)等价, 求 a 的取值, 并将 $\boldsymbol{\beta}_3$ 用 $\boldsymbol{\alpha}_1,\boldsymbol{\alpha}_2,\boldsymbol{\alpha}_3$ 线性表示.

解　对下列矩阵进行初等行变换

$$(\boldsymbol{A}\mid\boldsymbol{B})=\left(\begin{array}{ccc|ccc}1&1&1&1&0&1\\1&0&2&1&2&3\\4&4&a^2+3&a+3&1-a&a^2+3\end{array}\right)$$

$$\xrightarrow[r_3-4r_1]{r_2-r_1}\left(\begin{array}{ccc|ccc}1&1&1&1&0&1\\0&-1&1&0&2&2\\0&0&a^2-1&a-1&1-a&a^2-1\end{array}\right),$$

当 $a=1$ 时, $R(\boldsymbol{A})=R(\boldsymbol{B})=R(\boldsymbol{A},\boldsymbol{B})=2$; 当 $a=-1$ 时, $R(\boldsymbol{A})=2$, $R(\boldsymbol{B})=3$; 当 $a^2\neq1$ 时, $R(\boldsymbol{A})=R(\boldsymbol{B})=R(\boldsymbol{A},\boldsymbol{B})=3$. 故当 $a\neq-1$ 时, 两者等价.

当 $a=1$ 时, 有

$$(\boldsymbol{\alpha}_1,\boldsymbol{\alpha}_2,\boldsymbol{\alpha}_3,\boldsymbol{\beta}_3)\longrightarrow\left(\begin{array}{ccc|c}1&1&1&1\\0&-1&1&2\\0&0&0&0\end{array}\right)\xrightarrow[r_2\cdot(-1)]{r_1+r_2}\left(\begin{array}{ccc|c}1&0&2&3\\0&1&-1&-2\\0&0&0&0\end{array}\right),$$

故 $\boldsymbol{\beta}_3=x_1\boldsymbol{\alpha}_1+x_2\boldsymbol{\alpha}_2+x_3\boldsymbol{\alpha}_3$ 的等价方程组为 $\begin{cases}x_1=3-2x_3\\x_2=-2+x_3\end{cases}$, 即

$$\boldsymbol{\beta}_3=(3-2k)\boldsymbol{\alpha}_1+(k-2)\boldsymbol{\alpha}_2+k\boldsymbol{\alpha}_3,\ k\in\mathbb{R}.$$

当$a\neq\pm1$时，

$$(\boldsymbol{\alpha}_1,\boldsymbol{\alpha}_2,\boldsymbol{\alpha}_3,\boldsymbol{\beta}_3)\longrightarrow\left(\begin{array}{ccc:c}1&1&1&1\\0&-1&1&2\\0&0&a^2-1&a^2-1\end{array}\right)\longrightarrow\left(\begin{array}{ccc:c}1&0&0&1\\0&1&0&-1\\0&0&1&1\end{array}\right),$$

故$\boldsymbol{\beta}_3=\boldsymbol{\alpha}_1-\boldsymbol{\alpha}_2+\boldsymbol{\alpha}_3$.

四、线性方程组

1.（2011）设$\boldsymbol{A}$为4×3矩阵，$\boldsymbol{\eta}_1,\boldsymbol{\eta}_2,\boldsymbol{\eta}_3$是非齐次线性方程组$\boldsymbol{Ax}=\boldsymbol{\beta}$的3个线性无关的解，$k_1,k_2$为任意常数，则$\boldsymbol{Ax}=\boldsymbol{\beta}$的通解为（　　）.

（A）$\dfrac{\boldsymbol{\eta}_2+\boldsymbol{\eta}_3}{2}+k_1(\boldsymbol{\eta}_2-\boldsymbol{\eta}_1)$　　（B）$\dfrac{\boldsymbol{\eta}_2-\boldsymbol{\eta}_3}{2}+k_1(\boldsymbol{\eta}_2-\boldsymbol{\eta}_1)$

（C）$\dfrac{\boldsymbol{\eta}_2+\boldsymbol{\eta}_3}{2}+k_1(\boldsymbol{\eta}_2-\boldsymbol{\eta}_1)+k_2(\boldsymbol{\eta}_3-\boldsymbol{\eta}_1)$　（D）$\dfrac{\boldsymbol{\eta}_2-\boldsymbol{\eta}_3}{2}+k_1(\boldsymbol{\eta}_2-\boldsymbol{\eta}_1)+k_2(\boldsymbol{\eta}_3-\boldsymbol{\eta}_1)$

解　本题考查线性方程组解的性质和解的结构以及非齐次线性方程组的通解.

依题意可得$\boldsymbol{\eta}_3-\boldsymbol{\eta}_1,\boldsymbol{\eta}_2-\boldsymbol{\eta}_1$为$\boldsymbol{Ax}=\boldsymbol{0}$的解，因为$\boldsymbol{\eta}_1,\boldsymbol{\eta}_2,\boldsymbol{\eta}_3$线性无关，故$\boldsymbol{\eta}_3-\boldsymbol{\eta}_1$，$\boldsymbol{\eta}_2-\boldsymbol{\eta}_1$线性无关，显然$R(\boldsymbol{A})\geq1$. 又因$\boldsymbol{Ax}=\boldsymbol{0}$至少有两个线性无关的解，故$3-R(\boldsymbol{A})\geq2$，得$R(\boldsymbol{A})=1$. 因$\dfrac{\boldsymbol{\eta}_2+\boldsymbol{\eta}_3}{2}$为$\boldsymbol{Ax}=\boldsymbol{\beta}$的解，故$\boldsymbol{Ax}=\boldsymbol{\beta}$的通解为

$$\boldsymbol{x}=\frac{\boldsymbol{\eta}_2+\boldsymbol{\eta}_3}{2}+k_1(\boldsymbol{\eta}_2-\boldsymbol{\eta}_1)+k_2(\boldsymbol{\eta}_3-\boldsymbol{\eta}_1),$$

所以应选（C）.

2.（2011）设$\boldsymbol{A}=(\boldsymbol{\alpha}_1,\boldsymbol{\alpha}_2,\boldsymbol{\alpha}_3,\boldsymbol{\alpha}_4)$是4阶矩阵，$\boldsymbol{A}^*$为$\boldsymbol{A}$的伴随矩阵，若$(1,0,1,0)^{\mathrm{T}}$是方程组$\boldsymbol{Ax}=\boldsymbol{0}$的一个基础解系，则$\boldsymbol{A}^*\boldsymbol{x}=\boldsymbol{0}$的基础解系可为（　　）.

（A）$\boldsymbol{\alpha}_1,\boldsymbol{\alpha}_3$　（B）$\boldsymbol{\alpha}_1,\boldsymbol{\alpha}_2$　（C）$\boldsymbol{\alpha}_1,\boldsymbol{\alpha}_2,\boldsymbol{\alpha}_3$　（D）$\boldsymbol{\alpha}_2,\boldsymbol{\alpha}_3,\boldsymbol{\alpha}_4$

解　由$\boldsymbol{Ax}=\boldsymbol{0}$的基础解系只有一个知$R(\boldsymbol{A})=3$，从而$R(\boldsymbol{A}^*)=1$，又由$\boldsymbol{A}^*\boldsymbol{A}=|\boldsymbol{A}|\boldsymbol{E}=\boldsymbol{O}$知，$\boldsymbol{\alpha}_1,\boldsymbol{\alpha}_2,\boldsymbol{\alpha}_3,\boldsymbol{\alpha}_4$都是$\boldsymbol{A}^*\boldsymbol{x}=\boldsymbol{0}$的解，且$\boldsymbol{A}^*\boldsymbol{x}=\boldsymbol{0}$的极大线性无关组就是其基础解系，又

$$\boldsymbol{A}\begin{pmatrix}1\\0\\1\\0\end{pmatrix}=(\boldsymbol{\alpha}_1,\boldsymbol{\alpha}_2,\boldsymbol{\alpha}_3,\boldsymbol{\alpha}_4)\begin{pmatrix}1\\0\\1\\0\end{pmatrix}=\boldsymbol{\alpha}_1+\boldsymbol{\alpha}_3=\boldsymbol{0},$$

所以$\boldsymbol{\alpha}_1,\boldsymbol{\alpha}_3$线性相关，故$\boldsymbol{\alpha}_1$，$\boldsymbol{\alpha}_2$，$\boldsymbol{\alpha}_4$或$\boldsymbol{\alpha}_2$，$\boldsymbol{\alpha}_3$，$\boldsymbol{\alpha}_4$为其极大无关组，应选（D）.

3.（2015）设矩阵$\boldsymbol{A}=\begin{pmatrix}1&1&1\\1&2&a\\1&4&a^2\end{pmatrix}$，$b=\begin{pmatrix}1\\d\\d^2\end{pmatrix}$，若集合$\boldsymbol{\Omega}=\{1,2\}$，则线性方程组$\boldsymbol{Ax}=\boldsymbol{b}$有无穷多个解的充分必要条件为（　　）.

(A) $a \notin \boldsymbol{\Omega}, d \notin \boldsymbol{\Omega}$　　(B) $a \notin \boldsymbol{\Omega}, d \in \boldsymbol{\Omega}$　　(C) $a \in \boldsymbol{\Omega}, d \notin \boldsymbol{\Omega}$　　(D) $a \in \boldsymbol{\Omega}, d \in \boldsymbol{\Omega}$

解

$$(\boldsymbol{A},\boldsymbol{b})=\left(\begin{array}{ccc:c}1&1&1&1\\1&2&a&d\\1&4&a^2&d^2\end{array}\right)\xrightarrow[\substack{r_3-r_1\\r_3-3r_2}]{r_2-r_1}\left(\begin{array}{ccc:c}1&1&1&1\\0&1&a-1&d-1\\0&0&(a-1)(a-2)&(d-1)(d-2)\end{array}\right),$$

$\boldsymbol{Ax}=\boldsymbol{b}$ 有无穷多解的充分必要条件是 $R(\boldsymbol{A})=R(\boldsymbol{A},\boldsymbol{b})<3$，即 $(a-1)(a-2)=0$，且 $(d-1)(d-2)=0$，选(D).

4. (2016) 设 n 阶矩阵 $\boldsymbol{A}$ 的伴随矩阵 $\boldsymbol{A}^*\neq\boldsymbol{O}$，若 $\boldsymbol{\xi}_1,\boldsymbol{\xi}_2,\boldsymbol{\xi}_3,\boldsymbol{\xi}_4$ 是非齐次线性方程组 $\boldsymbol{Ax}=\boldsymbol{b}$ 的互不相等的解，则对应的齐次线性方程组 $\boldsymbol{Ax}=\boldsymbol{0}$ 的基础解系(　　).

(A) 不存在　　(B) 仅含一个非零解向量

(C) 含有两个线性无关的解向量　　(D) 含有三个线性无关的解向量

解　要确定基础解系含向量的个数，实际上只要确定未知数的个数和系数矩阵的秩. 因为基础解系含向量的个数为 $n-R(\boldsymbol{A})$，而且

$$R(\boldsymbol{A}^*)=\begin{cases}n, & R(\boldsymbol{A})=n,\\1, & R(\boldsymbol{A})=n-1,\\0, & R(\boldsymbol{A})<n-1.\end{cases}$$

根据已知条件 $\boldsymbol{A}^*\neq\boldsymbol{O}$，于是 $R(\boldsymbol{A})$ 等于 n 或 $n-1$. 又 $\boldsymbol{Ax}=\boldsymbol{b}$ 有互不相等的解，即解不唯一，故 $R(\boldsymbol{A})=n-1$，从而 $\boldsymbol{Ax}=\boldsymbol{0}$ 的基础解系仅含一个解向量，即选(B).

5. (2019) 如图所示，有3个平面两两相交，交线相互平行，它们的方程 $a_{i1}x+a_{i2}y+a_{i3}z=d_i(i=1,2,3)$ 组成的线性方程组的系数矩阵和增广矩阵分别记为 $\boldsymbol{A}$，$\overline{\boldsymbol{A}}$，则(　　).

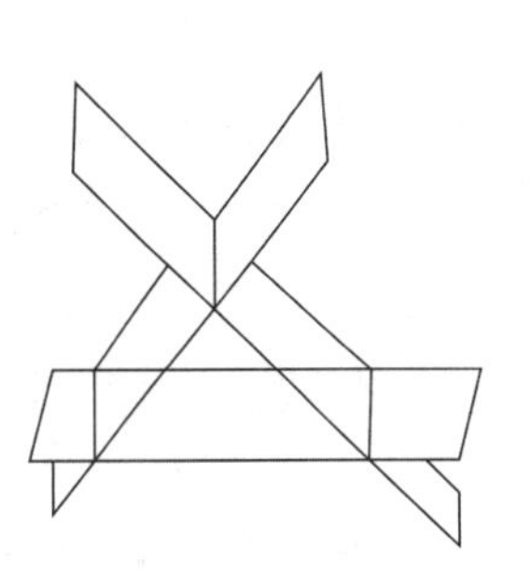

(A) $R(\boldsymbol{A})=2$，$R(\overline{\boldsymbol{A}})=3$　　(B) $R(\boldsymbol{A})=2$，$R(\overline{\boldsymbol{A}})=2$

(C) $R(\boldsymbol{A})=1$，$R(\overline{\boldsymbol{A}})=2$　　(D) $R(\boldsymbol{A})=1$，$R(\overline{\boldsymbol{A}})=1$

解　因为3个平面无公共交线，说明方程组 $\boldsymbol{Ax}=\boldsymbol{b}$ 无解，即 $R(\boldsymbol{A})<R(\overline{\boldsymbol{A}})$. 因为 $\boldsymbol{A}\neq\boldsymbol{O}$，有 $1\leq R(\boldsymbol{A})\leq 2$. 因任意两个平面相交，例如 $\begin{cases}a_{11}x+a_{12}y+a_{13}z=d_1\\a_{21}x+a_{22}y+a_{23}z=d_2\end{cases}$ 存在无穷多解，从而 $R(\boldsymbol{A})=2$.

也可直接由3平面不平行，知 $R(\boldsymbol{A})\geq 2$，从而 $R(\boldsymbol{A})=2$，故选(A).

6. (2020) 已知直线 L_1：$\dfrac{x-a_2}{a_1}=\dfrac{y-b_2}{b_1}=\dfrac{z-c_2}{c_1}$ 与直线 L_2：$\dfrac{x-a_3}{a_2}=\dfrac{y-b_3}{b_2}=\dfrac{z-c_3}{c_2}$ 相交于一点，设向量 $\boldsymbol{\alpha}_i=(a_i,b_i,c_i)^{\mathrm{T}}(i=1,2,3)$，则(　　).

(A) $\boldsymbol{\alpha}_1$ 可由 $\boldsymbol{\alpha}_2,\boldsymbol{\alpha}_3$ 线性表示　　(B) $\boldsymbol{\alpha}_2$ 可由 $\boldsymbol{\alpha}_1,\boldsymbol{\alpha}_3$ 线性表示

(C) $\boldsymbol{\alpha}_3$ 可由 $\boldsymbol{\alpha}_1,\boldsymbol{\alpha}_2$ 线性表示　　(D) $\boldsymbol{\alpha}_1,\boldsymbol{\alpha}_2,\boldsymbol{\alpha}_3$ 线性无关

解　令直线 L_1：$\dfrac{x-a_2}{a_1}=\dfrac{y-b_2}{b_1}=\dfrac{z-c_2}{c_1}=t$，即有 $\begin{pmatrix}x\\y\\z\end{pmatrix}=\begin{pmatrix}a_2\\b_2\\c_2\end{pmatrix}+t\begin{pmatrix}a_1\\b_1\\c_1\end{pmatrix}=\boldsymbol{\alpha}_2+t\boldsymbol{\alpha}_1$. 同理，直

线 L_2 的方程可写为：$\begin{pmatrix} x \\ y \\ z \end{pmatrix} = \begin{pmatrix} a_3 \\ b_3 \\ c_3 \end{pmatrix} + s\begin{pmatrix} a_2 \\ b_2 \\ c_2 \end{pmatrix} = \boldsymbol{\alpha}_3 + s\boldsymbol{\alpha}_2$.

若两直线相交，则存在 t,s，使得 $\boldsymbol{\alpha}_2 + t\boldsymbol{\alpha}_1 = \boldsymbol{\alpha}_3 + s\boldsymbol{\alpha}_2$，即 $\boldsymbol{\alpha}_3 = t\boldsymbol{\alpha}_1 + (1-s)\boldsymbol{\alpha}_2$，$\boldsymbol{\alpha}_3$ 可由 $\boldsymbol{\alpha}_1,\boldsymbol{\alpha}_2$ 线性表示，选(C).

7. (2020) 设4阶矩阵 $\boldsymbol{A}=(a_{ij})$ 不可逆，a_{12} 的代数余子式 $A_{12}\neq 0$，$\boldsymbol{\alpha}_1,\boldsymbol{\alpha}_2,\boldsymbol{\alpha}_3,\boldsymbol{\alpha}_4$ 为矩阵 $\boldsymbol{A}$ 的列向量组. $\boldsymbol{A}^*$ 为 $\boldsymbol{A}$ 的伴随矩阵，则方程组 $\boldsymbol{A}^*\boldsymbol{x}=\boldsymbol{0}$ 的通解为 ______.

(A) $\boldsymbol{x} = k_1\boldsymbol{\alpha}_1 + k_2\boldsymbol{\alpha}_2 + k_3\boldsymbol{\alpha}_3$，其中，$k_1,k_2,k_3$ 为任意常数

(B) $\boldsymbol{x} = k_1\boldsymbol{\alpha}_1 + k_2\boldsymbol{\alpha}_2 + k_3\boldsymbol{\alpha}_4$，其中，$k_1,k_2,k_3$ 为任意常数

(C) $\boldsymbol{x} = k_1\boldsymbol{\alpha}_1 + k_2\boldsymbol{\alpha}_3 + k_3\boldsymbol{\alpha}_4$，其中，$k_1,k_2,k_3$ 为任意常数

(D) $\boldsymbol{x} = k_1\boldsymbol{\alpha}_2 + k_2\boldsymbol{\alpha}_3 + k_3\boldsymbol{\alpha}_4$，其中，$k_1,k_2,k_3$ 为任意常数

解　因为 $\boldsymbol{A}$ 不可逆，故 $|\boldsymbol{A}|=0$. 又 $\boldsymbol{A}_{12}\neq 0$，故 $R(\boldsymbol{A})=3$，从而 $R(\boldsymbol{A}^*)=1$，得方程组 $\boldsymbol{A}^*\boldsymbol{x}=\boldsymbol{0}$ 有3个线性无关的解向量. 又因为 $\boldsymbol{A}^*\boldsymbol{A}=|\boldsymbol{A}|\boldsymbol{E}=\boldsymbol{O}$，故 $\boldsymbol{A}$ 的每个列向量均是方程组 $\boldsymbol{A}^*\boldsymbol{x}=\boldsymbol{0}$ 的解. 因 $\boldsymbol{A}_{12}\neq 0$，故 $\boldsymbol{\alpha}_1,\boldsymbol{\alpha}_3,\boldsymbol{\alpha}_4$ 线性无关，从而 $\boldsymbol{A}^*\boldsymbol{x}=\boldsymbol{0}$ 的通解为：$x = k_1\boldsymbol{\alpha}_1 + k_2\boldsymbol{\alpha}_3 + k_3\boldsymbol{\alpha}_4$，选(C).

8. (2019) 设 $\boldsymbol{A}=(\boldsymbol{\alpha}_1,\boldsymbol{\alpha}_2,\boldsymbol{\alpha}_3)$ 为3阶矩阵，若 $\boldsymbol{\alpha}_1,\boldsymbol{\alpha}_2$ 线性无关，且 $\boldsymbol{\alpha}_3=-\boldsymbol{\alpha}_1+2\boldsymbol{\alpha}_2$，则线性方程组 $\boldsymbol{A}\boldsymbol{x}=\boldsymbol{0}$ 的通解为______.

解　由 $\boldsymbol{\alpha}_1,\boldsymbol{\alpha}_2$ 线性无关，有 $R(\boldsymbol{A})\geq 2$. 又 $\boldsymbol{\alpha}_3=-\boldsymbol{\alpha}_1+2\boldsymbol{\alpha}_2$，故 $R(\boldsymbol{A})=2$，从而方程组 $\boldsymbol{A}\boldsymbol{x}=\boldsymbol{0}$ 的基础解系中含有 $n-R(\boldsymbol{A})=3-2=1$ 个解向量. 又因为 $\boldsymbol{\alpha}_1-2\boldsymbol{\alpha}_2+\boldsymbol{\alpha}_3=\boldsymbol{0}$，故 $(1,-2,1)^{\mathrm{T}}$ 为其一解向量，从而方程组的通解为 $\boldsymbol{x}=k(1,-2,1)^{\mathrm{T}}$，其中，$k$ 为任意实数.

9. (2019) $\boldsymbol{A}=\begin{pmatrix} 1 & 0 & -1 \\ 1 & 1 & -1 \\ 0 & 1 & a^2-1 \end{pmatrix}$，$\boldsymbol{b}=\begin{pmatrix} 0 \\ 1 \\ a \end{pmatrix}$，$\boldsymbol{A}\boldsymbol{x}=\boldsymbol{b}$ 有无穷多解，则 $a=$ ____.

解　由 $\boldsymbol{A}\boldsymbol{x}=\boldsymbol{b}$ 有无穷多解，知 $R(\boldsymbol{A},\boldsymbol{b})=R(\boldsymbol{A})\leq 2$，故 $|\boldsymbol{A}|=a^2-1=0$，即 $a=\pm 1$. 当 $a=1$ 时，$R(\boldsymbol{A},\boldsymbol{b})=R(\boldsymbol{A})=2$；当 $a=-1$ 时，$R(\boldsymbol{A},\boldsymbol{b})>R(\boldsymbol{A})$. 故 $a=1$.

10. (2010) 设 $\boldsymbol{A}=\begin{pmatrix} \lambda & 1 & 1 \\ 0 & \lambda-1 & 0 \\ 1 & 1 & \lambda \end{pmatrix}$，$\boldsymbol{b}=\begin{pmatrix} a \\ 1 \\ 1 \end{pmatrix}$，已知线性方程组 $\boldsymbol{A}\boldsymbol{x}=\boldsymbol{b}$ 存在2个不同的解.

(1) 求 λ，a；

(2) 求方程组 $\boldsymbol{A}\boldsymbol{x}=\boldsymbol{b}$ 的通解.

解　(1) **方法1**：已知 $\boldsymbol{A}\boldsymbol{x}=\boldsymbol{b}$ 有2个不同的解，故 $R(\boldsymbol{A})=R(\boldsymbol{A},\boldsymbol{b})<3$，对增广矩阵进行初等行变换，得

$$(\boldsymbol{A},\boldsymbol{b})=\left(\begin{array}{ccc:c} \lambda & 1 & 1 & a \\ 0 & \lambda-1 & 0 & 1 \\ 1 & 1 & \lambda & 1 \end{array}\right) \xrightarrow{r_1\leftrightarrow r_3} \left(\begin{array}{ccc:c} 1 & 1 & \lambda & 1 \\ 0 & \lambda-1 & 0 & 1 \\ \lambda & 1 & 1 & a \end{array}\right)$$

$$\xrightarrow{r_3-\lambda r_1}\left(\begin{array}{ccc:c}1&1&\lambda&1\\0&\lambda-1&0&1\\0&1-\lambda&1-\lambda^2&a-\lambda\end{array}\right)\xrightarrow{r_3+r_2}\left(\begin{array}{ccc:c}1&1&\lambda&1\\0&\lambda-1&0&1\\0&0&1-\lambda^2&a-\lambda+1\end{array}\right),$$

当 $\lambda=1$ 时，

$$(\boldsymbol{A},\boldsymbol{b})\rightarrow\left(\begin{array}{ccc:c}1&1&1&1\\0&0&0&1\\0&0&0&a\end{array}\right)\rightarrow\left(\begin{array}{ccc:c}1&1&1&1\\0&0&0&1\\0&0&0&0\end{array}\right),$$

此时，$R(\boldsymbol{A})=1$，$R(\boldsymbol{A},\boldsymbol{b})=2$，$\boldsymbol{Ax}=\boldsymbol{b}$ 无解，所以 $\lambda\neq1$.

当 $\lambda=-1$ 时，

$$(\boldsymbol{A},\boldsymbol{b})\rightarrow\left(\begin{array}{ccc:c}1&1&-1&1\\0&-2&0&1\\0&0&0&a+2\end{array}\right),$$

由于 $R(\boldsymbol{A})=R(\boldsymbol{A},\boldsymbol{b})<3$，所以 $a=-2$. 因此，$\lambda=-1$，$a=-2$.

方法 2：已知 $\boldsymbol{Ax}=\boldsymbol{b}$ 有 2 个不同的解，故 $R(\boldsymbol{A})=R(\boldsymbol{A},\boldsymbol{b})<3$，从而 $|\boldsymbol{A}|=0$，即

$$|\boldsymbol{A}|=\begin{vmatrix}\lambda&1&1\\0&\lambda-1&0\\1&1&\lambda\end{vmatrix}=(\lambda-1)^2(\lambda+1)=0,$$

知 $\lambda=1$ 或 $\lambda=-1$.

当 $\lambda=1$ 时，$R(\boldsymbol{A})=1\neq R(\boldsymbol{A},\boldsymbol{b})=2$，此时 $\boldsymbol{Ax}=\boldsymbol{b}$ 无解，故 $\lambda=-1$. 代入并由 $R(\boldsymbol{A})=R(\boldsymbol{A},\boldsymbol{b})$，得 $a=-2$.

$$(2)\ (\boldsymbol{A},\boldsymbol{b})\rightarrow\left(\begin{array}{ccc:c}1&1&-1&1\\0&-2&0&1\\0&0&0&0\end{array}\right)\rightarrow\left(\begin{array}{ccc:c}1&1&-1&1\\0&1&0&-\frac{1}{2}\\0&0&0&0\end{array}\right)\rightarrow\left(\begin{array}{ccc:c}1&0&-1&\frac{3}{2}\\0&1&0&-\frac{1}{2}\\0&0&0&0\end{array}\right),$$

原方程组等价于$\begin{cases}x_1-x_3=\dfrac{3}{2}\\x_2=-\dfrac{1}{2}\end{cases}$，从而$\begin{cases}x_1=x_3+\dfrac{3}{2}\\x_2=-\dfrac{1}{2}\\x_3=x_3\end{cases}$，即$\begin{pmatrix}x_1\\x_2\\x_3\end{pmatrix}=x_3\begin{pmatrix}1\\0\\1\end{pmatrix}+\begin{pmatrix}\frac{3}{2}\\-\frac{1}{2}\\0\end{pmatrix}$.

故 $\boldsymbol{Ax}=\boldsymbol{b}$ 的通解为 $x=k(1,0,1)^{\mathrm{T}}+\left(\dfrac{3}{2},-\dfrac{1}{2},0\right)^{\mathrm{T}}$，$k$ 为任意常数.

11. (2012) 设 $\boldsymbol{A}=\begin{pmatrix}1&a&0&0\\0&1&a&0\\0&0&1&a\\a&0&0&1\end{pmatrix}$，$\boldsymbol{\beta}=\begin{pmatrix}1\\-1\\0\\0\end{pmatrix}$.

(1) 计算行列式 $|\boldsymbol{A}|$；

(2) 问当实数 a 为何值时，方程组 $\boldsymbol{Ax}=\boldsymbol{\beta}$ 有无穷多解，并求其通解.

解　(1) 将行列式按第 1 列展开，得

$$|\boldsymbol{A}|=1\cdot\begin{vmatrix}1&a&0\\0&1&a\\0&0&1\end{vmatrix}+a(-1)^{4+1}\begin{vmatrix}a&0&0\\1&a&0\\0&1&a\end{vmatrix}=1-a^4.$$

(2) 因为 $|\boldsymbol{A}|=0$ 时，方程组 $\boldsymbol{Ax}=\boldsymbol{\beta}$ 可能有无穷多解. 由(1) 知 $a=1$ 或 $a=-1$.

当 $a=1$ 时，

$$(\boldsymbol{A}\vdots\boldsymbol{\beta})=\left(\begin{array}{cccc:c}1&1&0&0&1\\0&1&1&0&-1\\0&0&1&1&0\\1&0&0&1&0\end{array}\right)\xrightarrow{r}\left(\begin{array}{cccc:c}1&1&0&0&1\\0&1&1&0&-1\\0&0&1&1&0\\0&0&0&0&2\end{array}\right),$$

由于 $R(\boldsymbol{A})=3$, $R(\overline{\boldsymbol{A}})=4$, 故方程组无解. 因此 $a=1$ 不合题意，舍去.

当 $a=-1$ 时，

$$(\boldsymbol{A}\vdots\boldsymbol{\beta})=\left(\begin{array}{cccc:c}1&-1&0&0&1\\0&1&-1&0&-1\\0&0&1&-1&0\\-1&0&0&1&0\end{array}\right)\xrightarrow{r}\left(\begin{array}{cccc:c}1&0&0&-1&0\\0&1&0&-1&-1\\0&0&1&-1&0\\0&0&0&0&0\end{array}\right),$$

由于 $R(\boldsymbol{A})=R(\overline{\boldsymbol{A}})=3$, 故方程组 $\boldsymbol{Ax}=\boldsymbol{\beta}$ 有无穷多解. 选 x_3 为自由变量，得方程组通解为：

$$\boldsymbol{x}=(0,-1,0,0)^{\mathrm{T}}+k(1,1,1,1)^{\mathrm{T}}(k\text{ 为任意常数}).$$

12. (2013) 设 $\boldsymbol{A}=\begin{pmatrix}1&a\\1&0\end{pmatrix}$, $\boldsymbol{B}=\begin{pmatrix}0&1\\1&b\end{pmatrix}$, 当 a,b 为何值时，存在矩阵 $\boldsymbol{C}$ 使得 $\boldsymbol{AC}-\boldsymbol{CA}=\boldsymbol{B}$, 并求所有矩阵 $\boldsymbol{C}$.

解　由题意可知矩阵 $\boldsymbol{C}$ 为 2 阶矩阵，故可设 $\boldsymbol{C}=\begin{pmatrix}x_1&x_2\\x_3&x_4\end{pmatrix}$. 由 $\boldsymbol{AC}-\boldsymbol{CA}=\boldsymbol{B}$ 可得

$$\begin{pmatrix}1&a\\1&0\end{pmatrix}\begin{pmatrix}x_1&x_2\\x_3&x_4\end{pmatrix}-\begin{pmatrix}x_1&x_2\\x_3&x_4\end{pmatrix}\begin{pmatrix}1&a\\1&0\end{pmatrix}=\begin{pmatrix}0&1\\1&b\end{pmatrix},$$

整理后可得方程组

$$\begin{cases}-x_2+ax_3=0\\-ax_1+x_2+ax_4=1\\x_1-x_3-x_4=1\\x_2-ax_3=b\end{cases},$$

由于矩阵 $\boldsymbol{C}$ 存在，故上述方程组有解. 对该方程组的增广矩阵进行初等行变换：

$$\left(\begin{array}{cccc:c}0&-1&a&0&0\\-a&1&0&a&1\\1&0&-1&-1&1\\0&1&-a&0&b\end{array}\right)\xrightarrow[\substack{r_2+ar_1\\r_3\cdot(-1)}]{\substack{r_4+r_1\\r_1\leftrightarrow r_3}}\left(\begin{array}{cccc:c}1&0&-1&-1&1\\0&1&-a&0&0\\0&1&-a&0&a+1\\0&0&0&0&b\end{array}\right)$$

$$\xrightarrow{r_3+r_2}\left(\begin{array}{cccc:c}1 & 0 & -1 & -1 & 1\\ 0 & 1 & -a & 0 & 0\\ 0 & 0 & 0 & 0 & a+1\\ 0 & 0 & 0 & 0 & b\end{array}\right),$$

因方程组有解，故 $a+1=0$，$b=0$，即 $a=-1$，$b=0$.

当 $a=-1$，$b=0$ 时，增广矩阵变为

$$\left(\begin{array}{cccc:c}1 & 0 & -1 & -1 & 1\\ 0 & 1 & 1 & 0 & 0\\ 0 & 0 & 0 & 0 & 0\\ 0 & 0 & 0 & 0 & 0\end{array}\right),$$

即 $\begin{cases}x_1-x_3-x_4=1\\ x_2+x_3=0\end{cases}$，故有 $\begin{pmatrix}x_1\\x_2\\x_3\\x_4\end{pmatrix}=k_1\begin{pmatrix}1\\-1\\1\\0\end{pmatrix}+k_2\begin{pmatrix}1\\0\\0\\1\end{pmatrix}+\begin{pmatrix}1\\0\\0\\0\end{pmatrix}$，$k_1,k_2\in\mathbb{R}$，

方程组的通解为

$$\boldsymbol{x}=k_1\boldsymbol{\xi}_1+k_2\boldsymbol{\xi}_2+\boldsymbol{\eta}=(k_1+k_2+1,\ -k_1,k_1,k_2)^{\mathrm{T}}(k_1,k_2\text{ 为任意常数})$$

所以

$$\boldsymbol{C}=\begin{pmatrix}k_1+k_2+1 & -k_1\\ k_1 & k_2\end{pmatrix},\ k_1,k_2\in\mathbb{R}.$$

13.（2014）设 $\boldsymbol{A}=\begin{pmatrix}1 & -2 & 3 & -4\\ 0 & 1 & -1 & 1\\ 1 & 2 & 0 & -3\end{pmatrix}$，$\boldsymbol{E}$ 为 3 阶单位矩阵.

（1）求方程组 $\boldsymbol{Ax}=\boldsymbol{0}$ 的一个基础解系；

（2）求满足 $\boldsymbol{AB}=\boldsymbol{E}$ 的所有矩阵 $\boldsymbol{A}$.

解　本题求齐次线性方程组的基础解系、非齐次线性方程组的通解. 对矩阵 $(\boldsymbol{A}\ \vdots\ \boldsymbol{E})$ 施以初等行变换

$$(\boldsymbol{A}\ \vdots\ \boldsymbol{E})=\left(\begin{array}{cccc:ccc}1 & -2 & 3 & -4 & 1 & 0 & 0\\ 0 & 1 & -1 & 1 & 0 & 1 & 0\\ 1 & 2 & 0 & -3 & 0 & 0 & 1\end{array}\right)$$

$$\xrightarrow[r_3-r_1-2r_2]{r_1+2r_2}\left(\begin{array}{cccc:ccc}1 & 0 & 1 & -2 & 1 & 2 & 0\\ 0 & 1 & -1 & 1 & 0 & 1 & 0\\ 0 & 0 & 1 & -3 & -1 & -4 & 1\end{array}\right)$$

$$\xrightarrow[r_2+r_3]{r_1-r_3}\left(\begin{array}{cccc:ccc}1 & 0 & 0 & 1 & 2 & 6 & -1\\ 0 & 1 & 0 & -2 & -1 & -3 & 1\\ 0 & 0 & 1 & -3 & -1 & -4 & 1\end{array}\right),$$

故：

(1) 方程组 $\boldsymbol{Ax}=\mathbf{0}$ 的同解方程组为 $\begin{cases}x_1=-x_4\\x_2=2x_4\\x_3=3x_4\\x_4=x_4\end{cases}$，即基础解系为 $\begin{pmatrix}-1\\2\\3\\1\end{pmatrix}$；

(2) $\boldsymbol{A}x=\begin{pmatrix}1\\0\\0\end{pmatrix}$ 的同解方程组为 $\begin{cases}x_1=-x_4+2\\x_2=2x_4-1\\x_3=3x_4-1\\x_4=x_4+0\end{cases}$，即通解为 $k_1\begin{pmatrix}-1\\2\\3\\1\end{pmatrix}+\begin{pmatrix}2\\-1\\-1\\0\end{pmatrix}$；

$\boldsymbol{A}x=\begin{pmatrix}0\\1\\0\end{pmatrix}$ 的同解方程组为 $\begin{cases}x_1=-x_4+6\\x_2=2x_4-3\\x_3=3x_4-4\\x_4=x_4+0\end{cases}$，即通解为 $k_2\begin{pmatrix}-1\\2\\3\\1\end{pmatrix}+\begin{pmatrix}6\\-3\\-4\\0\end{pmatrix}$；

$\boldsymbol{A}x=\begin{pmatrix}0\\0\\1\end{pmatrix}$ 的同解方程组为 $\begin{cases}x_1=-x_4-1\\x_2=2x_4+1\\x_3=3x_4+1\\x_4=x_4+0\end{cases}$，即通解为 $k_3\begin{pmatrix}-1\\2\\3\\1\end{pmatrix}+\begin{pmatrix}-1\\1\\1\\0\end{pmatrix}$，

从而

$$\boldsymbol{B}=\begin{pmatrix}-k_1+2 & -k_2+6 & -k_3-1\\2k_1-1 & 2k_2-3 & 2k_3+1\\3k_1-1 & 3k_2-4 & 3k_3+1\\k_1 & k_2 & k_3\end{pmatrix}，k_1,k_2,k_3 \text{ 为任意常数.}$$

14. (2016) 设矩阵 $\boldsymbol{A}=\begin{pmatrix}1 & 1 & 1-a\\1 & 0 & a\\a+1 & 1 & a+1\end{pmatrix}$，$\boldsymbol{\beta}=\begin{pmatrix}0\\1\\2a-2\end{pmatrix}$，且方程组 $\boldsymbol{Ax}=\boldsymbol{\beta}$ 无解.

(1) 求 a 的值；

(2) 求方程组 $\boldsymbol{A}^{\mathrm{T}}\boldsymbol{Ax}=\boldsymbol{A}^{\mathrm{T}}\boldsymbol{\beta}$ 的通解.

解　(1) 由方程组 $\boldsymbol{Ax}=\boldsymbol{\beta}$ 无解，可知 $R(\boldsymbol{A})\neq R(\boldsymbol{A},\boldsymbol{\beta})$，故有 $|\boldsymbol{A}|=0$，即

$$|\boldsymbol{A}|=\begin{vmatrix}1 & 1 & 1-a\\1 & 0 & a\\a+1 & 1 & a+1\end{vmatrix}=a(a-2)=0,$$

得 $a=0$ 或 $a=2$. 当 $a=0$ 时，$R(\boldsymbol{A})\neq R(\boldsymbol{A},\boldsymbol{\beta})$；当 $a=2$ 时，$R(\boldsymbol{A})=R(\boldsymbol{A},\boldsymbol{\beta})$. 故 $a=0$.

(2) 当 $a=0$ 时，$\boldsymbol{A}^{\mathrm{T}}\boldsymbol{A}=\begin{pmatrix}3 & 2 & 2\\2 & 2 & 2\\2 & 2 & 2\end{pmatrix}$，$\boldsymbol{A}^{T}\boldsymbol{\beta}=\begin{pmatrix}-1\\-2\\-2\end{pmatrix}$，故

$$(\boldsymbol{A}^{\mathrm{T}}\boldsymbol{A},\boldsymbol{A}^{\mathrm{T}}\boldsymbol{\beta})=\left(\begin{array}{ccc:c}3&2&2&-1\\2&2&2&-2\\2&2&2&-2\end{array}\right)\xrightarrow[r_2-2r_1]{\substack{r_3-r_2\\r_1-r_2}}\left(\begin{array}{ccc:c}1&0&0&1\\0&1&1&-2\\0&0&0&0\end{array}\right),$$

因此，方程组$\boldsymbol{A}^{\mathrm{T}}\boldsymbol{A}\boldsymbol{x}=\boldsymbol{A}^{\mathrm{T}}\boldsymbol{\beta}$ 的通解为 $\boldsymbol{x}=k(0,-1,1)^{\mathrm{T}}+(1,-2,0)^{\mathrm{T}}$，其中，$k$ 为任意实数.

15.（2016）设矩阵 $\boldsymbol{A}=\begin{pmatrix}1&-1&-1\\2&a&1\\-1&1&a\end{pmatrix}$，$\boldsymbol{B}=\begin{pmatrix}2&2\\1&a\\-a-1&-2\end{pmatrix}$，当 a 为何值时，方程 $\boldsymbol{AX}=\boldsymbol{B}$ 无解、有唯一解、有无穷多解？

解　对如下矩阵进行初等行变换，有

$$(\boldsymbol{A}\ \vdots\ \boldsymbol{B})=\left(\begin{array}{ccc:cc}1&-1&-1&2&2\\2&a&1&1&a\\-1&1&a&-a-1&-2\end{array}\right)$$

$$\xrightarrow[r_3+r_1]{r_2-2r_1}\left(\begin{array}{ccc:cc}1&-1&-1&2&2\\0&a+2&3&-3&a-4\\0&0&a-1&-a+1&0\end{array}\right).$$

故当 $a=-2$ 时，

$$(\boldsymbol{A}\ \vdots\ \boldsymbol{B})\longrightarrow\left(\begin{array}{ccc:cc}1&-1&-1&2&2\\0&0&3&-3&-6\\0&0&-3&3&0\end{array}\right),$$

$R(\boldsymbol{A})<R(\boldsymbol{A},\boldsymbol{B})$，方程组无解.

当 $a=1$ 时，有无穷多解，此时

$$(\boldsymbol{A}\ \vdots\ \boldsymbol{B})=\left(\begin{array}{ccc:cc}1&-1&-1&2&2\\0&3&3&-3&-3\\0&0&0&0&0\end{array}\right)\longrightarrow\left(\begin{array}{ccc:cc}1&0&0&1&1\\0&1&1&-1&-1\\0&0&0&0&0\end{array}\right).$$

等价方程组$\begin{cases}x_1=1\\x_2+x_3=-1\end{cases}$，故解为 $\boldsymbol{X}=\begin{Bmatrix}1&1\\-k_1-1&-k_2-1\\k_1&k_2\end{Bmatrix}$，$k_1k_2\in\mathbb{R}$.

当 $a\neq1$ 且 $a\neq-2$ 时，方程组有唯一解：

$$(\boldsymbol{A}\ \vdots\ \boldsymbol{B})\longrightarrow\left(\begin{array}{ccc:cc}1&-1&-1&2&2\\0&a+2&3&-3&a-4\\0&0&1&-1&0\end{array}\right)$$

$$\xrightarrow{\substack{r_1+r_3\\r_2-3r_3}}\left(\begin{array}{ccc:cc}1&-1&0&1&2\\0&a+2&0&0&a-4\\0&0&1&-1&0\end{array}\right)$$

$$\xrightarrow[r_2 \cdot \frac{1}{a+2}]{r_1 + \frac{1}{a+2} r_2} \left(\begin{array}{ccc:cc} 1 & 0 & 0 & 1 & \frac{3a}{a+2} \\ 0 & 1 & 0 & 0 & \frac{a-4}{a+2} \\ 0 & 0 & 1 & -1 & 0 \end{array}\right).$$

故唯一解为 $\boldsymbol{X} = \begin{pmatrix} 0 & \frac{3a}{a+2} \\ 0 & \frac{a-4}{a+2} \\ -1 & 0 \end{pmatrix}$.

16. (2016) 设 $\boldsymbol{\alpha}_1 = (1,2,0)^{\mathrm{T}}$, $\boldsymbol{\alpha}_2 = (1, a+2, -3a)^{\mathrm{T}}$, $\boldsymbol{\alpha}_3 = (-1, -b-2, a+2b)^{\mathrm{T}}$, $\boldsymbol{\beta} = (1,3,-3)^{\mathrm{T}}$, 试讨论当 a,b 为何值时,

(1) $\boldsymbol{\beta}$ 不能由 $\boldsymbol{\alpha}_1, \boldsymbol{\alpha}_2, \boldsymbol{\alpha}_3$ 线性表示;

(2) $\boldsymbol{\beta}$ 可由 $\boldsymbol{\alpha}_1, \boldsymbol{\alpha}_2, \boldsymbol{\alpha}_3$ 唯一地线性表示, 并求出表示式;

(3) $\boldsymbol{\beta}$ 可由 $\boldsymbol{\alpha}_1, \boldsymbol{\alpha}_2, \boldsymbol{\alpha}_3$ 线性表示, 但表示式不唯一, 并求出表示式.

解　$\boldsymbol{\beta}$ 能否由 $\boldsymbol{\alpha}_1, \boldsymbol{\alpha}_2, \boldsymbol{\alpha}_3$ 线性表示的问题即线性方程组 $k_1\boldsymbol{\alpha}_1 + k_2\boldsymbol{\alpha}_2 + k_3\boldsymbol{\alpha}_3 = \boldsymbol{\beta}$ 是否有解的问题. 设有数 k_1, k_2, k_3, 使得

$$k_1\boldsymbol{\alpha}_1 + k_2\boldsymbol{\alpha}_2 + k_3\boldsymbol{\alpha}_3 = \boldsymbol{\beta}.$$

记 $\boldsymbol{A} = (\boldsymbol{\alpha}_1, \boldsymbol{\alpha}_2, \boldsymbol{\alpha}_3)$, 对矩阵 $(\boldsymbol{A} \mid \boldsymbol{\beta})$ 施以初等行变换, 有

$$(\boldsymbol{A} \mid \boldsymbol{\beta}) = \left(\begin{array}{ccc:c} 1 & 1 & -1 & 1 \\ 2 & a+2 & -b-2 & 3 \\ 0 & -3a & a+2b & -3 \end{array}\right) \xrightarrow[r_3 + 3r_2]{r_2 - 2r_1} \left(\begin{array}{ccc:c} 1 & 1 & -1 & 1 \\ 0 & a & -b & 1 \\ 0 & 0 & a-b & 0 \end{array}\right).$$

(1) 当 $a = 0$ 时, 有

$$(\boldsymbol{A} \mid \boldsymbol{\beta}) \longrightarrow \left(\begin{array}{ccc:c} 1 & 1 & -1 & 1 \\ 0 & 0 & -b & 1 \\ 0 & 0 & -b & 0 \end{array}\right) \xrightarrow{r_3 - r_2} \left(\begin{array}{ccc:c} 1 & 1 & -1 & 1 \\ 0 & 0 & -b & 1 \\ 0 & 0 & 0 & -1 \end{array}\right).$$

可知 $R(\boldsymbol{A}) \neq R(\boldsymbol{A}, \boldsymbol{\beta})$, 故方程组无解, $\boldsymbol{\beta}$ 不能由 $\boldsymbol{\alpha}_1, \boldsymbol{\alpha}_2, \boldsymbol{\alpha}_3$ 线性表示.

(2) 当 $a \neq 0$, 且 $a \neq b$ 时, $R(\boldsymbol{A}) = R(\boldsymbol{A}, \boldsymbol{\beta}) = 3$, 有

$$(\boldsymbol{A} \mid \boldsymbol{\beta}) \xrightarrow{r} \left(\begin{array}{ccc:c} 1 & 1 & -1 & 1 \\ 0 & a & -b & 1 \\ 0 & 0 & a-b & 0 \end{array}\right) \xrightarrow{r} \left(\begin{array}{ccc:c} 1 & 0 & 0 & 1 - \frac{1}{a} \\ 0 & 1 & 0 & \frac{1}{a} \\ 0 & 0 & 1 & 0 \end{array}\right),$$

此时方程组有唯一解:

$$k_1 = 1 - \frac{1}{a},\ k_2 = \frac{1}{a},\ k_3 = 0.$$

此时 $\boldsymbol{\beta}$ 可由 $\boldsymbol{\alpha}_1, \boldsymbol{\alpha}_2, \boldsymbol{\alpha}_3$ 唯一地线性表示, 其表示式为

$$\boldsymbol{\beta} = \left(1 - \frac{1}{a}\right)\boldsymbol{\alpha}_1 + \frac{1}{a}\boldsymbol{\alpha}_2.$$

(3) 当 $a=b\neq 0$ 时，$R(\boldsymbol{A})=R(\boldsymbol{A},\boldsymbol{\beta})=2$. 对矩阵$(\boldsymbol{A}\vdots\boldsymbol{\beta})$施以初等行变换，有

$$(\boldsymbol{A}\vdots\boldsymbol{\beta})\xrightarrow{r}\left(\begin{array}{ccc:c}1&1&-1&1\\0&a&-b&1\\0&0&a-b&0\end{array}\right)\xrightarrow{r}\left(\begin{array}{ccc:c}1&0&0&1-\frac{1}{a}\\0&1&-1&\frac{1}{a}\\0&0&0&0\end{array}\right),$$

此时方程组有无穷多解，其全部解为：

$$k_1=1-\frac{1}{a},\ k_2=\frac{1}{a}+c,\ k_3=c,\text{ 其中, } c\text{ 为任意常数.}$$

$\boldsymbol{\beta}$ 可由 $\boldsymbol{\alpha}_1,\boldsymbol{\alpha}_2,\boldsymbol{\alpha}_3$ 线性表示，但表示式不唯一，其表示式为

$$\boldsymbol{\beta}=\left(1-\frac{1}{a}\right)\boldsymbol{\alpha}_1+\left(\frac{1}{a}+c\right)\boldsymbol{\alpha}_2+c\boldsymbol{\alpha}_3,\text{ 其中, } c\text{ 为任意常数.}$$

17. (2019) 设向量组 $\boldsymbol{\alpha}_1=(1,2,1)^{\mathrm{T}},\boldsymbol{\alpha}_2=(1,3,2)^{\mathrm{T}},\boldsymbol{\alpha}_3=(1,a,3)^{\mathrm{T}}$ 为 $\mathbb{R}^3$ 的一组基，$\boldsymbol{\beta}=(1,1,1)^{\mathrm{T}}$ 在这组基下的坐标为 $(b,c,1)^{\mathrm{T}}$.

(1) 求 a,b,c;

(2) 证明 $\boldsymbol{\alpha}_2,\boldsymbol{\alpha}_3,\boldsymbol{\beta}$ 为 $\mathbb{R}^3$ 的一组基，并求 $\boldsymbol{\alpha}_2,\boldsymbol{\alpha}_3,\boldsymbol{\beta}$ 到 $\boldsymbol{\alpha}_1,\boldsymbol{\alpha}_2,\boldsymbol{\alpha}_3$ 的过渡矩阵.

解　(1) 由题意可得 $\boldsymbol{\beta}=b\boldsymbol{\alpha}_1+c\boldsymbol{\alpha}_2+\boldsymbol{\alpha}_3$，即

$$\begin{pmatrix}1\\1\\1\end{pmatrix}=b\begin{pmatrix}1\\2\\1\end{pmatrix}+c\begin{pmatrix}1\\3\\2\end{pmatrix}+\begin{pmatrix}1\\a\\3\end{pmatrix}=\begin{pmatrix}b+c+1\\2b+3c+a\\b+2c+3\end{pmatrix},$$

解得 $a=3,b=2,c=-2$.

(2) 因为

$$|(\boldsymbol{\alpha}_2,\boldsymbol{\alpha}_3,\boldsymbol{\beta})|=\begin{vmatrix}1&1&1\\3&3&1\\2&3&1\end{vmatrix}=2\neq 0,$$

故 3 个向量 $\boldsymbol{\alpha}_2,\boldsymbol{\alpha}_3,\boldsymbol{\beta}$ 线性无关，从而 $\boldsymbol{\alpha}_2,\boldsymbol{\alpha}_3,\boldsymbol{\beta}$ 为 $\mathbb{R}^3$ 的一组基. 此时有

$$(\boldsymbol{\alpha}_2,\boldsymbol{\alpha}_3,\boldsymbol{\beta})=(\boldsymbol{\alpha}_2,\boldsymbol{\alpha}_3,2\boldsymbol{\alpha}_1-2\boldsymbol{\alpha}_2+\boldsymbol{\alpha}_3)=(\boldsymbol{\alpha}_1,\boldsymbol{\alpha}_2,\boldsymbol{\alpha}_3)\begin{pmatrix}0&0&2\\1&0&-2\\0&1&1\end{pmatrix},$$

令 $\boldsymbol{P}=\begin{pmatrix}0&0&2\\1&0&-2\\0&1&1\end{pmatrix}$，下面求 $\boldsymbol{P}$ 的逆矩阵. 作如下初等变换：

$$\left(\begin{array}{ccc:ccc}0&0&2&1&0&0\\1&0&-2&0&1&0\\0&1&1&0&0&1\end{array}\right)\xrightarrow[r_2\leftrightarrow r_3]{r_1\leftrightarrow r_2}\left(\begin{array}{ccc:ccc}0&0&-2&0&1&0\\0&1&1&0&0&1\\0&0&2&1&0&0\end{array}\right)$$

$$\xrightarrow[r_3\cdot\frac{1}{2}]{\substack{r_1+r_3\\ r_2-\frac{1}{2}r_3}}\left(\begin{array}{ccc:ccc}1&0&0&1&1&0\\0&1&0&-\frac{1}{2}&0&1\\0&0&1&\frac{1}{2}&0&0\end{array}\right),$$

故$\boldsymbol{P}^{-1}=\begin{pmatrix}1&1&0\\-\frac{1}{2}&0&1\\\frac{1}{2}&0&0\end{pmatrix}$，从而$(\boldsymbol{\alpha}_1,\boldsymbol{\alpha}_2,\boldsymbol{\alpha}_3)=\boldsymbol{P}^{-1}(\boldsymbol{\alpha}_2,\boldsymbol{\alpha}_3,\boldsymbol{\beta})$，即$\boldsymbol{\alpha}_2,\boldsymbol{\alpha}_3,\boldsymbol{\beta}$到$\boldsymbol{\alpha}_1,\boldsymbol{\alpha}_2,\boldsymbol{\alpha}_3$的过渡矩阵为

$$\boldsymbol{P}^{-1}=\begin{pmatrix}1&1&0\\-\frac{1}{2}&0&1\\\frac{1}{2}&0&0\end{pmatrix}.$$

五、矩阵的相似与二次型

1.（2010）设$\boldsymbol{A}$为 4 阶实对称矩阵，且$\boldsymbol{A}^2+\boldsymbol{A}=\boldsymbol{O}$，若$\boldsymbol{A}$的秩为 3，则$\boldsymbol{A}$相似于(　　).

(A)$\begin{pmatrix}1&&&\\&1&&\\&&1&\\&&&0\end{pmatrix}$　　(B)$\begin{pmatrix}1&&&\\&1&&\\&&-1&\\&&&0\end{pmatrix}$

(C)$\begin{pmatrix}1&&&\\&-1&&\\&&-1&\\&&&0\end{pmatrix}$　　(D)$\begin{pmatrix}-1&&&\\&-1&&\\&&-1&\\&&&0\end{pmatrix}$

解　设λ为$\boldsymbol{A}$的特征值，由于$\boldsymbol{A}^2+\boldsymbol{A}=\boldsymbol{O}$，故$\lambda$满足$\lambda^2+\lambda=0$，即$(\lambda+1)\lambda=0$，从而$\boldsymbol{A}$的特征值为$-1$或0. 由于$\boldsymbol{A}$为实对称矩阵，故$\boldsymbol{A}$可相似对角化，即$\boldsymbol{A}\sim\boldsymbol{\Lambda}$，得$R(\boldsymbol{A})=R(\boldsymbol{\Lambda})=3$，因此，$\boldsymbol{\Lambda}=\begin{pmatrix}-1&&&\\&-1&&\\&&-1&\\&&&0\end{pmatrix}$，即$\boldsymbol{A}\sim\boldsymbol{\Lambda}=\begin{pmatrix}-1&&&\\&-1&&\\&&-1&\\&&&0\end{pmatrix}$.

选(D).

2.（2013）矩阵$\begin{pmatrix}1&a&1\\a&b&a\\1&a&1\end{pmatrix}$与$\begin{pmatrix}2&0&0\\0&b&0\\0&0&0\end{pmatrix}$相似的充分必要条件是(　　).

(A) $a=0,b=2$　　　　　　(B) $a=0$, b 为任意常数

(C) $a=2,b=0$　　　　　　(D) $a=2$, b 为任意常数

解　由于题中所给矩阵都是实对称矩阵，它们相似的充分必要条件是有相同的特征值.

由$\begin{pmatrix}2&0&0\\0&b&0\\0&0&0\end{pmatrix}$的特征值为 2，$b$，0 可知，矩阵 $\boldsymbol{A}=\begin{pmatrix}1&a&1\\a&b&a\\1&a&1\end{pmatrix}$的特征值也是 2，$b$，0，因此，

$$|2\boldsymbol{E}-\boldsymbol{A}|=\begin{vmatrix}1&-a&-1\\-a&2-b&-a\\-1&-a&1\end{vmatrix}=\begin{vmatrix}1&-a&-1\\0&2-b-a^2&-2a\\0&-2a&0\end{vmatrix}=-4a^2=0,$$

故 $a=0$.

将 $a=0$ 代入 $\boldsymbol{A}$ 可知，

$$|\lambda\boldsymbol{E}-\boldsymbol{A}|=\lambda(\lambda-2)(\lambda-b),$$

故矩阵 $\boldsymbol{A}$ 的特征值为 2，b，0，此时，两矩阵相似，与 b 的取值无关，故选(B).

3. (2015) 设二次型 $f(x_1,x_2,x_3)$ 在正交变换 $\boldsymbol{x}=\boldsymbol{P}\boldsymbol{y}$ 下的标准形为 $2y_1^2+y_2^2-y_3^2$，其中 $\boldsymbol{P}=(\boldsymbol{e}_1,\boldsymbol{e}_2,\boldsymbol{e}_3)$，若 $\boldsymbol{Q}=(\boldsymbol{e}_1,-\boldsymbol{e}_3,\boldsymbol{e}_2)$，则 $f(x_1,x_2,x_3)$ 在正交变换 $\boldsymbol{x}=\boldsymbol{Q}\boldsymbol{y}$ 下的标准形为(　　).

(A) $2y_1^2-y_2^2+y_3^2$　(B) $2y_1^2+y_2^2-y_3^2$　(C) $2y_1^2-y_2^2-y_3^2$　(D) $2y_1^2+y_2^2+y_3^2$

解　由 $\boldsymbol{x}=\boldsymbol{P}\boldsymbol{y}$，故

$$f=\boldsymbol{x}^{\mathrm{T}}\boldsymbol{A}\boldsymbol{x}=\boldsymbol{y}^{\mathrm{T}}(\boldsymbol{P}^{\mathrm{T}}\boldsymbol{A}\boldsymbol{P})\boldsymbol{y}=2y_1^2+y_2^2-y_3^2,$$

且$\boldsymbol{P}^{\mathrm{T}}\boldsymbol{A}\boldsymbol{P}=\begin{pmatrix}2&0&0\\0&1&0\\0&0&-1\end{pmatrix}$. 又因 $\boldsymbol{Q}=\boldsymbol{P}\begin{pmatrix}1&0&0\\0&0&1\\0&-1&0\end{pmatrix}=\boldsymbol{P}\boldsymbol{C}$，可求得

$$\boldsymbol{Q}^{\mathrm{T}}\boldsymbol{A}\boldsymbol{Q}=\boldsymbol{C}^{\mathrm{T}}(\boldsymbol{P}^{\mathrm{T}}\boldsymbol{A}\boldsymbol{P})\boldsymbol{C}=\begin{pmatrix}2&0&0\\0&-1&0\\0&0&1\end{pmatrix},$$

所以$f=\boldsymbol{x}^{\mathrm{T}}\boldsymbol{A}\boldsymbol{x}=\boldsymbol{y}^{\mathrm{T}}(\boldsymbol{Q}^{\mathrm{T}}\boldsymbol{A}\boldsymbol{Q})\boldsymbol{y}=2y_1^2-y_2^2+y_3^2$，故选(A).

4. (2016) 设 $\boldsymbol{A},\boldsymbol{B}$ 是可逆矩阵，且 $\boldsymbol{A}$ 与 $\boldsymbol{B}$ 相似，则下列结论错误的是(　　).

(A) $\boldsymbol{A}^{\mathrm{T}}$ 与$\boldsymbol{B}^{\mathrm{T}}$ 相似　　　　　(B) $\boldsymbol{A}^{-1}$ 与$\boldsymbol{B}^{-1}$ 相似

(C) $\boldsymbol{A}+\boldsymbol{A}^{\mathrm{T}}$ 与 $\boldsymbol{B}+\boldsymbol{B}^{\mathrm{T}}$ 相似　　(D) $\boldsymbol{A}+\boldsymbol{A}^{-1}$ 与 $\boldsymbol{B}+\boldsymbol{B}^{-1}$ 相似

解　此题是找错误的选项. 由 $\boldsymbol{A}$ 与 $\boldsymbol{B}$ 相似可知，存在可逆矩阵 $\boldsymbol{P}$，使得$\boldsymbol{P}^{-1}\boldsymbol{A}\boldsymbol{P}=\boldsymbol{B}$，则

(1) $(\boldsymbol{P}^{-1}\boldsymbol{A}\boldsymbol{P})^{\mathrm{T}}=\boldsymbol{B}^{\mathrm{T}}$，从而$\boldsymbol{P}^{\mathrm{T}}\boldsymbol{A}^{\mathrm{T}}(\boldsymbol{P}^{\mathrm{T}})^{-1}=\boldsymbol{B}^{\mathrm{T}}$，故$\boldsymbol{A}^{\mathrm{T}}\sim\boldsymbol{B}^{\mathrm{T}}$，(A) 结论正确.

(2) $(\boldsymbol{P}^{-1}\boldsymbol{A}\boldsymbol{P})^{-1}=\boldsymbol{B}^{-1}$，从而$\boldsymbol{P}^{-1}\boldsymbol{A}^{-1}\boldsymbol{P}=\boldsymbol{B}^{-1}$，故$\boldsymbol{A}^{-1}\sim\boldsymbol{B}^{-1}$，(B) 结论正确.

(3) $\boldsymbol{P}^{-1}(\boldsymbol{A}+\boldsymbol{A}^{-1})\boldsymbol{P}=\boldsymbol{P}^{-1}\boldsymbol{A}\boldsymbol{P}+\boldsymbol{P}^{-1}\boldsymbol{A}^{-1}\boldsymbol{P}=\boldsymbol{B}+\boldsymbol{B}^{-1}$，故$\boldsymbol{A}+\boldsymbol{A}^{-1}\sim\boldsymbol{B}+\boldsymbol{B}^{-1}$，(D) 结论正确.

此外，在 (C) 中，对于$\boldsymbol{P}^{-1}(\boldsymbol{A}+\boldsymbol{A}^{\mathrm{T}})\boldsymbol{P}=\boldsymbol{P}^{-1}\boldsymbol{A}\boldsymbol{P}+\boldsymbol{P}^{-1}\boldsymbol{A}^{\mathrm{T}}\boldsymbol{P}$，若$\boldsymbol{P}^{-1}\boldsymbol{A}\boldsymbol{P}=\boldsymbol{B}$，则$\boldsymbol{P}^{\mathrm{T}}\boldsymbol{A}^{\mathrm{T}}(\boldsymbol{P}^{\mathrm{T}})^{-1}=\boldsymbol{B}^{\mathrm{T}}$，而$\boldsymbol{P}^{-1}\boldsymbol{A}^{\mathrm{T}}\boldsymbol{P}$ 未必等于$\boldsymbol{B}^{\mathrm{T}}$，故(C) 符合题意. 选(C).

5. (2016) 设二次型$f(x_1,x_2,x_3)=a(x_1^2+x_2^2+x_3^2)+2x_1x_2+2x_2x_3+2x_1x_3$的正负惯性指数分别为1,2，则(　　).

(A)$a>1$　　(B)$a<-2$　　(C)$-2<a<1$　　(D)$a=1$或$a=-2$

解　依题意，可得二次型对应的矩阵为$\boldsymbol{A}=\begin{pmatrix}a&1&1\\1&a&1\\1&1&a\end{pmatrix}$，从而有

$$|\lambda\boldsymbol{E}-\boldsymbol{A}|=\begin{vmatrix}\lambda-a&-1&-1\\-1&\lambda-a&-1\\-1&-1&\lambda-a\end{vmatrix}=(\lambda-a+1)^2(\lambda-a-2),$$

故矩阵$\boldsymbol{A}$的特征值为$\lambda_1=\lambda_2=a-1$，$\lambda_3=a+2$. 依题意，有$a-1<0$且$a+2>0$，故选(C).

本题也可考虑特殊值法，当$a=0$时，$f(x_1,x_2,x_3)=2x_1x_2+2x_2x_3+2x_1x_3$，其矩阵为$\begin{pmatrix}0&1&1\\1&0&1\\1&1&0\end{pmatrix}$，由此计算出特征值为2，-1，-1，满足题目已知条件，故$a=0$成立，因此(C)为正确选项.

6. (2016) 设二次型$f(x_1,x_2,x_3)=x_1^2+x_2^2+x_3^2+4x_1x_2+4x_1x_3+4x_2x_3$，则$f(x_1,x_2,x_3)=2$在空间直角坐标下表示的二次曲面为(　　).

(A) 单叶双曲面　(B) 双叶双曲面　(C) 椭球面　(D) 柱面

解　对于二次型$f(x_1,x_2,x_3)=x_1^2+x_2^2+x_3^2+4x_1x_2+4x_1x_3+4x_2x_3$，其对应的矩阵为$\boldsymbol{A}=\begin{pmatrix}1&2&2\\2&1&2\\2&2&1\end{pmatrix}$，由

$$|\lambda\boldsymbol{E}-\boldsymbol{A}|=\begin{vmatrix}\lambda-1&-2&-2\\-2&\lambda-1&-2\\-2&-2&\lambda-1\end{vmatrix}=(\lambda+1)^2(\lambda-5),$$

故其特征值为$\lambda_1=\lambda_2=-1$，$\lambda_3=5$. 因此其正惯性指数和负惯性指数分别为1，2. 故二次型$f(x_1,x_2,x_3)$的规范形为$f=z_1^2-z_2^2-z_3^2$，即$z_1^2-z_2^2-z_3^2=2$，对应的曲面为双叶双曲面. 选(B).

7. (2017) 设$\boldsymbol{A}$为3阶矩阵，$\boldsymbol{P}=(\boldsymbol{\alpha}_1,\boldsymbol{\alpha}_2,\boldsymbol{\alpha}_3)$为可逆矩阵，使得$\boldsymbol{P}^{-1}\boldsymbol{AP}=\begin{pmatrix}0&&\\&1&\\&&2\end{pmatrix}$，则$\boldsymbol{A}(\boldsymbol{\alpha}_1+\boldsymbol{\alpha}_2+\boldsymbol{\alpha}_3)=$(　　).

(A)$\boldsymbol{\alpha}_1+\boldsymbol{\alpha}_2$　(B)$\boldsymbol{\alpha}_2+2\boldsymbol{\alpha}_3$　(C)$\boldsymbol{\alpha}_2+\boldsymbol{\alpha}_3$　(D)$\boldsymbol{\alpha}_1+2\boldsymbol{\alpha}_3$

解　由$\boldsymbol{P}^{-1}\boldsymbol{AP}=\begin{pmatrix}0&&\\&1&\\&&2\end{pmatrix}=\boldsymbol{\Lambda}$，可得$\boldsymbol{AP}=\boldsymbol{P\Lambda}$，即$\boldsymbol{A}(\boldsymbol{\alpha}_1,\boldsymbol{\alpha}_2,\boldsymbol{\alpha}_3)=(\boldsymbol{0},\boldsymbol{\alpha}_2,2\boldsymbol{\alpha}_3)$，从而

$$\boldsymbol{A}(\boldsymbol{\alpha}_1+\boldsymbol{\alpha}_2+\boldsymbol{\alpha}_3)=\boldsymbol{A\alpha}_1+\boldsymbol{A\alpha}_2+\boldsymbol{A\alpha}_3=\boldsymbol{\alpha}_2+2\boldsymbol{\alpha}_3,$$

选(B).

8.（2017）设有矩阵 $\boldsymbol{A}=\begin{pmatrix}2&0&0\\0&2&1\\0&0&1\end{pmatrix}$，$\boldsymbol{B}=\begin{pmatrix}2&1&0\\0&2&0\\0&0&1\end{pmatrix}$，$\boldsymbol{C}=\begin{pmatrix}1&&\\&2&\\&&2\end{pmatrix}$，则（　　）.

（A）$\boldsymbol{A}$ 与 $\boldsymbol{C}$ 相似，$\boldsymbol{B}$ 与 $\boldsymbol{C}$ 相似　　（B）$\boldsymbol{A}$ 与 $\boldsymbol{C}$ 相似，$\boldsymbol{B}$ 与 $\boldsymbol{C}$ 不相似

（C）$\boldsymbol{A}$ 与 $\boldsymbol{C}$ 不相似，$\boldsymbol{B}$ 与 $\boldsymbol{C}$ 相似　　（D）$\boldsymbol{A}$ 与 $\boldsymbol{C}$ 不相似，$\boldsymbol{B}$ 与 $\boldsymbol{C}$ 不相似

解　由 $|\lambda\boldsymbol{E}-\boldsymbol{A}|=0$ 可知 $\boldsymbol{A}$ 的特征值为 2，2，1. 因为 $3-R(2\boldsymbol{E}-\boldsymbol{A})=1$，故 $\boldsymbol{A}$ 可相似对角化，且

$$\boldsymbol{A}\sim\begin{pmatrix}1&0&0\\0&2&0\\0&0&2\end{pmatrix}.$$

由 $|\lambda\boldsymbol{E}-\boldsymbol{B}|=0$ 可知 $\boldsymbol{B}$ 的特征值为 2，2，1，因为 $3-R(2\boldsymbol{E}-\boldsymbol{B})=2$，故 $\boldsymbol{B}$ 不可相似对角化，显然 $\boldsymbol{C}$ 可相似对角化. 从而 $\boldsymbol{A}\sim\boldsymbol{C}$，且 $\boldsymbol{B}$ 不相似于 $\boldsymbol{C}$. 选（B）.

9.（2018）下列矩阵中，与矩阵 $\begin{pmatrix}1&1&0\\0&1&1\\0&0&1\end{pmatrix}$ 相似的为（　　）.

（A）$\begin{pmatrix}1&1&-1\\0&1&1\\0&0&1\end{pmatrix}$　（B）$\begin{pmatrix}1&0&-1\\0&1&1\\0&0&1\end{pmatrix}$　（C）$\begin{pmatrix}1&1&-1\\0&1&0\\0&0&1\end{pmatrix}$　（D）$\begin{pmatrix}1&0&-1\\0&1&0\\0&0&1\end{pmatrix}$

解　令 $\boldsymbol{P}=\begin{pmatrix}1&1&0\\0&1&0\\0&0&1\end{pmatrix}$，则 $\boldsymbol{P}^{-1}=\begin{pmatrix}1&-1&0\\0&1&0\\0&0&1\end{pmatrix}$，因

$$\boldsymbol{P}^{-1}\begin{pmatrix}1&1&0\\0&1&1\\0&0&1\end{pmatrix}\boldsymbol{P}=\begin{pmatrix}1&1&-1\\0&1&1\\0&0&1\end{pmatrix},$$

故 $\begin{pmatrix}1&1&0\\0&1&1\\0&0&1\end{pmatrix}$ 与 $\begin{pmatrix}1&1&-1\\0&1&1\\0&0&1\end{pmatrix}$ 相似. 选（A）.

也可以根据秩的性质来判断. 基于事实：若矩阵 $\boldsymbol{Q}$ 与 $\boldsymbol{T}$ 相似，则矩阵 $\boldsymbol{E}-\boldsymbol{Q}$ 与 $\boldsymbol{E}-\boldsymbol{T}$ 也相似，从而 $R(\boldsymbol{E}-\boldsymbol{Q})=R(\boldsymbol{E}-\boldsymbol{T})$.

设 $\boldsymbol{Q}=\begin{pmatrix}1&1&0\\0&1&1\\0&0&1\end{pmatrix}$，则 $\boldsymbol{Q}$ 的特征值为 $\lambda_1=\lambda_2=\lambda_3=1$，且 $R(\boldsymbol{E}-\boldsymbol{Q})=2$. 4 个选项的特征值均为 $\lambda_1=\lambda_2=\lambda_3=1$，令 4 个选项对应的矩阵分别为 $\boldsymbol{A},\boldsymbol{B},\boldsymbol{C},\boldsymbol{D}$，则 $R(\boldsymbol{E}-\boldsymbol{A})=2$，$R(\boldsymbol{E}-\boldsymbol{B})=1$，$R(\boldsymbol{E}-\boldsymbol{C})=1$，$R(\boldsymbol{E}-\boldsymbol{D})=1$，故选（A）.

10.（2019）设 $\boldsymbol{A}$ 为 3 阶实对称矩阵，E 是 3 阶单位矩阵，若 $\boldsymbol{A}^2+\boldsymbol{A}=2\boldsymbol{E}$，且 $|\boldsymbol{A}|=4$，则二次型 $\boldsymbol{x}^{\mathrm{T}}\boldsymbol{A}\boldsymbol{x}$ 的规范形为（　　）.

（A）$y_1^2+y_2^2+y_3^2$　（B）$y_1^2+y_2^2-y_3^2$　（C）$y_1^2-y_2^2-y_3^2$　（D）$-y_1^2-y_2^2-y_3^2$

解　设 $\boldsymbol{A}$ 的特征值为 λ，因 $\boldsymbol{A}^2+\boldsymbol{A}=2\boldsymbol{E}$，有 $\lambda^2+\lambda=2$，从而 $\lambda=-2$ 或 $\lambda=1$. 又因

$|\boldsymbol{A}|=4$，故$\boldsymbol{A}$的特征值为$\lambda_1=\lambda_2=-2$，$\lambda_3=1$，从而$\boldsymbol{x}^{\mathrm{T}}\boldsymbol{A}\boldsymbol{x}$的规范形为$y_1^2-y_2^2-y_3^2$，选(C).

11.（2020）设$\boldsymbol{A}$为3阶矩阵，$\boldsymbol{\alpha}_1,\boldsymbol{\alpha}_2$为$\boldsymbol{A}$属于特征值1的线性无关的特征向量，$\boldsymbol{\alpha}_3$为$\boldsymbol{A}$的属于特征值$-1$的特征向量，则满足$\boldsymbol{P}^{-1}\boldsymbol{A}\boldsymbol{P}=\begin{pmatrix}1&0&0\\0&-1&0\\0&0&1\end{pmatrix}$的可逆矩阵$\boldsymbol{P}$可为（　　）.

(A)$(\boldsymbol{\alpha}_1+\boldsymbol{\alpha}_3,\boldsymbol{\alpha}_2,-\boldsymbol{\alpha}_3)$　　(B)$(\boldsymbol{\alpha}_1+\boldsymbol{\alpha}_2,\boldsymbol{\alpha}_2,-\boldsymbol{\alpha}_3)$

(C)$(\boldsymbol{\alpha}_1+\boldsymbol{\alpha}_3,\boldsymbol{\alpha}_3,-\boldsymbol{\alpha}_3)$　　(D)$(\boldsymbol{\alpha}_1+\boldsymbol{\alpha}_2,-\boldsymbol{\alpha}_3,-\boldsymbol{\alpha}_2)$

解　由题意有$\boldsymbol{A}\boldsymbol{\alpha}_1=\boldsymbol{\alpha}_1$，$\boldsymbol{A}\boldsymbol{\alpha}_2=\boldsymbol{\alpha}_2$，$\boldsymbol{A}\boldsymbol{\alpha}_3=-\boldsymbol{\alpha}_3$. 又因

$$\boldsymbol{P}^{-1}\boldsymbol{A}\boldsymbol{P}=\begin{pmatrix}1&0&0\\0&-1&0\\0&0&1\end{pmatrix}$$

的对角线上的元素为1－1，1，故$\boldsymbol{P}$的第1列，第3列应对应特征值为$\lambda=1$的特征向量，第2列应对应特征值为$\lambda=-1$的特征向量，而$\boldsymbol{\alpha}_1+\boldsymbol{\alpha}_2$，$-\boldsymbol{\alpha}_2$均为特征值$\lambda=1$对应的特征向量，$-\boldsymbol{\alpha}_3$为特征值$\lambda=-1$对应的特征向量，故选(D).

注意：$\boldsymbol{\alpha}_1+\boldsymbol{\alpha}_3$不是$\boldsymbol{A}$的特征向量.

12.（2011）若二次曲面的方程$x^2+3y^2+z^2+2axy+2xz+2yz=4$，经正交变换化为$y_1^2+4z_1^2=4$，则$a=$______.

解　由于二次型通过正交变换所得到的标准形前面的系数为二次型对应矩阵$\boldsymbol{A}$的特征值，故$\boldsymbol{A}$的特征值为0，1，4. 由于二次型所对应的矩阵为$\boldsymbol{A}=\begin{pmatrix}1&a&1\\a&3&1\\1&1&1\end{pmatrix}$，可求得

$$|\boldsymbol{A}|=-a^2+2a-1=\prod_{i=1}^{3}\lambda_i=0,$$

故$a=1$. 经验证，当$a=1$时，

$$|\lambda\boldsymbol{E}-\boldsymbol{A}|=\begin{vmatrix}\lambda-1&-a&-1\\-a&\lambda-3&-1\\-1&-1&\lambda-1\end{vmatrix}=\lambda(\lambda-1)(\lambda-4),$$

故$\boldsymbol{A}$的特征值为0，1，4，满足条件. 因此有$a=1$.

13.（2011）二次型$f(x_1,x_2,x_3)=x_1{}^2+3x_2{}^2+x_3{}^2+2x_1x_2+2x_1x_3+2x_2x_3$，则$f$的正惯性指数为______.

解　**方法1**：f的正惯性指数为所对应矩阵的正特征值的个数. 由于二次型f对应矩阵为

$$\boldsymbol{A}=\begin{pmatrix}1&1&1\\1&3&1\\1&1&1\end{pmatrix},$$

$$|\lambda\boldsymbol{E}-\boldsymbol{A}|=\begin{vmatrix}\lambda-1&-1&-1\\-1&\lambda-3&-1\\-1&-1&\lambda-1\end{vmatrix}=\lambda(\lambda-1)(\lambda-4)=0,$$

故 $\lambda_1=0$，$\lambda_2=1$，$\lambda_3=4$，因此 f 的正惯性指数为2.

方法2：用配方法.

$$\begin{aligned}f&=x_1^2+2x_1(x_2+x_3)+(x_2+x_3)^2+3x_2^2+x_3^2+2x_2x_3-(x_2+x_3)^2\\&=(x_1+x_2+x_3)^2+2x_2^2,\end{aligned}$$

则经坐标变换 $\boldsymbol{x}^{\mathrm{T}}\boldsymbol{A}\boldsymbol{x}=\boldsymbol{y}^{\mathrm{T}}\boldsymbol{\Lambda}\boldsymbol{y}=y_1^2+2y_2^2$，亦知 f 的正惯性指数为2.

14.（2011）设二次型 $f(x_1,x_2,x_3)=\boldsymbol{x}^{\mathrm{T}}\boldsymbol{A}x$ 的秩为1，$\boldsymbol{A}$ 中各行元素之和为3，则 f 在正交变换 $\boldsymbol{x}=\boldsymbol{Q}\boldsymbol{y}$ 下的标准形为______.

解　因 $\boldsymbol{A}$ 的各行元素之和为3，有

$$\boldsymbol{A}\begin{pmatrix}1\\1\\1\end{pmatrix}=3\begin{pmatrix}1\\1\\1\end{pmatrix},$$

所以 $\lambda_1=3$ 是 $\boldsymbol{A}$ 的一个特征值. 又因为二次型 $\boldsymbol{x}^{\mathrm{T}}\boldsymbol{A}\boldsymbol{x}$ 的秩 $R(\boldsymbol{A})=1$，故 $\lambda_2=\lambda_3=0$. 因此，二次型的标准形为：$f=3y_1^2$.

15.（2014）设二次型 $f(x_1,x_2,x_3)=x_1^2-x_2^2+2ax_1x_3+4x_2x_3$ 的负惯性指数为1，则 a 的取值范围是______.

解　**方法1**：用配方法，因

$$\begin{aligned}f(x_1,x_2,x_3)&=x_1^{\ 2}+2ax_1x_3+a^2x_3^{\ 2}-x_2^{\ 2}+4x_2x_3-a^2x_3^{\ 2}\\&=(x_1+ax_3)^2-(x_2-2x_3)^2+(4-a^2)x_3^{\ 2},\end{aligned}$$

欲使其负惯性指数为1，则 $4-a^2\geq 0$，从而 $a\in[-2,2]$.

方法2：二次型对应的系数矩阵为 $\boldsymbol{A}=\begin{pmatrix}1&0&a\\0&-1&2\\a&2&0\end{pmatrix}\neq\boldsymbol{O}$，记其特征值为 $\lambda_1,\lambda_2,\lambda_3$，则

$$\lambda_1+\lambda_2+\lambda_3=\mathrm{tr}(\boldsymbol{A})=1-1+0=0,$$

即特征值必有正有负，共3种情况. 故二次型的负惯性指数为1等价于其特征值1负2正或者1负1正1零，从而

$$|\boldsymbol{A}|=\lambda_1\lambda_2\lambda_3=\begin{vmatrix}1&0&a\\0&-1&2\\a&2&0\end{vmatrix}=-4+a^2\leq 0,$$

得 $a\in[-2,2]$.

16.（2016）二次型 $f(x_1,x_2,x_3)=(x_1+x_2)^2+(x_2-x_3)^2+(x_3+x_1)^2$ 的秩为______.

解　二次型的秩即其对应的矩阵的秩，亦即标准型中平方项的项数，于是利用初等变换或配方法均可得到答案.

方法1：因为

$$\begin{aligned}f(x_1,x_2,x_3)&=(x_1+x_2)^2+(x_2-x_3)^2+(x_3+x_1)^2\\&=2x_1^{\ 2}+2x_2^{\ 2}+2x_3^{\ 2}+2x_1x_2+2x_1x_3-2x_2x_3,\end{aligned}$$

于是二次型对应的矩阵为

$$A=\begin{pmatrix}2&1&1\\1&2&-1\\1&-1&2\end{pmatrix},$$

由初等变换得

$$A\xrightarrow[r_3-2r_1]{\substack{r_1\leftrightarrow r_3\\ r_2-r_1}}\begin{pmatrix}1&-1&2\\0&3&-3\\0&3&-3\end{pmatrix}\xrightarrow{r_3-r_2}\begin{pmatrix}1&-1&2\\0&3&-3\\0&0&0\end{pmatrix},$$

从而 $R(A)=2$，即二次型的秩为 2.

方法 2：因为

$$\begin{aligned}f(x_1,x_2,x_3)&=2x_1^2+2x_2^2+2x_3^2+2x_1x_2+2x_1x_3-2x_2x_3\\&=2\left(x_1+\frac{1}{2}x_2+\frac{1}{2}x_3\right)^2+\frac{3}{2}(x_2-x_3)^2\\&=2y_1^2+\frac{3}{2}y_2^2,\end{aligned}$$

其中，$y_1=x_1+\frac{1}{2}x_2+\frac{1}{2}x_3$，$y_2=x_2-x_3$. 所以二次型的秩为 2.

17.（2017）设矩阵 $A=\begin{pmatrix}4&1&-2\\1&2&a\\3&1&-1\end{pmatrix}$ 的一个特征向量为 $\begin{pmatrix}1\\1\\2\end{pmatrix}$，则 $a=$______.

解　设 $\alpha=(1,1,2)^{\mathrm{T}}$，由题设知 $A\alpha=\lambda\alpha$，故

$$\begin{pmatrix}4&1&-2\\1&2&a\\3&1&-1\end{pmatrix}\begin{pmatrix}1\\1\\2\end{pmatrix}=\lambda\begin{pmatrix}1\\1\\2\end{pmatrix}，即\begin{pmatrix}1\\3+2a\\2\end{pmatrix}=\begin{pmatrix}\lambda\\\lambda\\2\lambda\end{pmatrix},$$

故 $\lambda=1$，$a=-1$.

18.（2018）设 A 为 3 阶矩阵，$\alpha_1,\alpha_2,\alpha_3$ 为线性无关的向量组，若 $A\alpha_1=2\alpha_1+\alpha_2+\alpha_3$，$A\alpha_2=\alpha_2+2\alpha_3$，$A\alpha_3=-\alpha_2+\alpha_3$，则 A 的实特征值为______.

解　由题可得 $A(\alpha_1,\alpha_2,\alpha_3)=(\alpha_1,\alpha_2,\alpha_3)\begin{pmatrix}2&0&0\\1&1&-1\\1&2&1\end{pmatrix}$.

因 $(\alpha_1,\alpha_2,\alpha_3)$ 可逆，故

$$A\sim B=\begin{pmatrix}2&0&0\\1&1&-1\\1&2&1\end{pmatrix},$$

从而 A，B 的特征值相等. 又

$$|\lambda E-B|=\begin{vmatrix}\lambda-2&0&0\\-1&\lambda-1&1\\-1&-2&\lambda-1\end{vmatrix}=(\lambda-2)((\lambda-1)^2+2)=0,$$

故 A 的实特征值为 2.

19. (2010) 已知二次型 $f(x_1,x_2,x_3)=\boldsymbol{x}^{\mathrm{T}}\boldsymbol{A}\boldsymbol{x}$ 在正交变换 $\boldsymbol{x}=\boldsymbol{Q}\boldsymbol{y}$ 下的标准形为 $y_1^2+y_2^2$, 且 $\boldsymbol{Q}$ 的第 3 列为 $\left(\frac{\sqrt{2}}{2},0,\frac{\sqrt{2}}{2}\right)^{\mathrm{T}}$.

(1) 求矩阵 $\boldsymbol{A}$;

(2) 证明 $\boldsymbol{A}+\boldsymbol{E}$ 为正定矩阵, 其中 $\boldsymbol{E}$ 为 3 阶单位矩阵.

解　(1) 由于二次型在正交变换 $\boldsymbol{x}=\boldsymbol{Q}\boldsymbol{y}$ 下的标准形为 $y_1^2+y_2^2$, 所以 $\boldsymbol{A}$ 的特征值为 $\lambda_1=\lambda_2=1$, $\lambda_3=0$.

由于 $\boldsymbol{Q}$ 的第 3 列为 $\left(\frac{\sqrt{2}}{2},0,\frac{\sqrt{2}}{2}\right)^{\mathrm{T}}$, 所以 $\boldsymbol{A}$ 对应于 $\lambda_3=0$ 的特征向量为 $\left(\frac{\sqrt{2}}{2},0,\frac{\sqrt{2}}{2}\right)^{\mathrm{T}}$, 记 $\boldsymbol{\alpha}_3=(1,0,1)^{\mathrm{T}}$.

由于 $\boldsymbol{A}$ 是实对称矩阵, 所以对应于不同特征值的特征向量是相互正交的, 设属于 $\lambda_1=\lambda_2=1$ 的特征向量为 $\boldsymbol{\alpha}=(x_1,x_2,x_3)^{\mathrm{T}}$, 则 $\boldsymbol{\alpha}^{\mathrm{T}}\boldsymbol{\alpha}_3=0$, 即 $x_1+x_3=0$. 取

$$\boldsymbol{\alpha}_1=(0,1,0)^{\mathrm{T}},\ \boldsymbol{\alpha}_2=(-1,0,1)^{\mathrm{T}},$$

则 $\boldsymbol{\alpha}_1,\boldsymbol{\alpha}_2$ 为对应于 $\lambda_1=\lambda_2=1$ 的特征向量.

方法 1:

由于 $\boldsymbol{\alpha}_1,\boldsymbol{\alpha}_2$ 是相互正交的, 所以只需单位化:

$$\boldsymbol{\beta}_1=\frac{\boldsymbol{\alpha}_1}{\|\boldsymbol{\alpha}_1\|}=(0,1,0)^{\mathrm{T}},\ \boldsymbol{\beta}_2=\frac{\boldsymbol{\alpha}_2}{\|\boldsymbol{\alpha}_2\|}=\frac{1}{\sqrt{2}}(-1,0,1)^{\mathrm{T}}.$$

取 $\boldsymbol{Q}=(\boldsymbol{\beta}_1,\boldsymbol{\beta}_2,\boldsymbol{\alpha}_3)=\begin{pmatrix}0&-\frac{1}{\sqrt{2}}&\frac{\sqrt{2}}{2}\\1&0&0\\0&\frac{1}{\sqrt{2}}&\frac{\sqrt{2}}{2}\end{pmatrix}$, 则 $\boldsymbol{Q}^{\mathrm{T}}\boldsymbol{A}\boldsymbol{Q}=\boldsymbol{\Lambda}=\begin{pmatrix}1&&\\&1&\\&&0\end{pmatrix}$, 从而有

$$\boldsymbol{A}=\boldsymbol{Q}\boldsymbol{\Lambda}\boldsymbol{Q}^{\mathrm{T}}=\begin{pmatrix}\frac{1}{2}&0&-\frac{1}{2}\\0&1&0\\-\frac{1}{2}&0&\frac{1}{2}\end{pmatrix}.$$

方法 2: 由 $\boldsymbol{A}(\boldsymbol{\alpha}_1,\boldsymbol{\alpha}_2,\boldsymbol{\alpha}_3)=(\boldsymbol{\alpha}_1,\boldsymbol{\alpha}_2,\boldsymbol{0})$, 两边取转置, 得

$$\begin{pmatrix}0&1&0\\-1&0&1\\1&0&1\end{pmatrix}\boldsymbol{A}=\begin{pmatrix}0&1&0\\-1&0&1\\0&0&0\end{pmatrix}.$$

解此矩阵方程, 作如下矩阵行变换:

$$\left(\begin{array}{ccc:ccc}0&1&0&0&1&0\\-1&0&1&-1&0&1\\1&0&1&0&0&0\end{array}\right)\xrightarrow[r_3+r_1]{\substack{r_1\leftrightarrow r_3\\r_3\leftrightarrow r_2}}\left(\begin{array}{ccc:ccc}1&0&1&0&0&0\\0&1&0&0&1&0\\0&0&2&-1&0&1\end{array}\right)$$

$$\xrightarrow[r_1-r_3]{r_3\cdot\frac{1}{2}}\left(\begin{array}{ccc:ccc}1&0&0&\frac{1}{2}&0&-\frac{1}{2}\\0&1&0&0&1&0\\0&0&1&-\frac{1}{2}&0&\frac{1}{2}\end{array}\right),$$

所以，$\boldsymbol{A}=\begin{pmatrix}\frac{1}{2}&0&-\frac{1}{2}\\0&1&0\\-\frac{1}{2}&0&\frac{1}{2}\end{pmatrix}$.

(2)$\boldsymbol{A}+\boldsymbol{E}$ 也是实对称矩阵，$\boldsymbol{A}$ 的特征值为 1，1，0，所以 $\boldsymbol{A}+\boldsymbol{E}$ 的特征值为 2，2，1，由于 $\boldsymbol{A}+\boldsymbol{E}$ 的特征值全大于零，故 $\boldsymbol{A}+\boldsymbol{E}$ 是正定矩阵.

20.（2010）设 $\boldsymbol{A}=\begin{pmatrix}0&-1&4\\-1&3&a\\4&a&0\end{pmatrix}$，正交矩阵 $\boldsymbol{Q}$ 使得 $\boldsymbol{Q}^{\mathrm{T}}\boldsymbol{A}\boldsymbol{Q}$ 为对角矩阵，若 $\boldsymbol{Q}$ 的第 1 列为 $\frac{1}{\sqrt{6}}(1,2,1)^{\mathrm{T}}$，求 a 及矩阵 $\boldsymbol{Q}$.

解　由于矩阵 $\boldsymbol{A}$ 对称，存在正交矩阵 $\boldsymbol{Q}$，使得 $\boldsymbol{Q}^{\mathrm{T}}\boldsymbol{A}\boldsymbol{Q}$ 为对角阵，且 $\boldsymbol{Q}$ 的第一列为 $\boldsymbol{\xi}_1=\frac{1}{\sqrt{6}}(1,2,1)^{\mathrm{T}}$，从而 $\boldsymbol{A}$ 对应于 λ_1 的特征向量为 $\boldsymbol{\xi}_1$，故 $\boldsymbol{A}\boldsymbol{\xi}_1=\lambda_1\boldsymbol{\xi}_1$，即

$$\begin{pmatrix}0&-1&4\\-1&3&a\\4&a&0\end{pmatrix}\begin{pmatrix}1\\2\\1\end{pmatrix}=\begin{pmatrix}2\\5+a\\4+2a\end{pmatrix}=\lambda_1\begin{pmatrix}1\\2\\1\end{pmatrix},$$

由此可得 $a=-1$，$\lambda_1=2$. 故

$$\boldsymbol{A}=\begin{pmatrix}0&-1&4\\-1&3&-1\\4&-1&0\end{pmatrix}.$$

计算

$$|\lambda\boldsymbol{E}-\boldsymbol{A}|=\begin{vmatrix}\lambda&1&-4\\1&\lambda-3&1\\-4&1&\lambda\end{vmatrix}=(\lambda+4)(\lambda-2)(\lambda-5)=0,$$

故 $\boldsymbol{A}$ 的特征值为 $\lambda_1=2$，$\lambda_2=-4$，$\lambda_3=5$，且对应于 $\lambda_1=2$ 的特征向量为 $\boldsymbol{\xi}_1=\frac{1}{\sqrt{6}}(1,2,1)^{\mathrm{T}}$.

由 $(\lambda_2\boldsymbol{E}-\boldsymbol{A})x=\boldsymbol{0}$，即 $\begin{pmatrix}-4&1&-4\\1&-7&1\\-4&1&-4\end{pmatrix}\begin{pmatrix}x_1\\x_2\\x_3\end{pmatrix}=\boldsymbol{0}$，由

$$\begin{pmatrix}-4&1&-4\\1&-7&1\\-4&1&-4\end{pmatrix}\xrightarrow[r_2+4r_1]{\substack{r_3-r_1\\r_2\leftrightarrow r_1}}\begin{pmatrix}1&-7&1\\0&-3&0\\0&0&0\end{pmatrix}\xrightarrow{r}\begin{pmatrix}1&0&1\\0&1&0\\0&0&0\end{pmatrix},$$

可得对应于$\lambda_2=-4$的特征向量为$\boldsymbol{\xi}_2=(-1,0,1)^{\mathrm{T}}$.

由$(\lambda_3\boldsymbol{E}-\boldsymbol{A})\boldsymbol{x}=\boldsymbol{0}$，即$\begin{pmatrix}5&1&-4\\1&2&1\\-4&1&5\end{pmatrix}\begin{pmatrix}x_1\\x_2\\x_3\end{pmatrix}=\boldsymbol{0}$，由

$$\begin{pmatrix}5&1&-4\\1&2&1\\-4&1&5\end{pmatrix}\xrightarrow[r_3+4r_1]{\substack{r_1\leftrightarrow r_2\\r_2-5r_1}}\begin{pmatrix}1&2&1\\0&-9&-9\\0&9&9\end{pmatrix}\xrightarrow{r}\begin{pmatrix}1&0&-1\\0&1&1\\0&0&0\end{pmatrix},$$

可得对应于$\lambda_3=5$的特征向量为$\boldsymbol{\xi}_3=(1,-1,1)^{\mathrm{T}}$.

由于$\boldsymbol{A}$为实对称矩阵，$\boldsymbol{\xi}_1,\boldsymbol{\xi}_2,\boldsymbol{\xi}_3$为对应于不同特征值的特征向量，所以$\boldsymbol{\xi}_1,\boldsymbol{\xi}_2,\boldsymbol{\xi}_3$相互正交，只需单位化：

$$\boldsymbol{\eta}_1=\frac{\boldsymbol{\xi}_1}{\|\boldsymbol{\xi}_1\|}=\frac{1}{\sqrt{6}}(1,2,1)^{\mathrm{T}},\ \boldsymbol{\eta}_2=\frac{\boldsymbol{\xi}_2}{\|\boldsymbol{\xi}_2\|}=\frac{1}{\sqrt{2}}(-1,0,1)^{\mathrm{T}},$$

$$\boldsymbol{\eta}_3=\frac{\boldsymbol{\xi}_3}{\|\boldsymbol{\xi}_3\|}=\frac{1}{\sqrt{3}}(1,-1,1)^{\mathrm{T}},$$

取$\boldsymbol{Q}=(\boldsymbol{\eta}_1,\boldsymbol{\eta}_2,\boldsymbol{\eta}_3)=\begin{pmatrix}\frac{1}{\sqrt{6}}&-\frac{1}{\sqrt{2}}&\frac{1}{\sqrt{3}}\\\frac{2}{\sqrt{6}}&0&-\frac{1}{\sqrt{3}}\\\frac{1}{\sqrt{6}}&\frac{1}{\sqrt{2}}&\frac{1}{\sqrt{3}}\end{pmatrix}$，则$\boldsymbol{Q}^{\mathrm{T}}\boldsymbol{A}\boldsymbol{Q}=\boldsymbol{\Lambda}=\begin{pmatrix}2&&\\&-4&\\&&5\end{pmatrix}$.

21. (2011)$\boldsymbol{A}$为3阶实对称矩阵，$\boldsymbol{A}$的秩为2，且$\boldsymbol{A}\begin{pmatrix}1&1\\0&0\\-1&1\end{pmatrix}=\begin{pmatrix}-1&1\\0&0\\1&1\end{pmatrix}$.

(1) 求$\boldsymbol{A}$的所有特征值与特征向量；

(2) 求矩阵$\boldsymbol{A}$.

解　(1) 由$R(\boldsymbol{A})=2$知$|\boldsymbol{A}|=0$，所以$\lambda=0$是$\boldsymbol{A}$的特征值. 又

$$\boldsymbol{A}\begin{pmatrix}1\\0\\-1\end{pmatrix}=\begin{pmatrix}-1\\0\\1\end{pmatrix}=-\begin{pmatrix}1\\0\\-1\end{pmatrix},\ \boldsymbol{A}\begin{pmatrix}1\\0\\1\end{pmatrix}=\begin{pmatrix}1\\0\\1\end{pmatrix},$$

所以按定义，$\lambda=1$是$\boldsymbol{A}$的特征值，$\boldsymbol{\alpha}_1=(1,0,1)^{\mathrm{T}}$是$\boldsymbol{A}$属于$\lambda=1$的特征向量；

$\lambda=-1$是$\boldsymbol{A}$的特征值，$\boldsymbol{\alpha}_2=(1,0,-1)^{\mathrm{T}}$是$\boldsymbol{A}$属于$\lambda=-1$的特征向量.

设$\boldsymbol{\alpha}_3=(x_1,x_2,x_3)^{\mathrm{T}}$是$\boldsymbol{A}$属于特征值$\lambda=0$的特征向量，因实对称矩阵的不同特征值对应的特征向量相互正交，因此

$$\begin{cases}\boldsymbol{\alpha}_1^{\mathrm{T}}\boldsymbol{\alpha}_3 = x_1 + x_3 = 0,\\ \boldsymbol{\alpha}_2^{\mathrm{T}}\boldsymbol{\alpha}_3 = x_1 - x_3 = 0,\end{cases}$$

解出 $\boldsymbol{\alpha}_3 = (0,1,0)^{\mathrm{T}}$.

故矩阵 $\boldsymbol{A}$ 的特征值为 1，-1,0；特征向量依次为 $k_1\ (1,0,1)^{\mathrm{T}}$，$k_2\ (1,0,-1)^{\mathrm{T}}$，$k_3\ (0,1,0)^{\mathrm{T}}$，其中，$k_1$，$k_2$，$k_3$ 均是不为 0 的任意常数.

(2) 由 $\boldsymbol{A}(\boldsymbol{\alpha}_1,\boldsymbol{\alpha}_2,\boldsymbol{\alpha}_3) = (\boldsymbol{\alpha}_1, -\boldsymbol{\alpha}_2,\boldsymbol{0})$，有

$$\boldsymbol{A} = (\boldsymbol{\alpha}_1, -\boldsymbol{\alpha}_2,\boldsymbol{0})\ (\boldsymbol{\alpha}_1,\boldsymbol{\alpha}_2,\boldsymbol{\alpha}_3)^{-1} = \begin{pmatrix}1 & -1 & 0\\ 0 & 0 & 0\\ 1 & 1 & 0\end{pmatrix}\begin{pmatrix}1 & 1 & 0\\ 0 & 0 & 1\\ 1 & -1 & 0\end{pmatrix}^{-1} = \begin{pmatrix}0 & 0 & 1\\ 0 & 0 & 0\\ 1 & 0 & 0\end{pmatrix}.$$

22. (2012) 已知 $\boldsymbol{A} = \begin{pmatrix}1 & 0 & 1\\ 0 & 1 & 1\\ -1 & 0 & a\\ 0 & a & -1\end{pmatrix}$，二次型 $f(x_1,x_2,x_3) = \boldsymbol{x}^{\mathrm{T}}(\boldsymbol{A}^{\mathrm{T}}\boldsymbol{A})\boldsymbol{x}$ 的秩为 2.

(1) 求实数 a 的值；

(2) 求正交变换 $\boldsymbol{x} = \boldsymbol{Q}\boldsymbol{y}$ 将 f 化为标准形.

解　(1) 二次型 $f(x_1,x_2,x_3) = \boldsymbol{x}^{\mathrm{T}}(\boldsymbol{A}^{\mathrm{T}}\boldsymbol{A})\boldsymbol{x}$ 的秩为 2，即 $R(\boldsymbol{A}^{\mathrm{T}}\boldsymbol{A}) = 2$. 又因 $R(\boldsymbol{A}^{\mathrm{T}}\boldsymbol{A}) = R(\boldsymbol{A})$，故 $R(\boldsymbol{A}) = 2$. 对 $\boldsymbol{A}$ 作初等变换有

$$\boldsymbol{A} = \begin{pmatrix}1 & 0 & 1\\ 0 & 1 & 1\\ -1 & 0 & a\\ 0 & a & -1\end{pmatrix} \xrightarrow[r_4 + r_3]{\substack{r_3 + r_1\\ r_4 - ar_2}} \begin{pmatrix}1 & 0 & 1\\ 0 & 1 & 1\\ 0 & 0 & a+1\\ 0 & 0 & 0\end{pmatrix},$$

所以 $a = -1$.

(2) 当 $a = -1$ 时，$\boldsymbol{A}^{\mathrm{T}}\boldsymbol{A} = \begin{pmatrix}2 & 0 & 2\\ 0 & 2 & 2\\ 2 & 2 & 4\end{pmatrix}$. 由

$$|\lambda \boldsymbol{E} - \boldsymbol{A}^{\mathrm{T}}\boldsymbol{A}| = \begin{vmatrix}\lambda - 2 & 0 & -2\\ 0 & \lambda - 2 & -2\\ -2 & -2 & \lambda - 4\end{vmatrix} = \lambda(\lambda - 2)(\lambda - 6),$$

可知矩阵 $\boldsymbol{A}^{\mathrm{T}}\boldsymbol{A}$ 的特征值为 0，2，6.

对 $\lambda = 0$，由 $(0\boldsymbol{E} - \boldsymbol{A}^{\mathrm{T}}\boldsymbol{A})\boldsymbol{x} = \boldsymbol{0}$ 得基础解系 $(-1, -1,1)^{\mathrm{T}}$；

对 $\lambda = 2$，由 $(2\boldsymbol{E} - \boldsymbol{A}^{\mathrm{T}}\boldsymbol{A})\boldsymbol{x} = \boldsymbol{0}$ 得基础解系 $(-1,1,0)^{\mathrm{T}}$；

对 $\lambda = 6$，由 $(6\boldsymbol{E} - \boldsymbol{A}^{\mathrm{T}}\boldsymbol{A})\boldsymbol{x} = \boldsymbol{0}$ 得基础解系 $(1,1,2)^{\mathrm{T}}$.

实对称矩阵不同特征值对应的特征向量相互正交，故只需单位化：

$$\boldsymbol{\gamma}_1 = \frac{1}{\sqrt{3}}(-1, -1,1)^{\mathrm{T}},\ \boldsymbol{\gamma}_2 = \frac{1}{\sqrt{2}}(-1,1,0)^{\mathrm{T}},\ \boldsymbol{\gamma}_3 = \frac{1}{\sqrt{6}}(1,1,2)^{\mathrm{T}}.$$

令 $Q=(\gamma_1,\gamma_2,\gamma_3)=\begin{pmatrix}-\frac{1}{\sqrt{3}} & -\frac{1}{\sqrt{2}} & \frac{1}{\sqrt{6}}\\ -\frac{1}{\sqrt{3}} & \frac{1}{\sqrt{2}} & \frac{1}{\sqrt{6}}\\ \frac{1}{\sqrt{3}} & 0 & \frac{2}{\sqrt{6}}\end{pmatrix}$，则有 $\begin{pmatrix}x_1\\x_2\\x_3\end{pmatrix}=Q\begin{pmatrix}y_1\\y_2\\y_3\end{pmatrix}$，从而

$$\boldsymbol{x}^{\mathrm{T}}(\boldsymbol{A}^{\mathrm{T}}\boldsymbol{A})\boldsymbol{x}=\boldsymbol{y}^{\mathrm{T}}\boldsymbol{\Lambda}\boldsymbol{y}=2y_2^2+6y_3^2.$$

23.（2013）设二次型 $f(x_1,x_2,x_3)=2(a_1x_1+a_2x_2+a_3x_3)^2+(b_1x_1+b_2x_2+b_3x_3)^2$，记 $\boldsymbol{\alpha}=(a_1,a_2,a_3)^{\mathrm{T}}$，$\boldsymbol{\beta}=(b_1,b_2,b_3)^{\mathrm{T}}$.

（1）证明二次型 f 对应的矩阵为 $2\boldsymbol{\alpha}\boldsymbol{\alpha}^{\mathrm{T}}+\boldsymbol{\beta}\boldsymbol{\beta}^{\mathrm{T}}$；

（2）若 $\boldsymbol{\alpha},\boldsymbol{\beta}$ 正交且均为单位向量，证明 f 在正交变换下的标准形为 $2y_1^2+y_2^2$.

解　（1）证明：

$$\begin{aligned}f(x_1,x_2,x_3)&=2(a_1x_1+a_2x_2+a_3x_3)^2+(b_1x_1+b_2x_2+b_3x_3)^2\\&=2(x_1,x_2,x_3)\begin{pmatrix}a_1\\a_2\\a_3\end{pmatrix}(a_1,a_2,a_3)\begin{pmatrix}x_1\\x_2\\x_3\end{pmatrix}+(x_1,x_2,x_3)\begin{pmatrix}b_1\\b_2\\b_3\end{pmatrix}(b_1,b_2,b_3)\begin{pmatrix}x_1\\x_2\\x_3\end{pmatrix}\\&=(x_1,x_2,x_3)(2\boldsymbol{\alpha}\boldsymbol{\alpha}^{\mathrm{T}}+\boldsymbol{\beta}\boldsymbol{\beta}^{\mathrm{T}})\begin{pmatrix}x_1\\x_2\\x_3\end{pmatrix}=\boldsymbol{x}^{\mathrm{T}}\boldsymbol{A}\boldsymbol{x},\end{aligned}$$

其中，$\boldsymbol{A}=2\boldsymbol{\alpha}\boldsymbol{\alpha}^{\mathrm{T}}+\boldsymbol{\beta}\boldsymbol{\beta}^{\mathrm{T}}$，所以二次型 f 对应的矩阵为 $2\boldsymbol{\alpha}\boldsymbol{\alpha}^{\mathrm{T}}+\boldsymbol{\beta}\boldsymbol{\beta}^{\mathrm{T}}$.

（2）由于 $\boldsymbol{\alpha},\boldsymbol{\beta}$ 正交，有 $\boldsymbol{\alpha}^{\mathrm{T}}\boldsymbol{\beta}=\boldsymbol{\beta}^{\mathrm{T}}\boldsymbol{\alpha}=0$. 又由于 $\boldsymbol{\alpha},\boldsymbol{\beta}$ 均为单位向量，故 $\|\boldsymbol{\alpha}\|=\sqrt{\boldsymbol{\alpha}^{\mathrm{T}}\boldsymbol{\alpha}}=1$，即 $\boldsymbol{\alpha}^{\mathrm{T}}\boldsymbol{\alpha}=1$. 同理可得 $\boldsymbol{\beta}^{\mathrm{T}}\boldsymbol{\beta}=1$. 由 $\boldsymbol{A}=2\boldsymbol{\alpha}\boldsymbol{\alpha}^{\mathrm{T}}+\boldsymbol{\beta}\boldsymbol{\beta}^{\mathrm{T}}$，可得

$$\boldsymbol{A}\boldsymbol{\alpha}=(2\boldsymbol{\alpha}\boldsymbol{\alpha}^{\mathrm{T}}+\boldsymbol{\beta}\boldsymbol{\beta}^{\mathrm{T}})\boldsymbol{\alpha}=2\boldsymbol{\alpha}\boldsymbol{\alpha}^{\mathrm{T}}\boldsymbol{\alpha}+\boldsymbol{\beta}\boldsymbol{\beta}^{\mathrm{T}}\boldsymbol{\alpha}=2\boldsymbol{\alpha},$$

由于 $\boldsymbol{\alpha}\neq\boldsymbol{0}$，故 $\boldsymbol{A}$ 有特征值 $\lambda_1=2$.

$$\boldsymbol{A}\boldsymbol{\beta}=(2\boldsymbol{\alpha}\boldsymbol{\alpha}^{\mathrm{T}}+\boldsymbol{\beta}\boldsymbol{\beta}^{\mathrm{T}})\boldsymbol{\beta}=\boldsymbol{\beta},$$

由于 $\boldsymbol{\beta}\neq\boldsymbol{0}$，故 $\boldsymbol{A}$ 有特征值 $\lambda_2=1$.

又因为

$$R(\boldsymbol{A})=R(2\boldsymbol{\alpha}\boldsymbol{\alpha}^{\mathrm{T}}+\boldsymbol{\beta}\boldsymbol{\beta}^{\mathrm{T}})\leq R(2\boldsymbol{\alpha}\boldsymbol{\alpha}^{\mathrm{T}})+R(\boldsymbol{\beta}\boldsymbol{\beta}^{\mathrm{T}})=R(\boldsymbol{\alpha}\boldsymbol{\alpha}^{\mathrm{T}})+R(\boldsymbol{\beta}\boldsymbol{\beta}^{\mathrm{T}})=1+1=2<3,$$

所以 $|\boldsymbol{A}|=0$，故 $\lambda_3=0$.

3 阶矩阵 $\boldsymbol{A}$ 的特征值为 2，1，0. 因此 f 在正交变换下的标准形为 $2y_1^2+y_2^2$.

24.（2014）证明：n 阶矩阵 $\begin{pmatrix}1 & 1 & \cdots & 1\\1 & 1 & \cdots & 1\\ \vdots & \vdots & \ddots & \vdots\\1 & 1 & \cdots & 1\end{pmatrix}$ 与 $\begin{pmatrix}0 & \cdots & 0 & 1\\0 & \cdots & 0 & 2\\ \vdots & & \vdots & \vdots\\0 & \cdots & 0 & n\end{pmatrix}$ 相似.

证　设

$$\boldsymbol{A}=\begin{pmatrix}1&1&\cdots&1\\1&1&\cdots&1\\\vdots&\vdots&\ddots&\vdots\\1&1&\cdots&1\end{pmatrix},\ \boldsymbol{B}=\begin{pmatrix}0&\cdots&0&1\\0&\cdots&0&2\\\vdots&\ddots&\vdots&\vdots\\0&\cdots&0&n\end{pmatrix},$$

因为 $R(\boldsymbol{A})=1$，$R(\boldsymbol{B})=1$，所以$\boldsymbol{A}$的特征值为 $\lambda_1=\lambda_2=\cdots=\lambda_{n-1}=0$，$\lambda_n=\mathrm{tr}(\boldsymbol{A})=n$. $\boldsymbol{B}$的特征值为 $\lambda'_1=\lambda'_2=\cdots=\lambda'_{n-1}=0$，$\lambda'_n=\mathrm{tr}(\boldsymbol{B})=n$.

关于$\boldsymbol{A}$的特征值0，因为 $R(0\boldsymbol{E}-\boldsymbol{A})=R(-\boldsymbol{A})=R(\boldsymbol{A})=1$，故$\boldsymbol{A}$有 $n-1$ 个线性无关的特征向量，即$\boldsymbol{A}$必可相似对角化于$\begin{pmatrix}0&&&\\&\ddots&&\\&&0&\\&&&n\end{pmatrix}$.

同理，关于$\boldsymbol{B}$的特征值0，因为 $R(0\boldsymbol{E}-\boldsymbol{B})=R(-\boldsymbol{B})=R(\boldsymbol{B})=1$，故有 $n-1$ 个线性无关的特征向量，即B必可相似对角化于$\begin{pmatrix}0&&&\\&\ddots&&\\&&0&\\&&&n\end{pmatrix}$.

由相似矩阵的传递性可知，$\boldsymbol{A}$与$\boldsymbol{B}$相似.

25.（2015）设矩阵 $\boldsymbol{A}=\begin{pmatrix}0&2&-3\\-1&3&-3\\1&-2&a\end{pmatrix}$，相似于矩阵 $\boldsymbol{B}=\begin{pmatrix}1&-2&0\\0&b&0\\0&3&1\end{pmatrix}$，

（1）求 a,b 的值；

（2）求可逆矩阵$\boldsymbol{P}$，使得$\boldsymbol{P}^{-1}\boldsymbol{AP}$为对角阵.

解　（1）由 $\boldsymbol{A}=\begin{pmatrix}0&2&-3\\-1&3&-3\\1&-2&a\end{pmatrix}$ 相似于 $\boldsymbol{B}=\begin{pmatrix}1&-2&0\\0&b&0\\0&3&1\end{pmatrix}$，有 $\mathrm{tr}(\boldsymbol{A})=\mathrm{tr}(\boldsymbol{B})$，$|\boldsymbol{A}|=|\boldsymbol{B}|$，即

$$0+3+a=1+b+1,\quad\begin{vmatrix}0&2&-3\\-1&3&-3\\1&-2&a\end{vmatrix}=\begin{vmatrix}1&-2&0\\0&b&0\\0&3&1\end{vmatrix},$$

解得 $a=4$，$b=5$.

（2）因

$$|\lambda\boldsymbol{E}-\boldsymbol{A}|=\begin{vmatrix}\lambda&-2&3\\1&\lambda-3&3\\-1&2&\lambda-4\end{vmatrix}=(\lambda-1)^2(\lambda-5)=0,$$

故$\boldsymbol{A}$的特征值为 $\lambda_1=\lambda_2=1$，$\lambda_3=5$.

对 $\lambda_1=\lambda_2=1$，有

$$\lambda\boldsymbol{E}-\boldsymbol{A}=\begin{pmatrix}1&-2&3\\1&-2&3\\-1&2&-3\end{pmatrix}\xrightarrow{r}\begin{pmatrix}1&-2&3\\0&0&0\\0&0&0\end{pmatrix},$$

故特征向量 $\boldsymbol{\xi}_1=(2,1,0)^{\mathrm{T}}$, $\boldsymbol{\xi}_2=(-3,0,1)^{\mathrm{T}}$.

对 $\lambda_3=5$, 有

$$\lambda\boldsymbol{E}-\boldsymbol{A}=\begin{pmatrix}5&-2&3\\1&2&3\\-1&2&1\end{pmatrix}\xrightarrow[r_2-5r_1]{\substack{r_3+r_2\\r_2\leftrightarrow r_1}}\begin{pmatrix}1&2&3\\0&-12&-12\\0&4&4\end{pmatrix}\xrightarrow{r}\begin{pmatrix}1&0&1\\0&1&1\\0&0&0\end{pmatrix},$$

故特征向量 $\boldsymbol{\xi}_3=(-1,-1,1)^{\mathrm{T}}$.

所以 $\boldsymbol{P}=(\boldsymbol{\xi}_1,\boldsymbol{\xi}_2,\boldsymbol{\xi}_3)=\begin{pmatrix}2&-3&-1\\1&0&-1\\0&1&1\end{pmatrix}$, 此时$\boldsymbol{P}^{-1}\boldsymbol{AP}=\begin{pmatrix}1&&\\&1&\\&&5\end{pmatrix}$.

26. (2016) 已知矩阵 $\boldsymbol{A}=\begin{pmatrix}0&-1&1\\2&-3&0\\0&0&0\end{pmatrix}$.

(1) 求$\boldsymbol{A}^{99}$;

(2) 设3阶矩阵$\boldsymbol{B}=(\boldsymbol{\alpha}_1,\boldsymbol{\alpha}_2,\boldsymbol{\alpha}_3)$, 满足$\boldsymbol{B}^2=\boldsymbol{BA}$, 记$\boldsymbol{B}^{100}=(\boldsymbol{\beta}_1,\boldsymbol{\beta}_2,\boldsymbol{\beta}_3)$, 将$\boldsymbol{\beta}_1,\boldsymbol{\beta}_2,\boldsymbol{\beta}_3$分别表示为$\boldsymbol{\alpha}_1,\boldsymbol{\alpha}_2,\boldsymbol{\alpha}_3$的线性组合.

解　(1) 利用相似对角化. 由

$$|\lambda\boldsymbol{E}-\boldsymbol{A}|=\begin{vmatrix}\lambda&1&-1\\-2&\lambda+3&0\\0&0&\lambda\end{vmatrix}=\lambda(\lambda+1)(\lambda+2)=0,$$

可得 $\boldsymbol{A}$ 的特征值为 $\lambda_1=0$, $\lambda_2=-1$, $\lambda_3=-2$, 故 $\boldsymbol{A}\sim\boldsymbol{\Lambda}=\begin{pmatrix}0&&\\&-1&\\&&-2\end{pmatrix}$.

当 $\lambda_1=0$ 时, 由 $(0\boldsymbol{E}-\boldsymbol{A})\boldsymbol{x}=\boldsymbol{0}$, 解出 $\boldsymbol{A}$ 的属于特征值 $\lambda_1=0$ 的特征向量为 $\boldsymbol{\gamma}_1=(3,2,2)^{\mathrm{T}}$;

当 $\lambda_2=-1$ 时, 由 $(-\boldsymbol{E}-\boldsymbol{A})\boldsymbol{x}=\boldsymbol{0}$, 解出 $\boldsymbol{A}$ 的属于特征值 $\lambda_2=-1$ 的特征向量为 $\boldsymbol{\gamma}_2=(1,1,0)^{\mathrm{T}}$;

当 $\lambda_3=-2$ 时, 由 $(-2\boldsymbol{E}-\boldsymbol{A})\boldsymbol{x}=\boldsymbol{0}$, 解出 $\boldsymbol{A}$ 的属于特征值 $\lambda_3=-2$ 的特征向量为 $\boldsymbol{\gamma}_3=(1,2,0)^{\mathrm{T}}$.

设 $\boldsymbol{P}=(\boldsymbol{\gamma}_1,\boldsymbol{\gamma}_2,\boldsymbol{\gamma}_3)=\begin{pmatrix}3&1&1\\2&1&2\\2&0&0\end{pmatrix}$, 则由$\boldsymbol{P}^{-1}\boldsymbol{AP}=\boldsymbol{\Lambda}=\begin{pmatrix}0&&\\&-1&\\&&-2\end{pmatrix}$可得

$$\boldsymbol{A}=\boldsymbol{P\Lambda P}^{-1},\ \boldsymbol{A}^{99}=\boldsymbol{P\Lambda}^{99}\boldsymbol{P}^{-1}.$$

对于 $\boldsymbol{P}=\begin{pmatrix}3&1&1\\2&1&2\\2&0&0\end{pmatrix}$, 利用初等变换, 可求出$\boldsymbol{P}^{-1}=\begin{pmatrix}0&0&\frac{1}{2}\\2&-1&-2\\-1&1&\frac{1}{2}\end{pmatrix}$, 故

$$A^{99}=\begin{pmatrix}3&1&1\\2&1&2\\2&0&0\end{pmatrix}\begin{pmatrix}0&&\\&-1&\\&&-2^{99}\end{pmatrix}\begin{pmatrix}0&0&\frac{1}{2}\\2&-1&-2\\-1&1&\frac{1}{2}\end{pmatrix}$$

$$=\begin{pmatrix}-2+2^{99}&1-2^{99}&2-2^{98}\\-2+2^{100}&1-2^{100}&2-2^{99}\\0&0&0\end{pmatrix}.$$

(2) 由$\boldsymbol{B}^2=\boldsymbol{BA}$，得$\boldsymbol{B}^3=\boldsymbol{BBA}=\boldsymbol{B}^2\boldsymbol{A}=\boldsymbol{BAA}=\boldsymbol{B}\boldsymbol{A}^2$，归纳可得$\boldsymbol{B}^{100}=\boldsymbol{B}\boldsymbol{A}^{99}$.

由于$\boldsymbol{B}=(\boldsymbol{\alpha}_1,\boldsymbol{\alpha}_2,\boldsymbol{\alpha}_3)$，$\boldsymbol{B}^{100}=(\boldsymbol{\beta}_1,\boldsymbol{\beta}_2,\boldsymbol{\beta}_3)$，故

$$(\boldsymbol{\beta}_1,\boldsymbol{\beta}_2,\boldsymbol{\beta}_3)=(\boldsymbol{\alpha}_1,\boldsymbol{\alpha}_2,\boldsymbol{\alpha}_3)\boldsymbol{A}^{99}=(\boldsymbol{\alpha}_1,\boldsymbol{\alpha}_2,\boldsymbol{\alpha}_3)\begin{pmatrix}-2+2^{99}&1-2^{99}&2-2^{98}\\-2+2^{100}&1-2^{100}&2-2^{99}\\0&0&0\end{pmatrix},$$

因此，有

$$\boldsymbol{\beta}_1=(-2+2^{99})\boldsymbol{\alpha}_1+(-2+2^{100})\boldsymbol{\alpha}_2,$$
$$\boldsymbol{\beta}_2=(1-2^{99})\boldsymbol{\alpha}_1+(1-2^{100})\boldsymbol{\alpha}_2,$$
$$\boldsymbol{\beta}_3=(2-2^{98})\boldsymbol{\alpha}_1+(2-2^{99})\boldsymbol{\alpha}_2.$$

27. (2016) 设n阶矩阵

$$\boldsymbol{A}=\begin{pmatrix}1&b&\cdots&b\\b&1&\cdots&b\\\vdots&\vdots&&\vdots\\b&b&\cdots&1\end{pmatrix}.$$

(1) 求$\boldsymbol{A}$的特征值和特征向量；

(2) 求可逆矩阵$\boldsymbol{P}$，使得$\boldsymbol{P}^{-1}\boldsymbol{AP}$为对角矩阵.

解　(1) 计算特征多项式

$$|\lambda\boldsymbol{E}-\boldsymbol{A}|=\begin{vmatrix}\lambda-1&-b&\cdots&-b\\-b&\lambda-1&\cdots&-b\\\vdots&\vdots&\ddots&\vdots\\-b&-b&\cdots&\lambda-1\end{vmatrix}=(\lambda-1-(n-1)b)(\lambda-(1-b))^{n-1}.$$

当$b=0$时，特征值为$\lambda_1=\cdots=\lambda_n=1$，任意非零列向量均为特征向量.

当$b\neq 0$时，特征值为$\lambda_1=1+(n-1)b$，$\lambda_2=\cdots=\lambda_n=1-b$.

对$\lambda_1=1+(n-1)b$，因

$$\lambda_1\boldsymbol{E}-\boldsymbol{A}=\begin{pmatrix}(n-1)b&-b&\cdots&-b\\-b&(n-1)b&\cdots&-b\\\vdots&\vdots&&\vdots\\-b&-b&\cdots&(n-1)b\end{pmatrix}$$

$$\xrightarrow{r_i\cdot\frac{1}{b}}\begin{pmatrix}(n-1) & -1 & \cdots & -1\\ -1 & (n-1) & \cdots & -1\\ \vdots & \vdots & & \vdots\\ -1 & -1 & \cdots & (n-1)\end{pmatrix}$$

$$\xrightarrow{r_n+r_1+r_2+\cdots+r_{n-1}}\begin{pmatrix}n-1 & -1 & \cdots & -1 & -1\\ -1 & n-1 & \cdots & -1 & -1\\ \vdots & \vdots & & \vdots & \vdots\\ -1 & -1 & \cdots & n-1 & -1\\ 0 & 0 & 0 & \cdots & 0\end{pmatrix}$$

$$\xrightarrow{r_1+r_2+\cdots+r_{n-1}}\begin{pmatrix}1 & 1 & \cdots & 1 & 1-n\\ -1 & n-1 & \cdots & -1 & -1\\ \vdots & \vdots & & \vdots & \vdots\\ -1 & -1 & \cdots & n-1 & -1\\ 0 & 0 & 0 & \cdots & 0\end{pmatrix}$$

$$\xrightarrow[i=2,3,\cdots,n-1]{r_i+r_1}\begin{pmatrix}1 & 1 & \cdots & 1 & 1-n\\ 0 & n & \cdots & 0 & -n\\ \vdots & \vdots & & \vdots & \vdots\\ 0 & 0 & \cdots & n & -n\\ 0 & 0 & 0 & \cdots & 0\end{pmatrix}\xrightarrow[i=2,3,\cdots,n-1]{r_i\cdot\frac{1}{n}}\begin{pmatrix}1 & 0 & \cdots & 0 & -1\\ 0 & 1 & \cdots & 0 & -1\\ \vdots & \vdots & & \vdots & \vdots\\ 0 & 0 & \cdots & 1 & -1\\ 0 & 0 & 0 & \cdots & 0\end{pmatrix},$$

解得 $\boldsymbol{\xi}_1=(1,1,1,\cdots,1)^{\mathrm{T}}$, 所以 $\boldsymbol{A}$ 的属于 λ_1 的全部特征向量为

$$k\boldsymbol{\xi}_1=k(1,1,1,\cdots,1)^{\mathrm{T}},\ k\text{ 为任意不为零的常数.}$$

对 $\lambda_2=1-b$, 有

$$\lambda_2\boldsymbol{E}-\boldsymbol{A}=\begin{pmatrix}-b & -b & \cdots & -b\\ -b & -b & \cdots & -b\\ \vdots & \vdots & & \vdots\\ -b & -b & \cdots & -b\end{pmatrix}\xrightarrow{r}\begin{pmatrix}1 & 1 & \cdots & 1\\ 0 & 0 & \cdots & 0\\ \vdots & \vdots & & \vdots\\ 0 & 0 & \cdots & 0\end{pmatrix},$$

得基础解系为

$$\boldsymbol{\xi}_2=(1,-1,0,\cdots,0)^{\mathrm{T}},\ \boldsymbol{\xi}_3=(1,0,-1,\cdots,0)^{\mathrm{T}},\ \cdots,\boldsymbol{\xi}_n=(1,0,0,\cdots,-1)^{\mathrm{T}}.$$

故 $\boldsymbol{A}$ 的属于 λ_2 的全部特征向量为

$$k_2\boldsymbol{\xi}_2+k_3\boldsymbol{\xi}_3+\cdots+k_n\boldsymbol{\xi}_n,\quad k_2,k_3,\cdots,k_n\text{ 是不全为零的常数.}$$

(2) 当 $b=0$ 时, $\boldsymbol{A}=\boldsymbol{E}$, 对任意可逆矩阵 $\boldsymbol{P}$, 均有 $\boldsymbol{P}^{-1}\boldsymbol{A}\boldsymbol{P}=\boldsymbol{E}$.

当 $b\neq 0$ 时, $\boldsymbol{A}$ 有 n 个线性无关的特征向量, 令 $\boldsymbol{P}=(\boldsymbol{\xi}_1,\boldsymbol{\xi}_2,\cdots,\boldsymbol{\xi}_n)$, 则

$$\boldsymbol{P}^{-1}\boldsymbol{A}\boldsymbol{P}=\begin{pmatrix}1+(n-1)b & & & \\ & 1-b & & \\ & & \ddots & \\ & & & 1-b\end{pmatrix}.$$

28. (2017) 设 3 阶矩阵 $\boldsymbol{A}=(\boldsymbol{\alpha}_1,\boldsymbol{\alpha}_2,\boldsymbol{\alpha}_3)$ 有 3 个不同的特征值, 且 $\boldsymbol{\alpha}_3=\boldsymbol{\alpha}_1+2\boldsymbol{\alpha}_2$.

(1) 证明: $R(\boldsymbol{A})=2$;

(2) 若$\boldsymbol{\beta}=\boldsymbol{\alpha}_1+\boldsymbol{\alpha}_2+\boldsymbol{\alpha}_3$，求方程组$\boldsymbol{Ax}=\boldsymbol{\beta}$的通解.

解　(1) 由$\boldsymbol{\alpha}_3=\boldsymbol{\alpha}_1+2\boldsymbol{\alpha}_2$可得$\boldsymbol{\alpha}_1+2\boldsymbol{\alpha}_2-\boldsymbol{\alpha}_3=0$，故$\boldsymbol{\alpha}_1,\boldsymbol{\alpha}_2,\boldsymbol{\alpha}_3$线性相关，因此，$|\boldsymbol{A}|=|\boldsymbol{\alpha}_1\boldsymbol{\alpha}_2\boldsymbol{\alpha}_3|=0$，即$\boldsymbol{A}$的特征值中必有一个为0.

又因为$\boldsymbol{A}$有3个不同的特征值，则3个特征值中只有1个为0，另外两个非0. 且由于$\boldsymbol{A}$必可相似对角化，则可设其对角矩阵为

$$\boldsymbol{\Lambda}=\begin{pmatrix}\lambda_1 & & \\ & \lambda_2 & \\ & & 0\end{pmatrix},\ \lambda_1\neq\lambda_2\neq 0.$$

有$R(\boldsymbol{A})=R(\boldsymbol{\Lambda})=2$.

(2) 由(1)得$R(\boldsymbol{A})=2$，从而$3-R(\boldsymbol{A})=1$，即$\boldsymbol{Ax}=\boldsymbol{0}$的基础解系只有1个解向量，由$\boldsymbol{\alpha}_1+2\boldsymbol{\alpha}_2-\boldsymbol{\alpha}_3=0$可得

$$(\boldsymbol{\alpha}_1,\boldsymbol{\alpha}_2,\boldsymbol{\alpha}_3)\begin{pmatrix}1\\2\\-1\end{pmatrix}=\boldsymbol{A}\begin{pmatrix}1\\2\\-1\end{pmatrix}=\boldsymbol{0},$$

则$\boldsymbol{Ax}=\boldsymbol{0}$的基础解系为$(1,2,-1)^{\mathrm{T}}$. 又$\boldsymbol{\beta}=\boldsymbol{\alpha}_1+\boldsymbol{\alpha}_2+\boldsymbol{\alpha}_3$，即

$$(\boldsymbol{\alpha}_1,\boldsymbol{\alpha}_2,\boldsymbol{\alpha}_3)\begin{pmatrix}1\\1\\1\end{pmatrix}=\boldsymbol{A}\begin{pmatrix}1\\1\\1\end{pmatrix}=\boldsymbol{\beta},$$

则$\boldsymbol{Ax}=\boldsymbol{\beta}$的一个特解为$(1,1,1)^{\mathrm{T}}$. 综上，$\boldsymbol{Ax}=\boldsymbol{\beta}$的通解为$k(1,2,-1)^{\mathrm{T}}+(1,1,1)^{\mathrm{T}},k\in\mathbb{R}$.

29. (2017) 设二次型$f(x_1,x_2,x_3)=2x_1^2-x_2^2+ax_3^2+2x_1x_2-8x_1x_3+2x_2x_3$在正交变换$\boldsymbol{x}=\boldsymbol{Qy}$下的标准形为$\lambda_1y_1^2+\lambda_2y_2^2$，求$a$的值及一个正交矩阵$\boldsymbol{Q}$.

解　二次型$f(x_1,x_2,x_3)=\boldsymbol{x}^{\mathrm{T}}\boldsymbol{Ax}$，对应的矩阵$\boldsymbol{A}=\begin{pmatrix}2 & 1 & -4\\1 & -1 & 1\\-4 & 1 & a\end{pmatrix}$.

由于$f(x_1,x_2,x_3)=\boldsymbol{x}^{\mathrm{T}}\boldsymbol{Ax}$经正交变换后，得到的标准形为$\lambda_1y_1^2+\lambda_2y_2^2$，故$R(\boldsymbol{A})=2$，从而$|\boldsymbol{A}|=0$，即

$$\begin{vmatrix}2 & 1 & -4\\1 & -1 & 1\\-4 & 1 & a\end{vmatrix}=-3a+6=0,$$

得$a=2$.

将$a=2$代入，满足$R(\boldsymbol{A})=2$，因此$a=2$符合题意. 此时$\boldsymbol{A}=\begin{pmatrix}2 & 1 & -4\\1 & -1 & 1\\-4 & 1 & 2\end{pmatrix}$，则

$$|\lambda\boldsymbol{E}-\boldsymbol{A}|=\begin{vmatrix}\lambda-2 & -1 & 4\\-1 & \lambda+1 & -1\\4 & -1 & \lambda-2\end{vmatrix}=\lambda(\lambda+3)(\lambda-6)=0,$$

故$\boldsymbol{A}$的特征值为$\lambda_1=-3$，$\lambda_2=0$，$\lambda_3=6$.

由$(-3\boldsymbol{E}-\boldsymbol{A})\boldsymbol{x}=\boldsymbol{0}$，得$\boldsymbol{A}$的属于特征值$-3$的特征向量$\boldsymbol{\alpha}_1=(1,-1,1)^{\mathrm{T}}$；

由$(6\boldsymbol{E}-\boldsymbol{A})\boldsymbol{x}=\boldsymbol{0}$，得$\boldsymbol{A}$的属于特征值6的特征向量$\boldsymbol{\alpha}_2=(-1,0,1)^{\mathrm{T}}$；

由$(0\boldsymbol{E}-\boldsymbol{A})\boldsymbol{x}=\boldsymbol{0}$，得$\boldsymbol{A}$的属于特征值0的特征向量$\boldsymbol{\alpha}_3=(1,2,1)^{\mathrm{T}}$.

令$\boldsymbol{P}=(\boldsymbol{\alpha}_1,\boldsymbol{\alpha}_2,\boldsymbol{\alpha}_3)$，则$\boldsymbol{P}^{-1}\boldsymbol{A}\boldsymbol{P}=\begin{pmatrix}-3&&\\&6&\\&&0\end{pmatrix}$，由于$\boldsymbol{\alpha}_1,\boldsymbol{\alpha}_2,\boldsymbol{\alpha}_3$彼此正交，故只需单位化即可：$\boldsymbol{\beta}_1=\frac{1}{\sqrt{3}}(1,-1,1)^{\mathrm{T}}$，$\boldsymbol{\beta}_2=\frac{1}{\sqrt{2}}(-1,0,1)^{\mathrm{T}}$，$\boldsymbol{\beta}_3=\frac{1}{\sqrt{6}}(1,2,1)^{\mathrm{T}}$.

则

$$\boldsymbol{Q}=(\boldsymbol{\beta}_1\boldsymbol{\beta}_2\boldsymbol{\beta}_3)=\begin{pmatrix}\frac{1}{\sqrt{3}}&-\frac{1}{\sqrt{2}}&\frac{1}{\sqrt{6}}\\-\frac{1}{\sqrt{3}}&0&\frac{2}{\sqrt{6}}\\\frac{1}{\sqrt{3}}&\frac{1}{\sqrt{2}}&\frac{1}{\sqrt{6}}\end{pmatrix},\ \boldsymbol{Q}^{\mathrm{T}}\boldsymbol{A}\boldsymbol{Q}=\begin{pmatrix}-3&&\\&6&\\&&0\end{pmatrix}.$$

此时$f(x_1,x_2,x_3)\xlongequal{\boldsymbol{x}=\boldsymbol{Q}\boldsymbol{y}}-3y_1^2+6y_2^2$.

30.（2018）设实二次型$f(x_1,x_2,x_3)=(x_1-x_2+x_3)^2+(x_2+x_3)^2+(x_1+ax_3)^2$，其中，$a$是参数.

（1）求$f(x_1,x_2,x_3)=0$的解；

（2）求$f(x_1,x_2,x_3)$的规范形.

解 （1）由$f(x_1,x_2,x_3)=0$得

$$\begin{cases}x_1-x_2+x_3=0,\\x_2+x_3=0,\\x_1+ax_3=0,\end{cases}$$

系数矩阵

$$\boldsymbol{A}=\begin{pmatrix}1&-1&1\\0&1&1\\1&0&a\end{pmatrix}\xrightarrow[r_3-r_1]{r_1+r_2}\begin{pmatrix}1&0&2\\0&1&1\\0&0&a-2\end{pmatrix},$$

故当$a\neq2$时，$R(\boldsymbol{A})=3$，方程组有唯一解：$x_1=x_2=x_3=0$；

当$a=2$时，$R(\boldsymbol{A})=2$，方程组有无穷解：$\boldsymbol{x}=k(-2,-1,1)^{\mathrm{T}}$，$k\in\mathbb{R}$.

（2）当$a\neq2$时，令$\begin{cases}y_1=x_1-x_2+x_3,\\y_2=x_2+x_3,\\y_3=x_1+ax_3,\end{cases}$ 这是一个可逆变换，因此其规范形为$y_1^2+y_2^2+y_3^2$.

当$a=2$时，有

$$\begin{aligned}f(x_1,x_2,x_3)&=(x_1-x_2+x_3)^2+(x_2+x_3)^2+(x_1+2x_3)^2\\&=2x_1^2+2x_2^2+6x_3^2-2x_1x_2+6x_1x_3\end{aligned}$$

$$=2\left(x_1-\frac{x_2-3x_3}{2}\right)^2+\frac{3(x_2+x_3)^2}{2},$$

此时规范形为 $y_1^2+y_2^2$.

31.（2019）已知矩阵 $\boldsymbol{A}=\begin{pmatrix}-2&-2&1\\2&x&-2\\0&0&-2\end{pmatrix}$ 与 $\boldsymbol{B}=\begin{pmatrix}2&1&0\\0&-1&0\\0&0&y\end{pmatrix}$ 相似.

（1）求 x，y；

（2）求可逆矩阵 $\boldsymbol{P}$ 使得 $\boldsymbol{P}^{-1}\boldsymbol{AP}=\boldsymbol{B}$.

解　（1）由 $\boldsymbol{A}$ 与 $\boldsymbol{B}$ 相似，有 $\mathrm{tr}\boldsymbol{A}=\mathrm{tr}B$，且 $|\boldsymbol{A}|=|\boldsymbol{B}|$，从而有 $\begin{cases}2x+y=4\\x-y=5\end{cases}$，解得 $x=3$，$y=-2$.

（2）显然 $\boldsymbol{B}$ 的特征值为 $\lambda_1=2$，$\lambda_2=-1$，$\lambda_3=-2$，且与 $\boldsymbol{A}$ 的特征值相同，故

当 $\lambda_1=2$ 时，由 $(\lambda\boldsymbol{E}-\boldsymbol{A})\boldsymbol{x}=\boldsymbol{0}$，可得 $\boldsymbol{A}$ 的特征向量为 $\boldsymbol{\alpha}_1=(-1,2,0)^{\mathrm{T}}$；

当 $\lambda_2=-1$ 时，由 $(\lambda\boldsymbol{E}-\boldsymbol{A})\boldsymbol{x}=\boldsymbol{0}$，可得 $\boldsymbol{A}$ 的特征向量为 $\boldsymbol{\alpha}_2=(-2,1,0)^{\mathrm{T}}$；

当 $\lambda_3=-2$ 时，由 $(\lambda\boldsymbol{E}-\boldsymbol{A})\boldsymbol{x}=\boldsymbol{0}$，可得 $\boldsymbol{A}$ 的特征向量为 $\boldsymbol{\alpha}_3=(-1,2,4)^{\mathrm{T}}$.

同理可以求得 $\boldsymbol{B}$ 的特征值 $\lambda_1=2$，$\lambda_2=-1$，$\lambda_3=-2$ 对应的特征向量分别为：

$$\boldsymbol{\beta}_1=(1,0,0)^{\mathrm{T}},\ \boldsymbol{\beta}_2=(-1,3,0)^{\mathrm{T}},\ \boldsymbol{\beta}_3=(0,0,1)^{\mathrm{T}}.$$

令 $\boldsymbol{P}_1=(\boldsymbol{\alpha}_1,\boldsymbol{\alpha}_2,\boldsymbol{\alpha}_3)$，$\boldsymbol{P}_2=(\boldsymbol{\beta}_1,\boldsymbol{\beta}_2,\boldsymbol{\beta}_3)$，有 $\boldsymbol{P}_1^{-1}\boldsymbol{A}\boldsymbol{P}_1=\boldsymbol{P}_2^{-1}\boldsymbol{B}\boldsymbol{P}_2=\mathrm{diag}(2,-1,-2)$，故 $\boldsymbol{B}=\boldsymbol{P}_2\boldsymbol{P}_1^{-1}\boldsymbol{A}\boldsymbol{P}_1\boldsymbol{P}_2^{-1}$，令

$$\boldsymbol{P}=\boldsymbol{P}_1\boldsymbol{P}_2^{-1}=\begin{pmatrix}-1&-1&-1\\2&1&2\\0&0&4\end{pmatrix},$$

则有 $\boldsymbol{B}=\boldsymbol{P}^{-1}\boldsymbol{AP}$.

32.（2020）设二次型 $f(x_1,x_2)=x_1^2-4x_1x_2+4x_2^2$ 经正交变换 $\begin{pmatrix}x_1\\x_2\end{pmatrix}=\boldsymbol{Q}\begin{pmatrix}y_1\\y_2\end{pmatrix}$ 化为二次型 $g(y_1,y_2)=ay_1^2+4y_1y_2+by_2^2$，其中 $a\geq b$.

（1）求 a,b 的值；

（2）求正交矩阵 $\boldsymbol{Q}$.

解　（1）设 $\boldsymbol{A}=\begin{pmatrix}1&-2\\-2&4\end{pmatrix}$，$\boldsymbol{B}=\begin{pmatrix}a&2\\2&b\end{pmatrix}$，由题意可知 $\boldsymbol{Q}^{\mathrm{T}}\boldsymbol{AQ}=\boldsymbol{Q}^{-1}\boldsymbol{AQ}=\boldsymbol{B}$，因 $\boldsymbol{A}$ 合同相似于 $\boldsymbol{B}$，故 $\mathrm{tr}\boldsymbol{A}=\mathrm{tr}B$，且 $|\boldsymbol{A}|=|\boldsymbol{B}|$，从而有 $\begin{cases}a+b=5\\ab-4=0\end{cases}$，由 $a>b$ 可得 $a=4$，$b=1$.

（2）由

$$|\lambda\boldsymbol{E}-\boldsymbol{A}|=\begin{vmatrix}\lambda-1&2\\2&\lambda-4\end{vmatrix}=\lambda^2-5\lambda,$$

故 $\boldsymbol{A},\boldsymbol{B}$ 的特征值均为 $\lambda_1=0$，$\lambda_2=5$.

当 $\lambda_1=0$ 时，由 $(\lambda\boldsymbol{E}-\boldsymbol{A})\boldsymbol{x}=\boldsymbol{0}$，可得 $\boldsymbol{A}$ 的特征向量为 $\boldsymbol{\alpha}_1=(2,1)^{\mathrm{T}}$；

当 $\lambda_2=5$ 时，由 $(\lambda\boldsymbol{E}-\boldsymbol{A})\boldsymbol{x}=\boldsymbol{0}$，可得 $\boldsymbol{A}$ 的特征向量为 $\boldsymbol{\alpha}_2=(1,-2)^{\mathrm{T}}$.
同理可以求得 $\boldsymbol{B}$ 的特征值 $\lambda_1=0$，$\lambda_2=5$ 对应的特征向量分别为：

$$\boldsymbol{\beta}_1=(1,-2)^{\mathrm{T}}=\boldsymbol{\alpha}_2,\ \boldsymbol{\beta}_2=(2,1)^{\mathrm{T}}=\boldsymbol{\alpha}_1.$$

对 $\boldsymbol{\alpha}_1$，$\boldsymbol{\alpha}_2$ 单位化，有 $\gamma_1=\dfrac{1}{\sqrt{5}}(2,1)^{\mathrm{T}}$，$\gamma_2=\dfrac{1}{\sqrt{5}}(1,-2)^{\mathrm{T}}$. 令

$$\boldsymbol{Q}_1=(\gamma_1,\gamma_2)=\frac{1}{\sqrt{5}}\begin{pmatrix}2&1\\1&-2\end{pmatrix},\ \boldsymbol{Q}_2=(\gamma_2,\gamma_1)=\frac{1}{\sqrt{5}}\begin{pmatrix}1&2\\-2&1\end{pmatrix},$$

则

$$\boldsymbol{Q}_1^{\mathrm{T}}\boldsymbol{A}\,\boldsymbol{Q}_1=\begin{pmatrix}0&0\\0&5\end{pmatrix}=\boldsymbol{Q}_2^{\mathrm{T}}\boldsymbol{B}\,\boldsymbol{Q}_2,$$

故 $\boldsymbol{B}=\boldsymbol{Q}_2\,\boldsymbol{Q}_1^{\mathrm{T}}\boldsymbol{A}\,\boldsymbol{Q}_1\,\boldsymbol{Q}_2^{\mathrm{T}}$，令 $\boldsymbol{Q}=\boldsymbol{Q}_1\,\boldsymbol{Q}_2^{\mathrm{T}}$，则

$$\boldsymbol{Q}=\frac{1}{5}\begin{pmatrix}2&1\\1&-2\end{pmatrix}\begin{pmatrix}1&-2\\2&1\end{pmatrix}=\frac{1}{5}\begin{pmatrix}4&-3\\-3&-4\end{pmatrix}.$$

33. (2020) 设 $\boldsymbol{A}$ 为 2 阶矩阵，$\boldsymbol{P}=(\boldsymbol{\alpha},\boldsymbol{A\alpha})$，其中，$\boldsymbol{\alpha}$ 是非零向量且不是 $\boldsymbol{A}$ 的特征向量.

(1) 证明 $\boldsymbol{P}$ 为可逆矩阵；

(2) 若 $\boldsymbol{A}^2\boldsymbol{\alpha}+\boldsymbol{A\alpha}-6\boldsymbol{\alpha}=0$，求 $\boldsymbol{P}^{-1}\boldsymbol{AP}$，并判断 $\boldsymbol{A}$ 是否相似于对角矩阵.

解　(1) 因 $\boldsymbol{\alpha}\neq\boldsymbol{0}$ 且 $\boldsymbol{A\alpha}\neq\lambda\boldsymbol{\alpha}$，$\forall\lambda\in\mathbb{R}$，故 $\boldsymbol{\alpha}$，$\boldsymbol{A\alpha}$ 线性无关. 从而 $R(\boldsymbol{P})=R(\boldsymbol{\alpha},\boldsymbol{A\alpha})=2$，故 $\boldsymbol{P}$ 为可逆矩阵.

(2) 由 $\boldsymbol{A}^2\boldsymbol{\alpha}+\boldsymbol{A\alpha}-6\boldsymbol{\alpha}=\boldsymbol{0}$，有 $\boldsymbol{A}^2\boldsymbol{\alpha}=6\boldsymbol{\alpha}-\boldsymbol{A\alpha}$，故

$$\boldsymbol{AP}=\boldsymbol{A}(\boldsymbol{\alpha},\boldsymbol{A\alpha})=(\boldsymbol{A\alpha},\boldsymbol{A}^2\boldsymbol{\alpha})=(\boldsymbol{\alpha},\boldsymbol{A\alpha})\begin{pmatrix}0&6\\1&-1\end{pmatrix}=\boldsymbol{P}\begin{pmatrix}0&6\\1&-1\end{pmatrix},$$

故

$$\boldsymbol{P}^{-1}\boldsymbol{AP}=\begin{pmatrix}0&6\\1&-1\end{pmatrix}.$$

由 $\boldsymbol{A}^2\boldsymbol{\alpha}+\boldsymbol{A\alpha}-6\boldsymbol{\alpha}=\boldsymbol{0}$，有 $(\boldsymbol{A}^2+\boldsymbol{A}-6\boldsymbol{E})\boldsymbol{\alpha}=\boldsymbol{0}$，故 $(\boldsymbol{A}^2+\boldsymbol{A}-6\boldsymbol{E})\boldsymbol{x}=\boldsymbol{0}$ 有非零解. 从而

$$|\boldsymbol{A}^2+\boldsymbol{A}-6\boldsymbol{E}|=|\boldsymbol{A}+3\boldsymbol{E}|\cdot|\boldsymbol{A}-2\boldsymbol{E}|=0,$$

得 $|\boldsymbol{A}+3\boldsymbol{E}|=0$ 或 $|\boldsymbol{A}-2\boldsymbol{E}|=0$.

若 $|\boldsymbol{A}+3\boldsymbol{E}|\neq0$，则有 $(\boldsymbol{A}-2\boldsymbol{E})\boldsymbol{\alpha}=\boldsymbol{0}$，从而 $\boldsymbol{A\alpha}=2\boldsymbol{\alpha}$，与题设矛盾. 同理，若 $|\boldsymbol{A}-2\boldsymbol{E}|\neq0$，则有 $(\boldsymbol{A}+3\boldsymbol{E})\boldsymbol{\alpha}=\boldsymbol{0}$，从而 $\boldsymbol{A\alpha}=3\boldsymbol{\alpha}$，也与题设矛盾.

故 $|\boldsymbol{A}+3\boldsymbol{E}|=0$ 且 $|\boldsymbol{A}-2\boldsymbol{E}|=0$. 故 $\boldsymbol{A}$ 的特征值为 $\lambda_1=-3$，$\lambda_2=2$. $\boldsymbol{A}$ 有两个不同的特征值，从而 $\boldsymbol{A}$ 相似于对角矩阵，可以对角化.

34. (2020) 设二次型 $f(x_1,x_2,x_3)=x_1^2+x_2^2+x_3^2+2ax_1x_2+2ax_1x_3+2ax_2x_3$ 经可逆线性变换 $\begin{pmatrix}x_1\\x_2\\x_3\end{pmatrix}=\boldsymbol{P}\begin{pmatrix}y_1\\y_2\\y_3\end{pmatrix}$ 得 $g(y_1,y_2,y_3)=y_1^2+y_2^2+4y_3^2+2y_1y_2$.

(1) 求 a 的值；

(2) 求可逆矩阵 $\boldsymbol{P}$.

解　(1) 二次型 $f(x_1,x_2,x_3)$, $g(y_1,y_2,y_3)$ 的矩阵分别为:

$$A=\begin{pmatrix}1&a&a\\a&1&a\\a&a&1\end{pmatrix},\ B=\begin{pmatrix}1&1&0\\1&1&0\\0&0&4\end{pmatrix},$$

因 A, B 合同, 故 $R(A)=R(B)$. 又因 $|B|=0$, 从而 $R(B)<3$, 得 $R(A)<3$, 故 $|A|=0$. 而

$$|A|=\begin{vmatrix}1&a&a\\a&1&a\\a&a&1\end{vmatrix}=(a-1)^2(2a+1)=0,$$

解得 $a=-\dfrac{1}{2}$ 或 $a=1$.

当 $a=1$ 时, $R(A)=1$ 而 $R(B)=2$, 故舍去. 当 $a=-\dfrac{1}{2}$ 时满足题设.

(2) 当 $a=-\dfrac{1}{2}$ 时, 利用配方法将 $f(x_1,x_2,x_3)$ 化为规范形:

$$f(x_1,x_2,x_3)=x_1^2+x_2^2+x_3^2-x_1x_2-x_1x_3-x_2x_3=\left(x_1-\frac{1}{2}x_2-\frac{1}{2}x_3\right)^2+\frac{3}{4}(x_2-x_3)^2,$$

令

$$\begin{cases}z_1=x_1-\dfrac{1}{2}x_2-\dfrac{1}{2}x_3\\ z_2=\dfrac{\sqrt{3}}{2}(x_2-x_3)\\ z_3=x_3\end{cases},\ P_1=\begin{pmatrix}1&-\dfrac{1}{2}&-\dfrac{1}{2}\\0&\dfrac{\sqrt{3}}{2}&-\dfrac{\sqrt{3}}{2}\\0&0&1\end{pmatrix},$$

则 $z=P_1x$, $f(x_1,x_2,x_3)=z_1^2+z_2^2$.

利用配方法将 $g(y_1,y_2,y_3)$ 化为规范形:

$$g(y_1,y_2,y_3)=y_1^2+y_2^2+4y_3^2+2y_1y_2=(y_1+y_2)^2+4y_3^2,$$

令

$$\begin{cases}z_1=y_1+y_2\\ z_2=2y_3\\ z_3=y_2\end{cases},\ P_2=\begin{pmatrix}1&1&0\\0&0&2\\0&1&0\end{pmatrix},$$

则 $z=P_2y$, $g(y_1,y_2,y_3)=z_1^2+z_2^2$.

故 $P_1x=P_2y$, 得 $x=P_1^{-1}P_2y$, 取 $P=P_1^{-1}P_2$, 则满足要求.

$$(P_1 \,\vdots\, P_2)=\left(\begin{array}{ccc:ccc}1&-\dfrac{1}{2}&-\dfrac{1}{2}&1&1&0\\0&\dfrac{\sqrt{3}}{2}&-\dfrac{\sqrt{3}}{2}&0&0&2\\0&0&1&0&1&0\end{array}\right)\xrightarrow[r_1+\frac{1}{2}r_2]{r_2\cdot\frac{2}{\sqrt{3}}}\left(\begin{array}{ccc:ccc}1&0&-1&1&1&\dfrac{2}{\sqrt{3}}\\0&1&-1&0&0&\dfrac{4}{\sqrt{3}}\\0&0&1&0&1&0\end{array}\right)$$

$$\xrightarrow[r_1+r_3]{r_2+r_3}\left(\begin{array}{ccc:ccc}1&0&0&1&2&\frac{2}{\sqrt{3}}\\0&1&0&0&1&\frac{4}{\sqrt{3}}\\0&0&1&0&1&0\end{array}\right),$$

故 $\boldsymbol{P}=\begin{pmatrix}1&2&\frac{2}{\sqrt{3}}\\0&1&\frac{4}{\sqrt{3}}\\0&1&0\end{pmatrix}$.

注　(1) 在利用配方法将 $g(y_1,y_2,y_3)$ 化为规范形时：

$$g(y_1,y_2,y_3)=y_1^2+y_2^2+4y_3^2+2y_1y_2=(y_1+y_2)^2+4y_3^2,$$

若令

$$\begin{cases}z_1=y_1+y_2\\z_2=2y_3\\z_3=y_1\end{cases},\ \boldsymbol{P}_2=\begin{pmatrix}1&1&0\\0&0&2\\1&0&0\end{pmatrix},$$

其他过程一样，可求得 $\boldsymbol{P}=\begin{pmatrix}2&1&\frac{2}{\sqrt{3}}\\1&0&\frac{4}{\sqrt{3}}\\1&0&0\end{pmatrix}$.

若取

$$\begin{cases}z_1=y_1+y_2\\z_2=2y_3\\z_3=y_1-y_2\end{cases},\ \boldsymbol{P}_2=\begin{pmatrix}1&1&0\\0&0&2\\1&-1&0\end{pmatrix},$$

其他过程一样，可求得 $\boldsymbol{P}=\begin{pmatrix}2&0&\frac{2}{\sqrt{3}}\\1&-1&\frac{4}{\sqrt{3}}\\1&-1&0\end{pmatrix}$.

(2) 本题也可以通过求正交变换来处理. 当 $a=-\dfrac{1}{2}$ 时，由两二次型的矩阵

$$A=\begin{pmatrix}1&-\frac{1}{2}&-\frac{1}{2}\\-\frac{1}{2}&1&-\frac{1}{2}\\-\frac{1}{2}&-\frac{1}{2}&1\end{pmatrix},\ B=\begin{pmatrix}1&1&0\\1&1&0\\0&0&4\end{pmatrix},$$

可求得

$$|\lambda E-A|=\begin{vmatrix}\lambda-1&\frac{1}{2}&\frac{1}{2}\\\frac{1}{2}&\lambda-1&\frac{1}{2}\\\frac{1}{2}&\frac{1}{2}&\lambda-1\end{vmatrix}=\lambda\left(\lambda-\frac{3}{2}\right)^2=0,$$

当 $\lambda=0$ 时，由 $(\lambda E-A)x=0$，可得特征向量 $\alpha_1=(1,1,1)^{\mathrm T}$；当 $\lambda=\frac{3}{2}$ 时，由 $(\lambda E-A)x=0$，可得两正交的特征向量 $\alpha_2=(1,-1,0)^{\mathrm T}$，$\alpha_3=(1,1,-2)^{\mathrm T}$；单位化后，令

$$P_1=\begin{pmatrix}\frac{1}{\sqrt3}&\frac{1}{\sqrt2}&\frac{1}{\sqrt6}\\\frac{1}{\sqrt3}&-\frac{1}{\sqrt2}&\frac{1}{\sqrt6}\\\frac{1}{\sqrt3}&0&-\frac{2}{\sqrt6}\end{pmatrix},\ Q_1=\begin{pmatrix}1&&\\&\sqrt{\frac{2}{3}}&\\&&\sqrt{\frac{2}{3}}\end{pmatrix},$$

则令 $x=P_1u$ 时，$f=u^{\mathrm T}P_1^{\mathrm T}AP_1u=u^{\mathrm T}\mathrm{diag}\left(0,\frac{3}{2},\frac{3}{2}\right)u$，令 $u=Q_1t$，则有

$$f=u^{\mathrm T}P_1^{\mathrm T}AP_1u=u^{\mathrm T}\mathrm{diag}\left(0,\frac{3}{2},\frac{3}{2}\right)u=t^{\mathrm T}\mathrm{diag}(0,1,1)t.$$

同理，可求得

$$|\lambda E-B|=\begin{vmatrix}\lambda-1&-1&0\\-1&\lambda-1&0\\0&0&\lambda-4\end{vmatrix}=\lambda(\lambda-2)(\lambda-4)=0,$$

当 $\lambda=0$ 时，由 $(\lambda E-B)x=0$，可得特征向量 $\beta_1=(1,-1,0)^{\mathrm T}$；

当 $\lambda=2$ 时，由 $(\lambda E-B)x=0$，可得特征向量 $\beta_2=(1,1,0)^{\mathrm T}$，$\beta_3=(0,0,1)^{\mathrm T}$. 单位化后，令

$$P_2=\begin{pmatrix}\frac{1}{\sqrt2}&\frac{1}{\sqrt2}&0\\-\frac{1}{\sqrt2}&\frac{1}{\sqrt2}&0\\0&0&1\end{pmatrix},\ Q_2=\begin{pmatrix}1&&\\&\frac{1}{\sqrt2}&\\&&\frac{1}{2}\end{pmatrix},$$

则令 $\boldsymbol{y}=\boldsymbol{P}_2\boldsymbol{v}$ 时，$g=\boldsymbol{v}^{\mathrm{T}}\boldsymbol{P}_2^{\mathrm{T}}\boldsymbol{B}\boldsymbol{P}_2\boldsymbol{v}=\boldsymbol{v}^{\mathrm{T}}\mathrm{diag}(0,2,4)\boldsymbol{v}$，令 $\boldsymbol{v}=\boldsymbol{Q}_2\boldsymbol{t}$，则有

$$f=\boldsymbol{u}^{\mathrm{T}}\boldsymbol{P}_1^{\mathrm{T}}\boldsymbol{A}\boldsymbol{P}_1\boldsymbol{u}=\boldsymbol{u}^{\mathrm{T}}\mathrm{diag}\left(0,\frac{3}{2},\frac{3}{2}\right)\boldsymbol{u}=\boldsymbol{t}^{\mathrm{T}}\mathrm{diag}(0,1,1)\boldsymbol{t}.$$

$$g=\boldsymbol{v}^{\mathrm{T}}\boldsymbol{P}_2^{\mathrm{T}}\boldsymbol{B}\boldsymbol{P}_2\boldsymbol{v}=\boldsymbol{v}^{\mathrm{T}}\mathrm{diag}(0,2,4)\boldsymbol{v}=\boldsymbol{t}^{\mathrm{T}}\mathrm{diag}(0,1,1)\boldsymbol{t}.$$

从而有 $\boldsymbol{x}=\boldsymbol{P}_1\boldsymbol{Q}_1\boldsymbol{t}$，$\boldsymbol{y}=\boldsymbol{P}_2\boldsymbol{Q}_2\boldsymbol{t}$，得 $\boldsymbol{x}=\boldsymbol{P}_1\boldsymbol{Q}_1(\boldsymbol{P}_2\boldsymbol{Q}_2)^{-1}\boldsymbol{y}$. 令 $\boldsymbol{P}=\boldsymbol{P}_1\boldsymbol{Q}_1(\boldsymbol{P}_2\boldsymbol{Q}_2)^{-1}$，计算可得

$$\boldsymbol{P}=\begin{pmatrix}\frac{1}{\sqrt{6}}+\frac{1}{\sqrt{3}} & \frac{1}{\sqrt{3}}-\frac{1}{\sqrt{6}} & \frac{2}{3}\\ \frac{1}{\sqrt{6}}-\frac{1}{\sqrt{3}} & -\frac{1}{\sqrt{6}}-\frac{1}{\sqrt{3}} & \frac{2}{3}\\ \frac{1}{\sqrt{6}} & -\frac{1}{\sqrt{6}} & -\frac{4}{3}\end{pmatrix}.$$

故本题答案不唯一.